职业教育机电类专业系列教材

机械工业出版社精品教材

塑料模塑工艺与
塑料模设计

第 2 版

主　编　翁其金

参　编　徐志扬　张　英　王乾廷　翁黎清　张燊雄

主　审　周晓明

机 械 工 业 出 版 社

本书是1999年出版《塑料模塑工艺与塑料模设计》的修订版。全书共十章，主要介绍了注射模塑、压缩模塑、挤出模塑、中空吹塑的工艺过程及工艺条件的确定，同时分析了各类塑料模具的基本结构及各零部件的设计计算方法。另外，还介绍了塑料及特性，常用塑料的性能和用途。

本书是中等职业学校模具专业的教学用书，也可供高职院校、电视大学相关专业的师生及模具技术人员参考。

图书在版编目（CIP）数据

塑料模塑工艺与塑料模设计/翁其金主编 . —2 版 . —北京：机械工业出版社，2011.11（2023.1 重印）
职业教育机电类专业系列教材
ISBN 978-7-111-34715-6

Ⅰ. ①塑…　Ⅱ. ①翁…　Ⅲ. ①塑料模具－中等专业学校－教材　Ⅳ. ①TQ320. 5

中国版本图书馆 CIP 数据核字（2011）第 191063 号

机械工业出版社（北京市百万庄大街 22 号　邮政编码 100037）
策划编辑：汪光灿　责任编辑：张云鹏
版式设计：霍永明　责任校对：张　媛
责任印制：常天培
北京中科印刷有限公司印刷
2023 年 1 月第 2 版第 9 次印刷
184mm×260mm · 22.25 印张 · 546 千字
标准书号：ISBN 978-7-111-34715-6
定价：59. 80 元

电话服务　　　　　　　　网络服务
客服电话：010-88361066　机 工 官 网：www.cmpbook.com
　　　　　010-88379833　机 工 官 博：weibo.com/cmp1952
　　　　　010-68326294　金 书 网：www.golden-book.com
封底无防伪标均为盗版　机工教育服务网：www.cmpedu.com

第 2 版前言

本书是根据国家关于大力发展职业教育精神及当前职业教育院校模具专业教学要求编写的。

随着近代工业的发展，塑料生产及塑料模塑成型的应用越来越广泛。本书在扼要介绍塑料性能及用途，阐述塑料模塑工艺的基础上，较详细地叙述了塑料成型模具的结构及零部件设计与计算的基本方法，客观地分析了塑料、塑料制品设计、模塑工艺、塑料模具、塑料成型设备之间的关系。内容力求适应中等职业学校教学要求，通俗实用。

本书原版是《冷冲压与塑料成型——工艺及模具设计》下册，于 1990 年出版。后于 1999 年改版为《塑料模塑工艺与塑料模设计》，至今已经印刷 25 次，印数近 15 万册，被评为机械工业出版社精品教材。鉴于改版至今塑料及其成型技术进步，有关标准亦有更新，故予以修订再版。

本书由福建工程学院翁其金教授主编，陕西工业职业技术学院周晓明主审。参加编写和修订工作的还有徐志扬、张英、王乾廷、翁黎清、张燊雄。

书中不足之处，恳请读者批评指正。

编 者

第1版前言

本书是根据原国家机械工业部1996年3月公布的"模具设计与制造"专业教学计划和"塑料模塑工艺与塑料模具设计"教学大纲编写的,是中等专业学校模具设计与制造专业教学用书。本书也可供从事塑料模塑工艺及塑料模设计的工程技术人员参考。

随着近代工业的发展,塑料生产及塑料模塑成型的应用愈来愈广泛。本书在扼要介绍塑料性能及用途,阐述塑料模塑工艺的基础上,较详细地叙述了塑料成型模具的结构及零部件设计与计算的基本方法,客观地分析了塑料、塑料制品设计、模塑工艺、塑料模具、塑料成型设备之间的关系,以及与塑料制品质量和塑料制品经济性之间的相互关系。内容力求适应中等专业学校教学要求,通俗实用。

本书由福建高级工业专门学校翁其金主编,咸阳机器制造学校周晓明主审。全书共十章,其中翁其金编写第一、二、三、四、八、九、十章,浙江机械工业学校徐志扬编写第五章,北京市仪器仪表工业学校张英编写第六、七章。

参加审稿会的有无锡机械制造学校戴勇、山东机械工业学校陈中兴、芜湖机械学校韩先实、武汉船舶工业学校黄邦彦、成都市工业学校史铁樑、西安仪器仪表工业学校刘航、陕西第一工业学校王明哲、大庸航空工业学校徐政坤、常州机械学校陈泰兴、段来根、浙江机械学校范建蓓、杭州机械工业学校罗晓晔、湖北第二机械工业学校郭本龙、广西机械工业学校黄诚、湖南省机械工业学校曾霞文、辽宁省农业工程学校许环璞。

由于编者水平有限,错误缺点在所难免,恳切希望广大读者批评指正。

编　者

目　录

第一章 概 述

一、塑料成型在塑料工业中的地位

1. 塑料工业的生产过程

在塑料工业生产中，从原料到塑料，再从塑料到塑料制品的全部生产的简单流程如图1-1所示。图中［1］和［2］两部分属于塑料生产部门；［3］部门属于塑料制品生产部门。但在大型的塑料制品生产企业中，为了生产方便，往往也将［2］部分归入自己的生产范围，以满足对塑料配制上的多样性要求。

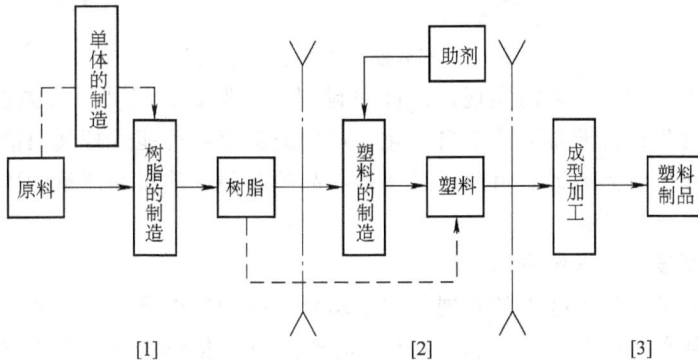

图 1-1　从原料到塑料制品的生产过程

由此可见，塑料工业包含塑料生产和塑料制品生产（称为塑料加工或塑料成型工业）两个系统。没有塑料生产，就没有塑料制品生产；没有塑料制品生产，塑料就不能变成产品或生活资料。这是一种密切的、相互依存的关系。

2. 塑料制品生产及塑料成型的重要性

塑料制品的生产主要由塑料的成型、机械加工、修饰和装配四个基本工序所组成。有些塑料在成型之前需要经过预处理（预压、预热、干燥等），如图1-2所示。因此，塑料制品生产的完整工序顺序为预处理→成型→机械加工→修饰→装配。这个生产顺序不得颠倒，否则会影响制品质量。

在五个基本工序中，塑料的成型是最重要的，是一切塑料制品和型材生产的必经过程。其他四个工序却是根据塑料制品的要求而定，不是每个制品都需要经过这四个工序，甚至有可能都不需要这四个工序中的任何一个工序。后三个工序有时统称为二次加工。因此，可以说塑料的成型在塑料制品生产乃至塑料工业中占有重要的地位。

二、塑料成型及塑料成型模具

从图1-2可以看出，塑料成型的种类很多，有各种模塑成型、层压及压延成型等。其中，塑料模塑成型种类较多，如挤出成型、压缩成型、压注成型、注射成型等。它们的共同特点是利用塑料模具来成型具有一定形状和尺寸的塑料制品。

塑料成型模具（简称塑料模）是塑料成型关键的工艺装备。这是因为在现代塑料制品生产中，正确的加工工艺、高效率的设备、先进的模具是影响塑料制品生产的三大重要因

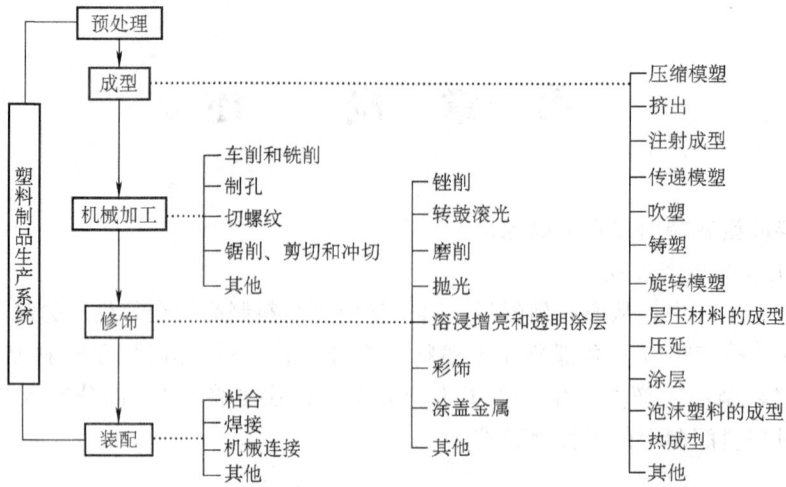

图 1-2 塑料制品生产系统的组成

素，而塑料模对塑料成型工艺的实现，保证塑料制品的形状、尺寸及公差起着关键的作用，高效率全自动的设备只有配备了适应自动化生产的塑料模才可能发挥其效能；产品的更新也是以模具的制造和更新为前提。目前，对塑料制品的品种、质量和产量的要求越来越高，因而对塑料模的需求也越来越迫切。

三、塑料成型技术的发展方向

塑料成型工艺及塑料模技术的发展与整个塑料工业的发展是分不开的。

塑料工业是新兴的产业之一。自 1909 年实现以纯粹化学合成方法生产酚醛塑料算起，世界塑料工业的崛起仅仅有百余年的历史，塑料工业发展速度相当惊人。我国高分子材料的研发起步于 20 世纪 50 年代。目前，我国合成树脂产量居世界第四位，而且是塑料机械的最大生产国，塑料制品总产量突破 2000 万吨，居世界第二位。我国已成为世界塑料大国。

目前，已工业化的合成树脂有 50 种左右，如把共聚改性都计算在内有 400 多种塑料，如按不同型号、牌号统计则有几千种之多。从塑料品种的发展情况来看，热塑性塑料发展最迅速。塑料工业最初以热固性塑料为主，而现在却以热塑性塑料为主。由于工程塑料综合性能优异，在解决科学技术中的问题等方面起着不可缺少的重要作用，因此，工程塑料的发展速度超过了通用塑料。聚乙烯、聚丙烯、聚氯乙烯、聚苯乙烯、氨基塑料、酚醛塑料等通用塑料，其产量将会持续上升；聚酰胺、聚甲醛、ABS、聚碳酸酯、聚砜、聚苯醚等工程塑料，正向扩大生产，降低成本，改进性能，扩大用途的方向发展。近几年，由于航空、航天工业和其他高新技术产业的发展，推动了树脂基复合材料的迅速发展。

随着塑料产量的提高和品种的增多以及应用范围的扩大，塑料成型工艺、塑料成型设备和塑料模具都得到了很大的发展。

为了使各种性能优良的塑料在国民经济的各个领域中进一步得到应用，必须在发展塑料生产的同时，努力发展塑料成型工业，研究塑料加工新技术。

塑料成型的发展方向如下：

（1）加深理论研究　加深塑料成型理论基础和工艺原理的研究，借以改进成型工艺方法、成型模具及成型设备。

（2）高效率、自动化　简化塑料制品成型工艺过程，缩短生产周期是提高生产率的有效方法。例如，排气式注射机和排气式挤出机的出现，为吸水性强的塑料加工省去了原料的预干燥工序，缩短了生产周期，提高了效率。

高速自动化的塑料成型机械配合先进的模具也是提高塑料制品质量，提高生产率的有效方法。高效率、自动化模具结构，如高效冷却装置、无流道凝料注射模、自动推出制品和流道凝料的脱模机构、多层多腔注射模、气体辅助注射成型及自动控制系统等，已经问世，并得到广泛的应用。

近年来，电子计算机已应用于控制成型加工过程以提高生产效率。研制成功了数控热固性塑料注射机、计算机群控注射机等。

（3）大型、微型、高精度　为适应国民经济各个部门对塑料成型工业的要求，塑料制品正向大型、微型、高精度的方向发展，塑料模也相应地向大型、微型、高精度的方向发展，大型、小型和新型的塑料成型设备亦不断涌现，如有适应于一次注射量达170kg的大型注射机，也有适用于制造手表零件的一次注射量仅为0.02g的超小型精密注射机。

（4）高使用寿命和简易经济模具　为适应大批量生产，正在从模具结构设计、模具材料及热处理、模具表面强化、模具制造等方面提高模具使用寿命。

当前正研究和推广应用易切削钢、预硬钢、耐蚀钢以及模具表面强化新技术，使塑料模的精度和寿命大大提高。同时，为了适应小批量生产，正在注意简易经济模具的应用。

（5）模具制造先进设备及先进工艺　现在高效、精密、数控、自动化的模具加工设备发展很快，高速数控铣床、数控仿形铣床、各种数控加工中心、数控连续轨迹坐标磨床、各种数控电加工机床及模具装配与检测机械和仪器不断开发和应用，这对于保证塑料模具的加工精度和缩短加工周期起了关键的作用。与此同时，其他模具加工的新工艺也不断涌现，如快速成型、超塑性成型和电铸成型型腔以及简易制模工艺等。

（6）模具的标准化与专业化生产　这是提高模具质量，缩短模具制造周期的根本性措施，也是塑料模发展的方向，已引起国内、外极大重视。我国已经制订了塑料模国家标准。

（7）CAD/CAE/CAM　CAD/CAE/CAM已成为塑料成型及模具设计与制造的主要手段。它大大提高了设计和制造效率和质量，目前已经应用了不少较为成熟的软件。

此外，对于一些特殊塑料制品，采用了各种特殊成型工艺、模具及设备。如低发泡制品注射成型、双色注射成型、大型塑料零件的热压成型法、流动性差难以成型的塑料的锻造成型法等。

第二章 塑　料

第一节　塑料的成分与特性

塑料一般由树脂和添加剂（助剂）组成。

树脂在塑料中是起决定性作用的，但也不能忽视添加剂的重要影响。例如，酚醛压塑粉中若无填充剂，聚氯乙烯中若无稳定剂，硝化纤维素中若无增塑剂等，就没有什么实用价值，也无法进行成型加工。塑料添加剂的种类很多，有填充剂、增塑剂、着色剂、润滑剂、稳定剂等，大约有十几大类上千个品种。根据塑料的不同用途及对塑料性能的要求，可适当地选择添加剂加入到一定的树脂中，以获得一定性能的塑料。

根据塑料的成分不同，可以分为简单组分和多组分塑料。简单组分塑料基本上是以树脂为主，加入少量添加剂，如着色剂、润滑剂、增塑剂。属于这类塑料的有聚苯乙烯、有机玻璃等。至于不加任何添加剂的如聚四氟乙烯等，则树脂即为塑料。多组分塑料除树脂外，还加入较多的添加剂，如填充剂、增塑剂、稳定剂、着色剂、润滑剂等。属于这类塑料的有聚氯乙烯、酚醛塑料等。

一、塑料的主要成分

1. 树脂

树脂是塑料中主要的必不可少的成分。它决定了塑料的类型，影响着塑料的基本性能，如力学性能、物理性能、化学性能和电气性能等；它胶粘着塑料中的其他成分，使塑料具有塑性或流动性，从而具有成型性能。简单组分的塑料，树脂的质量分数为 90% ~100%；复杂组分的塑料，树脂的质量分数为 40% ~60%。

树脂有天然树脂和合成树脂。天然树脂有从树木分泌出来的脂物，如松香；有热带昆虫的分泌物，如虫胶；也有从石油中得到的，如沥青。合成树脂是用人工合成的方法制成的树脂，如环氧树脂、聚乙烯、聚氯乙烯、酚醛树脂、氨基树脂等。因为天然树脂产量有限，性能较差等原因，远远不能满足目前工业生产的需要，所以在生产中，一般都是采用合成树脂。不论是天然树脂还是合成树脂，均属于高分子化合物，称为高聚物（聚合物）。

2. 填充剂（又称填料）

填充剂是塑料中重要但并非是每一种塑料都必不可少的成分。填充剂在塑料中的作用有两种情况：一种是为了减少树脂含量，降低塑料成本，在树脂中掺入一些廉价的填充剂（如碳酸钙），此时填充剂是起增量作用；另一种是既起增量作用又起改性作用，即填充剂不仅使塑料成本大为降低，而且使塑料性能得到显著改善，扩大了塑料的应用范围。在许多情况下，填充剂起的作用是相当大的，如聚乙烯、聚氯乙烯等树脂中加入钙质填料后，便成为十分廉价的具有足够刚性和耐热性的钙塑料；玻璃纤维做塑料的填充剂，能使塑料的力学性能大幅度地提高；石棉做塑料填充剂，可提高其耐热性；有的填充剂还可以使塑料具有树脂所没有的性能，如导电性、导磁性、导热性等。

填充剂分为无机填充剂和有机填充剂，其形状有粉状、纤维状和层（片）状。粉状填充剂有木粉、纸浆、大理石粉、滑石粉、云母粉、石棉粉和石墨等；纤维状填充剂有棉花、亚麻、石棉纤维、玻璃纤维、碳纤维、硼纤维和金属须等；层状填充剂有纸张、棉布、麻布和玻璃布等。

填充剂与其他成分机械混合，它们之间不起化学作用，但具有与树脂牢固胶结的能力。

3. 增塑剂

为了增加塑料的塑性、流动性和柔韧性，改善成型性能，降低刚性和脆性，通常加入高沸点液态或低熔点固态的有机化合物，即增塑剂。对于可塑性小、柔软性差的树脂，如硝酸纤维、醋酸纤维、聚氯乙烯等加入增塑剂是很有必要的。但必须指出，增塑剂虽然可使塑料的工艺性能和使用性能得到改善，但是会使树脂的某些性能如硬度、抗拉强度等降低。

对增塑剂的要求是，与树脂相容性好、不易挥发、化学稳定性好，耐热、无色、无臭、无毒、价廉等。常用的增塑剂有樟脑、邻苯二甲酸二丁酯、邻苯二甲酸二辛酯、癸二酸二丁酯、癸二酸二辛酯等。

4. 着色剂（色料）

着色剂主要是起装饰美观作用，同时还能提高塑料的光稳定性、热稳定性和耐候性。

着色剂包括颜料和染料。颜料分为无机颜料和有机颜料。无机颜料是不溶性的固态有色物质，如钛白粉、铬黄、镉红、群青等，它在塑料中分散成微粒，起表面遮盖作用而着色。与染料相比，其着色能力、透明性和鲜艳性较差，但耐光性、耐热性和化学稳定性较好。有机颜料的特性介于染料和无机颜料之间，如联苯胺黄、酞青蓝等，在塑料工业中颜料应用较多。染料可溶于水、油和树脂中，有强烈着色能力，且色泽鲜艳，但耐光、耐热性和化学稳定性较差，如分散红、士林黄、士林蓝等。

要使塑料具有特殊的光学性能，可在塑料中加入珠光色料、磷光色料和荧光色料等。

5. 润滑剂

润滑剂主要的作用是防止塑料在成型过程中发生粘模，同时还能改善塑料的流动性以及提高塑料表面光泽程度。常用的润滑剂有硬脂酸、石蜡和金属皂类（硬脂酸钙、硬脂酸锌）等。常用的热塑性塑料聚乙烯、聚丙烯、聚氯乙烯、聚苯乙烯、聚酰胺和 ABS 等往往都要加入润滑剂。

6. 稳定剂

稳定剂的作用是抑制和防止树脂在加工过程或使用过程中产生降解。所谓降解是聚合物在热、力、氧、水、光、射线等作用下，大分子断链或化学结构发生有害变化的反应。

根据稳定剂的作用，可分为以下三种：

（1）热稳定剂　它的主要作用是抑制和防止树脂在加工过程或使用过程中受热而降解。例如聚氯乙烯，其成型温度高于树脂开始降解的温度，如不加入热稳定剂，当加工温度达到 100℃ 以上时，高分子就开始产生分解，放出氯化氢，颜色渐渐变成黄色、棕色至黑色，性能变脆，其产品就无使用价值。加入热稳定剂后即可防止上述现象的发生，保证塑料顺利成型并延长其使用寿命。目前使用热稳定剂的塑料主要是聚氯乙烯。热稳定剂的种类很多，三盐基性硫酸铅是使用最普遍的一种聚氯乙烯热稳定剂；硬脂酸钡是聚氯乙烯的稳定剂兼润滑剂。

（2）光稳定剂　它的作用是阻止树脂由于受到光的作用而引起降解，从而使塑料变色，力学性能下降。聚乙烯、聚丙烯、聚苯乙烯、聚碳酸酯等塑料中常加入光稳定剂。光稳定剂的种类很多，有紫外线吸收剂、光屏蔽剂等。2-羟基-4-甲氧基二苯甲酮是应用普遍的一种紫外线吸收剂。

（3）耐氧化剂　许多树脂在加工、储存和使用过程中会发生氧化，尤其在热和光的作用下，会使氧化加速进行，导致树脂降解而失去使用价值。聚乙烯、聚丙烯、ABS等都是易受氧化的塑料。2，6-二叔丁基对甲苯酚在高分子材料中是有效的耐氧化剂。

塑料除了上述几种主要成分外，还有阻燃剂、发泡剂、抗静电剂等。

二、塑料特性及用途

塑料有许多优良特性，应用十分广泛。

（1）密度小　塑料的密度一般为 $0.83 \sim 2.2 kg/dm^3$，只有钢的 $1/8 \sim 1/4$，铝的 $1/2$。最轻的是聚4-甲基戊烯-1，密度为 $0.83 kg/dm^3$；最重的是聚四氟乙烯，密度为 $2.2 kg/dm^3$。泡沫塑料的密度更小，其密度小于 $0.01 kg/dm^3$。

塑料密度小，对于减轻机械重量具有十分重要的意义，尤其是对车辆、船舶、飞机、宇宙飞行器等而言。例如，目前出现的以塑料为车身的小轿车，车身重只有186kg。同时，在日用工业中所用的传统材料，如金属、陶瓷、玻璃、木材等正逐步被塑料所代替。

（2）比强度和比刚度高　塑料强度不如金属好，但塑料密度小，所以比强度（σ_b/ρ）相当高，尤其以各种高强度的纤维状、片状或粉末状的金属或非金属为填料而制成较高强度的增强塑料，如玻璃纤维增强塑料，其比强度比一般钢材的比强度还高。塑料的比刚度（又称比弹性模量，用 E/ρ 表示）也较高。图 2-1 表示几种金属和增强塑料的比强度和比刚度的比较。由图可以看出，硼纤维和碳纤维增强塑料不仅比强度高，而且比弹性模量也很高。

比强度和比刚度好，在某些场合（如空间技术领域）具有重要的意义。例如，碳纤维和硼纤维增强塑料可用于制造人造卫星、火箭、导弹上的高强度、刚度好的结构零件。

（3）化学稳定性好　塑料对酸、碱、盐、气体和蒸汽具有良好的耐腐蚀作用。

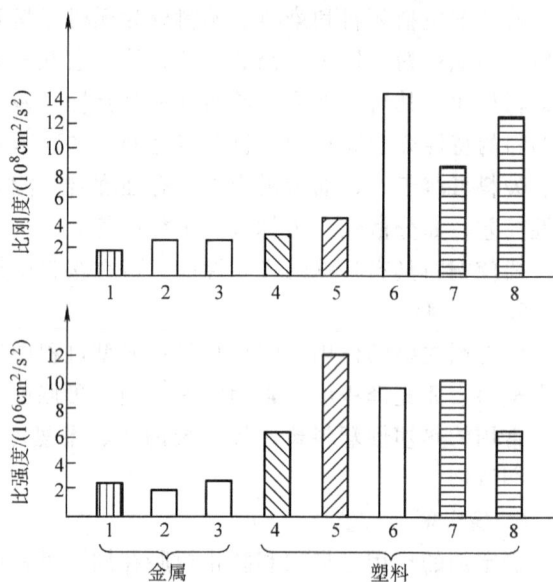

图 2-1　塑料和金属的比强度和比刚度
1—钛合金　2—铝合金　3—高强度钢　4—70% 玻璃纤维环氧塑料　5—75% 高强度玻璃纤维环氧塑料　6—70% 硼纤维环氧塑料　7—60% 高强度碳纤维环氧塑料　8—60% 高弹性模量碳纤维环氧塑料

特别是号称塑料王的聚四氟乙烯，除了融熔的碱金属外，其他化学药品，包括能溶解黄金的沸腾王水也不能腐蚀它。

因此，塑料在化工设备和其他腐蚀条件下工作的设备以及日用工业中应用广泛。最常用的耐腐蚀塑料是硬质聚氯乙烯，它可加工成管道、容器和化工设备中的零部件。

（4）电绝缘、绝热、隔声性能好　由于塑料具有优良的电绝缘性能和耐电弧性，所以广泛用于电机、电器和电子工业中做结构零件和绝缘材料，从一般的零件（如旋钮、接线板、插座等）到大型壳体（如电视机外壳等）都可以用塑料来制造，许多塑料已经成为不可缺少的高频材料。

塑料还具有良好的绝热保温和隔声吸声性能，所以广泛用于需要绝热和隔声的各种产品中。

（5）耐磨和自润滑性好　由于塑料的摩擦因数小、耐磨性高、自润滑性能好，加上比强度高，传动噪声小，因而可以在各种液体（包括油、水和腐蚀介质）、半干和干摩擦条件下有效地工作，可以制造轴承、轴瓦、齿轮、凸轮和滑轮等机器零件。还可粘贴或喷涂机床金属导轨（用尼龙1010），制造刹车块（用石棉酚醛塑料）等。

（6）粘结性能好　塑料一般都具有一定的粘结性能，可以与其他的金属或金属材料牢固粘接而制成复合材料和结构零件。例如，环氧树脂不但可以粘接木材、橡胶、玻璃、陶瓷等非金属材料，而且还可以粘接钢、铝、铜等金属材料，在模具制造中可以用于粘接固定凸模和导柱、导套等，因而被称为万能胶。

（7）成型性能好　由于塑料在一定条件下具有良好的塑性，因而可以用各种高生产率的成型方法制造制品。

（8）多种防护性能　除了上述的耐蚀性和绝缘性能外，塑料还具有防水、防潮、防透气、防震、防辐射等多种防护性能。因而它成为现代包装行业中不可缺少的新型包装材料。有一些具有特殊防护性能的塑料，在国防及尖端科学技术中起着特殊的防护作用，如芳杂环聚合物不但具有突出的耐高温、耐超低温和耐辐射特性，而且具有优良的力学性能、电绝缘性能和耐化学性能。它可以用于制造雷达天线罩、飞机和宇航发动机的零件及防原子辐射的飞行服等。

另外，塑料着色范围广，可以染成各种颜色。塑料光学性能较好，具有良好的光泽。许多不加填料的塑料可以制成透明性良好的制品，如有机玻璃、聚苯乙烯、聚碳酸酯等都可制成晶莹透明的制品。

但塑料与金属材料相比，也存在一些不足之处，如机械强度和硬度一般比金属材料低，耐热和导热性比金属材料差，一般的塑料工作温度仅100℃左右；导热系数是钢的1/200～1/300，是非铁金属的1/500～1/600；吸水性大，易老化，膨胀和收缩性较大等。这些缺点使塑料的应用受到一定的限制。但由于塑料有上述优越性，且针对其不足之处进行了改进，新型、耐热、高强度复合塑料的不断发展，因而塑料的应用越来越广泛，出现了金属零件塑料化的趋向。

三、成型用物料及其配制简介

根据塑料成型的需要，工业上用于成型的塑料有粉料、粒料、溶液和分散体等几种。不论哪一种物料，一般不是单纯的树脂，而是或多或少都加入各种添加剂的塑料。

1. 粉料和粒料

将一定配比的树脂和各种添加剂制成成分均匀的粉料或粒料有利于成型后得到性能一致的制品，同时便于装卸、计量和成型的操作。粉料和粒料的区别在于混合、塑化和细分的程度不同。粉料的配制通常是将塑料各组分放在混合设备中，按一定的工艺步骤混合即可。粒料的制造步骤是塑炼和造粒。塑炼是将经过混合的粉料置于塑炼设备中，借助加热和切应力作用使聚合物熔融，驱出挥发物等杂质，并进一步分散其中的不均匀组分；造粒是将经塑炼后的物料通过粒化设备或装置使之成为粒料。粒料更有利于成型出性能一致的制品。

粉料和粒料在生产中用得比较多,一般的成型工艺如注射、挤出等均采用粒料。但随着生产技术的提高和成型设备的改进,现在也有不少成型工艺改用粉料(如滚塑成型)。

2. 溶液

用流延法生产薄膜、胶片及某些浇铸制品等常用树脂的溶液作为原料,其主要组分是树脂与溶剂。溶剂通常是酯类、醚类和醇类等。除此之外,溶液中还需要加增塑剂、稳定剂、色料和稀释剂等。塑料成型中所用溶液,有的是在树脂合成时特意制成,有的则是在使用时,通过配制设备用一定的方法配制而成的。

用溶液为原料制成的制品,其中并不含溶剂,溶剂在制品生产过程中已经挥发掉了,所以构成塑料制品的主体是树脂,溶剂只是为加工需要而加入的一种助剂。

3. 分散体

塑料成型中作为原料用的分散体是树脂与非水液体形成的悬浮体,通称为溶胶塑料或"糊"塑料。非水液体也称分散剂,它包括增塑剂(如邻苯二甲酸酯类等)和挥发性溶剂(如甲基异丁基甲酮等)两类。除了树脂和非水液体之外,溶胶塑料还可以根据使用目的不同而加入各种添加剂,如稀释剂、稳定剂、填充剂、凝胶剂、着色剂等。加入的组分和比例不同,溶胶塑料的性质就会出现差异。

配制溶胶塑料方法是将树脂、分散剂和其他所有添加剂一起加入球磨机或其他混合机械中进行混合。

由溶胶塑料生产塑料制品要经过塑型和烘熔两个过程。塑型就是利用模具或其他器械,在室温下,使溶胶塑料成型。用溶胶塑料成型的突出特点是成型容易,不需要很高的压力。烘熔是将塑型后的制品进行热处理,从而使溶胶塑料发生物理或化学变化成为固体。溶胶塑料在搪塑、滚塑及涂层制品(如人造革)等方面得到广泛应用。

塑料成型工业中所用的溶胶塑料主要是聚氯乙烯溶胶塑料(或称聚氯乙烯"糊")。

第二节　塑料的分类

塑料的品种很多,塑料的分类方法也很多。

一、按塑料中合成树脂的分子结构及热性能分类

按塑料中合成树脂的分子结构及热性能分为热塑性塑料和热固性塑料,这是一个较科学的分类方法,因为它反映了高聚物的结构特点、物理性能、化学性能及成型特性。

1. 热塑性塑料

这种塑料中树脂的分子是线型或支链型结构。它在加热时软化并熔融,成为可流动的粘稠液体(即聚合物熔体),可成型为一定形状,冷却后保持已成型的形状。如果再次加热,又可以软化并熔融,可再次成型为一定形状的制品,如此可反复多次,在上述过程中,一般只有物理变化而无化学变化。

由于热塑性塑料具有上述特性,因此,在塑料加工过程中产生的边角料及废品可以回收掺入原料中使用。

属于热塑性塑料的有聚乙烯、聚丙烯、聚氯乙烯、聚苯乙烯、丙烯腈-丁二烯-苯乙烯共聚物(ABS塑料),聚甲基丙烯酸甲酯(有机玻璃)、聚酰胺(尼龙)、聚甲醛、聚碳酸酯、聚砜、聚苯醚、聚四氟乙烯、聚三氟乙烯、聚全氟乙丙烯、氯化聚醚等。

2. 热固性塑料

这类塑料中树脂的分子最终是呈体型结构。它在受热之初，因分子呈线型结构，故具有可塑性和可熔性，可成型为一定形状，当继续加热时，线型高聚物分子主链间形成化学键结合（即交联），分子呈网型结构，当温度达到一定值后，交联反应进一步发展，分子变为体型结构，树脂变为既不熔融也不溶解，形状固定下来不再变化，称为固化。如果再加热，不再软化，不再具有可塑性。在上述成型过程中，既有物理变化又有化学变化。

由于热固性塑料具有上述特性，因此制品一旦损坏便不能回收再用。

属于热固性塑料的有酚醛塑料、氨基塑料、环氧塑料、聚邻苯二甲酸二烯丙酯、有机硅塑料、硅酮塑料等。

二、按塑料的性能及用途分类

按塑料的性能及用途，可分为通用塑料、工程塑料、增强塑料、橡胶、功能塑料。

1. 通用塑料

通用塑料是指产量大、用途广、价格低的塑料。酚醛塑料、氨基塑料、聚氯乙烯、聚苯乙烯、聚乙烯、聚丙烯等六大品种塑料、属于通用塑料。

2. 工程塑料

工程塑料是指在工程技术中作为结构材料的塑料，这类塑料的力学性能、耐磨性、耐腐蚀性、尺寸稳定性等均较高。由于它既有一定的金属特性，又有塑料的优良性能，所以在机器制造、轻工、电子、日用、宇航、导弹、原子能等工程技术部门得到广泛应用。

目前在工程上使用较多的塑料有聚酰胺、聚碳酸酯、聚甲醛、ABS 塑料、聚砜、聚苯醚、氯化聚醚（聚氯醚）等。

3. 增强塑料

在塑料中加入玻璃纤维等填料作为增强材料，以进一步改善塑料的力学、电气性能，这种新型的复合材料通常称为增强塑料。增强塑料具有优良的力学性能，比强度和比刚度高。增强塑料分为热固性增强塑料和热塑性增强塑料。热固性增强塑料又称为玻璃钢。

4. 橡胶

橡胶也是高分子材料，其分子链结构与一般树脂不同，不易结晶或结晶度很小，并且有宽的高弹态温度范围（$T_g \sim T_f$），因而保证了在较宽的使用温度范围内具有足够的弹性。可以说，橡胶实质上是特种高分子材料的一种状态（见下节）。

橡胶有通用橡胶和特种橡胶两大类，通用橡胶有丁苯橡胶、异戊橡胶、乙丙橡胶、聚氨酯橡胶等；特种橡胶有氟橡胶、硅橡胶等。

5. 功能塑料

功能塑料或功能高分子材料是指具有特殊功能或特殊环境下使用的高分子材料，如电磁功能高分子材料、光功能高分子材料、化学功能高分子材料、医用高分子材料、环境敏感高分子材料等。

第三节　塑料的性能

塑料的性能包含使用性能和工艺性能两个方面。使用性能体现了塑料的使用价值；工艺性能体现了塑料的成型特性。

一、塑料的使用性能

塑料的使用性能包括物理性能、化学性能、力学性能、热性能、电性能等。这些性能都可以用一定的指标衡量并可以用一定的试验方法加以测定。

1. 塑料的物理性能

塑料的物理性能主要有密度、表观密度、透气性、透湿性、吸水性、透明性、透光率等。

密度是指单位体积中塑料的质（重）量；而表观密度是指单位体积的试验材料（包括空隙在内）的质（重）量。

透湿性是指塑料透过蒸汽的性质。它可以用透湿系数表示。透湿系数是在一定温度下，试样两侧在单位压力差情况下，单位时间内在单位面积上通过的蒸汽质（重）量与试样厚度的乘积。

吸水性是指塑料吸收水分的性质。它可以用吸水率表示。吸水率是指在一定温度下，把塑料放在水中浸泡一定时间后质（重）量增加的百分率。

透明性是指塑料透过可见光的性质。它可用透光率来表示。透光率是指透过塑料的光通量与其入射光通量的百分率。

2. 塑料的化学性能

塑料的化学性能主要有耐化学性、耐候性、耐老化性、光稳定性、抗霉性等。

耐化学性是指塑料耐酸、碱、盐、溶剂和其他化学物质的能力；耐候性是指塑料暴露在日光、冷热、风雨等气候条件下，保持其性能的性质；耐老化性是指塑料暴露于自然环境或人工条件下，随着时间推移而不产生化学结构变化，从而保持其性能的能力；光稳定性是指塑料在日光或紫外线照射下，抵抗褪色、变黑或降解等的能力；抗霉性是指塑料对霉菌的抵抗能力。

3. 塑料的力学性能

塑料的力学性能主要有抗拉强度、抗压强度、抗弯强度、断裂伸长率、冲击韧度、抗疲劳强度、耐蠕变性、摩擦因数及磨耗、硬度等。

磨耗是指两个彼此接触的固体（实验时是用塑料与砂纸）因摩擦作用而使材料（塑料）表面造成的损耗。它可以用摩擦损失的体积表示。

4. 塑料的热性能

塑料的热性能主要是线膨胀系数、导热系数、玻璃化温度、耐热性、热变形温度、熔体指数、热稳定性、热分解温度、耐火度等。

玻璃化温度是指无定型或半结晶型的高聚物从黏流态或高弹态（橡胶态）向玻璃态转变（或相反转变）的温度。

耐热性是指塑料在外力作用下，受热而不变形的性质，它可用热变形温度或马丁耐热温度来量度。热变形温度和马丁耐热温度测定的基本原理都是将试样置于等速升温的环境中，并在一定的弯矩作用下，测定其达到一定弯曲变形量时的温度。但热变形温度和马丁耐热温度测定的装置和测定方法不同，应用场合也不同。前者适用于量度在常温下是硬质的模塑材料和板料的耐热性；后者适用于量度耐热性小于 60℃ 的塑料的耐热性。

熔体指数是指热塑性树脂在一定温度和负荷下，其熔体在 10min 内通过标准毛细管的质量，以 g/10min 表示。它是反映塑料在熔融状态下流动性的一个量值。

热稳定性是指高分子化合物在加工或使用过程中受热而不分解变质的性质。它可以用一定量的高聚物以一定压力压成一定尺寸的试片，然后将其置于专用的试验装置中，在一定温度下恒温加热一定时间，测其质（重）量损失，并以损失的质（重）量与原来质（重）量的百分率表示热稳定性的大小。

热分解温度是高分子化合物在受热时发生分解的温度。它是反映高聚物热稳定性的一个量值。它可以用压力法或试纸鉴别法测试。压力法是根据高聚物分解时产生气体，从而产生压力差的原理进行测试；试纸鉴别是根据高聚物发生分解放出的气体使试纸变色的原理进行测试。

耐火度是指塑料接触火焰时抵制燃烧或离开火焰时阻碍继续燃烧的能力。

5. 塑料的电性能

塑料的电性能主要有表面电阻率、体积电阻率、介电常数、介电强度、耐电弧性、介电损耗等。

表面电阻率是平行于通过材料（塑料）表面上的电流方向的电位梯度与表面单位宽度上的电流之比；体积电阻率是平行于通过材料（塑料）电流方向的电位梯度与电流密度之比；介电常数是以绝缘材料（塑料）为介质与以真空为介质制成同尺寸电容器的电容量之比；介电强度是塑料抵抗电击穿能力的量度，其值为试样击穿电压值与试样厚度之比，单位为 kV/mm；耐电弧性是塑料抵抗由于高压电弧作用引起变质的能力，通常用电弧焰在塑料表面引起炭化至表面导电所需的时间表示；介电损耗是置于交流电场中的塑料以内部发热（温度升高）形式表现出来的能量损耗。其大小可用介质损耗角正切来衡量。所谓介质损耗角正切是对塑料施以正弦波电压时，外施电压与相同频率的电流之间的相角余角 δ 的正切值（$\tan\delta$）。

二、热固性塑料的工艺性能

1. 收缩性

热固性塑料通常是在高温熔融状态下充满模具型腔而成型的，当塑料件冷却到室温后，其尺寸会发生收缩。影响收缩的基本因素包括：

（1）塑料种类 不同的塑料，其收缩率是不同的。即便是同一种塑料，由于其树脂的分子量和填料品种及含量等的不同，收缩率也不同。树脂含量高，分子量高，填料为有机物，收缩大。

（2）化学结构的变化 热固性塑料在成型过程中，树脂分子是从线型结构过渡到体型结构的，而后者的密度比前者大，故要收缩。

（3）热收缩 塑料的膨胀系数比钢大，塑料件冷却收缩比模具大，故塑料件尺寸比模具型腔相应尺寸小。

（4）弹性恢复 当塑料件脱模时，由于压力降低，产生弹性恢复而胀大，这会减少总收缩。

（5）塑料制品结构 制品形状、尺寸、壁厚、有无嵌件，嵌件数量与分布对收缩率有较大影响。制品结构复杂、壁薄、嵌件多且均匀分布的，则收缩率小。

（6）成型工艺 预热情况、成型温度、模具温度、成型压力、保压时间等对收缩率有影响。有预热，成型温度不高，成型压力较大，保压时间较长的，收缩率较小。

（7）塑性变形 当开模时，塑料所受的压力降低，但模壁仍紧压塑料件四周，可能使塑料件局部变形，造成局部收缩。

应该注意到，塑料件的收缩往往具有方向的特征，这是因为在成型时高分子按流动方向取向，所以在流动方向和垂直于流动方向上性能有差异，收缩也就不一样，沿流动方向收缩大，强度高；垂直流动方向收缩小，强度低。同时，由于塑料件各部位添加剂分布不均匀，密度不均匀，所以收缩也不均匀，这些收缩的不均匀性必然造成塑料件翘曲、变形甚至开裂。

此外，塑料件在成型时，由于受到成型压力和切应力作用，同时由于各向异性及添加剂分布、密度、模温、固化程度等不均匀性的影响，所以成型后的塑料件内有残余应力存在。脱模后的塑料件由于残余应力趋于平衡，导致塑料件尺寸发生变化，这种由于残余应力变化而引起塑料件的再收缩称为后收缩。有时根据塑料件的性能和工艺要求，塑料件在成型后需进行热处理，热处理后也会引起尺寸变化。由成型后热处理引起的收缩称为后处理收缩。

为了获得合格的塑料件，塑料模具设计时必须考虑塑料的收缩性及收缩的复杂性。

2. 流动性

塑料在一定的温度与压力下充满模具型腔的能力称为流动性。衡量塑料流动性的指标通常用拉西格流动性表示。所谓拉西格流动性是将一定质（重）量的塑料预压成圆锭，放在标准压模（图 2-2）中，在一定的温度和压力条件下，测定塑料自模孔中挤出的长度（单位为 mm），此即拉西格流动性。其值大，流动性好；反之，则流动性差。

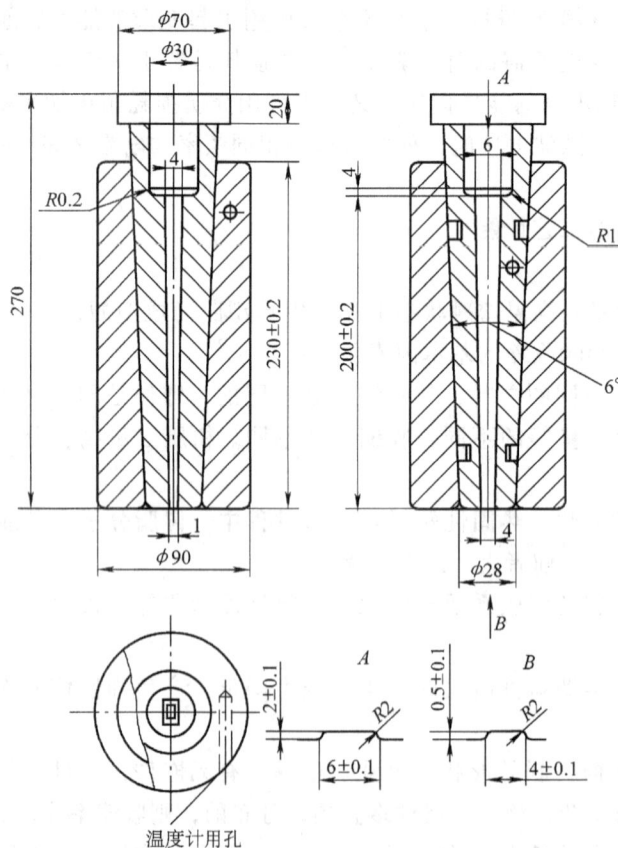

图 2-2　拉西格流动性测定用压模

不同的塑料，其流动性不同。同一种塑料的流动性与树脂相对分子质量、填料的性质和含量，颗粒的形状与大小、含水量、增塑剂与润滑剂含量等有关。一般来说，树脂相对分子质量小、填料颗粒细且呈球状的、含水、增塑剂、润滑剂高的，流动性大。所以，同一种塑料流动性分为三个等级。

塑料的流动性除了与塑料性质有关外，还与模具结构、表面粗糙度、预热及成型工艺条件等有关。

塑料流动性对塑料制品的质量、模具设计以及成型工艺影响很大。流动性过大，易造成溢料，塑料件内部容易产生疏松且树脂与填料分别聚集，易粘模，造成脱模、清理困难等。但流动性太小，型腔填充不足，成型困难，选用塑料制品材料时，应根据制品的结构、尺寸及模塑方法选择适当流动性的塑料。塑料制品面积大、嵌件多、型芯及嵌件细弱、有狭窄深槽及薄壁等复杂形状的，应选流动性好的塑料，传递模塑和注射成型应选择流动性好的塑料。模具设计时应根据塑料流动性来考虑分型面和浇注系统及进料方向，如流动性差的，浇注系统截面应增大。选择成型温度等工艺条件也应考虑塑料的流动性。

为了提高塑料流动性。可在塑料中加入增塑剂和润滑剂；可采用适当的模具结构（如不溢式压缩模）；减小型腔表面粗糙度；适当提高成型压力和成型温度等。

3. 比容与压缩率（压缩比）

比容是单位质（重）量塑料所占的体积；压缩率是塑料的体积与塑料制品体积之比，其值恒大于1。

比容和压缩率都表示了各种塑料的松散程度，它们都可以作为确定加料腔大小的依据。比容和压缩率大的，要求加料腔大，而且比容和压缩率大，内部充气多，成型时排气困难，成型周期长，生产率低。比容和压缩率小，情况则相反，对压缩成型有利。但比容和压缩率太小，如以容积法装料则会造成加料量不准确。

各种塑料的比容和压缩率是不同的，同一种塑料，其比容和压缩率与塑料形状、颗粒度及均匀性有关。

4. 水分和挥发物的含量

塑料中的水分和挥发物来自两方面：一是塑料生产过程遗留下来及成型之前在运输、储存期间吸收的；二是成型过程中化学反应产生的副产物。如果塑料中的水分和挥发物过多又处理不及时，则会产生如下问题：流动性大，易产生溢料，成型周期长，收缩率大，塑料件易产生气泡、组织疏松、变形翘曲、波纹等弊病。不仅如此，有的气体对模具有腐蚀作用，对人体有刺激作用。因此，必须采取相应措施，消除或抵消其有害作用。对于水分和挥发物的第一种来源，必要时可在成型前进行预热干燥；而对后者，包括预热干燥时未除去的部分，应在成型过程中设法去除，如在模具中开排气槽或压制操作时设排气工步等。模具表面镀铬是防止腐蚀的有效方法。

当然，塑料过于干燥会导致流动性不良，成型困难，所以不同塑料应按要求进行预热干燥，控制水分的含量。

5. 固化特性

在热固性塑料的成型过程中，树脂发生交联反应，分子结构由线型变为体型，塑料由既可熔又可溶变为既不熔又不溶的状态，在成型工艺中把这一过程称为固化（熟化）。

固化速度与塑料种类、制品形状、壁厚、是否预热、成型温度等因素有关。采用预压的锭料，预热，提高成型温度，增长加压时间，都能加快固化速度，但固化速度必须与成型方法和制品大小及复杂程度相适应。对于注射成型，要求在塑化、充模阶段化学反应要慢，而在充满型腔后则应加快固化速度。结构复杂的制品，固化速度过快，则难以成型。

聚合物产生交联反应的内在原因是高分子的分子链中带有反应基团（如羟甲基等）或反应活点（如不饱和键等）。在一定的温度、压力等成型条件下，这些分子通过自带的反应基团的作用或自带的反应活点与交联剂（又称固化剂，是后加的）作用而交联在一起，从而形成了体型高聚物。实践证明，这种交联反应是很难完全的。如何根据各种热固性塑料的交联特性，通过控制成型工艺条件，达到所需的固化速度和交联程度是热固性塑料模塑成型中的重要问题。

三、热塑性塑料的工艺性能

1. 收缩性

影响热塑性塑料的收缩因素与热固性塑料的基本相同。

2. 塑料状态与加工性

热塑性塑料在恒定压力下，随着加工温度的变化，存在三种状态，如图 2-3 所示。

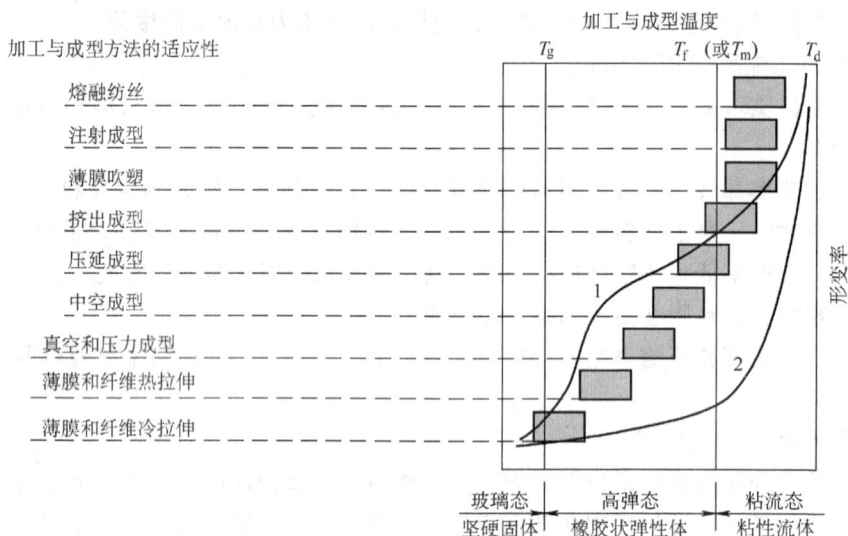

图 2-3　线型聚合物的聚集态与成型加工的关系

1—非结晶型树脂　2—结晶型树脂　T_g—玻璃化温度　T_f—非结晶

型塑料粘流温度　T_m—结晶型塑料熔点　T_d—热分解温度

（1）玻璃态　处于玻璃态（结晶型树脂为结晶态）的树脂是坚硬的固体。它受外力作用有一定的变形能力，其变形是可逆的，即外力消失后，其变形也随之消失。在这种状态下不宜进行大变形量的加工，但可以进行车、铣、钻、刨等切削加工。

（2）高弹态　高弹态的树脂是橡胶状态的弹性体。其形变能力显著增大，但变形仍具有可逆性质。在这种状态下，可进行真空成型、压延成型、中空成型、冲压、锻造等。进行上述成型加工时，必须充分考虑到它的可逆性，为了得到所需形状和尺寸的塑料制品，必须把成型后的制品迅速冷却到 T_g 以下的温度。T_g 是大多数聚合物成型加工的最低温度，也是选择和合理应用材料的重要参数。在 T_g 以下某一温度，材料受力容易发生断裂破坏，这一温度称为脆化温度，它是塑料使用温度的下限。

（3）黏流态　黏流态的树脂是黏性流体，通常把这种液体状态的聚合物称为熔体。在这种状态下成型加工具有不可逆性质，一经成型和冷却后，其形状永远保持下来。在这种状态下可进行注射、吹塑、挤出等成型加工。过高的温度将使熔体粘度大大降低，不适当地增加流动性会导致成型过程溢料，成型后的制品形状扭曲等。温度高达 T_d 附近会引起聚合物分解。因此，T_f（或 T_m）、T_d 是进行成型加工的重要参考温度。

应该注意的是，完全结晶的高聚物无高弹性，即在高弹态阶段不会有明显的弹性变形，只有在温度高于 T_m 时，才很快熔化成黏流态，产生突然增大的变形。但是结晶形高聚物一般不可能完全结晶，都含有非结晶部分，所以，在熔化温度以下能够产生一定程度的变形。

3. 粘度与流动性

粘度是指塑料熔体内部抵抗流动的阻力。塑料在成型过程中影响其粘度的因素有两个方面，即高聚物本身的分子结构、相对分子质量、相对分子质量分布及塑料的组成和工艺条件。前者表现为不同品种的塑料熔体具有不同的粘度，聚碳酸酯、聚氯乙烯、聚甲基丙烯酸甲酯等的熔体粘度比聚乙烯、聚丙烯大得多；后者表现为黏流状态的塑料，其粘度受温度、压力、切应力和剪切速率的影响。一般来说，粘流态的塑料的粘度随着切应力（或剪切速率）的增大而降低，尤其是聚甲醛；粘度随温度的增高也是下降的，尤其是醋酸纤维素、聚碳酸酯等。有的塑料熔体粘度对温度变化的敏感性不大，而对切应力的敏感性较大，如聚甲醛；而有的塑料熔体的粘度对切应力敏感性不大，对温度却较敏感，如聚酰胺、聚甲基丙烯酸甲酯等。塑料熔体的粘度随着压力的增高而增大。

由此看来，掌握塑料的粘度及其影响因素，对于分析塑料的流动性，确定成型工艺条件，达到预期的成型结果，具有较重要的参考价值。

热塑性塑料的流动性可以用熔体指数来衡量。熔体指数测定仪如图 2-4 所示。在筒内装入一定量的塑料并加热到规定的温度，在特定的压力下将熔融塑料从固定直径的毛细管中压出。每 10min 所压出的塑料质（重）量（g/10min）即为该塑料的熔体指数。

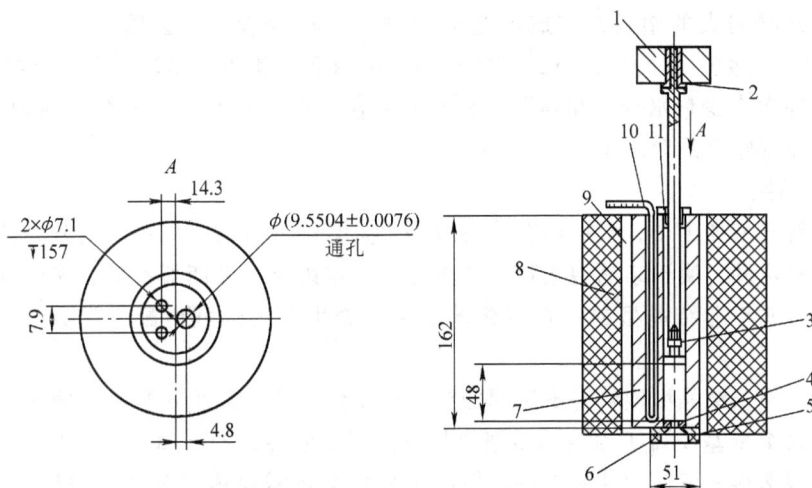

图 2-4　熔体指数测定仪

1—砝码　2—绝热衬套　3—活塞　4—出料模孔　5—托盘　6—绝热垫盘

7—炉体　8—隔热层　9—释热元件　10—温度计　11—导套

显然，塑料熔体的粘度大，流动性差；粘度小，流动性好。依模塑工艺和模具设计的需要，可将常用塑料的流动性大致分为三类：

1）流动性好的有聚酰胺、聚乙烯、聚苯乙烯、聚丙烯、醋酸纤维素等。

2）流动性中等的有改性聚苯乙烯、ABS、AS、聚甲基丙烯酸甲酯、聚甲醛、氯化聚醚等。

3）流动性差的有聚碳酸酯、硬聚氯乙烯、聚苯醚、聚砜、氟塑料等。

从塑料熔体充满模具型腔的实际能力来看，影响其流动性的因素除了上述影响粘度的因素外，还有模具的浇注系统形式、尺寸及其布置，冷却系统和排气系统的设置，型腔的形状及表面粗糙度等都直接影响塑料熔体的实际流动情况，凡是促使熔体降温或增加流动阻力的都会降低其流动性。另外，模塑成型前塑料的干燥对流动性也有影响，过于干燥会降低流动性。

应该指出，成型压力增大，一般可提高塑料熔体充模的能力，但由于成型压力的增大，在某些情况下，粘度会增大很多，因此，有时在一般压力下容易成型的聚合物，当压力过大时，会由于粘度的增大而导致成型困难。这说明，单纯依靠增大压力来提高塑料充模能力是不可取的。过高的压力不仅使熔体粘度增大，而且造成过多的功率消耗和过大的设备磨损。

4. 吸水性

塑料吸水性大致可分为两类：一类是具有吸水或粘附水分倾向的塑料，如聚甲基丙烯酸甲酯、聚酰胺、聚碳酸酯、聚砜、ABS 等；另一类是既不吸水也不易粘附水分的塑料，如聚乙烯、聚丙烯、聚甲醛等。

凡是具有吸水或粘附水分倾向的塑料，尤其象聚酰胺、聚甲基丙烯酸甲酯、聚碳酸酯等，如果在成型之前水分没有去除，那么在成型时，由于水分在成型设备的高温料筒中变为气体并促使塑料发生水解，导致塑料起泡和流动性下降，这样，不仅给成型增加难度，而且使塑料件的表面质量和力学性能下降。为保证成型的顺利进行和塑料制品的质量，对吸水性和粘附水分倾向大的塑料，在成型之前应进行干燥处理，以去除水分。水分一般控制在 0.4%（质量分数，后同）以下，ABS 塑料水分含量一般在 0.2% 以下。有些塑料（如聚碳酸酯）即使含有少量水分，在高温、高压下也容易发生分解，这种性能称为水敏性，对此，必须严格控制塑料的含水量。

5. 结晶性

在塑料成型加工中，根据塑料冷凝时是否具有结晶特性，可将塑料分为结晶型塑料和非结晶型塑料两种。属于结晶型塑料的有聚乙烯、聚丙烯、聚四氟乙烯、聚甲醛、聚酰胺、氯化聚醚等；属于非结晶型的塑料有聚苯乙烯、聚甲基丙烯酸甲酯、聚碳酸酯、ABS、聚砜等。

一般来说，结晶型塑料是不透明的或半透明的；非结晶型塑料是透明的。但也有例外的情况，如聚 4-甲基戊烯-1 为结晶型塑料却有高度透明性；ABS 属于非结晶型塑料却不透明。

结晶型塑料一般使用性能较好，但由于加热熔化需要热量多，冷却凝固放出热量也多，因而必须注意成型设备的选用和冷却装置的设计；结晶型塑料收缩大，容易产生缩孔或气孔；结晶型塑料各向异性显著，内应力也大，脱模后制品容易产生变形、翘曲。同时，由于结晶、熔化温度范围窄，易发生未熔塑料注入模具或堵塞浇口。

应该指出，结晶型塑料不大可能形成完全的晶体，一般只能有一定程度的结晶。其结晶度随着成型条件的变化而变化，如果熔体温度和模具温度高，熔体冷却速度慢，塑料制品的结晶度大；相反，则制品的结晶度小。结晶度大的塑料密度大，强度、硬度高，刚度、耐磨性好，耐化学性和电性能好；结晶度小的塑料，柔软性、透明度较好，伸长率和冲击韧度较大。因此，可以通过控制成型条件来控制塑料制品的结晶度，从而控制其性能，使之满足使用要求。

6. 热敏性

热敏性是指某些热稳定性差的塑料，在料温高和受热时间长的情况下就会产生降解、分解、变色的特性。具有这种特性的塑料称为热敏性塑料，如硬聚氯乙烯、聚三氟氯乙烯、聚甲醛等。

热敏性塑料产生分解、变色实质上是高分子材料的变质、破坏，不但影响塑料的性能，而且会分解产生气体或固体，尤其是有的气体对人体、设备和模具都有损害。而有的分解产物往往又是该塑料分解的催化剂，如聚氯乙烯分解产物氯化氢，能促使高分子分解作用的进一步加剧。为了防止热敏性塑料在成型过程中出现分解现象，一方面在塑料中加入热稳定剂，另一方面应选择合适的成型设备，正确控制成型加工温度和加工周期。同时应及时消除分解产物，设备和模具应采取防腐蚀措施等。

7. 应力开裂

有些塑料如聚苯乙烯、聚碳酸酯、聚砜等质地较脆，成型时又容易产生内应力，因此在外力或在溶剂作用下容易产生开裂。为防止这种缺陷产生，一方面可在塑料中加入增强材料加以改性，另一方面应注意设计成型工艺过程和模具（如成型前的预热干燥，正确确定成型工艺条件，对塑料制品进行后处理，合理设计浇注系统和推出装置等）。还应注意提高塑料件的结构工艺性。

8. 熔体破裂

当塑料熔体在恒温下通过喷嘴孔时，其流速超过一定值后，挤出的熔体表面发生明显的横向凹凸不平或外形畸变以致支离或断裂，这种现象称为熔体破裂。发生熔体破裂会影响塑料制品的外观和性能，所以对于熔体指数高的塑料，应增大喷嘴、流道和浇口截面，以减小压力，减小注射速度，从而防止熔体破裂的产生。

第四节　常用塑料的性能及应用

塑料与树脂名称及缩写代号见附表1。

常用塑料的性能及用途见附表2，常用塑料的主要技术指标见附表3、附表4。

一、热塑性塑料

1. 聚氯乙烯（PVC）

聚氯乙烯树脂为线型结构、非结晶型的高聚物，其可溶性和可熔性较差，加热后塑性也很差。所以，纯聚氯乙烯树脂不能直接用作塑料，一般都应加入增塑剂、填充剂、稳定剂、润滑剂等添加剂而成为塑料。由于聚氯乙烯树脂原料来源丰富、价格低廉，制成的塑料性能优良，因而世界各国都进行大量生产。

（1）聚氯乙烯塑料的类型、使用性能及用途

1）硬聚氯乙烯。这种塑料不含或只含少量的增塑剂。它的强度较高、质硬、介电性能好，化学稳定性好，耐酸碱能力强，但耐热性不高。硬聚氯乙烯的粒料可供挤出成型和注射

成型，主要用于制造片（板）材、管材、棒材等各种型材；生产泵中的零件、各种管接头、三通阀等零件；还可用于制造泡沫塑料。

2）软聚氯乙烯。这种塑料含有较多的增塑剂，可塑性、流动性比硬聚氯乙烯好；塑料制品柔软且有弹性，耐酸碱能力强，耐寒、耐光且不受氧及臭氧的影响。但耐热性、力学强度、耐磨性、耐溶剂性及介电性等不如硬聚氯乙烯塑料。软聚氯乙烯可供压延或吹塑制造薄膜；可用挤出成型制造塑料管和塑料带；还可用注射成型制造手柄、绝缘垫圈等结构零件。聚氯乙烯熔胶塑料可以用于浇铸成型和生产涂层制品、搪塑制品等。

大多数聚氯乙烯塑料长期使用温度范围不宽（−15～55℃）。某些特殊配方的长期使用温度可达90℃。

（2）聚氯乙烯的成型性能 聚氯乙烯的成型性能较差，这是由于它的成型温度范围较窄，又是热敏性塑料。其熔融温度范围较宽，加热到80～85℃就开始软化，它的粘流温度接近于分解温度，在140℃时开始分解，180℃分解加速，同时放出HCl气体使塑料变色，即由白变成黄、玫瑰红、棕，直至黑色。因此，必须严格控制成型温度，增大模具浇注系统截面尺寸，注意模具冷却系统设计，提高型腔表面光滑程度（镀铬等）。

2. 聚苯乙烯（PS）

聚苯乙烯树脂是无色、透明并有光泽的非结晶型线型结构的高聚物。其原料来源广泛，石油工业的发展促进了聚苯乙烯大规模的生产。目前，它的产量仅次于聚乙烯和聚氯乙烯。

（1）聚苯乙烯的使用性能 聚苯乙烯透明度好；透光率高，在塑料中其光学性能仅次于有机玻璃；聚苯乙烯化学稳定性优良，耐酸（硝酸除外）、碱、醇、油、水等的能力较强，但对氧化剂、苯、四氯化碳、酮类（除丙酮外）、酯类等抵抗能力较差；聚苯乙烯的电性能优良，是理想的高频绝缘材料；聚苯乙烯抗拉强度和抗弯强度较高。但聚苯乙烯耐热性不高，使用温度为−30～80℃；耐磨性较差，质脆，冲击韧度较低；导热系数小，线膨胀系数比金属大，塑料件易产生内应力，易开裂。

（2）聚苯乙烯的成型性能 聚苯乙烯成型性能优良，其吸水性小，成型前可不进行干燥；收缩小，制品尺寸稳定；比热容小，可很快加热塑化，且塑化量较大，故成型速度快，生产周期短，可进行高速注射；流动性好，可采用注射、挤出、真空等各种成型方法。但注射成型时应防止淌料；应控制成型温度、压力和时间等工艺条件（低注射压力、延长注射时间）以减少内应力。

（3）聚苯乙烯的用途 聚苯乙烯可制造仪表外壳和指示灯罩、汽车灯罩、电视机结构零件、高频插座、隔音和绝缘用泡沫塑料、各种容器等。

3. 聚乙烯（PE）

聚乙烯树脂是结晶型的线型结构的高聚物。它和聚丙烯、聚丁烯-1等均属聚烯烃，而聚乙烯是最主要的聚烯烃。石油工业的发展为它提供了充足的原料，它的产量在塑料工业中占首位。

按合成时所采用的压力不同，聚乙烯合成方法可分为高压、中压和低压三种。由于聚合条件不同，其分子结构式虽然同属线型，但有所区别，因而性能也就有所差异。高压法所得聚乙烯结晶度不高（仅60%～70%）、密度较低，相对分子质量较小，常称为低密度聚乙烯；而中、低压法所得聚乙烯结晶度较高（高达87%～95%），密度大，相对分子质量大，常称为高密度聚乙烯。目前，已采用低压法生产低密度聚乙烯；采用高压法生产高密度聚乙烯。低压法低密度聚乙烯已成为发展方向。

（1）聚乙烯的使用性能　聚乙烯的介电性能与温度和频率无关，是理想的绝缘材料，无杂质的聚乙烯可以作为超高频绝缘材料；聚乙烯的耐热性不高，低密度聚乙烯使用温度不超过80℃，高密度聚乙烯使用温度不高于100℃，但耐寒性却很好，在-60℃仍有较好的力学性能，甚至-70℃仍有一定的柔软性；聚乙烯的化学稳定性很好，在常温下能耐稀硫酸、稀硝酸和任何浓度的其他酸、碱、盐溶液的作用，但不能耐浓硫酸和浓硝酸的作用；聚乙烯可溶性较差，在室温下，聚乙烯不溶解于一般溶剂，只有矿物油、凡士林、某些动物油或植物油与之接触会产生溶胀、变色以致破坏；聚乙烯耐水性很好，长期与水接触，其性能保持不变；聚乙烯在热、光、氧气的作用下会发生老化，逐渐变脆，力学性能和介电性下降，为此，必须在聚乙烯塑料中加入抗氧化剂和紫外线吸收剂等稳定剂；聚乙烯具有一定的力学性能，但与其他塑料相比，其强度、表面硬度较低，弹性模量也不高，在这方面，高密度聚乙烯优于低密度聚乙烯，但柔软性、冲击韧度不如低密度聚乙烯。

（2）聚乙烯的成型性能　聚乙烯的成型性能好，这是由于吸水性小，成型前可不预热干燥；熔体粘度小，流动性好，成型时不易分解。但冷却速度慢，模具应注意开设冷却系统；成型收缩值较大，方向性明显，制品容易变形、翘曲、应控制模温，冷却要均匀、稳定。它可以采用挤出、注射、中空吹塑、滚塑、热成型涂覆等方法制造塑料制品。

（3）聚乙烯用途　聚乙烯可用于制造电气绝缘零件，尤其是无线电中的高频绝缘电线、电缆；由于它具有良好的物理、化学特性，因而用它生产的吹塑薄膜是一种理想的包装材料；可用挤出成型生产管材、单丝绳；可以用注射成型生产机械零件和日用品；还可以制成防油脂、防湿的涂覆纸。

4. 聚丙烯（PP）

聚丙烯由丙烯单体聚合而成。由于聚合条件的差异，同一丙烯单体可能聚合出分子结构有差异的聚丙烯，即等规聚丙烯、间规聚丙烯和无规聚丙烯，间规聚丙烯工业生产量少，无规聚丙烯是无定型的粘稠物，不能作为塑料使用。在此，只介绍等规聚丙烯。

聚丙烯树脂是结晶型的线型结构的高聚物。由于聚丙烯原料易得，价格较便宜、塑料用途又广，所以发展迅速，产量很大，目前其产量仅次于聚乙烯、聚氯乙烯和聚苯乙烯。

（1）聚丙烯的使用性能　聚丙烯具有聚乙烯所有的优良性能，如优良的介电性能、耐水性、化学稳定性、成型性好等。同时，许多性能比聚乙烯还好，如耐热性较好，聚丙烯的制品可在100~120℃下长期使用，在没有外力作用下，温度即使超过150℃也不变形。但耐低温不如聚乙烯，温度低于-35℃会产生脆裂。力学性能较好，抗弯强度和抗拉强度接近于聚苯乙烯，刚度和伸长率好，抗应力开裂性比聚乙烯好，但耐磨性稍差。聚丙烯的严重缺点是在氧、热、光作用下容易降解、老化。为此，应在聚丙烯塑料中加入稳定剂。

（2）聚丙烯成型性能　聚丙烯吸水性小，熔融状态流动性比聚乙烯好，但收缩率大，易产生缩孔、凹痕、变形等缺陷，成型温度低时，方向性明显，凝固速度较快，容易产生内应力。因此，应注意控制成型温度，制品壁厚应该均匀，浇注系统应较缓慢散热，冷却速度不宜过快。注意控制模具温度，模具温度太低（<50℃），制品不光泽，易产生熔接痕；模具温度太高（>90℃），易产生翘曲、变形。

聚丙烯可进行挤出、注射、吹塑和真空成型等，其成型适应性较强。

（3）聚丙烯用途　聚丙烯可以制成板（片）材、管材、绳、薄膜、瓶子，化工设备中的法兰、管接头、泵的叶轮、阀门配件等机械零件以及电器绝缘零件、日用品等；聚丙烯还可用于合成纤维抽丝。

5. 聚酰胺——尼龙（PA）

聚酰胺是在工程技术中广泛应用的一种热塑性塑料。尼龙（Nylon）是国外的商品名称，我国的商品名称是"锦纶"。以前，聚酰胺主要用于合成纤维，现在作为塑料日益增多，目前它的产量在工程塑料中居于首位。

聚酰胺树脂是含有酸胺基（—CO—NH—）的结晶型的线型高聚物。它的品种很多，如尼龙3、尼龙4、尼龙6、尼龙8、尼龙9、尼龙10、尼龙11、尼龙12、尼龙13、尼龙46、尼龙56、尼龙66、尼龙510、尼龙610、尼龙1010、尼龙1313等。还有共聚尼龙，如尼龙66/6、尼龙66/610等。

（1）聚酰胺的使用性能　聚酰胺的抗拉强度、硬度、耐磨性和自润滑性很突出，其耐磨性高于制作轴承的铜及铜合金，并有很好的耐冲击性能，疲劳强度与铸铁、铝合金相当；聚酰胺耐弱碱和大多数盐类，但不耐强酸和氧化剂；它不溶于普通的有机溶剂（如苯、汽油、煤油等）和油脂，但会被甲酚、苯酚、浓硫酸溶解；聚酰胺的耐热性不高，长期使用温度不超过80℃。

（2）聚酰胺的成型性能　聚酰胺熔融温度范围较窄，熔点较高。品种不同，其熔点不同，熔点高的约为280℃，低的约为180℃。由于聚酰胺的吸水性大，所以难以制造精度高、尺寸稳定的产品，成型前必须预热干燥。聚酰胺的热稳定性较差，预热干燥时会氧化，熔融状态易分解，加上成型收缩率范围及收缩率大，易产生缩孔、凹痕、变形等缺陷。以上这些性能都给成型工艺带来一定困难。在成型时必须采取相应措施以保证成型工艺顺利进行，保证塑料制品的质量。

聚酰胺熔融状态粘度低，流动性好，有利成型薄壁制品，但必须严格控制成型温度和正确设计模具，以免产生流延和溢料。熔融的聚酰胺的冷却速度对其结晶度及制品性能有明显的影响，故应严格控制模具温度及冷却系统。

聚酰胺可采用注射、挤出、吹塑、浇铸、压延等多种成型方法，粉状聚酰胺还可以用于热喷涂。

（3）聚酰胺的用途　聚酰胺具有优良的力学性能，在工程上用作减摩耐磨零件及传动件，如轴承、齿轮、凸轮、滑轮、衬套、铰链等；制造电器、仪表、电子设备中的骨架、垫圈、支架、外壳等零件；还可用作阀座、密封圈、单丝、薄膜及日用品。

6. 聚甲醛（POM）

聚甲醛是一种高熔点、高结晶性的热塑性塑料。由于它具有优异的力学性能，因而在工程上很有应用价值。

聚甲醛树脂按其合成方法分为均聚甲醛和共聚甲醛两种。前者以均聚合方法制成，后者以共聚合方法制成，两者的分子结构虽然均为线型结构，但有所区别。由于分子结构不同，所以性能不同。两者相比，均聚甲醛的密度大，熔点高，强度好，但热稳定性和耐酸碱能力较差。而共聚甲醛有较好的热稳定性，并易于成型，因而共聚甲醛发展较快。

（1）聚甲醛的使用性能　聚甲醛是结晶度很高的高聚物。它的突出特点是综合力学性能好。其强度、硬度很高，尤其是弹性模量很大，具有与金属材料较为接近的比强度和比刚度；聚甲醛还具有很好的冲击韧度和耐疲劳强度，好的耐磨性和小的摩擦因数。以上这些力学性能是许多工程塑料不能相比的。

聚甲醛的热变形温度较高，连续使用的温度为 100℃，共聚甲醛还可高些；共聚甲醛的热稳定性虽然比均聚甲醛好，但总的来说，聚甲醛的热稳定性较差，加热时易分解，在光、氧作用下易老化；聚甲醛具有良好的耐溶剂性，尤其耐有机溶剂；它能耐稀酸，但不能耐强酸；共聚甲醛能耐强碱，而均聚甲醛只能耐弱碱。

（2）聚甲醛的成型性能　聚甲醛的吸水性比聚酰胺和 ABS 等塑料小，成型前可不必进行干燥，其制品尺寸稳定性较好，可以制造较精密的零件。但聚甲醛熔融温度范围小，熔融和凝固速度快，其制品容易产生毛斑、皱折、熔接痕等表面缺陷，并且收缩率大、热稳定性差。这些都应在设备调整和工艺参数及模具温度控制等方面采取相应措施。

聚甲醛可以采用一般热塑性塑料的成型方法生产塑料制品，如注射、挤出、吹塑等。

（3）聚甲醛的用途　聚甲醛是一种较好的工程材料，可以在很多领域代替钢、铜、铝、铸铁等金属材料制造许多种结构零件。它在汽车、普通机械、精密仪器、电器、电子、日用、建筑器材等领域应用广泛，如汽车散热器排水管阀门、散热器箱盖、空气压缩机阀门等零件，各种普通机械设备中的齿轮、轴承、弹簧、凸轮、螺栓、螺母、各种泵体、壳体、叶轮等零件，微动开关凸轮盘，电子计算机控制系统等电子产品中的许多零部件。

7. 聚碳酸酯（PC）

聚碳酸酯是一种性能优良的热塑性工程塑料。它在工程技术中应用广泛，仅次于聚酰胺。

聚碳酸酯树脂是非结晶型的线型结构的高聚物。

（1）聚碳酸酯的使用性能　聚碳酸酯力学性能好。其抗拉和抗弯强度与聚酰胺和聚甲醛相当，抗冲击和抗蠕变性能突出，尤其抗蠕变性能优于聚酰胺和聚甲醛，制品尺寸稳定。但聚碳酸酯的耐疲劳强度低，使用中容易产生应力开裂，与多数工程塑料相比，聚碳酸酯的摩擦因数较大，耐磨性较差。

聚碳酸酯的耐热性较好，长期使用温度可达 130℃，并且有良好的耐寒性，脆化温度为 -100℃；聚碳酸酯具有一定的化学稳定性，耐水、稀酸、油、脂肪烃等，但不耐碱、酮、酯等，在光的作用下会老化；聚碳酸酯吸水性较小，透光率很高，介电性能良好。

从上述可看出，聚碳酸酯的综合性能较好，是一种较理想的工程技术应用材料。

（2）聚碳酸酯的成型性能　聚碳酸酯的熔融温度高（220～230℃），熔体粘度大，流动性较差；当冷却速度较快时，其制品容易产生内应力；虽然聚碳酸酯塑料吸水性小，但在成型过程中即使含有 0.2% 的水分也会使制品产生气泡、银丝和斑痕，所以成型前仍需烘干；聚碳酸酯成型收缩较小，容易得到精度高的零件。

聚碳酸酯可采用注射、挤出、吹塑、真空成型等方法生产塑料制品。由于聚碳酸酯熔体粘度对温度变化较之对剪切速率的变化敏感，因而在成型过程中，调节熔体温度比调节剪切速率更重要。模具温度应较高。注射成型时，浇注系统尺寸应粗大。其制品还应进行退火处理。

（3）聚碳酸酯的用途　聚碳酸酯在电气、机械、光学、医药等工业部门得到广泛应用。在机械设备中用于制造传递中、小负荷的零部件，如齿轮、齿条、蜗轮、蜗杆、凸轮、棘轮、轴杠杆等，还可制造转速不高的耐磨件，如轴套、导轨等；在电气、电子工业中可制造各种绝缘接插件、管座、计算机和电视机的零件；由于聚碳酸酯透光率高，所以可制造大型灯罩、门窗玻璃等；由于聚碳酸酯无毒、无味且有较好的耐热性，所以可制造医疗器械。

8. ABS 塑料

ABS 是丙烯腈、丁二烯和苯乙烯三种单体聚合而成的非结晶型的高聚物。它是在聚苯乙烯基础上改性而发展起来的一种热塑料工程塑料。由于聚苯乙烯的突出缺点是冲击韧性能较差，耐热性不够高，因而限制了它的应用范围。而三种单体合成的 ABS 塑料是一种综合性能优良的在工程技术中广泛应用的新型塑料。

（1）ABS 塑料的使用性能　由于 ABS 是三种单体聚合而成的，因此它具有三种组成物的综合性能。丙烯腈可使 ABS 具有较高的强度、硬度，耐热性及耐化学稳定性；丁二烯可使 ABS 具有弹性和较高的冲击韧度；苯乙烯可使 ABS 具有优良的介电性能和成型加工性能。由此可见，还可以通过改变组成物的比例，生产出不同品种的 ABS 塑料。

ABS 塑料在一定的温度范围内具有较高的冲击韧度和表面硬度及耐磨性；它的热变形温度为 100℃左右，比聚苯乙烯、聚氯乙烯、聚酰胺都高；还具有一定的化学稳定性和良好的介电性能；此外，它还有能与其他塑料和橡胶混溶等特性；其制品尺寸稳定性好，表面光泽，可以抛光和电镀。但 ABS 塑料耐热性并不高，耐低温性和耐紫外线性能也不好。在实际生产中为进一步提高 ABS 塑料的性能，克服其缺点，采取了加入其他单体和增加助剂、填料等方法，以提高其耐热、耐寒、耐候性。

（2）ABS 塑料的成型性能　ABS 塑料成型性较好。它的流动性较好，成型收缩率小；ABS 比热容较低，在料筒中塑化效率高，在模具中凝固也较快，模塑周期短。但 ABS 吸水性大，成型前必须充分干燥，表面要求光泽的制品应进行较长时间的干燥。

ABS 塑料可采用注射、挤出、压延、吹塑、真空成型等方法制造塑料制品。

（3）ABS 塑料的用途　由于 ABS 塑料具有良好的综合性能并易于成型，所以在机械、电气、轻工、汽车、飞机、造船以及日用品等工业中得到较广泛的应用，如电机外壳、电话机壳、汽车仪表盘、仪表壳、把手、管道、电池槽及电视机、收录机、洗衣机、计算机外壳等。

9. 聚砜（PSF）

聚砜是 20 世纪 60 年代出现的新颖的具有耐高温等独特性能的热塑性塑料。

聚砜树脂是非结晶型的线型高聚物。目前聚砜有三种类型，即普通双酚 A 型聚砜，简称为聚砜；非双酚 A 型聚芳砜，又称为聚苯醚砜，简称为聚芳砜；聚醚砜，又称为聚芳醚砜。目前生产的聚砜是双酚 A 型的。

聚砜的突出性能是热性能好，长期使用温度高、范围宽、热稳定性好，尤其聚芳砜的热性能更好，长期使用温度可达 260℃。聚砜的另一个突出特点是不但力学性能好，而且在高温下仍在很大程度上保持常温下所具有的强度和硬度，这是聚酰胺、聚甲醛、ABS 等工程塑料所不能相比的。

聚砜是目前热塑性工程塑料中抗蠕变性能最好的，所以制品的尺寸稳定性好；聚砜的化学稳定性较好并且有良好的电性能，即使在高温、超低温、潮湿空气中仍保持良好电性能。

聚砜成型收缩率小。但聚砜容易吸水，成型前必须干燥处理；熔融温度高，粘度大，流动性差；其制品容易产生应力开裂。这些都给成型工艺带来一定的困难。

聚砜塑料可采用注射、挤出、吹塑、真空成型、热成型等方法生产塑料制品。

由于聚砜塑料具有优良的热性能、力学性能、电性能等，因此适用于制造各种高强度、低蠕变性、尺寸稳定性、在高温下使用的塑料制品。它在机械设备、电子、电气、医疗器械、交通运输等各个领域广泛应用。例如，聚砜用于制造钟表和照相机零件、热水阀、冷冻系统器具、电池组外壳、防毒面具等；聚芳砜可制造高温下使用的轴承、耐高温线圈骨架、开关等；聚醚砜可制造活塞环、轴承保持器、温水泵泵体、微型电容器、外科容器等医疗器械。

10. 聚甲基丙烯酸甲酯（PMMA）

聚甲基丙烯酸甲酯俗称有机玻璃。它是透明度很高的一种热塑性塑料。

有机玻璃的主要特性是质轻，其密度只有无机玻璃的一半，而强度却为无机玻璃的 10 倍以上；它可透过 90% 以上的太阳光，透过 73% 紫外线光；有机玻璃着色性能好，加入有机着色剂可以染成各种鲜艳的颜色，加入荧光剂可制成荧光塑料；有机玻璃的使用温度为 80℃ 左右，软化温度在 100~120℃ 之间；它具有良好的耐候性，在 -60~100℃ 的范围内，保持其冲击韧度不变；有机玻璃耐碱、水和多数无机盐溶液的作用，但它会溶于有机溶剂且受无机酸的腐蚀。有机玻璃的最大缺点是表面硬度不高，容易被划伤，质脆，易开裂。

有机玻璃的吸水性低，成型收缩率小，塑料件的尺寸稳定性好，但它热稳定性较差，熔体粘度大，常采用热成型、浇铸、注射等成型方法生产塑料制品。

有机玻璃可制成棒、管、板等型材；可制造飞机驾驶舱盖和飞机、汽车、舰船的玻璃窗，还可制造防震玻璃、仪表盘以及仪表壳、油标、油杯、光学玻璃以及钮扣等日用品。

11. 氟塑料

氟塑料是含有氟元素的塑料的总称，主要包括聚四氟乙烯（PTFE）、聚三氟氯乙烯（PCTFE）、聚偏氟乙烯（PVDF），聚氟乙烯（PVF）等。其中聚四氟乙烯是氟塑料中综合性能最好、产量最大、应用最广的一种。它属于结晶型线型高聚物。

氟塑料主要的特性是具有优异的耐热性，聚四氟乙烯长期使用温度为 -250~260℃；聚四氟乙烯的化学稳定性特别突出，无论是强酸、强碱及各种氧化剂等腐蚀性很强的介质对它都毫无作用，甚至沸腾的"王水"和原子工业中用的强腐蚀剂五氟化铀对它也不起作用。它的化学稳定性超过了玻璃、陶瓷、不锈钢，甚至金、铂，因此，聚四氟乙烯有"塑料王"之称。聚四氟乙稀的摩擦因数非常小，且在工作温度范围内摩擦因数几乎保持不变；聚四氟乙烯具有极其优异的介电性能，在 0℃ 以上其介电性能不随温度和频率而变化，也不受潮湿和腐蚀气体的影响，是一种理想的高频绝缘材料；但聚四氟乙烯力学性能不高，刚度差。

聚四氟乙烯成型困难，是热敏性塑料，极易分解，分解时产生腐蚀性气体，有毒，必须严格控制成型温度。流动性差，熔融温度高，成型温度范围小，要高温、高压成型。模具要有足够的强度和刚度，应镀铬。

聚三氟氯乙烯、聚偏氟乙烯和聚氟乙烯的力学强度高于聚四氟乙烯，但耐热、化学稳定性和介电性能不及聚四氟乙烯。

由于氟塑料具有一系列独特的性能，有些则是工程中使用的其他塑料无法相比，因而在科研、国防和其他工业部门占有重要的地位，尤其是聚四氟乙烯。例如，机械设备中传动轴油封、轴承、活塞杆、活塞环，电子设备中的高频和超高频绝缘材料，洲际导弹点火导线的绝缘，化工设备中的衬里、管道、阀门、泵体等都可用它制造，此外它还可作为防腐、介电、防潮、防火等涂料以及医疗器械中的结构零件。

12. 聚酯树脂

聚酯树脂是一大类树脂的总称，它是由多元酸与多元醇缩聚反应的产物。按聚酯树脂的分子结构可分为线型的、不饱和的和体型的三类；前者是热塑性塑料；后两类是热固性塑料。这里介绍一种线型的聚酯树脂——聚对苯二甲酸乙二（醇）酯（PETP）。

聚对苯二甲酸乙二（醇）酯结晶度高，具有优良的耐磨性和电绝缘性能，吸水性小，耐候性亦较好，但冲击韧性较差，成型收缩率较大。

聚对苯二甲酸乙二（醇）酯通过增强改性后，在工程技术中得到广泛应用。通过增强，不但力学性能、热性能等得到有效提高，而且改善了成型性能。

聚对苯二甲酸乙二（醇）酯可采用注射、吹塑等成型方法制造塑料制品。

目前聚对苯二甲酸乙二（醇）酯除了用于合成纤维（俗称"的确良"、"涤纶"）之外，制成的塑料主要用于生产薄膜、"聚酯瓶"和工程技术中的结构零件。

热塑性塑料的种类很多，常用热塑性塑料技术指标见附表2。

二、热固性塑料

热固性塑料具有如下性能：刚度大，且温度对刚度的影响很小，其蠕变量比热塑性塑料小得多；耐热性能好，固化后热稳定性好；塑料制品尺寸稳定，受温度和湿度影响小，成型收缩小；电性能优良；耐蚀性好；耐老化，价格低，工艺性能也较好。热固性塑料应用广泛。

1. 酚醛塑料

酚醛塑料是以酚醛树脂为基础，加入填料及其他添加剂制得的塑料。

酚醛树脂是由酚类化合物（苯酚、甲酚等）和醛类化合物（甲醛等），经过缩聚反应得到的高聚物，按合成反应的不同，可生成两类性能不同的合成树脂，即一步法酚醛树脂（热塑性酚醛树脂）和二步法酚醛树脂（热固性酚醛树脂）。酚醛树脂具有很高的粘结性能，有利于制成多种酚醛塑料，在商业上也是一种重要的粘结剂。酚醛塑料是一种重要的热固性塑料，包括酚醛模塑料、酚醛层压塑料、酚醛复合材料和酚醛泡沫塑料。

（1）酚醛模塑料

1）酚醛模塑料的命名方法及基础规范。酚醛模塑料按所用填料的种类有碳（C）、碳酸钙（K）、玻璃（G）、矿物（M）、木材（W）、棉（L2）等；其形态有粉状（D）、碎片状（C）、纤维状（F）等；按成型工艺方法有压缩模塑（Q）、注射模塑（M）、传递模塑（T）、通用（G）等；按特殊和特征性能有电性能（E）、阻燃（FR）、耐热（T）、力学性能（M）、食品接触（N）等。

粉状酚醛模塑料的命名方法和基础规范见 GB/T 1404.1—2008。

示例：PMC GB/T 1404.1 - PF（WD30 + MD20），Q，X，ISO 800 PF2A1

其中：PMC——粉状酚醛模塑料；

        PF——酚醛树脂：

        WD30——木粉：27.5% ~32.5%（质量分数）；

        MD20——矿物粉：17.5% ~22.5%（质量分数）；

        Q——成型方法：压塑；

        X——不规定特征性能；

        ISO 800——国际标准号（已废止）。

此示例的简略的命名标识为 PF（WD30 + MD20）。酚醛模塑料的牌号、特性及用途见 GB/T 1404.1 ~ 3—2008（附表4）

2）酚醛模塑料的成型性能。酚醛模塑料的成型性较好，可用压缩成型、注射成型、压注成型、挤出等成型方法。但应注意预热和排气，因为该塑料在成型固化时会析出水、氨等副产物。

酚醛塑料是一种应用广泛的热固性塑料。由于传统品种的成型方法生产效率较低，工人劳动强度大，同时由于目前出现了许多新型的热塑性工程塑料，因而不少原来采用酚醛塑料的产品已被热塑性塑料所替代。但是，经过改性增强的酚醛塑料具有更好的成型性能。近年来，适应注射成型的酚醛塑料及注射成型机陆续投入实际使用，采用它们进行注射成型加工制品，效果良好。

3）酚醛模塑料用途。通用型酚醛模塑料主要用于制造日用、文教、家电，低压电器、电信、仪表、汽车电器等绝缘结构件，在酸、水蒸气侵蚀和湿热条件下使用的机电、仪表、电气、电池等的绝缘件，还有纺织机械、医疗器械等结构件。耐热型酚醛模塑料主要用于制造在高温、湿热条件下的低压电器、仪器的绝缘件。电性能型的主要用于在高频、高电压条件下工作的机电、电信、电工产品的绝缘件及电子管座、电容器等。纤维增强的酚醛模塑料主要用于高强度、耐冲击、耐蚀、耐高温的制品和大型薄壁、结构复杂及带金属嵌件的制品，要求尺寸稳定制品，各种水润滑轴承及密封件，减磨耐磨零件等。

（2）酚醛层压塑料　酚醛层压塑料是以玻璃布、棉布、石棉、绝缘纸等片状增强或填充材料浸渍酚醛树脂溶液，经干燥和层压、卷压或模压工艺而固化成型的层压板、层压管等制品。

酚醛层压塑料具有良好的绝缘性能、力学性能、耐热耐蚀，广泛用于机电、电气领域，玻璃布层压板具有高冲击韧性，抗弯、抗扭能力，吸振性强，用于航空结构材料及机械制造中的齿轮、带轮、轴承等，覆铜箔层压板主要用于制造印制电路板。

（3）酚醛复合材料　我国已研制出一系列性能优异的复合材料用的新型酚醛树脂，它不但改进了酚醛模塑、酚醛层压产品的性能，而且还可用于手糊成型、喷射成型、拉挤成型、缠绕成型等工艺，丰富了酚醛复合材料的品种，提高了酚醛复合材料的性能，扩大了酚醛复合材料的应用领域。

2. 氨基塑料

氨基塑料是以具有氨基（–NH$_2$）的单体与醛类化合物经缩聚反应而得到的树脂为基础，加入各种添加剂的热固性塑料。

（1）氨基树脂　因生产氨基树脂的原料不同，故有多种氨基树脂，主要有脲甲醛树脂（UF），三聚氰胺-甲醛树脂（MF）、脲/三聚氰胺-甲醛树脂（UF/MF）、苯胺-甲醛树脂（AF）。其中，UF 的产量最大，其次是 MF，其他品种产量较少。三聚氰胺-甲醛树脂又称密胺树脂。氨基树脂最大用途是做胶粘剂，特别是木材用胶粘剂，其次是用做氨基塑料和涂料等。

（2）氨基塑料的种类、特性及用途　按组成氨基塑料的氨基树脂种类不同，氨基塑料有脲甲醛塑料、三聚氰胺-甲醛塑料、脲/三聚氰胺-甲醛塑料等。

1）脲甲醛塑料。脲甲醛塑料以脲甲醛树脂为基础，可以制成脲甲醛压塑粉、层压塑料、泡沫塑料和粘合剂。

脲甲醛压塑粉俗名电玉粉。这种塑料价格便宜，具有优良的电绝缘性和耐电弧性，表面硬度高、耐油、耐磨、耐弱碱和有机溶剂，但不耐酸；着色性好，塑料制品外观好，颜色鲜艳，半透明如玉，故称电玉。但耐火性差，吸水性大。脲甲醛压塑粉可制造一般的电绝缘件和机械零件，如插头、插座、开关、旋钮、仪表壳等；可制造日用品，如碗、钮扣、钟壳等。脲甲醛树脂还可作为木材胶合剂，制造胶合板和层压塑料。

2）三聚氰胺-甲醛塑料。它是以三聚氰胺-甲醛树脂为基础制成的塑料。其耐水性好，耐热性比脲甲醛塑料高，采用矿物填料时可在 150～200℃长期使用；电性能优良，耐电弧性好；表面硬度高于酚醛塑料，不易污染，不易燃烧。但三聚氰胺-甲醛树脂成本高，在氨基塑料中占的比例较小。

三聚氰胺-甲醛压塑粉主要用于压制耐热的电子元件、照明零件及电话机零件等；以石棉纤维为填料的三聚氰胺-甲醛塑料，常用于制造开关、防爆电器设备配件和电动工具绝缘件。三聚氰胺-甲醛树脂多作为装饰板的粘合剂。

氨基塑料的种类、命名、代号见 GB/T 3403.1—2008。

示例：PMC GB/T 3403—UF（LD20＋MD20），M，E

其中　PMC——粉状酚醛模塑料；

　　　　UF——脲甲醛树脂；

　　　　LD20——乙酸纤维素粉末：17.5%～22.5%（质量分数）；

　　　　MD20——矿物粉：17.5%～22.5%（质量分数）；

　　　　M——成型方法：注塑；

　　　　E——满足本标准规定的电性能要求。

用于标记时，命名的缩写为 UF（LD20＋MD20），M，E。鉴于本标准第三部分——选择模塑料的要求尚未颁布，所以本书引用的有关氨基塑料的牌号及性能指标仍引用本标准修订之前的标准。

（3）氨基塑料的成型特性　氨基塑料常采用压缩成型、挤出成型、层压成型，也可用注射成型。由于这类塑料含水分和挥发物较多，易吸水而结块，成型时会产生弱碱性的分解物和水，嵌件周围易产生应力集中，流动性好，硬化速度较快，尺寸稳定性差等，因此，成型前必须预热干燥，成型时注意控制成型温度等工艺参数，注意排气及模具表面的防腐蚀处理（镀铬）。

3. 环氧树脂（EP）

环氧树脂是含有环氧基（—CH—CH$_2$）的高分子化合物。环氧树脂的品种很多，其中产量最大，应用最广的是双酚 A 型环氧树脂。

（1）双酚 A 型环氧树脂的使用特性　未硬化的双酚 A 型环氧树脂是线型热塑性树脂，是糖浆色或青铜色的粘稠液体或固体。它能溶解于苯、二甲苯、丙酮、环氧辛烷、乙基苯等有机溶剂；可长期存放而不变质；粘结性能很高，能够粘合金属和非金属，是"万能胶"的主要成分；加入胺类或酸酐类等固化剂，可产生交联而固化。固化后的双酚 A 型环氧树脂化学稳定性好，能耐酸、耐有机溶剂，介电性能好，耐热性较高（约204℃），尺寸稳定，力学强度比酚醛树脂和不饱和的聚酯树脂更高。但质脆，耐冲击差，使用时可根据需要加入适当的填料、稀释剂、增韧剂等，成为环氧树脂塑料，以克服其缺点提高其性能。

（2）环氧树脂的成型特性 环氧树脂可以用涂覆、浇铸、层压、压制和传递模塑等成型方法生产制品。其成型收缩率很小，若加入填料，收缩率更小（约 0.1%）流动性好，固化速度快，在固化过程中没有副产物放出，所以一般不需排气，而且可以采用低压成型（固化速度不快）。但是塑料件不易脱模，需采用特种合成蜡或巴西棕榈蜡作脱模剂。

（3）环氧树脂的用途 环氧树脂主要用作粘合剂、浇铸塑料、层压塑料、涂料、压制塑料等，广泛用于机械、电气等工业部门。它可以粘结各种材料；灌封与固定电子、电气元件及线圈，浇铸固定模具中的凸模或导柱导套；经过环氧树脂浸渍的玻璃纤维可以层压或卷绕成型各种制品，如电绝缘体、氧气瓶、飞机及火箭上的一些零件，环氧树脂制成板几乎垄断了印刷电路板；加入增强剂的环氧树脂塑料，可压制成结构零件；还可以作为防腐涂料。

常用热固性塑料的技术指标见附表 3。

第五节　塑料的改性

目前，塑料品种有两个发展方向：一个是开发新型塑料；另一个就是塑料的改性。由于目前以石油为原料的化学单体已被详细地研究，而且开发新的塑料品种费用巨大，因此，在多数情况下，是将现有的塑料通过各种手段加以改性，以满足成型性能和使用性能的要求。这是目前塑料工业发展中值得注意的动向。

塑料改性的方法有增强改性、填充改性、共聚改性、共混改性（高分子合金）、低发泡改性、电镀改性等。其中，增强和填充改性是当前最主要的方法。当然增强改性在许多情况下也是以填充方式进行的。

1. 增强改性

塑料增强改性的目的是改善塑料的力学性能、电性能及热性能等。所用的增强剂有玻璃纤维、石棉纤维、碳纤维、硼纤维、石墨纤维、玻璃微珠以及高强度的热塑性塑料等。近来又发展了以无机物晶须和合成纤维作为增强剂，但一般以玻璃纤维为主。经增强改性后的塑料称为增强塑料（RP）。

与未增强的塑料相比，增强塑料有如下的优越性能：①提高了力学性能，如抗拉强度、抗弯强度、疲劳强度、抗蠕变性、刚度和表面硬度等，其力学强度达到甚至超过普通钢，其比强度达到甚至超过合金钢；②改善了热性能，如提高了热变形温度，降低了线膨胀系数，提高了导热系数，改善了阻燃性等；③降低了吸水性，提高了尺寸稳定性；④改善了电性能；⑤抑制应力开裂等。但是，增强塑料制品接缝强度和光泽性、透光率有所降低，有些增强塑料的力学性能、成型收缩率和线膨胀系数会出现不同程度的方向性。

显然，如果塑料的配方和增强剂的品种、纤维长度、含量等的不同，增强效果就不同。在生产中是根据使用性能要求和成型加工的需要及制造的可能性选择适当的塑料配方及增强剂的。

按塑料的类型不同，增强塑料有热固性增强塑料和热塑性增强塑料。

（1）热固性增强塑料 热固性增强塑料由树脂、增强剂和其他添加剂组成，其中，树脂为粘结剂。可制成增强塑料的热固性树脂有酚醛树脂、氨基树脂、环氧树脂、聚邻苯二甲酸二烯丙酯、不饱和聚酯等。增强剂的品种规格很多，多数是采用玻璃纤维，一般含量为60%。其他添加剂有调节粘度的稀释剂、玻璃纤维表面处理剂，还有改进流动性、降低收缩性、提高光泽度和耐磨性等的各种填料及着色剂等。

经增强的热固性塑料，冲击韧度等力学性能大为提高，使用性能得到改善（见表2-1）。但成型性能发生了不利的变化，主要表现在流动性下降，压缩比增大，收缩率小，但有方向性，制品容易产生熔接不良、变形、翘曲等缺陷，不易脱模。因此，应注意控制成型温度和压力；注意加压方向选择；注意模具结构设计，如加大加料腔、脱模斜度以及型芯、推杆的强度刚度；还应注意塑料制品的结构工艺性设计。

表 2-1 玻璃钢与某些金属的性能比较

材料名称	密度 $\rho/$（g/cm³）	强度 σ_b/MPa	比强度/（cm²/s²）
高级合金钢	8.0	1280	1.6×10^6
Q235	7.85	400	0.5×10^6
2A12	2.8	420	1.6×10^6
环氧玻璃钢	1.73	500	2.8×10^6
聚酯玻璃钢	1.80	290	1.6×10^6
酚醛玻璃钢	1.80	290	1.6×10^6

（2）热塑性增强塑料 热塑性增强塑料一般由树脂、增强剂及其他添加剂所组成。目前常用的树脂有聚酰胺、聚苯乙烯、ABS、聚碳酸酯、线型聚酯树脂、聚乙烯、聚丙烯、聚甲醛、聚砜、聚芳酯等。增强剂一般为玻璃纤维，其质量分数一般为20%～40%。经增强的热塑性塑料，其性能得到改善，现举例如下：

1）增强聚酰胺。增强聚酰胺是增强塑料中应用最广泛的一种。未增强的聚酰胺耐热性不高，热稳定性较差，吸水性较大，其制品的尺寸稳定性不够好等，经玻璃纤维增强后的聚酰胺，其力学性能、尺寸稳定性、耐热性等明显得到提高，耐疲劳强度为未增强的聚酰胺的2.5倍，抗蠕变性能也大幅度增强；热变形温度大为提高，如未增强的聚酰胺6热变形温度为66℃，经30%长玻璃纤维增强后，热变形温度高达216℃；线膨胀系数显著减小，尺寸稳定性大幅度提高，在尺寸精度上可以得到与金属材料接近的制品。但增强聚酰胺的流动性较差，因而注射成型时，其注射压力、速度和料筒温度应适当提高。

2）增强聚碳酸酯。聚碳酸酯的耐疲劳强度低，使用中容易产生应力开裂等。经玻璃纤维增强后明显提高了耐疲劳强度，改善了应力开裂性，未增强的疲劳强度一般为7～10MPa，而加入20%玻璃纤维后，其疲劳强度可达40MPa。增强聚碳酸酯的线膨胀系数降到一般轻金属水平，因而在注射成型带有金属嵌件的聚碳酸酯制品时，金属嵌件与塑料在冷却时由于收缩不一致而产生的应力大为减小。增强聚碳酸酯的其他力学强度及耐热性均有较大幅度提高，成型收缩率进一步减小。但增强聚碳酸酯冲击韧度有所降低，制品失去透明性。

3）增强聚甲醛。聚甲醛是一种良好的工程材料，但热稳定性较差，容易老化。而增强聚甲醛的强度、刚度、热变形温度、抗蠕变能力、耐老化性等大大提高，如质量分数为25%的玻璃纤维的增强共聚甲醛与增强前的相比，强度和刚度分别提高了2倍和3倍，但玻璃纤维增强的聚甲醛，在成型时，由于玻璃纤维沿流动方向上取向，因而造成流动方向与垂直于流动方向上性能和收缩率的差异，从而导致制品翘曲和变形。为了克服这种缺陷，采用玻璃微珠增强聚甲醛，虽然影响了强度提高的幅度，但其刚度、热变形温度仍有较大提高，成型收缩率和变形却大为减小。

增强玻璃纤维的取向在增强聚酰胺、增强聚碳酸酯、增强聚丙烯等塑料中同样存在。

以上列举的是以玻璃纤维为增强剂的情况，如果采用其他增强剂，则可以达到各具特点的增强目的。例如，碳纤维增强聚四氟乙烯，使其抗压强度、耐蠕变性以及在水中的耐磨性均得到大幅度提高；ABS塑料增强聚苯醚可以大幅度提高其冲击韧性等。

增强的热塑性塑料对成型性有不利的影响，流动性下降，异向性明显、脱模不良、模具磨损增大，纤维表面处理剂易挥发成气体等，这些变化必须在成型工艺及模具设计中加以注意，并采取相应措施予以解决。

2. 塑料的其他改性

塑料除了增强改性之外，还广泛采用了填充、共聚、共混等改性方法。这些改性方法针对性强，效果也很显著。

（1）填充改性 青铜等金属粉末填充聚四氟乙烯，以进一步提高聚四氟乙烯的力学性能，改善其导热性；用云母片填充聚对苯二甲酸乙二（醇）酯玻璃纤维增强塑料，可得到低翘曲变形的聚对苯二甲酸乙二（醇）酯增强塑料。总之，可根据塑料成品的使用和成型工艺性要求，有针对性地加入某些填料，以改善其性能，同时又降低塑料的成本。

（2）共聚改性 用两种或两种以上单体共聚而成的共聚物，在合成树脂中所占比例不小。这实质上也是对塑料的一种改性。例如，ABS塑料综合了丙烯腈、丁二烯和苯乙烯三种组成物的性能；乙烯-丙烯共聚物塑料具有良好成型性能，制品的韧性好等优点。

（3）共混改性 聚碳酸酯和聚乙烯共混，可使聚碳酸酯熔体粘度降低，成型加工性能改善，抗冲击能力进一步提高，耐应力开裂性得到改善；聚苯乙烯与橡胶共混制造高抗冲击聚苯乙烯，以克服聚苯乙烯脆性较大的缺点。

（4）电镀改性 过去用于电镀的塑料绝大部分是ABS塑料。由于对电镀塑料的耐热性、强度和刚度提出更高要求，因而开发了电镀聚酰胺。用于电镀的聚酰胺是以矿物为填料进行填充改性的，它具有优异的强度、刚度、耐热性和尺寸稳定性。经过电镀后，其抗弯模量和热变形温度进一步得到提高。

（5）低发泡改性 低发泡改性聚苯醚可得到内部无应力、无缩孔的大型制品。它与其他改性聚苯醚方法相比，在相同质（重）量下，刚度高得多。与金属制品相比，在相同承载能力下，质（重）量只有金属的20%～50%，单位质（重）量的刚度是钢的7倍，是锌的20倍，吸声效果可提高10倍。低发泡改性聚苯醚还具有优良的电绝缘性、隔热性、耐蚀性和阻燃性等。

第三章 塑料的模塑工艺

第一节 注射模塑工艺

一、注射成型原理

注射模塑又称为注射成型，是热塑性塑料制品生产的一种重要方法。除少数热塑性塑料外，几乎所有的热塑性塑料都可以用注射成型方法生产塑料制品。注射成型不仅用于热塑性塑料的成型，而且已经成功地应用于热固性塑料的成型。

注射成型是通过注射机来实现的。目前，注射机的类型很多，并且为了适应塑料制品的不断更新，注射机的结构不断得到改进和发展。但无论哪一种注射机，其基本作用均有两个：①加热熔融塑料，使其达到粘流状态；②对粘流的塑料施加高压，使其射入模具型腔。以下分别叙述两类注射机的注射成型工作原理。

1. 柱塞式注射机的注射成型

柱塞式注射机的注射成型工作原理如图 3-1 所示。首先由注射机合模机构带动模具的活动部分（动模）与固定部分（定模）闭合（图 3-1b），然后，注射机的柱塞将料斗中落入料筒的粒料或粉料推送到加热料筒中，同时，料筒中已经熔融成黏流态的塑料，由于柱塞的高压高速推动，通过料筒端部喷嘴和模具的浇注系统而射入已经闭合的型腔中。充满型腔的熔体在受压情况下，经冷却固化而保持型腔所赋予的形状。最后，柱塞复位，料斗中的料又落入料筒，合模机构带动动模部分打开模具，并由推件板将塑料制品推出模具（图 3-1c），即完成一个模塑周期。以后周而复始不断重复上述动作，继续进行注射成型。

柱塞式注射机结构简单，但注射成型中存在如下问题：

（1）塑化不均匀 塑化是指塑料在料筒内借助加热和机械功使其软化成具有良好可塑性的均匀熔体的过程。塑料在柱塞式注射机料筒中的移动只靠柱塞的推动，而几乎没有混合作用，因此塑料与料筒和分流梭接触的外层温度较高，由于塑料导热性差，所以外层塑料熔融时，内层尚未熔融，待到塑料内层熔融时，其外层可能因长时间高温受热而降解，这点对热敏性塑料更为突出。塑化不均匀，塑料制品内应力较大。

（2）注射压力损失大 柱塞式注射机名义注射压力虽然很高，但由于在注射时，柱塞相当部分的压力消耗于压实固体塑料和克服塑料与料筒内壁之间的摩擦阻力，所以传到型腔内的有效压力仅为原来的 30% ~50%。

（3）注射量的提高受到限制 因为注射机的一次最大注射量取决于料筒的塑化能力以及柱塞的直径和行程，而塑化能力又与塑料受热面积有关，要提高塑化能力，主要依靠加大料筒直径和长度，这样将使塑化更不均匀，塑料产生降解的可能性更大，故塑化能力提高受到限制。另外，柱塞式注射成型时，塑料流动状态也不理想，清理料筒也较困难。因此，柱塞式注射机的注射量不大，一般只在 60g 以下。

2. 螺杆式注射机的注射成型

为了克服柱塞式注射机注射成型存在的缺点，通常采用螺杆式注射机注射成型。目前移

a)

b)

动模　　　　定模

c)

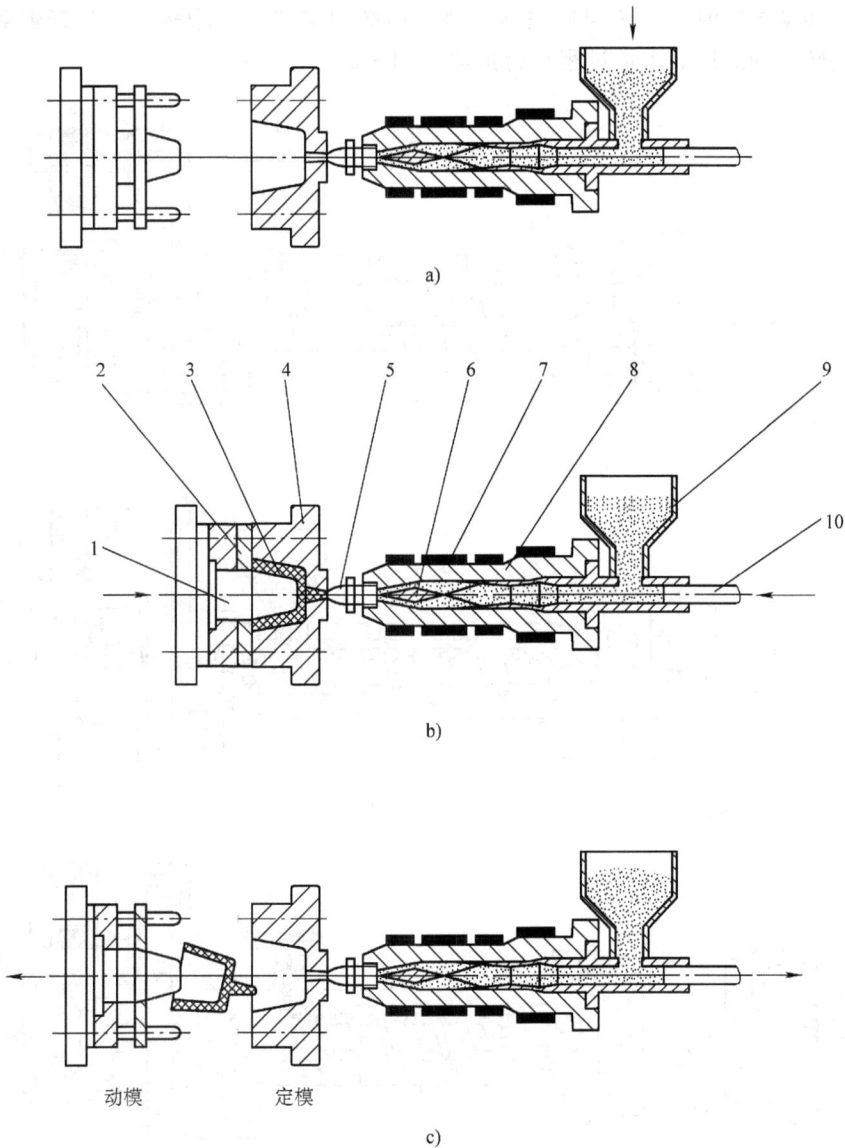

图 3-1　柱塞式注射机注射成型原理图
1—型芯　2—推件板　3—塑料件　4—凹模　5—喷嘴　6—分流梭
7—加热器　8—料筒　9—料斗　10—柱塞

动螺杆式注射机在注射机中的比例占压倒优势，其工作原理如图 3-2 所示。

　　首先是动模与定模闭合，接着液压缸活塞带动螺杆按要求的压力和速度，将已经熔融并积存于料筒端部的塑料经喷嘴射入模具型腔中。此时螺杆不转动（图 3-2a）。当熔融塑料充满模具型腔后，螺杆对熔体仍保持一定压力（即保压），以阻止塑料的倒流，并向型腔内补充因制品冷却收缩所需要的塑料（图 3-2b）。经一定时间的保压后，活塞的压力消失，螺杆开始转动。此时由料斗落入料筒的塑料，随着螺杆的转动沿着螺杆向前输送。在塑料向料筒前端输送的过程中，塑料受加热器加热和螺杆剪切摩擦热的影响而逐渐升温直至熔融成粘流状态，并建立起一定压力。当螺杆头部的熔体压力达到能够克服注射液压缸活塞退回的阻力时，在螺杆转动的同时，逐步向后退回，料筒前端的熔体逐渐增多，当螺杆退到预定位置时，即停止转动和后退。以上过程称为预塑（图3-2c）。

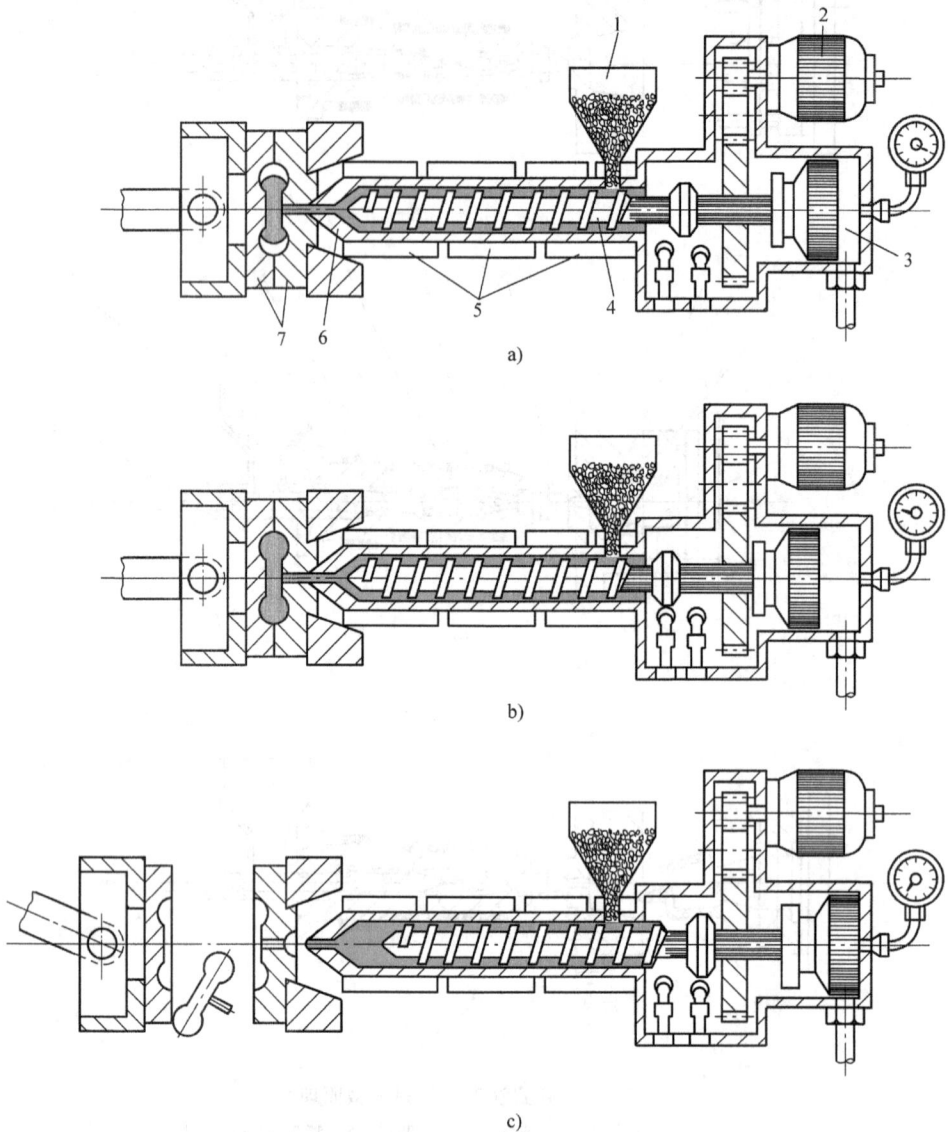

图 3-2　螺杆式注射机注射成型原理图

1—料斗　2—螺杆转动传动装置　3—注射液压缸　4—螺杆　5—加热器　6—喷嘴　7—模具

在预塑过程或再稍长一些时间内，已成型的塑料件在模具内冷却硬化。当塑料件完全冷却硬化后，模具打开，在推出机构作用下，塑料制品被推出模具（图3-2c），即完全一个工作循环。移动螺杆式注射机工作循环可以用图3-3表示。

与柱塞式注射成型相比，螺杆式注射机注射成型可使塑料在料筒内得到良好的混合与塑化，改善了成型工艺，提高了塑料制品质量。同时还扩大了注射成型塑料品种的范围和最大注射量，对于热敏性塑料和流动性差的塑料以及大、中型塑料制品，一般可用移动螺杆式注射机注射成型。

```
┌──────┐   ┌─────┐   ┌─────┐   ┌─────┐   ┌──────┐   ┌─────┐   ┌──────┐
│ 合模 │──▶│ 注射│──▶│ 保压│──▶│ 预塑│──▶│继续  │──▶│ 开模│──▶│推出  │
│      │   │     │   │     │   │     │   │冷却  │   │     │   │制品  │
└──────┘   └─────┘   └─────┘   └─────┘   └──────┘   └─────┘   └──────┘
```

                            ┌──────────┐
                            │ 冷却总时间 │
                            └──────────┘

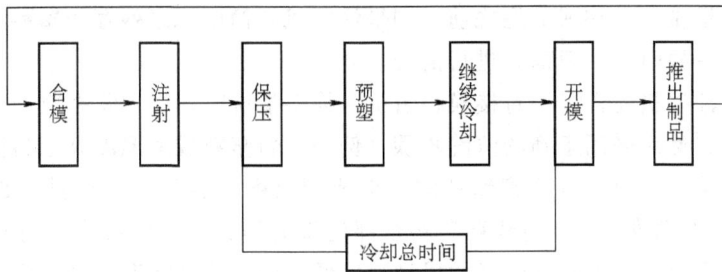

图 3-3　螺杆式注射机成型工作循环

　　从注射成型过程可以看出，注射成型生产周期短，生产率高，可采用微机控制，容易实现自动化生产，塑料制品精度容易保证，适用的范围广。但设备昂贵，模具较复杂。

二、注射成型工艺过程

　　注射成型工艺过程的确定是注射工艺规程制定的中心环节，它包括成型前的准备、注射过程、制品的后处理。

　　1. 注射成型前的准备

　　为了使注射成型顺利进行，保证塑料制品质量，在注射成型之前应进行如下准备工作：

　　（1）原料的检验和预处理　在成型前应对原料进行外观和工艺性能检验，内容包括色泽、粒度及均匀性、流动性（熔体指数、粘度）、热稳定性、收缩性、水分含量等。有的制品要求不同颜色或透明度，在成型前应先在原料中加入所需的着色剂，若在原料中加入颜色母料则效果更好。

　　对于吸水性强的塑料（如聚碳酸酯、聚酰胺、聚砜、聚甲基丙烯酸甲酯等），在成型前必须进行干燥处理，否则塑料制品表面将会出现斑纹、银丝和气泡等缺陷，甚至导致高分子在成型时产生降解，严重影响制品的质量。而对不易吸水的塑料（如聚乙烯、聚丙烯、聚甲醛等塑料）只要包装、运输、储存良好，一般可以不必干燥处理。对于聚苯乙烯、ABS塑料往往也进行干燥处理。

　　干燥处理的方法应根据塑料的性能和生产批量等条件进行选择。小批量生产用塑料，大多用热风循环干燥烘箱和红外线加热烘箱进行干燥；大批量生产用塑料，宜采用负压沸腾干燥或真空干燥，其效果好、时间短。干燥效果与温度和时间关系很大，一般来说，温度高、时间长，则干燥效果好。但温度不宜过高，时间不宜过长，如果温度超过玻璃化温度或熔点，会使塑料结块，造成成型时加料困难，对于热稳定性差的塑料，还会导致变色、降解。干燥后的塑料应马上使用，否则要加以妥善储存，以防再受潮。

　　（2）嵌件的预热　为了满足装配和使用强度的要求，塑料制品内常要嵌入金属嵌件。由于金属和塑料收缩率差别较大，因而在制品冷却时，嵌件周围产生较大的内应力，导致嵌件周围强度下降和出现裂纹。因此，除了在设计塑料制品时加大嵌件周围的壁厚外，成型前对金属嵌件进行预热也是一项有效措施。

　　嵌件的预热应根据塑料的性能和嵌件大小而定，对于成型时容易产生应力开裂的塑料（如聚碳酸酯、聚砜、聚苯醚等），其制品的金属嵌件，尤其较大的嵌件一般都要预热。对于成形时不易产生应力开裂的塑料，且嵌件较小时，则可以不必预热。预热的温度以不损坏金属嵌件表面所镀的锌层或铬层为限，一般为 $110 \sim 130℃$。对于表面无镀层的铝合金或铜嵌件，预热温度可达 $150℃$。

（3）料筒的清洗　在注射成型之前，如果注射机料筒中原来残存的塑料与将要使用的塑料不同或颜色不一致时，一般都要进行清洗。

对于螺杆式注射机通常采用直接换料清洗。换料清洗时，必须掌握料筒中的塑料和欲换的新塑料的特性，然后采用正确的清洗步骤。例如，新塑料成型温度高于料筒内残余塑料的成型温度时，应将料筒温度升高到新料的最低成型温度，然后加入新料（也可以是新料的回料），连续"对空注射"，直到残存塑料全部清洗完毕，再调整温度进行正常生产。如果新塑料的成型温度比料筒内残存塑料的成型温度低，则应将料筒温度升高到残存塑料的最好流动温度后切断电源，用新料在降温下进行清洗。如果新料成型温度高，而料筒中残余塑料又是热敏性塑料（如聚氯乙烯、聚甲醛和聚三氟氯乙烯等），则应选热稳定性好的塑料（如聚苯乙烯、低密度聚乙烯等）作为过渡换料，先换出热敏性塑料，再用新料换出热稳定性好的过渡料。

柱塞式注射机的料筒清洗比螺杆式注射机的困难，清洗时需要拆卸清洗。

（4）脱模剂的选用　注射成型时，塑料制品的脱模主要是依赖于合理的工艺条件和正确的模具设计，但由于制品本身的复杂性或工艺条件控制不稳定，可能造成脱模困难，所以在实际生产中通常使用脱模剂。

常用的脱模剂有三种：硬脂酸锌，除聚酰胺外，一般塑料均可用；液体石蜡（白油），用于聚酰胺塑料件的脱模，效果较好；硅油，润滑效果良好，但价格较贵，使用较麻烦，需配制成甲苯溶液，涂抹在型腔表面，还要加热干燥。使用脱模剂时，喷涂应均匀、适量，以免影响塑料制品的外观及性能，尤其注射成型透明塑料时更应注意。

为了克服手工涂抹不均匀的问题，目前研制成了雾化脱模剂，其适应性较强，见表3-1。

表 3-1　雾化脱模剂的种类及性能

种　　类	脱模效果	制件表面处理的适应性
甲基硅油（TG 系列）	优	差
液体石蜡（TB 系列）	良	良
蓖麻油（TBM 系列）	良	优

2. 注射过程

完整的注射过程包括加料、塑化、注射、保压、冷却和脱模等步骤。但就塑料在注射成型中的实质变化来说，是塑料的塑化和熔体充满型腔与冷却定型两大过程。

（1）塑料的塑化　塑化进行得如何直接关系到塑料制品的产量和质量。对塑化的要求是：在规定的时间内塑化出足够数量的熔融塑料；塑料熔体在进入塑料模型腔之前应达到规定的成型温度，而且熔体各点温度应均匀一致，避免局部温度过低或温度过高。

要达到上述要求必要掌握塑料的特性，正确控制工艺条件，恰当选择注射机类型及螺杆结构。塑料特性与塑化质量关系很大，热敏性塑料对注射机类型和工艺条件比较敏感，应特别引起注意；吸水性强的塑料如果干燥工作没有做好，对塑化也有影响；料筒温度、螺杆转速等对塑化影响甚大。柱塞式注射机的塑化质量比螺杆式注射机差，螺杆的结构对塑化过程也有影响。

总之，塑料的塑化是一个比较复杂的物理过程，它牵涉到固体塑料输送、熔化、熔体输送；牵涉到注射机类型、料筒和螺杆结构；牵涉到工艺条件的控制等许多理论问题和实际问题。在实际生产中必须重视这一过程的分析与控制，以保证制品质量和生产过程的稳定。

（2）熔体充满型腔与冷却定型　这一过程包括用螺杆或柱塞推动塑化后的黏流态的塑料熔体注入并充满塑料模型腔，熔体在压力下的冷却凝固定型，直至塑料制品脱模。该过程时间不长，但合理地控制该过程的温度、压力、时间等工艺条件，对获得优良塑料制品却很重要。根据塑料熔体进入型腔的变化情况，这个过程又可细分为充模、压实、倒流和浇口冻结后的冷却四个阶段。在这四个阶段中，温度总的来说是降低的，压力的变化如图 3-4 所示。

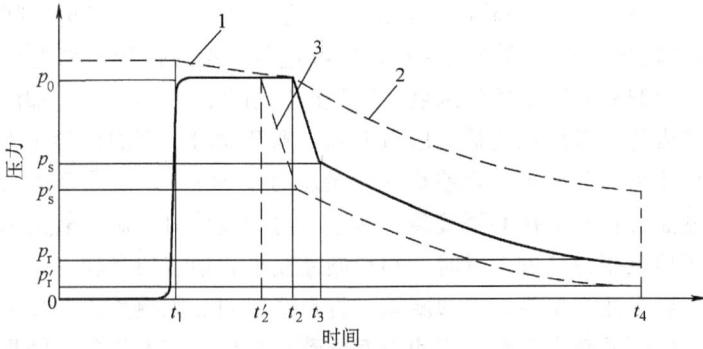

图 3-4　成型过程中塑料压力的变化

p_0—型腔内最大压力　p_s—浇口冻结时的压力　p_r—脱模时残余压力　t—时间

1）充模阶段。从注射机的螺杆或柱塞快速推进，将塑料熔体注入型腔，直到型腔被熔体完全充满（时间从零到 t_1 时）为止。这一阶段的压力变化情况是，当熔体没有注入型腔时，型腔内压力基本上为零，当充模时，随着熔体量的迅速增加，其压力也迅速上升，到 t_1 时，压力达到最大值 p_0。

充模时间对压力和温度有影响。当充模时间短，即高速充模时，由于熔体通过喷嘴、浇注系统进入型腔产生大量的摩擦热，因而使熔体温度升高。由于温度较高，所以充模所需的压力较小。当塑料熔体充满型腔，其压力达到最大值（p_0）时，塑料熔体仍保持较高的温度。当慢速充模时，充模时间长，先进入型腔的塑料受到较快的降温冷却，粘度增大，后续充模就需要较大压力。在这种情况下，熔体最高温度是在离开喷嘴的瞬间，到了型腔之后，温度就降低了。

慢速充模时，塑料制品内高分子定向程度较大，制品性能各向异性显著。而高速充模时，高分子定向程度小，塑料制品熔接强度较高。但充模速度不宜过高，否则，在嵌件后部，塑料熔接不佳，影响制品强度。

2）压实阶段。这是指自熔体充满型腔时起至柱塞或螺杆开始退回的一段时间（$t_1 \sim t_2$）。在这段时间内，熔体因为冷却而收缩，但由于螺杆或柱塞继续缓慢向前移动，使料筒中的熔体继续注入型腔，以补充收缩需要，从而保持型腔中熔体压力不变（保压）。如果螺杆或柱塞在熔体充满型腔时停在原位不动，则熔体压力略有下降，如图 3-4 中虚线 1 所示。

压实阶段对提高塑料制品密度，减小塑料制品的收缩，克服制品表面缺陷都有重要意义。

3）倒流阶段。这一阶段是从螺杆或柱塞开始后退（t_2）至浇口处熔体冻结时（t_3）为止。在这一阶段中，由于螺杆或柱塞后退，所以型腔内的压力比浇注系统流道内的高，导致塑料熔体从型腔内倒流，从而使型腔内的压力迅速下降。如果螺杆或柱塞后退时浇口已经冻结，或在喷嘴中装有止逆阀，则倒流阶段就不存在，即不存在 $t_2 \sim t_3$ 之间的压力下降曲线，而是如图 3-4 中所示的虚线 2。

由上述分析可知，有无倒流或倒流的多少取决于压实阶段的时间，如果压实阶段时间短 ($t_1 \sim t_2'$)，则倒流的塑料熔体多，如图 3-4 中的曲线 3；反之，则熔体倒流少。塑料熔体倒流多，浇口冻结时型腔的压力小。而浇口冻结时，型腔内的压力和温度是决定塑料制品平均收缩率的重要因素。由此可见，压实阶段时间长短，直接影响到塑料制品的收缩率。

4）冻结后的冷却阶段。这一阶段为从浇口处的塑料完全冻结到塑料制品脱模取出为止 ($t_3 \sim t_4$)。在这一阶段中，补缩或倒流均不再继续进行。型腔内的塑料继续冷却、硬化、定型。当脱模时，塑料制品具有足够的刚度，不至产生翘曲或变形。在冷却阶段中，随着温度的迅速下降，型腔内的塑料体积收缩，压力下降，到开模时，型腔内的压力不一定等于外界大气压力。型腔内压力与外界压力之差称为残余压力（即 p_r）。当残余压力为正值时，脱模比较困难，塑料制品容易被刮伤甚至破裂；残余压力为负值时，制品表面易出现凹陷或内部产生真空泡；而当残余压力接近于零时，塑料制品脱模方便，质量较好。

必须注意，塑料自注入型腔，冷却凝固，直至塑料制品脱模为止，如果冷却速度过快或模具温度不均匀，则制品会由于冷却不均匀而导致各部位收缩不均匀，结果使制品内部产生内应力。因而冷却速度必须适当。

3. 塑料制品的后处理

由于塑化不均匀或由于塑料在型腔中的结晶、定向和冷却不均匀，造成制品各部分收缩不一致，或因为金属嵌件的影响和制品的二次加工不当等原因，塑料制品内部不可避免地存在一些内应力。而内应力的存在往往导致制品在使用过程中产生变形或开裂，因此，应该设法消除之。

根据塑料的特性和使用要求，塑料制品可进行退火处理和调湿处理。

退火处理的方法是把制品放在一定温度的烘箱中或液体介质（如热水、热矿物油、甘油、乙二醇和液体石蜡等）中一段时间，然后缓慢冷却。退火的温度一般控制在高于塑料制品的使用温度 $10 \sim 20℃$ 或低于塑料热变形温度 $10 \sim 20℃$。温度不宜过高，否则制品会产生翘曲变形；温度也不宜过低，否则这不到后处理的目的。退火的时间取决于塑料品种、加热介质的温度、制品的形状和壁厚、塑料制品精度要求等因素。

退火处理的目的是消除塑料制品的内应力，稳定制品的尺寸。对于结晶型塑料还能提高结晶度，稳定结晶结构，从而提高其弹性模量和硬度，但却降低了断裂伸长率。

调湿处理主要是用于聚酰胺类塑料的制品。因为聚酰胺类塑料制品脱模时，在高温下接触空气容易氧化变色。另外，这类塑料制品在空气中使用或存放又容易吸水而膨胀，需要经过很长时间其尺寸才能稳定下来，所以，将刚脱模的这类塑料制品放在热水中处理，不仅隔绝空气，防止氧化，消除内应力，而且还可以加速达到吸湿平衡，稳定其尺寸，故称为调湿处理。经过调湿处理，还可改善塑料制品的韧度，使冲击韧度和抗拉强度有所提高。调湿处理的温度一般为 $100 \sim 120℃$，热变形温度高的塑料品种取上限；反之，则取下限。调湿处理的时间取决于塑料的品种、制品形状与壁厚和结晶度大小。达到调湿处理时间后，应缓慢冷却至室温。

当然，并非塑料制品一定要经过后处理。例如，聚甲醛和氯化聚醚塑料的制品，虽然存在内应力，但由于高分子本身柔性较大和玻璃化温度较低，内应力能够自行缓慢消除，当制品要求不严格时，可以不必后处理。

三、注射成型工艺条件的选择和控制

对于一定的塑料制品，当选择了适当的塑料品种、成型方法及成型设备，设计了合理的成型工艺过程和塑料模结构之后，在生产中，工艺条件的选择和控制就是保证成型顺利和制品质量的关键。注射成型最主要的工艺条件是温度、压力和时间。

1. 温度

在注射成型中需要控制的温度有料筒温度、喷嘴温度和模具温度。前两种温度主要影响塑料的塑化和塑料充满型腔；后一种温度主要影响充满型腔和冷却固化。

(1) 料筒的温度 关于料筒温度的选择，涉及的因素很多，主要有以下几方面：

1) 塑料的黏流温度或熔点。不同塑料，其黏流温度或熔点是不同的，对于非结晶型塑料，料筒末端温度应控制在它的黏流温度 (T_f) 以上；对于结晶型塑料则应控制在熔点 (T_m) 以上。但不论非结晶型或结晶型塑料，料筒温度均不能超过塑料本身的分解温度 (T_d)。也就是说，料筒温度应控制在黏流温度（或熔点）与分解温度之间 ($T_f \sim T_d$ 或 $T_m \sim T_d$)。对于黏流温度与分解温度之间范围较窄的塑料（如硬聚氯乙烯），为防止塑料分解，料筒温度应取偏低一些，即取稍高于黏流温度。但温度低，则流动性差，成型加工困难。像硬聚氯乙烯，即使料筒温度取接近 T_d 温度，并在高压作用下成型，其流动性仍较差。对于黏流温度与分解温度之间范围较宽的塑料（如聚苯乙烯、聚乙烯、聚丙烯），料筒温度可以比黏流温度高得多一些。

塑料在高温下，会产生氧化降解。一般来说，温度越高，时间越长（即使温度不十分高的情况下），则降解量越大，尤其是热敏性塑料（如聚甲醛、聚氯乙烯、聚三氟氯乙烯等），因此，对于热敏性塑料，必须特别注意控制料筒的最高温度和在料筒中停留的时间。

2) 聚合物的相对分子质量及相对分子质量分布。同一种塑料，平均相对分子质量高的，相对分子质量分布较窄的，熔体粘度大，料筒温度应高些；而平均相对分子质量低，分布宽的，熔体粘度低，料筒温度可低些。玻璃纤维增强塑料，随着玻璃纤维含量的增加，熔体流动性下降，因而料筒温度要相应地提高。

3) 注射机的类型。在柱塞式注射机中，塑料的加热仅靠料筒壁和分流梭表面传热，而且料层较厚，升温较慢，因此，料筒的温度要高些；在螺杆式注射机中，塑料受到螺杆的搅拌混合，获得较多的剪切摩擦热，料层较薄，升温较快，因此，料筒温度可以低于柱塞式的 $10 \sim 20$℃。

4) 塑料制品及模具结构特点。对于薄壁制品，其相应的型腔狭窄，熔体充模的阻力大，冷却快，为了提高熔体流动性，便于充满型腔，料筒温度应选择高些。相反，对于厚壁制品，料筒温度可取低一些。对于形状复杂或带有嵌件的制品，或熔体充模流程较长，曲折较多的，料筒温度也应取高一些。

料筒的温度分布，一般从料斗一侧（后端）起至喷嘴（前端）止，是逐步升高的。湿度较高的塑料可适当提高料筒后端温度。螺杆式注射机料筒中的塑料，由于受螺杆剪切摩擦作用，有助于塑化，故料筒前段的温度可以略低于中段，以防塑料的过热分解。

(2) 喷嘴温度 喷嘴温度通常比料筒的温度低，以防熔体在直通式喷嘴上可能发生的"流涎"现象。虽然喷嘴温度低，但当塑料熔体由狭小喷嘴经过时，会产生摩擦热，使进入模具的熔体温度升高，在快速注射时尤其是这样。喷嘴温度也不能太低，否则，喷嘴处的塑料可能产生凝固而将喷嘴堵死，或将凝料注入型腔成为零件的一部分而影响制品的质量。

料筒和喷嘴的温度还应与其他工艺条件结合起来考虑，如采用较高的注射压力，料筒温度可以低些；反之，则料筒温度应高些。如果成型周期长，塑料在料筒中受热时间长，料筒温度应稍低些。如果成型周期较短，则料筒温度应高些。

可见，选择料筒和喷嘴温度需要考虑的因素很多，在生产中可根据经验数据，结合实际条件，初步确定适当的温度，然后通过对制品的直观分析和熔体的"对空注射"进行检查，进而对料筒和喷嘴温度进行调整。

（3）模具温度 模具的温度对塑料熔体的流动和制品的内在性能及表面质量影响很大。

模具必须保持一定的温度，这个温度应低于塑料的玻璃化温度或热变形温度，以保证塑料熔体凝固定型和脱模。

模具温度的选定主要取决于塑料的特性、制品的结构与尺寸、制品的性能要求以及成型工艺条件。对于非结晶型的塑料，模具的温度主要影响熔体粘度，从而影响熔体充满型腔的能力和冷却时间。在保证顺利充满型腔的前提下，采用较低的温度，可以缩短冷却时间，从而提高生产率。所以，对于熔体粘度低的或中等的塑料（如聚苯乙烯、醋酸纤维素等），模具温度可以偏低些；而对于熔体粘度高的塑料（如聚碳酸酯、聚苯醚、聚砜等），则采用较高的模温，以保证熔体充满型腔，缓和制品冷却速率的不均匀性，从而防止制品产生凹陷、内应力、开裂等缺陷。对于结晶型的塑料，其结晶度受冷却速率的影响，而冷却速率又受模具温度的影响，也就是说，模具温度直接影响到塑料制品的结晶度和结晶构造，从而影响到制品的性能。因此，对结晶型塑料，选择模具温度不仅要考虑熔体充满型腔和成型周期问题，还要考虑塑料制品的结晶及其对性能的影响。结晶型塑料的模具温度怎样选择较合适呢？一般说来，模具温度高，冷却速率慢，为结晶充分进行创造了条件，因而得到的制品结晶度较高，制品的硬度高、刚度大、耐磨性较好，但成型周期长，收缩率较大，制品较脆。当模具温度较低时，冷却速率大，制品内结晶度较低。对于玻璃化温度低的塑料（如聚烯烃）还会产生后期结晶过程，使制品后收缩增大。鉴于上述情况，对结晶型塑料，模具的温度取中等为宜。模具温度高的仅用于结晶速率很小的塑料，如聚对苯二甲酸乙二（醇）酯等。模具温度还要根据制品的壁厚选择。壁厚大的，模具温度一般应较高，以减小内应力和防止制品出现凹陷等缺陷。

2. 压力

注射成型过程需要控制的压力有塑化压力和注射压力。

（1）塑化压力 所谓塑化压力是指采用螺杆式注射机时，螺杆顶部熔体在螺杆转动后退时所受到的压力。塑化压力又称背压，其大小可以通过液压系统中的溢流阀来调整。

塑化压力大小对熔体实际温度、塑化效率及成型周期等均有影响。在其他条件相同的情况下，增加塑化压力，会提高熔体温度及温度的均匀性，有利于色料的均匀混合，有利于排除溶体中的气体。但塑化压力增高会降低塑化效率，从而延长模塑周期，而且增大塑料分解的可能性。因此，塑化压力一般在保证塑料制品质量的前提下，以低些为好，通常很少超过2MPa。

塑化压力大小应根据塑料品种而定，对于热敏性塑料（如聚氯乙烯、聚甲醛、聚三氟氯乙烯等），塑化压力应低些，以防塑料过热分解；而对聚乙烯等热稳定性高的塑料，塑化压力高些不会有分解的危险；对于熔体粘度大的塑料（如聚碳酸酯、聚砜、聚苯醚等）塑化压力高，螺杆传动系统容易超载；注射熔体粘度很低的塑料（如聚酰胺）时，塑化压力要低些，否则塑化效率将很快降低。综上所述，塑化压力不宜高。

应该指出，料筒中熔体的实际温度除了与料筒温度直接有关外，还与塑化压力、螺杆转速、螺杆结构与长度等因素有关。螺杆转速增高，熔体温度也会增高；采用长径比小的螺杆应选较高塑化压力和螺杆转速，相反，采用长径比大的螺杆时，可选用较低的塑化压力和螺杆转速。

既然螺杆转速与熔体温度有关，因而就应适当控制螺杆转速。一般来说，在不影响生产效率的前提下，螺杆转速以低为宜，尤其是热敏性塑料或熔体粘度大的塑料。

（2）注射压力　注射压力是指柱塞或螺杆顶部对塑料所施加的压力。其作用是克服熔体从料筒流向型腔的流动阻力；使熔体具有一定的充满型腔的速率；对熔体进行压实。因此，注射压力和保压时间对熔体充模及塑料制品的质量影响极大。

注射压力的大小取决于塑料品种、注射机类型、模具结构、塑料制品的壁厚和流程及其他工艺条件，尤其是浇注系统的结构和尺寸。为了保证塑料制品的质量，对注射速率有一定要求，而注射速率与注射压力有直接关系。在同样条件下，高压注射时注射速率高，相反，低压注射则注射速率低。对于熔体粘度高的塑料（如聚碳酸酯、聚砜等），其注射压力应比粘度低的塑料（如聚苯乙烯、聚酰胺等）高；对于柱塞式注射机，因料筒内压力损失较大，故注射压力应比螺杆式注射机的高；对壁薄、面积大、形状复杂及成型时熔体流程长的制品，注射压力也应该高；模具结构简单、浇口尺寸较大的，注射压力可以较低；料筒温度高、模具温度高的，注射压力也可以较低。

注射压力应按下述原则确定：除了熔体粘度高和冷却速度快的塑料以及成型薄壁和长流程的塑料制品，不采用高的注射压力不能充满型腔，或者成型玻璃纤维增强塑料的制品，不用高压注射，其表面可能形成不均匀、不光滑等情况外，一般应尽量采用低的注射压力。对于一般热塑性工程塑料，压力应为 40～130MPa；对于聚砜、聚酰亚胺、聚芳砜等压力则要高些。由于注射压力的影响因素很多，关系较复杂，在实际生产中可以从较低注射压力开始注射试成型，再根据制品的质量，然后酌量增减，最后确定注射压力的合理值。

必须指出，根据塑料制品结构特点和尺寸大小等，在注射过程中注射压力是变化的，尤其是大型复杂的塑料制品，如电视机外壳等。各种制品都有一个最佳的压力变化规律，一经试模调整正确之后即可固定下来。重复生产同一制品均按这种压力变化规律进行注射成型。

模具型腔充满之后，需要一定的保压时间。保压的作用是，对型腔内的熔体进行压实；使塑料紧贴于模壁以获得精确的形状；使不同时间和不同方向进入型腔同一部位的塑料熔合成一个整体；补充冷却收缩。在生产中，压实时的压力有等于注射压力的，也有适当降低的。压力高，则可得到密度较高、尺寸收缩小、力学性能较好的制品；但压力高，脱模后的制品内残余应力较大，压缩强烈的制品在压力解除后还会产生较大的回弹，可能卡在型腔内，造成脱模困难，因此压力应适当。

另外，要达到压实的效果，除了注意适当降低流道的冷却速度和增加保压时间外，还要注意加料量。加料量应保证每次注射成型时，当熔体充满型腔后，料筒前端还剩有一定的熔体作为传压介质和满足压实和补缩的需要。

3. 时间（成型周期）

完成一次注射成型过程所需的时间称为成型周期。它所包括的部分见表3-2。

表 3-2　成型周期

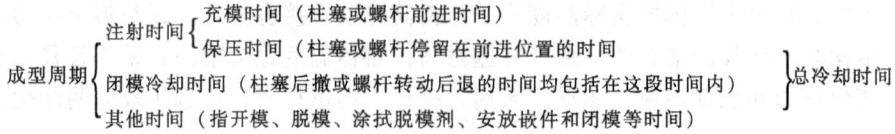

成型周期 ｛ 注射时间 ｛ 充模时间（柱塞或螺杆前进时间） / 保压时间（柱塞或螺杆停留在前进位置的时间 ｝ 总冷却时间 / 闭模冷却时间（柱塞后撤或螺杆转动后退的时间均包括在这段时间内） / 其他时间（指开模、脱模、涂拭脱模剂、安放嵌件和闭模等时间）

成型周期直接影响到生产率和设备利用率，应在保证产品质量的前提下，尽量缩短成型周期中各阶段的时间。

在整个成型周期中，注射时间和冷却时间最重要。它们不仅是成型周期的主要组成部分，而且对制品的质量有决定性的影响。注射时间中的充模时间与充模速率成反比，而充模速率取决于注射速率。为保证制品质量，应正确控制充模速率。对于熔体粘度高、玻璃化温度高、冷却速率快的塑料制品和玻璃纤维增强塑料制品、低发泡塑料制品应采用快速注射（即高压注射）。在生产中，充模时间不长，一般不超过10s。注射时间中的保压时间（即压实时间），在整个注射时间内所占的比例较大，一般为 20～120s，壁厚特别大的可达 5～10min。其值不仅与制品的结构尺寸有关，而且与料温、模温、主流道及浇口大小有密切关系，如果工艺条件正常，主流道及浇口尺寸合理，通常以制品收缩率波动范围最小为保压时间的最佳值。

综上所述，保压时间对型腔内的熔体压力及塑料制品质量有影响，应该适当确定其长短。冷却时间主要取决于制品的壁厚、模具的温度、塑料的热性能和结晶性能。冷却时间的长短应以保证制品脱模时不引起变形为原则，一般为 30～120s。冷却时间过长，不仅增长了成型周期，有时还会造成制品脱模困难，强行脱模会导致制品应力过大而破裂。成型周期中的其他时间与生产自动化程度和生产组织管理有关。应尽量减小这些时间，以缩短成型周期，提高劳动生产率。

4. 常用塑料的注射成型工艺条件

注射成型工艺条件的正确选择对保证注射成型的顺利进行和制品质量是至关重要的。同时，影响这些工艺条件的因素比较复杂，它们之间的关系又十分密切。因此，如果要确切地确定成型工艺条件，就既要对工艺条件的影响因素及其相互关系有较深入的了解，又要有较丰富的实践经验。尽管如此，在实际生产中往往还得通过对制品的直观分析或"对空注射"进行检查，然后酌情对原定工艺条件加以修正。

常用热塑性塑料注射成型工艺条件见附表5。

热塑性塑料注射模塑产生废品的类型、原因见附表6。塑料零件注射工艺卡片见附表17。

四、注射成型新技术

随着塑料工业的发展，注射成型技术在注射成型设备、注射成型应用范围、塑化、节约原料、复合制品注射成型等方面发展很快，如热固性塑料注射成型、无流道凝料注射成型、气体辅助注射成型、多组分注射成型、流动注射成型、反应注射成型、排气式注射成型、低发泡塑料注射成型、高效的多层注射成型等。前三种成型方法将在以后各章节中叙述，现简单介绍以下三种注射成型。

1. 多组分注射成型

多组分注射成型的种类很多，其中最具代表性的是共注射成型。共注射成型是指用具有两个或两个以上注射单元的注射机，将不同品种或不同颜色的塑料，同时或先后注入模具型腔的成型方法。这种方法可以生产多种颜色或多种塑料的复合制品。双色注射和双层注射就是属于共注射成型。

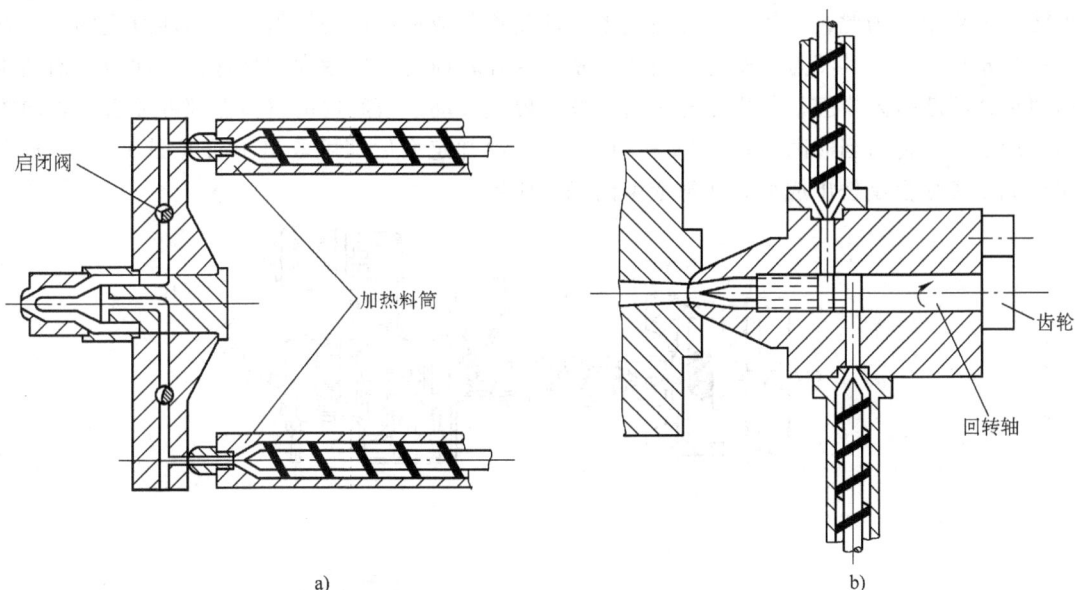

图 3-5　双色花纹注射机示意图

双色注射成型有用两个料筒和一个公用喷嘴所组成的注射机，两个料筒分别塑化不同颜色的塑料，按一定的先后顺序注入型腔，可取得不同图案的双色塑料制品。近几年来，又出现了新型的双色花纹注射机，其结构如图 3-5a 所示。它具有两个沿轴向平行设置的注射单元，喷嘴通路中装有启闭机构，调整启闭机构的换向时间，即能得到各种花纹的制品。不用上述装置而用图 3-5b 所示的花纹成型喷嘴也可以，此时只要旋转喷嘴的通路，即可得到不同颜色和花纹的制品。此外，还有三色、四色和五色注射机。

双层注射所用的注射机具有两个移动螺杆系统，装有交叉喷嘴。用的是普通的注射模具（图 3-6）。在一种塑料注入型腔后，当接触模腔壁的塑料已经硬化而内部的塑料仍呈熔融状态时，又将第二种塑料注入型腔，此时，将第一种塑料压向模壁形成制品的外层，而第二种塑料则作为内层。冷却定型后，即得到第一种塑料均匀包覆第二种塑料的双层制品。这种注射成型方法可以用于不同色泽或不同塑料品种

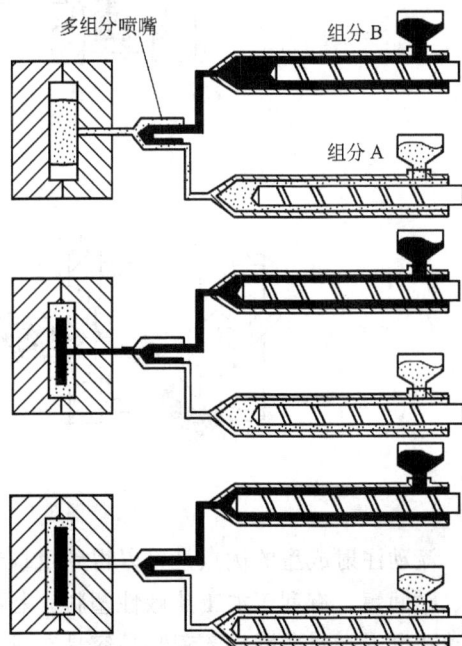

图 3-6　双层注射成型原理图

的分层组合，也可以用于新旧的同一种塑料的组合（内层旧料，外层新料）。

2. 流动注射成型

一般注射成型的制品重量不能超过注射机的最大注射量，在实际生产中为了保证制品质量，制品和浇注系统的总重量不超过最大注射量的80%，如果要生产大重量制品将受到设备能力的限制。为此，采用流动注射成型。流动注射成型所用的注射机是稍加改进的普通移动螺杆式注射机。其特点是塑化的熔体不是储存在料筒内，然后周期性地进行注射，而是不断塑化并不断挤入模腔，待模腔充满后，螺杆停止转动，模腔内的熔体在螺杆原有的轴向推力作用下，保持适当时间（图3-7a和图3-7b），冷却定型后即可取出制品（图3-7c）。这种注射成型实际上是挤出成型和注射成型的综合应用。

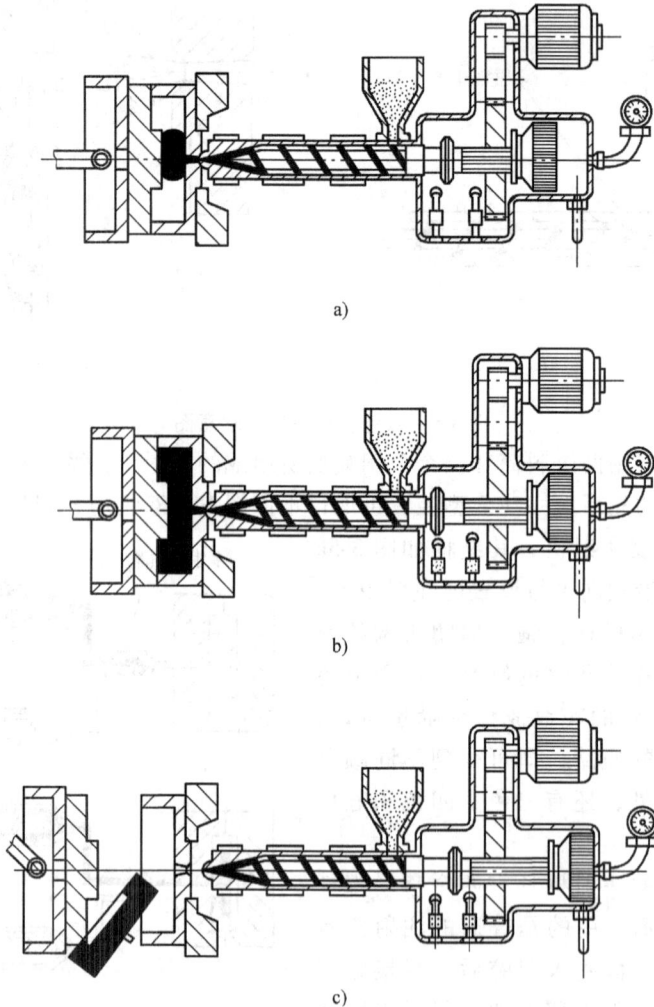

a)

b)

c)

图3-7　流动注射成型过程

流动注射成型的优点是可以得到重量超过注射机最大注射量的制品；熔体在料筒中的量少、时间短，有利于加工热敏性塑料；制品内应力较小。但由于熔体充模是靠螺杆的挤出，流动速度慢，对薄壁长流程制品容易造成缺料。为了避免制品过早凝固；模具必须加热，使其保持适宜的温度。

3. 反应注射成型

反应注射的基本原理是将两种或两种以上能够发生化学反应的液态单体或低聚物的塑料组分，混合后注入模具型腔，混合料在型腔内产生化学反应固化而成型为具有一定形状和尺寸的塑料制品。例如，采用反应注射成型聚氨酯弹性制品时，原料为液态二异氰酸酯、多元醇（聚酯或聚醚），加上催化剂、表面活性剂及其他助剂，在一定温度和压力下使液态组分混合均匀，然后在它们尚未发生化学反应之前，以一定的压力将其注入模具型腔，混合后的物料在封闭的型腔中产生化学反应并生成一定量的气体，并在气体扩散作用下形成表面致密而内部多孔的弹性体。

反应注射成型所用的设备如图 3-8 所示，储存液态组分的压力容器，抽吸液态组分并把它送往混合器的计量泵，将一定比例液态组分混合的混合器及其液压控制系统，还有注射装置及模具。

反应注射工艺过程主要包括：在压力容器中储存液态组分；计量泵以一定压力和流量将液态组分送往混合器；在混合器中液态组分在较高压力下混合；注射充模，化学反应固化成型；开模顶出制品；后处理（热处理）。

由上述可见，反应注射成型与普通注射成型有本质区别。其特点是：

1）反应注射成型是通过液态物料快速充模，产生交联或聚合而固化成型，而不是热塑性塑料注射成型那样，通过塑料熔体充模，冷却凝固成型；也不是热固性塑料注射成型那样，通过塑料熔体充模，产生交联固化成型。

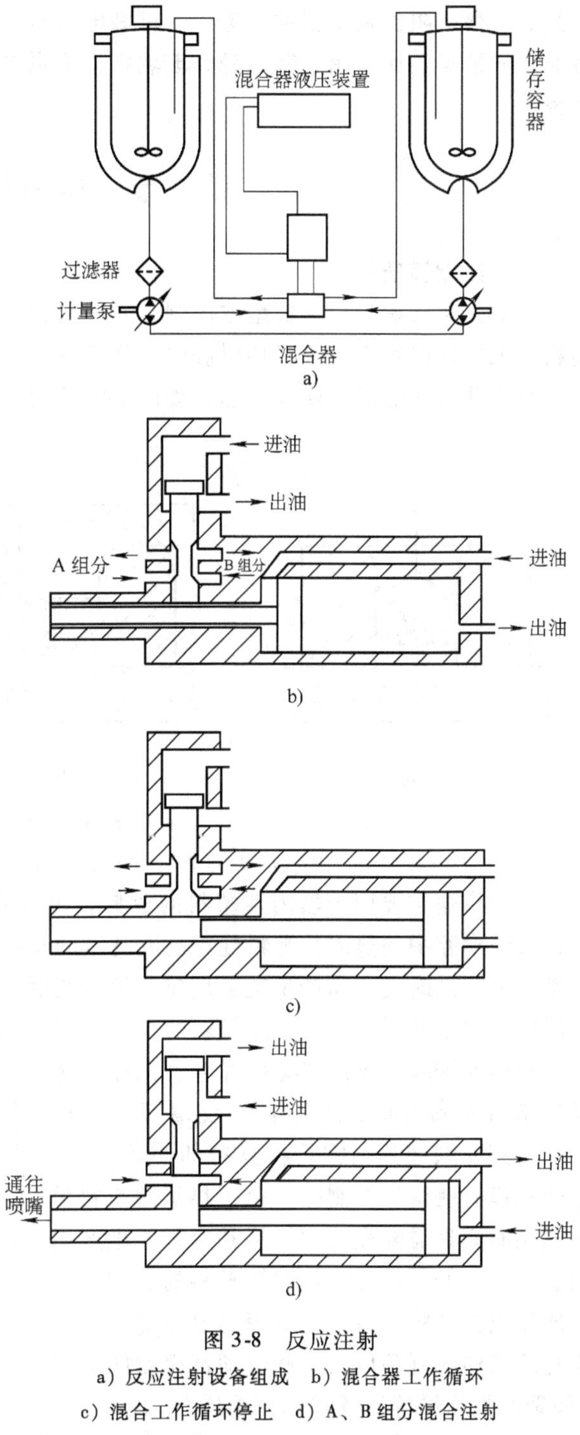

图 3-8　反应注射

a）反应注射设备组成　b）混合器工作循环
c）混合工作循环停止　d）A、B 组分混合注射

2）液态物料粘度低，流动性好，注射压力和锁模力小，适用于成型面积大、壁薄、形状复杂的制品。

目前，反应注射主要用于成型聚氨酯、环氧树脂、聚酯、尼龙等塑料制品，尤其聚氨酯泡沫制品。它可生产出各种低密度和高密度硬制品，各种软、硬泡沫制品。在汽车上可做转向盘、座垫、阻流板、缓冲器等，还可做电视机、收录机和各种控制台外壳，在日用、建筑行业可做家具、保温箱、管道等，玻璃纤维增强的聚氨酯发泡制品可做汽车内装饰板、仪表面板等。

第二节 压缩模塑工艺

一、压缩模塑原理

压缩模塑又称为模压成型或压制。它的成型方法是先将粉状、粒状、碎屑状或纤维状的塑料放入成型温度下的模具加料腔中（图3-9a），然后合模加压（图3-9b），使其成型并固化，从而获得所需要的塑料制品，如图3-9c所示。

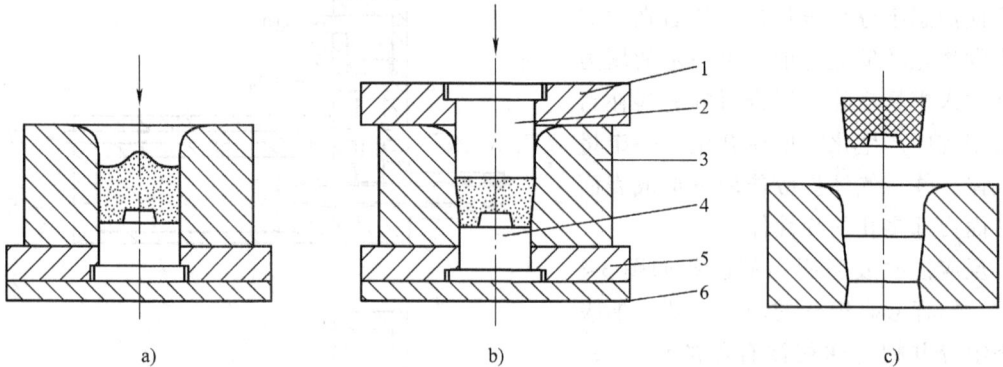

图3-9 压缩模塑原理图

1—凸模固定板　2—上凸模　3—凹模　4—下凸模　5—凸模固定板　6—垫板

压缩模塑主要用于热固性塑料的成型，也可用于热塑性塑料的成型。压制热固性塑料时，置于模腔中的热固性塑料处于高温高压的作用下，由固态变为黏流态，并在这种状态下充满型腔，同时高聚物产生交联反应，随着交联反应的深化，黏流态的塑料逐步变为固体，最后脱模获得塑料制品，压缩模塑的工作循环如图3-10所示。

热塑性塑料的模压成型同样存在固态变为黏流态而充满型腔，但不存在交联反应，所以，在充满型腔后，需将模具冷却使其凝固，才能脱模而获得塑料制品。由于热塑性塑料模压成型时模具需要交替地加热和冷却，生产周期长，效率低，因此，热塑性塑料的成型以注射成型更为经济，只有不宜用高温注射成型的硝化纤维塑料制品以及一些流动性很差的塑料（如聚四氟乙烯等）才采用压缩模塑。

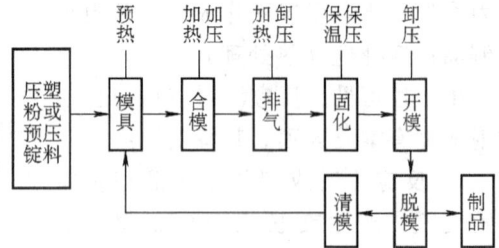

图3-10 压缩模塑工作循环图

压缩模塑的特点是，塑料直接加入型腔内，压力机的压力是通过凸模直接传递给塑料，模具是在塑料最终成型时才完全闭合。其优点是，没有浇注系统，料耗少，使用的设备为一般的压力机，模具比较简单，可以压制较大平面的塑料制品或利用多型腔模，一次压制多个制品。压制时，由于塑料在型腔内直接受压成型，所以有利于模压成型流动性较差的以纤维为填料的塑料，而且塑料制品收缩较小、变形小，各向性能比较均匀。压缩模塑的缺点是，生产周期长，效率低，不容易压制形状复杂、壁厚相差较大的塑料制品；不容易获得尺寸精确尤其是高度尺寸精确的塑料制品；而且不能压制带有精细和易断嵌件的塑料件。

用于压缩模塑的塑料有酚醛塑料、氨基塑料、不饱和聚酯塑料、聚酰亚胺等，其中酚醛塑料和氨基塑料使用最广泛。

二、压缩模塑工艺过程

1. 压缩模塑前的准备

（1）预压　压缩模塑前，为了成型时操作的方便和提高制品的质量，可利用预压模将粉状或纤维状的热固性塑料在预压机上压成重量一定、形状一致的锭料。在成型时以一定数目的锭料放入压缩模的型腔。锭料的形状一般以既能用整数又能十分紧凑地放入模具中以便于预热为宜。广泛应用圆片状锭料，也有用长条形、扁球形、空心体或与制品形状相似的锭料。

压缩模塑采用预压锭料有以下优点：

1）模压成型时加料简单、迅速、准确，避免了因加料太多或太少而造成废品。

2）降低压制时塑料的压缩率，从而减小模具的加料腔尺寸。压锭中空气含量较粉料少，传热加快，可以缩短预热和固化时间，避免气泡的产生，提高制品的质量。

3）便于模压形状复杂或带精细嵌件的制品。这是由于可以采用与制品形状相似的锭料或空心锭料进行模压成型的结果。

4）可以提高预热温度，缩短预热时间和固化时间。这是由于锭料在高温度下预热不容易出现表面烧焦现象，而粉料则不然。例如，一般酚醛塑料粉预热温度为 $100 \sim 120℃$ ，而其锭料预热温度可达 $170 \sim 190℃$ 。

5）避免加料过程压塑粉飞扬，改善劳动条件。

用预压成锭料的压塑粉必须具备必要的预压性能，同时又要满足以后模压成型工艺性的要求。压塑粉应含有一定的水分以利于预压成型，但水分不宜过多；压塑粉的颗粒最好是大小相间的，不宜有过多的大颗粒，也不宜有过多的小颗粒；作为预压的压塑粉，其压缩比一般宜在 3.0 左右；压塑粉应含有一定的润滑剂，以利于预压成型；压塑粉应具有一定的倾倒性，所谓倾倒性是以 120g 压塑粉通过标准料斗（圆锥角为 $60°$ ，管径为 10mm）的时间来表示。用于预压的压塑粉，其倾倒性应为 $25 \sim 30s$。这样才能保证依靠重力将料斗中的压塑粉准确地送到预压模中。

预压一般是在室温下进行的，但如果在室温下进行有困难，也可加热到 $50 \sim 90℃$ 进行预压。预压的压力范围为 $40 \sim 200MPa$，所选的压力应以能使锭料的密度达到制品最大密度的 80% 为原则。这样的锭料预热效果好，并且具有足够强度，经得起模压成型过程的运转。

尽管模塑粉的预压有许多优点，但生产过程复杂，预压只适用于大批量生产。

（2）预热和干燥　有的塑料在模塑前需要进行加热。加热的目的有两个：一是去除水分和挥发物；二是为压缩模塑提供热塑料。前者为干燥，后者为预热。压缩模塑前的加热，有时只是为了干燥，但通常是两者兼有。通过预热和干燥可以缩短压缩模塑周期，提高制品内部固化的均匀性，从而提高制品的物理性能和力学性能。同时还能提高塑料熔体的流动性，降低成型压力，减少模具磨损和废品率。

压缩模塑前预热和干燥的方法有以下几种：

1）热板预热　将塑料放在一个用电、煤气或蒸汽加热到规定温度而又能作水平转动的金属板上进行预热，也可利用塑料成型压力机的下压板的空位进行预热。

2）烘箱预热　把塑料放在烘箱内预热。热源一般为电能。烘箱内设有强制空气循环和控温装置，其温度可在 40～230℃ 范围内任意调节。

3）红外线预热　即利用红外线灯照射进行预热。由于是辐射传热，所以该方法的加热效率高，但应防止塑料表层部分过热而分解。

4）高频加热　图 3-11 是高频电热塑料示意图。此法的优点是预热时间短，温度容易调节，塑料受热均匀，预热的塑料在模压成型时，其固化时间较短，但是，由于高频加热升温快，塑料中水分不易除尽，所以制品中含水量较多，电性能不如烘箱预热的塑料制成的制品好。

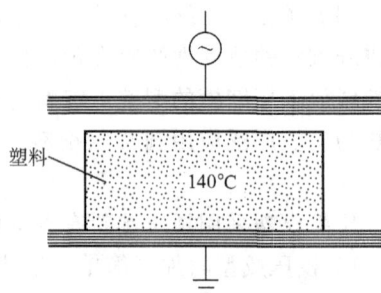

图 3-11　高频电热塑料示意图

高频加热法用于属于极性分子聚合物的预热而不用于干燥。

2. 压缩模塑过程

压缩模塑过程为加料、闭模、排气、固化、脱模、模具清理等。如果制品有嵌件，则在加料前应将嵌件安放好。首件生产需将压缩模放在压力机上预热至成型温度。

（1）嵌件的安放　塑料制品中的嵌件通常是作为导电或使制品与其他零件连接用。常用的嵌件有轴套、螺钉、螺母和接线柱等。嵌件在安放前应放在预热设备或压力机加热板上预热，小型嵌件可以不预热。安放时要求位置正确和平稳，以免造成废品或损坏模具。

（2）加料　加料的关键是加料量。因为加料量的多少直接影响着制品的尺寸和密度，所以必须严格定量。定量的方法有质（重）量法、容量法、记数法三种。质（重）量法比较准确，但比较麻烦，每次加料前必须称料；容量法不如质（重）量法准确，但操作方便；记数法只用于预压锭料的加料，实质上也是容量法。塑料加入型腔时应根据成型时塑料在型腔中的流动情况和各部位需要量的大致情况作合理的堆放，以免造成制品局部疏松等，尤其对流动性差的塑料更要注意。

（3）闭模　加料后即进行闭模。闭模分两步：①当凸模尚未接触塑料前，为了缩短成型周期和避免塑料在闭模之前发生化学反应，应尽量加快速度；②当凸模触及塑料之后，为了避免嵌件或模具成型零件的损坏，并使模具型腔内空气充分排除，应放慢闭模速度。

（4）排气　模压成型热固性塑料时，必须排除塑料中的水分和挥发物变成的气体以及化学反应时产生的副产物，以免影响塑料制品的性能和表面质量。为此，在闭模之后，最好将压缩模松动少许时间，以便排出气体。排气操作应力求迅速，并要在塑料处于可塑状态下进行。排气的次数和时间根据实际需要而定，通常排气次数为 1～2 次，每次时间约几秒到 20s。

（5）固化　热固性塑料模压成型时对固化阶段的要求是，在成型压力与温度下保持一定时间，使高分子交联反应进行到要求的程度，制品性能好，生产效率高。为此，必须注意两个重要问题：固化速度和固化程度（聚合物交联程度）。

固化速度通常以试样硬化 1mm 厚度所需要的时间表示。在一定的塑料和制品情况下，可以通过调整成型工艺条件、预热、预压锭来控制固化速度。控制固化速度很重要，固化速度慢，成型周期长，生产效率低；固化速度过快，塑料未充满型腔就已经固化，不能成型形状很复杂的塑料制品。固化程度对塑料制品的质量影响很大。固化程度不足（俗称"欠熟"）或固化过度（俗称"过熟"）制品质量都不好。固化不足的热固性塑料制品，其力学强度、耐蠕变性、耐热性、耐化学性、电绝缘性等均下降，热膨胀、后收缩增加，有时还会产生裂纹；固化过度，其力学强度不高，脆性大，变色，表面出现密集小泡等。固化不足或固化过度可能发生在同一制品上。为了获得合格制品必须确定适当的固化时间。鉴定固化程度的常用方法有脱模后硬度检验法、密度法、导电度测验法、红外线辐射法和超声波法等，其中超声波法最好。对于固化速度不高的塑料，也可以在制品能够完整地脱模时就结束模压过程，然后用后处理（后烘）的方法完成全部硬化过程，以缩短成型周期，提高压力机的利用率。

（6）脱模　脱模方法有机动推出脱模和手动推出脱模。有嵌件的制品，需要先将成型杆拧脱，而后再脱模。如果制品由于冷却不均匀可能产生翘曲，则可将脱模后的制品放在形状与之相吻合的型面间，在加压的情况下冷却。有的制品由于冷却不均匀内部会产生较大的内应力，对此，可将制品放在烘箱中进行缓慢冷却。

（7）模具的清理　脱模后，必要时需用铜刀或铜刷去除残留在模具内的塑料废边，然后用压缩空气吹净模具。如果塑料有粘模现象，用上述方法不易清理时，则用抛光剂拭刷。

三、压缩模塑工艺条件的确定

压缩模塑工艺条件主要是成型温度、成型压力和模压时间。其中成型温度和模压时间有密切关系。

1. 成型压力

成型压力是指模压时压力机对塑件单位投影面积上的压力。它的作用是迫使塑料充满型腔和让黏流态的塑料在压力作用下固化。压力大小可按下式计算，即

$$p = \frac{F_{机} \times 1000}{A} \tag{3-1}$$

式中　p——成型压力（MPa）；

　　　$F_{机}$——所用压力机的公称压力（kN），计算时通常取压力机的有效压力，即取公称压力的 80%～90%；

　　　A——凸模与塑料接触部分的投影面积（mm²）。

如果模压时压力机主液压缸液压没有达到最高工作压力，则成型压力按下式计算，即

$$p = \frac{\pi R^2 p_l}{A} \tag{3-2}$$

式中　p_l——压力机主液压缸实际压力；

　　　R——主液压缸活塞的半径。

实际上，塑料在整个模塑周期内所受的压力与压缩模的类型有关，不一定都等于 p。

成型压力对制品密度及其性能影响甚大。成型压力大，制品密度高，但压力增大到一定程度后，密度增加是有限的。密度大的制品，力学性能一般较高。压力小，则制品易产生气孔。

成型压力主要是根据塑料的种类、塑料的形态（粉料或锭料）、制品的形状及尺寸、成型温度和压缩模的结构等因素而定。塑料的流动性越小，固化速度越快，填料的纤维越长，

成型压力应越大；塑料压缩率高的所需的成型压力比压缩率低的大；经过正确预热的塑料所需的成型压力比不预热或预热温度过高的小。塑料制品复杂，厚度大，压缩模型腔深的需要的成型压力大；在一定的温度范围内提高模具温度有利于降低成型压力，但模温过高，靠近模壁的塑料会提前固化，不利于降低成型压力，同时还可能使塑料"过热"，影响制品的性能。

综上所述，提高成型压力有利于提高塑料流动性，有利于充满型腔，并能促使交联固化速度加快。但成型压力高，消耗能量多，易损坏嵌件和模具等。因而模压成型时应选择适当的成型压力。

成型压力是选择压力机与调整压力机压力的依据，也是设计模具尺寸或校核模具强度和刚度的依据。

2. 成型温度

成型温度是指压制时所规定的模具温度。在这个温度下，塑料由玻璃态转变为黏流态，再变为固态。与热塑性塑料成型相比，热固性塑料成型模具的温度更重要。

模具温度不等于型腔内塑料的温度。热固性塑料在模具型腔中的温度变化规律如图3-12曲线 a 所示（以试样中心温度为依据）。温度变化情况表明，塑料最高温度比模具温度高，这是由于塑料交联反应时放热的结果。而热塑性塑料模压成型时，型腔中塑料的温度则以模具温度为上限。

塑料制品强度随模压成型时间的变化如图3-12曲线 b 所示。时间过长会使制品强度下降（如图曲线 b 最高点 A 的右边）。在一定的成型压力下，不同的成型温度所得强度变化规律是一样的，但强度最大值是不同的，过大或过小的成型温度都会使强度最大值降低。而且成型温度过高，虽然固化加快，模压时间短，但充满型腔困难，还会使制品表面暗淡、无光泽，甚至使制品发生肿胀、变形、开裂；温度低，固化速度慢，模压时间长。所以成型温度对制品质量和模压时间关系极大。

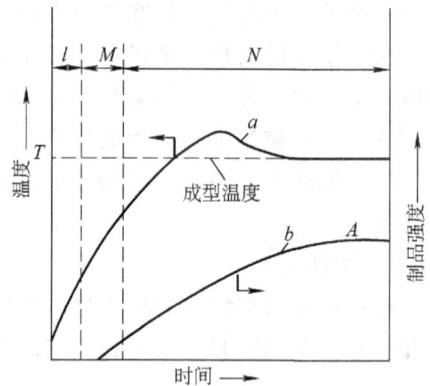

图3-12　塑料温度和制品强度随时间
变化示意图

T—成型温度　a—塑料温度随时间的变化
b—塑料制品强度随时间的变化
l—塑料受压流动阶段　M—塑料受热
膨胀阶段　N—塑料固化阶段

3. 模压时间

成型温度越高，模压时间越短。图3-13是以木粉为填料的酚醛塑料粉模压时，其成型温度与模压时间的关系。其他热固性塑料也有类似的关系。所以，在保证塑料制品质量的前提下，提高成型温度，可以缩短模压成型时间，从而提高生产率。模压成型时间不仅取决于成型温度，而且与塑料的种类、制品的形状及厚度、压缩模的结构、预压和预热、成型压力等因素有关。制品复杂的，由于塑料在型腔中受热面积大，塑料流动时摩擦热多，所以模压时间反而短，但应控制适当的固化速度，以保证塑料充满型腔；制品厚度大的，模压时间要长，否则会造成制品内层固化程度不足；不溢式压缩模，排出气体和挥发物困难，所以模压时间比溢式压缩模的长；经过预压成锭料和预热的塑料，模压时间比粉料和不预热的要短；成型压力大的模压时间短。

实践证明，增长模压时间，对制品物理与力学性能并无好处，相反还会降低制品的强度和电性能。但模压时间过短，造成制品"欠熟"，影响制品质量。

综上所述，成型温度和模压时间有密切关系。而且两者对制品质量都有极大影响。成型温度过高或过低，制品质量都不高；模压时间过长或过短，制品的质量也都不高。这里的关键是既要保证应有的固化程度，又要防止塑料制品的"过熟"。在保证制品质量的前提下，应力求缩短模压时间。

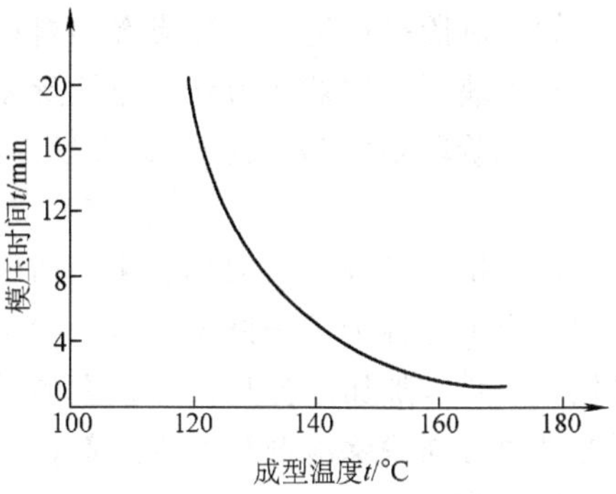

图 3-13　成型温度与模压时间的关系

4. 常用热固性塑料压缩模塑工艺条件

常用热固性塑料压缩模塑工艺条件见附表7。在实际生产中，对每一种塑料制品所采用的成型压力、成型温度和模压时间都应经过检查制品质量后确定。

压缩模塑中产生废品的主要类型、原因及处理方法见附表8。

第三节　挤　出　工　艺

一、挤出成型原理

挤出又称挤出模塑或挤出成型。它在热塑性塑料成型中，是一种用途广泛、所占比例很大的加工方法。挤出成型主要用于生产连续的型材，如管、棒、丝、板、薄膜、电线电缆的涂覆和涂层制品等，还可用于中空制品型坯、粒料等的加工。挤出成型也可用于酚醛、脲甲醛等不含矿物质、石棉、碎布等为填料的热固性塑料的成型，但能用挤出成型的热固性塑料的品种和挤出制品的种类有限。

图 3-14 为实心型材挤出成型示意图。该图表明挤出成型大致可分为三个阶段：

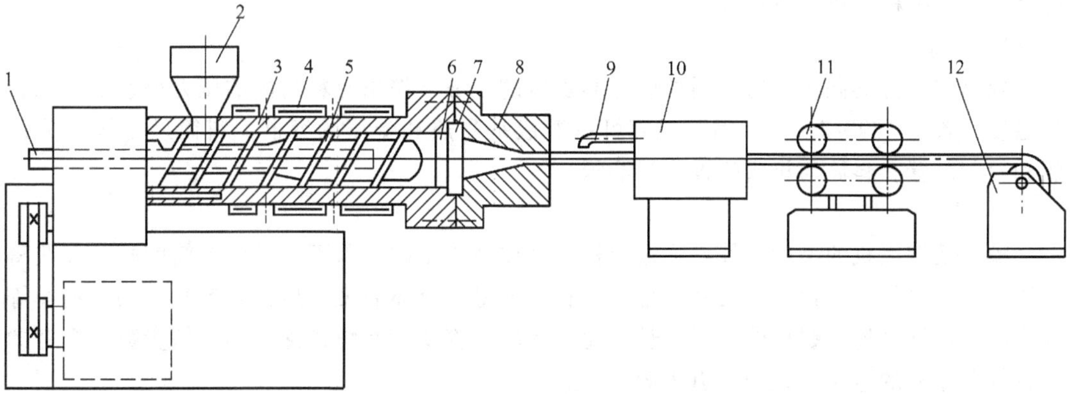

图 3-14　实心型材挤出成型示意图

1—冷却水入口　2—料斗　3—料筒　4—加热器　5—螺杆　6—滤网　7—过滤板（栅板）

8—机头　9—喷水装置　10—冷却装置　11—牵引装置　12—卷料装置

第一阶段是固态塑料的塑化。即通过挤出机加热器的加热和螺杆、料筒对塑料的混合、剪切作用所产生的摩擦热使固态塑料变成均匀的黏流态塑料。

第二阶段是成型。即黏流态塑料在螺杆推动下，以一定的压力和速度连续地通过成型机头，从而获得一定截面形状的连续形体。

第三阶段是定型。通过冷却等方法使已成型的形状固定下来，成为所需要的塑料制品。

以上挤出过程中，加热塑化、加压成型、定型均在同一设备内进行，以这种塑化方式工作的挤出工艺称为干法挤出。另一种是湿法挤出，湿法挤出的塑化方式是用溶剂将塑料充分塑化，塑化和加压成型是两个独立的过程。其塑化较均匀，并避免了塑料的过度受热，但定形处理时必须脱除溶剂和回收溶剂，工艺过程较复杂。故湿法挤出的适用范围仅限于硝酸纤维素等的挤出。

挤出过程中，按对塑料加压方式不同，挤出工艺可分为连续挤出和间歇挤出两种。连续挤出所用的设备为螺杆挤出机，螺杆挤出机又有单螺杆挤出机和多螺杆挤出机，其中单螺杆挤出机应用较多。间歇挤出用的设备为柱塞式挤出机。柱塞式挤出机的工作部分是一个料筒和一个由液压操纵的柱塞。操作时，先将一批已塑化好的塑料加入料筒内，后借助柱塞的压力将塑料从挤出机头的口模挤出。柱塞式挤出成型的优点是能给塑料以较大的压力，但操作不连续，塑料又要预先塑化，所以应用较少，只在挤出聚四氟乙烯塑料和硬聚氯乙烯大型管材时应用。

在挤出成型中，塑料制品的形状和尺寸取决于机头，因而机头的设计和制造是保证制品形状和尺寸的关键。

从上述可以看出，挤出成型生产过程连续性强，生产率高，投资省，成本低，操作简单，工艺条件容易控制，产品质量均匀，能生产各种截面形状的塑料制品，是塑料成型的重要方法。

二、挤出机的基本结构及其作用

挤出使用的设备主要是挤出机。目前使用最普遍的是单螺杆挤出机。挤出机的基本结构主要包括传动装置、加料装置、料筒、螺杆、机头及口模五部分。其中与挤出工艺直接有关的是料筒、螺杆、机头及口模。

1. 料筒

料筒与螺杆共同担负着塑料的塑化和加压的任务。挤出时料筒内的压力可达 55MPa，工作温度一般为 $180 \sim 250℃$。因此料筒可以看成是受热和受压的容器。料筒外部设有分区加热和冷却装置；料筒与机头间设有过滤板。

2. 螺杆

螺杆是挤出机的关键部件。通过螺杆转动使料筒中的塑料不断送向料筒前端，并获得一定压力和摩擦热。一台挤出机挤出指定塑料的产量、熔体温度、熔体均匀性、功率消耗等主要取决于螺杆结构。螺杆的直径、长径比、各段长度比例及螺槽深度等几何参数对螺杆的工作特性及塑料的塑化过程均有重大影响。

一般螺杆的结构如图 3-15 所示。螺杆的直径 D 是螺杆的基本参数，挤出机的规格常以螺杆直径来表示。使用时，根据制品大小及生产率来决定挤出机规格。螺杆长径比 (L/D) 是螺杆的重要参数，长径比大的，塑化均匀。目前长径比多为 25 左右。

按照塑料在螺杆上运转及其物理状态的变化，螺杆工作部分可分为三段，即加料段、压缩段、均化段。塑料经过这三段，由玻璃态转化为挤出成型所需的黏流态。

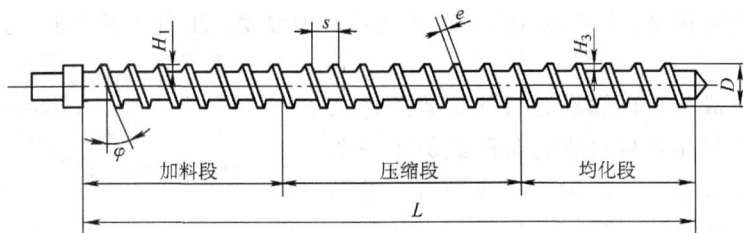

图 3-15 螺杆结构示意图

H_1—加料段螺槽深度　H_3—均化段螺槽深度

D—螺杆直径　φ—螺旋角　L—螺杆长度　e—螺棱宽度　s—螺距

（1）加料段　加料段的作用是将自料斗加进的固态塑料加热并向前送至压缩段。根据其作用，这段螺槽应是等距等深的，以保持其截面不变。在这段中，塑料仍然是固体状态。为了使塑料有最好的向前输送条件，以保证足够的挤出量，必须使塑料与料筒的摩擦力大于塑料与螺杆的摩擦力。为此，应增加塑料与料筒的摩擦力（可在料筒内表面开纵向沟槽），减小塑料与螺杆的摩擦力（螺杆可镀铬或抛光，Ra 值达 $0.8\mu m$ 以下）。

（2）压缩段　压缩段又称熔化段。这段螺杆除了把塑料继续向前输送外，还要对塑料进行压缩，使塑料密实，并使塑料中的空气压回加料段，以便外逸。塑料在这段中，由于料筒外加热器的加热和螺杆、料筒的搅拌、剪切产生摩擦热的作用，所以温度在加料段的基础上逐步上升，从固态逐渐熔融为黏流态的熔体。根据熔化段的作用，这段螺槽应是逐渐缩小的，缩小的程度取决于塑料的压缩比。

（3）均化段　这段螺杆的作用是将压缩段送来的熔融塑料进一步均匀塑化，并使其定量、定压、定温地由机头挤出。因为它实现了定量挤出，故又称为计量段。均化段螺槽的截面可以是恒等的，但比前两段小。

在实际生产中，挤出机螺杆三段的长短与结构主要取决于塑料的性质和制品类型。结晶型塑料无明显的高弹态，因此所用螺杆的压缩段很短。例如，挤出聚酰胺，其压缩段只有 $(1\sim2)\,D$，几乎没有压缩段。挤出聚氯乙烯这样的热敏性塑料，熔体不宜久留在料筒中，因此螺杆甚至可以不要均化段。

可见，螺杆在塑料的塑化过程起的作用是很大的。为了使挤出机在挤出量和挤出熔体的质量方面都达到要求，应根据塑料的特性和产品特点采用合适的螺杆结构。近年来，在实际生产中出现了不少新型螺杆，它在提高挤出量和改善塑化质量方面取得了明显的效果。

必须指出，挤出成型用的塑料品种很多，不可能每一种塑料设计一根专用的螺杆，应根据塑料特性，尽可能考虑各种塑料的共性来设计螺杆，使一根螺杆能同时用于数种塑料的挤出。

3. 机头及口模

机头是挤出成型模具的主要部件。口模是获得制品横截面形状及尺寸的成型零件，它用螺栓或其他方法固定在机头上。通常把口模看成机头的组成部分。机头及口模的结构及几何参数对塑料制品的产量和质量影响很大。其设计方法见第八章。

三、挤出成型工艺参数的控制

在挤出过程中，塑料由料斗进入料筒后，随着螺杆的转动不断被推向机头。在塑料向机头输送过程中，经过螺杆的加料段、压缩段、均化段，塑料经历了固体输送、熔融和熔体输送三个过程的物理变化。挤出成型主要的工艺参数为温度、压力和挤出速率。

1. 温度

温度是挤出成型得以顺利进行的重要条件之一。塑料从加入料斗到最后成为制品经历了一个复杂的温度变化过程。聚乙烯挤出成型时，沿料筒方向的温度变化情况如图 3-16 所示。由图看出，塑料的温度曲线、料筒的温度曲线、螺杆的温度曲线各不相同。一般情况下是测定料筒的温度轮廓曲线，而测定塑料温度较困难。

为了使塑料在料筒中输送、熔融、均化和挤出过程中顺利，以便高效地生产出高质量的制品，每种塑料的挤出过程都应有一条合适的能够调节的温度轮廓曲线。为此，温度必须能够进行调节。

图 3-16　挤出成型温度轮廓曲线图

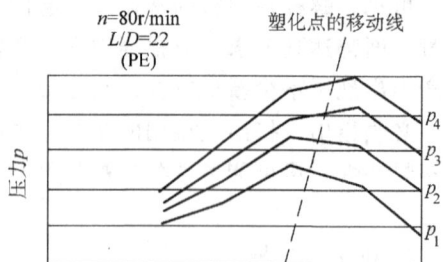

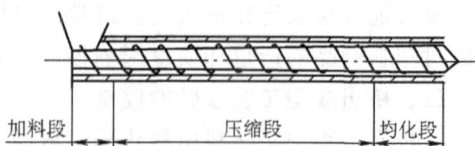

在此温度是依靠挤出机加热和冷却装置及其控制系统进行调节。一般来说，加料段温度不宜过高，有时还要冷却，而压缩段和均化段的温度应该较高。其高低应根据塑料特性和制品要求等因素来确定。

应该指出，图 3-16 温度轮廓曲线只是稳定挤出过程温度的宏观表示。其实，在挤出过程中，即使是稳定挤出，每一个测试点的温度随时间还是有变化的。测定结果表明，塑料温度不仅在流动方向上有波动，而且垂直于流动方向的截面内各点的温度有时也不一致（通常称为径向温差）。这种温度波动和温差，尤其在机头或螺杆端部的温度波动和温差，会给挤出制品带来不良影响，使制品产生残余应力，各点强度不均匀和表面灰暗无光泽等缺陷。所以应尽可能减小或消除这种波动和温差。产生上述波动和温差的原因很多，影响最大的是螺杆结构，还有加热和冷却系统工作不稳定，螺杆转速变化等。为此，必须在挤出过程保持螺杆转速等工艺参数的相对稳定。

2. 压力

在挤出过程中，由于料流的阻力，螺杆螺槽深度的改变，滤网、过滤板、分流器和口模的阻力，因而在塑料内部建立起一定的压力。这种压力是塑料产生熔融而得到均匀熔体，最后挤出成型的重要条件之一。

塑料沿料筒方向压力变化情况如图 3-17 所示。图中曲线是表示常规三段螺杆和料筒加料段内壁不开沟槽的条件下的压力变化情况。影响各点压力值和曲线形状的因素主要是螺杆和料筒的结构，还有机头、滤网、过滤板的阻力大小等。

与温度的波动一样，各点的压力也是随时间发生周期性波动的。压力的波动对塑料的塑化和制品的质量也是不利的。因此，应控制螺杆转速变化和加热、冷却系统的稳定性，尽量

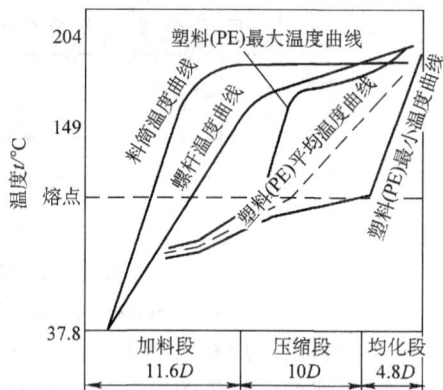

图 3-17　挤出成型压力轮廓曲线图

减小压力的波动。

3. 挤出速率

挤出速率是指每单位时间内由挤出机口模挤出的塑料质（重）量（单位为 kg/h）或长度（m/min）。挤出速率大小表征着挤出机生产率的高低。影响挤出速率的因素很多，如机头的阻力、螺杆和料筒的结构、螺杆转速、加热、冷却系统和塑料的特性等。根据理论计算和实际检测证明，挤出速率随螺杆直径、槽深、均化段长度和螺杆转速的增大而增加，而随着螺杆末端熔体压力和螺杆与料筒之间间隙的增大而减小。一定的挤出机，螺杆和料筒确定后，挤出速率与螺杆转速、机头阻力、塑料特性有关。当挤出产品一定时，则挤出速率仅与螺杆转速有关。图 3-18 为机头压力保持不变时，挤出速率与螺杆转速的关系。两条线表示不同塑料挤出速率与螺杆转速的关系。

挤出速率也有波动现象。挤出速率波动对产品质量有不良影响，如造成挤出速度不均匀，影响制品的几何形状和尺寸。因此，除了正确设计螺杆之外，还应控制螺杆转速和加热与冷却系统稳定性，注意加料情况的正常性等。

从温度、压力、挤出速率的分析中可以看出，温度、压力和挤出速率的波动都是挤出过程中各种因素变化的反映。同时，这些参数又不是孤立的，而是互相制约的。为了保证挤出制品的质量，必须尽可能减小以上参数的波动，控制工艺过程的稳定性。

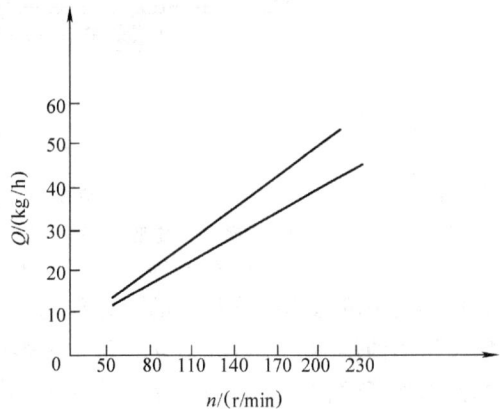

图 3-18 挤出速率与螺杆转速的关系

由于挤出制品多种多样，除了上述的共同规律外，各种制品的挤出成型还有其特殊要求。下面介绍塑料管材和薄膜挤出工艺及其工艺条件的确定。

四、管材挤出工艺

管材挤出是塑料挤出成型的主要方法之一。挤管就是将塑化的塑料熔体在螺杆旋转推动下，通过机头的环形通道形成管材。

挤出管材所用的设备有挤出机、机头、定型装置、冷却槽、牵引设备和切断设备。上述设备及挤出工艺过程如图 3-19 所示。挤出模具包括机头和定型套。

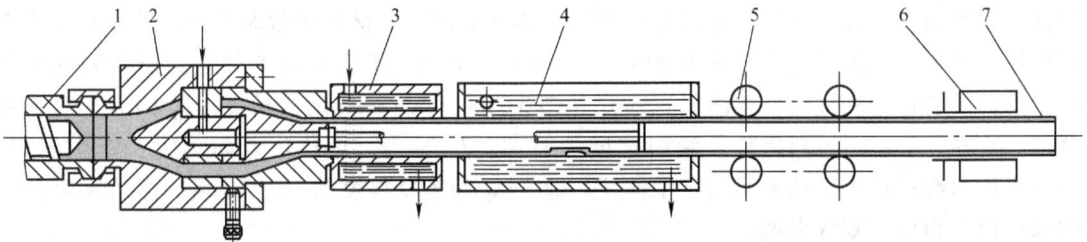

图 3-19 管材挤出工艺过程示意图

1—挤出机料筒 2—机头 3—定型套 4—冷却装置 5—牵引装置 6—切割装置 7—塑料管

塑料通过挤出模具的成型及挤出工艺条件的控制是挤出加工的关键，现分别叙述如下：

1. 成型

成型是通过挤出模具来实现的。机头是挤出模具的主要部分。挤管机头按制品出口方向分为直向（直通）挤管机头和横向挤管机头。常用的是直向挤管机头，其结构如图3-20所示。

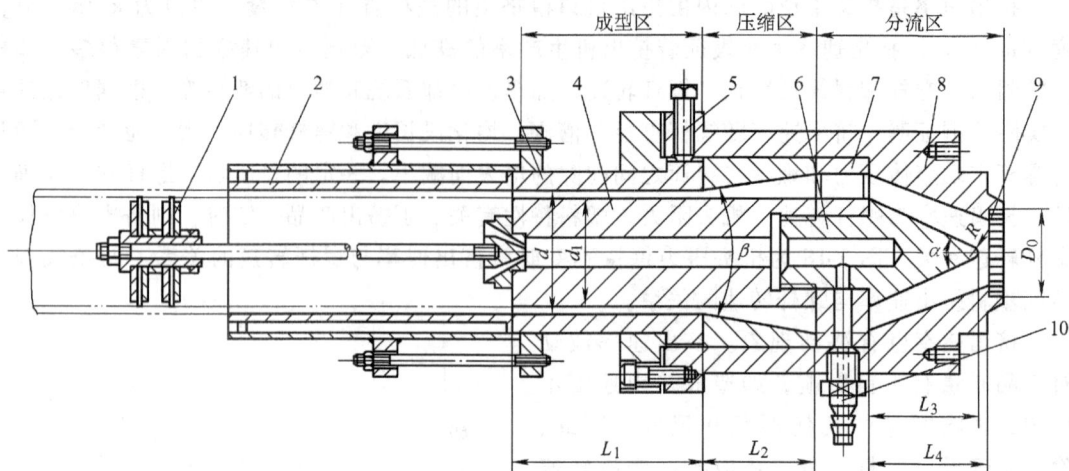

图3-20　直向挤管机头

1—气塞　2—定型套　3—口模　4—芯模　5—调节螺钉　6—分流器
7—分流器支架　8—机头体　9—过滤板　10—空气进口接头

从料筒中输送到挤管机头的熔体首先要经过过滤网和过滤板。过滤网和过滤板的作用是使螺旋运动的熔体变成直线运动，阻止未熔化的塑料或其他杂物进入机头。同时，过滤板和过滤网增加了熔体流动阻力，使料筒中的熔体具有一定压力。

熔体通过过滤板之后需经过分流区、压缩区和成型区而成型为管状物。熔体遇到分流器（分流梭）变成薄环状，又经过分流器支架（分流器栅板），得到进一步加热和塑化。分流器支架主要用来支承分流器和芯模，同时也使熔体受到均匀搅拌。熔体进入压缩区后，由于通道截面逐步缩小，所以压力逐步增大，熔体进一步塑化，从而使通过分流器支架后所形成的接缝得到良好的熔接。根据压缩区的作用不难看出，在机头内应有一定的压缩比。这个压缩比是指分流器支架出口处截面积与口模和芯模之间形成的环状间隙的截面积之比。比值过小时，制品密度较低，而且熔体通过分流器支架后所形成的接缝不易熔接；压缩比过大时，熔体压力大，容易过热分解，发生涡流，制品表面粗糙且残余应力大。压缩比一般取 3～6 为宜。成型区是由口模与芯模之间形成的环状间隙。口模是成型管材的外表面；芯模是成型管材的内表面。所以，口模和芯模构成的定型部分决定了管材的横截面形状。熔体经过成型区使原来经过几次阻流的不够平稳的状态逐渐平稳下来，汇合成均匀的达到所需要的管状物。为保证管材的质量，口模的平直部分（图3-20）L_1 应有一定的长度。L_1 的大小与管材壁厚、直径、形状、塑料特性、牵引速度等有关。L_1 过大，熔体流动阻力大，牵引困难，管材表面粗糙；过小，则起不到定型作用。通常 L_1 为管壁厚度的 10～30 倍。熔体粘度偏大的取小值，相反，则取大值。

应该注意到，表面上看起来挤出口模的管状物的壁厚等于平直部分通道的间隙值，实际上不然。一方面，当管状物离开口模时，压力消失，会产生弹性回复，从而使管径膨胀；另一方面，由于冷却收缩和牵引力作用，使管径缩小。管径的膨胀与收缩均与塑料性质和挤出温度、压力等工艺条件有关。在生产实际中，通常是把口模和芯模直径放大，然后靠调节牵引的速度来控制管径尺寸,以达到要求。

2. 定型

从口模挤出的管状物首先必须通过定型装置进行冷却定型,以保证得到几何形状正确、尺寸准确、表面光洁的塑料管。定型方法有外径定型法和内径定型法两种,由于我国塑料管尺寸标准一般是外径带公差的,故一般采用外径定型法。

外径定型法是以定型套内径为标准,这就要求在管状物外表面与定型套内表面接触的情况下进行冷却。使管状物外表面与定型套内表面接触的办法有内压法和真空法。内压法是从分流器支架通入压缩空气(图 3-20 件号 10),经过芯模内孔到达管状物内孔,由于离定型套一定距离的管材内孔装有气塞(图 3-20 件号 1),因而管内保持着比大气压大而又恒定的压力。

真空法是采用管外抽真空的办法使管状物外表面与定型套内表面接触,如图 3-21 所示。机头与定型套相距 20~50mm,管状物先空冷,然后进入定型套进行定径。这种方法与内压法相比,管材内应力小,不需气塞装置,操作方便,但管径较大时,难以控制管材的圆柱度,它适用于结晶型塑料管材的生产。

3. 管材挤出工艺条件的控制

为了保证管材的质量和产量,需要控制挤出工艺条件,表 3-3 是几种代表性管材挤出成型工艺条件。

表 3-3 几种代表性管材挤出成型工艺条件

工艺条件		原料品种					
		尼龙 1010	聚全氟乙丙烯	聚乙烯	ABS	聚砜	聚碳酸酯
料筒温度 /℃	后	250~270	160~180	120~140	165~170	250~265	220~250
	中	—	260~280	—	—	300~325	—
	前	260~280	310~330	150~170	170~180	310~330	230~255
机头温度 /℃	后	240~250	320	155~165	165~175	250~270	210~230
	前	210~230					200~220
口模温度/℃		200~210	310~320	150~160	155~160	260~270	200~210
螺杆形式		突变压缩	突变压缩	渐变压缩	渐变压缩	渐变压缩	渐变压缩
螺杆转速 n/(r/min)		15	4.2	22	10.5	4.2	10.5
口模内径 D_0/mm		44.8	11	45	33	12.7	33
模芯外径 D_1/mm		38.5	5	25	26	10	26
口模平直部分长度 l_1/mm		45	—	50	50	20	87
l_1/δ 比值		15	—	5	14.3	20	24
管材内径 d_1/mm		25	3	20	25.5	8	25.5
管材外径 d_0/mm		31.3	5.9	40	32.5	10	32.8
拉伸比		≈1.5	≈3.5	≈1.17	≈1.02	≈1.7	≈0.97
真空定型直径 d/mm		31.7	6	40.2	33	7.9	33
真空定型与口模间隙 l/mm		20	20	25	25	35	
冷却槽水温/℃		室温	室温	室温	室温	90	

注:l_1 为口模、模芯平直部分(即定型部分)长度;δ 为口模与模芯的间隙。

现就温度、挤出速率、牵引速度等简述如下：

（1）温度　需要控制的温度包括料筒温度、机头温度和口模温度。在正常生产过程中，温度是影响塑化及制品质量的主要因素。温度过低，塑化质量不好，管材质量差；温度过高，塑料易分解。挤出管材所取的温度一般比较低，这是因为当塑料挤离口模时，粘度较大有助于准确定型，并减轻冷却系统的负荷，提高生产率。

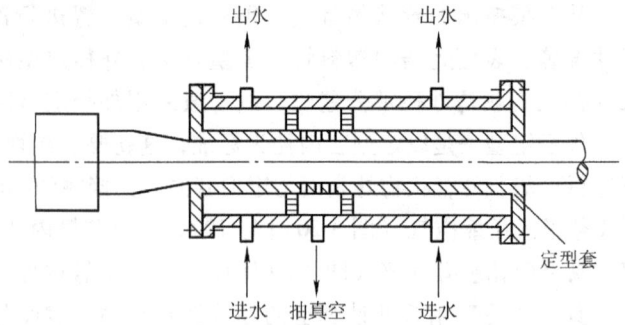

图 3-21　真空法外径定型装置

（2）挤出速率　挤出速率直接影响制品的产量和质量。挤出速率主要取决于螺杆转速。挤出机的螺杆转速可在一定范围内调节，以适应不同管材挤出的需要。提高螺杆转速可以提高产量，但如果只提高转速，而其他工艺条件不改变，则塑化质量不好，管材内壁粗糙，强度不高。

（3）牵引速度　牵引速度直接影响管材的壁厚和直径的精确性，牵引速度不稳定会导致管材壁厚和直径的不稳定。牵引速度必须与挤出速度相适应，通常比挤出速率稍快些，而口模直径却比管材直径稍大些。

（4）压缩空气压力　用内压法使管子定型的压缩空气压力一般为 0.02 ~ 0.05MPa，并且应保持压力的稳定。

管材挤出时出现的问题，产生的原因和解决的方法见附表 9。

五、吹塑薄膜法成型

吹塑薄膜法成型是先用挤出法将塑料挤成管坯，然后借助向管内吹入的压缩空气使其连续膨胀到一定尺寸的管状薄膜，冷却后合拢为一定宽度管膜的一种薄膜生产方法。吹塑薄膜成型的关键是挤出与吹胀及其工艺条件的控制。

1. 挤出与吹胀

吹塑薄膜所用的设备和装置包括挤出机及机头、冷却装置、夹板、牵引辊、导向辊、卷取装置等。其设备及工艺过程如图 3-22 所示。

吹塑薄膜成型模具主要是机头。冷却和定型依靠冷却风环装置。塑料熔体由口模与芯模形成的环形间隙挤出，形成薄壁管坯。挤出的管坯由芯模引进的压缩空气吹胀成管状薄膜，并以压缩空

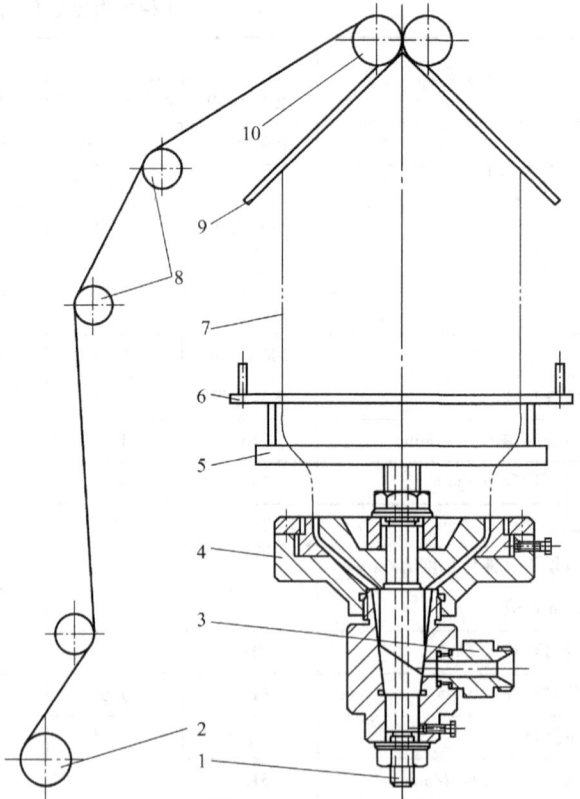

图 3-22　吹塑薄膜设备及工艺过程示意图

1—进气孔　2—卷取辊　3—机颈　4—口模套　5—冷却风环
6—调节器　7—吹胀管膜　8—导辊　9—人字板　10—牵引辊

气的压力来控制管状薄膜的壁厚。吹成的管状薄膜经冷却风环进行冷却定型。已成型的管状薄膜被牵引辊牵引一定距离后，通过人字板和牵引辊夹拢，再经过导辊，最后卷取成捆。可见，它是连续性的生产。

吹塑薄膜通常采用单螺杆挤出机挤出，其规格根据塑料特性和薄膜的宽度及厚度而定。为保证薄膜的质量，一种规格的挤出机只能适应吹塑少数几种规格的制品。这是因为以大的挤出速率来生产窄而薄的薄膜时，在快速牵引下冷却较困难；而以小的挤出速率来生产宽而厚的薄膜时，塑料处于高温时间较长，制品质量差，生产率低。常用塑料吹塑薄膜用挤出机螺杆的工艺参数见表3-4。

表3-4　常用塑料吹塑薄膜用挤出机螺杆的工艺参数

工艺参数	原料	聚氯乙烯（粉料）		聚乙烯	聚丙烯
		软质	硬质		
螺杆类型		计量型计量段长 3D	计量型计量段长 4D	SJ-65A	JB-45
直径 D/mm		65	25	65	45
长径比 L/D		12	20	20	20
压缩比 ε		3.6	3.5 ~ 4	3.1	3.8
槽深/mm	加料段	10	3.5 ~ 4	10	7.25
	均化段	2.4	1	3	1.75
过滤网（目）		60	60	80×100×80	80×100×100×80
螺杆转速 n/（r/min）		200	40 ~ 50	10 ~ 90	10 ~ 90
牵引线速度 v/（m/min）		—	10	10	20
挤出速度 Q/（kg/h）		200	3.5	30	16
薄膜厚度 s/mm		0.05 ~ 0.08	0.05 ~ 0.06	0.08	0.03

注：聚氯乙烯软质为高速吹膜，硬质为热缩性薄膜。

吹塑薄膜机头按熔体流动方向和机头结构分为横向式直角型和直向型两类。工业上常用直角型的，直向型适用于熔体粘度大的和热敏性的塑料。图3-22中的机头为横向式直角型机头。机头中熔体流动过程与管材挤出机头中熔体流动过程有共同之处，也有分流和成型的过程。因此，为保证机头中熔体流动状态良好及塑料薄膜的质量，必须正确设计机头结构和几何参数，如口模与芯模之间缝隙宽度和平直部分长度等。

2. 吹塑薄膜挤出工艺条件的控制

（1）温度　吹塑薄膜时料筒、机头和机颈的温度都应控制。温度高低主要取决于塑料的种类。温度过高，所得薄膜发脆，抗拉强度明显下降；温度过低，塑料塑化不充分，熔体流动和吹胀不良，薄膜抗拉强度和冲击韧度也低，表面光泽度差，透明度下降，甚至出现如木材年轮一样的花纹或明显的熔接痕。

常见塑料吹塑薄膜的温度范围见表3-5。

（2）吹胀比与牵伸比　吹胀比是吹塑薄膜时，吹胀管膜直径与口模直径的比值；牵伸比是薄膜纵向伸长的倍数。为了获得性能良好的薄膜，吹胀比与牵伸比最好相等。实践证明，吹胀比越大，薄膜的透明度和光泽度也越好。但吹胀比过大会导致吹胀管膜的不稳定，致使薄膜厚度不均匀和皱纹的产生。吹胀比通常为2～3。由于吹胀比不宜随意增加，为使制品厚度符合要求，必须调整牵伸比，牵伸比通常控制在 4 ~ 6。这样，吹胀比与牵伸比就不相等，为了保证薄膜纵向和横向性能一致，可以适当控制冷却速度和口模温度等工艺参数。

表 3-5　常见塑料吹塑薄膜的温度范围

塑料种类	温度/℃	料筒	机颈	机头
聚氯乙烯 （粉料）	高速吹膜	160 ~ 175	170 ~ 180	185 ~ 190
	热收缩薄膜	170 ~ 185	180 ~ 190	190 ~ 195
聚乙烯		130 ~ 160	160 ~ 170	150 ~ 160
聚丙烯		190 ~ 250	240 ~ 250	230 ~ 240
复合薄膜	聚乙烯	120 ~ 170	210 ~ 220	200
	聚丙烯	180 ~ 210	210 ~ 220	200

（3）冷却速度　冷却速度靠调节冷却装置达到。冷却速度越高，吹胀管膜上的冷冻线（冷冻线系指吹胀管膜上已经冷却定型的线，对于结晶型塑料为产生结晶的线）离口模越近；冷却速度越慢，冷冻线离口模越远。冷冻线离口模远，薄膜的横向容易撕裂；冷却速度适当，冷冻线适中，薄膜冷却均匀，透明度和表面光泽度好。当然，冷冻线离口模远近还与牵引速度、挤出温度和薄膜厚度等因素有关，当牵引速度越大、挤出温度越高、薄膜厚度越大时，则冷冻线离口模越远，相反就越近。

吹塑薄膜与压延法、狭缝机头挤出法等生产塑料薄膜的方法比较，所用的设备紧凑，薄膜的宽度和厚度容易调节，不必整边等，所以吹塑薄膜广泛用于生产聚氯乙烯和聚乙烯等塑料薄膜。但这种成型方法冷却速度一般偏小，制得的制品透明度较差，厚度偏差较大。

吹塑薄膜的反常现象、原因及其消除方法见附表 10。

六、挤出成型的发展

由于挤出成型应用十分广泛，不仅可以进行管材挤出、吹塑薄膜，还可以进行板（片）材、型材、单丝、带的挤出成型等。因而，在挤出机及其控制、挤出工艺等方面发展较为迅速。

挤出机螺杆是进行塑料塑化的关键零件。由于挤出理论的建立和进一步研究，使挤出机螺杆的设计建立在更科学的基础上。现在不仅可借助计算机设计精确度较高的单螺杆挤出机的螺杆，而且创造出不少新型螺杆，使塑化质量大为提高。

由于单螺杆挤出机在塑料塑化的整个过程中均由一根螺杆来承担，因而不能根据塑化过程各阶段的实际需要分别调整螺杆转速。近年来出现了 L 形的两级式挤出机，如图 3-23 所示。两级式挤出机有两组互相独立的螺杆，第一机组螺杆主要是将塑料压缩并在外加热下使其半熔融；而第二机组螺杆快速旋转剪切使塑料完全熔融和均化。同一机组螺杆可以是单螺杆也可以是双螺杆。这种挤出机操作调整自由度增加，挤出产量高，排气性好，而且省电。

在挤出工艺方面，已采用平挤或吹塑薄膜法进行复合薄膜的共挤，以生产多层复合塑料薄膜。

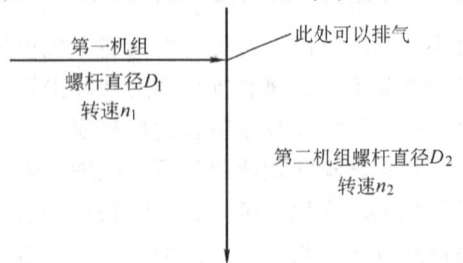

图 3-23　两级式螺杆挤出机示意图

$D_1 > D_2$　$n_1 < n_2$

第四节 其他模塑工艺简介

一、压注成型

压注成型（又称传递模塑，俗称挤塑）的成型原理如图 3-24 所示。先将塑料（最好是经预压成锭料和预热的塑料）加入模具的加料腔内（图 3-24a），使其受热成为黏流状态，在柱塞压力的作用下，黏流态的塑料经过浇注系统，进入并充满闭合的型腔，塑料在型腔内继续受热受压，经过一定时间的固化后（图 3-24b），打开模具取出塑料制品（图 3-24c）。

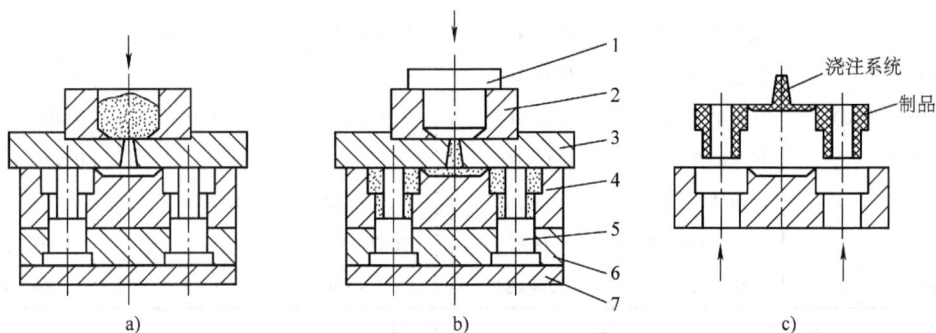

图 3-24 压注成型原理图
1—柱塞 2—加料腔 3—上模板 4—凹模 5—型芯 6—型芯固定板 7—垫板

压注成型的工作循环如图 3-25 所示。

塑料压注成型是为了改进压缩成型的缺点，在吸收了注射成型经验的基础上发展起来的一种成型方法。它的成型特点是，模具在塑料开始成型以前就已完全闭合，塑料的加热熔融是在加料腔内进行的，压力机在成型开始时只施压于加料腔内的塑料，使之通过浇注系统而快速射入型腔，当塑料完全充满型腔后，型腔内与加料腔中的压力趋于平衡。

压注成型的优点是，可以成型深孔及其他复杂形状的塑料制品，也可以成型带有精细或易碎嵌件的制品。塑料制品飞边较小，尺寸准确，性能均匀，质量较高。模具的磨损较小。其缺点是，模具制造成本比压缩模高，成型压力比压缩成型大，操作也较复杂，料耗比压缩成型多。如果成型带有以纤维为填料的塑料，会在制品中引起纤维定向分布，从而导致制品性能各向异性等。

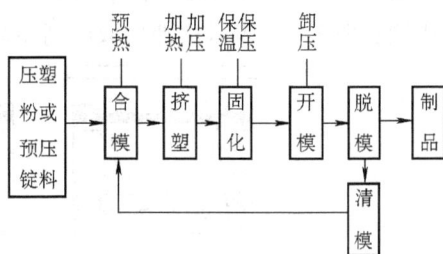

图 3-25 压注成型工作循环图

压注成型是用于热固性塑料的成型。它对塑料的要求是，在未达到硬化温度之前，即在加料腔熔融至充满模具型腔期间，应具有较大的流动性，达到硬化温度后，即充满型腔之后，又须具有较快的硬化速度。能够符合这种要求的热固性塑料有酚醛、三聚氰氨甲醛和环氧树脂等。而不饱和聚酯和脲醛塑料因在较低温度下有较大的硬化速率，所以不宜用这种成型方法制造较大的制品。部分塑料压注成型的主要工艺参数见表 3-6。

二、气动成型

1. 中空吹塑（见第七章）

表 3-6　部分塑料压注成型的主要工艺参数

塑料	填料	成型温度/℃	成型压力/MPa	压缩比	成型收缩率（%）
环氧双酚 A	玻璃纤维	138 ~ 193	7 ~ 34	3.0 ~ 7.0	0.001 ~ 0.008
	矿物填料	121 ~ 193	0.7 ~ 21	2.0 ~ 3.0	0.002 ~ 0.001
环氧酚醛	矿物和玻纤	121 ~ 193	1.7 ~ 21		0.004 ~ 0.008
	矿物和玻纤	190 ~ 196	2 ~ 17.2	1.5 ~ 2.5	0.003 ~ 0.006
	玻璃纤维	143 ~ 165	17 ~ 34	6 ~ 7	0.0002
三聚氰胺	纤维素	149	55 ~ 138	2.1 ~ 3.1	0.005 ~ 0.15
酚醛	织物和回收料	149 ~ 182	13.8 ~ 138	1.0 ~ 1.5	0.003 ~ 0.009
聚酯（BMC、TMC①）	玻璃纤维	138 ~ 160			0.004 ~ 0.005
聚酯（SMC、TMC）	导电护套料②	138 ~ 160	3.4 ~ 1.4	1.0	0.0002 ~ 0.001
聚酯（BMC）	导电护套料	138 ~ 160		—	0.0005 ~ 0.004
醇酸树脂	矿物质	160 ~ 182	13.8 ~ 138	1.8 ~ 2.5	0.003 ~ 0.010
聚酰亚胺	50% 玻璃纤维	199	20.7 ~ 69		0.002
脲醛塑料	α-纤维素	132 ~ 182	13.8 ~ 138	2.2 ~ 3.0	0.006 ~ 0.014

① TMC 指黏稠状塑料；BMC 指团状模压料；SMC 指片状模压料。

② 在聚酯中添加导电性填料和增强材料的电子材料工业用护套料。

2. 真空成型

真空成型的过程是把热塑性塑料板（片）固定在模具上，用辐射加热器进行加热，当加热到软化温度时，用真空泵把板（片）材与模具之间的空气抽掉，借助大气压力，使板材贴模而成型，冷却后借助压缩空气使制品从模具内脱出。真空成型的方法有凹模真空成型，凸模真空成型，凹、凸模先后抽真空成型，吹泡真空成型等。应用最早也最简单的是凹模真空成型，如图 3-26 所示。其中图 3-26a 表示板材固定在凹模上方，并把加热器移至夹紧的塑料板上方；图 3-26b 表示塑料板加热软化后移开加热器，把型腔内空气抽掉，塑料贴模而成型；图 3-26c 表示冷却后取出制品。

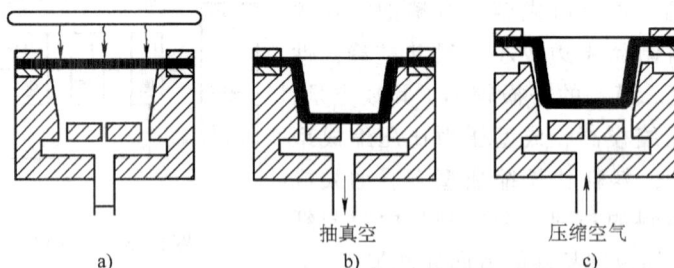

抽真空　　　压缩空气

a)　　　　　b)　　　　　c)

图 3-26　凹模真空成型法

真空成型只需要单个凸模或凹模，模具结构简单，制造成本低，制品形状清晰，但壁厚不够均匀，尤其是模具上凸凹部位。真空成型广泛用于家用电器、药品和食品等行业，生产各种薄壁塑料制品。

3. 压缩空气成型

压缩空气成型是借助压缩空气的压力，将加热软化后的塑料板压入型腔而贴模成型的方法。其工艺过程见图 3-27。图 3-27a 为开模状态；图 3-27b 为闭模后加热，此时从型腔内通入低压空气，使塑料板接触加热板而加热；图3-27c为通过加热板通入一定压力的预热空气；迫使已经软化的坯料贴紧型腔表面；图3-27d为制品在型腔内冷却定型后，加热板下降，切除余料；图3-27e为利用压缩空气使制品脱模。

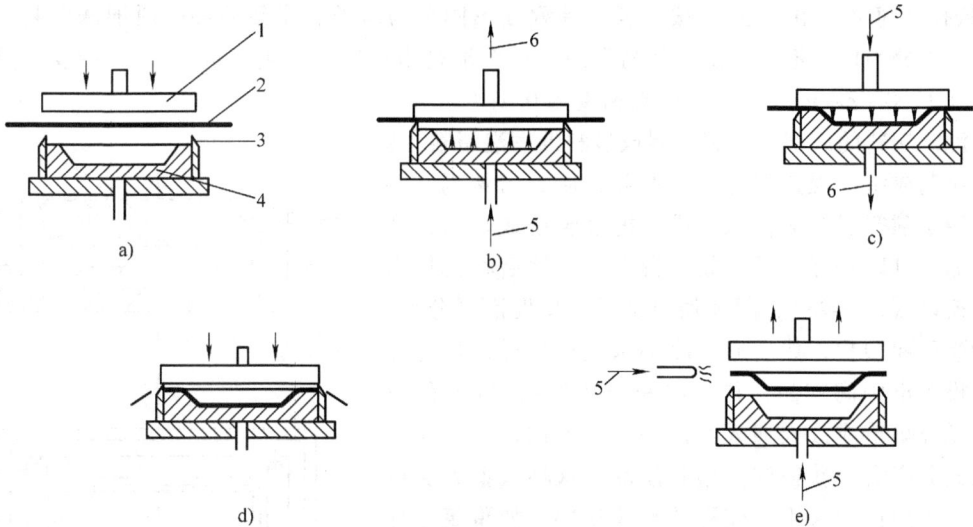

图 3-27　压缩空气成型工艺过程
1—加热板　2—塑料板　3—切边刃口　4—凹模　5—进气　6—排气

压缩空气成型的成型压力一般为 0.3 ~ 0.8MPa，最大可达 3MPa。与真空成型相比，它可以成型壁厚较大、形状较复杂的制品（塑料板厚度一般为 1 ~ 5mm，最大不超过 8mm）。压缩空气成型生产率较高（比真空成型高 3 倍以上），而且可以在成型后进行切边，制品精度较高，但设备及控制系统较复杂，投资较大。

三、塑料浇铸成型

浇铸成型又称铸塑，它是应用金属的浇铸原理而产生的一种塑料成型方法。其方法是将已准备好浇铸原料注入一定的模具型腔中，经固化而得到与模具型腔相似的制品。塑料的浇铸方法有静态铸塑、嵌铸、离心浇铸、流延铸塑、搪塑、滚塑等。

静态铸塑法和离心浇铸法原理与相应的金属铸造法相似。

嵌铸又称封入成型，它是将各种非塑料物件包封在塑料中的一种成型方法。如用透明塑料包封各种生物标本、商品样本等；将某些电气元件包封起来以便起到绝缘、防腐蚀作用。

流延铸塑过程是将配成一定粘度的塑料溶液，以一定的速度流布在连续回转的基材（一般为不锈钢带）上，经加热脱除溶剂和固化，从而得到厚度很小的薄膜。此法多用于制造光学性能要求很高的塑料薄膜，如电影胶片等。

搪塑又称涂凝模塑或涂凝成型。其方法是将糊状塑料倾倒到预先加热至一定温度的模具型腔中，接触或接近模壁的塑料即因受热而胶凝，然后将没有胶凝的塑料倒出，并将附在模具上的塑料进行热处理（烘熔），经冷却即可从模具中取出中空软制品（如玩具等）。

滚塑又称旋转成型。其方法是将定量的液状或糊状塑料加入模具型腔中，通过对模具的加热和模具的纵、横向的滚动旋转，使塑料熔融塑化并借助自身的重力作用均匀地布满模具型腔的整个表面上，待冷却后脱模即可获得中空制品。滚塑与离心铸塑的区别是滚塑转速不高，设备简单。滚塑可生产大型中空制品，亦可生产玩具、皮球等小型制品。

四、泡沫塑料压制成型和低发泡塑料注射成型

泡沫塑料制品是一类带有许多均匀分散气孔的塑料制品。按泡沫塑料的生产方法分为机械法、物理法和化学法；按气孔的结构不同分为开孔（孔与孔之间大多是相通的）和闭孔（多数孔之间是不相通的）；按塑料软硬程度不同分为软质、半硬质和硬质泡沫塑料；按其密度又可分为低发泡、中发泡和高发泡。低发泡是指密度为 $0.4g/cm^3$ 以上；中发泡是指密度为 $0.1 \sim 0.4g/cm^3$；高发泡是指密度为 $0.1g/cm^3$ 以下。

泡沫塑料的成型方法有压制成型和低发泡塑料注射成型等。

压制成型过程是先将发泡剂和树脂、增塑剂、溶剂、稳定剂等混合成糊状，或经捏合辊压成片状，硬质制品也可以经球磨成为粉状混合物，然后将其加入压制模内（图3-28），闭模加热加压，使发泡剂分解，树脂凝胶和塑化，然后通入冷却水进行冷却，待冷透后开模脱出中间产品，再将中间产品放在100℃的热空气循环烘箱或放入通入蒸汽的蒸汽室内，使制品内微孔充分涨大而获得泡沫塑料制品。这种成型方法通常仅限于用化学法生产闭孔的泡沫塑料，如聚氯乙烯软（硬）泡沫塑料、聚苯乙烯泡沫塑料和聚烯烃泡沫塑料等。

低发泡塑料注射成型是采用特殊的注射机、模具和成型工艺来成型泡沫塑料制品。低发泡塑料又称硬质发泡体、结构泡沫塑料或合成木材。这种成型方法可用于生产家具、汽车和电器零件、建材、仪表外壳、工艺品框架、包装箱等制品。

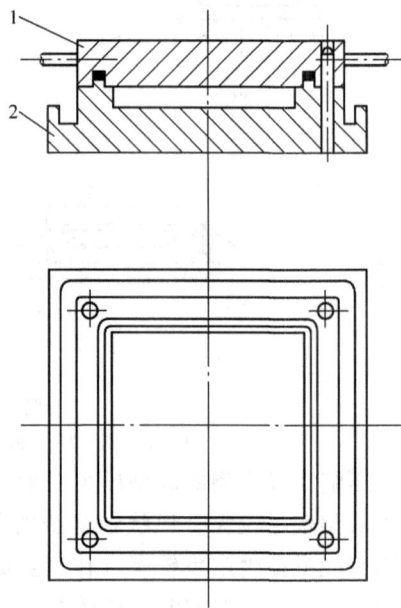

图3-28 压制软泡沫塑料平板用的压制模
1—上模 2—下模

至今，几乎所有热固性塑料和热塑性塑料都能制成泡沫塑料，然而最常用的有聚苯乙烯、聚氨基甲酸酯、聚氯乙烯、聚乙烯、脲甲醛等。

第五节 塑料制品的工艺性

良好的塑料制品工艺性是获得合格制品的前提，也是成型工艺得以顺利进行和塑料模具达到经济合理要求的基本条件。所以设计塑料制品不仅要满足使用要求，而且要符合成型工艺特点，并尽可能使模具结构简化。这样，既能保证工艺稳定，提高制品质量，又能提高生产率，降低成本。

设计塑料制品必须充分考虑以下因素：

（1）成型方法　不同成型方法其制品的工艺性要求有所不同。这里着重分析的是压缩模塑和注射模塑制品的工艺性要求。

（2）塑料的性能　塑料制品的尺寸、公差、结构形状应与塑料的物理性能、力学性能和工艺性能等相适应。

（3）模具结构及加工工艺性　塑料制品形状应有利于简化模具结构、尤其是有利于简化抽芯和脱模机构，还要考虑模具零件尤其是成型零件的加工工艺性。

塑料制品设计的主要内容是尺寸、公差、表面质量和结构形状。

一、塑料制品的尺寸、公差和表面质量

1. 塑料制品的尺寸

这里的尺寸是指制品的总体尺寸，而不是壁厚、孔径等结构尺寸。

由于塑料流动性的限制，对于流动性差的塑料（如玻璃纤维增强塑料等）或薄壁制品进行注射模塑和压注成型时，制品尺寸不宜过大，以免熔体不能充满型腔或形成熔接痕，从而影响制品外观和强度。此外，压缩成型制品尺寸受到压力机最大压力及台面尺寸的限制；注射成型制品的尺寸受到注射机的公称注射量、合模力和模板尺寸的限制。

2. 塑料制品的公差

影响塑料制品公差的因素主要有模具制造误差及磨损（尤其是成型零件的制造和装配误差以及使用中的磨损），塑料收缩率的波动，模塑工艺条件的变化，塑料制品的形状，飞边厚度的波动，脱模斜度及成型后制品的尺寸变化等。

表 3-7 可作为选定塑料制品公差时参考。它将塑料制品分为 10 个精度等级，根据塑料品种不同，每一种塑料可选其中的 3 个等级，见表 3-8。

表 3-7　塑料制品公差数值　　　　　　　　　　　　（单位：mm）

基本尺寸	公差等级									
	1	2	3	4	5	6	7	8	9	10
	公差数值									
~3	0.02	0.03	0.04	0.06	0.08	0.12	0.16	0.24	0.32	0.48
>3~6	0.03	0.04	0.05	0.07	0.08	0.14	0.18	0.28	0.36	0.56
>6~10	0.03	0.04	0.06	0.08	0.10	0.16	0.20	0.32	0.40	0.64
>10~14	0.03	0.05	0.06	0.09	0.12	0.18	0.22	0.36	0.44	0.72
>14~18	0.04	0.05	0.07	0.10	0.12	0.20	0.24	0.40	0.48	0.80
>18~24	0.04	0.06	0.08	0.11	0.14	0.22	0.28	0.44	0.56	0.88
>24~30	0.05	0.06	0.09	0.12	0.16	0.24	0.32	0.48	0.64	0.96
>30~40	0.05	0.07	0.10	0.13	0.18	0.26	0.36	0.52	0.72	1.0
>40~50	0.06	0.08	0.11	0.14	0.20	0.30	0.40	0.56	0.80	1.2
>50~65	0.06	0.09	0.12	0.16	0.22	0.32	0.46	0.64	0.92	1.4
>65~80	0.07	0.10	0.14	0.19	0.26	0.38	0.52	0.76	1.0	1.6
>80~100	0.08	0.12	0.16	0.22	0.30	0.44	0.60	0.88	1.2	1.8
>100~120	0.09	0.13	0.18	0.25	0.34	0.50	0.68	1.0	1.4	2.0
>120~140	0.10	0.15	0.20	0.28	0.38	0.56	0.76	1.1	1.5	2.2
>140~160	0.12	0.16	0.22	0.31	0.42	0.62	0.84	1.2	1.7	2.4
>160~180	0.13	0.18	0.24	0.34	0.46	0.68	0.92	1.4	1.8	2.7
>180~200	0.14	0.20	0.26	0.37	0.50	0.74	1.0	1.5	2.0	3.0
>200~225	0.15	0.22	0.28	0.41	0.56	0.82	1.1	1.6	2.2	3.3
>225~250	0.16	0.24	0.30	0.45	0.62	0.90	1.2	1.8	2.4	3.6
>250~280	0.18	0.26	0.34	0.50	0.68	1.0	1.3	2.0	2.6	4.0

（续）

基本尺寸	公差等级									
	1	2	3	4	5	6	7	8	9	10
	公差数值									
>280~315	0.20	0.28	0.38	0.55	0.74	1.1	1.4	2.2	2.8	4.4
>315~355	0.22	0.30	0.42	0.60	0.82	1.2	1.6	2.4	3.2	4.8
>355~400	0.24	0.34	0.46	0.65	0.90	1.3	1.8	2.6	3.6	5.2
>400~450	0.26	0.38	0.52	0.70	1.0	1.4	2.0	2.8	4.0	5.6
>450~500	0.30	0.42	0.60	0.80	1.1	1.6	2.2	3.2	4.4	6.4
>500~560	0.34	0.46	0.64	0.88	1.2	1.8	2.4	3.6	4.8	7.1
>560~630	0.38	0.52	0.72	0.99	1.3	2.0	2.7	3.9	5.4	7.9
>630~710	0.42	0.60	0.80	1.1	1.5	2.2	3.0	4.4	6.0	8.8
>710~800	0.46	0.64	0.90	1.2	1.7	2.5	3.3	4.9	6.7	9.8
>800~900	0.52	0.72	1.0	1.4	1.9	2.8	3.8	5.5	7.5	10.8
>900~1000	0.60	0.80	1.2	1.6	2.2	3.2	4.3	6.0	8.5	12.8
>1000~2000	0.76	1.0	1.4	1.8	2.5	3.5	5	7	10	14
>1200~1400	0.88	1.2	1.6	2.5	3.0	4.0	6	8	11	16
>1400~1600	1.0	1.4	1.8	3.0	3.5	5.0	7	9	13	18

注：表中公差数值用于基准孔或非配合孔时取正（＋）号；用于基准轴或非配合轴取负（－）号，用于非配合长度取半值冠以正负（±）号。

表 3-8 塑料制品精度等级的选用

材料			相应的公差等级		
收缩特性值	代号	名称	高精度	一般精度	低精度
0—1	ABS	苯乙烯—丁二烯—丙烯腈共聚物	3	4	5
	AS	丙烯腈—苯乙烯共聚物			
	GRD	30%玻璃纤维增强塑料			
	HIPS	高冲击韧度聚苯乙烯			
	MF	氨基塑料			
	PBTP	聚对苯酸丁二（醇）酯（增强）			
	PC	聚碳酸酯			
	PETP	聚对苯酸乙二（醇）酯（增强）			
	PF	酚醛塑料			
	PMMA	聚甲基丙烯酸甲酯			
	PPE	聚苯硫醚（增强）			
	PPO	聚苯醚			
	PPS	聚苯醚砜			
	PS	聚苯乙烯			
	PSU	聚砜			

（续）

材　料			相应的公差等级		
收缩特性值	代号	名　称	高精度	一般精度	低精度
1—2	PA	聚酰胺6、66、610、9、1010	4	5	6
		氯化聚醚			
	PVC	聚氯乙烯（硬）			
2—3	PE	聚乙烯（高密度）	6	7	8
	POM	聚甲醛			
	PP	聚丙烯			
3—4	PE	聚乙烯（低密度）	8	9	10
	PVC	聚氯乙烯（软）			

注：1. 其他材料，可按加工尺寸的稳定性，参照此表选取公差等级。

2. 1、2级为精密级，只有在特殊条件下才采用。

3. 当沿脱模方向两端尺寸均有要求时，应考虑脱模斜度对公差的影响。

4. 其他增强塑料的收缩特性值，应比此表中规定的小，或由试验结果定。

表 3-7 中只列出公差值，具体的上、下极限偏差可根据塑料制品的配合性质进行分配。对于在成型中受到各种因素影响，可能造成误差较大的尺寸，如压缩模塑制品的高度尺寸，其公差值取表中数值再加上附加值；1、2 级精度附加 0.02mm，3、4 级精度附加 0.04mm，5～7 级精度附加 0.1mm；8～10 级精度附加 0.2mm。另外，对于塑料件未注公差的尺寸，按表 3-7 中 7～10 级公差选用。

塑料制品公差等级选用见表 3-9，其公差值见表 3-10（GB/T 14486—2008）。

表 3-9　常用材料模塑件尺寸公差等级的选用

材料代号	模塑材料		公差等级		
			标注公差尺寸		未注公差尺寸
			高精度	一般精度	
ABS	（丙烯腈-丁二烯-苯乙烯）共聚物		MT2	MT3	MT5
CA	乙酸纤维素		MT3	MT4	MT6
EP	环氧树脂		MT2	MT3	MT5
PA	聚酰胺	无填料填充	MT3	MT4	MT6
		30%玻璃纤维填充	MT2	MT3	MT5
PBT	聚对苯二甲酸丁二酯	无填料填充	MT3	MT4	MT6
		30%玻璃纤维填充	MT2	MT3	MT5
PC	聚碳酸酯		MT2	MT3	MT5
PDAP	聚邻苯二甲酸二烯丙酯		MT2	MT3	MT5
PEEK	聚醚醚酮		MT2	MT3	MT5
PE-HD	高密度聚乙烯		MT4	MT5	MT7
PE-LD	低密度聚乙烯		MT5	MT6	MT7
PESU	聚醚砜		MT2	MT3	MT5

（续）

材料代号	模塑材料		公差等级		
			标注公差尺寸		未注公差尺寸
			高精度	一般精度	
PET	聚对苯二甲酸乙二酯	无填料填充	MT3	MT4	MT6
		30%玻璃纤维填充	MT2	MT3	MT5
PF	苯酚-甲醛树脂	无机填料填充	MT2	MT3	MT5
		有机填料填充	MT3	MT4	MT6
PMMA	聚甲基丙烯酸甲酯		MT2	MT3	MT5
POM	聚甲醛	≤150mm	MT3	MT4	MT6
		>150mm	MT4	MT5	MT7
PP	聚丙烯	无填料填充	MT4	MT5	MT7
		30%无机填料填充	MT2	MT3	MT5
PPE	聚苯醚；聚亚苯醚		MT2	MT3	MT5
PPS	聚苯硫醚		MT2	MT3	MT5
PS	聚苯乙烯		MT2	MT3	MT5
PSU	聚砜		MT2	MT3	MT5
PUR-P	热塑性聚氨酯		MT4	MT5	MT7
PVC-P	软质聚氯乙烯		MT5	MT6	MT7
PVC-U	未增塑聚氯乙烯		MT2	MT3	MT5
SAN	（丙烯腈-苯乙烯）共聚物		MT2	MT3	MT5

3. 塑料制品表面质量

塑料制品表面质量包括有无斑点、条纹、凹痕、起泡、变色等缺陷，还有表面光泽性和表面粗糙度。表面缺陷必须避免；表面光泽性和表面粗糙度应根据塑料制品使用要求而定，尤其是透明制品，对表面光泽性和表面粗糙度有严格要求。表 3-11 为 GB/T 14234—1993 不同加工方法和不同材料所能达到的塑料件表面粗糙度。

二、塑料制品的几何形状

1. 塑料制品的形状

为了在开模时容易取出塑料制品，制品应尽量避免侧壁凹模或与制品脱模方向垂直的孔，以免采用瓣合分型或侧抽芯等复杂的模具结构和在制品分型面位置上留下飞边。图 3-29a 需要采用侧抽芯或瓣合分型凹模（或凸模）结构，改为图 3-29b 时就避免了上述复杂结构，可用整体式凹模或凸模结构。

当塑料制品侧壁的凹槽（或外凸）深度（或高度）较小并允许带有圆角时，则可采用整体式凸模或凹模结构，利用塑料在脱模温度下具有足够弹性的特性，以强行脱模的方式脱模。如聚甲醛塑料的制品，5% 的内凹（或外凸）均可采用强行脱模方式，如图 3-30 所示。聚乙烯、聚丙烯等塑料制品可采取类似的方法，但多数情况下，带侧凹的塑料制品不宜采用强行脱模，以免损坏制品。

表 3-10　模塑件尺寸公差表

（单位：mm）

基本尺寸

公差等级	公差种类	>0 ~3	>3 ~5	>6 ~10	>10 ~14	>14 ~18	>18 ~24	>24 ~30	>30 ~40	>40 ~50	>50 ~65	>65 ~80	>80 ~100	>100 ~120	>120 ~140	>140 ~160	>160 ~180	>180 ~200	>200 ~225	>225 ~250	>250 ~280	>280 ~315	>315 ~355	>355 ~400	>400 ~450	>450 ~500	>500 ~630	>630 ~800	>800 ~1000
标注公差的尺寸公差值																													
MT1	a	0.07	0.08	0.09	0.10	0.11	0.12	0.14	0.16	0.18	0.20	0.23	0.25	0.28	0.32	0.36	0.40	0.44	0.48	0.52	0.56	0.60	0.64	0.70	0.78	0.86	0.97	1.10	1.39
	b	0.14	0.16	0.18	0.20	0.21	0.22	0.24	0.26	0.28	0.30	0.33	0.36	0.39	0.42	0.46	0.50	0.54	0.58	0.63	0.66	0.70	0.74	0.80	0.88	0.96	1.07	1.26	1.49
MT2	a	0.10	0.12	0.14	0.16	0.18	0.20	0.22	0.24	0.26	0.30	0.34	0.38	0.42	0.46	0.50	0.54	0.60	0.66	0.72	0.76	0.84	0.92	1.00	1.10	1.20	1.40	1.70	2.10
	b	0.20	0.22	0.24	0.26	0.28	0.30	0.32	0.34	0.36	0.40	0.46	0.48	0.52	0.53	0.60	0.64	0.70	0.76	0.82	0.86	0.94	1.02	1.10	1.20	1.30	1.50	1.80	2.20
MT3	a	0.12	0.14	0.16	0.18	0.20	0.22	0.26	0.30	0.34	0.40	0.46	0.52	0.56	0.64	0.70	0.78	0.90	0.92	1.00	1.10	1.20	1.30	1.44	1.60	1.74	2.00	2.40	3.00
	b	0.32	0.34	0.36	0.38	0.40	0.42	0.46	0.50	0.54	0.60	0.66	0.72	0.78	0.84	0.90	0.98	1.06	1.12	1.20	1.30	1.40	1.50	1.64	1.80	1.94	2.20	2.60	3.20
MT4	a	0.16	0.18	0.20	0.24	0.28	0.32	0.36	0.42	0.48	0.56	0.64	0.72	0.82	0.92	1.02	1.12	1.24	1.36	1.48	1.62	1.80	2.00	2.20	2.40	2.60	3.10	3.80	4.60
	b	0.36	0.38	0.40	0.44	0.48	0.52	0.56	0.62	0.68	0.76	0.84	0.92	1.02	1.12	1.22	1.32	1.44	1.56	1.68	1.82	2.00	2.20	2.40	2.60	2.80	3.30	4.00	4.80
MT5	a	0.20	0.24	0.28	0.32	0.38	0.44	0.50	0.56	0.64	0.74	0.86	1.00	1.14	1.28	1.44	1.60	1.76	1.92	2.10	2.30	2.50	2.80	3.10	3.50	3.90	4.50	5.60	6.90
	b	0.40	0.44	0.48	0.52	0.58	0.64	0.70	0.76	0.84	0.94	1.06	1.20	1.34	1.48	1.64	1.80	1.96	2.12	2.30	2.50	2.70	3.00	3.30	3.90	4.10	4.70	5.80	7.10
MT6	a	0.26	0.32	0.38	0.46	0.52	0.60	0.70	0.80	0.94	1.16	1.28	1.48	1.72	2.00	2.20	2.40	2.60	2.90	3.20	3.50	3.90	4.30	4.80	5.30	5.90	6.90	8.50	10.60
	b	0.46	0.52	0.58	0.66	0.72	0.80	0.90	1.00	1.14	1.30	1.48	1.68	1.92	2.20	2.40	2.60	2.80	3.10	3.40	3.70	4.10	4.50	5.00	5.50	6.10	7.10	8.70	10.80
MT7	a	0.38	0.46	0.56	0.66	0.76	0.86	0.98	1.12	1.32	1.54	1.80	2.10	2.40	2.70	3.00	3.30	3.70	4.10	4.50	4.90	5.40	6.00	6.70	7.40	8.20	9.60	11.90	14.80
	b	0.58	0.66	0.76	0.86	0.96	1.06	1.18	1.32	1.52	1.74	2.00	2.30	2.50	2.90	3.20	3.50	3.90	4.30	4.70	5.10	5.60	6.20	6.90	7.60	8.40	9.80	12.10	15.00
未注公差的尺寸允许偏差																													
MT5	a	±0.10	±0.12	±0.14	±0.16	±0.19	±0.22	±0.25	±0.28	±0.32	±0.37	±0.43	±0.50	±0.57	±0.64	±0.72	±0.80	±0.88	±0.96	±1.05	±1.15	±1.25	±1.40	±1.55	±1.75	±1.95	±2.25	±2.80	±3.45
	b	±0.20	±0.22	±0.24	±0.26	±0.29	±0.32	±0.35	±0.38	±0.42	±0.47	±0.53	±0.60	±0.67	±0.74	±0.82	±0.90	±0.98	±1.06	±1.15	±1.25	±1.35	±1.50	±1.65	±1.95	±2.05	±2.35	±2.90	±3.55
MT6	a	±0.13	±0.16	±0.19	±0.23	±0.26	±0.30	±0.35	±0.40	±0.47	±0.58	±0.64	±0.74	±0.86	±1.00	±1.10	±1.20	±1.30	±1.45	±1.60	±1.75	±1.95	±2.15	±2.40	±2.65	±2.95	±3.45	±4.25	±5.30
	b	±0.23	±0.26	±0.29	±0.33	±0.36	±0.40	±0.45	±0.50	±0.57	±0.65	±0.74	±0.84	±0.96	±1.10	±1.20	±1.30	±1.40	±1.55	±1.70	±1.85	±2.05	±2.25	±2.50	±2.75	±3.05	±3.55	±4.35	±5.40
MT7	a	±0.19	±0.23	±0.28	±0.33	±0.38	±0.43	±0.49	±0.56	±0.66	±0.77	±0.90	±1.05	±1.20	±1.35	±1.50	±1.65	±1.85	±2.05	±2.25	±2.45	±2.70	±3.00	±3.35	±3.70	±4.10	±4.80	±5.95	±7.40
	b	±0.29	±0.33	±0.38	±0.43	±0.48	±0.53	±0.59	±0.66	±0.76	±0.87	±1.00	±1.15	±1.25	±1.45	±1.60	±1.75	±1.95	±2.15	±2.35	±2.55	±2.80	±3.10	±3.45	±3.80	±4.20	±4.90	±6.05	±7.50

注：1. a 为不受模具活动部分影响的尺寸公差值；b 为受模具活动部分影响的尺寸公差值。

2. MT1 级为精密级，只有采用严密的工艺控制措施和高精度的模具、设备、原料时才有可能选用。

表 3-11　不同加工方法和不同材料所能达到的塑料件表面粗糙度（GB/T 14234—1993）

加工方法		材料	Ra 参数值范围/μm										
			0.025	0.050	0.100	0.200	0.40	0.80	1.60	3.20	6.30	12.50	25
注射成型	热塑性塑料	PMMA	—	—	—	—	—	—					
		ABS	—	—	—	—	—	—					
		AS	—	—	—	—	—	—					
		聚碳酸酯		—	—	—	—	—					
		聚苯乙烯		—	—	—	—	—	—				
		聚丙烯			—	—	—	—					
		尼龙			—	—	—	—					
		聚乙烯			—	—	—	—	—		—		
		聚甲醛		—	—	—	—	—					
		聚砜				—	—	—					
		聚氯乙烯			—	—	—	—					
		聚苯醚				—	—	—					
		氯化聚醚				—	—	—					
		PBT				—	—	—					
	热固性塑料	氨基塑料			—	—	—	—					
		酚醛塑料			—	—	—	—					
		硅酮塑料			—	—	—	—					
压制和挤胶成型		氨基塑料					—	—	—				
		酚醛塑料					—	—	—				
		嘧胺塑料			—	—	—	—	—				
		硅酮塑料					—	—	—				
		DAP					—	—	—				
		不饱合聚酯						—	—	—			
		环氧塑料						—	—	—			
机械加工		有机玻璃	—	—	—	—	—	—	—	—	—	—	
		尼龙		—	—	—	—	—	—	—	—	—	
		聚四氟乙烯							—	—	—	—	
		聚氯乙烯							—	—	—	—	
		增强塑料								—	—	—	—

注：模塑塑料件 Ra 数值应相应增大两个档次。

塑料制品的形状还要有利于提高制品的强度和刚度。为此薄壳状塑料制品可设计成球面或拱形曲面。例如，在容器底或盖设计成图 3-31a 和图 3-31b 所示的形状，可大大增强其刚度。在容器的边缘设计成图 3-31c 所示形状以增强刚度，减少变形。

紧固用的凸耳或台阶应有足够的强度和刚度，以承受紧固时的作用力。为此，应避免台阶突然变化，而应逐步过渡，如图 3-32 所示。其中图 3-32a 不合理，图 3-32b 以逐步过渡并以加强肋增强，其结构是合理的。

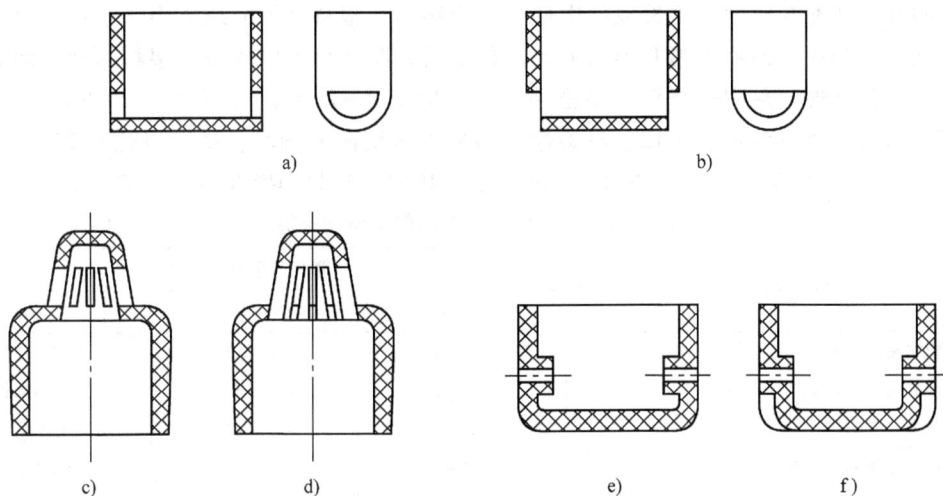

图 3-29　塑料制品的形状工艺性

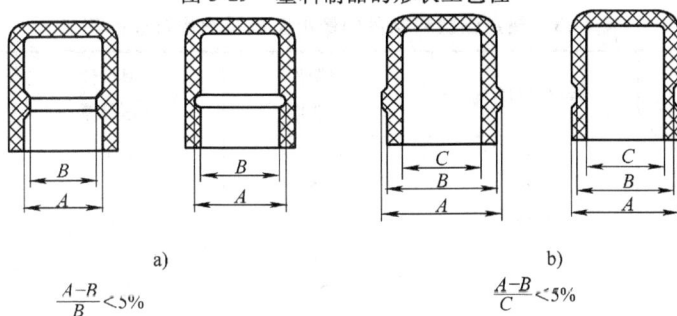

a)　　　　　　　　　　　　　b)

$$\frac{A-B}{B}<5\%\qquad\qquad \frac{A-B}{C}<5\%$$

图 3-30　可强行脱模的结构尺寸

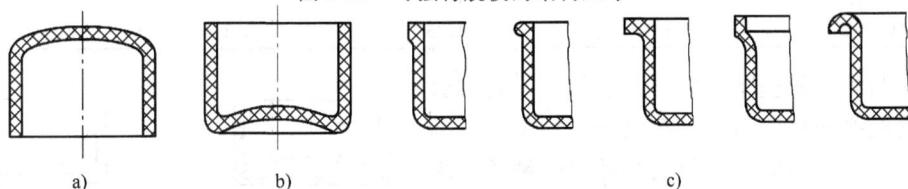

a)　　　　　b)　　　　　　　　c)

图 3-31　容器底、盖、边缘的设计

塑料制品的形状还应考虑成型时分型面位置，脱模后不易变形等。

综上所述，塑料制品的形状必须便于成型以简化模具结构，降低成本，提高生产率和保证制品的质量。

2. 塑料制品的壁厚

壁厚不宜过小，这是因为在使用上必须有足够的强度和刚度；在装配时能够承受紧固力；在模塑成型时熔体能够充满型腔，在脱模时能够承受脱模机构的冲击和振动。壁厚也不宜过大，否则用料太多，不但增加成本，而且

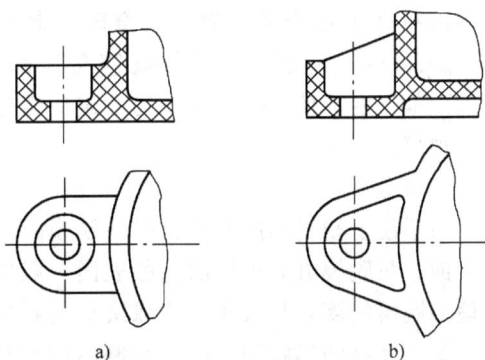

a)　　　　　　　　b)

图 3-32　塑料制品紧固用凸耳

a) 不合理　b) 合理

增加成型时间和冷却时间，延长成型周期。对于热固性塑料还可能造成固化不足。另外也容易产生气泡、缩孔、凹痕、翘曲等缺陷。塑料制品壁厚大小主要取决于塑料品种、制品大小以及成型工艺条件。热固性塑料的小型件，壁厚取 1.0~2mm；大型件取 3~8mm。常用热固性塑料制品壁厚可参考表 3-12。热塑性塑料易于成型薄壁制品，壁厚可达 0.25mm，但一般不宜小于 0.6~0.9mm，常选取 2~4mm。常用热塑性塑料的壁厚可参考表 3-13。

表 3-12　热固性塑料制品的壁厚推荐值　　　　　　　　　　（单位：mm）

塑件材料	塑件外形高度尺寸		
	< 50	50~100	>100
粉状填料的酚醛塑料	0.7~2	2.0~3	5.0~6.5
纤维状填料的酚醛塑料	1.5~2	2.5~3.5	6.0~8.0
氨基塑料	1.0	1.3~2	3.0~4
聚酯玻璃纤维填料的塑料	1.0~2	2.4~3.2	>4.8
聚酯无机物填料的塑料	1.0~2	3.2~4.8	>4.8

表 3-13　热塑性塑料制品的最小壁厚及常用壁厚推荐值　　　　（单位：mm）

塑件材料	最小壁厚	小型塑件推荐壁厚	中型塑件推荐壁厚	大型塑件推荐壁厚
尼龙	0.45	0.76	1.5	2.4~3.2
聚乙烯	0.6	1.25	1.6	2.4~3.2
聚苯乙烯	0.75	1.25	1.6	3.2~5.4
改性聚苯乙烯	0.75	1.25	1.6	3.2~5.4
有机玻璃（372#）	0.8	1.50	2.2	4~6.5
硬聚氯乙烯	1.2	1.60	1.8	3.2~5.8
聚丙烯	0.85	1.45	1.75	2.4~3.2
氯化聚醚	0.9	1.35	1.8	2.5~3.4

塑料制品中的壁厚一般应力求均匀，否则会因为固化或冷却速度不同引起收缩不均匀，从而在制品内部产生内应力，导致制品产生翘曲、缩孔甚至开裂等缺陷。图 3-33a 是不合理的结构，而图 3-33b 则是合理结构。有时为了使可能产生的熔接痕处于适当的位置，有意改变制品的壁厚，如图 3-34 所示，为了保证制品顶部质量，增大顶部厚度，使熔体流动畅通，避免熔接痕产生于顶部。

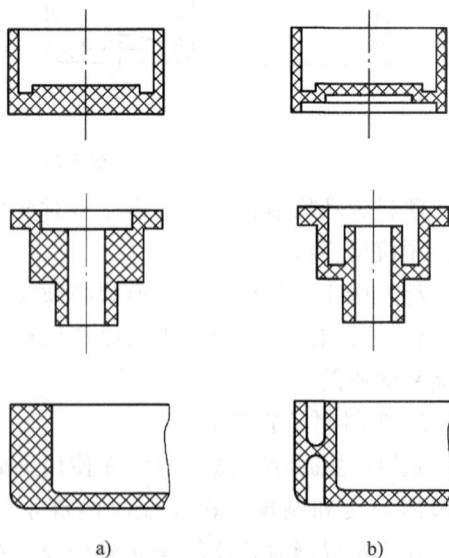

a)　　　　　　　　b)

图 3-33　塑料制品的壁厚设计
a) 不合理　b) 合理

3. 脱模斜度

为了便于塑料制品脱模，以防脱模时擦伤制品表面，与脱模方向平行的制品表面一般应具有合理的脱模斜度。其大小主要取决于塑料的收缩率、塑料制品的形状和壁厚以及制品的部位。收缩率大的塑料取较大的脱模斜度。常用塑料制品脱模斜度可参考表 3-14。

表 3-14　塑料制品脱模斜度

塑料制品材料	脱模斜度	
	型腔	型芯
聚酰胺		
通用	$20' \sim 40'$	$25' \sim 40'$
增强	$20' \sim 50'$	$20' \sim 40'$
聚乙烯	$20' \sim 45'$	$25' \sim 45'$
聚甲基丙烯酸甲酯	$35' \sim 1°30'$	$30' \sim 1°$
聚苯乙烯	$35' \sim 1°30'$	$30' \sim 1°$
聚碳酸酯	$35' \sim 1°$	$30' \sim 50'$
ABS 塑料	$40' \sim 1°20'$	$35' \sim 1°$

从表 3-14 中可以看出，在一般情况下，脱模斜度为 $30' \sim 1°30'$。但应注意根据具体情况而定。自润性好的塑料（如聚酰胺）和软质塑料（如聚乙烯、聚丙烯）采用较小的斜度；硬质塑料（如聚碳酸酯）则采用较大斜度。当制品有特殊要求或精度要求较高时，应选用较小的斜度，外表面斜

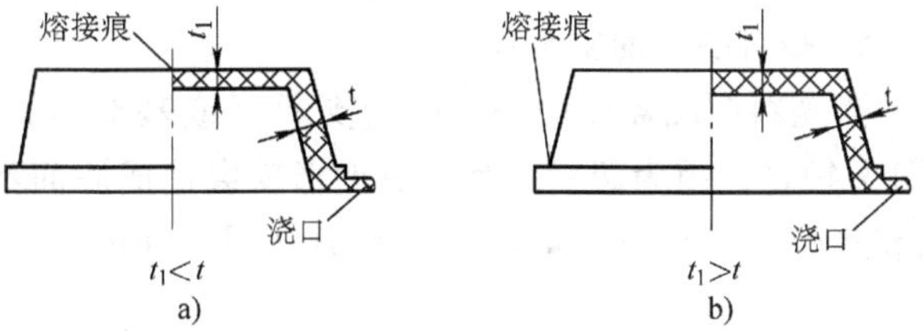

图 3-34　塑料制品的不均匀壁厚
a) 不合理　b) 合理

度可小至 $5'$，内表面斜度小至 $10' \sim 20'$。高度不大的制品，还可以不要脱模斜度；尺寸较高、较大的制品选用较小的斜度；形状复杂、不易脱模的制品，应取较大的斜度；制品上的凸起或加强肋单边应有 $4° \sim 5°$ 的斜度；侧壁带皮革花纹应有 $4° \sim 6°$ 的斜度；塑料制品壁厚大的应选较大的斜度。在开模时，为了让制品留在凸模上，内表面斜度比外表面斜度小。相反，为了让制品留在凹模一边，则外表面斜度应比内表面斜度小。

斜度的取向原则是：内孔以小端为准，符合图样要求，斜度由扩大方向得到；外形以大端为准，符合图样要求，斜度由缩小方向得到（图 3-35）。一般脱模斜度值不包括在塑料制品尺寸的公差范围内。但制品精度要求高的，脱模斜度应包括在公差范围内。

4. 塑料制品的加强肋

为了确保塑料制品的强度和刚度而又不致于使制品的壁厚过大，可在制品适当的位置上设置加强肋。有的加强肋还能改善成型时熔体的流动状况。图 3-36a 的壁厚大而不均匀，而图 3-36b 采用了加强肋，壁厚均匀，既省料又提高了强度、刚度、避免了气泡、缩孔、凹痕、翘曲等缺陷。加强肋的尺寸见图 3-37。加强肋的厚度比壁厚小。

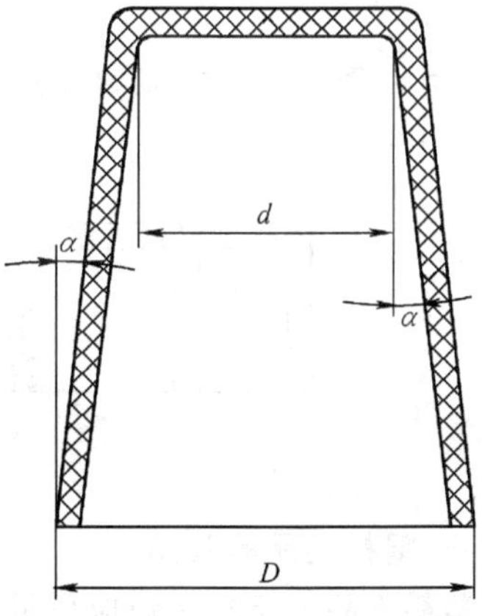

图 3-35　塑料制品斜度的取向

塑料制品中设置加强肋有以下要求：

布置加强肋时，应尽量减少塑料的局部集中，以免产生缩孔和气泡。图3-38为容器的底或盖上加强肋的布置情况，其中图3-38a因塑料局部集中，所以不合理，而图3-38b的结构形式较好。加强肋的尺寸不宜过大，以矮一些、多一些为好，加强肋之间中心距应大于两倍壁厚，如图3-39所示。这样既可以避免缩孔产生，又可以提高制品的强度和刚度。加强肋布置的方向应尽量与熔体流动的方向一致，以利于熔体充满型腔，避免熔体流动受到搅乱。加强肋的端面不应与制品支承面平齐，应有一定间隙，如图3-39所示。

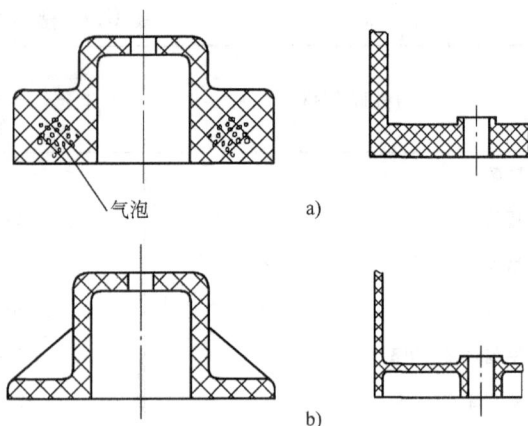

图 3-36　采用加强肋减小壁厚

5. 塑料制品的支承面

当塑料制品需要由一个面为支承（或基准面）时，以整个底面作为支承面是不合理的（图3-40a），因为塑料制品稍有变形就会造成底面不平。为了更好地起支承作用，常采用边框或底脚（三点或四点）为支承面（图3-40b或图3-40c）。

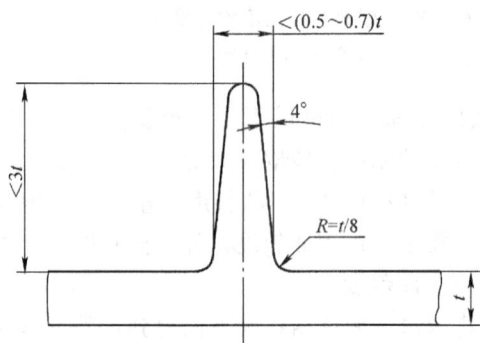

图 3-37　加强肋的尺寸

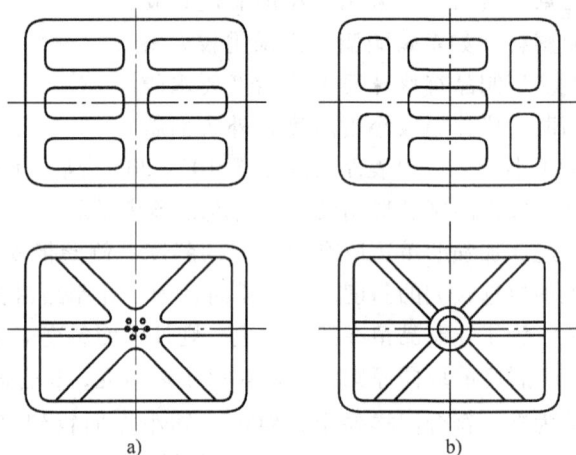

图 3-38　加强肋的布置

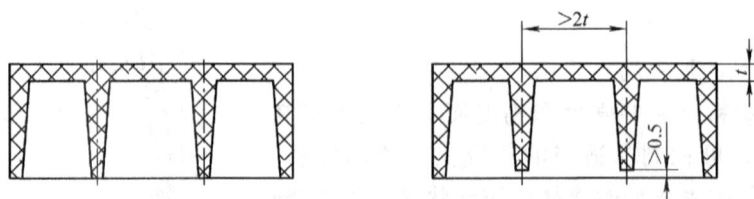

图 3-39　加强肋的设计

6. 塑料制品的圆角

塑料制品上所有转角应尽可能采用圆弧过渡。采用圆弧过渡的好处在于避免应力集中，提高强度，改善熔体在型腔中的流动状况，有利于充满型腔，便于脱模。在制品结构上无特

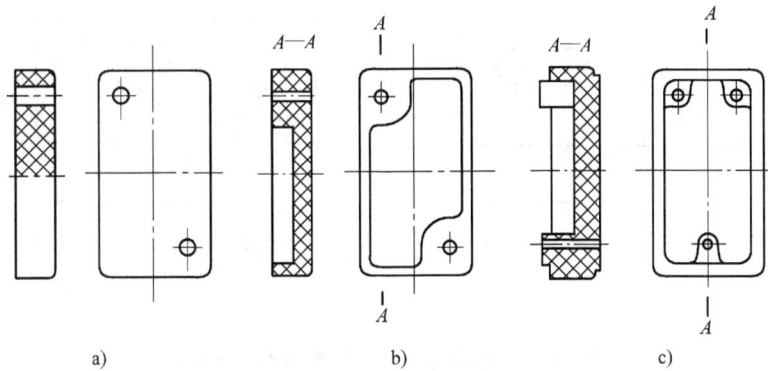

图 3-40 塑料制品的支承面

殊要求时，制品的各连接处的圆角半径应不小于 0.5 ~ 1mm。对于内外表面的拐角处可按图 3-41 确定。对于使用上要求必须以尖角过渡或分型面处和型芯与型腔配合处不便做成圆角的，则以尖角过渡。

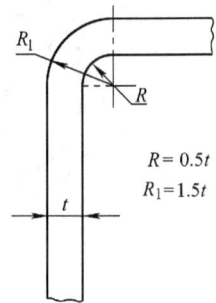

$R = 0.5t$
$R_1 = 1.5t$

图 3-41 塑料制品圆角半径的确定

7. 塑料制品上孔的设计

塑料制品上的孔有通孔、不通孔、形状复杂的孔、螺纹孔。对这些孔的设置有以下要求：

孔的形状宜简单，复杂形状的孔，模具制造较困难。孔与孔之间，孔与壁之间均应有足够的距离（见表 3-15），孔径与孔的深度也有一定关系（见表 3-16）。如果使用上要求两个孔的间距或孔边距小于表 3-15 中规定的数值时（图 3-42a），可将孔设计成图 3-42b 的结构形式。

表 3-15　热固性塑料孔间距、孔边距与孔径的关系　　　　　　（单位：mm）

孔径 d	<1.5	1.5 ~ 3	3 ~ 6	6 ~ 10	10 ~ 18	18 ~ 30
孔间距、孔边距 b	1 ~ 1.5	1.5 ~ 2	2 ~ 3	3 ~ 4	4 ~ 5	5 ~ 7

注：1. 热塑性塑料为热固性塑料的 75%。

2. 增强塑料宜取大值。

3. 两孔径不一致时，则以小孔之孔径查表。

表 3-16　孔径与孔深的关系

成型方式	孔的形式	孔的深度	
		通孔	不通孔
压缩模塑	横孔	2.5d	<1.5d
	竖孔	5d	<2.5d
挤出或注射成型		10d	4 ~ 5d

注：1. d 为孔的直径。

2. 采用纤维状塑料时，表中数值乘系数 0.75。

塑料制品上紧固用的孔和其他受力的孔，应设计出凸边予以加强，如图 3-43 所示。固定孔建议采用图 3-44a 所示沉头螺钉孔形式，一般不采用图 3-44b 所示沉头螺钉孔形式。如果必须采用图 3-44b 形式时，则应采用图 3-44c 的形式，以便设置型芯。

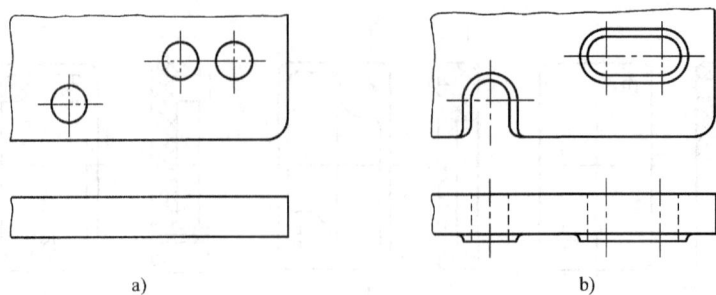

图 3-42　孔间距或孔边距过小时的改进设计

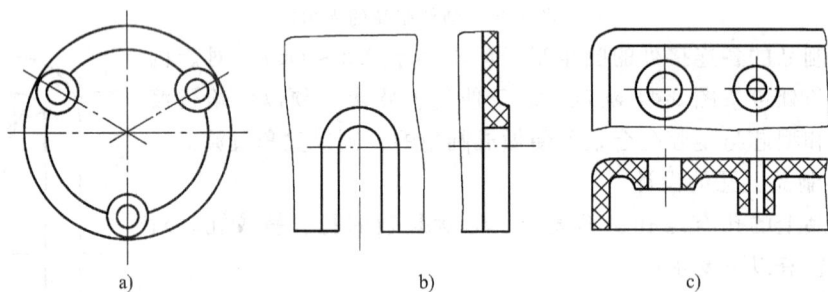

图 3-43　孔的加强

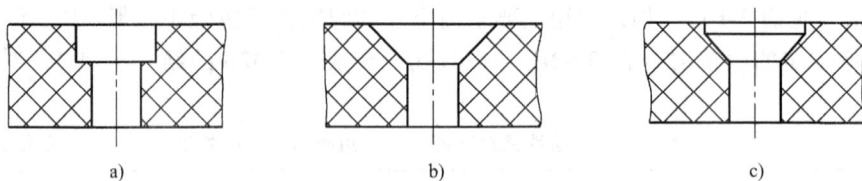

图 3-44　固定孔的形式

互相垂直的孔或斜交的孔，在压缩成型制品中不宜采用；在注射成型和压注成型中可以采用，但两个孔的型芯不能互相嵌合（图 3-45a），而应采用图 3-45b 的结构形式。成型时，小孔型芯从两边抽芯后，再抽大孔型芯。需要设置侧壁孔时，应尽可能避免侧抽芯装置，使模具结构简化。孔的设计应便于成型。

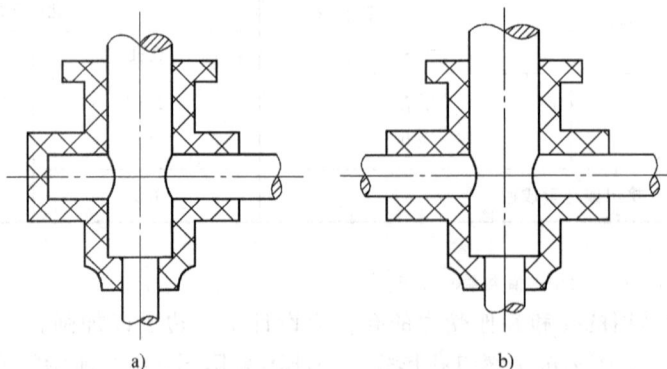

图 3-45　两相交孔的设计

8. 塑料制品的花纹、标记、符号及文字

塑料制品上的花纹（如凸、凹纹，皮革纹等），有的是使用上的需要，有的则是为了装饰。设计的花纹应易于成型和脱模，便于模具制造。为此，纹向应与脱模方向一致。图3-46a、图3-46d 制品脱模麻烦，模具结构复杂；图3-46c 在分型面处的飞边不易清除；而图3-46b、图3-46e 则脱模方便，模具结构简单，制造方便，而且分型面处的飞边为一圆形，容易去除。塑料制品侧表面的皮革纹等是依靠侧壁斜度保证脱模的。

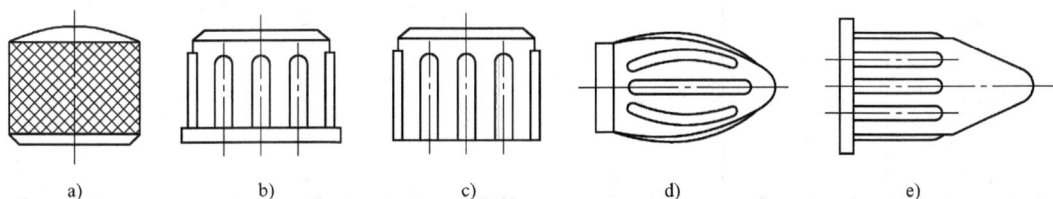

图3-46　塑料制品花纹的设计

塑料制品上的标记、符号和文字有三种不同的结构形式：第一种为凸字（图3-47a），这种形式制模方便，但使用过程凸字容易损坏；第二种为凹字（图3-47b），凹字可以填上各种颜色的油漆，字迹鲜艳，但这种形式如果用机械加工模具则较麻烦，现多用电铸、冷挤压、电火花加工等方法制造模具；第三种为凹坑凸字，在凸字的周围带有凹入的装饰框（图3-47c），制造这种结构形式的模具可以采用镶块，在镶块中刻凹字，然后镶入模体中。这种结构形式的凸字在使用时不易损坏，模具制造也较方便。

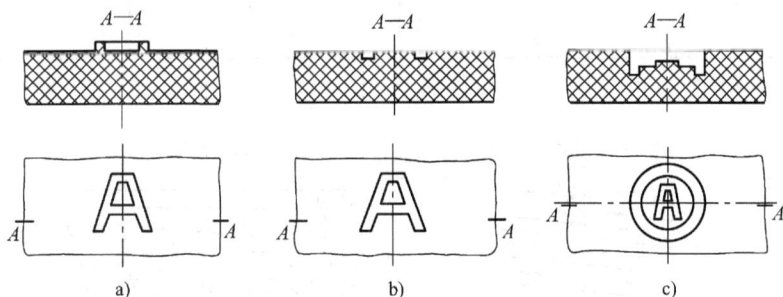

图3-47　塑料制品上的文字结构形式

三、塑料的螺纹和齿轮

1. 螺纹

塑料制品上的螺纹可以直接成型，也可以成型后进行机械加工，对于经常拆装或受力较大的螺纹则采用金属的螺纹嵌件。

设计塑料制品中直接成型螺纹时有以下要求：

螺纹的牙形尺寸有一定限制，螺纹过细则使用强度不够。塑料制品上的螺纹选用范围见表3-17。

成型外螺纹直径不宜小于4mm，内螺纹直径不宜小于2mm。塑料制品螺纹达不到高精度，一般低于IT8。如果模具上的螺纹没有考虑塑料的收缩值，则塑料制品螺纹与金属螺纹的配合长度一般不大于螺纹直径的1.5～2倍。

为了使塑料制品上的螺纹始端和末端在使用中不至崩裂或变形，其始、末端应按图3-48

所示的结构参数进行设计。螺纹始端和末端的过渡长度 l 可按表 3-18 选取，在过渡长度内，螺纹是逐渐消失的。

表 3-17　螺纹选用范围

螺纹公称直径 d/mm	螺纹种类				
	米制标准螺纹	1 级细牙螺纹	2 级细牙螺纹	3 级细牙螺纹	4 级细牙螺纹
3 以下	+	-	-	-	-
3 ~ 6	+	-	-	-	-
6 ~ 10	+	+	-	-	-
10 ~ 18	+	+	+	-	-
18 ~ 30	+	+	+	+	-
30 ~ 50	+	+	+	+	+

注：表中 " - " 为建议不采用的范围。

表 3-18　塑料制品上螺纹始末部分长度

螺纹直径 d/mm	螺距 P_s/mm		
	< 0.5	> 0.5	> 1
	始末部分长度尺寸 l/mm		
≤ 10	1	2	3
> 10 ~ 20	2	2	4
> 20 ~ 34	2	4	6
> 34 ~ 52	3	6	8
> 52	3	8	10

注：始末部分长度相当于车制金属螺纹时的退刀长度。

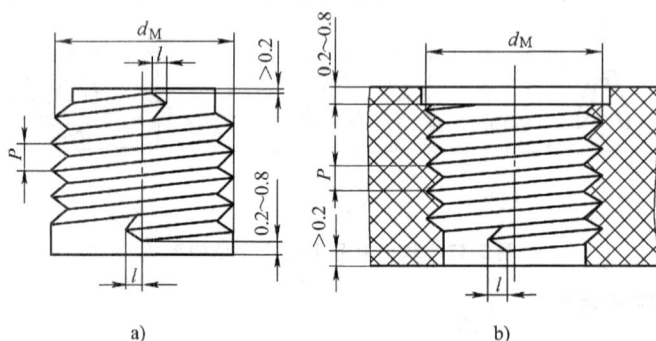

a)　　　　　　　　　　　b)

图 3-48　螺纹始端和末端的过渡结构

在同一塑料制品同一轴线上有两段螺纹时，应使两段螺纹方向相同，螺距相等，如图 3-49a 所示。当方向相反或螺距不等时，就应采用两段螺纹型芯组合使用，成型后分段拧下，如图 3-49b 所示。

2. 齿轮

塑料齿轮在电子、仪表等工业部门应用越来越多。为使齿轮适应注射成型工艺，对齿轮各部分尺寸作如下规定（图 3-50）：

轮缘宽度 t_1 最小应为齿高 t 的 3 倍；辐板厚度 H_1 应等于或小于轮缘厚度 H；轮毂厚度 H_2 等于或大于轮缘厚度 H，并相当于 D；轮毂外径 D_1 最小应为轴孔直径 D 的 1.5 ~ 3 倍。

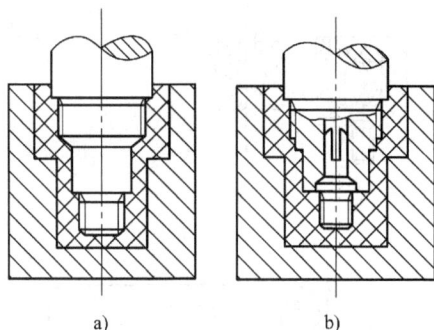

图 3-49　具有两段同轴螺纹的塑料制品

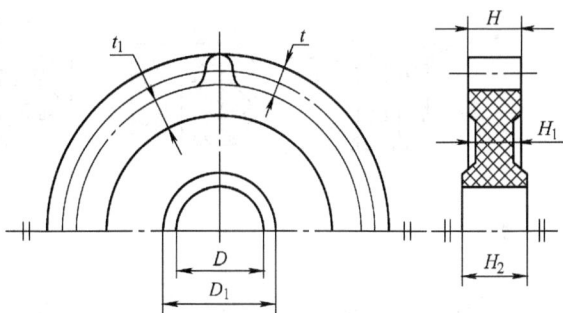

图 3-50　齿轮各部分尺寸

设计塑料齿轮时还应避免在成型装配和使用时产生内应力或应力集中；避免由于收缩不均匀而变形。为此，塑料齿轮应尽量避免截面突然变化；转角处尽量以较大的圆角半径过渡；轴与孔的配合不采用过盈配合，而用过渡配合。此时，轴与齿轮孔的固定方法如图 3-51 所示，其中图 3-51a 表示轴与孔成月形配合，图 3-51b 表示轴与齿轮用两个定位销固定，前者较为常用。为避免齿形因收缩而变形，还必须注意齿轮厚度的均匀性和轮辐结构等的设计。

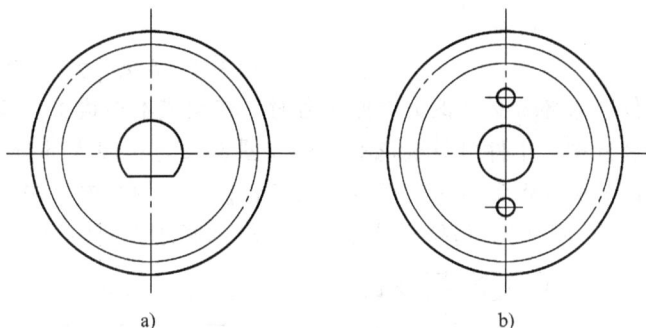

相互啮合的塑料齿轮宜用相同塑料制成。

图 3-51　塑料齿轮与轴固定形式

四、带嵌件塑料制品的设计

1. 嵌件的用途

在塑料制品内嵌入金属零件形成不可卸的连接，所嵌入的零件即称嵌件。各种塑料制品中嵌件的作用不同，有的是为了增加塑料制品的局部强度、硬度、耐磨性；有的是为了保证电性能；有的是为增加制品形状和尺寸的稳定性，提高精度，等等。嵌件的材料一般为金属材料，也有用非金属材料的。

2. 嵌件的种类

常用的嵌件如图 3-52 所示。其中图 3-52a 为圆筒形嵌件，有通孔和不通孔，有螺纹套、轴套和薄壁套管等；图 3-52b 为圆柱形嵌件，有螺杆、轴销、接线柱等；图 3-52c 为板形或片形嵌件，有导体、焊片等；图 3-52d 为汽车转向盘中的细杆状贯穿嵌件；图 3-52e 为有机玻璃表壳中嵌入黑色 ABS 塑料，属于非金属嵌件。

3. 带嵌件的塑料制品的设计要点

设计带嵌件的塑料制品时，应注意的主要问题是嵌件固定的牢靠性和塑料制品的强度以及成型过程中嵌件定位的稳定性。解决以上问题的关键是嵌件的结构设计及其与塑料制品的配合关系。现就一些有关问题说明如下：

（1）嵌件材料及嵌入部分的结构　嵌件材料与塑料制品材料的膨胀系数应尽可能接近。

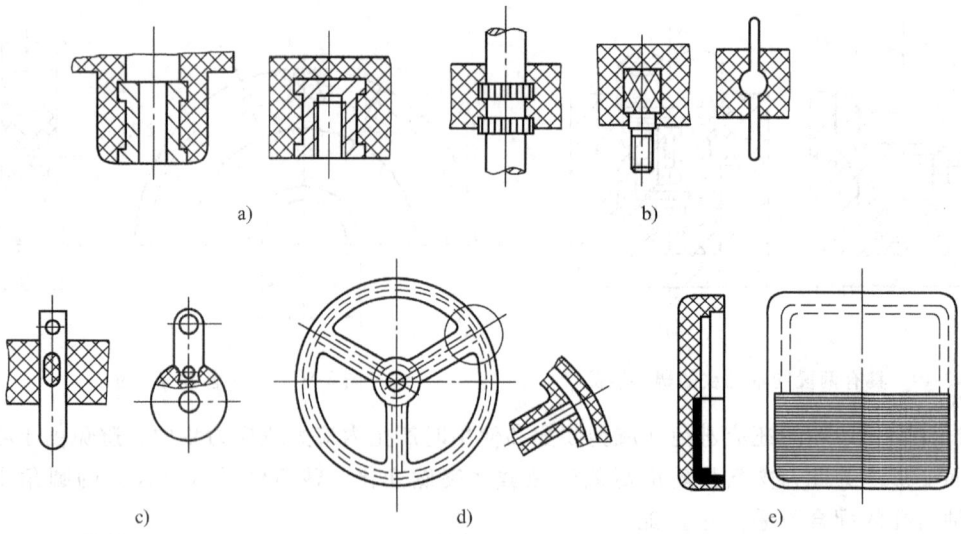

图 3-52 常见的嵌件种类

嵌件嵌入部分必须保证嵌件受力时不转动或不被拔出。其结构有以下几种：嵌入部分表面滚花和开槽，小件可只滚花不开槽（图 3-52b）；嵌入部分压扁（图 3-53a），这种结构用于导电部分必须保证有一定横截面的场合；板、片状嵌件嵌入部分采用切口、冲孔、打弯方法固定（图 3-53b）；薄壁管状嵌件可将端部翻边以便固定（图 3-53c）。

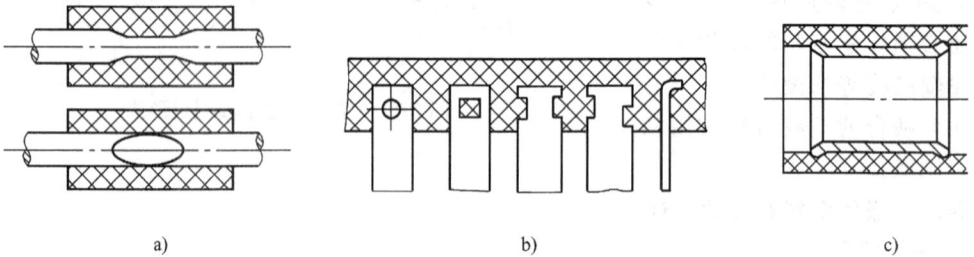

图 3-53 嵌件嵌入部分的结构形式

圆柱形或套管形嵌件嵌入部分的尺寸推荐如下（图 3-54）：$H = D$，$h = 0.3H$，$h_1 = 0.3H$，$d = 0.75D$。特殊情况下 H 最大不超过 $2D$。嵌件各转角部位应以圆角过渡。

（2）嵌件在模具中的定位与固定　设计时必须保证嵌件在模具中正确定位和牢靠固定，以防成型时发生歪斜或变形。此外，还应防止成型时塑料挤入嵌件上的预留孔或螺纹中。

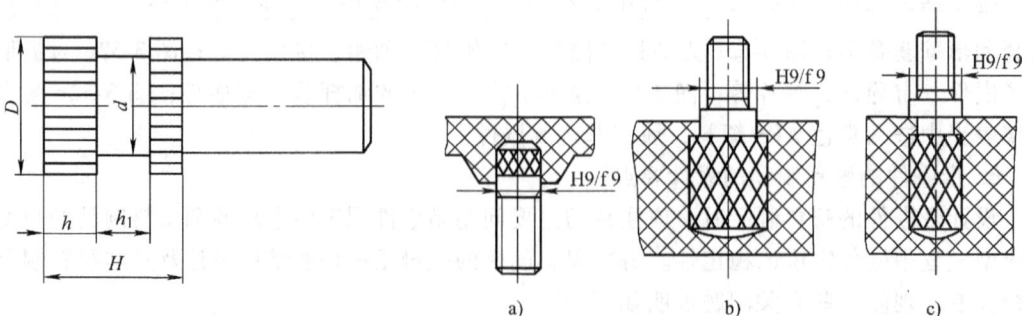

图 3-54 嵌件尺寸　　　图 3-55 圆柱形嵌件在模具内的固定方法

　　圆柱形嵌件一般采用插入模具相应孔中加以固定。为了增加嵌件固定的稳定性和防止塑料挤入螺纹中，采用图 3-55 所示的结构及配合。对于不通孔的螺纹嵌件，可将嵌件插入模具中的圆形光杆上（图 3-56a）；为了增强稳固性，可采用外部凸台或内部台阶与模具密切配合（图 3-56b～图 3-56d）。对于通孔的螺纹嵌件，可将其拧在具有外螺纹的插入嵌件上（图 3-56e）。对于注射压力不大，螺纹细小（M3.5 以下）的通孔嵌件也可直接插在光杆上。

　　无论是杆形或环形嵌件，在模具中伸出的自由长度均不应超过定位部分直径的两倍，否则，在成型时熔体压力会使嵌件位移或变形。当嵌件过高或使用细杆状或片状的嵌件时，应在模具上设支柱予以支承，如图 3-57 所示。但支柱在制品上留下的孔应不影响制品的使用。薄片嵌件还可在熔体流动方向上设孔，以降低熔体对嵌件的压力（图 3-57c）。

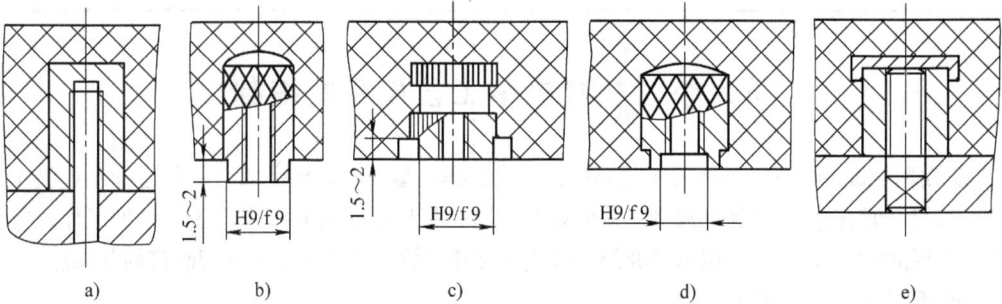

图 3-56　圆环嵌件在模具内的固定方法

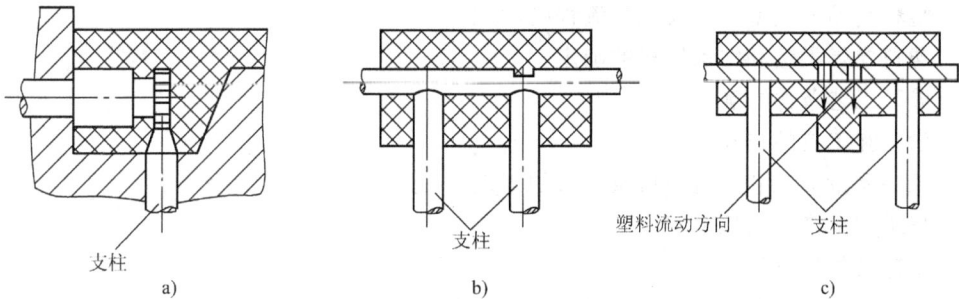

图 3-57　细长嵌件在模具内的支承方法

　　（3）嵌件周围塑料层的设计　由于设置嵌件会在嵌件周围塑料中产生内应力，内应力大小与塑料特性、嵌件材料与塑料膨胀系数差异以及嵌件结构有关，内应力大的会导致制品开裂。为此，嵌件周围塑料必须有足够的厚度。嵌件通常设置在制品的凸耳和其他凸出部位（图 3-58）。

　　酚醛塑料及类似的热固性塑料，嵌件周围塑料层厚度可参考表 3-19。

　　可见，嵌件的设置需要考虑的问题是多方面的。除了应注意上述问题之外，还应注意嵌件在成型时对熔体流动的阻力，影响熔体流动状态和充满模腔等情况。

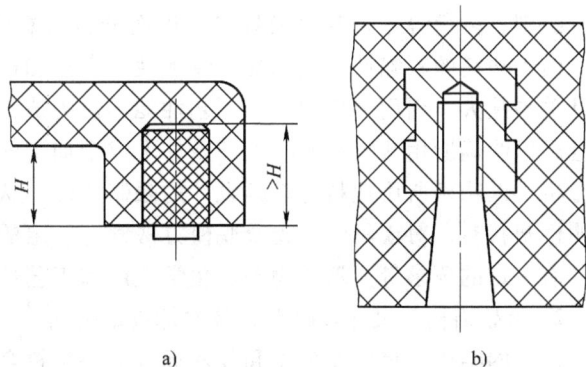

图 3-58　嵌件设置位置及尺寸要求

表 3-19　金属嵌件周围塑料层厚度　　　　　　　　（单位：mm）

	金属嵌件直径 D	周围塑料层最小厚度 t	顶部塑料层最小厚度 t₁
	<4	1.5	0.8
	>4 ~ 8	2.0	1.5
	>8 ~ 12	3.0	2.0
	>12 ~ 16	4.0	2.5
	>16 ~ 25	5.0	3.0

第六节　塑料模塑工艺规程的编制

根据塑料制品的要求及塑料的工艺特性，正确选择成型方法，确定成型工艺过程及成型工艺条件，合理设计塑料模具，以保证成型工艺的顺利进行，保证制品达到要求，这一系列工作通常称为制订塑料制品的工艺规程。这里着重介绍压缩成型和注射成型等成型工艺规程制订的共同点。

塑料成型工艺规程编制的步骤：

1）塑料制品的分析。

2）塑料制品的成型方法及工艺流程的确定。

3）塑料模具类型和结构形式的确定。

4）成型工艺条件的确定。

5）设备和工具的选择。

6）工序质量标准和检验项目及方法的规定。

7）技术安全措施的规定。

8）工艺文件的制订。

现就模塑工艺规程制订的主要步骤说明如下：

一、塑料制品的分析

1. 塑料制品所用塑料的分析

对塑料新产品首先必须检查所用塑料的品种和型号是否标注明确，甚至对塑料生产厂家、级别、颜色等是否有明确规定。进而分析塑料的使用性能能否满足制品的实际使用要求。由于塑料的收缩性、流动性、吸水性或水分和挥发物含量等工艺特性与成型工艺和模具设计关系甚大，因而分析塑料的工艺性能不仅为成型工艺过程及工艺条件的确定提供依据，而且可以明确所用塑料在实际生产条件下成型加工的可能性。对塑料的使用性能和工艺性能的分析可以明确所用塑料对模具设计的限制条件，从而提出对模具设计的要求。例如，使用透明性塑料时，对模具的抛光及脱模方法都有一定的要求；塑料的流动性对模具浇注系统的设计有一定的要求等。塑料物理、化学性能和工艺性能与成型设备的选用也有直接关系。

2. 制品结构、尺寸及公差、技术标准的分析

制品的结构、尺寸及公差和技术标准等必须符合成型工艺性要求。正确的制品结构，合理的公差和技术标准能够使塑料制品成型容易，质量高，成本低。否则，不仅制品成本高，

质量差，甚至无法成型。实践证明，塑料制品结构工艺性差的，将给成型工艺及其工艺条件的调节带来相当的困难。

模具的尺寸及公差是根据制品尺寸及公差和塑料的收缩率等因素而定。为降低模具制造成本，在满足使用要求的前提下应尽量放宽制品的尺寸公差。对于那些表面无特殊要求的制品或即使有些擦伤也无妨的制品，其表面粗糙度不应提出过高要求。对于制品的壁厚，在满足强度和成型需要的前提下，壁尽量薄些为宜。

总之，通过塑料制品结构、尺寸及公差和技术标准等的分析，不仅可以明确制品成型加工的难易程度，找到成型工艺及模具设计的难点所在，而且对于不合理的结构及要求可以在满足使用要求的前提下，提出修改意见。

二、塑料制品成型方法及工艺流程的确定

在塑料制品分析的基础上，根据塑料的特性及制品的要求可以确定制品的一般成型方法。对于可以用两种方法以上成型的制品，如某些热固性塑料制品，既可以用压缩成型，又可以用压注成型和注射成型，则应根据生产的具体条件而定。

在确定了制品的成型方法之后，就应确定其工艺流程。确定制品的工艺流程必须充分考虑塑料的特性，保证必要的成型工序，安排好上、下工序的联系，做到既保证制品的质量又提高生产效率。

塑料制品的工艺流程不仅包括制品的成型，还包括成型前的准备和成型后的后处理及二次加工。

对于成型前的加热，热塑性塑料与热固性塑料的作用是不同的。热塑性塑料成型前的加热主要起干燥作用，而热固性塑料成型前的加热通常具有干燥和预热的双重作用，而且主要是预热。因而塑料在成型前究竟是否加热，不仅是根据塑料的吸水性或水分和挥发物的含量，还要根据成型的需要、制品的质量及生产率而定。

塑料制品的后处理系指对已成型的制品进行热处理。对热固性塑料，根据其性能，有的需要在成型后进行热处理，有的为了提高生产率，缩短固化时间，以"后烘"办法补偿硬化的不足。对于热塑性塑料，通常是进行退火处理或调湿处理。

塑料制品的二次加工是指对已经成型的制品再进行加工，以达到制品最终要求。塑料制品二次加工的范围很广，如在塑料制品上进行彩印、烫金、涂装、电镀等；把塑料片材进一步加工成各种形状的薄壳、容器；把塑料薄膜热合成口袋、雨衣等；把塑料板材焊接和粘接成化工容器；还有机械加工等均属于塑料的二次加工。在安排塑料制品的工艺流程时，根据需要，应该把有关加工方法安排在适当的位置上。

三、成型工艺条件的确定

热固性塑料和热塑性塑料的各种成型方法都应在适当的工艺条件下才能成型出合格的制品。从各种成型方法工艺条件的分析中可以看出，由于塑料成型工艺的影响因素很多，需要控制的工艺条件也不少，而且各工艺条件之间关系又很密切，所以确定工艺条件时必须根据塑料的特性和实际情况全面分析，同时还要根据成型过程的实际情况和制品的检验结果及时予以修正。

各种成型方法及其各工序需要确定的工艺条件项目虽有差别，但总的来说，温度（包括模具温度）、压力、时间是主要的，尤其是温度。因而一般模塑方法对温度、压力和时间都有明确的规定。

四、设备和工具的选择

对于压缩成型,首先应根据成型压力和型腔布置等计算出总压力,选择能满足总压力要求的压力机类型及技术参数,然后进行有关参数的校核;对于注射成型,应按塑料制品成型所需要的塑料总体积(或质(重)量)选择相应最大注射量的注射机,然后进行有关参数的校核;对于挤出成型,应根据挤出制品的形状、尺寸及生产率来选用。

除了成型工序用的设备需要选用外,其他工序的设备也要选择。然后按工序注明所用设备的型号和技术参数。

各工序所用的工具名称、规格也应在工艺文件中注明。

在上述各项确定之后,还要确定每道工序的质量标准和检验项目及检验方法。

五、工艺文件的制订

工艺文件制订的任务是把工艺规程编制的内容和参数汇总并以适当的工艺文件的形式确定下来,作为生产准备和生产过程的依据。

目前,生产中最主要的工艺文件是塑料零件工艺过程卡片。根据生产纲领不同,工艺卡片所包含的内容有所不同,但基本内容必须具备。

塑料成型工艺规程格式及填写规则可参照附表17、附表18。

收录机音箱前面板如图3-59a所示,材料为ABS塑料,黑色,制品质(重)量100g,要求 *A*、*B*、*C* 三面高光亮,不允许有熔接痕等缺陷。

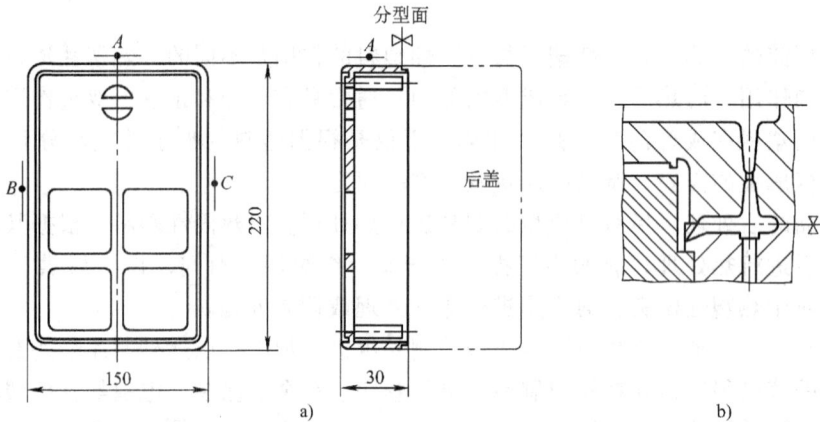

图 3-59　音箱前面板及其注射成型模浇注系统

根据已知条件和技术要求,该制品宜采用注射成型。所用ABS塑料和制品结构的成型工艺性良好。为了保证制品表面质量达到要求,采用双分型面三板式注射模,扩耳式潜伏浇口(图3-59b)。采用这种浇注系统压力损失较大,可以通过调整成型工艺条件(加大注射压力和加快注射速度)来解决。

该制品成型工艺过程及工艺条件如下:

成型前塑料经85℃烘干4h;注射成型时,随着注射位置(螺杆推进位置)的变换,其注射压力呈45MPa→65MPa→50MPa→40MPa→35MPa的变化;料筒温度在后段、中段、前段及喷嘴的温度分别为200℃、220℃、210℃及195℃;注射成型后制品最好在红外线灯烘箱中加热70℃,后烘2~4h。

收录机音箱前面板的注射成型工艺卡见表3-20。

表3-20 收录机音箱前面板的注射成型工艺卡

塑料零件注射工艺卡片	产品型号		零(部)件图号		共1页
	产品名称	收录机	零(部)件名称	音箱前面板	第1页

材料名称	ABS塑料	材料牌号		材料颜色	黑色	每台件数	1
零件净重	100g	零件毛重	105g	消耗定额	g/件		

设备	编号	TOSHIBA170注射机	
	型腔数量	1	

模具	附件		
	总高		
	顶出高		
	图号		

注射成型工艺

料筒温度	第一段	℃至200℃	℃至 ℃
	第二段	℃至220℃	℃至 ℃
	第三段	℃至210℃	℃至 ℃
	第四段	℃至	℃至 ℃
	第五段	℃至195MPa	MPa

压力	喷嘴	65MPa	MPa
	注射		MPa
	保压		MPa

注射时间	合模	s	s
	高压	s	s
	注射	s	s
	冷却	s	s
	开模	s	s
	总时间	45s	s

螺杆转速	r/min	加料剂度	
模温	60℃至75℃	℃至 ℃	
螺杆类型		脱模剂	

零件成型后处理

热处理方式	后烘
加热温度	70℃
保温温度	℃至
保温时间	2~4h
冷却方式	

原料干燥	干燥温度	85℃
	干燥时间	4h

嵌件	使用设备	
	加热温度	
	保温时间	

工序号	工序内容	工艺装备	工时	
			准终	单件
10	塑料烘干			
20	注射成型			
30	后烘			
40	检验			

			编制(日期)	审核(日期)	会签(日期)
标记	处数	更改文件号	签字	日期	

描图					
描校					
底图号					
装订号	标记	处数	更改文件号	签字	日期

第四章　塑料模基本结构和零部件设计

第一节　塑料模分类及基本结构

一、塑料模分类

1. 按成型方法分类

(1) 压缩模　压缩模具又称为压塑模或压模。这种模具主要用于热固性塑料制品的成型，有时也用于热塑性塑料制品的成型。

(2) 压注模　它又称为传递模、挤塑模。这种模具用于热固性塑料制品的成型。压注模比压缩模具多了加料腔、柱塞和浇注系统等，结构比压缩模复杂，造价较高。

(3) 注射模　注射模又称为注塑模。它主要用于热塑性塑料制品的成型，也可用于热固性塑料制品的成型。注射模具结构一般比较复杂，造价高。

(4) 机头与口模　机头与口模主要用于热塑性塑料制品的挤出成型，较少用于热固性塑料制品的成型。

此外，还有中空吹塑模、真空成型模、浇铸模等。

2. 按模具在成型设备上的安装方式分类

(1) 移动式模具　这种模具不是固定地装在设备上，在整个成型周期中，加热和加压是在设备上进行，而安装嵌件、装料、合模、开模、取出制品、清理模具等均在机外进行。常见的移动式模具有生产批量不大的小型的热固性塑料制品的压缩模 (图 4-1)、传递模和立式注射机上的小型注射模。

移动式模具结构一般较简单，造价低，便于成型带有较多嵌件和形状复杂的塑料制品。但工人劳动强度大，一般为单型腔模具，生产效率较低，成型温度波动大，能源利用率较低，模具容易磨损，寿命较低。

(2) 固定式模具　这种模具是固定地安装在设备上。使用这种模具时，整个成型周期内的动作都在成型设备上进行。它广泛应用于压缩成型、压注成型、注射成型以及挤出成型中。卧式注射机和挤出机上用模具都是固定式模具 (图 4-2)。

固定式模具的质 (重) 量不受工人体力限制，但能够成型的制品大小受设备能力的限制。根据设备类型及技术参数，它可以成型不同生产批量和大小的塑料制品，可以制成多型腔模具，可以实现自动化生产，生产效率高，成型工艺条件波动小，能源利用率高，磨损小，寿命较长。但模具本身较复杂，造价高，不便成型嵌件较多的制品，更换产品时换模与调整比较麻烦。

(3) 半固定式模具　这种模具的一部分在开模时可以移出，一部分则始终固定在设备上，如图 4-3 所示压缩模，在开模时瓣合凹模可以移出，以便取出制品并清模。这类模具兼有移动式和固定式模具各自的一些优点。半固定式模具多见于热固性塑料制品成型的压缩模和压注模上。

3. 按型腔数目分类

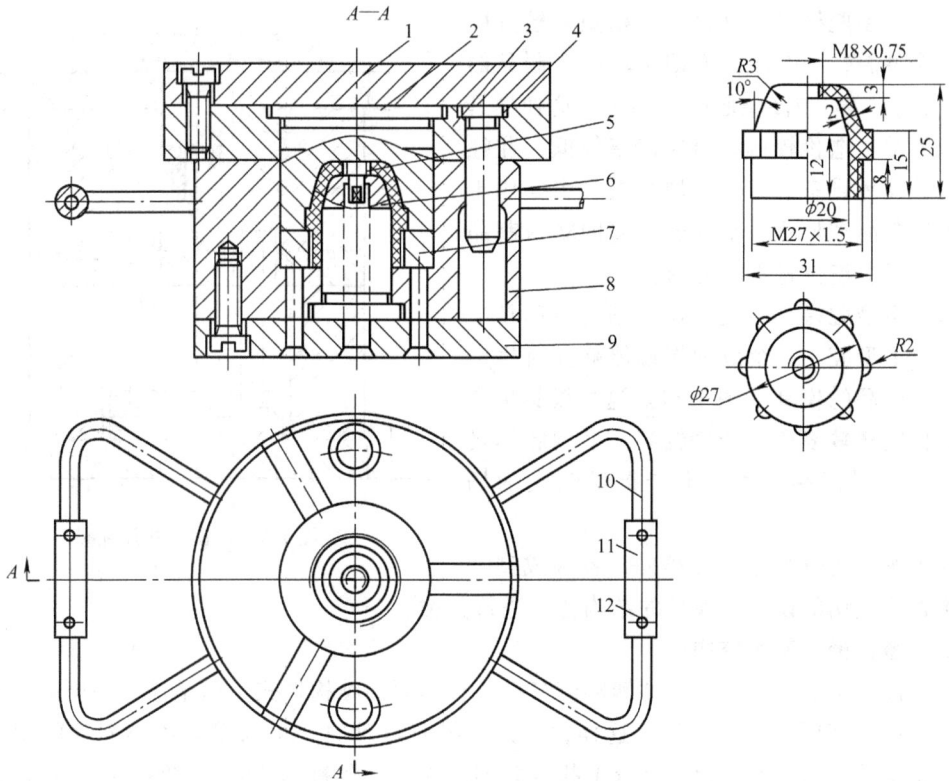

图 4-1 移动式压缩模的基本结构

1—上模座板 2—凹模 3—凹模固定板 4—导柱 5—螺纹型芯 6—型芯
7—螺纹型环 8—模套 9—下模座板 10—手柄 11—套管 12—销钉

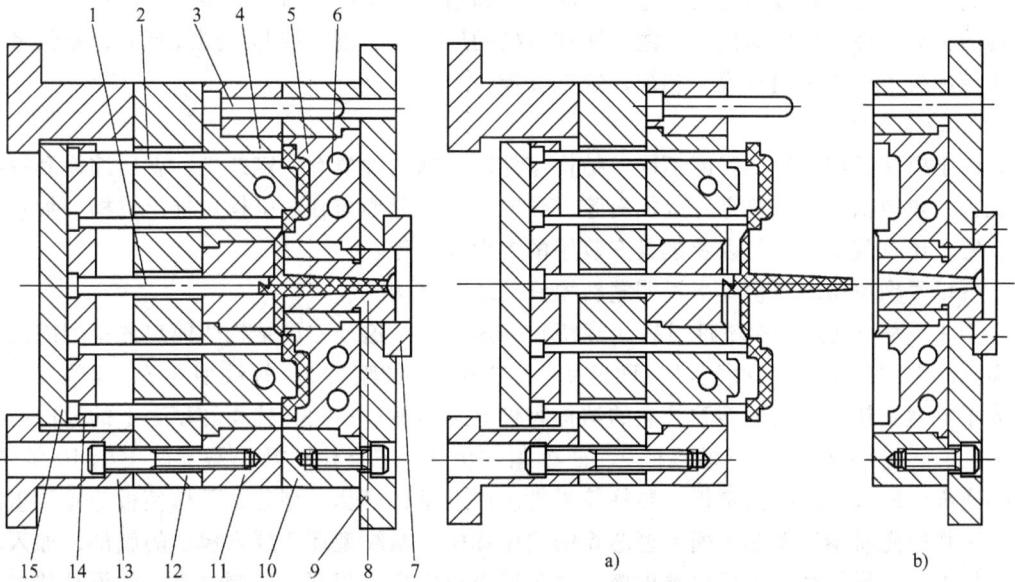

图 4-2 固定式注射模的基本结构

a) 动模 b) 定模

1—拉料杆 2—推杆 3—带头导柱 4—型芯 5—凹模 6—冷却通道 7—定位圈 8—主流道衬套
9—定模座板 10—定模板 11—动模板 12—支承板 13—动模支架 14—推杆固定板 15—推板

（1）单型腔模具 这是在一副塑料模具中只有一个型腔，一个成型周期生产一个制品的模具（图4-1）。与多型腔模具相比，这种模具结构较简单，造价较低，但生产率较低，往往不能充分发挥设备潜力。单型腔模具主要用于大型塑料制品和形状复杂或嵌件多的塑料制品的生产，或生产批量不大的场合。

（2）多型腔模具 这是在一副塑料模具中有两个以上型腔，一个成型周期能够同时生产两个以上制品的模具（图4-2）。这种模具生产率高，但结构较复杂，造价较高。多型腔模具主要用于塑料制品较小、生产批量较大的场合。

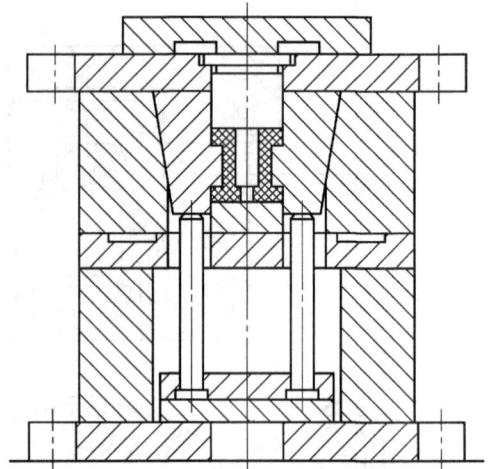

图4-3 半固定式压缩模

除了按上述分类方法分类外，各种成型方法还可根据使用的设备或模具的结构特点进行分类。

二、塑料模的基本结构

塑料模的类型很多，同一类塑料模又有各种不同的结构形式。但是任何一副塑料模的组成零件都可按其用途进行归类。这样，在进行模具设计时，可以根据各类零件的用途和要求，在结构及几何参数的设计计算上找到共同的规律。塑料模具的组成零件按用途可以分为两大类：

1. 成型零件

它是直接与塑料接触的决定塑料制品形状和精度的零件，即构成型腔的零件。它是塑料模具的关键零件，如压缩模、压注模和注射模的凹模、凸模、型芯、螺纹型芯、螺纹型环及镶件等和挤出机头中的口模、芯模、定型套等。

2. 结构零件

由于模具类型及复杂程度不同，结构零件所包括的种类有一定差别。就压缩模和注射模来说，一般包括浇注系统零件或加料腔、导向零件、分型与轴芯机构、推出机构、加热与冷却装置，还有装配、定位以及模具安装用的支承零件等。

现以两副典型塑料模具来说明塑料模具的基本结构：

图4-1为一副热固性塑料制品（旋钮）的压缩模。这是一副结构较简单的单型腔的移动式模具。它的成型零件有模套8、凹模2、型芯6、螺纹型芯5、螺纹型环7，这些工作零件构成了成型旋钮所需要的型腔。它的结构零件有导向零件——导柱4和模套上的导向孔；支承零件——上模座板1、下模座板9、凹模固定板3；还有移动操作需要的手柄10等零件。上模座板、凹模、凹模固定板、导柱等零件组成上模；模套、型芯、下模座板等零件组成下模。工作时先将螺纹型芯5插入型芯6的定位孔中，螺纹型环7放入模套的底部，加入塑料后，使上、下模闭合，然后将整副模具移到压力机中进行压制。压制结束，将模具移出压力机，利用专用卸模架将上、下模分开。同时利用卸模架中的推杆将螺纹型环、塑料制品和螺纹型芯一同推出模套，最后从制品上拧下螺纹型芯和螺纹型环。

图4-2为一副热塑性塑料制品的注射模。这是一副结构较复杂的多型腔的固定式模具。

一副注射模可分为动模（图4-2a）和定模（图4-2b）两大部分。动模安装在注射机移动模板上；定模安装在注射机固定模板上。注射时动模与定模闭合构成型腔和浇注系统，以便熔体充满形成制品；开模时动模与定模分开，取出制品。

根据组成模具的各零件作用，该模具的零件归类如下：成型零件——型芯4、凹模5；浇注系统零件——主流道衬套8、拉料杆1；导向零件——带头导柱3、带导向孔的定模板10；推出装置零件——推杆2、推杆固定板14、推板15；支承零件——定模座板9、定模板10、动模板11、支承板12、动模支架13。该模具在凹模和型芯上开设冷却通道，以便调节模具温度。

有的塑料制品带有侧凹或侧孔，在被推出之前，必须先进行侧向分型，抽出侧型芯，然后推出制品，故使用的注射模必须具备侧向分型与抽芯机构。

第二节　成型零件的设计

设计成型零件时，首先应根据塑料的特性和制品的形状、尺寸及其他使用要求，确定型腔的总体结构、分型面、压缩模的加压方向或注射模的浇注系统及浇口位置、脱模方式、排气等，然后根据制品的形状、尺寸和成型零件的加工和装配工艺要求进行成型零件的结构及尺寸设计。现就压缩模塑和注射成型等主要成型模具的分型面选择和成型零件结构与尺寸的设计计算叙述如下：

一、分型面的选择

1. 分型面及其基本形式

为了塑料制品的脱模和安放嵌件的需要，模具型腔由两部分或更多部分组成，这些可分离部分的接触表面称为分型面。一副塑料模具根据需要可能有一个或多个分型面。分型面可能是垂直于合模方向或倾斜于合模方向，也可能是平行于合模方向。所谓合模方向通常是指上模与下模、动模与定模闭合的方向。

分型面的形状有平面、斜面、阶梯面、曲面，如图4-4所示。分型面应尽量选择平面的，但是为了适应制品成型的需要与便于制品脱模，也可以采用后三种分型面。后三种分型面虽然加工较麻烦，但型腔加工却比较容易。

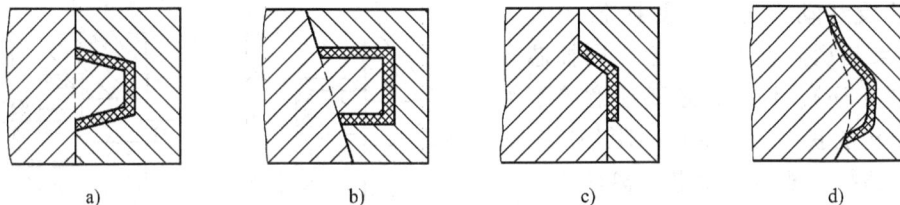

a)　　　　　　b)　　　　　　c)　　　　　　d)

图4-4　分型面的形状

2. 分型面选择的一般原则

分型面的选择很重要，它对制品的质量、操作难易、模具结构及制造影响很大。在选择分型面时应遵循以下基本原则：

（1）分型面应便于塑料制品的脱模　为了便于塑料制品脱模，在考虑型腔的总体结构时，必须注意制品在型腔中的方位，尽量只采用一个与开模方向垂直的分型面，设法避免侧向分型和侧向抽芯，以免脱模困难和模具复杂化。例如，图 4-5b 比图 4-5a 合理。

为了便于制品脱模，在一般情况下应使制品在开模时留在下模或动模上，这是因为推出机构一般都设在下模或动模部分。对于自动化生产所用模具，正确确定塑料制品在开模时的留模问题更为重要。怎样使制品留在动模或下模中，必须具体分析制品与动模和定模的摩擦力关系，做到摩擦力大的朝动模或下模一方，但又不宜过大而造成脱模困难。图 4-6 表示在不同情况下，处理制品的留模问题。其中图 4-6a 型腔在下模（或动模），型芯在上模

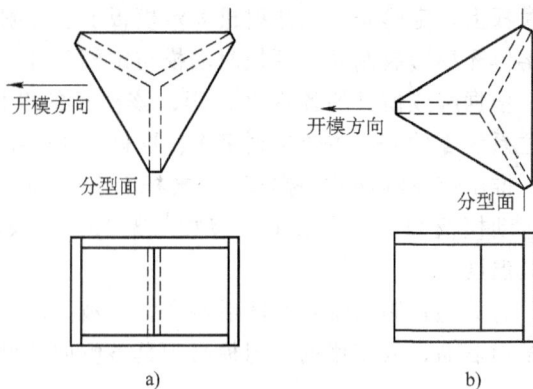

图 4-5　避免侧凹或侧孔的塑料制品方位

（或定模），开模后塑料制品收缩而包紧型芯，因而制品留在上模（或定模），脱模困难，而用图 4-6b 的结构制品则留在下模（或动模），脱模方便。图 4-6c 和图 4-6d 表明，当塑料制品外形较简单，而内形有较多的孔或较复杂的内凹时，塑料制品成型收缩后必然留在型芯上。采用图 4-6d 的结构，脱模较方便，如果采用图 4-6c 的结构，型腔设在动模，增加了塑料制品脱模的阻力，脱模困难。图 4-6e 和图 4-6f 表明，当制品带有金属嵌件时，由于嵌件不会收缩，对型芯无包紧力，结果带嵌件的制品留在型腔内，而不会留在型芯上，所以采用图 4-6e 的结构时，制品留在定模内，脱模困难，而采用图 4-6f 的结构，脱模就比较容易。

（2）分型面选择应有利于侧面分型和抽芯　如果塑料制品有侧孔或侧凹时，宜将侧型芯设在动模上，以便抽芯（图 4-7a）。如果侧型芯设在定模上，则抽芯较麻烦（图 4-7b）。同时，还要注意除了液压抽芯机构能获得较大的抽芯距外，一般的侧向分型抽芯机构的抽芯距离较小，因而选择分型面时，应将抽芯或分型距离较大的放在开模的方向上，而将抽芯距离小的放在侧向，如图 4-7c 所示。而图 4-7d 所示的分型是不妥的。

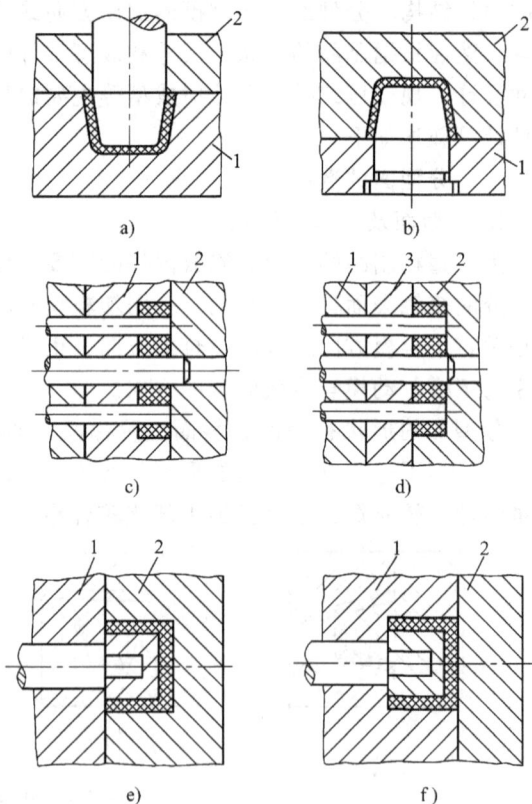

图 4-6　塑料制品的留模方式
1—动模（下模）　2—定模（上模）　3—推件板

由于侧向滑块合模时锁紧力较小，而对于大型制品又需要侧面分型时，则应将投影面积大的分型面设在垂直于合模方向上，而把投影面积小的分型面作为侧面分型，如图 4-7e 所示。如果采用图 4-7f 的结构，则可能由于侧滑块锁紧力不足而产生溢料，为了不产生溢料，

侧滑块锁紧机构必须做得很大。

（3）分型面的选择应保证塑料制品的质量
为了保证制品质量，对有同轴度要求的塑料制品
应将有同轴度要求的部分设在同一模板内。如图
4-8 所示，由于 D 与 d 有同轴度要求，故应采用
图 4-8a 所示的结构而不应采用图 4-8b 所示的结
构。分型面应选在不影响塑料制品外观和产生的
飞边容易修整的部位，图 4-8c 是合理的，而图
4-8d 就有损制品表面质量。

（4）分型面的选择应有利于防止溢料　造成
溢料多，飞边过大的原因很多，其中一个原因就
是分型面选择不当。当塑料制品在垂直于合模方
向的分型面上的投影面积接近于注射机最大的注
射面积时，就有可能产生溢料。从这个角度来
说，一个弯板形塑料制品采用图 4-9a 的成型方
位比采用图 4-9b 的合理；对于流动性好的塑料
采用图 4-9d 的结构可防止溢料过多飞边过大，
而图 4-9c 的结构却不然。图 4-9c 和图 4-9d 两种
结构产生飞边的部位和方向是不同的，在应用中
可根据制品的具体要求来选择，当不允许有水平
飞边时，则采用图 4-9d 的结构。

（5）分型面的选择应有利于排气　为了便于
排气，一般分型面应与熔体流动的末端重合，如

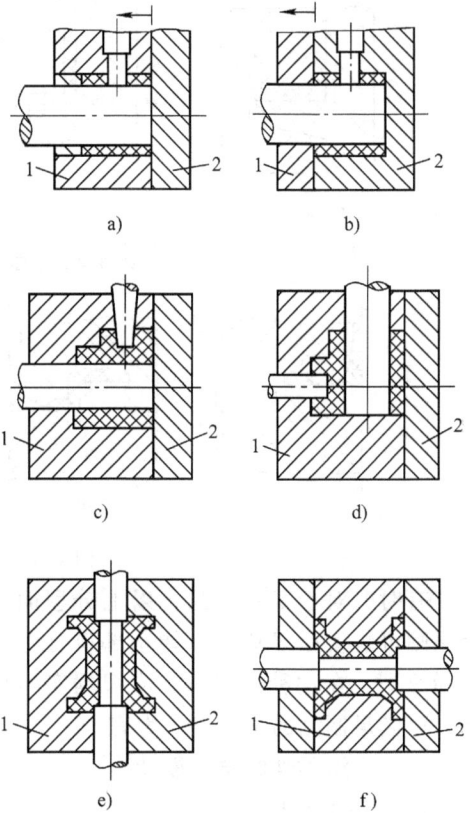

图 4-7　分型面对侧向分型与抽芯的影响
1—动模　2—定模

图 4-10a 和图 4-10c 结构是合理的，而图 4-10b 和图 4-10d 是不合理的。

（6）便于加工　分型面选择应尽量使成型零件便于加工。

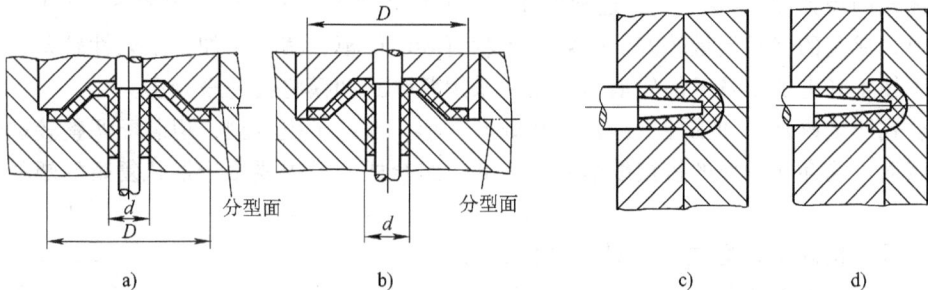

图 4-8　分型面对塑料制品质量的影响

（7）分型面选择必须考虑注射机的技术参数　对于高度较大的制品，为了取出制品，所
需要的开模距离必须小于注射机的最大开模距离。

另外，对较高的且脱模斜度要求小的制品，只要其外观无严格要求，可将分型面选择在
中间，如图 4-11a 所示。如果采用图 4-11b 结构，为了塑料制品顺利脱模，则脱模斜度应较
大。

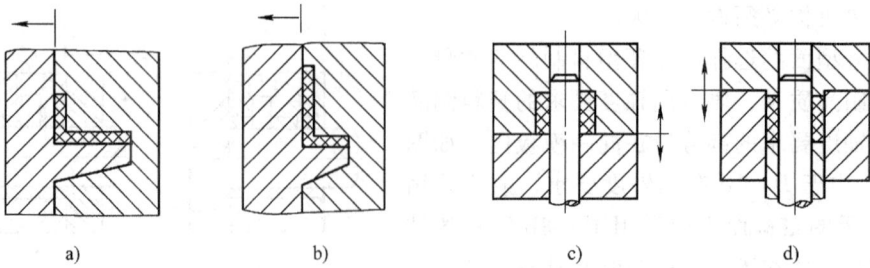

图4-9 分型面对溢料飞边大小的影响

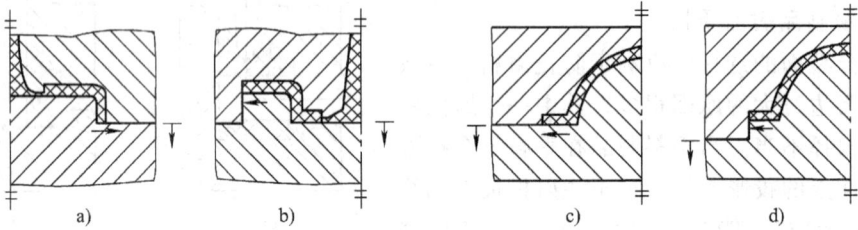

图4-10 分型面对排气的影响

有时，对于某一制品，以上分型面选择原则可能发生矛盾，不能全部符合上述选择原则，在这种情况下，应根据实际情况，以满足制品的主要要求为宜。

二、成型零件的结构设计

1. 凹模的结构设计

凹模是成型塑料制品外形的主要零件。根据塑料制品成型的需要和加工与装配的工艺要求，凹模有整体式和组合式两类。

整体式凹模如图4-12所示，这种凹模

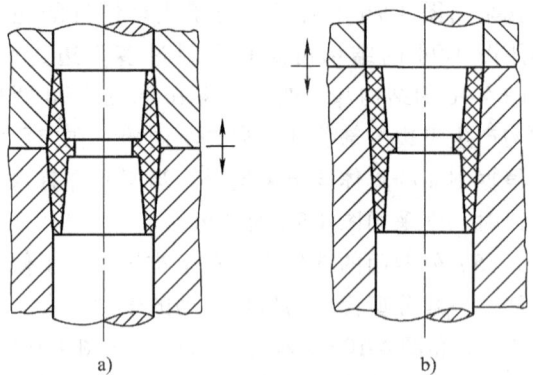

图4-11 分型面对脱模斜度的影响

结构简单，成型的制品质量较好。但对于形状复杂的凹模，其机械加工工艺性较差。但随着数控加工技术和电加工技术的发展与应用，采用整体式凹模将会越来越多。

组合式凹模改善了加工性，减少了热处理变形，节约了模具钢，但装配调整较麻烦，有时制品表面可能存在拼块的拼接线痕迹。因此，组合式凹模主要用于形状复杂的塑料制品的成型。

组合式凹模的组合方式是多种多样的，常见的组合方式有以下几种：

（1）嵌入式组合凹模 对于小型的塑料制品采用多型腔塑料模具成型时，各单个凹模通常采用数控加工、电火花加工、电铸、冷挤压或超塑性成型等方法制成，然后整体嵌入模板中，这种凹模可称为整体嵌入式组合凹模，如图4-13所示。这种结构的凹模形状、尺寸一致性好，更

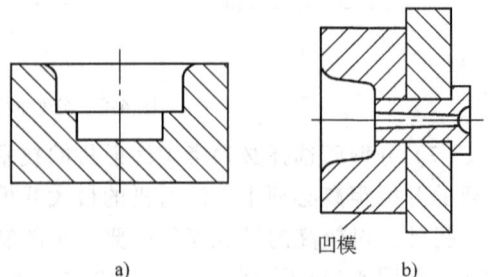

图4-12 整体式凹模

换方便。凹模的外形通常是圆柱形，与模板的装配及配合如图 4-13 所示。

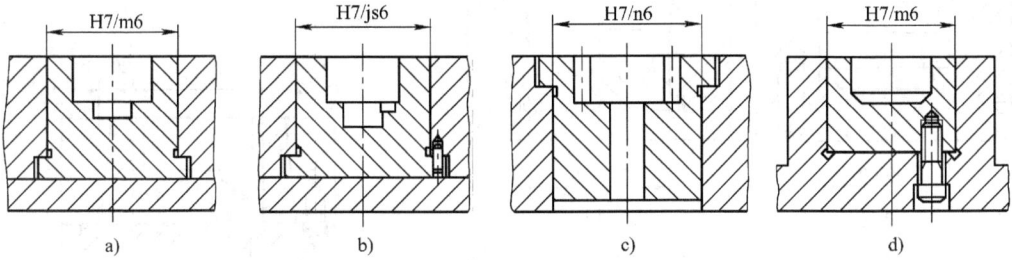

图 4-13　整体嵌入式组合凹模

在有些塑料制品成型用凹模上，有的部位特别容易磨损，或者是难以加工，这时常把凹模的这一部位做成镶件，然后嵌入模体，如图 4-14 所示。这种凹模可称为局部镶嵌式凹模。

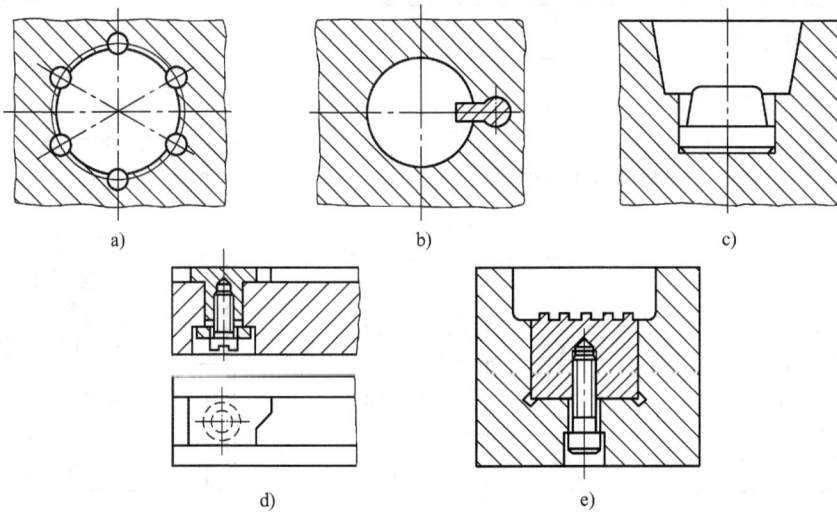

图 4-14　局部镶嵌式凹模

（2）镶拼组合式凹模　为了便于切削加工、抛光、研磨和热处理，整个凹模型腔可由几个部分镶拼而成。镶拼的方法如下：

当凹模型腔底部比较复杂或尺寸较大时，可以凹模做成通孔型的，再镶上底部，如图 4-15 所示。

对于大型凹模，为了便于加工，有利于淬透、减少热处理变形和节省模具钢，凹模侧避也采用拼块结构，如图 4-16 所示。侧避之间采用扣锁连接以保证装配的准确性，减少塑料挤入接缝。

在中小型注射模中，侧壁拼块之间可直接用螺钉和销钉固定而不用模套紧固。

（3）瓣合式凹模　对于侧壁带凹的塑料制品成型凹模，为了便于塑料制品脱模，可将凹模做成两瓣或多瓣组合式，成型时瓣合，脱模时瓣开。常见的瓣合式凹模是两瓣组合式，如图 4-17 所示。它由两瓣对拼镶块、定位导销和模套组成。这种凹模通常称为哈夫（half）凹模。其中图 4-17a 用于移动式压缩模，使用时首先将两拼块合拢，利用模套与拼块的 8° ~ 10°的斜面配合而紧锁拼块，压制成型后松开模套，然后水平分开拼块，取出制品；图 4-17b 用于单型腔压制小型塑料制品且成型压力不大的场合；对于多型腔的凹模宜用矩形拼块结

92

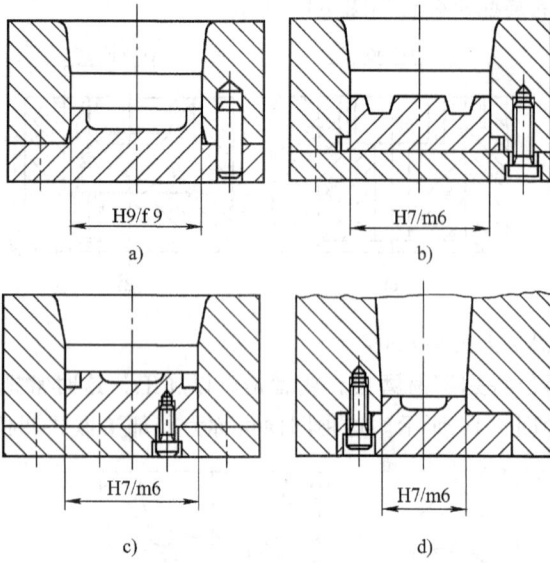

图 4-15　凹模底部镶拼结构

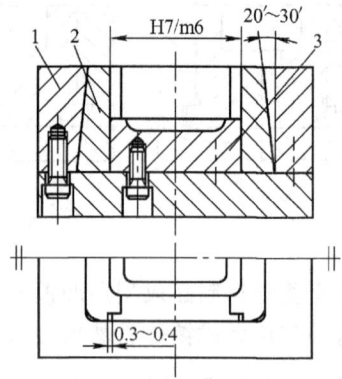

图 4-16　凹模侧壁为镶拼的结构
1—模套　2—拼块　3—模底

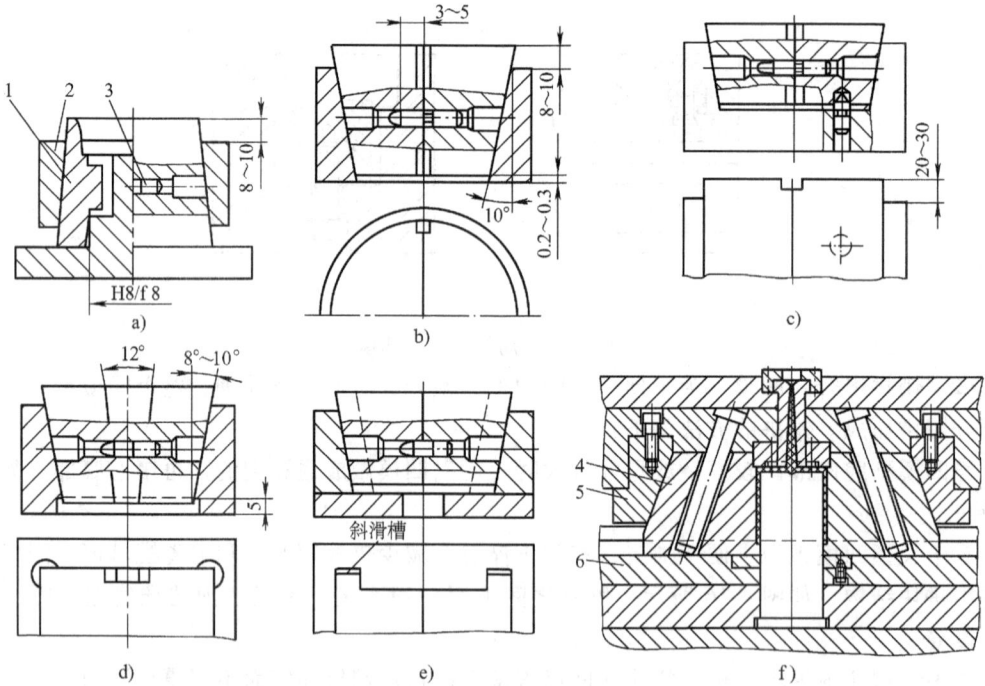

图 4-17　两瓣组合式凹模
1—拼块（瓣）　2—模套　3—导销　4—滑块　5—楔紧块　6—推件板

构，如图4-17c所示；图4-17d和图4-17e为封闭式模套的瓣合模，在推出凹模拼块时，利用如图4-17d所示的12°斜面或斜滑槽，使拼块分开来，以便取出制品。这种结构的凹模用于成型尺寸较大的制品或多型腔成型压力较大的场合；图4-17f为注射模上的瓣合结构，在实际生产中应用效果很好。为了增强定模对瓣合块的楔紧刚度，还可采用整体定模板楔紧，而不另设楔紧块。

综上所述，组合式凹模的优点是，改善了复杂凹模的加工工艺，减少了热处理变形，有利于排气，便于模具的维修，节约贵重的模具钢。但为保证组合式模具型腔精度和装配的牢固性，减少制品上留下镶拼的痕迹，提高塑料制品的质量，对于拼块的尺寸、形状和位置公差要求较高，组合结构必须牢靠，分型面位置应有利于防止成型时熔体的挤入，拼块加工工艺性要好，成型时操作必须方便。可见，要真正发挥组合结构的优越性，对某些方面要求是比较高的。

2. 型芯的结构设计

型芯是成型塑料制品内表面的成型零件。根据型芯所成型零件内表面大小不同，通常又有型芯（压缩模中称凸模）和成型杆之分。型芯一般是指成型制品中较大的主要内型的成型零件，又称主型芯；成型杆一般是指成型制品上较小孔的成型零件，又称小型芯。下面介绍型芯和成型杆的主要结构形式。

（1）型芯　型芯有整体式和组合式两类。

图 4-18 为整体式型芯。其中图 4-18a 表示型芯与模板为一整体，其结构牢固，成型的制品质量较好，但消耗贵重模具钢多，不便加工，主要用于形状简单的型芯；图 4-18b～图 4-18d 表示为了节约贵重模具钢和便于加工而把模板和型芯采用不同材料制成，然后连接起来。图 b、图 c 用螺钉、销钉连接，结构较简单。图 c 采用局部嵌入固定，其牢固性比图 b 的好。图 d 采用台阶连接，连接牢固可靠，是一种常用的连接方法，但结构较复杂，为防止固定部分为圆形而成型部分为非圆形的型芯在固定板内旋转，必须装防转销以止转。

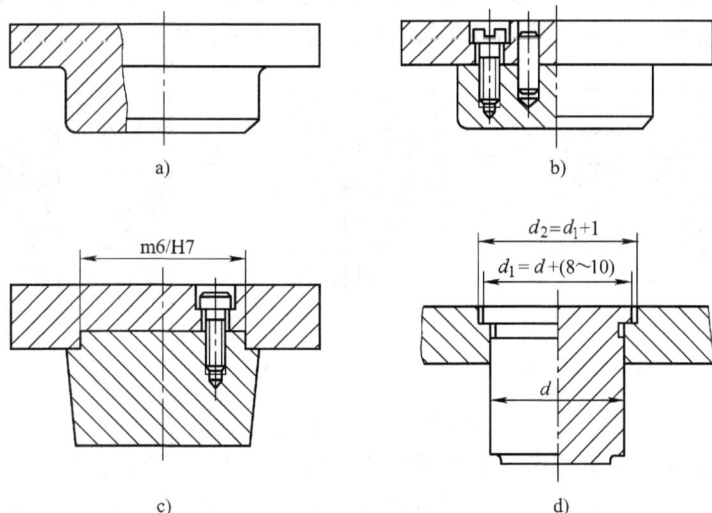

图 4-18　型芯的结构形式

图 4-19 为镶拼组合式型芯，复杂形状的型芯，如果采用整体式结构，加工较困难，而采用拼块组合，可简化加工工艺。

采用组合式型芯的优缺点与组合式凹模的基本相同。设计和制造这类型芯时，必须注意提高拼块的加工和热处理工艺性，拼接必须牢靠严密。图 4-19a 中两个小型芯如果靠得太近，则不宜采用这种结构，而应采用图 4-19b 的结构，以免热处理时薄壁处开裂。

（2）成型杆（小型芯）　塑料制品上的孔或槽通常用小型芯来成型。通孔的成型方法

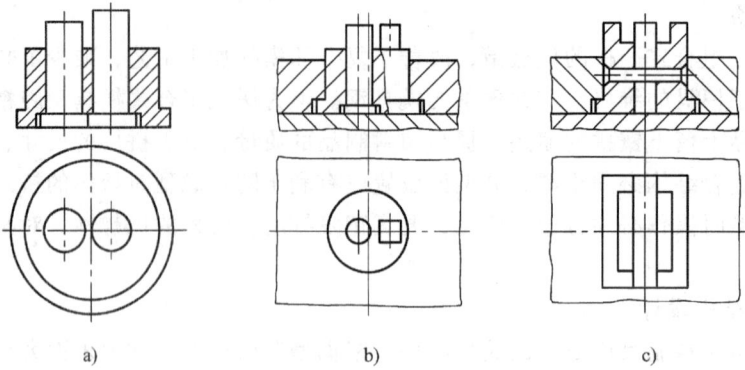

图 4-19 镶拼组合式型芯

如图 4-20 所示，其中图 4-20a 表示由一端固定的型芯成型，这种结构的型芯容易在孔的一端形成难以去除的飞边，如果孔较深则型芯较长，容易弯曲；图 4-20b 是由两个直径相差 0.5 ~1mm 的型芯来成型，即使两个型芯稍有不同心，也不至影响装配和使用，而且每个型芯长度较短，稳定性较好；图 4-20c 型芯一端为固定，一端为导向支撑，强度和刚度较好，如果因溢料形成圆形飞边，也较容易去除。不通孔的成型方法只能用一端固定的型芯来成型。为保证型芯具有足够的稳定性，孔不宜太深。对于注射成型和压注成型，孔深度应小于孔径的 4 倍；对于压缩成型，平行压制方向的孔深度应小于孔径的 2.5 倍，垂直于压制方向的孔深度应小于孔径的 2 倍。直径过小或深度过大的孔宜在成型后用机械加工的方法得到。如果确系需要成型较深的孔，为了防止型芯在成型时弯曲，应采用图 4-21 所示的型芯支撑柱予以加强。形状复杂的孔，可以采用型芯拼合的方法来成型，如图 4-22 所示。

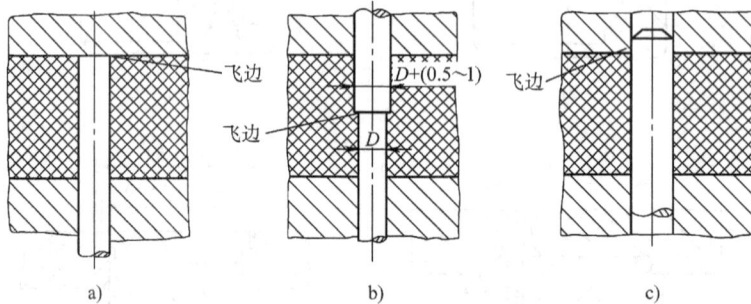

图 4-20 通孔的成型方法

　　从孔的成型方法中可以看出，对于成型孔和槽的小型芯，通常是单独制造，然后以嵌入方法固定。具体结构如图 4-23 所示。其中图 4-23a 为铆接式，它可以防止在制品脱模时型芯被拔出，但熔体容易从 S 处渗入型芯底面，为防止产生这种现象，可将型芯嵌入固定板内一定距离，如图 4-23b 所示；图 4-23b 是压入式结构，是一种最简单的固定方式，但型芯松动后可能会被拔出；图 4-23c 是常用的固定方式，型芯与固定板间留有 0.5mm 的双边间隙，这是为了加工和装配方便，型芯下段加粗是为了提高小而长的型芯的强度；图 4-23d 为带推件板的

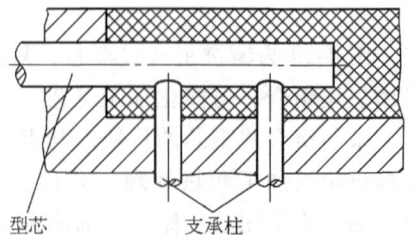

图 4-21 防止型芯弯曲的方法

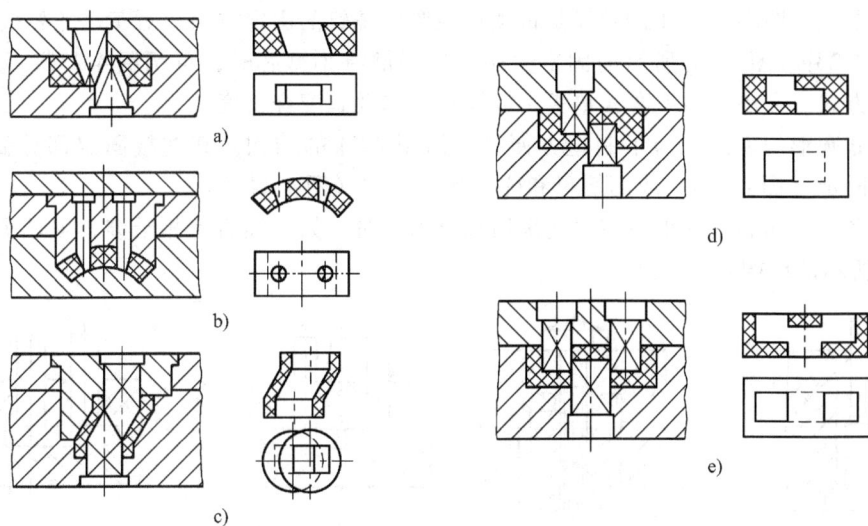

图 4-22　复杂孔的成型方法

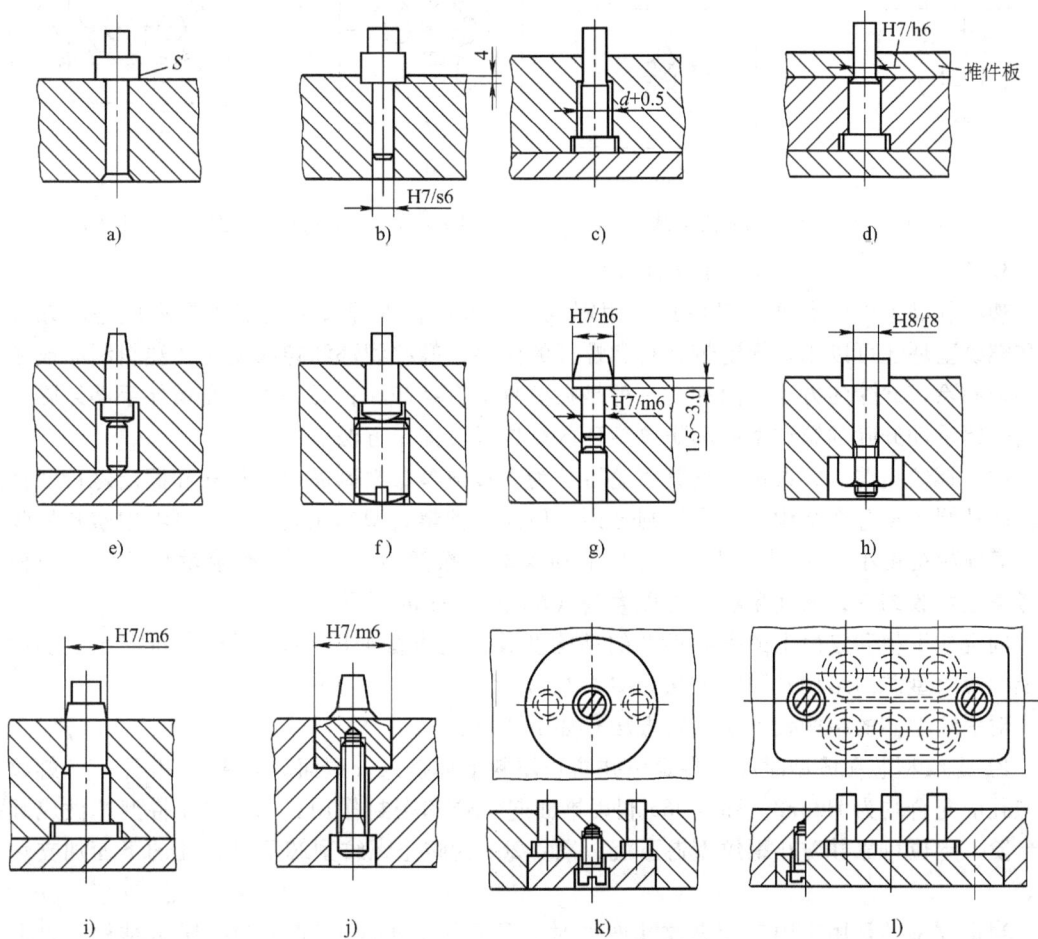

图 4-23　型芯的固定方式

型芯固定方法；图4-23e、图4-23f是带顶销或紧定螺钉的固定方法；对于尺寸较大的型芯可以采用图4-23g～图4-23j所示的固定方法；当局部有小型芯时，可用图4-23k、图4-23l所示的固定方式，在小型芯下嵌入垫板，以缩短型芯及其配合长度。

对于非圆形的型芯，为了制造方便，可用图4-24的结构。其连接固定部分做成圆形，并以台阶固定（图4-24a）或用螺母和弹簧垫圈固定（图4-24b）。

对于多个互相靠近的小型芯，当采用轴肩固定时，如果轴肩互相干涉，可用图4-25a和图4-25b所示的结构。

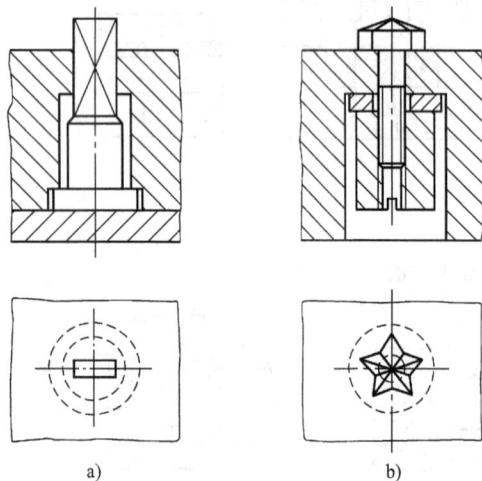

图4-24 非圆形型芯的固定方式　　　　图4-25 多个互相靠近型芯的固定方法

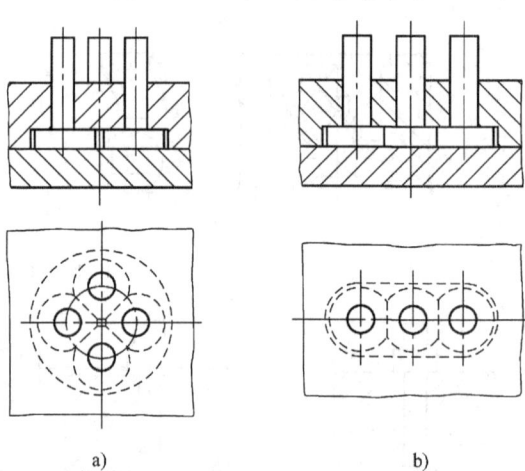

3. 螺纹型芯和螺纹型环的结构设计

塑料制品上的内螺纹（螺孔）采用螺纹型芯成型，外螺纹采用螺纹型环成型。螺纹型芯和螺纹型环还可以用来固定带螺孔和螺杆的嵌件。螺纹型环和螺纹型芯在塑料制品成型之后必须卸除，卸除的方法有两种：一种是在模具上自动卸除；另一种是在模外手动卸除。这里仅介绍手动卸除的螺纹型芯和螺纹型环的结构及其固定方法。

（1）螺纹型芯　螺纹型芯按其用途可分为直接成型塑料制品上的螺孔和固定螺母嵌件两种。两种螺纹型芯在结构上没有原则区别，但前一种螺纹型芯在设计时必须考虑塑料的收缩率，表面粗糙度小（Ra 为 0.1μm），始端和末端应按塑料制品结构要求设计；而后一种不必考虑塑料收缩率，表面粗糙度可以大些（Ra 为 0.8μm 即可）。

固定在下模和定模上的螺纹型芯的结构及其固定方法如图4-26所示；固定在上模和动模上的螺纹型芯的结构及固定方法如图4-27所示。

对螺纹型芯的结构设计及固定方法有如下要求：

1）螺纹型芯在成型时应可靠定位并防止塑料熔体挤入分型面。图4-26和图4-27螺纹型芯与孔的配合均为H8/h8。图4-26a利用锥面起定位和密封作用；图4-26b将型芯做成圆柱形台阶，定位可靠并防止螺纹型芯下沉；图4-26c为防止螺纹型芯下沉，孔的下面加支承垫板。

当螺纹型芯是用来固定带螺纹孔嵌件时，可采用图4-26d～图4-26h所示结构。以上结构均可防止螺纹型芯下沉，但图4-26d所示结构在成型时可能产生浮动，这是因为在成型压力作用下，塑料熔体可能挤入嵌件与模面之间使螺纹型芯抬起，导致嵌件沉入塑料制品表面

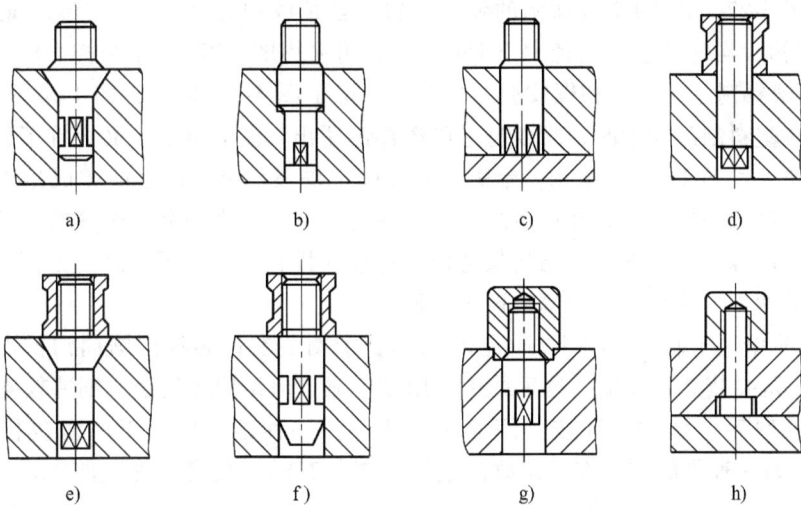

图 4-26 螺纹型芯的结构及固定形式

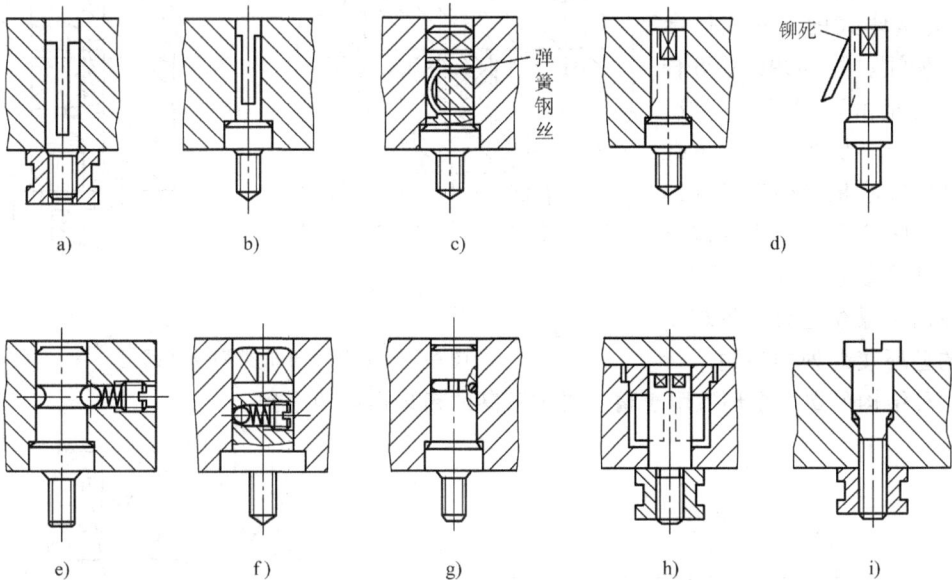

图 4-27 螺纹型芯的结构及固定方式

之下。此外，螺纹型芯拧入嵌件的深度难以控制。而图 4-26e 和图 4-26f 所示的结构克服了上述缺点，但螺纹型芯的结构比图 4-26d 复杂。图 4-26g 是将嵌件下端嵌入模体，这样可增加嵌件的稳定性，同时又可靠地阻止了熔体挤入嵌件的螺纹孔中。这种结构尤其适用于直径小于 3mm 的螺纹型芯，防止螺纹型芯在成型时产生弯曲变形。当螺纹嵌件不是通孔式虽是通孔但属于小型螺纹（M3.5 以下），而且成型时冲击力不大时，可将嵌件直接插入固定于模具的成型杆上，如图 4-26h 所示。采用这种结构省去了卸下螺纹型芯的操作，但使用不当时嵌件容易产生移动和脱落。

图 4-27 各种结构的最大特点是采用具有弹力的豁口柄和其他弹性装置，将螺纹型芯支撑在孔内，以防成型时螺纹型芯脱落或移动，成型之后随塑料制品一起脱落。当螺纹型芯的直径小于 8mm 时，可采用豁口柄结构（图 4-27a 和图 4-27b）；当螺纹型芯直径为 5～10mm

时可采用如图 4-27c 和图 4-27d 所示的弹簧装置；当螺纹型芯直径大于 10mm 时，可采用图 4-27e 所示结构；当螺纹型芯直径大于 15mm 时，可采用图 4-27f 所示结构。

2）便于塑料制品的脱模和螺纹型芯的装拆。除了图 4-27i 以外，图 4-26 和图 4-27 其他各结构都是在塑料制品脱模时，螺纹型芯随着制品脱出，然后再从制品上拧下螺纹型芯，型芯装拆较方便。而图 4-27i 的结构，带螺孔嵌件固定得很牢靠，而且能按成型工艺要求将制品强制留在上模或动模，但是在成型之前安装嵌件不方便，在制品安全脱模之前必须先拧下螺纹型芯，操作麻烦，因此这种结构仅适用于移动式模具上。为了拆除的方便，一般将螺纹型芯尾部制成四方形或相对两面磨成两个平面。

3）结构简单便于制造。图 4-27g 是利用弹簧卡圈装在型芯杆的圆周沟槽内，结构较简单。图 4-27h 是弹簧夹头连接，这种结构使用较可靠，但结构较复杂，制造较麻烦。

（2）螺纹型环　螺纹型环按其用途也有两种：一种是直接用于成型塑料制品外螺纹（图 4-28a）；另一种是固定带有外螺纹的嵌件（图 4-28b）。后者又称嵌件环。

螺纹型环本身结构有两种，如图 4-29 所示。其中图 4-29a 为整体式的，其几何参数如图所注。图 4-29b 是组合式的，它是由两瓣拼合而成，以销钉定位。从制品上卸下螺纹型环的方法是采用尖劈状卸模器楔入螺纹型环两边的楔形槽内，使螺纹型环两瓣分开。由于在制品螺纹上会留下难以修整的型环接缝处的溢边，所

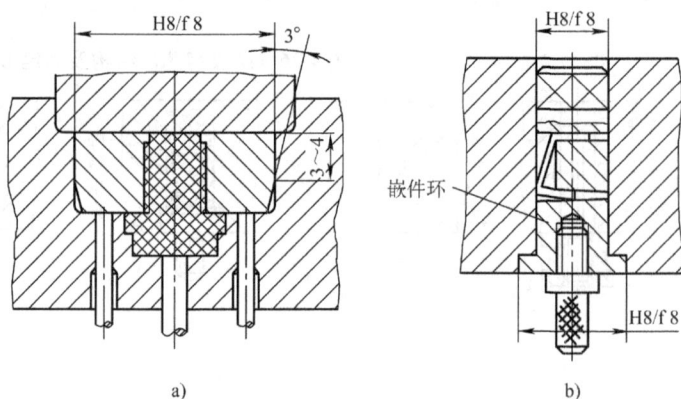

图 4-28　螺纹型环的类型及其固定

以，这种结构的螺纹型环适用于精度要求不高的粗牙螺纹的成型。

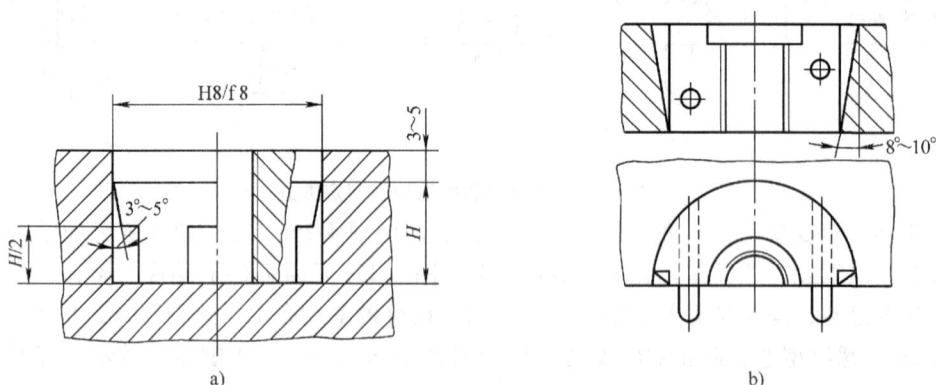

图 4-29　螺纹型环的结构

4. 塑料齿轮型腔

塑料齿轮成型型腔的加工方法有机械加工、冷挤压、电火花、线切割、电铸成型、浇注锌基合金、金属的超塑性成型、模压耐高温塑料等。以上方法可根据塑料性质、生产批量以及实际加工条件恰当选择。

型腔的结构与型腔的加工方法和生产批量有关。由于齿轮型腔比较复杂，通常采用组合式（整体嵌入式）的结构形式，如图4-30所示。其中图4-30a为冷挤压成型的型腔；图4-30b为超塑性成型的型腔；图4-30c为浇注锌基合金或模压耐高温塑料型腔；图4-30d为机械加工的型腔；图4-30e为电铸成型的型腔。

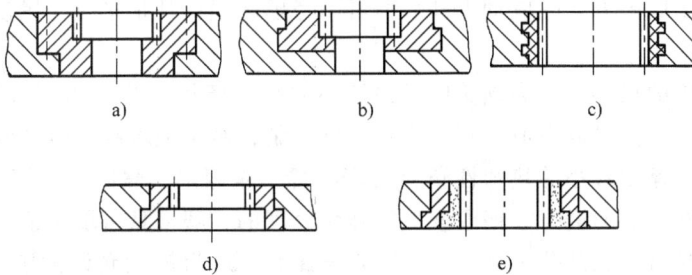

图4-30 齿轮成型用型腔的结构形式

5. 塑料注射模零件标准（GB/T 4169.1～11—2006）和零件技术条件（GB/T 4170—2006）

根据标准对注射模成型零件的材料、热处理、加工精度和表面粗糙度作出了规定。应用时可查以上标准。

三、成型零件工作尺寸的计算

所谓成型零件的工作尺寸是指成型零件上直接用以成型塑料制品部分的尺寸，主要有型腔和型芯的径向尺寸（包括矩形和异形零件的长和宽），型腔和型芯的深度尺寸，中心距等（图4-31）。

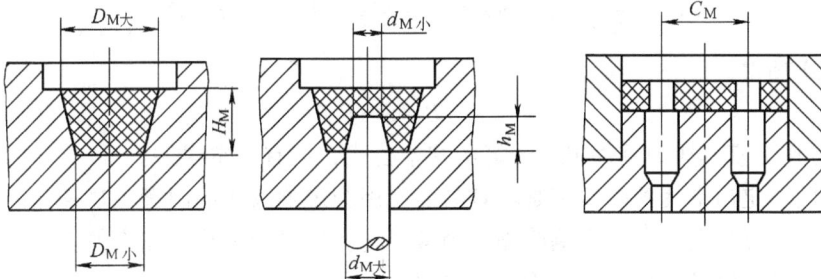

图4-31 成型零件的工作尺寸

任何塑料制品都有一定的几何形状及尺寸要求，其中有配合要求的尺寸，精度要求较高。模具成型零件工作尺寸必须保证所成型制品的尺寸达到要求，而影响塑料制品的尺寸及公差的因素相当复杂，这些影响因素应该作为成型零件工作尺寸确定的依据。

1. 影响塑料制品尺寸公差的因素

（1）成型零件的制造误差　它直接影响着塑料制品的尺寸公差，成型零件的公差等级越低，塑料制品的公差等级也越低。实验表明，成型零件的制造公差约占塑料制品总公差的1/3左右，因而在确定成型零件的工作尺寸公差值时可取塑料制品公差的1/3。即 $\delta_z = \Delta/3$（δ_z 为成型零件的制造公差，Δ 为塑料制品的公差）。

组合式成型零件的制造公差应根据尺寸链加以确定。

（2）成型零件的磨损　其结果型腔尺寸变大，型芯尺寸变小，中心距基本保持不变。影响成型零件磨损的因素有脱模过程中塑料制品与成型零件表面的相对摩擦，熔体在充模过程的冲刷，成型过程可能产生的腐蚀性气体的锈蚀作用，以及由于上述原因造成表面粗糙度变大而采取打磨抛光导致零件实体尺寸的减少。磨损大小还与塑料的品种和模具材料及热处理有关。上述影响磨损的诸因素中，塑料制品脱模过程的摩擦磨损是主要的。因而，为了简化计算，凡是垂直于脱模方向的成型零件表面可不考虑磨损；凡是平行于脱模方向的表面应考虑磨损。

计算成型零件的尺寸时，磨损量应根据塑料制品的产量，结合影响磨损的因素来确定。对生产批量小的，磨损量取小值，甚至不考虑磨损量；对于玻璃纤维等增强塑料，磨损量应取较大值；对于摩擦因数小的热塑性塑料（聚乙烯、聚丙烯、聚酰胺、聚甲醛等）取小值；模具材料耐磨性好，表面进行镀铬或渗氮等强化处理的，磨损量可取小值。对于中小型塑料制品，最大磨损量可取制品公差的 1/6，即 $\delta_c = \Delta/6$（δ_c 为最大允许的磨损量）；对于大型塑料制品则取 $\Delta/6$ 以下。

（3）成型收缩率的偏差和波动　所谓成型收缩率系指室温时塑料制品与模具型腔两者尺寸的相对差，以百分数表示，可按下式求得，即

$$S = \frac{A - B}{A} \times 100 \tag{4-1}$$

式中　S——塑料成型收缩率其值见附表 3 和附表 4。

　　　A——模具型腔在室温下的尺寸；

　　　B——塑料制品在室温下的尺寸。

由式（4-1）可得

$$A = \frac{B}{1 - S\%} = B + S\%B + (S\%)^2 B + (S\%)^3 B + \cdots$$

忽略高次项得

$$A \approx B + S\%B \tag{4-2}$$

式（4-2）可作为模具成型零件尺寸计算的基本公式，但有一定误差。

实践证明，定出准确的收缩率是不容易的，因为影响收缩的因素很复杂，但可以参照试验数据，根据实际情况，分析影响收缩的因素，选择适当的平均收缩率值。

影响塑料件收缩的因素可归纳为四个方面：

1）塑料的品种。各种塑料都具有各自的收缩率。例如，热塑性塑料收缩率一般比热固性塑料大，方向性明显，成型后收缩及退火或调湿后的收缩也较大。同一种塑料，其树脂含量、相对分子质量、添加剂等的不同，收缩率也不同，树脂含量多、相对分子质量高、有机化合物为填料的，收缩率大。

2）塑料制品的特点。塑料制品的形状、尺寸、壁厚、有无嵌件和嵌件数量及其分布等对收缩率影响不小。例如，形状复杂、壁薄、有嵌件而且嵌件分布均匀的收缩率较小。

3）模具结构。模具分型面、加压方向、浇注系统结构形式、浇口布局及尺寸对收缩率及收缩的方向性影响很大。

4）成型方法及工艺条件。挤出成型和注射成型收缩率一般较大。塑料预热情况、成型温度、成型压力、保压时间、模具温度都对收缩率有影响。对于热固性塑料压缩成型，采用锭料，适当提高塑料预热温度，降低成型温度，提高成型压力，适当延长保压时间等均可减

小收缩率。对于热塑性塑料注射成型，熔体温度高，收缩大，但方向性小；注射压力高，保压压力较高，时间长，收缩小；模具温度高，收缩大。

综上所述，由于塑料、塑料制品的特点、成型条件、模具结构等的变化，会引起收缩率的波动，加上设计计算时收缩率估计的误差，这一切都会导致塑料制品尺寸误差。其误差值为

$$\delta_s = (S_{max} - S_{min})\% B \tag{4-3}$$

式中　δ_s——收缩率波动所引起的塑料制品尺寸的误差值；

　　　S_{max}——塑料的最大收缩率；

　　　S_{min}——塑料的最小收缩率。

（4）模具安装配合的误差　由于模具成型零件的安装误差或在成型过程中成型零件配合间隙的变化，都会影响塑料制品尺寸的精确性。例如，上模与下模或动模与定模合模位置的不准确，就会影响塑料制品壁厚等尺寸误差。又如，螺纹型芯如果按间隙配合安放在模具中，则制品中螺纹孔位置公差就会受配合间隙的影响。

安装配合误差以 δ_j 表示。

（5）水平飞边厚度的波动　对于压缩成型，如果采用溢料式或半溢料式模具，其飞边厚度常因成型工艺条件的变化有所变化，从而导致制品高度尺寸的误差。对于压注成型和注射成型，水平飞边厚度很薄，甚至没有飞边，故对制品高度尺寸影响不大。

水平飞边厚度的波动所造成的误差以 δ_f 表示。

综上所述，塑料制品可能产生的最大误差为上述各种误差的总和，即

$$\delta = \delta_z + \delta_c + \delta_s + \delta_j + \delta_f \tag{4-4}$$

由此看来，塑料制品的精度不高。设计塑料制品时，其公差的选择不仅要从制品的装配和使用需要出发，而且要充分考虑制品在成型过程可能产生的误差。换句话说，制品的公差要求受可能产生的误差限制。塑料制品的公差值应大于或等于上述各因素所引起的积累误差，即

$$\Delta \geq \delta \tag{4-5}$$

否则将给模具制造和成型工艺条件的控制带来困难。

当然，式（4-4）是极端的情况，是所有的误差同时偏向最大值或最小值的情况。实际上，从或然率观点出发，这种几率接近于零，因为 δ_z、δ_s 等呈正态分布，而且各种误差因素还会互相抵消。

在一般情况下，以上影响塑料制品公差的因素中，模具制造误差、成型零件磨损和收缩率的波动是主要的。而且并不是塑料制品的所有尺寸都受上述各因素的影响。例如，用整体式凹模成型塑料制品时，其外径（宽或长）只受 δ_z、δ_c、δ_s 的影响，而高度尺寸则受 δ_z、δ_s 的影响（压缩成型制品的高度尺寸还受 δ_f 的影响）。

还应该注意到，收缩率波动引起的误差值 δ_s 是随着制品尺寸的增大而增大。因此，当生产大型的塑料制品时，收缩率的波动对制品公差影响很大。在这种情况下，应着重设法稳定工艺条件和选择收缩率波动较小的塑料，单靠提高成型零件的制造精度是不经济的。相反，当生产小型塑料制品时，模具成型零件的制造精度和磨损对制品公差的影响较突出，因此，应注意提高成型零件的制造精度和减少磨损量。在精密成型中，减小成型工艺条件的波动是一个很重要的问题，单纯地根据塑料制品的公差来确定模具成型零件的尺寸公差是难以

达到要求的。

2. 成型零件工作尺寸计算方法

由于在一般情况下，模具制造公差、磨损和成型收缩波动是影响塑料制品公差的主要因素，因而，计算工作零件时就根据以上三项因素进行计算。

成型零件工作尺寸计算的方法有两种：一种是按平均收缩率、平均制造公差和平均磨损量进行计算；另一种是按极限收缩率、极限制造公差和极限磨损量进行计算。前一种计算方法简便，但可能有误差，在精密塑料制品的模具设计中受到一定限制；后一种计算方法能保证所成型的塑料制品在规定的公差范围内，但计算比较复杂。以下介绍按平均值的计算方法。

在计算成型零件型腔和型芯的尺寸时，塑料制品和成型零件尺寸均按单向极限制，如果制品上的公差是双向分布的，则应按这个要求加以换算。而孔心距尺寸则按公差带对称分布的原则进行计算。

图 4-32 为模具成型零件工作尺寸与塑料制品尺寸的关系。

3. 型腔和型芯径向尺寸的计算

（1）型腔径向尺寸　已知塑料制品尺寸为 $L_{s\ -\Delta}^{\ \ 0}$，磨损量为 δ_c，平均收缩率为 S_{cp}，设型腔径向尺寸为 $L_M{}_{\ 0}^{+\delta_z}$，按平均值计算方法可得下式，即

$$L_M + \frac{\delta_z}{2} = \left(L_s - \frac{\Delta}{2}\right) + \left(L_s - \frac{\Delta}{2}\right)S_{cp}\% - \frac{\delta_c}{2}$$

对于中小型塑料制品，取 $\delta_c = \Delta/6$，$\delta_z = \Delta/3$，并将上式展开后略去微小项 $(\Delta/2)\,S_{cp}\%$，则得型腔径向尺寸为

$$L_M = L_s + L_s S_{cp}\% - \frac{3}{4}\Delta$$

标注制造公差后得

$$L_M = \left(L_s + L_s S_{cp}\% - \frac{3}{4}\Delta\right)_{\ 0}^{+\delta_z} \qquad (4\text{-}6)$$

（2）型芯的径向尺寸　已知塑料制品尺寸为 $l_s{}_{\ 0}^{+\Delta}$，磨损量为 δ_c，平均收缩率为 S_{cp}，设型芯尺寸为 $l_M{}_{-\delta_z}^{\ \ 0}$，经推导得型芯径向尺寸为

$$l_M = \left(l_s + l_s S_{cp}\% + \frac{3}{4}\Delta\right)_{-\delta_z}^{\ \ 0} \qquad (4\text{-}7)$$

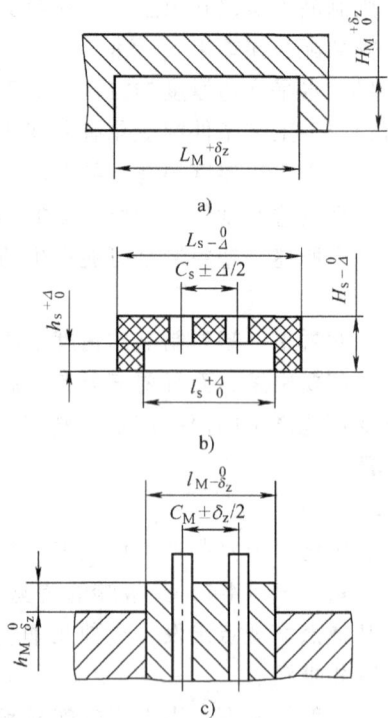

图 4-32　模具成型零件尺寸与制品尺寸关系
a) 型腔　b) 塑料制品　c) 型芯

应该指出，由于 δ_z 和 δ_c 与 Δ 的关系随制品的尺寸及公差大小而变化，因此，式 (4-6) 和式 (4-7) 中的 Δ 项的系数可取 $\frac{1}{2} \sim \frac{3}{4}$，塑料制品尺寸及公差大的取小值，相反则取大值。

当脱模斜度不包括在制品公差范围内时，塑料制品外形只检验大端尺寸，内形检验小端尺寸，检验结果符合图样尺寸即可。此时，型腔大端尺寸即按式 (4-6) 计算得到，型芯小

端尺寸即按式（4-7）计算得到。而型腔小端尺寸和型芯大端尺寸决定于脱模斜度。

当脱模斜度包括在塑料制品公差范围内时，则型腔小端尺寸按式（4-6）计算，型腔大端尺寸应按下式计算，即

$$L_{M大} = \left[L_M + \left(\frac{1}{4} \sim \frac{1}{2} \right) \Delta \right]_0^{+\delta_z} \tag{4-8}$$

式中　L_M——按式（4-6）计算的型腔尺寸。

型芯大端尺寸按式（4-7）计算，型芯小端尺寸按下式计算，即

$$l_{M小} = \left[l_M - \left(\frac{1}{4} \sim \frac{1}{2} \right) \Delta \right]_{-\delta_z}^0 \tag{4-9}$$

式中　l_M——按式（4-7）计算的型芯尺寸。

式（4-8）和式（4-9）中一般取 $\Delta/4$，如要加大脱模斜度则取 $\Delta/2$。

根据式（4-8）和式（4-9）计算可以保证有一定的脱模斜度，并保证脱模斜度在公差范围内。

应用以上公式进行型腔和型芯径向尺寸计算时应注意制品的具体结构，如带有嵌件或孔的制品，其收缩率较实体制品小，因而在计算时对制品的计算尺寸和收缩率应作必要的修正，如果没有把握，则在模具设计和制造时，应留有一定的修模量，以便试模后修正。

4. 型腔深度和型芯高度计算

（1）型腔深度尺寸　已知塑料制品尺寸 $H_s\,_{-\Delta}^0$，平均收缩率 S_{cp}，设型腔深度尺寸为 $H_M\,_0^{+\delta_z}$，按平均值计算方法可得下式，即

$$H_M + \delta_z/2 = (H_s - \Delta/2) + (H_s - \Delta/2)S_{cp}\%$$
$$H_M = H_s - \Delta/2 - \delta_z/2 + H_s S_{cp}\% - (\Delta/2)S_{cp}\%$$

取 $\delta_z = \Delta/3$，略去微小项 $(\Delta/2)S_{cp}\%$ 得下式，即

$$H_M = H_s + H_s S_{cp}\% - \frac{2}{3}\Delta$$

标注制造公差后得型腔深度尺寸为

$$H_M = \left(H_s + H_s S_{cp}\% - \frac{2}{3}\Delta \right)_0^{+\delta_z} \tag{4-10}$$

（2）型芯高度尺寸　已知零件尺寸为 $h_0^{+\Delta}$，平均收缩率为 S_{cp}，设型芯高度为 h_M，经推导得型芯高度尺寸为

$$h_M = \left(H_s + H_s S_{cp}\% + \frac{2}{3}\Delta \right)_{-\delta_z}^0 \tag{4-11}$$

有的资料介绍型腔深度和型芯高度的计算公式中 Δ 的系数为 $\frac{1}{2}$。

型腔和型芯尺寸计算应注意的事项如下：

1）型腔和型芯径向尺寸的计算公式中考虑了成型收缩率、磨损和模具成型零件的制造误差的影响，而型腔深度和型芯高度尺寸的计算公差中只考虑收缩率和成型零件制造误差的影响，由于磨损对其影响甚小，故不考虑。但在压缩成型中，如果采用溢式和半溢式模具成型时，不可忽视飞边厚度波动对制品高度的影响，故在必要时，型腔深度的计算需考虑飞边厚度对制品高度所造成的误差 δ_f。δ_f 一般取 0.1～0.2mm，以纤维为填料的塑料取 0.2～0.4mm。

2）对于成型收缩率很小的塑料（如聚苯乙烯、醋酸纤维素等），在注射成型薄壁塑料制品时，可以不考虑收缩率对模具成型零件尺寸的影响。

3）设计计算成型零件时，必须深入了解塑料制品的要求，对于配合尺寸应认真设计计算，对不重要的尺寸，可以简化计算，甚至可用制品的公称尺寸作为模具成型零件的相应尺寸。

对于精度要求高的制品尺寸，成型零件相应尺寸取小数点后的第二位，第三位四舍五入；精度要求低的制品尺寸，成型零件相应尺寸取小数点后第一位，第二位四舍五入。

5. 型芯之间或成型孔之间中心距的计算

如图 4-32 所示，模具上型芯的中心距与制品上相应孔的中心距是对应的。同样，模具上成型孔的中心距与制品上相应凸台部分的中心距也是对应的。同时还可以看出，塑料制品上中心距的公差带分布一般是双向对称的，以 $\pm\Delta/2$ 表示。模具成型零件上的中心距公差带分布也是双向对称的，以 $\pm\delta_z/2$ 表示。

由于塑料制品中心距和模具成型零件的中心距公差带都是对称分布的，同时磨损的结果不会使中心距发生变化，因此，制品上中心距的公称尺寸 C_s 和模具上相应中心距的公称尺寸 C_M 就是制品中心距和模具中心距的平均尺寸。由此可得模具型芯中心距或孔的中心距计算公式，即

$$C_M = C_s + C_s S_{cp}\%$$

标注制造公差后得

$$C_M = (C_s + C_s S_{cp}\%) \pm \delta_z/2 \qquad (4\text{-}12)$$

模具型芯中心距取决于安装型芯的孔的中心距。用普通方法加工孔时，所得孔心距误差见表 4-1，它与孔心距尺寸大小有关。在坐标镗床上加工孔时，所得孔心距取决于坐标镗床的精度，孔轴线位置偏差一般不会超过 $\pm(0.015 \sim 0.02)$ mm，而且与孔心距基本尺寸大小无关。

表 4-1　孔间距公差 　　　　　　　　（单位：mm）

孔间距	制造公差
< 80	± 0.01
80 ~ 220	± 0.02
220 ~ 360	± 0.03

如果型芯与模具孔为间隙配合（螺纹型芯就是这样），其配合间隙将使型芯中心距尺寸产生波动，从而使塑料制品中心距产生误差，其误差值最大为 δ_j。对于一个型芯来说，中心距偏差最大为 $0.5\delta_j$。

6. 型芯（或成型孔）中心到成型面距离的计算

图 4-33 表示了安装在凹模中的型芯（或孔）中心到凹模侧壁的距离和安装在型芯中的小型芯（或孔）中心到型芯侧面的距离与塑料制品中相应尺寸的关系。

（1）凹模内的型芯或孔中心到侧壁距离的计算　由图 4-33 可知：塑料制品上的孔到边的距离的平均尺寸为 L_s；模

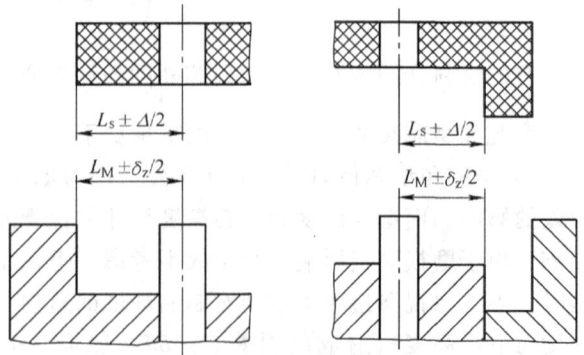

图 4-33　型芯中心到成型面的距离

具中型芯中心到凹模侧壁距离的平均尺寸为 L_M。

型芯在使用过程的磨损并不影响 L_M；而型腔在使用过程的磨损会影响 L_M，其单边最大磨损量为 $\delta_c/2$。已知模具制造公差 δ_z 和成型收缩率 S_{cp}，则按平均值计算方法得下式，即

$$L_M + \delta_c/4 = L_s + L_s S_{cp}\%$$

整理并标注制造公差后得

$$L_M = \left(L_s + L_s S_{cp}\% - \delta_c/4\right) \pm \delta_z/2 \tag{4-13}$$

取 $\delta_c = \Delta/6$，得

$$L_M = \left(L_s + L_s S_{cp}\% - \frac{\Delta}{24}\right) \pm \delta_z/2 \tag{4-14}$$

（2）型芯上的小型芯或孔的中心到型芯侧面距离的计算　型芯的磨损将使距离变小，其单边最大磨损量为 $\delta_c/2$，而小型芯的磨损则不改变这个距离。按平均计算法得下式，即

$$L_M = \left(L_s + L_s S_{cp} + \Delta/24\right) \pm \delta_z/2 \tag{4-15}$$

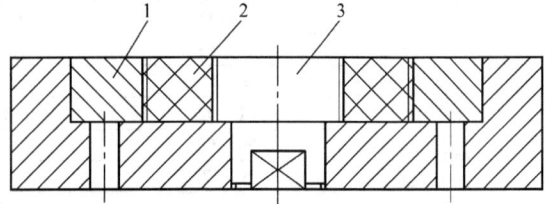

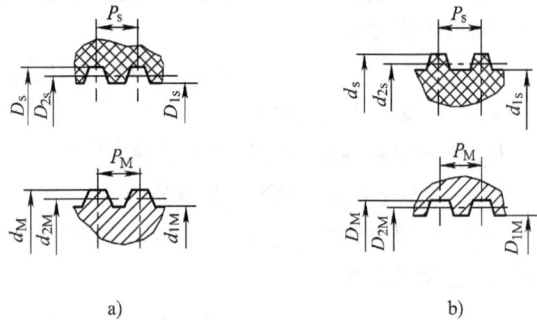

7. 螺纹型芯和螺纹型环尺寸的计算

螺纹连接的种类很多，配合性质也不相同。对于塑料制品螺纹来说，影响其连接的因素很复杂，参见国家标准 GB/T 197—2003（附表11）。

图 4-34　螺纹型芯和螺纹型环的几何参数
1—螺纹型环　2—塑料制品　3—螺纹型芯

下面介绍米制普通螺纹型芯和螺纹型环计算方法（见图 4-34）。

（1）螺纹型芯工作尺寸的计算（图 4-34a）

1）螺纹型芯中径。螺纹中径是决定螺纹配合性质的最重要尺寸，按平均收缩率计算螺纹型芯的中径为

$$d_{2M} = \left(D_{2s} + D_{2s} S_{cp}\% + T_{D2}\right)_{-\delta_z}^{0} \tag{4-16}$$

式中　d_{2M}——螺纹型芯中径；

D_{2s}——塑料制品内螺纹中径公称尺寸；

S_{cp}——平均收缩率；

T_{D2}——塑料制品内螺纹中径公差，其值可查公差标准（GB/T 197—2003）；

δ_z——螺纹型芯中径制造公差，公差值应小于塑料制品公差值，一般取 $\delta_z = T_{D2}/5$ 或查表 4-2。

2）螺纹型芯大径为

$$d_M = \left(D_s + D_s S_{cp}\% + T_D\right)_{-\delta_z}^{0} \tag{4-17}$$

式中　d_M——螺纹型芯大径；

D_s——塑料制品内螺纹大径公称尺寸；

T_D——塑料制品内螺纹大径公差；

δ_z——螺纹型芯大径制造公差，其值取 $T_D/4$ 或查表 4-2。

表 4-2　普通螺纹型芯和型环的直径制造公差　　　　　（单位：mm）

螺纹类型	螺纹直径 (d 或 D)	制造公差 δ_z		
		大径	中径	小径
粗牙	3 ~ 12	0.03	0.02	0.03
	14 ~ 33	0.04	0.03	0.04
	36 ~ 45	0.05	0.04	0.05
	48 ~ 68	0.06	0.05	0.06
细牙	4 ~ 22	0.03	0.02	0.03
	24 ~ 52	0.04	0.03	0.04
	56 ~ 68	0.05	0.04	0.05
	6 ~ 27	0.03	0.02	0.03
	30 ~ 52	0.04	0.03	0.04
	56 ~ 72	0.05	0.04	0.05

3）螺纹型芯小径为

$$d_{1M} = \left(D_{1s} + D_{1s}S_{cp}\% + T_{D1}\right)_{-\delta_z}^{\ 0} \tag{4-18}$$

式中　d_{1M}——螺纹型芯小径；

　　　D_{1s}——塑料制品内螺纹小径公称尺寸；

　　　T_{D1}——塑料制品内螺纹小径公差；

　　　δ_z——螺纹型芯小径制造公差，其值一般取 $T_{D1}/4$ 或查表 4-2。

4）螺纹型芯螺距为

$$P_M = \left(P_s + P_s S_{cp}\%\right) \pm \delta_z'/2 \tag{4-19}$$

式中　P_M——螺纹型芯螺距；

　　　P_s——塑料制品内螺纹螺距公称尺寸；

　　　δ_z'——螺纹型芯螺距制造公差，其值可查表 4-3。

表 4-3　螺纹型芯和型环的螺距制造公差　　　　　（单位：mm）

螺纹直径（d 或 D）	配合长度 L	制造公差 δ_z'
3 ~ 10	~ 12	0.01 ~ 0.03
12 ~ 22	> 12 ~ 20	0.02 ~ 0.04
24 ~ 68	> 20	0.03 ~ 0.05

（2）螺纹型环工作尺寸的计算（图 4-34b）

1）螺纹型环中径为

$$D_{2M} = \left(d_{2s} + d_{2s}S_{cp}\% - T_{d2}\right)_0^{+\delta_z} \tag{4-20}$$

式中　D_{2M}——螺纹型环中径；

　　　d_{2s}——塑料制品外螺纹中径公称尺寸；

　　　T_{d2}——塑料制品外螺纹中径公差；

　　　δ_z——螺纹型环中径制造公差，其值取 $T_{d2}/5$ 或查表 4-2。

2）螺纹型环大径为

$$D_M = \left(d_s + d_s S_{cp}\% - T_d\right)_0^{+\delta_z} \tag{4-21}$$

式中　D_M——螺纹型环大径；

　　　d_s——塑料制品外螺纹大径公称尺寸；

　　　T_d——塑料制品外螺纹大径公差；

　　　δ_z——螺纹型环大径制造公差，其值取 $T_d/4$ 或查表 4-2。

3）螺纹型环小径为

$$D_{1M} = (d_{1s} + d_{1s}S_{cp}\% - T_{d1})_0^{+\delta_z} \qquad (4\text{-}22)$$

式中　D_{1M}——螺纹型环小径；

　　　d_{1s}——塑料制品外螺纹小径公称尺寸；

　　　T_{d1}——塑料制品外螺纹小径公差；

　　　δ_z——螺纹型环小径制造公差，其值取 $T_{d1}/4$ 或查表4-2。

螺纹型环螺距的计算方法与螺纹型芯螺距的计算方法相同。

（3）螺纹型芯和螺纹型环工作尺寸计算注意事项

1）由于塑料成型存在收缩不均匀性和收缩率波动，对塑料螺纹的几何形状及尺寸都有较大的影响，从而影响了螺纹的连接，因此，虽然螺纹型芯和螺纹型环径向尺寸的计算分别与一般型芯和型腔尺寸计算公式原则上是一致的，但应有所区别。其区别在于计算公式中塑料制品公差值前面的系数较大，不是（3/4）T_d 而是 T_d。其目的是有意增大塑料制品螺孔的中径、大径和小径，或有意减少塑料制品外螺纹的中径、大径和小径，用以补偿因收缩不均匀或收缩波动对螺纹连接的影响。必须指出，有关资料虽然都力图按以上原则进行计算，但所取系数不同，螺纹型芯或螺纹型环各尺寸的制造公差值也不同。在生产实际中应根据具体要求酌情确定。

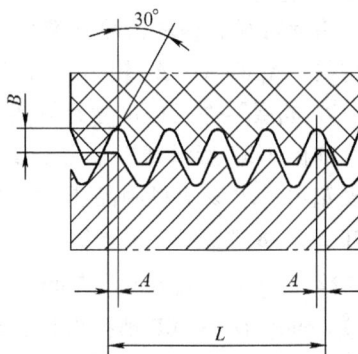

图4-35　塑料制品螺纹
与金属螺纹配合情况
2A—塑料螺距积累误差
（与金属标准螺距相比）
2B—螺纹中径加大值

2）螺纹型芯和螺纹型环螺距计算与成型零件中心距计算完全相同，但由于考虑了塑料的收缩率，计算所得螺距是一个带不规则的小数，加工这样的螺纹型芯和螺纹型环是困难的。为此，当收缩率相同或相近的塑料制品外螺纹与塑料制品内螺纹相配合时，计算螺距时可以不考虑收缩率。当塑料制品螺纹与金属螺纹配合时，可在中径公差范围内，用上述方法加大型芯中径或缩小型环中径（大径和小径也同样按比例增大或减小）来补偿塑料制品螺距的累计误差，如图4-35所示，因此不再计算制品螺距的收缩率。但配合使用的螺纹长度 L 有一定限制，其极限值为

$$L_{max} \leqslant \frac{0.432T_{D2}}{S_{cp}\%} \qquad (4\text{-}23)$$

式中　L_{max}——配合使用的螺纹极限长度；

　　　T_{D2}——螺纹中径公差；

　　　S_{cp}——塑料的平均收缩率。

极限值也可以直接查附表12。

当然，虽然带小数点特殊螺距的螺纹型芯和螺纹型环加工困难，但必要时还是可以采用在车床上配置特殊齿数的变速交换齿轮等方法进行加工。

8. 齿轮型腔尺寸计算

塑料齿轮成型模具的型腔尺寸需要按塑料齿轮标准尺寸放大一个收缩率，见表4-4。塑料齿轮与其成型型腔的关系如图4-36所示。

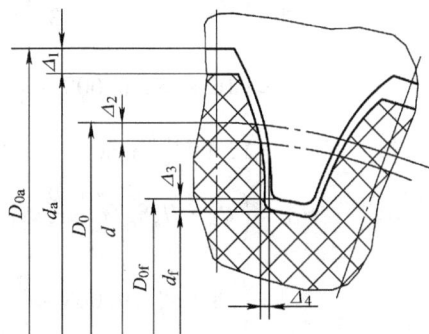

图4-36　塑料齿轮与齿轮型腔的关系

表 4-4　塑料齿轮型腔尺寸计算

参数	标准齿轮	模具型腔
模数	m	$m_0 = m(1 + S\%)$
分度圆直径	$d = mz$	$D_0 = d(1 + S\%)$
齿顶圆直径	$d_a = m(z + 2)$	$D_{0a} = d_a(1 + S\%)$
齿根圆直径	$d_f = m(z - 2.5)$	$D_{0f} = d_f(1 + S\%)$
齿数	z	z
压力角	$\alpha = 20°$	$\alpha = 20°$

由此可见，塑料齿轮标准尺寸加放塑料收缩率后，各参数尺寸都发生了变化，但变化是不均的，Δ_1 最大，Δ_3 较小，Δ_4 更小。

9. 成型零件工作尺寸计算实例

如图 4-37 所示塑料制品，其材料为 PF2A2 绝缘酚醛模塑粉，求该塑料制品压缩模的成型零件工作尺寸。已知 $D = 48^{-0.10}_{-0.38}$mm，$d = 18^{+0.20}_{0}$mm，$C = 33 \pm 0.13$mm，$h_a = 12^{+0.18}_{0}$mm，$h_b = 34^{+0.26}_{0}$mm，$H_a = 16^{0}_{-0.20}$mm，$H_b = 38^{0}_{-0.26}$mm，D_s 为 M8 螺孔大径，d_a 为 M27 × 1.5 外螺纹的大径。

解： 由已知条件，查得该塑料的收缩率为 0.5 ~ 1.0，故平均收缩率取 0.8。

将 $\phi48^{-0.10}_{-0.38}$mm 换算为 $\phi47.9^{0}_{-0.28}$mm。M8 为普通螺纹孔，其螺距 $P_s = 1.25$mm，$D_s = 8$mm，$D_{1s} = 6.65$mm，$D_{2s} = 7.19$mm。M27 × 1.5 为普通细牙螺纹，其螺距 $P_s = 1.5$mm，$d_s = 27$mm，$d_{1s} = 25.375$mm，$d_{2s} = 26.026$mm。

模具制造公差取 $\delta_z = \Delta/3$。

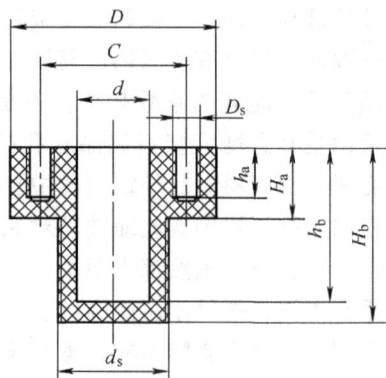

图 4-37　塑料制品图

（1）型腔尺寸

$$D_M = \left(D + DS_{cp}\% - \frac{3}{4}\Delta \right)^{+\delta_z}_{0}$$

$$= (47.9 + 47.9 \times 0.008 - 0.75 \times 0.28)^{+\frac{0.28}{3}}_{0} \text{mm}$$

$$= 48.07^{+0.09}_{0} \text{mm}$$

$$H_{aM} = \left(H_a + H_a S_{cp}\% - \frac{2}{3}\Delta \right)^{+\delta_z}_{0}$$

$$= \left(16 + 16 \times 0.008 - \frac{2}{3} \times 0.20 \right)^{+\frac{0.20}{3}}_{0} \text{mm}$$

$$= 15.99^{+0.07}_{0} \text{mm}$$

$$H_{bM} = \left(H_b + H_b S_{cp}\% - \frac{2}{3}\Delta \right)^{+\delta_z}_{0}$$

$$= \left(38 + 38 \times 0.008 - \frac{2}{3} \times 0.26 \right)^{+\frac{0.26}{3}}_{0} \text{mm}$$

$$= 38.13^{+0.09}_{0} \text{mm}$$

（2）型芯尺寸

$$d_{\mathrm{M}} = \left(d + dS_{\mathrm{cp}}\% + \frac{3}{4}\Delta \right)_{-\delta_z}^{0}$$

$$= \left(18 + 18 \times 0.008 + \frac{3}{4} \times 0.02 \right)_{-\frac{0.20}{3}}^{0} \mathrm{mm}$$

$$= 18.29_{-0.07}^{0} \mathrm{mm}$$

$$h_{\mathrm{bM}} = \left(h_{\mathrm{b}} + h_{\mathrm{b}}S_{\mathrm{cp}}\% + \frac{2}{3}\Delta \right)_{-\delta_z}^{0}$$

$$= \left(34 + 34 \times 0.008 + \frac{2}{3} \times 0.26 \right)_{-\frac{0.26}{3}}^{0} \mathrm{mm}$$

$$= 34.45_{-0.09}^{0} \mathrm{mm}$$

（3）中心距尺寸

$$C_{\mathrm{M}} = \left(C + CS_{\mathrm{cp}}\% \right) \pm \frac{\delta_z}{2}$$

$$= \left[\left(33 + 33 \times 0.008 \right) \pm 0.26/\left(3 \times 2 \right) \right] \mathrm{mm}$$

$$= \left(33.26 \pm 0.04 \right) \mathrm{mm}$$

（4）螺纹型芯尺寸

大径　查螺纹公差标准（GB/T 197—2003，取 $T_{\mathrm{D}} = 0.2\mathrm{mm}$，查表 4-2 得 $\delta_z = 0.03\mathrm{mm}$。

$$d_{\mathrm{M}} = \left(D_{\mathrm{s}} + D_{\mathrm{s}}S_{\mathrm{cp}}\% + T_D \right)_{-0.03}^{0}$$

$$= \left(8 + 8 \times 0.008 + 0.20 \right)_{-0.03}^{0} \mathrm{mm}$$

$$= 8.26_{-0.03}^{0} \mathrm{mm}$$

中径　查表 4-2 得 $\delta_z = 0.02\mathrm{mm}$，$T_{\mathrm{D2}} = 0.16\mathrm{mm}$（GB/T 197—2003）。

$$d_{\mathrm{2M}} = \left(D_{\mathrm{2s}} + D_{\mathrm{2s}}S_{\mathrm{cp}}\% + T_{\mathrm{D2}} \right)_{-\delta_z}^{0}$$

$$= \left(7.19 + 7.19 \times 0.008 + 0.16 \right)_{-0.02}^{0} \mathrm{mm}$$

$$= 7.41_{-0.02}^{0} \mathrm{mm}$$

小径　查表 4-2 得 $\delta_z = 0.03\mathrm{mm}$，$T_{\mathrm{D1}} = 0.265\mathrm{mm}$（GB/T 197—2003）。

$$d_{\mathrm{1M}} = \left(D_{\mathrm{1s}} + D_{\mathrm{1s}}S_{\mathrm{cp}}\% + T_{\mathrm{D1}} \right)_{-\delta_z}^{0}$$

$$= \left(6.65 + 6.65 \times 0.008 + 0.265 \right)_{-0.03}^{0} \mathrm{mm}$$

$$= 6.97_{-0.03}^{0} \mathrm{mm}$$

深度　$$h_{\mathrm{aM}} = \left(h_{\mathrm{a}} + h_{\mathrm{a}}S_{\mathrm{cp}}\% + \frac{2}{3}\Delta \right)_{-\delta_z}^{0}$$

$$= \left(12 + 12 \times 0.008 + \frac{2}{3} \times 0.18 \right)_{-\frac{0.18}{3}}^{0} \mathrm{mm}$$

$$= 12.22_{-0.06}^{0} \mathrm{mm}$$

螺距　查表 4-3 得 $\delta_z' = 0.02\mathrm{mm}$

$$P_{\mathrm{M}} = \left(P_{\mathrm{s}} + P_{\mathrm{s}}S_{\mathrm{cp}}\% \right) \pm \delta_z'/2$$

$$= \left[\left(1.25 + 1.25 \times 0.008 \right) \pm 0.02/2 \right] \mathrm{mm}$$

$$= \left(1.26 \pm 0.01 \right) \mathrm{mm}$$

（5）螺纹型环尺寸

大径　查表 4-2 得 $\delta_z = 0.04\text{mm}$，$T_d = 0.236\text{mm}$（GB/T 197—2003）。

$$D_M = (d_s + d_s S_{cp}\% - T_d)_0^{+\delta_z}$$
$$= (27 + 27 \times 0.008 - 0.236)_0^{+0.04}\text{mm}$$
$$= 26.98_0^{+0.04}\text{mm}$$

中径　查表 4-2 得 $\delta_z = 0.03\text{mm}$，$T_{d2} = 0.132\text{mm}$（GB/T 197—2003）。

$$D_{2M} = (d_{2s} + d_{2s} S_{cp}\% - T_{d2})_0^{+\delta_z}$$
$$= (26.026 + 26.026 \times 0.008 - 0.132)_0^{+0.03}\text{mm}$$
$$= 26.10_0^{+0.03}\text{mm}$$

小径　查表 4-2 得 $\delta_z = 0.04\text{mm}$，取 $T_{d1} = 0.20\text{mm}$。

$$D_{1M} = (d_{1s} + d_{1s} S_{cp}\% - T_{d1})_0^{+\delta_z}$$
$$= (25.375 + 25.375 \times 0.008 - 0.20)_0^{+0.04}\text{mm}$$
$$= 25.38_0^{+0.04}\text{mm}$$

螺距　查表 4-3 得 $\delta_z' = 0.04\text{mm}$

$$P_M = (P_s + P_s S_{cp}\%) \pm \delta_z'/2$$
$$= (1.5 + 1.5 \times 0.008) \pm 0.02\text{mm}$$
$$= 1.51 \pm 0.02\text{mm}$$

四、塑料模型腔侧壁和底板厚度计算

1. 型腔的强度和刚度

研究型腔强度和刚度的目的主要是确定所需型腔侧壁和底板的厚度。

塑料模型腔在成型过程中受到熔体强大压力的作用，可能因强度不足而产生塑性变形甚至破坏；还可能因刚度不足而产生过大变形，导致溢料形成飞边，降低塑料制品精度和影响塑料制品脱模。因此，建立型腔强度和刚度的科学的计算方法是必要的，尤其对重要的、制品精度要求高的和大型制品的型腔，不能单凭经验确定凹模侧壁和底板厚度，而应通过强度和刚度的计算来确定，或对型腔侧壁和底板厚度进行校核。

型腔的强度和刚度是型腔应具备的力学性能的两个方面，根据理论分析并经实践证明，塑料模具型腔对强度和刚度并非在各种情况下都提出较高要求，而是有侧重的。对于大尺寸的型腔，刚度不足是主要的矛盾，应首先对模具刚度提出较高的要求；对于小尺寸的型腔，在其发生大的弹性变形之前，内应力往往已经超过许用应力，因而强度是主要矛盾，设计型腔侧壁和底板厚度时应按强度计算。

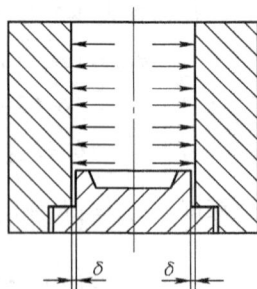

图 4-38　型腔弹性变形
与溢料的产生

型腔的强度计算是从型腔在各种受力形式下的应力值不超过许用应力为出发点的；而型腔的刚度计算则是从以下三方面出发的。

（1）成型过程不发生溢料　当型腔内受塑料熔体高压作用时，模具成型零件的某些分型面可能产生足以溢料的间隙，如图 4-38 所示。这时，应根据塑料的粘度不同，在不产生溢流的情况下，允许的最大间隙值 $[\delta]$ 作为塑料模型腔的刚度条件。不同塑料刚度条件见表 4-5。

（2）保证塑料制品的精度　精度高的塑料制品要求模具型腔具有较好的刚性，以保证在

型腔受到熔体高压作用时不产生过大的、使制品超差的弹性变形。此时，型腔的允许变形量 [δ] 受制品尺寸和公差值的限制。由塑料制品精度决定的刚度条件可用表4-6所列的经验公式求出。表中的 Δi 表示某精度等级的塑料制品的公差值。

表4-5　不发生溢料的 [δ] 值

粘度特性	塑料品种举例	允许变形值 [δ] /mm
低粘度塑料	PA、PE、PP、POM	≤0.025 ~ 0.04
中粘度塑料	PS、ABS、PMMA	≤0.05
高粘度塑料	PC、PSF、PPO	≤0.06 ~ 0.08

表4-6　保证塑件精度的 [δ] 值　（单位：mm）

制品尺寸 L	经验公式[δ]	制品尺寸 L	经验公式[δ]
<10	$\Delta i/3$	>200 ~ 500	$\Delta i/[10(1+\Delta i)]$
>10 ~ 50	$\Delta i/[3(1+\Delta i)]$	>500 ~ 1000	$\Delta i/[15(1+\Delta i)]$
>50 ~ 200	$\Delta i/[5(1+\Delta i)]$	>1000 ~ 2000	$\Delta i/[20(1+\Delta i)]$

注：i—制品精度等级，由表3-9选定；Δ—制品公差值，Δi 为 i 级精度的公差值，由表3-10选定。

例如，塑料制品尺寸在 200 ~ 225mm 范围内，尺寸精度为 MT3 级和 MT5 级。根据 GB/T 14486—2008 标准，MT3 级和 MT5 级精度的公差分别为 0.92mm 和 1.94mm，因此，由制品精度决定的允许变形量 [δ] 分别为：

MT3 级精度制品，[δ] = 0.048mm；

MT5 级精度制品，[δ] = 0.066mm。

（3）保证塑料制品顺利脱模　型腔的刚度不足，成型时变形大，不利于塑料制品脱模。当变形量大于塑料制品的收缩值时，制品将被型腔包紧而难以脱模。此时，型腔的允许变形量 [δ] 受制品收缩值限制，即

$$[\delta] = S\% t \tag{4-24}$$

式中　S——塑料制品材料的成型收缩率；

t——塑料制品的壁厚。

在一般情况下，型腔的变形量不会超过塑料的冷却收缩值。因而型腔的刚度主要由不溢料和制品精度确定。

必须注意，不论刚度计算和强度计算都应以型腔所受最大压力为准，而最大压力是在注射（或压制）过程中熔体充满型腔的瞬间。

型腔尺寸以强度和刚度计算的分界值取决于型腔的形状、型腔内熔体的最大压力、模具材料的许用应力及型腔允许的变形量等。在以上诸因素一定的条件下，以强度计算所需壁厚和以刚度计算所需的壁厚相等时的型腔内型尺寸即为强度计算和刚度计算的分界值。在分界值不知道的情况下，则应按强度条件和刚度条件分别计算出壁厚，然后取较大值作为型腔的壁厚。至于刚度条件是按不溢料还是按制品精度确定，通常应保证不溢料。制品精度要求较高的，应按制品精度要求确定刚度条件。

2. 型腔侧壁和底板厚度的计算

由于型腔的形状、结构形式和支承方式是多种多样的，因此型腔侧壁和底板厚度的计算比较复杂。设计计算时必须根据模具的结构，分析型腔受力状态，建立较为符合实际的力学模型，应用合适的强度和刚度计算公式进行计算。下面以最简单的型腔侧壁和底板厚度的计

算方法为例，说明型腔强度和刚度计算的基本方法。设计其他结构形式的型腔时可参考有关设计资料（手册）。

组合式圆形型腔的侧壁和底板厚度计算：

1）壁厚的计算。图4-39a为组合式圆形型腔的受力情况。当型腔受到熔体的高压作用时，其内径将增大，使侧壁与底之间产生了纵向间隙，间隙值超过塑料产生溢料的允许间隙时，就会产生溢料，形成飞边。

按刚度计算，型腔内半径增量为

$$\delta = \frac{rp}{E}\left(\frac{R^2 + r^2}{R^2 - r^2} + \mu\right) \tag{4-25}$$

式中　δ——型腔弹性变形增大值。其 $[\delta]$ 值见表4-5或表4-6。

　　　p——型腔内塑料熔体压力；

　　　E——型腔材料的弹性模量，碳素钢 $E = 2.1 \times 10^5 \text{MPa}$；

　　　μ——泊松比，碳素钢取 0.25。

r、R 如图4-39所示。

在已知 r、p、E 和 $[\delta]$ 的情况下，可得型腔侧壁厚计算公式，即

$$t = R - r = r\left(\sqrt{\frac{1 - \mu + \frac{E[\delta]}{rp}}{\frac{E[\delta]}{rp} - \mu - 1}} - 1\right) \tag{4-26}$$

按强度计算时，型腔侧壁厚度公式为

$$t = r\left(\sqrt{\frac{[\sigma]}{[\sigma] - 2p}} - 1\right) \tag{4-27}$$

式中　$[\sigma]$——型腔材料的许用应力，45 钢 $[\sigma] = 160\text{MPa}$，一般常用模具钢 $[\sigma] = 200\text{MPa}$。

由式（4-26）和式（4-27）计算的壁厚均随型腔内半径 r 的增大而增大。但按刚度计算时，壁厚增大较快，而按强度计算时，壁厚增大较慢。图4-40表示组合式圆形型腔侧壁厚

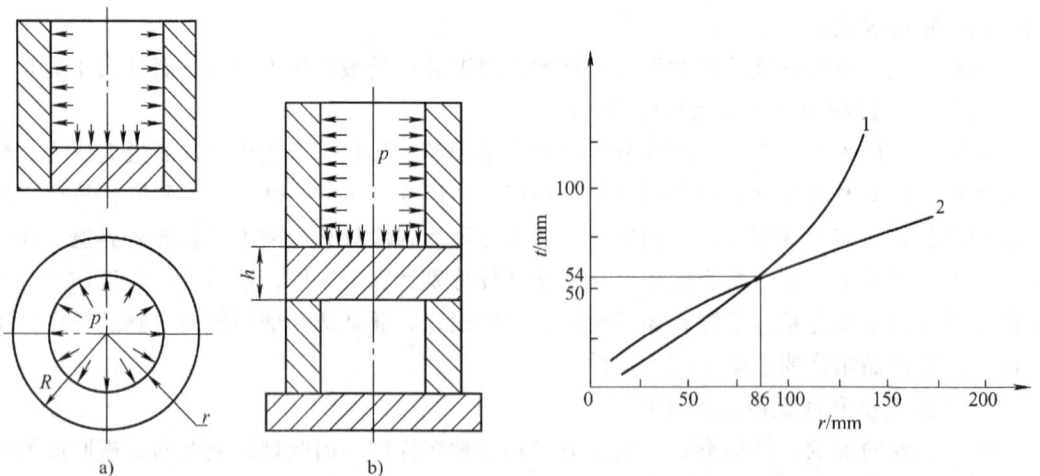

图4-39　组合式圆形凹模和底板

图4-40　组合式圆形型腔侧壁厚度与半径的关系

1—按刚度计算的壁厚　2—按强度计算的壁厚

度与型腔内半径的关系。该曲线是在型腔内塑料熔体压力 $p = 50\text{MPa}$，$[\sigma] = 160\text{MPa}$，$[\delta] = 0.05\text{mm}$（中等粘度的塑料）的情况下得出的。由图可见，内径 $r = 86\text{mm}$ 是刚度和强度计算的分界值，大于此值应按刚度条件求壁厚，小于此值应按强度条件求壁厚。而在 $r = 86\text{mm}$ 时按刚度和强度条件求得壁厚是相等的。

当按式（4-26）或式（4-27）计算出的壁厚太大时，应设计加强型的型腔结构，以减小壁厚，减小模具质（重）量。

2）组合式圆形型腔底板厚度计算。如图 4-39b 所示，底板固定在中空圆环形支架上，并假定支架内径等于型腔内径，这样的底板可视为周边简支的圆板，最大变形发生在中心。

按刚度计算，圆板中心变形量为

$$\delta = 0.74\frac{pr^4}{Eh^3}$$

得底板厚度为

$$h = \sqrt[3]{0.74\frac{pr^4}{E[\delta]}} \qquad (4\text{-}28)$$

$[\delta]$ 可取制品轴向尺寸公差的十分之一。

按强度计算，最大应力也在中心，底板厚度为

$$h = \sqrt{\frac{1.22pr^2}{[\sigma]}} \qquad (4\text{-}29)$$

同理，可得底板刚度计算和强度计算的分界值为 $r = 66\text{mm}$，当 $r > 66\text{mm}$ 时，按刚度条件计算底板厚度；当 $r < 66\text{mm}$ 时，则按强度计算底板厚度。

第三节　结构零件的设计

这里仅介绍合模导向装置和支承零件的设计，其他结构零件在以后各有关章节中介绍。

一、合模导向装置的设计

合模导向装置是保证动模与定模或上模与下模合模时正确定位和导向的重要零件。合模导向装置主要有导柱导向和锥面定位。通常采用导柱导向，如图 4-41 所示。其主要零件是导柱和导套。有的不用导套而在模板上镗孔代替导套，该孔俗称导向孔。

1. 导向装置的作用

（1）导向作用　当动模和定模或上模和下模合模时，首先是导向零件导入，引导动、定模或上、下模准确合模，避免型芯先进入凹模可能造成型芯或凹模的损坏。

（2）定位作用　导向装置直接起了保证动、定模或上、下模合模位置的正确性，保证模具型腔的形状和尺寸的精确性，从而保证塑料制品的精度。导向装置在模具装配过程中也起了定位作用，便于装配和调整。

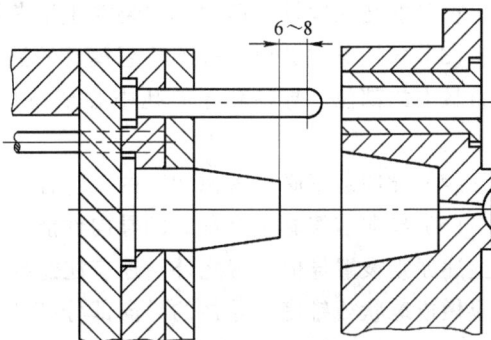

图 4-41　模具导柱导向装置

（3）承受一定的侧向压力　由于塑料熔体充模过程中可能产生单向侧压力，或由于成型

设备精度低的影响，使导柱在工作过程承受一定侧压力，因而在成型过程中需要导向装置承受一定的单向侧压力，以保证模具的正常工作。

2. 导向装置设计原则

（1）导向装置类型的选用　合模导向通常采用导柱导向。当成型大型、精度要求高、需要深型腔成型的塑料制品，尤其是薄壁容器和非轴对称的塑料制品时，成型过程会产生较大的侧压力，如果单纯由导柱承受，会发生导柱导套卡住和损坏，因而所用模具应增设锥面定位结构。

（2）导柱数量、大小及其布置　根据模具形状及尺寸，一副塑料模导柱数量一般需要2~4个。尺寸较大的压缩模和注射模一般采用4个导柱；小型压缩模通常用2个导柱。导柱直径应根据模具尺寸选用，必须保证有足够的强度和刚度。导柱在模具上的布置方式如图4-42所示。对于动、定模或上、下模合模时无方位要求的可以采用直径相同并对称布置（图4-42a）；对于合模时有方位要求的则应采用直径不同的导柱（如图4-42b）或直径相同导柱不对称布置（如图4-42c）；对于大中型模具，为了简化加工工艺，可采用三个或四个直径相同导柱不对称布置（图4-42d），或对称布置但中心距不同（图4-42e）。现在注射模一般都采用四导柱对称布置。

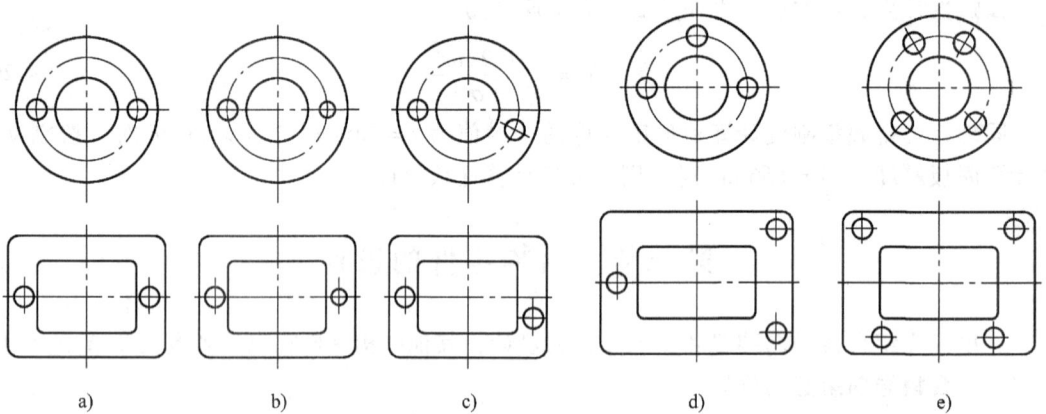

图 4-42　导柱的布置形式

对于压缩模，为了便于脱模，导柱通常安装在上模；对于注射模具，导柱可以安装在动模，也可安装在定模，通常是安装在主型芯周围。

（3）导柱导向的设置必须注意模具的强度　导柱和导向孔的位置应避开型腔板在工作时应力最大的部位。导柱和导向孔中心至模板边缘应有足够距离，以保证模具强度和导向刚度。

（4）导向装置必须考虑加工的工艺性；有利于保证同轴度和尺寸精度。

（5）导向装置必须有良好的导向性能　为了使导向装置具有良好的导向性能，除了必须按上述原则设置导向装置之外，还应注意导向零件的结构设计及制造要求。如导柱的先导部分应做成球状或锥度；导柱的导向部分应比型芯稍高（图4-41）；导柱和导套在分型面处应具有承屑槽（图4-43）；各导柱、导套的轴线相互平行度及与模板的垂直度均应达到一定要求；导柱和导套的导向部分表面粗糙度要小；导柱和导套的导向表面应硬而耐磨，而中心具有足够的韧度等。

3. 导柱的结构、特点及用途

导柱的结构形式随模具的结构、大小及制品生产批量要求的不同而不同。目前在生产中常用的结构有以下几种：

（1）台阶式导柱　常见的台阶式导柱有带头的和带肩的两类。图 4-44 为注射模具用标准导柱的结构形式。压缩模具也采用类似的导柱。图 4-45 为台阶式导柱导向装置。图 4-44a 带头导柱一般用于简单模具。小批量生产可不需要导套，导柱直接与模板导向孔配合，如图 4-45a 所示。但一般与导套配合，

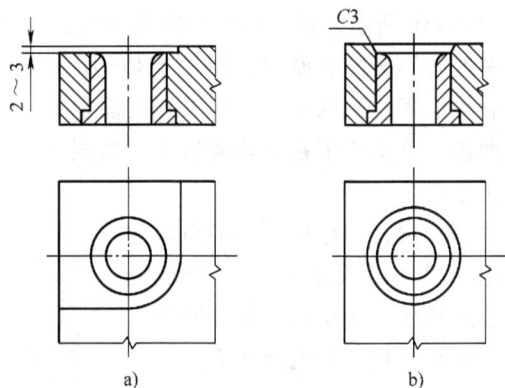

图 4-43　导向装置的结构要求

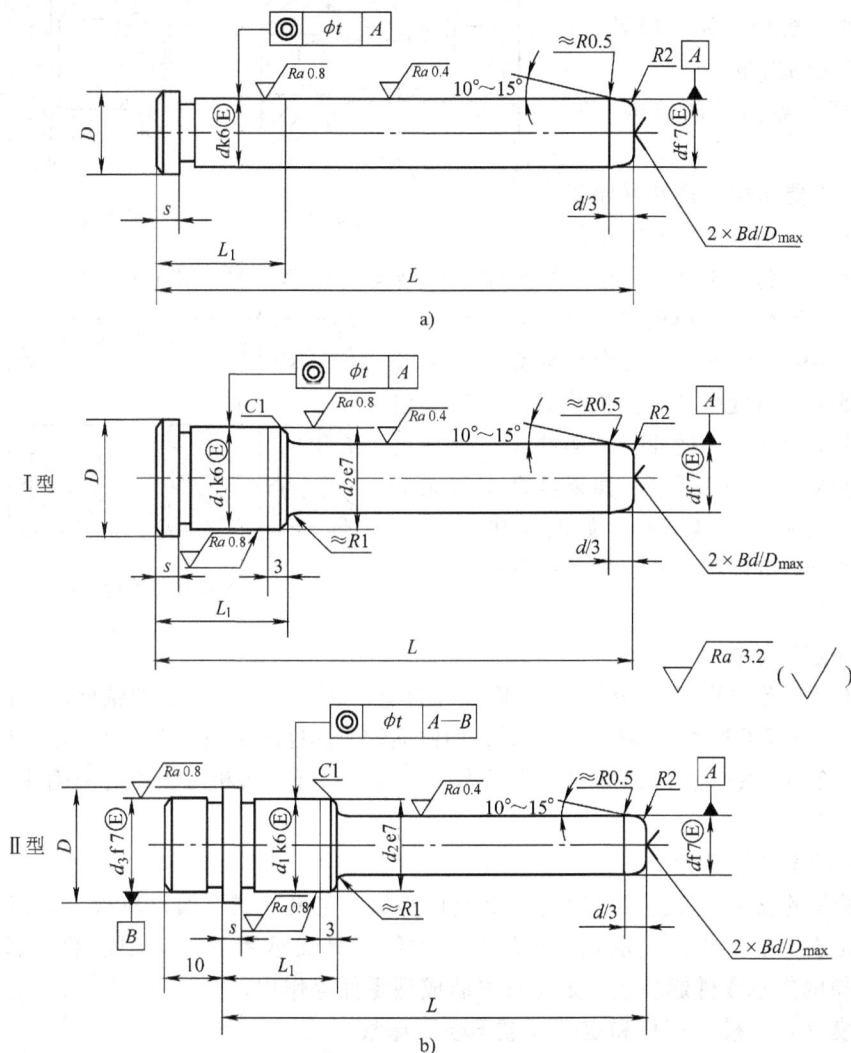

图 4-44　台阶式导柱的结构形式

a）带头导柱　b）带肩导柱（Ⅰ型、Ⅱ型）

如图 4-45b 所示。图 4-44b 是带肩导柱，一般用于大型或精度要求高、生产批量大的模具。它一般与导套配合使用，如图 4-45c 所示，导套的外径与导柱直径 d_1 相等，便于导柱固定孔和导套固定孔的加工。如果导柱固定板较薄，可采用图 4-44bⅡ型带肩导柱，其固定部分有两段，分别固定在两块模板上，如图 4-45d 所示。根据需要，以上导柱的导滑部分可以加工出油槽。

（2）铆合式导柱　小型简单的移动式模具可采用图 4-46 所示的铆合式导柱。其结构简单，制造方便，但导柱损坏后更换较麻烦。

（3）斜导柱　图 4-47 为斜导柱的结构。这种导柱用于具有斜导柱分型与抽芯机构的注射模具上。α 取决于导柱的斜角。

4. 导套和导向孔的结构、特点及用途

导套的主要结构形式有直导套和带头导套。图 4-48 为塑料注射

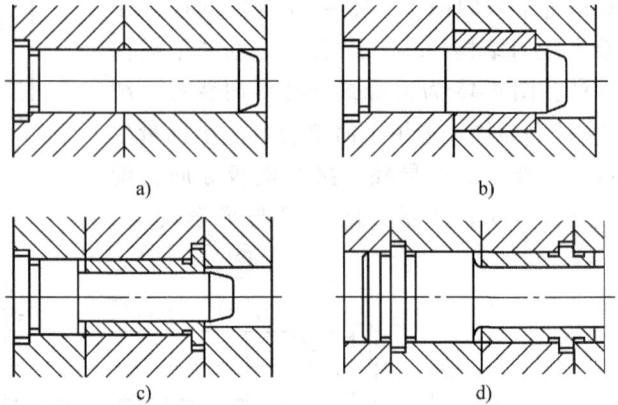

图 4-45　台阶式导柱导向装置

模具用的标准导套。压缩模具也采用类似这种结构的导套。图 4-48a 为直导套，结构简单，制造方便，用于小型简单模具。其固定方法见图 4-49a～图 4-49c。图 4-48b 为带头导套，结构较复杂，主要用于精度较高的大型模具。对于大型注射模具或压缩模，为防止导套被拔出，导套头部安装方法如图 4-45c 所示。如果导套头部无垫板时，则应在头部加装盖板，如图 4-49d 所示。在实际生产中，可根据需要，在导套的导滑部分开设油槽。

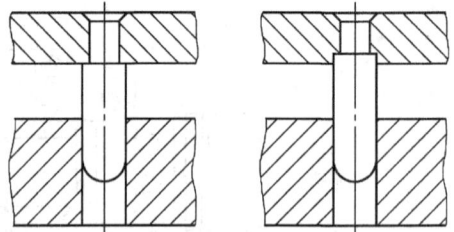

图 4-46　铆合式导柱

5. 锥面定位结构

图 4-50 为增设锥面定位的模具。其锥面配合有两种形式：一种是两锥面之间镶上经淬火的零件；另一种是两锥面直接配合，此时，两锥面均应热处理达到一定硬度，以增加耐磨性。

此外，在具有垂直分型面的组合式凹模中，为了保证拼块相对位置的准确性，常采用合模销，如图 4-51 所示。

二、支承零件的设计

塑料模具的支承零件包括动模（或上模）座板、定模（或下模）座板、动模（或上模）板、定模（或下模）板、支承板、垫块等。注射模具支承零件的典型组合（模架）见图 4-52。塑料模的支承零件起装配、定位及安装成型零件等作用。

1. 动模（或上模）座板和定模（或下模）座板

它是动模（或上模）和定模（或下模）的基座，也是固定式塑料模具与成型设备连接的模板。因此，座板的轮廓尺寸和固定孔必须与成型设备上模具的安装板相适应。另外还必须具有足够的强度和刚度。

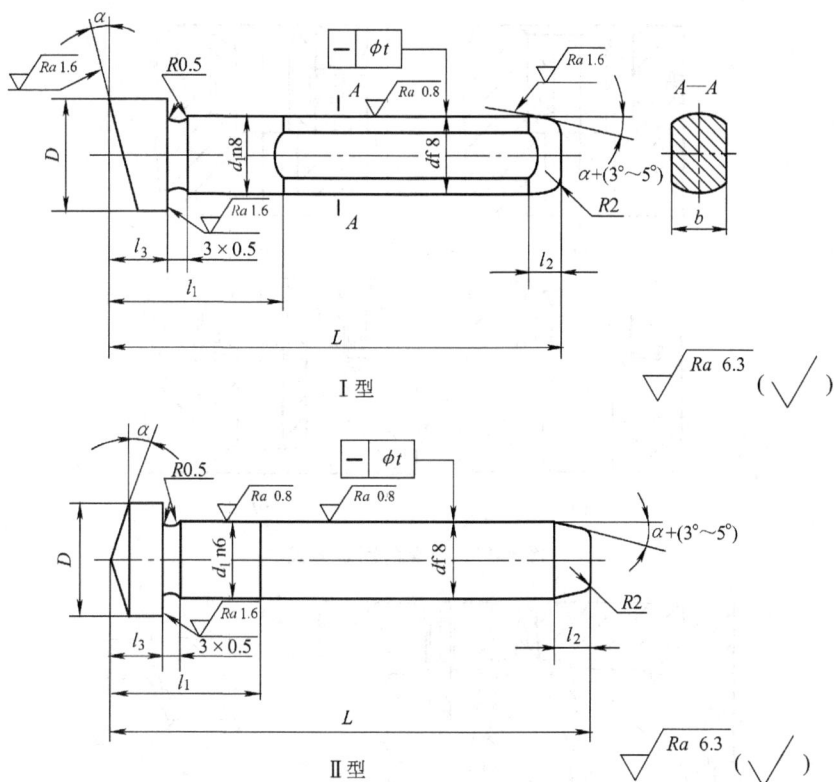

Ⅰ型

Ⅱ型

图 4-47 斜导柱结构

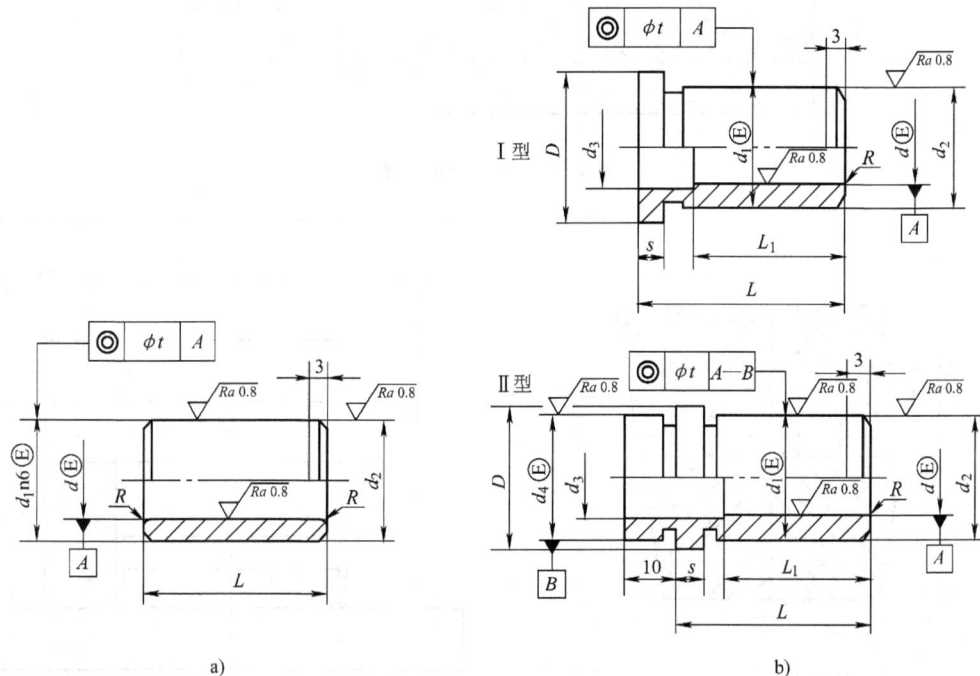

a)

b)

图 4-48 导套的结构形式

a）直导套　b）带头导套（Ⅰ型、Ⅱ型）

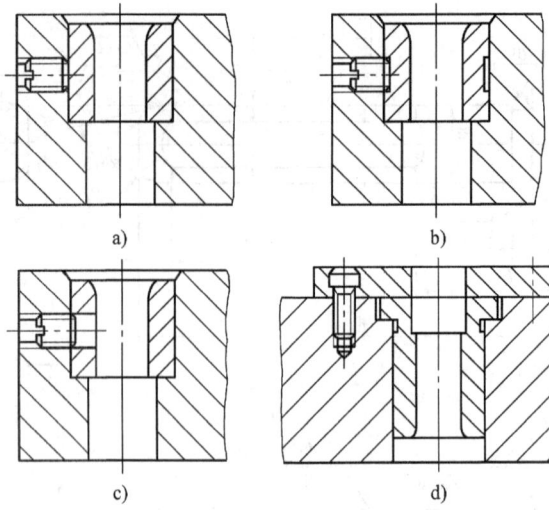

图 4-49 导套的固定方式

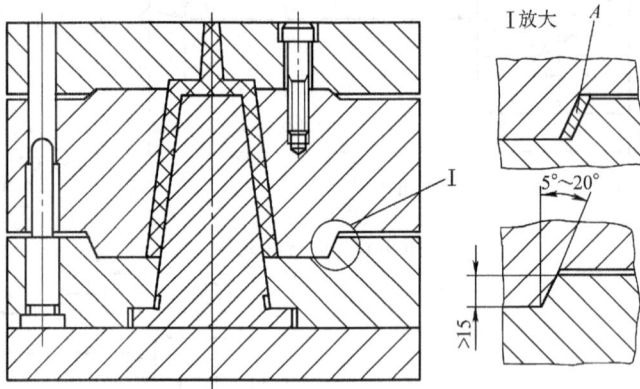

图 4-50 锥面定位结构

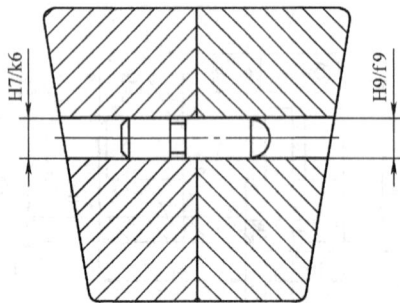

图 4-51 合模销

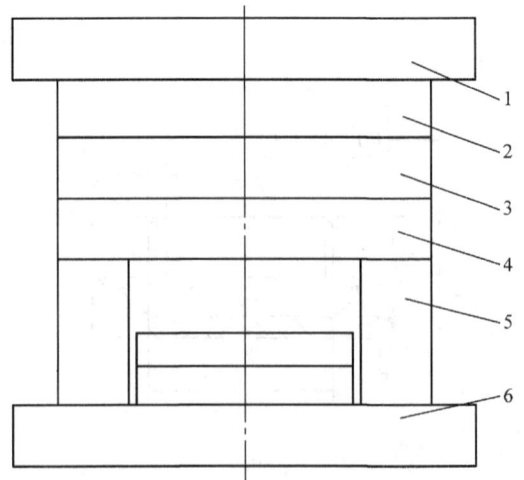

图 4-52 支承零件的典型组合
1—定模座板 2—定模板 3—动模板
4—支承板 5—垫块 6—动模座板

2. 动模（或上模）板、定模（或下模）板

它的作用是固定型芯、凹模、导柱和导套等零件，所以俗称固定板。塑料模具种类及结构不同，固定板的工作条件也有所不同。对于移动式压缩模，开模力作用在固定板上，因而固定板应有足够的强度和刚度。但不论哪一种模具，为了确保型芯和凹模等零件固定稳固，固定板应有足够的厚度。

动模（或上模）板和定模（或下模）板与型芯或凹模的基本连接方式如图 4-53 所示。其中图 4-53a 是常用的固定方式，装卸较方便；图 4-53b 的固定方法可以不用支承板，但固定板需加厚，对沉孔的加工还有一定要求，以保证型芯与固定板的垂直度；图 4-53c 固定方法最简单，既不要加工沉孔又不要支承板，但必须有足够的螺钉销钉的安装位置，一般用于固定较大尺寸的型芯或凹模。

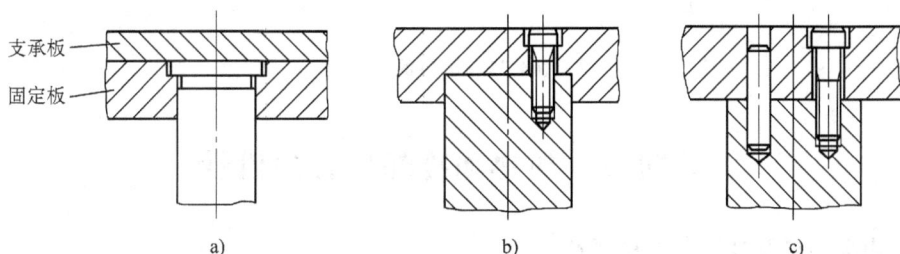

图 4-53　固定板与型芯或凹模的连接方式

3. 支承板

支承板（垫板）是垫在动模板背面的模板。它的作用是防止型芯、凹模、导柱、导套等零件脱出，增强这些零件的稳定性并承受型芯和凹模等传递来的成型压力。支承板与动模板的连接通常用螺钉和销钉紧固。

支承板应具有足够的强度和刚度，以承受成型压力而不过量变形。其强度和刚度计算方法与型腔底板的强度和刚度计算相似。现以矩形型腔动模支承板的厚度计算为例说明其计算方法。

图 4-54 为矩形型腔动模支承板受力示意图。动模支承板一般都是中部悬空而两边用垫块支撑的，如果刚度不足将引起塑料制品高度方向尺寸超差，或在分型面上产生溢料而形成飞边。从图 4-54 看出，支承板可看成受均布载荷的简支梁，最大挠曲变形发生在中心线上。如果动模板（型芯固定板）也承受成型压力，则支承板厚度可以适当减小。如果计算得支承板厚度过厚，则可在支架间增设支撑块或支柱，以减小支承板厚度。

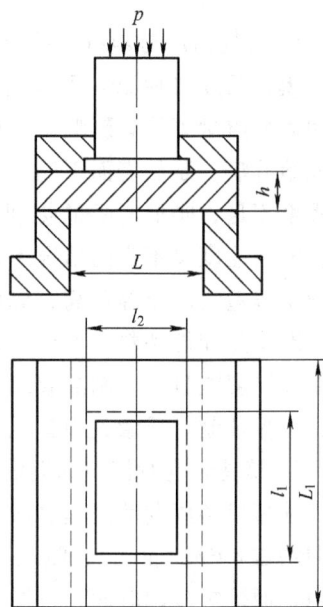

图 4-54　矩形型腔动模
支承板受力示意图

4. 垫块

垫块的主要作用是使动模支承板与动模座板之间形成用于推出机构运动的空间和调节模具总高度以适应成型设备上模具安装空间对模具总高的要求。因此，垫块的高度应根据以上需要而定。垫块与支承板和座板的组装方法见图 4-55，两边垫块高度应一致。

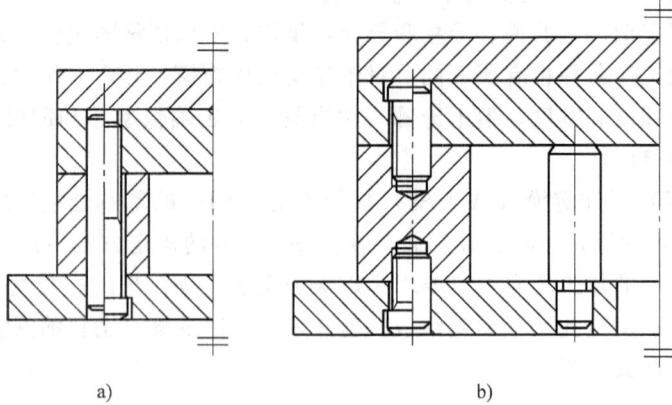

图 4-55　垫块的连接

第四节　加热和冷却装置的设计

一、模具温度及其调节的重要性

不论是热塑性塑料还是热固性塑料的成型，模具温度对塑料制品的质量和生产率影响都很大。

1. 模具温度对塑料制品质量的影响

模具温度（模温）及其波动对制品的收缩率、尺寸稳定性、力学性能、变形、应力开裂和表面质量等均有影响。模温过低，熔体流动性差，制品轮廓不清晰，甚至充不满型腔或形成熔接痕，制品表面不光泽，缺陷多，力学性能降低。对于热固性塑料，模温过低造成固化程度不足，降低制品的物理、化学和力学性能。对于热塑性塑料注射成型时，在模温过低，充模速度又不高的情况下，制品内应力增大，易引起翘曲变形或应力开裂，尤其是粘度大的工程塑料。模温过高，成型收缩率大，脱模和脱模后制品变形大，并且易造成溢料和粘模。对于热固性塑料会产生"过熟"导致变色、发脆、强度低等。模具温度不均匀，型芯和型腔温度差过大，制品收缩不均匀，导致制品翘曲变形，影响制品的形状及尺寸精度。因此，为保证制品质量，模具温度必须适当、稳定、均匀。

2. 模具温度对模塑周期的影响

缩短成型周期就是提高成型效率。对于注射成型，注射时间约占成型周期的5%，冷却时间约占80%，推出（脱模）时间约占15%。可见，缩短成型周期关键在于缩短冷却硬化时间，而缩短冷却时间，可通过调节塑料和模具的温差。因而在保证制品质量和成型工艺顺利进行的前提下，降低模具温度有利于缩短冷却时间，提高生产效率。

综上所述，模具温度对塑料成型和制品质量以及生产效率是至关重要的。塑料模是塑料成型必不可少的工艺装备，同时又是一个热交换器。输入热量的方式是加热装置的加热和塑料熔体带进的热量；输出热量的方式是自然散热和向外热传导，其中95%的热量是靠传热介质（冷却水）带走。在成型过程中，要保持模具温度稳定，就应保持输入热和输出热平衡。为此，必须设置模具温度调节系统，对模具进行加热和冷却，以调节模具温度。

二、对模具温度控制系统设计的基本要求

1）温度控制系统应具有以下功能：能使型腔和型芯的温度保持在规定的范围之内，并保持均匀的模温，以便成型工艺得以顺利进行，并有利于制品尺寸稳定、变形小、表面质量好、物理和力学性能良好。

具有不同特性的塑料，在成型时对模具温度的要求是不同的。粘度低的塑料，宜采用较低的模具温度；粘度高的塑料，必须考虑熔体充模和减少制品应力开裂的需要，模具温度较高些为宜；对于结晶型塑料，模具温度必须考虑对结晶度及其物理、化学和力学性能的影响。常用塑料的模具温度见表 4-7 和表 4-8。

表 4-7　常用热固性塑料压缩成型模温

塑　料	模温/℃	塑　料	模温/℃
酚醛塑料	150～190	环氧塑料	177～188
脲醛塑料	150～155	有机硅塑料	165～175
三聚氰胺甲醛塑料	155～175	硅酮塑料	160～190
聚邻（对）苯二甲酸二丙烯酯	166～177		

表 4-8　常用热塑性塑料注射成型模温

塑　料	模温/℃	塑　料	模温/℃
低压聚乙烯	60～70	尼龙 610	20～60
高压聚乙烯	35～55	尼龙 1010	40～80
聚乙烯	40～60	聚甲醛*	90～120
聚丙烯	55～65	聚碳酸酯*	90～120
聚苯乙烯	30～65	氯化聚醚*	80～110
硬聚氯乙烯	30～60	聚苯醚*	110～150
有机玻璃	40～60	聚砜*	130～150
ABS	50～80	聚三氟氯乙烯*	110～130
改性聚苯乙烯	40～60		
尼龙 6	40～80		

注：有 * 号者表示模具应进行加热。

2）根据塑料品种、成型方法及模具尺寸大小，正确确定模温的调节方法。对于热固性塑料的压缩成型和压注成型，一般在较高的温度下成型，要求模具温度较高，因而必须设置加热系统对模具进行加热。对于热塑性塑料的注射成型，粘度低，流动性好的塑料，如聚乙烯、聚丙烯、聚氯乙烯、聚苯乙烯、有机玻璃等，注射成型时要求模具温度较低，所以模具应进行冷却。如果成型的是小型薄壁制品，其模具可依靠自然冷却保持热平衡。但如果成型大型厚壁制品时，则应设置冷却系统进行冷却，以提高生产效率。对于粘度高、流动性差的塑料，注射成型时要求模具温度在 80℃ 以上的，如聚碳酸酯、聚甲醛、聚砜等塑料，在成型时则需要对模具型腔进行加热。对于热固性塑料，如酚醛塑料、脲甲醛塑料等的注射成型，其模具温度要加热到 160～190℃。对于热流道注射成型，其热流道板也要加热。至于注射成型的初始阶段，小型模具可以利用熔体注入来加热模具，但对大型模具，必须用热水或热油加热模具，待到模温达到指定温度后，进行正常的注射成型，并进行冷却（需要冷却时）。

3）温度调节系统要尽量做到结构简单、加工容易、成本低廉。

三、模具加热装置的设计

模具加热的方式有电加热、油加热、蒸汽或过热水加热、煤气或天然气加热。电加热有电阻加热和工频感应加热，前者应用广泛，后者应用较少。

1. 电阻加热的形式

（1）电热元件插入电热板中的加热　图4-56为电热元件及其安装图。它是将一定功率的电阻丝密封在不锈钢管内，做成标准的电热棒，如图4-56a所示。使用时根据需要的加热功率选用电热棒的型号和数量，然后安装在电热板内，如图4-56b所示。这种电阻加热方式的电热元件使用寿命长，更换方便。

（2）电热套或电热板加热　图4-57为电热套和电热板的结构形式，使用时可根据模具上安装加热器部位的形状，选用与之相吻合的结构形式。其中图4-57a为矩形电热套，系由四个电热片用螺钉连接而成。圆形电热

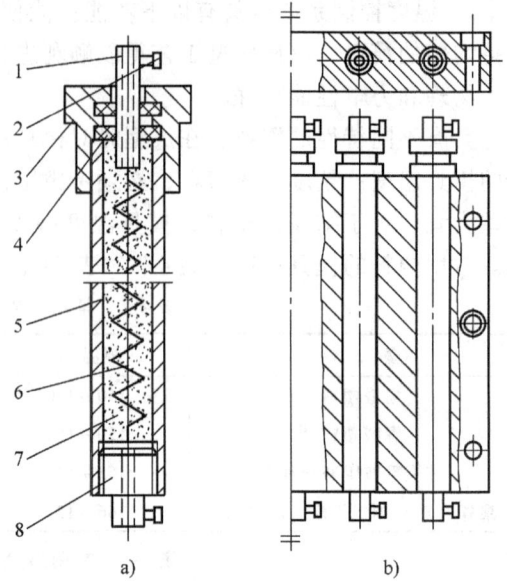

图4-56　电热棒及其在加热板内的安装
1—接线柱　2—螺钉　3—帽　4—垫圈
5—外壳　6—电阻丝　7—石英砂　8—塞子

圈有整体式（图4-57b）和分开式（图4-57c）两种，前者加热效率高，后者安装较方便。模具上不便安装电热套的部位，可采用电热板（图4-57d）。以上电热套或电热板均用扁状电阻丝绕在云母片上，然后装在特制的金属壳内而构成。电热套或电热板加热的热损失比电热棒大。

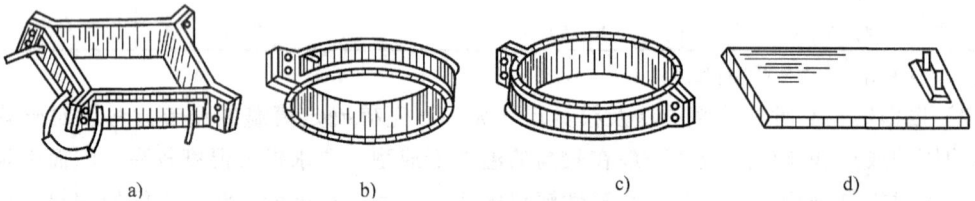

图4-57　电热套和电热板

（3）直接用电阻丝作为加热元件　图4-58为螺旋弹簧状的电阻丝构成的各种加热板或加热套。这种加热装置结构简单，但热损失大，不够安全。

2. 电阻加热的计算

电阻加热计算的任务是根据实际需要计算出电功率，选用电热元件或设计电阻丝的规格。

要得到所需电功率数值，应作热平衡计算，即通过单位时间内供应塑料模的热量与塑料模消耗的热量平衡，从而求出所需电功率。这种计算方法很复杂，计算参数的选用也不一定符合实际，因而计算结果也仅是近似值。在实际生产中广泛应用简化计算方法，并有意适当增大计算结果，通过电控装置加以控制与调节。

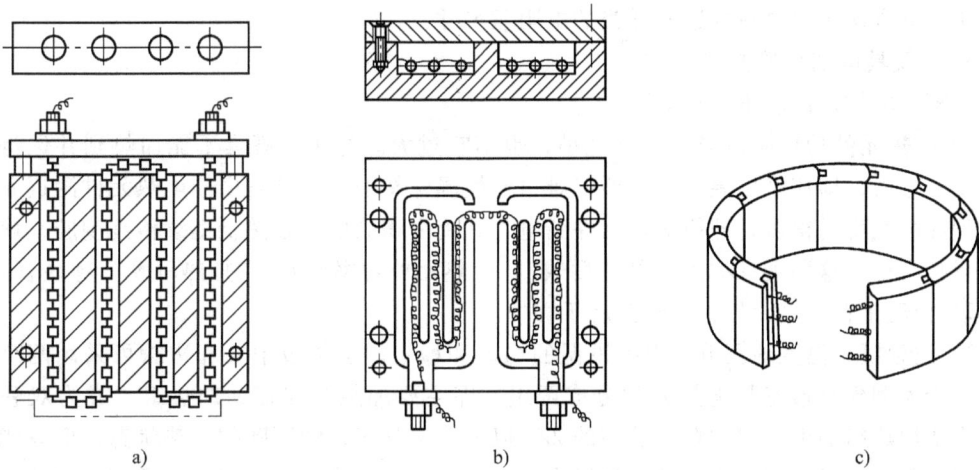

图 4-58　直接安装电阻丝的加热装置

加热模具所需要的电功率可按如下经验公式计算，即

$$P = qm \tag{4-30}$$

式中　P——电功率（W）；

m——模具质（重）量（kg）；

q——单位质（重）量模具维持成型温度所需要的电功率（W/kg），q 值见表 4-9。

表 4-9　q 值

模具类型	$q/$（W/kg）	
	采用加热棒时	采用加热圈时
小型	35	40
中型	30	50
大型	25	60

电功率也可以根据模具质（重）量直接按图 4-59 确定。

总的电功率计算之后，即可根据电热板的尺寸确定电热棒的数量，进而计算每个电热棒的功率，设电热棒采用并联接法，则

$$P_1 = \frac{P}{n} \tag{4-31}$$

式中　P_1——每根电热棒的功率；

n——电热棒根数。

根据 P_1 选择标准电热棒尺寸。也可以先选择电热棒适当的功率再计算电热棒的数量。在选择电热棒时，所选电热棒的直径和长度应与安装加热元件的空间相符合。如果不符合，则要反复计算。

如果买不到合适的电热棒，则要自行制造加热元件。已知每根电热元件的电功率和电源电压，即可按一般

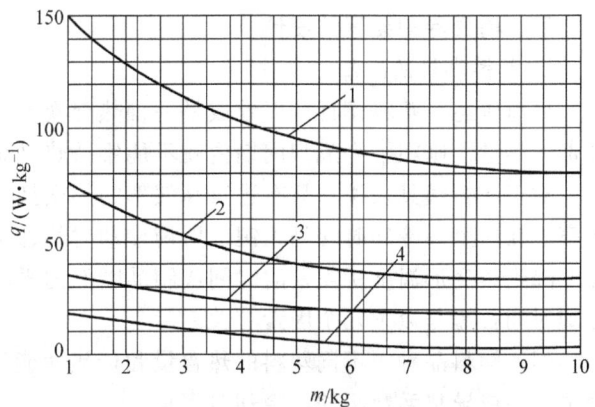

图 4-59　模具所需电功率曲线图

1—1 ~ 10kg　2—10 ~ 100kg

3—100 ~ 1000kg　4—1000 ~ 10000kg

124

的电工计算方法求出电流并选择适当的电阻丝尺寸。

3. 对模具电加热的要求

对模具电加热的基本要求如下：

1）电热元件功率应适当，不宜过小，也不宜过大。过小，模具不能加热到并保持规定的温度；过大，即使采用温度调节器仍难以使模温保持稳定。这是由于电热元件附近温度比模具型腔的温度高得多，即使电热元件断电，其周围积聚的大量热仍继续传到型腔，使型腔继续保持高温，这种现象称为"加热后效"。电热元件功率越大，"加热后效"越显著。

2）合理布置电热元件，使模温趋于均匀。

3）注意模具温度的调节，保持模温的均匀和稳定。加热板中央和边缘可采用两个调节器。对于大型模具最好将电热元件分成两组，即主要加热组和辅助加热组，成为双联加热器。主要加热组的电功率占总电功率的2/3以上，它处于连续不断的加热状态，但只能维持稍低于规定的模具温度。当辅助加热组也接通时，才能使模具达到规定的温度。调节器控制着辅助加热组的接通或断开。这种双联加热器比单联的优越，模温波动较小。现在，模具温度多由注射机相应的温控系统进行调控。

电加热装置简单、紧凑、投资小，便于安装、维修和使用，温度调节容易，易于实现自动控制。但升温较慢，不能在模具中轮换地加热和冷却，有"加热后效"现象。但电加热毕竟优越性较多，故在模具加热中应用最广泛。

除了电加热之外，还有其他加热方法，如蒸汽加热，这种加热方法是将高温蒸汽通过模具加热板的通道，依靠对流传热而把模具加热到要求的温度。它的优点是升温迅速，模温容易保持恒定。当需要冷却模具时，只要关闭蒸汽，改以冷却水通入通道，就能很快使模具冷却，但蒸汽加热设备复杂、投资大。

与蒸汽加热同理，可以采用过热水加热模具。水的比热容大，传热效率高，但模温不宜超过75℃。因为水在75℃以上容易蒸发成水蒸气，而水蒸气混在水中传热效果不佳。

用电加热器加热油，以热油通过通道加热模具是又一种模具加热方法。它一般用于大型模具的初始加热和保温加热，加热温度在150℃以下。当模温达到指定温度后，进行正常的模塑成型时改用水冷却，这就需要配备调节装置。

四、模具冷却装置的设计

1. 塑料模具的冷却

如前所述，塑料模具可以看成是一种热交换器，如果冷却介质不能及时有效地带走必须带走的热量，则在一个成型周期内就不能维持热平衡，从而就无法进行稳定的成型。

对于塑料模具来说，只有进行高效率的热交换，才有可能进行快速成型，从而提高生产效率。在这里，冷却时间是关键。所谓冷却时间通常是指熔体充满型腔到制品最厚壁部中心温度降到热变形温度所需要的时间或制品断面内平均温度降到脱模温度所需要的时间。这个冷却时间长短与以下几个因素有关。

（1）塑料品种　不同塑料的热含量和传热性能是不同的，因而冷却时间也就不一样。热含量大的或导热系数小的，冷却时间长。

（2）塑料制品的壁厚　壁厚越大，需要的冷却时间越长。通常冷却时间与制品厚度的平方成正比。

（3）模具材料　不同模具材料，其导热系数不同。如铜铝锌合金的导热系数为钢的1.5

~3 倍，铍青铜的导热系数也比钢大得多。而不锈钢的导热系数却只有钢的 1/2。所以，根据需要可在型腔的需要加快散热的部位，选用导热系数大的材料作为镶件，以加快该部位的冷却速度，如图 4-60 所示，浇口附近温度高，用铍青铜镶件以加快冷却。

（4）模具温度　模具温度对制品冷却速度及冷却时间的影响前面已经叙述过。而模具温度则要依靠冷却装置来控制。

（5）冷却回路的分布　塑料制品形状往往很复杂，壁厚不均一，与之相应的型腔也很复杂，各部位散热条件不一样，浇口处与远离浇口处温度有差别，因此，应注意冷却通道直径和位置的布置，以保证型腔和型芯表面迅速而均匀地冷却。

（6）冷却液温度及流动状态　为了使模具得到均匀冷却，冷却水的入口与出口的温差以小为好，一般的制品温差应控制在 5℃ 以下，精密成型模具应控制在

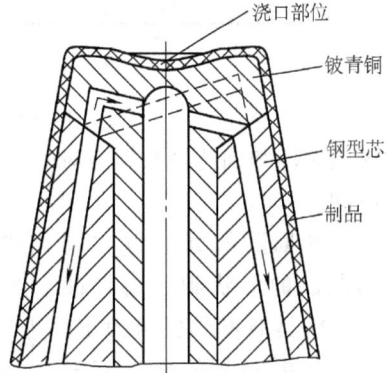

图 4-60　局部使用铍青铜的型芯

2℃ 左右。这就要求控制回路长度在 1.2～1.5m 以内，增加冷却回路数量，从而增大冷却液流量，如图 4-61 所示。其中图 4-61a 的结构形式入口与出口水的温差大，塑料制品冷却不均匀；图 4-61b 的结构形式入口与出口水的温差小，冷却效果好。

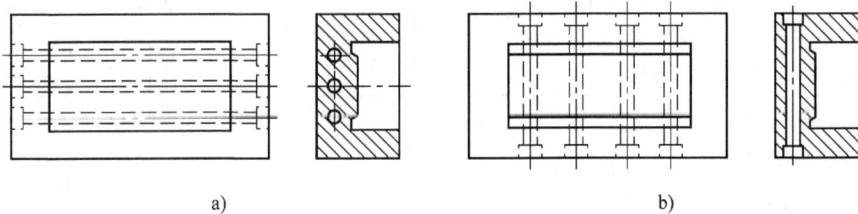

a)　　　　　　　　　　　　　　　　　b)

图 4-61　控制冷却水温差的通道排列形式

冷却水在通道中的流速以高为宜。因为流速高，冷却水的流动状态为湍流，传热效率高。相反，流速低，冷却水流动状态为层流，传热效率低。另外，为了使冷却水容易呈湍流状态，入口水温不宜太低（以 10～18℃ 为宜）。

可见，影响冷却时间的因素很多，要达到迅速而均匀的冷却，在一定的塑料制品和模具材料下，科学地进行冷却装置的设计是关键。

2. 冷却装置设计原则

1）在满足冷却所需的传热面积和模具结构允许的前提下，冷却回路数量应尽量多，冷却通道孔径要尽量大，如图 4-62 所示。其中图 4-62a 表示冷却回路数量多，孔径大，型腔散热均匀，因而型腔表面温度较均匀，制品内应力小，变形小，精度高，图 4-62b 则不然。

2）冷却通道的布置应合理。当制品的壁厚基本均匀时，冷却通道与型腔表面的距离最好相等，分布尽量与型腔轮廓相吻合，如图 4-63a 所示。当制品的壁厚不均匀时，则在厚壁处应加强冷却。为此，冷却通道间隔小而且较靠近型腔，如图 4-63b 所示。塑料熔体在充填型腔过程中，一般在浇口附近温度最高，因而应加强浇口附近的冷却。为此，冷却水应从浇口附近开始流向其他地方，如图 4-63c 和图 4-63d 和图 4-60 所示。

应该特别注意的是，在一般情况下型芯的散热能力差，因而对型芯应加强冷却，并特别

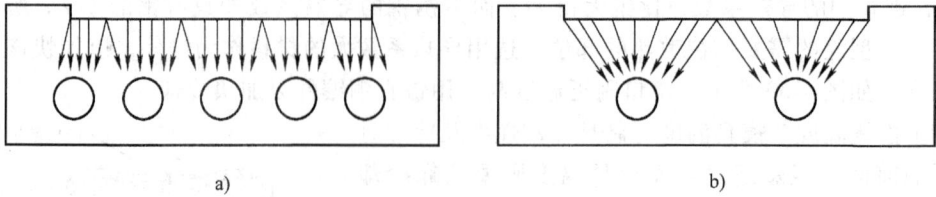

图 4-62 冷却回路数量及尺寸对散热的影响

注意型芯冷却回路的布置。对于聚碳酸酯等塑料注射成型，模具型腔要进行加热，而型芯则要冷却。

冷却回路排列的方式应根据制品的形状和塑料特性以及对模具温度的要求而定。扁平、薄壁制品的模具宜采用图 4-64a 所示并列式的排列方式，其动模和定模上的冷却通道距型腔为等距离。圆筒形制品的模具可采用图 4-64b 所示圆周式的排列或 4-66c 所示螺旋式的排列方式。对于收缩率大的塑料（如聚乙烯）的成型模具，应沿收缩方向设置冷却回路，如图 4-64c 所示。它是采用中心浇口注射成型四方形制品，其

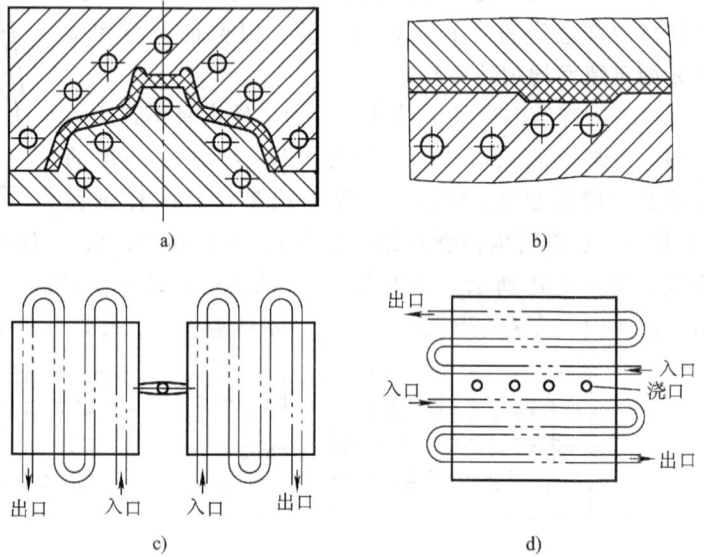

图 4-63 冷却通道的布置示意图

收缩是沿放射线方向和同放射线垂直的方向进行，所以冷却回路采用中心入口、外侧出口的螺旋式回路。此外，冷却通道应避免靠近可能产生熔接痕的部位。

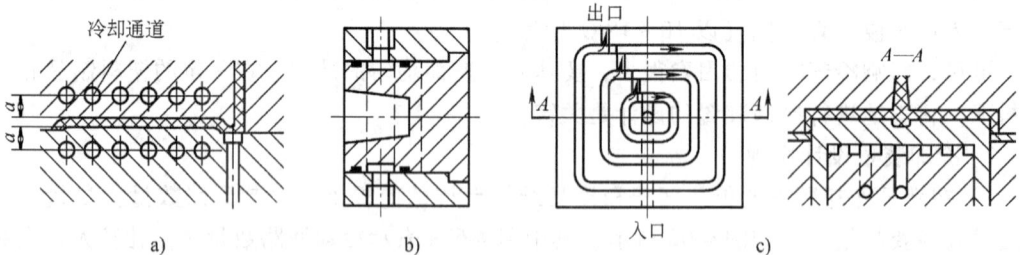

图 4-64 冷却回路的排列形式

3）冷却回路应有利于减小冷却水进、出口水温的差值。

4）冷却回路结构应便于加工和清理，其通道孔径一般取 8～12mm。

3. 塑料模冷却装置实例

塑料模冷却装置结构形式取决于塑料制品的形状、尺寸、模具的结构、浇口位置、型芯型腔内温度分布情况等。现举例如下：

（1）直流式和直流循环式（图4-65）　这种结构形式结构简单，制造方便，适用成型较浅而面积较大的塑料制品。

（2）循环式（图4-66）这种结构形式冷却效果较好，型腔和型芯均可用。

（3）喷流式（图4-67）它以水管代替型芯镶件，结构简单。这种结构可用于小型芯的冷却，也可以用于大型芯的冷却。

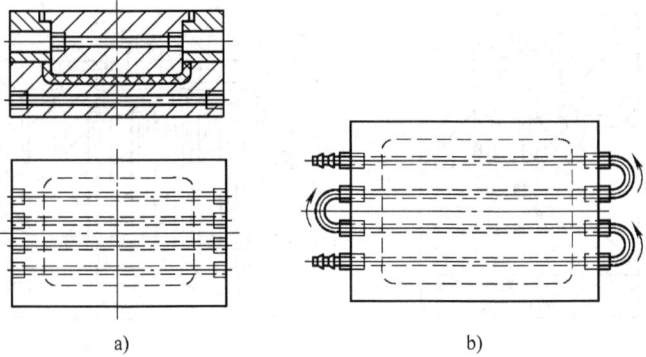

图 4-65　直流式与直流循环式冷却装置

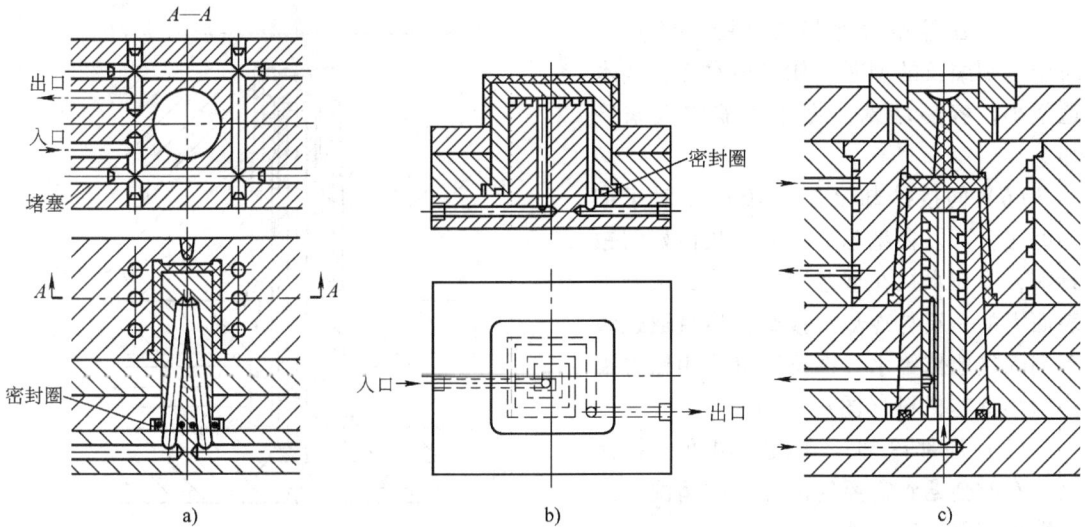

图 4-66　循环式冷却装置

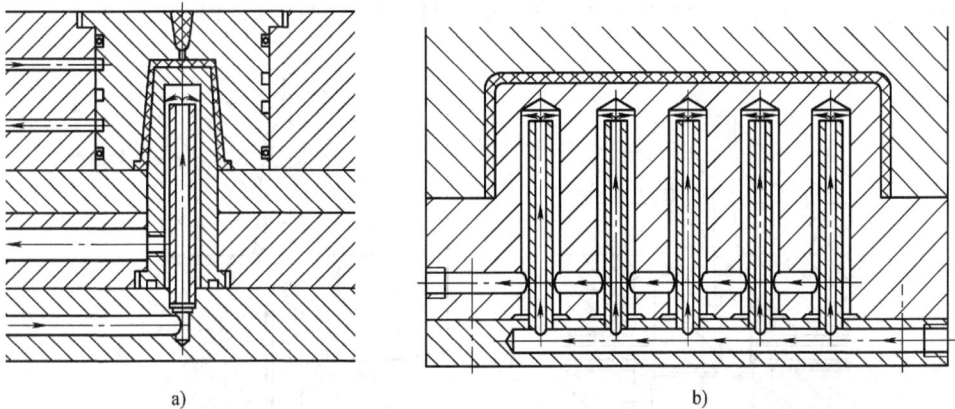

图 4-67　喷流式冷却装置

（4）隔板式（图4-68）　这种形式结构较简单。它可用于大而高的型芯的冷却，但冷却水流程较长。

128

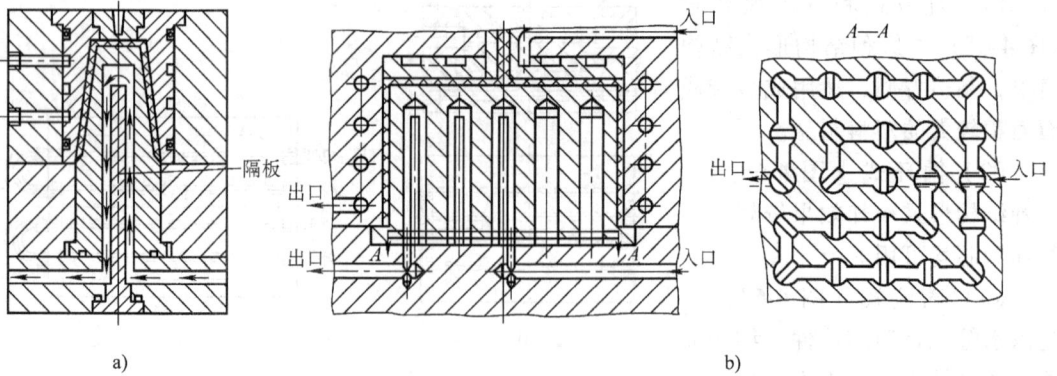

图 4-68　隔板式冷却装置

（5）压缩空气冷却式（图 4-69）
对于特别细长的型芯，如果用水冷，其水
道很小，容易堵塞，可用压缩空气来冷
却。

（6）间接冷却（图 4-70）　对于细
长型芯，可以在型芯上镶入导热性好的铍
青铜，冷却水接在型芯固定部分，铍青铜
表面大的一端与冷却水接触，热量通过铍
青铜间接地传给水。也可以直接用铍青铜
作为小型芯材料（图 4-70b）。

（7）局部冷却　在模具温度的控制
上，有时会遇到需要局部冷却的情况，这
时即可用图 4-71 的装置。

4. 冷却装置的计算
塑料注射模冷却时所需要的冷却水质（重）量可按下式计算，即

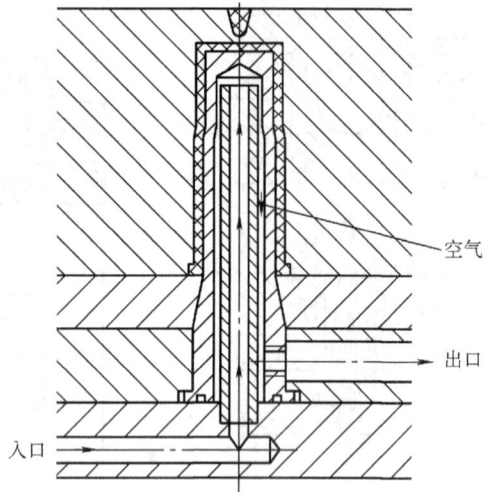

图 4-69　压缩空气冷却装置

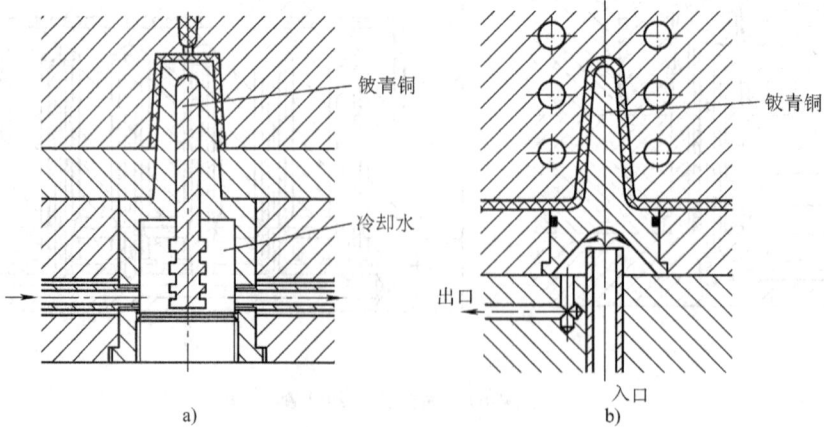

图 4-70　间接冷却装置

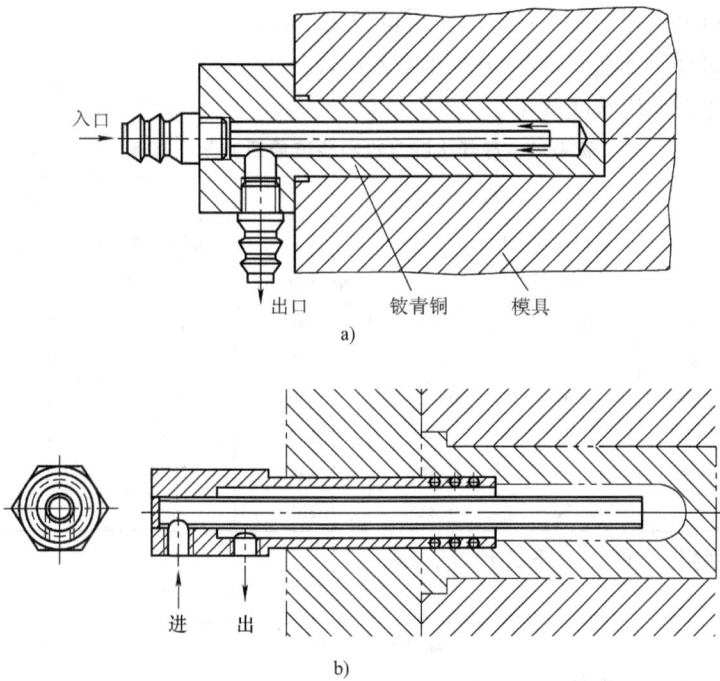

图 4-71 局部冷却装置

$$m = \frac{n m_1 \Delta h}{c_p (t_1 - t_2)} \tag{4-32}$$

式中　m——单位时间所需的冷却水质（重）量（kg/h）；

　　　n——单位时间注射次数（次/h）；

　　　m_1——包括浇注系统在内的每次注入模具的塑料质（重）量（kg/次）；

　　　c_p——冷却水的定压比热容 [kJ/（kg·℃）]；

　　　t_1——冷却水出口温度（℃）；

　　　t_2——冷却水入口温度（℃）；

　　　Δh——从熔融状态的塑料进入型腔时的温度到塑料制品冷却到脱模温度为止，塑料所放出的热熔量（kJ/kg），Δh 值见表 4-10。

表 4-10　常用塑料在凝固时所放出的热熔量

塑　料	Δh/（kJ/kg）	塑　料	Δh/（kJ/kg）
高压聚乙烯	583.33 ~ 700.14	尼龙	700.14 ~ 816.48
低压聚乙烯	700.14 ~ 816.48	聚甲醛	420.00
聚丙烯	583.33 ~ 700.14	醋酸纤维素	289.38
聚苯乙烯	280.14 ~ 349.85	丁酸-醋酸纤维素	259.14
聚氯乙烯	210.00	ABS	326.76 ~ 396.48
有机玻璃	285.85	AS	280.14 ~ 349.85

冷却水孔壁与冷却水之间交界膜的传热系数可按以下简化公式计算，即

$$\alpha = 7348 \ (1 + 0.015 t_{\text{水}}) \ \frac{v^{0.87}}{d^{0.13}} \tag{4-33}$$

式中　α——冷却水孔壁与冷却水交界膜的导热系数 [kJ/（m²·h·℃）]；

v——冷却水平均流速（m/s），$v^{0.87}$可查表 4-11；

d——冷却水孔直径（m），$d^{0.13}$可查表 4-11；

$t_水$——冷却水平均温度（℃）。

表 4-11 冷却水孔直径和湍流最低流速及流量

水孔直径 d/mm	$d^{0.13}$	湍流 $Re>4000$			有摩擦阻抗时		
		最低流速 v/（m/s）	$v^{0.87}$	流量 m/（kg/h）	极限速度 v/（m/s）	$v^{0.87}$	流量 m/（kg/h）
0.006	0.514	0.78	0.81	80	1.00	1.00	
0.008	0.534	0.66	0.70	120	1.26	1.22	230
0.010	0.550	0.52	0.57	150	1.55	1.46	440
0.012	0.563	0.44	0.49	180	1.80	1.67	732
0.015	0.579	0.35	0.40	224	2.00	1.83	1267
0.020	0.601	0.26	0.31	295	2.31	2.07	2610

冷却水孔总的传热面积按下式计算，即

$$A = \frac{g}{\alpha(t_模 - t_水)} = \frac{nm_1 \Delta h}{\alpha(t_模 - t_水)} \qquad (4\text{-}34)$$

式中　A——冷却水孔传热总面积（m^2）；

　　　g——塑料单位时间放出的热量，即冷却水带走的热量（kJ/h）；

　　　$t_模$——冷却水孔壁平均温度（℃）；

　　　$t_水$——冷却水平均温度（℃）；

冷却水孔的有效长度 L 按下式计算：

$$L = \frac{A}{\pi d} \qquad (4\text{-}35)$$

式中　d——冷却水孔直径（m）。

求出 L 后，根据冷却水道的排列方式计算出水道的数量。

必须指出，以上计算传热面积，没有考虑空气自然对流散热、辐射散热、注射机固定模板散热等，也就是说塑料放出的热量全部由冷却水带走了。这样计算结果偏大，为水温及流量调节提供了更大范围。还应指出，由于冷却水道的位置、结构形式、孔径、表面状态、水的流速、模具材料等均会影响模具的热量向冷却水传递，精确计算比较困难，总的传热面积计算比较繁琐，计算结果与实际会有出入，甚至出入较大。以上提供的是简化了的计算公式，设计时还可参考有关资料。

例：注射成型高压聚乙烯矩形塑料盒，包括浇注系统在内的每次注入模具的塑料质（重）量为 0.2kg，注射周期为 45s，即 $n=80$ 次/h。设计计算冷却水道的孔径和总长。设冷却水的入口温度 $t_1=20℃$，出口温度 $t_2=30℃$，平均水温 $t_水=25℃$。

解：由已知条件查得 $\Delta h=583.33$kJ/kg，平均水温 $t_水=25℃$ 时的定压比热容 $c_p=4.178$kJ/（kg·℃）

塑料注射模所需冷却水质（重）量为：

$$m = \frac{nm_1 \Delta h}{c_p(t_1 - t_2)} = \frac{80 \times 0.2 \times 583.33}{4.178(30-20)} \text{kg/h}$$

$$= \frac{9333.3}{41.78} \text{kg/h} = 223.4 \text{kg/h}$$

根据 $m = 223.4 \text{kg/h}$ 冷却水流量，查表 4-11，选水孔直径 $d = 0.015\text{m}$，得 $d^{0.13} = 0.579$。为保证获得湍流，从而得到良好的传热效果，取 $v = 0.35\text{m/s}$，则 $v^{0.87} = 0.40$。将以上参数代入式（4-33）：

$$\alpha = 7348(1 + 0.015t_水)\frac{v^{0.87}}{d^{0.13}}$$

$$= 7348(1 + 0.015t_水)\frac{0.49}{0.579}\text{kJ/(m}^2 \cdot \text{h} \cdot \text{℃)}$$

$$= 6979.5 \text{kJ/(m}^2 \cdot \text{h} \cdot \text{℃)}$$

高压聚乙烯注射成型模具温度 $t_模 = 60℃$，冷却水传热面积为

$$A = \frac{nm_1 \Delta h}{\alpha(t_模 - t_水)}$$

$$= \frac{9333.3}{6979.5(60 - 25)}\text{m}^2$$

$$= 0.038 \text{m}^2$$

冷却水孔有效长度为

$$L = \frac{A}{\pi d} = \frac{0.038}{3.14 \times 0.015}\text{m} = 0.807\text{m}$$

最后根据注射模结构及加工工艺性，合理布置冷却水回路。应该注意的是冷却水道的实际长度应大于有效长度。

第五章 塑料注射模的设计

第一节 概 述

塑料注射成型是塑料制品的高效率生产方法之一。注射成型获得的塑料制品在各种塑料制品中所占比重很大。而注射成型模具是实现注射成型加工的重要工艺装备，目前它约占整个塑料成型模具的一半以上。

一、注射模的分类

注射模的分类方法很多，按塑料制品的材料可分为热塑性塑料注射模和热固性塑料注射模；按注射机的类型可分为卧式、立式和直角式注射模；按其在注射机上安装方式可分为移动式注射模（主要在立式注射机上）和固定式注射模；按模具的型腔数目可分为单型腔注射模和多型腔注射模；还可以按分型面数量、侧抽芯方法、推出制品方法等分类。

通常，按注射模总体结构上某一特征进行分类，可分为下列几种主要类型。

1. 单分型面注射模

单分型面注射模习惯上又称两板式注射模，如图 5-1 所示。它是注射模中结构最简单的一种，由动模和定模所构成。其型腔一部分设在动模上，另一部分设在定模上，主流道设在

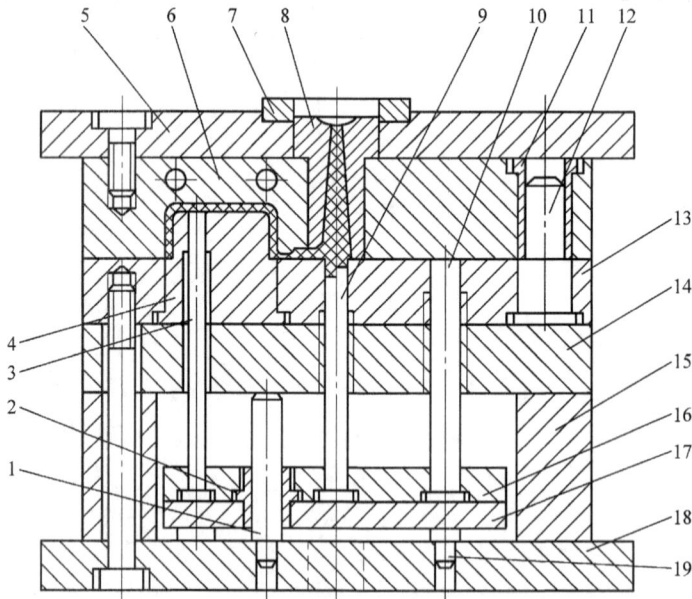

图 5-1 注射模的基本结构

1—推板导柱 2—推板导套 3—推杆 4—型芯 5—定模座板 6—凹模（型腔板） 7—定位圈
8—主流道衬套 9—拉料杆 10—复位杆 11—导套 12—导柱 13—动模板 14—支承板
15—垫块 16—推杆固定板 17—推板 18—动模座板 19—支撑柱

定模上，分流道和浇口设在分型面上，开模后塑料制品连同流道凝料一起留在动模一侧。动模一侧设有推出机构，用以推出塑料制品及流道凝料（又称脱模）。这类模具的特点是结构简单，对塑料制品成型的适应性很强，所以应用十分广泛。

2. 多分型面注射模

多分型面注射模是指有两个以上分型面的注射模统称。这类模具又可分为双分型面和三分型面（包括垂直分型面和水平分型面）。以双分型面注射模最为常见，双分型面注射模又称为三板式注射模，如图5-2所示。它与单分型面注射模相比，在动模和定模之间增加了一个可移动的中间板12（又称浇注板），其浇注系统凝料和制品一般是由不同分型面上取出。

开模时，由于弹簧8的作用，使中间板12与定模座板11首先沿 A—A 分型面定距分型，其分型距离由定距拉板9控制，以便取出这两块板之间的浇注系统凝料。随着开模的继续，沿 B—B 面分型，然后在注射机推出机构作用下，连接推杆14推动推件板5，使制品从型芯上脱出。闭模时，A—A 和 B—B 分型面自动闭合，推板16和推杆固定板15在连接推杆14的作用下复位。完成一次注射过程。

这类模具结构复杂，质（重）量大，成本高，主要用于设点浇口的单型腔或多型腔注射模，侧向分型抽芯机构设在定模一侧的注射模，及因制品结构特殊需要顺序分型的注射模。

3. 带有活动镶块的注射模

有的塑料制品带有内侧凸、凹槽或螺纹等需要在模具上设置活动型芯、螺纹型芯、型环或哈夫块等。如图5-3所示模具，制品内带的凸台，采用活动镶块9成型。开模时，制品与流道凝料同时留在镶块9上，随同动模一起运动，当动模和定模分型一定距离后，注射机顶出机构推动推板1，从而推动推杆3，使镶块9随同制品一起推出模外，然后用手工或其他装置使制品与镶块分离。再将活动镶块重新装入动模，在镶块装入动模前推杆3由于弹簧4的作用已经复位。型芯座8上的锥孔（面）保证镶块定位准确可靠。

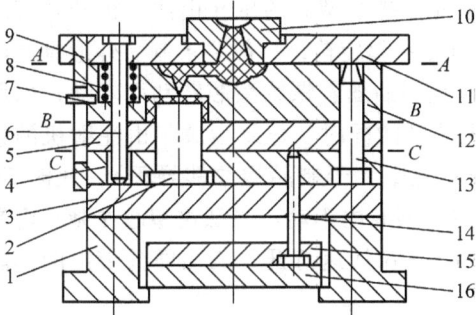

图5-2 双分型面注射模

1—支架　2—型芯　3—支承板　4—动模板　5—推件板
6—导柱　7—限位钉　8—弹簧　9—定距拉板　10—主
浇道衬套　11—定模座板　12—中间板　13—导柱
14—连接推杆　15—推杆固定板　16—推板

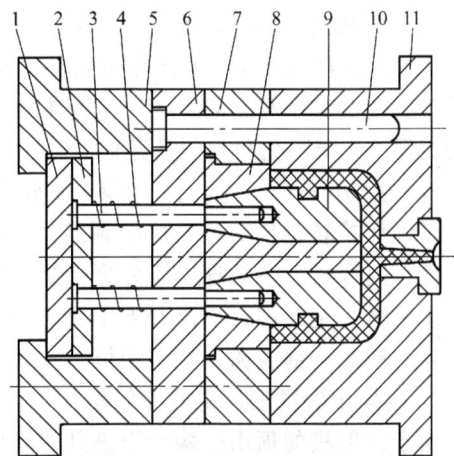

图5-3　带有活动镶块的注射模

1—推板　2—推杆固定板　3—推杆　4—弹簧
5—支架　6—支承板　7—动模板　8—型芯座
9—活动镶块　10—导柱　11—定模座板（型腔）

4. 侧向分型抽芯的注射模

当制品带有侧孔或侧凹时，在机动抽芯分型的模具里设有斜导柱或斜滑块等侧向分型抽芯机构。图 5-4 所示为斜导柱侧向分型抽芯的注射模。在开模时，沿 A—A 分型面分型的同时，利用开模力通过斜导柱 7 带动侧型芯滑块 6 作侧向移动（侧滑块 6 与斜导柱相对运动），使侧型芯与制品先分离（称为抽芯动作），然后再由推出机构将制品从型芯 5 上推出模外。闭模时，由斜导柱 7 插入侧型芯滑块 6，使侧型芯滑块复位，并借助楔紧块 8 将侧型芯滑块压紧。

5. 带嵌件制品的注射模

当制品上带有嵌件时，为了保证嵌件在注射成型过程中不发生位移，避免合模时损坏模具，所以在设计这类模具时，应注意嵌件在模具中可靠定位与固定问题。图 5-5 为带粉末冶金嵌件的塑料齿轮注射模。为了嵌件的准确定位，以保证制品同轴度要求，嵌件 5 与嵌件杆 6 的配合精度较高。但为了制品被推管 7 推出型腔后容易取出，并为了嵌件容易套入嵌件杆，故嵌件与嵌件杆的末端的配合间隙较大些。同时为了保证制品同轴度要求，应注意定模板 2、动模板 17 等零件上相关型孔的位置精度要求。

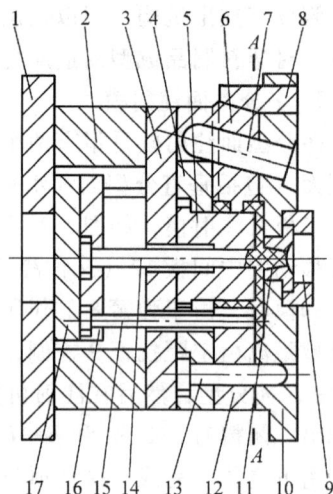

图 5-4　侧向分型抽芯的注射模

1—动模座板　2—垫块　3—支承板　4—型芯固定板　5—型芯　6—侧型芯滑块　7—斜导柱　8—楔紧块　9—定位圈　10—定模座板　11—主流道衬套　12—动模板　13—导柱　14—拉料杆　15—推杆　16—推杆固定板　17—推板

6. 自动卸螺纹的注射模

对带有内、外螺纹的制品，当采用自动卸螺纹时，在模具结构设计中，应设置可转动的螺纹型芯和螺纹型环，利用注射机的往复运动或旋转运动，或设置专门的驱动装置（如电动机、液压马达及传动装置）与模具连接，开模后带动螺纹型芯或型环转动，使制品脱出。图 5-6 所示是直角式注射机上用的自动卸螺纹注射模。螺纹型芯的旋转由注射机开合模的丝杠带动，使其与制品分离。为了防止螺纹型芯与制品一起旋转，一般要求制品外形具有防转结构，图 5-6 所示是利用制品顶面的凸出图案来防止制品随着螺纹型芯转动而转动，以便制品与螺纹型芯分开。开模时，在 A—A 分型面处先分开的同时，螺纹型芯 7 由注射机的开合螺杆带动而旋转，从而开始拧出制品（开合螺杆的螺距大于制品螺纹的导程），此时 B—B 分型面也随螺纹型芯的拧出而分型，制品暂时还留在型腔内不动。当螺纹型芯在制品内尚有一个螺距时，定距螺钉 4 拉着支承板 5，使分型面 B—B 加速打开，制品即被带出凹模。继续开模，制品全部脱离型芯和凹模。

7. 定模设置推出机构的注射模

由于注射机的顶出机构位于模具的动模一边，所以注射模的推出机构宜设在动模一侧，开模后让制品留在动模，以便脱出制品。但有时因制品的特殊要求或受制品形状的限制，开模后制品将留在定模上（或有可能留在定模上），则应在定模一侧设置推出机构。图 5-7 所示为塑料衣刷注射模，由于制品形状特殊，开模后制品留在定模上。在定模一侧设置推件板 7，开模时由设在动模一侧的拉板 8（也可用链条等）带动，将制品从型芯 11 上强制脱下。

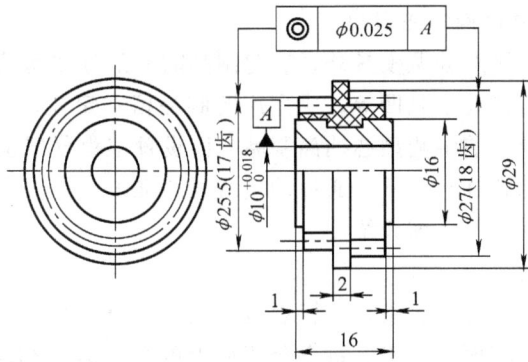

制品材料:PA66

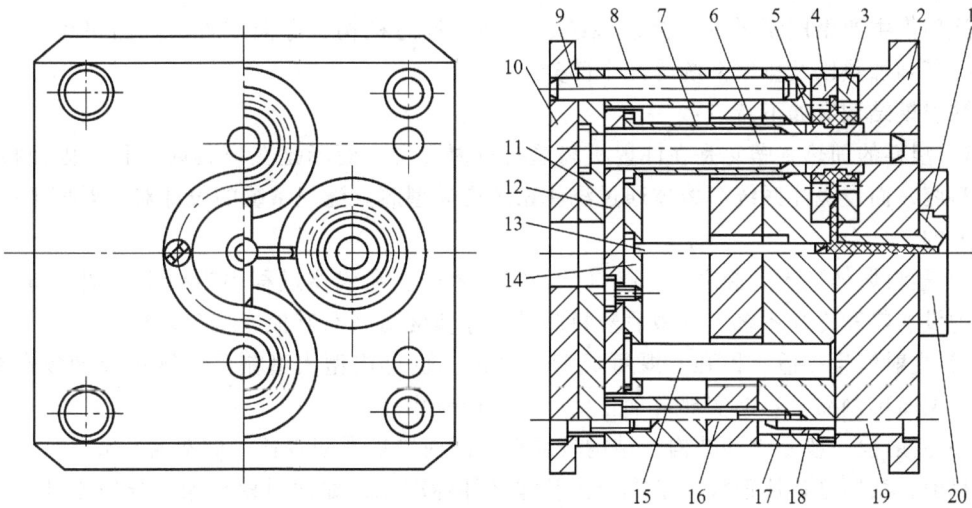

图 5-5 带嵌件制品的注射模

1—主流道衬套 2—定模板 3、4—型腔镶件 5—粉末冶金嵌件 6—嵌件杆
7—推管 8—垫块 9—圆柱销 10—动模板 11—固定板 12—推板 13—拉料杆
14—推杆固定板 15—复位杆 16—支承板 17—动模板 18—导套 19—导柱 20—定位圈

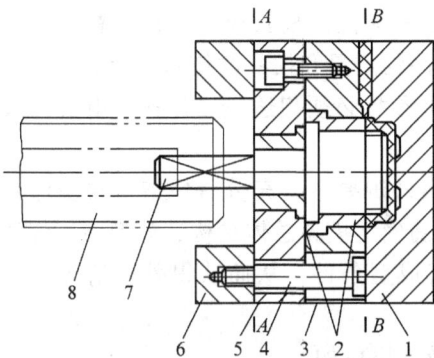

图 5-6 自动卸螺纹的注射模

1—定模座板 2—衬套 3—动模板
4—定距螺钉 5—支承板 6—支架
7—螺纹型芯 8—注射机合模螺杆

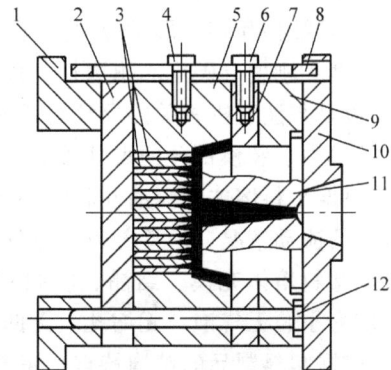

图 5-7 定模一侧设推出机构的注射模

1—支架 2—支承板 3—成型镶件 4—螺钉 5—
动模板 6—螺钉 7—推件板 8—拉板 9—定模板
10—定模座板 11—型芯 12—导柱

8. 带定距分型拉紧机构的注射模

在注射成型中，除了双分型模具外，有时制品的一部分在动模内成型，另一部分在定模内成型，且定模部分有侧孔或侧凹等，成型后的制品留在定模内，因此在模具结构设计时，要考虑在动模与定模分型前将侧型芯抽离制品，而设置定距分型拉紧机构，迫使制品留在动模上，然后在注射机的顶杆作用下，通过动模所设的推出机构，将制品从动模中推出。关于这类模具结构将在第四节里详细介绍。

9. 叠层注射模

这是一种新型高效率的注射模，其特点是多腔，多分型面。一般在合模方向上有两层型腔，制品分别在两个分型面上取出，每个分型面上的型腔数目相同，因此称为叠层注射模。叠层注射模的结构及工作原理在本章第十节中介绍。

二、注射模的特点

注射模主要由成型零件、浇注系统、分型与抽芯机构、导向零件、推出机构、支承零件、冷却和加热以及排气系统等几个部分组成。

注射模结构有如下特点：

1）塑料的加热、塑化是在注射机高温料筒内进行，而不是在模具内进行，因而模具不设加料腔，而设浇注系统，熔体通过浇注系统充满型腔。浇注系统的设计对注射模来说是至关重要的。

2）塑料熔体进入型腔之前，模具已经完全闭合。在成型过程中需要根据塑料特性，在模具中设加热和冷却系统。成型后塑料制品尺寸精度高（与其他成型工艺相比）。

3）注射模生产适应性强，既可成型小制品，也可成型大型制品；既可成型复杂制品，也可成型简单制品。容易实现自动化生产，生产效率高。

4）注射模一般是机动结构，结构较复杂，因而制造周期较长，成本高。

目前，我国已将注射模的基本结构及零部件标准化，如注射模模架、导向零件（导柱、导套）、推杆、主流道衬套等均有国家标准，采用标准件可大大缩短生产周期。

三、注射模设计应考虑的要点

注射模结构设计的合理性和模具制造及装配精度都直接影响到塑料制品的质量。在设计时，主要应考虑以下几点：

1）模具结构和零件形状应尽量简单以便于加工和装配。模具应具有适当精度、表面粗糙度、强度和刚度、硬度和耐磨性，以确保塑料制品的质量和模具的使用寿命。

2）模具与注射机相关的尺寸与所选用的注射机参数必须相适应，包括注射机的最大注射量、锁模力、装模部分的尺寸等。

3）根据塑料熔体的流动性和制品形状、尺寸及外观要求，充分考虑熔体在浇注系统及型腔各处的流动情况、熔接部位及排气方法等，正确确定模具总体结构、分型面、浇注系统等以控制塑料熔体充模、结晶、收缩和补缩，改善成型条件，从而获得外形清晰、尺寸稳定、内应力小、无气泡、无缩孔、无凹陷的制品。

4）根据塑料制品的结构特点，正确确定抽芯及推出机构。

5）正确设计模具的加热冷却系统，确保注射成型工艺的顺利进行和塑料制品的质量。

6）必须便于工人操作和模具维修。

上述各点是互相联系的，在设计时应综合加以考虑。

第二节　模具与注射机的关系

注射模必须安装在与其相适应的注射机上才能进行生产，因而在设计模具时，必须熟悉所选用注射机的技术参数，如注射机的最大注射量、最大注射压力、最大锁模力、最大成型面积、模具最大厚度和最小厚度、开模最大行程、拉杆间距、安装模板的螺孔（或 T 形槽）位置和尺寸、定位孔尺寸、喷嘴球面半径等。以便设计的模具与所选注射机相适应。

一、国产注射机合模部分的基本参数

注射机合模部分的基本参数包括模板尺寸、拉杆间距、模板间最大开距、动模板的行程、模具最大厚度和最小厚度等。这些参数规定了注射机所安装模具的尺寸范围。图 5-8 ~ 图 5-11

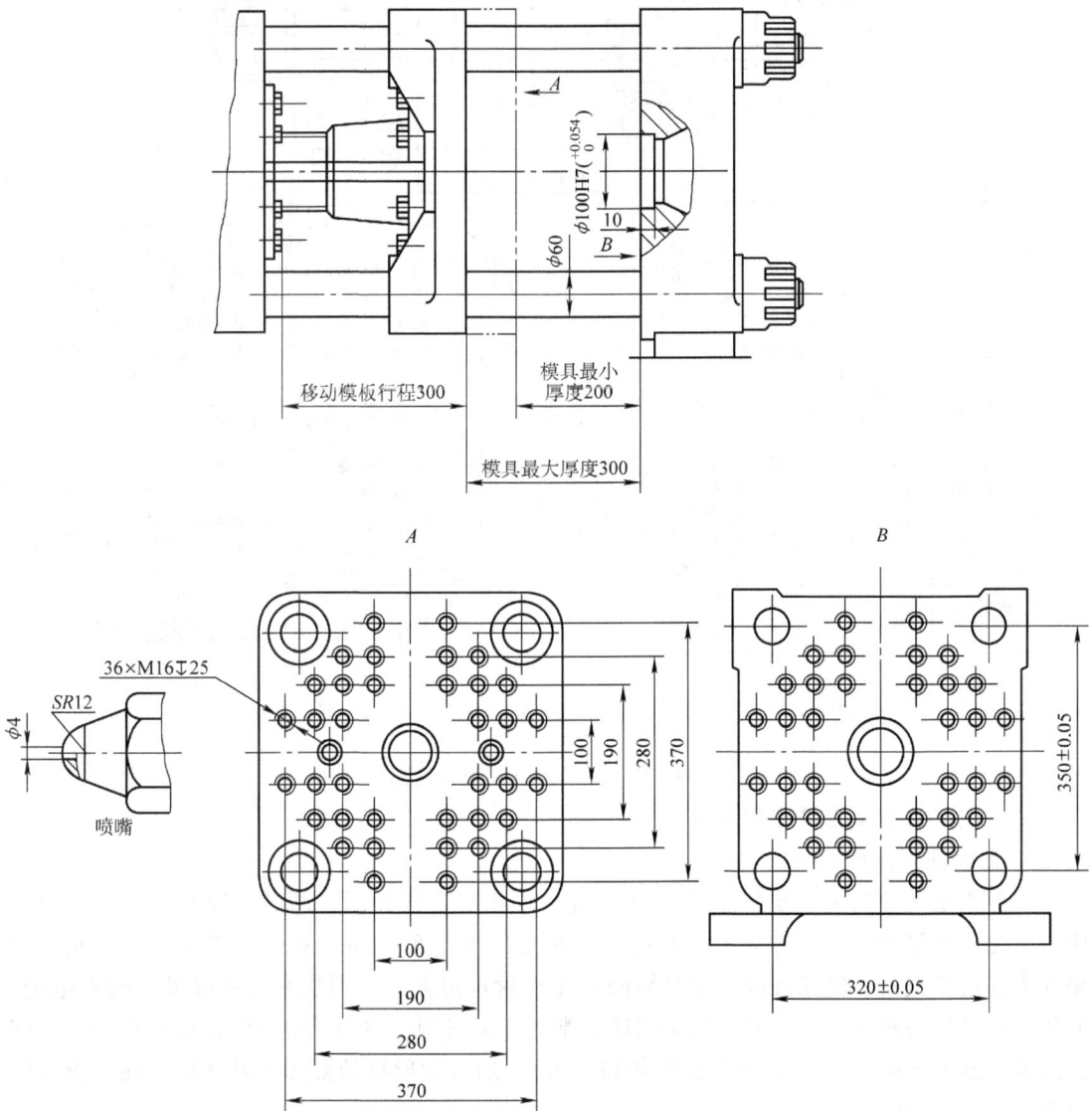

图 5-8　XS-ZY-125 塑料注射机合模部分

所示为几种国产注射机合模部分的基本参数，供模具设计时参考。其他类型注射机技术参数见附表13，还可查阅有关产品样本。

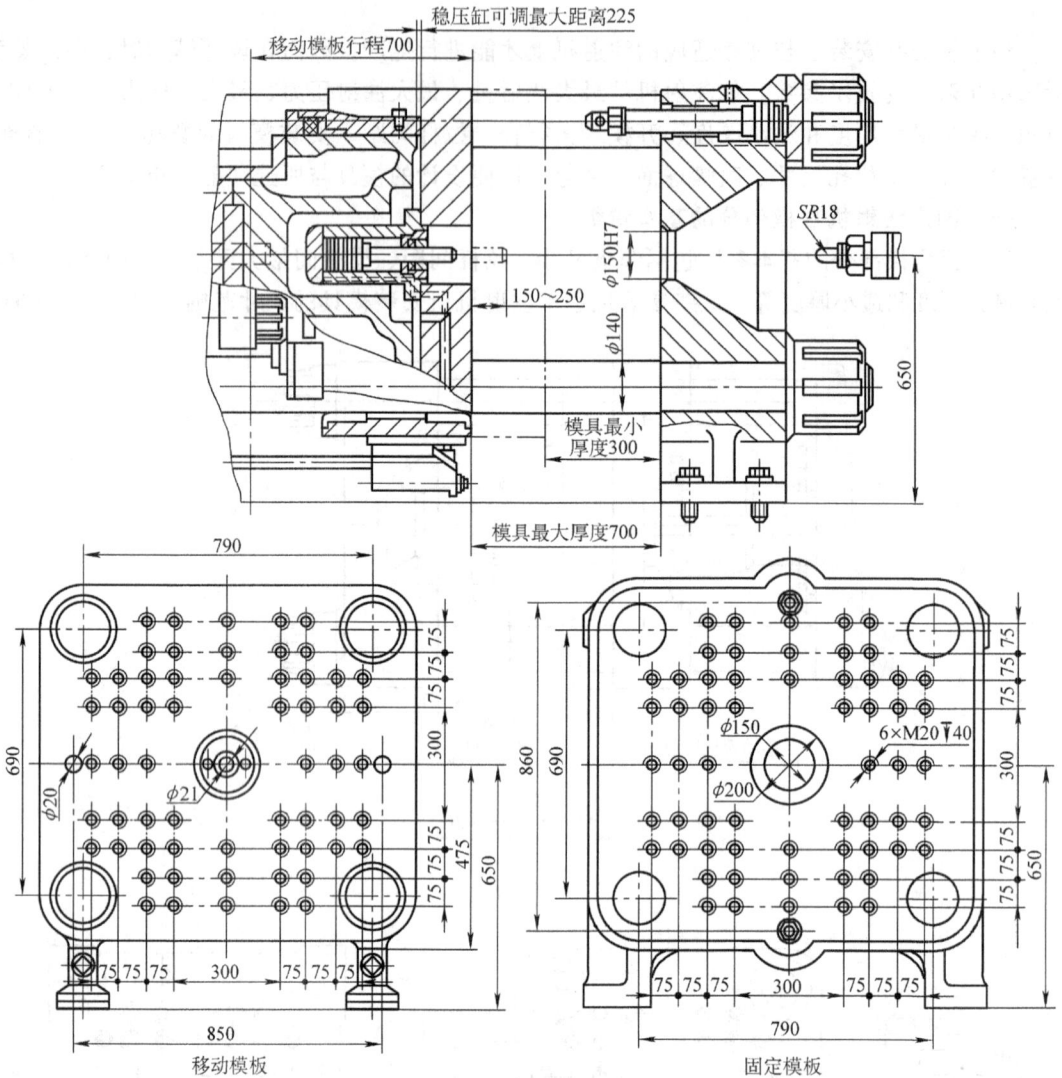

图 5-9　XS-ZY-1000 注射机合模部分

二、注射机有关工艺参数的校核

1. 最大注射量的校核

注射机最大注射量和制品的质（重）量或体积有直接关系，两者必须相适应，不然会影响制品的产量和质量。若最大注射量小于制品的质（重）量，就会造成制品的形状不完整或内部组织疏松，制品强度下降等缺陷；而注射量过大，注射机利用率降低，浪费电能，而且可能导致塑料分解。因此，为了保证正常的注射成型，注射机的最大注射量应稍大于制品的质（重）量或体积（包括流道凝料和飞边）。通常注射机的实际注射量最好在注射机的最大注射量的80%以内。

当注射机最大注射量以最大注射容积标定时，按下式校核，即

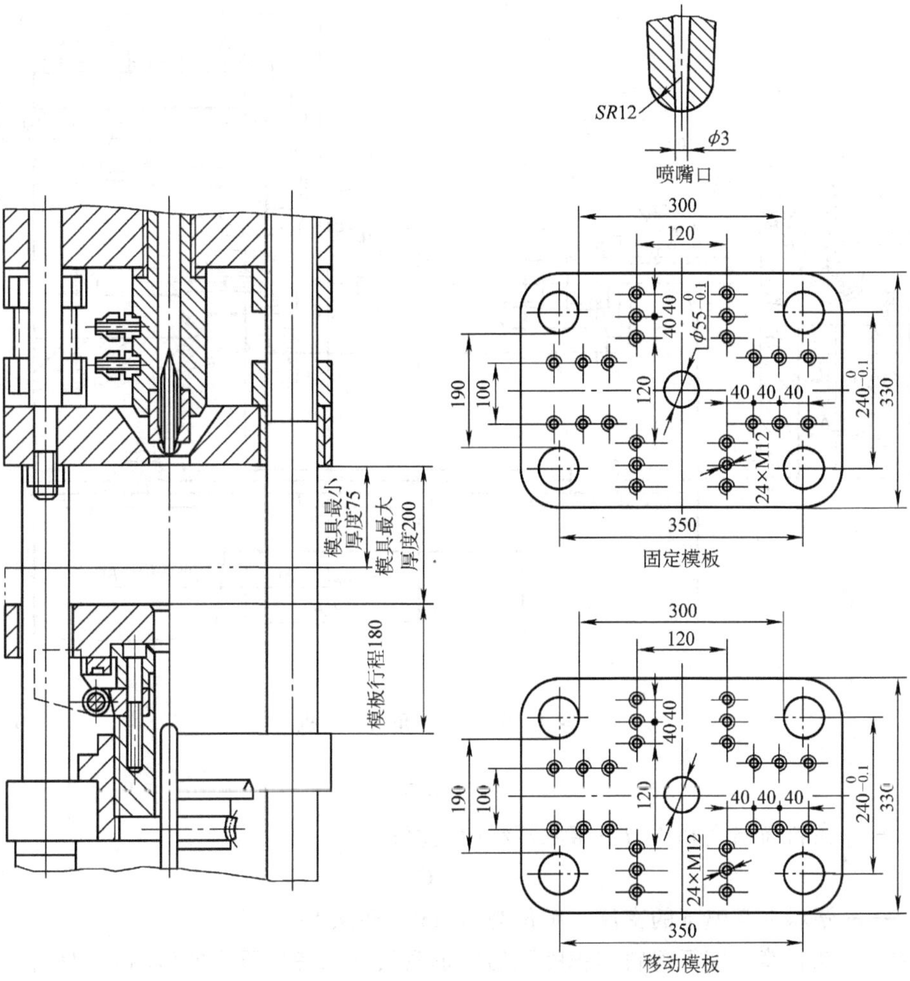

图 5-10 SYS-30 立式注射机合模部分

$$KV_0 \geqslant V = \sum_{i=1}^{n} V_i + V_{浇} \tag{5-1}$$

式中　V_0——注射机最大注射容积（cm³）；

　　　V——制品的总体积（包括制品、浇注系统及飞边在内）（cm³）；

　　　V_i——一个制品的体积（cm³）；

　　　n——型腔数；

　　　K——注射机最大注射量的利用系数，取 $K = 0.8$。

　　因塑料的体积与压缩比有关，所以所需塑料体积为

$$V_{料} = K_{压} V \tag{5-2}$$

式中　$K_{压}$——压缩比，$K_{压}$ 可查表 5-1；

　　　$V_{料}$——塑料的体积（cm³）。

　　把注射机的最大注射容积换算为最大注射质（重）量时，其值为

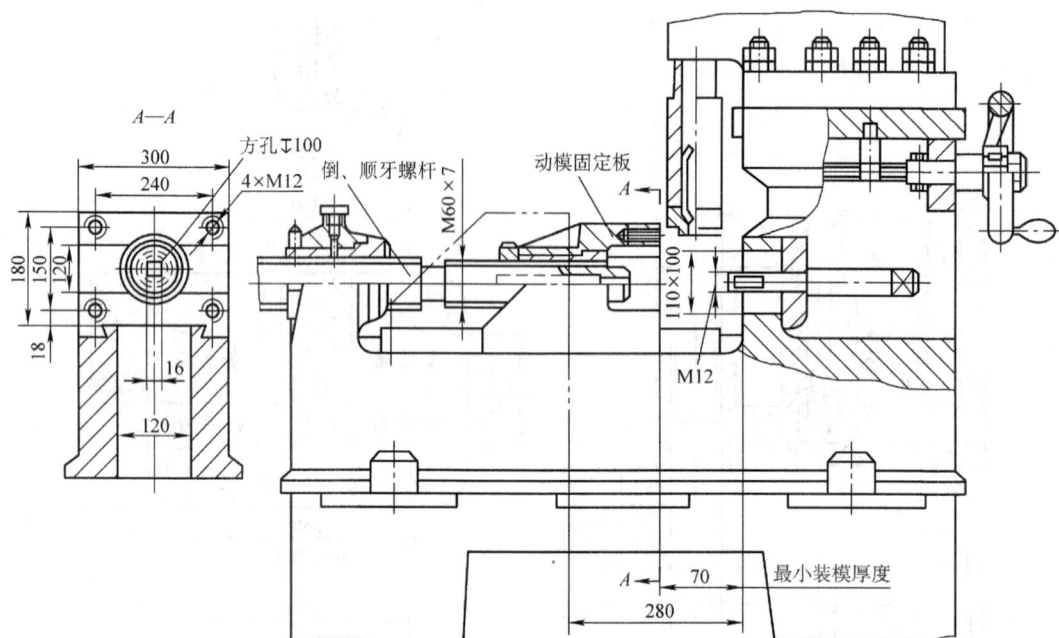

图 5-11 SYS-45 直角式注射机

$$m_0 = \rho' V_0 \tag{5-3}$$

式中　ρ'——在料筒温度和压力下熔融塑料的密度；

$$\rho' = C\rho$$

ρ——塑料在常温下的密度，单位为 g/cm³，见表 5-1；

C——在料筒温度下塑料体积膨胀的校正系数（未考虑压力的影响），对结晶型塑料，$C \approx 0.85$，对非结晶塑料，$C \approx 0.93$。

表 5-1　某些热塑性塑料的密度及压缩比

塑料名称	密度 $\rho/$（g/cm³）	压缩比 $K_{压}$
高压聚乙烯	0.91～0.94	1.84～2.30
低压聚乙烯	0.940～0.965	1.725～1.909
聚丙烯	0.90～0.91	1.92～1.96
聚苯乙烯	1.04～1.06	1.90～2.15
硬聚氯乙烯	1.35～1.45	2.3
软聚氯乙烯	1.16～1.35	2.3
尼龙	1.09～1.14	2.0～2.1
聚甲醛	1.4	1.8～2.0
ABS	1.0～1.1	1.8～2.0
聚碳酸酯	1.2	1.75
醋酸纤维素塑料	1.24～1.34	2.40
聚丙烯酸酯塑料	1.17～1.20	1.8～2.0

同理，如果注射机以最大注射质（重）量标定时，按下式校核，即

$$Km_0 \geqslant m = \sum_{i=1}^{n} m_i + m_{浇} \tag{5-4}$$

式中　m_0——注射机最大注射质（重）量（g）；

　　　m——制品的总质（重）量（g）；

　　　m_i——一个制品的质（重）量（g）；

　　　n——型腔数；

　　　$m_{浇}$——浇注系统的质（重）量（g）。

以上计算中，注射机的最大注射量是以成型聚苯乙烯为标准而规定的。由于各种塑料的密度和压缩比的不同，因而实际最大注射量是随着塑料种类的不同而不同的，当注射其他塑料时，最大注射量为

$$m_0' = m_0 \frac{\rho}{\rho_0} \tag{5-5}$$

式中　m_0'——其他塑料的最大注射量（g）；

　　　m_0——注射机规定的最大注射量（g）；

　　　ρ_0——聚苯乙烯的密度；

　　　ρ——其他塑料的密度。

实践证明，塑料密度和压缩比对最大注射量的影响不大，一般可以不考虑。

2. 注射压力的校核

注射压力校核的目的是校核注射机的最大注射压力能否满足塑料制品成型的需要。注射机最大注射压力应稍大于塑料制品成型所需的注射压力，即

$$p_0 \geqslant p \tag{5-6}$$

式中　p_0——注射机的最大注射压力（MPa）；

　　　p——塑料制品成型所需的注射压力（MPa）。

3. 锁模力的校核及型腔数的确定

（1）锁模力的校核　锁模力又称合模力，是指注射机的合模机构对模具所能施加的最大夹紧力。当熔体充满型腔时，注射压力在型腔内所产生的作用力总是力图使模具沿分型面胀开，为此，注射机的锁模力必须大于型腔内熔体压力与塑料制品及浇注系统在分型面上的投影面积之和的乘积，即

$$F_0 \geqslant F = p_{模} A_{分}$$
$$或\ F_0 \geqslant K_1 p A_{分} \tag{5-7}$$

式中　F_0——注射机的最大锁模力；

　　　$p_{模}$——模内平均压力（型腔内的熔体平均压力），见表5-2；

　　　K_1——压力损耗系数，一般取$\frac{1}{3} \sim \frac{2}{3}$；

　　　p——柱塞或螺杆施加于塑料上的注射压力，不同塑料、不同制品结构所需注射压力是不同的，参考附表5；

　　　$A_{分}$——制品、流道、浇口在分型面上的投影面积之和。

在注射成型过程中，型腔内熔体压力的大小及其分布与很多因素有关，如塑料流动性、

注射机类型、喷嘴形式、模具流道阻力、注射压力、保压压力与保压时间、熔体温度、模具温度、注射速度、塑料制品壁厚与形状、流程长度、浇口形式及大小，等等。因此 K_1 压力损耗系数的变化很大，很难确定，在工程实际中，可用模内平均压力来校核，表5-2为各种成型条件下模内平均压力，可供参考。

表 5-2　模内的平均压力

制品特点	模内平均压力 $p_{模}$/MPa	举　例
容易成型制品	24.5	PE、PP、PS 等壁厚均匀的日用品、容器类制品
一般制品	29.4	在模温较高下，成型薄壁容器类制品
中等粘度塑料和有精度要求的制品	34.3	ABS、PMMA 等有精度要求的工程结构件，如壳体、齿轮等
加工高粘度塑料、高精度、充模难的制品	39.2	用于机器零件上高精度的齿轮或凸轮等

从上式关系可看出，在注射机选定后，注射机允许的最大成型面积也就确定了，即

$$A_分 \leqslant \frac{F_0}{p_模} \quad 或 \quad A_分 \leqslant \frac{F_0}{K_1 p}$$

当采用多型腔模具时，模具的最多型腔数 n 也就可以确定了。

（2）模具型腔数的确定　模具的型腔数可根据塑料制品的产量、精度高低、模具制造成本以及所选用注射机的最大注射量和锁模力大小等因素确定。小批量生产，采用单型腔模具；大批量生产，宜采用多型腔模具。但塑料制品尺寸较大时，型腔数将受所选用注射机允许最大成型面积和注射量的限制。由于多型腔模的各个型腔的成型条件以及熔体到达各型腔的流程难以取得一致，所以制品精度较高时，一般采用单型腔模具。

如果采用多型腔注射模，则应根据所选用注射机的主要参数来确定型腔数 n。

1）按注射机的最大注射量确定型腔数。可按下式计算，即

$$n = \frac{Km_0 - m_浇}{m_i} \tag{5-8}$$

式中　m_i——一个制品的质（重）量；

$m_浇$——模具浇注系统中凝料质（重）量。

2）按注射机的锁模力大小确定型腔数。在塑料制品质（重）量相同条件下，薄壁板形的塑料制品以锁模力确定型腔数为宜，可按下式计算，即

$$n = \frac{F_0 - p'A_浇}{p'A_i} \tag{5-9}$$

式中　p'——单位投影面积所需的锁模力（MPa），其值等于注射机最大锁模力与最大成型面积之比，亦可参考表5-3；

$A_浇$——浇注系统及飞边在分型面上的投影面积；

A_i——一个制品在分型面上的投影面积。

表 5-3　螺杆式注射机成型聚烯烃及聚苯乙烯制品时所需的单位锁模力

p'/MPa　流程长度与壁厚之比　　制品平均厚度 t/mm	200:1	150:1	125:1	100:1	50:1
1.02	—	69.26	62.03	49.59	30.97
1.52	82.71	58.60	41.36	30.97	20.68
2.03	62.03	41.36	30.97	26.17	17.25
2.54	48.22	30.97	24.11	20.68	17.25
3.05	34.50	27.54	27.54	20.68	17.25
3.56	30.97	24.11	27.54	20.68	17.25

4. 模具与注射机合模部分相关尺寸的校核

设计模具时应加以校核的主要参数有喷嘴尺寸、定位圈尺寸、模具最大厚度和最小厚度、模板上安装螺孔尺寸等。

(1) 注射机喷嘴与模具主流道衬套关系 (图 5-12a)　注射机喷嘴前端孔径 d 和球面半径 r 与模具主流道衬套的小端直径 D 和球面半径 R 一般应满足下列关系，即

$$R = r + (1 \sim 2)\text{mm}$$
$$D = d + (0.5 \sim 1)\text{mm}$$

保证注射成型时在主流道衬套处不形成死角，无熔料积存，并便于主流道凝料的脱模。图 5-12b 所示配合是不良的。

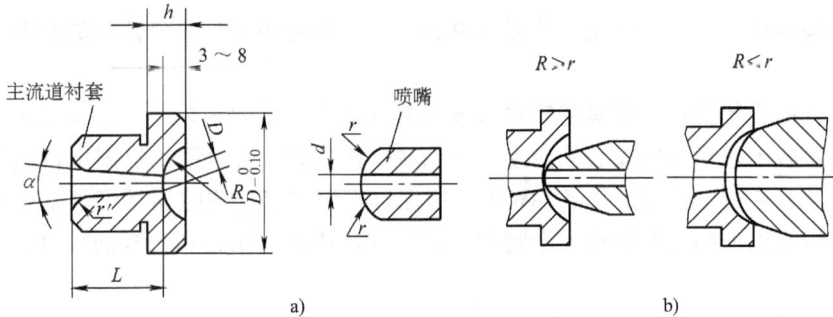

图 5-12　注射机喷嘴与模具主流道衬套的关系

(2) 注射机固定模板定位孔与模具定位圈 (或主流道衬套凸缘) 的关系　两者按 H9/f9 配合，以保证模具主流道的轴线与注射机喷嘴轴线重合，否则将产生溢料并造成流道凝料脱模困难。定位圈的高度 h，小型模具为 $8 \sim 10\text{mm}$，大型模具为 $10 \sim 15\text{mm}$。

(3) 模具轮廓尺寸与注射机装模空间的关系　各种规格的注射机，可安装模具的最大厚度和最小厚度一般都有限制 (国产机械合模的直角式注射机的最小厚度无限制)，所设计的模具闭合厚度必须在模具最大厚度与最小厚度之间，如图 5-13 所示。应满足下列关系，即

$$H_{max} = H_{min} + l \tag{5-10}$$
$$H_{min} \leqslant H \leqslant H_{max} \tag{5-11}$$

式中　H——模具闭合厚度；

H_{min}——注射机允许模具最小厚度；

H_{max}——注射机允许模具最大厚度；

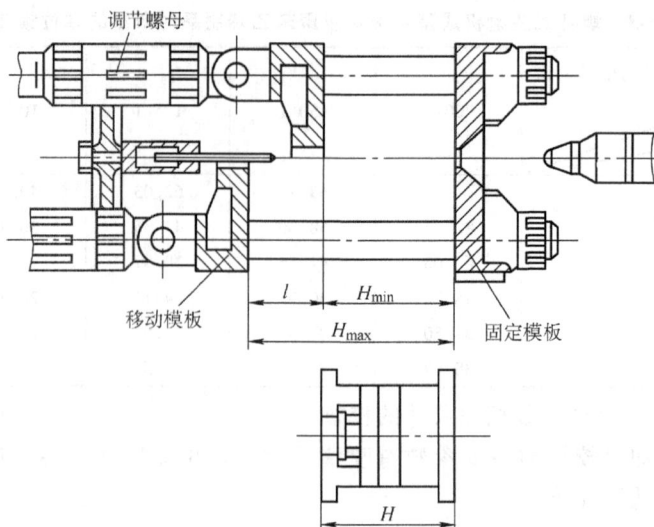

图 5-13　模具闭合厚度与注射机装模空间的关系

　　l——注射机在模厚方向长度的调节量。

　　当 $H < H_{min}$ 时，则可采用垫板来调整，以使模具闭合。当 $H > H_{max}$ 时，则模具无法锁紧或影响开模行程，尤其是以液压肘杆式机构合模的注射机，其肘杆无法撑直，这是不允许的。

　　同时，模具外形尺寸不应超过注射机模板尺寸，并应小于注射机拉杆的间距。以便模具的安装与调整。

　　（4）模具的安装固定　模具的定模部分安装在注射机的固定模板上，动模部分安装在注射机的移动模板上。模具的安装固定形式有两种，图 5-14a 表示用压板固定，这种固定形式安装方便灵活，应用最广泛。图 5-14b 表示用螺钉直接固定，这时模具座板上孔的位置和尺寸应与注射机模板上的安装螺孔完全吻合，否则无法固定。螺钉和压板的数目，动、定模各用 2 ~ 4 个。

　　5. 开模行程与顶出装置的校核

　　各种注射机的开模行程都是有限的，取出制品所需的开模距离必须小于注射机的最大开模距离。开模距离的校核分为下面几种情况。

　　（1）注射机最大开模行程与模具厚度无关　这主要是指液压机械联合作用的合模机构的注射机。例如，XS-Z-30、XS-Z-60、XS-ZY-125、XS-ZY-500、XS-ZY-1000 和 G54-S200 等，其最大开模行程与模具厚度无关。它的行程大小由连杆机构（或移模缸）的最大冲程决定的。

　　对于单分型面模具（如图 5-15 所示），开模行程可按下式校核，即

$$S \geq H_1 + H_2 + (5 \sim 10)\,\text{mm} \tag{5-12}$$

式中　S——注射机最大开模行程（移动模板行程）；

　　　H_1——制品的推出距离；

　　　H_2——制品的总高度。

　　对于双分型面注射模（如图 5-16 所示），开模行程需要增加取出浇注系统凝料时，定模座

a)

b)

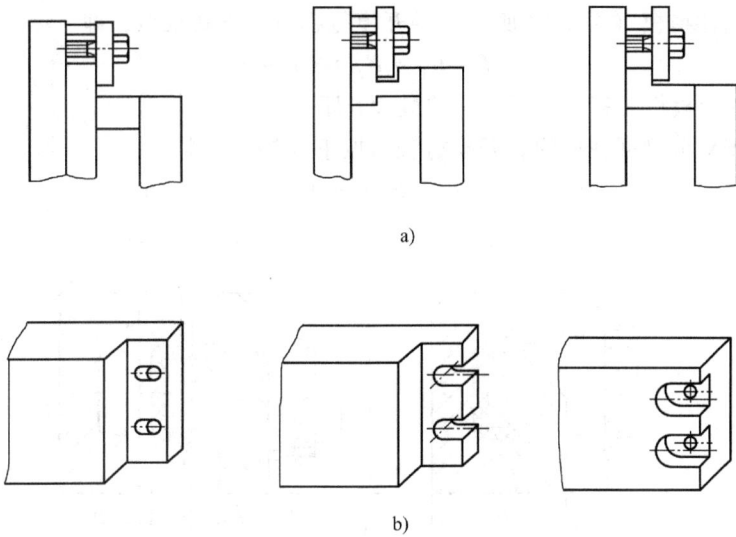

图 5-14　螺钉和压板固定模具的形式

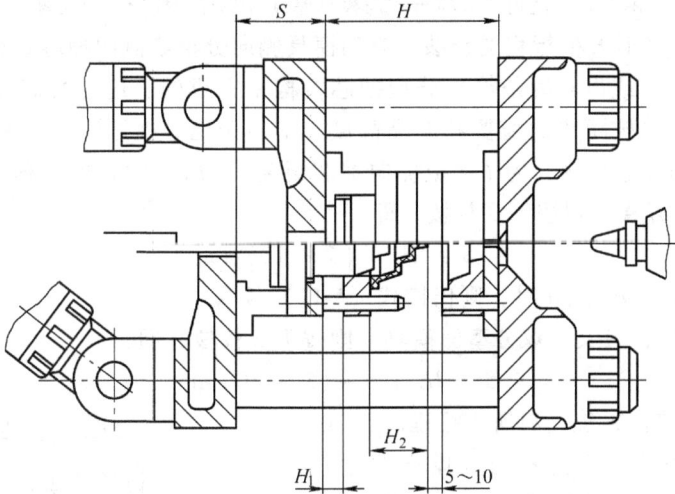

图 5-15　单分型面模具开模行程的校核

板与中间板的分离距离 a。此时，可按下式校核，即

$$S \geq H_1 + H_2 + a + (5 \sim 10)\,\text{mm} \qquad (5\text{-}13)$$

式中　a——取出浇注系统凝料所需的定模座板与中间板分离的距离。

塑料制品推出距离 H_1 一般等于型芯高度，但对于内表面为阶梯形的制品，推出距离可以不必等于型芯的高度，如图 5-15 所示。

（2）注射机最大开模行程与模具厚度有关　这主要是指全液压合模机构的注射机，如 XS-ZY-250 和机械合模的 SYS-20、SYS-45 等角式注射机，其移动模板和固定模板之间的最大开距 S_0 减去模具闭合厚度 H 等于注射机的最大开模行程 S（即 $S = S_0 - H$）。

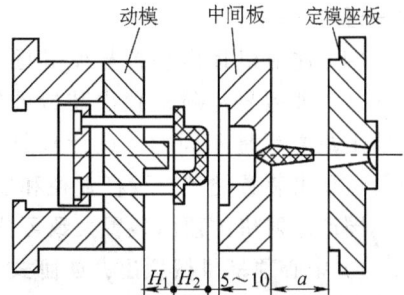

动模　中间板　定模座板

图 5-16　双分型面模具开模行程的校核

对单分型面注射模（图5-17所示）的开模行程可按下式校核，即

$$S_0 \geqslant H + H_1 + H_2 + (5 \sim 10)\,\text{mm} \tag{5-14}$$

式中　S_0——固定模板与移动模板之间的最大开距。

同理，对于双分型面注射模，开模行程可按下式校核，即

$$S_0 \geqslant H + H_1 + H_2 + a + (5 \sim 10)\,\text{mm} \tag{5-15}$$

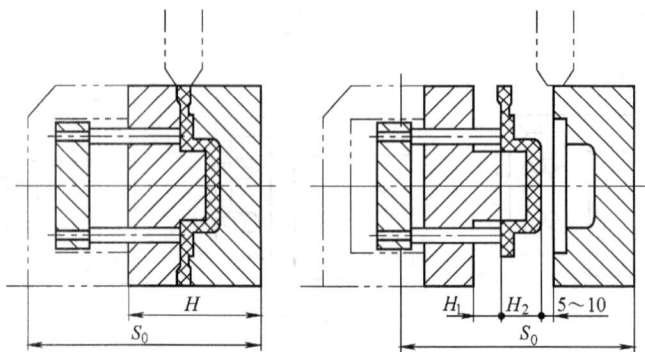

图 5-17　注射机开模行程与模具厚度有关时开模行程的校核

（3）有侧向抽芯时开模行程的校核　有的模具侧向分型或侧向抽芯是利用注射机的开模动作，通过斜导柱（或齿轮齿条等）分型抽芯机构来完成的。这时所需开模行程必须根据侧向分型抽芯机构抽拔距离的需要和制品高度、推出距离、模厚等因素来确定。如图5-18所示的斜导柱侧向抽芯机构，为了完成侧向抽芯距离 $S_{抽}$ 所需的开模行程为 H_4，当 H_4 大于 H_1 与 H_2 之和时，开模行程按下式校核，即

$$S \geqslant H_4 + (5 \sim 10)\,\text{mm} \tag{5-16}$$

若 H_4 小于 H_1 与 H_2 之和时，则仍按式（5-12）校核。

若 $H_4 \geqslant H_1 + H_2$，且又是双分型面模具，则按下式校核，即

$$S \geqslant H_4 + a + (5 \sim 10)\,\text{mm} \tag{5-17}$$

式中　a——取出浇注系统凝料所需行程。

应当注意，当抽芯方向不与开模方向垂直，而成一定角度时，其开模行程计算公式则与上述有所不同，应根据抽芯机构的具体结构及几何参数进行计算。

（4）注射机顶出装置与模具推出机构关系的校核　各种型号注射机顶出装置的结构形式、最大顶出距离等是不同的。设计模具时，必须了解注射机顶出装置类型、顶杆直径和顶杆位置。

国产注射机的顶出装置大致可分以下几类：

1）中心顶杆机械顶出，如卧式 XS-Z-60、XS-ZY-350、立式 SYS-30、直角式 SYS-45 等。

2）两侧双顶杆机械顶出，如卧式 XS-Z-30、XS-ZY-125。

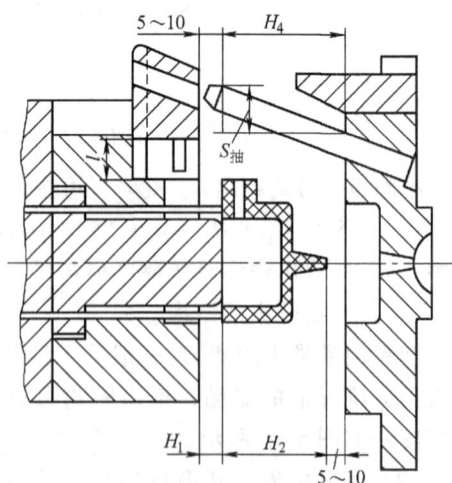

图 5-18　有侧向抽芯时开模行程校核

3）中心顶杆液压顶出与两侧双顶杆机械联合顶出，如 XS-ZY-250、XS-ZY-500 等。

4）中心顶杆液压顶出与其他开模辅助液压缸联合作用，如 XS-ZY-1000 等。

在以中心顶杆顶出的注射机上使用的模具，应对称地固定在移动模板中心位置上，以便注射机的顶杆顶在模具的推板中心位置上。而以两侧双顶杆顶出的注射机上使用的模具，模具的推板长度应足够长，以便使注射机的顶杆能顶到模具的推板。

第三节 普通浇注系统的设计

一、概述

注射模的浇注系统是指熔体从注射机的喷嘴开始到型腔为止的流动通道。其作用是将熔体平稳地引入型腔，使之按要求填充型腔；使型腔内的气体顺利排出；在熔体填充型腔和凝固的过程中，能充分把压力传到型腔各部位，以获得组织致密、外形清晰、尺寸稳定的塑料制品。

可见，浇注系统的设计十分重要。浇注系统的设计正确与否是注射成型能否顺利进行，能否得到高质量塑料制品的关键。设计者应充分认识到这一点。

浇注系统可分为普通浇注系统和无流道凝料浇注系统两类。以下介绍的是普通浇注系统的设计。

二、浇注系统的组成

根据注射模的结构不同，浇注系统的组成也有所不同，但通常由主流道、分流道、浇口及冷料穴四个部分所组成。在特殊情况下可不设分流道或冷料穴等。图 5-19 为卧式注射机用模具的普通浇注系统；图 5-20 为直角式注射机用模具的普通浇注系统。

（1）主流道 主流道是指从注射机的喷嘴与模具接触的部位起到分流道为止的一段流道。它与注射机喷嘴在同一轴线上，熔体在主流道中不改变流动方向。主流道是熔融塑料最先经过的流道，所以它的大小直接影响熔体的流动速度和充模时间。

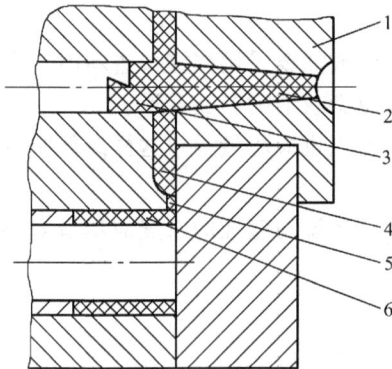

图 5-19 卧式注射机用模具的普通浇注系统
1—主流道衬套 2—主流道 3—冷料穴
4—分流道 5—浇口 6—型腔

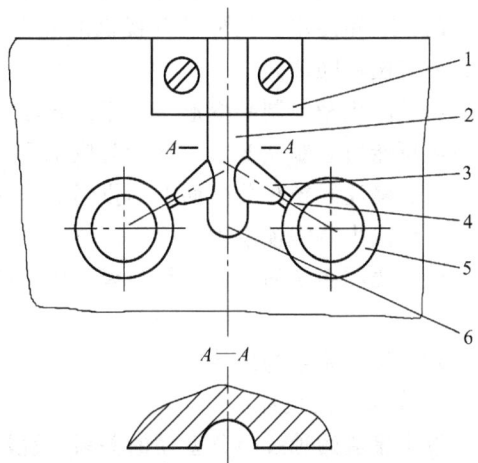

图 5-20 直角式注射机用模具的普通浇注系统
1—镶块 2—主流道 3—分流道
4—浇口 5—型腔 6—冷料穴

（2）分流道 分流道是介于主流道和浇口之间的一段流道。它是熔体由主流道流入型腔的过渡段通道，也是使浇注系统的截面变化和熔体流动转向的过渡通道。

（3）浇口 浇口是分流道与型腔之间最狭窄短小的一段。浇口既能使由分流道流进的熔体产生加速，形成理想的流动状态而充满型腔，又便于注射成型后的制品与浇口分离。

（4）冷料穴 注射成型操作是周期性的。在注射间歇时间内，喷嘴口部有冷料产生，为了防止在下一次注射成型时，将冷料带进型腔而影响制品质量，一般在主流道或分流道的末端设置冷料穴，以储藏冷料并使熔体顺利地充满型腔。

三、浇注系统设计的基本原则

设计注射模的过程中，浇注系统的设计是一个重要环节。设计正确性直接影响成型过程和制品质量。设计时应遵循以下基本原则：

（1）适应塑料的工艺特性 为此，应深入了解塑料的工艺特性，分析浇注系统对塑料熔体流动的影响，以及在充模、保压补缩和倒流各阶段中，型腔内塑料的温度、压力变化情况，以便设计出适合塑料工艺特性的理想的浇注系统，保证塑料制品的质量。

（2）排气良好 排气的顺利与否直接影响成型过程和制品质量。不能顺利排气会使注射成型过程充型不满或产生明显的熔接痕等缺陷。因此，浇注系统应能顺利地引导熔体充满型腔，并在填充过程中不产生紊流或涡流，使型腔内的气体能顺利地排出。

（3）流程要短 在保证成型质量和满足良好排气的前提下，尽量缩短熔体的流程和减少拐弯，以减少熔体压力和热量损失，保证必须的充填型腔的压力和速度，缩短填充及冷却时间，缩短成型周期，从而提高效率，减少塑料用量；提高熔接痕强度，或使熔接痕不明显。对于大型塑料制品可采用多浇口进料，从而缩短流程。

（4）避免料流直冲型芯或嵌件 高速熔体进入型腔时，要尽量避免料流直冲小型芯或嵌件，以防型芯和嵌件变形和位移。

（5）修整方便 保证制品外观质量 设计浇注系统时要结合制品大小、结构形状、壁厚及技术要求，确定浇注系统的结构形式、浇口数量和位置。做到去除、修整浇口方便，无损制品的美观和使用。例如，电视机的外壳，浇口绝不能开设在对外观有严重影响的外表面上，而应设在隐蔽处。

（6）防止塑料制品变形 由于冷却收缩的不均匀性或需要采用多浇口进料时，浇口收缩等原因可能引起制品变形，设计时应采取必要措施以减少或消除制品变形。

（7）浇注系统在分型面上的投影面积应尽量小，容积也应尽量少 这样既能减少塑料耗量，又能减小所需锁模力。

（8）浇注系统的位置尽量与模具的轴线对称，浇注系统与型腔的布置应尽量减小模具的尺寸。

四、浇注系统的设计

1. 主流道的设计

按主流道的轴线与分型面的关系，浇注系统有直浇注系统和横浇注系统。在卧式和立式注射机中，主流道轴线垂直于分型面，属于直浇注系统，如图 5-19 所示；在直角式注射机中，主流道轴线平行于分型面，属于横浇注系统，如图 5-20 所示。

主流道一般位于模具中心线上，它与注射机喷嘴的轴线重合，以利于浇注系统的对称布置。主流道一般设计得比较粗大，以利于熔体顺利地向分流道流动，但不能太大，否则会造成塑料消耗增多。反之，主流道也不宜过小，否则熔体流动阻力增大，压力损失大，对充模不利。因此，主流道尺寸必须恰当。通常对于粘度大的塑料或尺寸较大的制品，主流道截面尺寸应设计得大一些；对于粘度小的塑料或尺寸较小的制品，主流道截面尺寸设计得小一些。

直浇注系统主流道结构及尺寸参数如图 5-12a 所示。主流道横截面形状通常采用圆形截面。为了便于流道凝料的脱出，主流道设计成圆锥形，其锥度 $\alpha = 2° \sim 6°$，内壁粗糙度 Ra 小于 $0.4\mu m$，小端直径 D 一般取 $3 \sim 6mm$（参见表 5-4）且大于机床喷嘴直径 $d = 0.5 \sim 1mm$，主流道的长度由定模座厚度确定，一般 L 不超过 $60mm$。

表 5-4 主流道 D 推荐值 （单位：mm）

塑料 \ 注射机 m_0/g	10	30	60	125	250	500	1000
聚乙烯（PE）聚苯乙烯（PS）	3	3.5	4	4.5	4.5	5	5
ABS 有机玻璃（PMMA）	3	3.5	4	4.5	4.5	5	5
聚碳酸酯（PC）聚砜（PSF）	3.5	4	4.5	5	5	5.5	5.5

主流道大端与分流道相接处应有过渡圆角（通常 r' 取 $1 \sim 3mm$）以减少料流转向时的阻力。

由于主流道需要与高温塑料和喷嘴频繁接触与相碰，设置主流道衬套是很有必要的。尤其当主流道需要穿过几块模板时更应设置主流道衬套，否则在模板接触面可能溢料，致使主流道凝料难以取出。主流道衬套的结构形式如图 5-21 所示。其中图 5-21d 适用于注射机喷嘴头部为平头的结构形式；其余适用于喷嘴头部为球形的结构形式。图 5-21a、图 5-21b、图 5-21d 衬套的凸缘即为定位圈。定位圈高度 $H = 5 \sim 10mm$，大型模具取 $H = 15mm$。

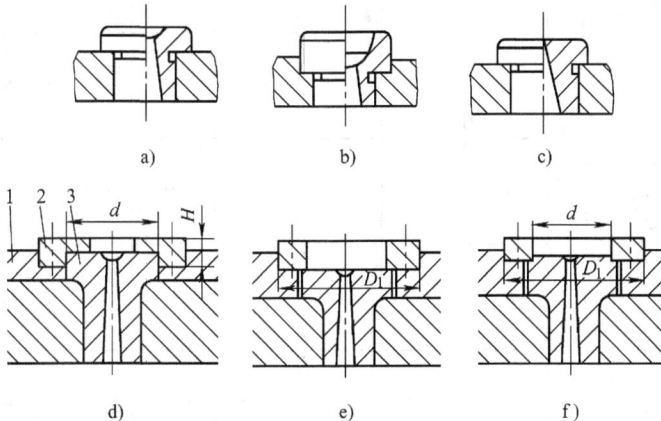

图 5-21 主流道衬套与定位圈
1—定模板 2—定位圈 3—主流道衬套

主流道衬套与注射机固定模板和喷嘴配合如图 5-12a 所示。应该注意的是主流道衬套常因受到型腔或分流道塑料的反压力而脱出，因而衬套与定模座板连接必须可靠，反压力很大时，可以设计成图 5-21e、图 5-21f 的结构。

2. 分流道的设计

对于小型塑料制品的单型腔注射模一般不设置分流道，只是在制品尺寸大，需要采用多浇口进料的注射模或多型腔模需设分流道。分流道应使熔体较快地充满整个型腔，流动阻力小，熔体降温少，并且能将熔体均衡地分配到各个型腔。

（1）分流道截面形状和尺寸 常见的分流道的横截面形状如图 5-22 所示。根据流体力学和传热学原理可知，在同等的过流横截面面积的条件下，横截面为正方形的流动阻力最大，传热最快，热量损失最大，因此对热塑性塑料注射模而言，不宜采用正方形的分流道。而圆形横截面流动阻力最小，热量损失最小，熔体降温也最慢，因而，对热塑性塑料注射模而言，分流道截面形状宜采用圆形。但从加工来说，它需要同时在动模和定模上开设半圆截面，要使两者完全吻合，制造较困难。梯形截面（图 5-22b）、U 形截面（图 5-22c）分流道，加工容易，且热量散失和流动阻力也不大。梯形截面尺寸比例为 $h = 2x_1/3$，$x = 3x_1/4$。或采用斜边与分型线的垂线呈 $5° \sim 10°$ 的斜角。也可按表 5-5 所推荐的尺寸确定。半圆形和矩形截面的分流道（图 6-22d、图 6-22e）比表面积较大，较少采用。

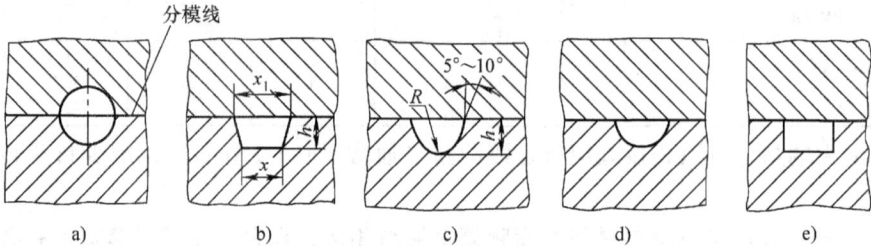

图 5-22 分流道横截面形状

表 5-5 常用分流道横截面及其尺寸 （单位：mm）

	d	5	6	(7)	8	(9)	10	11	12
	R	2.5	3	(3.5)	4	(4.5)	5	5.5	6
	h	6	7	(8.5)	10	(11)	12.5	13.5	15
	x_1	5	6	(7)	8	(9)	10	11	12
	R	1~5	1~5	(1~5)	1~5	(1~5)	1~5	1~5	1~5
	h	3.5	4	(4.5)	5	(6)	6.5	7	8

注：表中带括号的尺寸尽量少用。

分流道截面尺寸应按塑料制品的体积、制品形状和壁厚、塑料品种、注射速率、分流道长度等因素确定。若截面过小，在相同注射压力下，使充模时间延长，制品易出现缺料及波纹缺陷；截面过大，会积存较多空气，制品容易产生气泡，而且流道凝料增多，冷却时间增长。圆形截面分流道直径 d 一般取 $2\sim12mm$，一般比主流道的大端略小些，即 $d=D-$（$1\sim2$）mm。流动性好的塑料（如聚乙烯、尼龙等）可取较小截面，对流动性差的聚碳酸酯、聚砜等，应取较大截面。

（2）分流道的布置　在多型腔注射模具中，要求由各型腔成型的制品表面质量和内部性能差异不大，这就必须保证各型腔在成型制品时工艺条件相同。为此分流道的布置形式应能达到如下要求：从主流道来的熔体能均衡到达各浇口并同时充满各型腔。分流道的布置取决于型腔的布局。型腔与分流道的排列有平衡式和非平衡式两种。

平衡式布局如图 5-23 所示，是指分流道的长度、截面形状和尺寸都相同，各个型腔同时均衡地进料，同时充满型腔。显然对成型同一种制品的多型腔模，分流道以平衡式为佳。

当型腔数较多时，在有限的模具尺寸内，不易做到各分流道平衡布置和流程一致，通常采用如图 5-24 所示的非平衡式布置。所谓非平衡式布置是指分流道截面形状和尺寸相同，但分流道长度不同，成型过程中充满型腔有先后，难以实现均衡进料。当然也可以通过调节各浇口的截面尺寸来实现均衡进料，但这种方法比较麻烦，需要多次试模和修整才能实现，故不适用于模塑精度较高的制品。非平衡式布局的分流道的优点是能缩短分流道的长度。

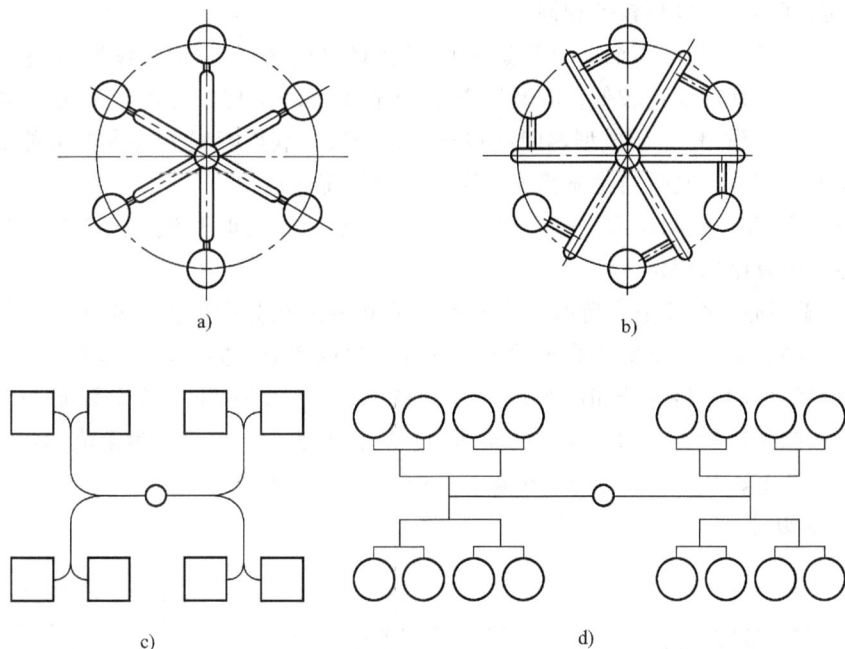

图 5-23　平衡式分布的分流道

（3）分流道设计应注意的问题

1）分流道与型腔排列要紧凑，以减小模具尺寸和缩短流程，使熔体到达浇口时，温度和压力降低最少。

2）分流道对熔体流动阻力要最小，流道凝料要最少。但减少流动阻力和减少流道凝料是有矛盾的，应在保证熔体充满型腔的情况下，力求缩短流道，特别是对小型制品显得更重要。流道过长，既使模具尺寸加大，增加料耗，又使熔体进入型腔之前降温降压太多。

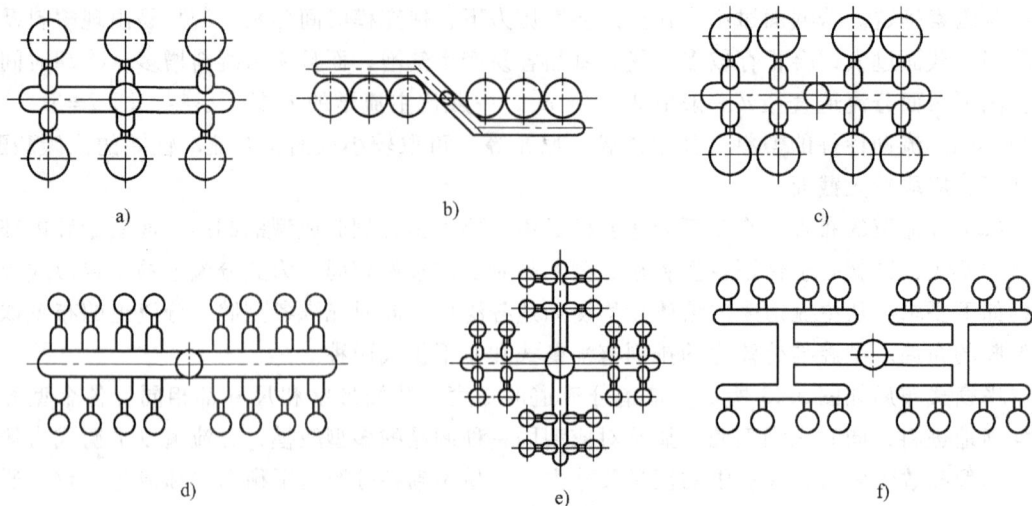

图 5-24 非平衡式分布的分流道

3）分流道的设计应能保证各型腔均衡地进料，为此，同一模具成型同一制品时，各分流道截面积和长度应相等；当同一模具成型不同制品时，各分流道的截面积和长度应与制品相适应，以保证各型腔成型条件相同。

4）对于成型热塑性塑料时，分流道表面不必修得很光滑，Ra 一般为 $1.6\mu m$ 即可，这样，流道内料流的外层流速较低，容易冷却而形成固定表皮层，有利于流道保温（相当于外层塑料起绝热层作用）。而成型热固性塑料时，分流道表面粗糙度要求尽可能低。因为热固性塑料注射成型时，其分流道不需要也不会形成固定表层。

5）分流道可开设在动模或定模，也可以在动模和定模同时开设。这主要是根据塑料特性、加工性和模具结构而定。

6）在考虑型腔与分流道布置时，最好使制品和流道在分型面上总投影面积的几何中心和锁模力的中心相重合。这对于合模的可靠性和合模机构受力的均匀性都有利。

分流道和浇口的连接部分如图 5-25 所示。图 5-25a、图 5-25b 中在分流道与浇口的连接处采用斜面和圆弧过渡，有利于熔体的流动及填充，不然会使料流产生紊流和涡流，使充模条件恶化。图 5-25c 为分流道与浇口在宽度方向的连接情况。

3. 浇口的设计

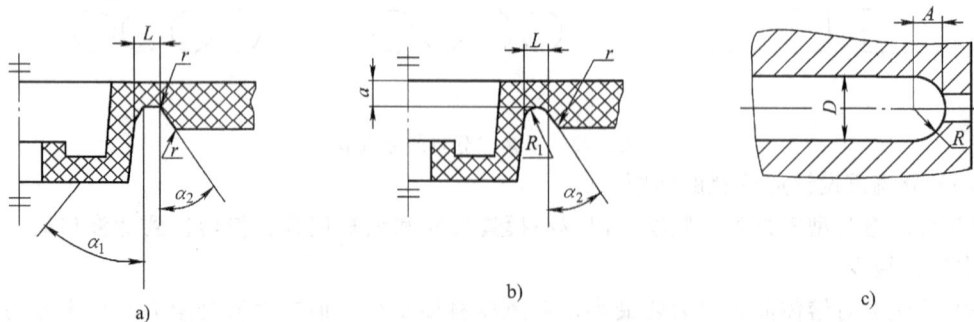

图 5-25 分流道与浇口的连接形式

$\alpha_1 = 45°$ $\alpha_2 = 30° \sim 45°$ $r = 0.5 \sim 2mm$ $R_1 = 1 \sim 2mm$ $R = D/2$ $L = 0.2 \sim 7mm$

浇口的基本作用是使从分流道来的熔体产生加速，以快速充满型腔。由于一般浇口尺寸比型腔部分小得多，所以总是首先凝固，只要保压时间足够，凝固封闭后的浇口就能防止熔料倒流，而且也便于浇口凝料与制品的分离。

浇口在大多数情况下是整个浇注系统中截面最小的部分（除直接浇口外）。当熔体通过狭小浇口时，其剪切速率增高，同时由于摩擦作用，熔体温度升高，熔体粘度降低，流动性提高，有利于充填型腔，获得外形清晰的塑料制品。

浇口形式、大小、数量及位置的确定在很大程度上决定了制品质量好坏，也影响成型周期的长短。一般来说，小浇口优点较多，应用较广泛。其优点是可以增加熔体通过的流速，充模容易，这对于塑料熔体粘度对剪切速率较敏感的塑料，如聚乙烯、聚苯乙烯、ABS 等尤其有利；小浇口对熔体有较大的摩擦阻力，结果使熔体温度明显上升，粘度降低，流动性增加，有利于薄壁复杂制品的成型；小浇口可以控制并缩短保压补缩时间，以减少制品内应力，防止变形和破裂，这是由于浇口尺寸大，延长浇口冷凝时间，型腔内有很大的补缩压力，使制品内应力增大，尤其浇口附近，而小浇口能正确控制补缩时间，适时封闭浇口，从而提高制品质量；对于多型腔模具，小浇口可以做到各型腔同时充模，使制品性能一致；小浇口便于流道凝料与制品的分离，便于自动切断浇口，便于修整制品，痕迹小；小浇口的缺点是熔体流动阻力大，压力损失大，会延长充模时间，因而对于高粘度的塑料的成型和收缩率大，要求补缩作用强的塑料，以及热敏性塑料的成型，其浇口尺寸不宜过小。浇口截面尺寸过小，压力损失大，冷凝快，补缩困难，会造成制品缺料，缩孔等疵病，甚至还会产生熔体破裂形成喷射现象，制品表面出现凹凸不平。尤其是热敏性塑料如聚氯乙烯，浇口尺寸过小时，在浇口处塑料会过热，从而导致塑料变质。在这种情况下，浇口截面应适当增大，但浇口过大，注射速度降低，熔体温度下降，制品可能产生明显的熔接痕和表面云层现象，因此，浇口尺寸必须根据塑料特性、制品结构及尺寸等确定。

（1）浇口类型、特点及应用　注射模的浇口结构形式较多。按浇口宽度大小可分为窄浇口和宽浇口；按浇口特征可分为非限制浇口（又称直接浇口，或主流道型浇口）和限制浇口；按浇口所在制品中的位置可分为中心浇口和侧浇口；按浇口形状可分为扇形浇口、环形浇口、盘形浇口、轮辐式浇口、薄片式浇口、点浇口；按浇口的特殊性可分为潜伏浇口（又称隧道式浇口或剪切浇口）、护耳浇口（又称调整片式浇口或分接式浇口）等。

1）直接浇口。又称主流道型浇口，如图 5-26 所示。其特点是，熔体通过主流道直接进入型腔，流程短，进料快、流动阻力小，传递压力好，保压补缩作用强，有利于排气和消除熔接痕。同时浇注系统耗料少，模具结构简单而紧凑，制造方便，因此应用广泛。但去除浇口不便，制品上有明显的浇口痕迹，浇口部位热量集中，型腔封口迟，内应力大，易产生气孔和缩孔等缺陷。

采用直接浇口的模具为单型腔模具，适用于成型深腔的壳体形或箱形制品，不宜用于成型平薄或容易变形的制品；适合于各种塑料的注射成型，尤其对热敏性塑料及流动性差的塑料成型有利，但对结晶型塑料或容易产生内应力和变形的塑料成型不利。成型薄壁制品时，根部直径 d 不超过制品壁厚的两倍。

2）中心浇口。中心浇口是直接浇口的变异形式，熔体直

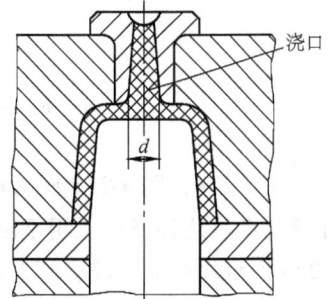

图 5-26　直接浇口

接从中心流向型腔。它具有与直接浇口相同的优点，但去除浇口较方便。当制品内部有通孔时，可利用该孔设分流锥，将浇口设置于制品的顶端。这类浇口一般用于单型腔注射模，适用于圆筒形，圆环形或中心带孔的制品成型。根据制品形状大小，它有多种变异形式，如图5-27 所示。

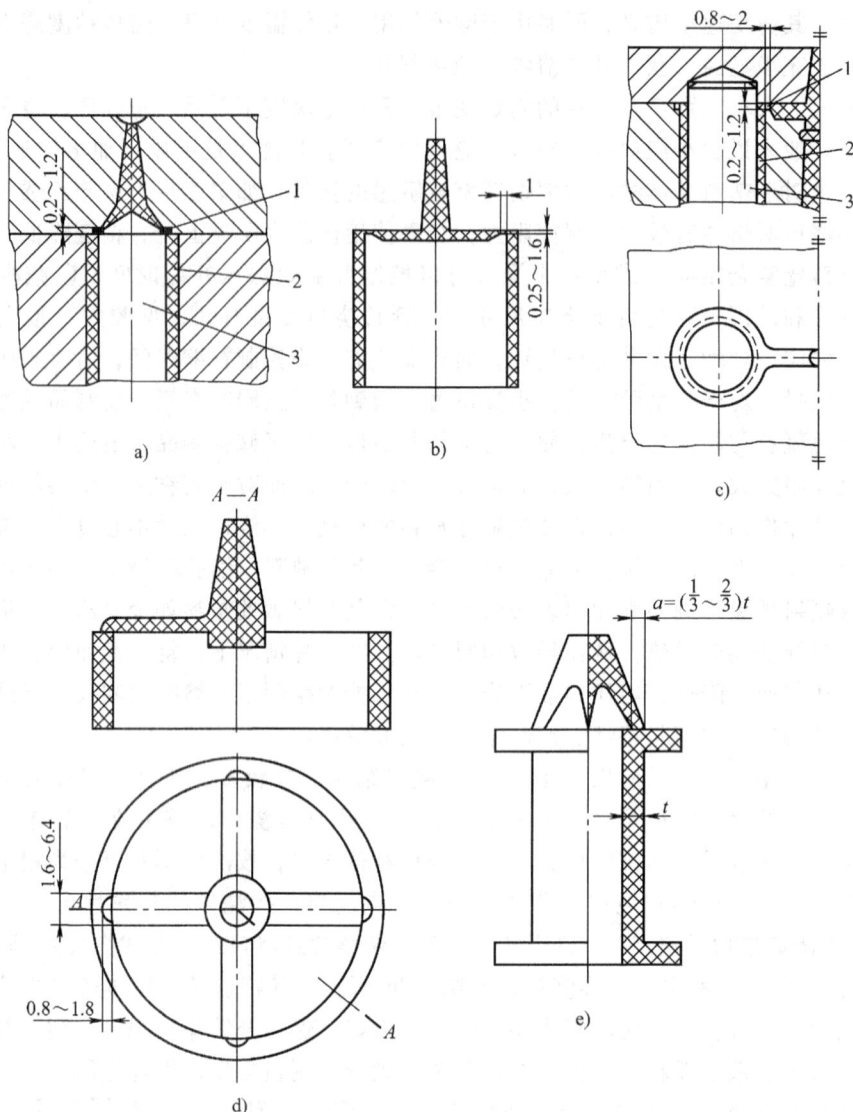

图 5-27　中心浇口

a)、b) 盘形浇口　c) 环形浇口　d) 轮辐式浇口　e) 爪形浇口

1—浇口　2—制品　3—型芯

图 5-27a、图 5-27b 所示称盘形浇口，它具有进料均匀，不容易产生熔接痕，排气条件好等优点。这种浇口适用于圆筒形或中间带有比主流道直径大的孔的制品成型。其中采用图5-27a 所示浇口时，模具型芯还能起分流作用，充模条件较理想，但料耗较多。图5-27c 所示为旁侧进料的环形浇口。这种浇口可使熔体环绕型芯均匀进料，避免了单侧进料可能产生的熔接痕。当模具中有细长型芯时，其两端固定，提高了型芯刚度，保证制品壁厚均匀。这

种浇口主要用于成型长管类制品的多型腔注射模。盘形和环形浇口凝料去除较难,常用切削加工方法去除,有时可用冲切法去除。

轮辐式浇口如图 5-27d 所示,它是将整个圆周进料改成几个小段圆弧形进料,去除浇口方便,且浇注系统的凝料少。但制品容易产生熔接痕,从而影响了制品的强度与外观。这种浇口适用于圆筒形、扁平和浅杯形制品的成型。

爪形浇口如图 5-27e 所示,它是轮辐式浇口变异形式。主要用于高管形或同轴度要求较高,而且其中心孔的直径较小的制品成型。它除了具有中心浇口的共同特点外,型芯具有定位作用,避免了型芯的弯曲变形,保证了制品内外形同轴度和壁厚均匀性,因浇口尺寸较小,去除浇口方便,但制品也容易产生熔接痕。

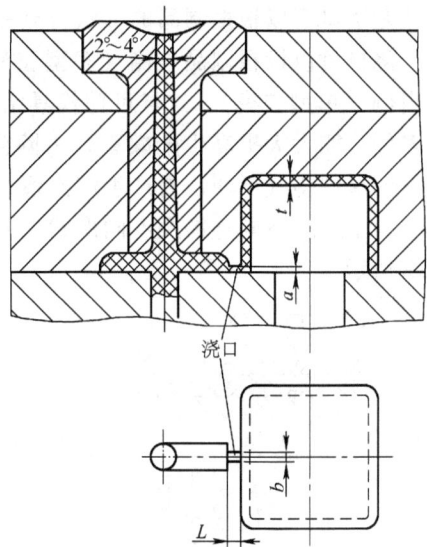

图 5-28 侧浇口

3)侧浇口。它又称边缘浇口。如图 5-28 所示,一般情况下,侧浇口均开设在模具的分型面上,从制品侧面边缘进料。它能方便地调整浇口尺寸控制剪切速率和浇口封闭时间,是被广泛采用的一种浇口形式。它的截面形状通常采用矩形,热塑性塑料注射模侧浇口尺寸见表 5-6。

表 5-6 侧浇口尺寸 （单位：mm）

塑　料	壁厚 t	制品复杂性	厚度 a	宽度 b	长度 L
聚乙烯	< 1.5	简　单	0.5 ~ 0.7	中小型制品 (3 ~ 10) a	0.7 ~ 2
		复　杂	0.5 ~ 0.6		
聚丙烯	1.5 ~ 3	简　单	0.6 ~ 0.9		
		复　杂	0.6 ~ 0.8		
聚苯乙烯	> 3	简　单	0.8 ~ 1.1		
		复　杂	0.8 ~ 1.0		
有机玻璃	< 1.5	简　单	0.6 ~ 0.8	大型制品 > 10a	
		复　杂	0.5 ~ 0.8		
ABS	1.5 ~ 3	简　单	1.2 ~ 1.4		
		复　杂	0.8 ~ 1.2		
聚甲醛	> 3	简　单	1.2 ~ 1.5		
		复　杂	1.0 ~ 1.4		
聚碳酸酯	< 1.5	简　单	0.8 ~ 1.2	中小型制品 (3 ~ 10) a	0.7 ~ 2
		复　杂	0.6 ~ 1.0		
聚苯醚	1.5 ~ 3	简　单	1.3 ~ 1.6		
		复　杂	1.2 ~ 1.5		
聚砜	> 3	简　单	1.0 ~ 1.6	大型制品 > 10a	
		复　杂	1.4 ~ 1.6		

侧浇口可以根据制品的形状特点和充模需要，灵活地选择浇口的位置。如框形或环形制品，浇口可以设在制品外侧（多型腔模）。而当其内孔有足够位置时，可将浇口位置设在制品内侧（单型腔模），这样可使模具结构紧凑，流程缩短，改善成型条件。侧浇口适用于一模多件，能大大提高生产效率，去除浇口方便，但压力损失大，保压补缩作用比直接浇口小，壳形件排气不便，易产生熔接痕、缩孔及气孔等缺陷。

为了适应不同塑料及不同形状尺寸的制品的成型需要，侧浇口又有两种变异形式，如图 5-29 所示。

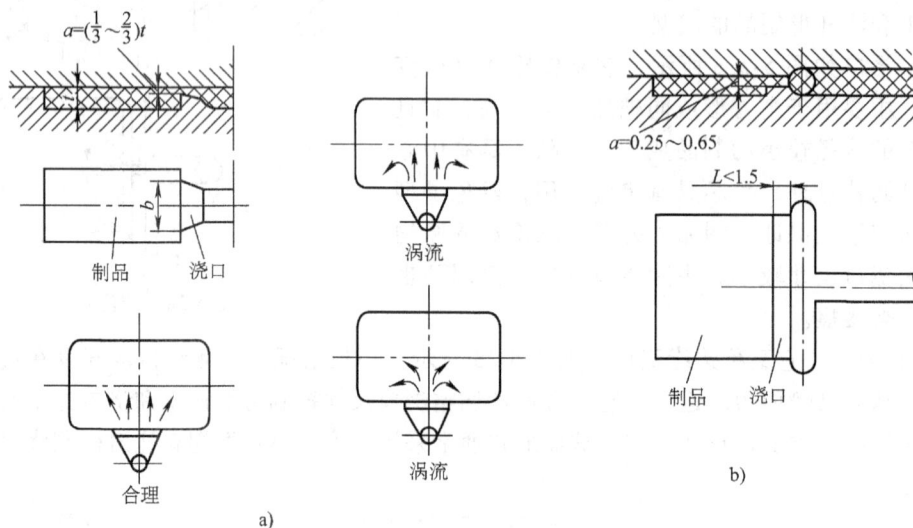

图 5-29　侧浇口的变异形式
a）扇形浇口　b）薄片浇口

图 5-29a 所示为扇形浇口，它常用来成型宽度较大的薄片状制品，如标尺、盖板、托盘等。其流程较短，效果较好。扇形浇口沿进料方向逐渐变薄变宽，与制品连接处为最薄，熔体均匀地通过长约 1mm 的台阶进入型腔；同时浇口宽度在与制品连接处为最宽，形成扇形，其扇形角大小以不产生涡流为原则。浇口的厚度由制品的形状，尺寸及塑料特性来定，一般 $a = 0.25 \sim 1mm$，或取制品厚度 t 的 $1/3 \sim 2/3$。但浇口的截面积应小于分流道截面积。这种浇口的特点是熔体进入型腔速度较均匀，可降低制品的内应力和减少带入空气的可能性，去除浇口方便。这种浇口适用于一模多型腔的场合。

图 5-29b 所示为薄片式浇口，它又称为平缝式浇口或宽薄浇口。熔体通过特别开设的平行流道，以较低的线速度呈平行流态均匀地进入型腔。因而制品的内应力小，尤其是减少了因高分子取向而产生的翘曲变形，并减少了气泡和流纹等缺陷。由于浇口厚度 a 很小，一般取 $a = 0.25 \sim 0.65mm$，因而熔体通过薄片浇口颈部时，使熔体剪切摩擦升温而进一步塑化。成型后的制品表面光泽清晰，但去除浇口工作量大，且浇口残痕明显。其宽度取型腔宽的 75% ~ 100% 或更宽，浇口台阶长度 L 不大于 1.5mm，一般取 0.6 ~ 0.7mm。

这种浇口特别适用于成型透明平板类制品，如仪表面板，各种表面装饰板。

4）点浇口。点浇口又称针浇口、橄榄形浇口或菱形浇口，如图 5-30、图 5-31 所示。这是一种进料口尺寸很小的特殊形式的直接浇口；是典型的小浇口，具有上述小浇口的特点。其优点是去除浇口后，制品上留下的痕迹不明显，开模后可自动拉断，但模具应设计成双分型面（三板式）模，以便脱出流道凝料。

点浇口的进料口直径常取 $\phi 0.5 \sim \phi 1.8 mm$，视塑料性质和制品质（重）量而定。浇口长度常取 $0.8 \sim 1.2 mm$。其主流道尺寸和侧浇口的主流道尺寸一样。图5-31为典型结构，其中图5-31a为常用结构，图5-31b与点浇口相接的流道下部具有圆弧 R（一般取 $R = 1.5 \sim 3 mm$），使其截面积增大，减缓塑料冷却速度，有利于补料，效果较好，但制造困难。为了减小流动阻力，浇口与制品相接处采用圆弧或倒角过渡（图5-31c、图5-31d）。

对于薄壁制品，由于在点浇口附近的剪切速率过高，造成分子高度定向，增加局部应力，甚至发生开裂现象。在不影响制品使用的前提下，可将浇口对面的制品壁厚增

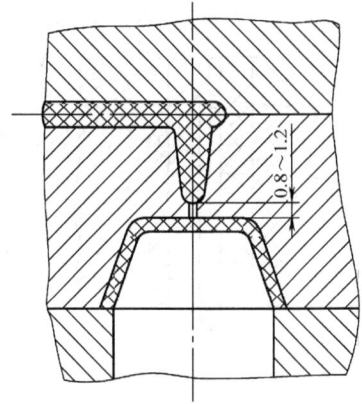

图5-30　点浇口

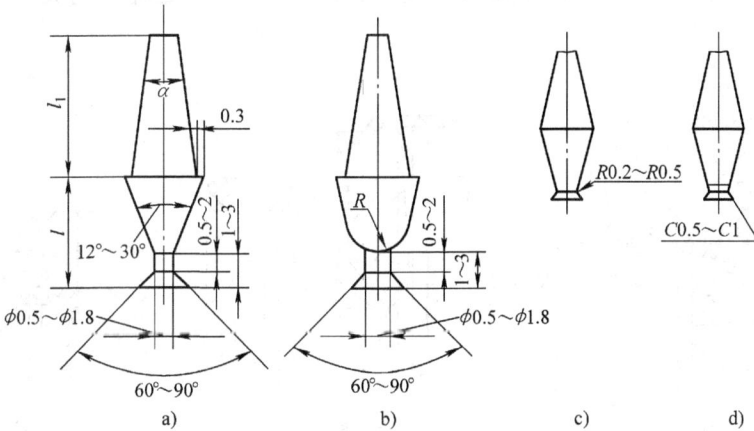

图5-31　点浇口的典型结构

加，并呈圆弧形过渡，就可防止上述现象的发生，如图5-32所示。

对于大型制品的成型，可以设置几个点浇口同时进料，以便缩短流程，加快注射速率，降低流动阻力，减少翘曲变形。

5）潜伏式浇口。潜伏式浇口又称隧道式浇口或剪切浇口。这种浇口流道设置在分型面上，浇口设在制品侧面不影响外观的隐蔽部位（图5-33），

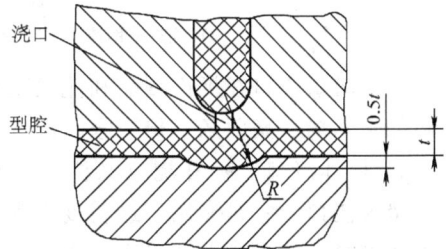

图5-32　薄壁制品用点浇口

并与流道成一个角度（一般不超过45°），潜入分型面下面（或上面），斜向进入型腔，形成能切断浇口的刀口。开模时，流道凝料由推出机构推出，并与制品自动切断（图5-33c），省掉了切除浇口的工序。图5-33属于外侧潜伏浇口，潜伏浇口直径取 $\phi 0.8 \sim \phi 1.2 mm$，斜角为 $30° \sim 45°$。

图5-34为内侧潜伏浇口。其中图5-34a浇口设在推杆头部，即推杆头部切去一部分作为辅助流道，熔体流经这种浇口时的压力损失比外侧潜伏浇口大，因此当出现缩孔时，则必须加大注射压力。设计时，推杆应设置防止转动机构，否则推杆辅助流道将被封闭，无法进

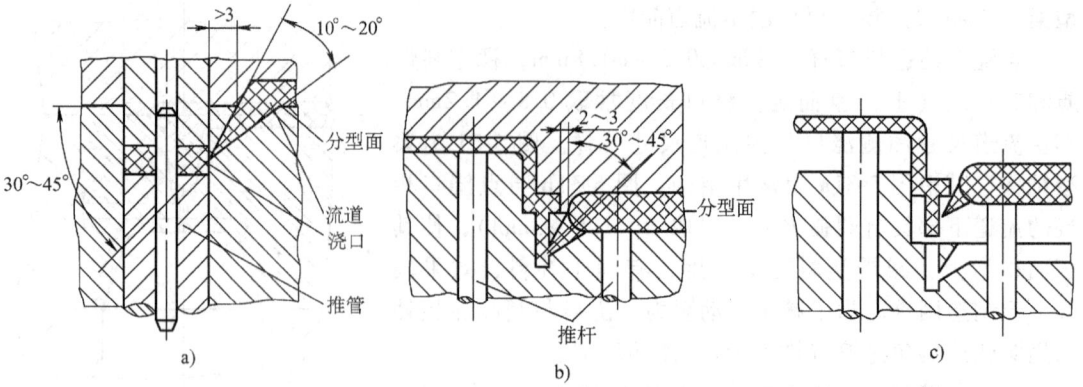

图 5-33 外侧潜伏式浇口

a) 成型轴套类零件 b) 成型盒类零件 c) 推出制品切断浇口

料。图 5-34b 为推出制品切断浇口的状态。图 5-34c 为型芯上设置辅助流道的内潜伏浇口结构。

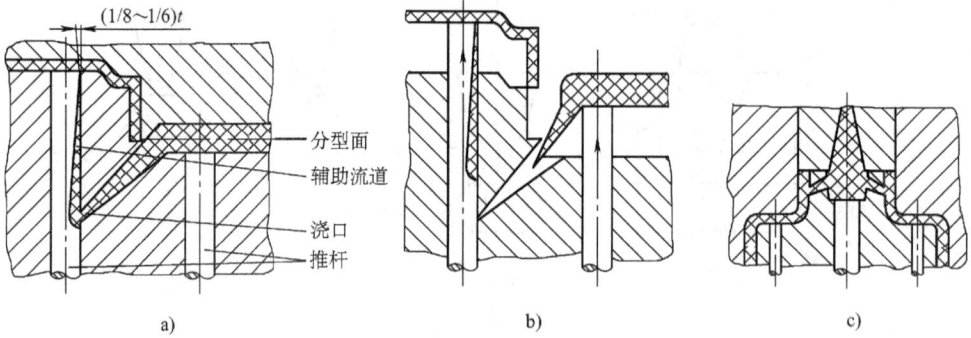

图 5-34 内侧潜伏式浇口

a) 推杆辅助流道 b) 推出制品切断浇口 c) 型芯上设辅助流道

由于潜伏浇口在推出制品和流道凝料时，必须有较大的推力，因此这种浇口适用于软性塑料如聚乙烯、聚丙烯、聚甲醛、ABS 等的制品成型。对于强韧的塑料不宜采用。

6）护耳浇口。护耳浇口又称调整片式浇口或分接式浇口。它是专用于透明度高和要求无内应力的制品。这类制品如采用小浇口，熔体容易产生喷射，在制品上造成各种缺陷，或在浇口附近产生较大的内应力而引起制品翘曲变形。采用护耳浇口，就可克服上述缺陷。如图 5-35 所示为护耳浇口，熔体经过浇口进入护耳时，由于摩擦作用，温度升高，有利于塑料的流动，而且熔体经过与浇口垂直耳槽，冲击在护耳的对面壁上，降低了流速，改变了流向，形成平稳的料流均匀地进入型腔，保证了制品的外观质量。因浇

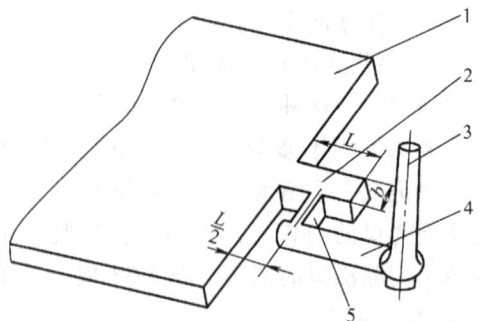

图 5-35 护耳浇口

1—制品 2—护耳 3—主流道
4—分流道 5—浇口

口离制品较远，使浇口处的残余应力不可能直接影响制品，因此，用护耳浇口成型的制品内应力较小。但浇口切除比较麻烦。主要适用于聚碳酸酯、ABS、有机玻璃和硬聚氯乙烯等流动性差和对应力较敏感的塑料制品成型。

护耳的宽度 b 通常等于分流道的直径，长度 L 为宽度 b 的 1.5 倍，厚度约为进口处制品厚度的 90%。浇口厚度与护耳的厚度相同，宽为 1.5~3.5mm，浇口长度在 1.5mm 以下（一般取 1mm）。当制品宽度大于 300mm 时可采用多个浇口和多个护耳。

（2）浇口横截面形状及尺寸 浇口截面形状随着浇口的类型不同有所不同，常见的有矩形和圆形，这是因为矩形和圆形的形状和尺寸精度容易保证，加工方便。因而这两种应用较广。

一般浇口截面积与分流道的截面积之比为 0.03~0.09。在截面积相同的情况下，浇口厚度的大小对料流压力损失和流速的大小、对成型难易和气体排出顺利与否关系很大。浇口的宽度影响进入型腔熔体的流态。合理宽度可避免熔体进入型腔时产生旋涡。浇口的表面粗糙度 Ra 不大于 0.4μm。

浇口尺寸应根据不同条件来决定，对于流动性差的塑料和尺寸较大、壁厚的制品，其浇口尺寸应取较大值，反之取较小值。通常在设计时选择较小的尺寸，通过试模逐步修改增大。

（3）浇口位置选择原则 浇口位置主要是根据制品的几何形状和技术要求，并分析熔体在流道和型腔中的流动状态、填充、补缩及排气等因素后确定。一般应遵循如下原则：

1）避免制品上产生缺陷。如果截面尺寸较小的浇口正对着一个宽度和厚度都较大的型腔，则高速的料流流过浇口时，由于受到很高的剪切应力作用。将会产生喷射和蠕动（蛇形流）等熔体断裂现象。这些喷射出的高度定向的细丝或断裂物很快冷却变硬，与后进入型腔的熔体不能很好熔合而使制品出现明显的熔接痕。有时熔体直接从型腔一端喷到另一端，造成折叠，使制品形成波纹状痕迹，如图 5-36 所示。此外，喷射还会使型腔内气体难以排出，形成气泡。克服上述缺陷的办法是，加大浇口截面尺寸或采用护耳浇口，或采用冲击型浇口，即浇口位置设在正对型腔壁或粗大型芯的方位，使高速料流直接冲击型腔和型芯壁上，从而改变流向，降低流速，平稳地充满型腔，使熔体断裂的现象消失，以保证制品质量。如图 5-37 所示。

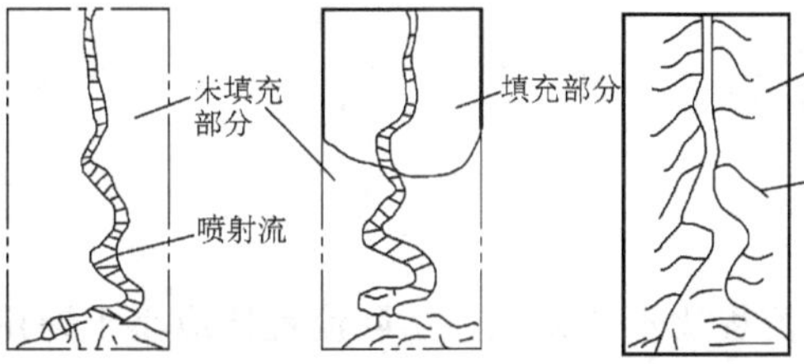

图 5-36 熔体喷射造成制品的缺陷 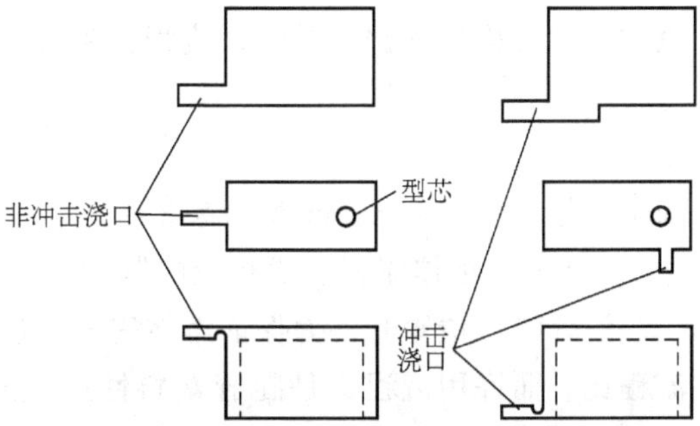　　图 5-37 冲击浇口克服熔体喷射现象

2）浇口开设的位置应有利于熔体流动和补缩。当制品的壁厚相差较大时，为了保证注射过程最终压力有效地传递到制品较厚部位以防止缩孔，在避免产生喷射的前提下，浇口的

位置应开设在制品截面最厚处，以利于熔体填充及补缩。如果制品上设有加强肋，则浇口可利用加强肋作为改善流动的通道。如图5-38所示制品，厚薄不均匀，图5-38a的浇口位置，由于收缩时得不到补料，制品会出现凹痕；图5-38b的浇口位置选在厚壁处，可以克服凹痕的缺陷；图5-38c为直接浇口，可以大大改善熔体充模条件，补缩作用大，但去除浇口凝料比较困难。

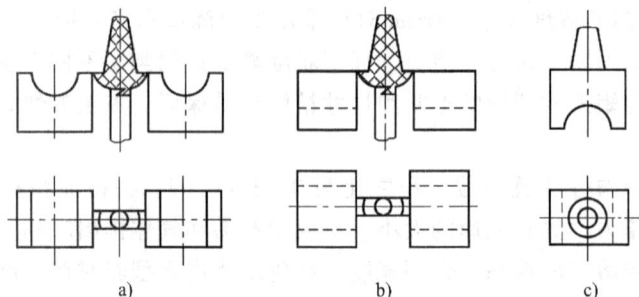

图5-38　浇口位置对制品收缩的影响

3）浇口位置应设在熔体流动时能量损失最小的部位。在保证型腔得到良好填充的前提下，应使熔体流程最短，流向变化最少，以减少能量的损失。如图5-39所示，其中图5-39a所示浇口位置，其流程长，流向变化多，充模条件差，且不利于排气，往往造成制品顶部缺料或产生气泡等缺陷。对这类制品，一般采用中心进料为宜，可缩短流程，有利于排气，避免产生熔接痕。图5-39b为点浇口；图5-39c为直接浇口。这两种均可克服图5-39a中可能产生的缺陷。

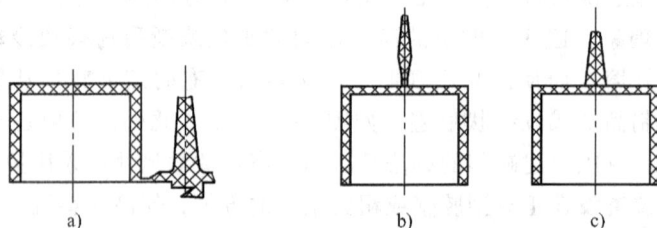

图5-39　浇口位置对填充的影响

在设计浇口位置时，必要时应进行流动比的校核，即熔体流程长度与厚度之比的校核，流动比也可称流程比。显然，流程比越大，充填型腔越困难。流程比可按下式计算，即

$$流程比 = \sum_{i=1}^{n} \frac{L_i}{t_i} \tag{5-18}$$

式中　L_i——熔体流程的各段长度；

　　　t_i——熔体流程各段相应的厚度。

设计浇口位置时，为保证熔体完全充型，因而流程比不能太大，实际流程比应小于许用流程比。而许用流程比是随着塑料性质、成型温度、压力、浇口种类等因素而变化的，表5-7为常用塑料流程比允许值，供参考。设计时，如果发现流程比大于允许值，则应改变浇口位置或增加制品的壁厚。

4）浇口位置应有利于型腔内气体的排出。如果进入型腔熔体过早地封闭排气途径，型腔内的气体就不能顺利排出，结果会在制品上形成气泡、疏松、甚至充不满、熔接不牢等缺

表 5-7 常用塑料的流动比允许值

塑料名称	注射压力 p/MPa	L/t	塑料名称	注射压力 p/MPa	L/t
聚乙烯	150	280 ~ 250	硬聚氯乙烯	130	170 ~ 130
聚乙烯	60	140 ~ 100	硬聚氯乙烯	90	140 ~ 100
聚丙烯	120	280	硬聚氯乙烯	70	110 ~ 70
聚丙烯	70	240 ~ 200	软聚氯乙烯	90	280 ~ 200
聚苯乙烯	90	300 ~ 280	软聚氯乙烯	70	240 ~ 160
聚酰胺	90	360 ~ 200	聚碳酸酯	130	180 ~ 120
聚甲醛	100	210 ~ 110	聚碳酸酯	90	130 ~ 90

陷，或者在注射时由于气体被压缩而产生高温，使塑料制品局部碳化烧焦。图 5-39a 就是一例。因此，在型腔最后充满处，应设排气槽。由于型腔各处的充模阻力不一致，熔体首先是充满阻力最小的空间，因此最后充满的地方不一定是在离浇口最远处，而往往是制品最薄处。如图 5-40 所示的盒形制品，由于侧壁厚度大于顶部，因此如按图 5-40a 所示设置浇口位置，在进料时，熔体沿侧壁流速比顶部的快，因而侧壁很快被充满，而顶部形成封闭的气囊，结果在顶部留下明显的熔接痕或烧焦的痕迹。图 5-40a 中的 A 处即为熔接痕。如果从排气角度出发，改用图 5-40c 所示的中心浇口，使顶部最先充满，最后充满的部位在分型面处。若不允许中心进料，仍采用侧浇口时，但顶部厚度应增大或侧壁厚度减小，如图 5-40b 所示，使料流末端在浇口对面的分型面处，以利于排气。另外，也可在顶部开设排气结构，如采用组合式型腔，利用配合间隙排气，或在空气汇集处镶入多孔的粉末冶金材料，利用微孔的透气作用排气，效果较好。

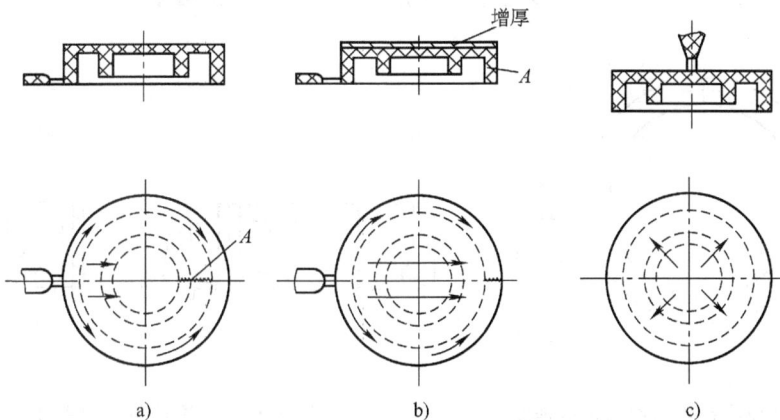

图 5-40 浇口位置对排气的影响

5）避免塑料制品产生熔接痕。严格来说，熔体在充型过程中都有料流间的熔接存在。我们的目标是增加熔接的强度，避免产生熔接痕，以保证制品的强度。产生熔接痕的原因很多，就浇口数目的设置而言，浇口数目多，产生熔接痕的机遇就多，如图 5-41 所示。因而在熔体流程不太长的情况下，如无特殊要求，最好不设两个或两个以上浇口。但浇口数多，料流的流程缩短，熔接的强度有所提高。这是因为熔接的强度与熔接时的料温有关，料温高熔接痕不明显、强度高；反之，熔接痕明显，且强度低。因此，对大型制品而言，采用多点进料有利于提高熔接的强度；对于大型板状制品，为了减少内应力和翘曲变形，必要时也设置多个浇口，如图 5-42 所示。在可能产生熔接痕的情况下，应采取工艺和模具设计的措施，增加料流熔接强度。如图 5-43 所示，在料流末端（产生熔接痕处）开设溢料槽，以便料流前锋的冷料溢出型腔外。避免产生熔接痕。

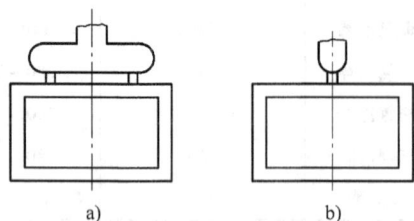

图 5-41 浇口数量对熔接痕数量的影响

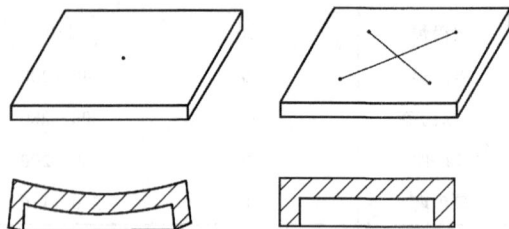

图 5-42 设置多浇口以减小变形

在模具设计时，可以通过正确设置浇口的位置来达到防止熔接痕的产生或控制料流熔接的位置。如图 5-44 所示的齿轮类制品，一般不允许有熔接痕存在，不然会产生应力集中，影响其强度。如图 5-44a 所示以侧浇口进料时，不但可能产生熔接痕迹，而且去除浇口时容易损伤齿部。改用图 5-44b 所示的中心浇口，不仅避免产生熔接痕，而且齿形也不会因清除浇口而受损。如图 5-45 所示为箱形壳体制品，浇口位置的不同，不仅影响流程长短，而且影响了熔接的方位和熔接的强度。图 5-45a 所示浇口位置，成型时熔体流程长，压力损失大，温度下降多，料流末端处已失去熔接能力，产生明显的熔接痕，强度低，图 5-45b 所示浇口位置，各处熔接条件差不多，有利于成型和熔接，但去除浇口较难。图 5-45c 所示浇口位置，流程较短，可在产生熔接痕处开设溢流槽，以增加熔接强度。

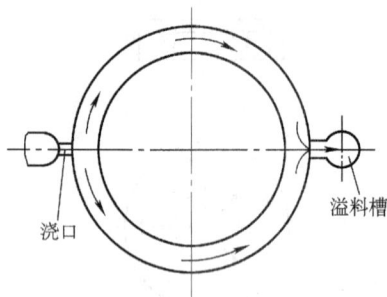

图 5-43 开设冷料槽以增加熔接强度

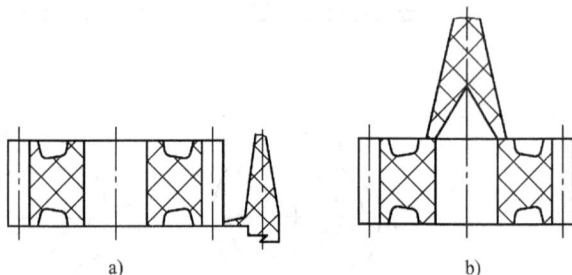

图 5-44 齿轮类制品的浇口位置

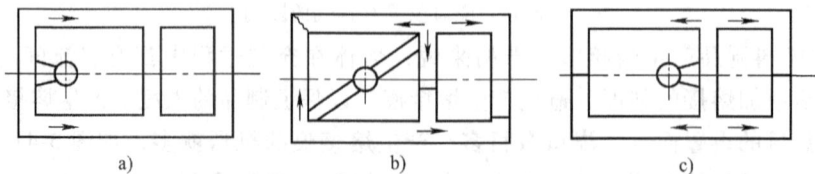

图 5-45 浇口位置与熔接痕的方位

6）防止料流将型芯或嵌件挤压变形。对于具有细长型芯的筒形制品，应避免偏心进料以防止型芯弯曲。图 5-46a 是单侧进料，料流单边冲击型芯，使型芯偏斜导致制品壁厚不均；图 5-46b 为两侧对称进料，可防止型芯弯曲，但与图 5-46a 一样，排气不良。采用图 5-46c 所示的中心进料，效果好。图 5-47 是材料为聚碳酸酯的矿灯壳体，当由顶部进料时，如果浇口较小（图 5-47a），因中部进料快，两侧进料慢，从而产生了侧向力 F_1 和 F_2，如型芯的长径比大于 5，则型芯会产生较大弹性变形，成型后，熔体冷凝，制品因难以脱模而破裂。图 5-47b 浇口较宽，图 5-47c 采用正对型芯的两个冲击型浇口，进料都比较均匀，可克服图 5-47a 缺点。

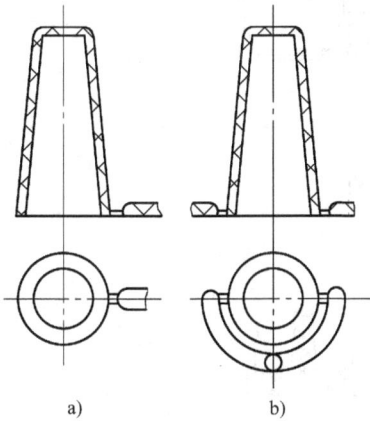

图 5-46　改变浇口位置防止型芯变形　　　　图 5-47　改变浇口形式和位置防止型芯变形

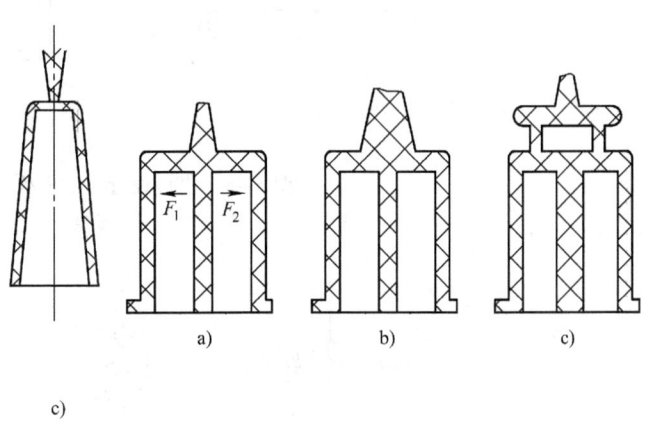

7）浇口位置的选择应考虑高分子取向对塑料制品性能的影响。注射成型时，应尽量减少高分子沿着流动方向上的定向作用，以免导致制品性能、应力开裂和收缩等的方向性，但要完全避免高分子在成型时的取向是不可能的，因而必须恰当设置浇口位置，尽量避免由于定向作用造成的不利影响，利用定向作用产生的有利影响。图 5-48a 是口部带有金属嵌件的聚苯乙烯制品，由于成型收缩使金属嵌件周围的塑料层产生很大的切向拉应力，如果浇口开设在 A 处，则高分子定向和切向拉应力方向垂直，该制品容易开裂。图 5-48b 为聚丙烯盒子，其"铰链"处要求达到几千万次弯折而不断裂，把浇口设在 A 处（两点），注射成型时，熔体通过很薄的铰链（约 0.25mm）充满盖部，在铰链处产生高度的定向，达到了经受几千万次弯折而不断裂的要求。

4. 冷料穴和拉料杆的设计

（1）冷料穴　冷料穴是用来储藏注射间歇期间喷嘴所产生的冷凝料头和最先射入模具浇注系统的温度较低的部分熔体。防止这些冷料进入型腔而影响制品质量，并使熔体顺利充满型腔。

图 5-49a、图 5-49b 中 A 处为直角式注射机用注射模的冷料穴，通常为主流道的延长部分。图 5-49c ~ 图 5-49e 中 A 处为卧式或立式注射机注射模的冷料穴，一般都设在主流道正面的动模板上，其直径稍大于主流道的大端直径。当分流道较长时，可在料流方向的末端延长一小段作为冷料穴，如图 5-49f 中的 A 处。应该指出，并非所有的注射模都需要开设冷料穴，有时由于塑料的工艺性能好和注射工艺条件控制得好，因而很少产生冷料，或制品要求不高，可以不必设置冷料穴。

（2）拉料杆　为了使主流道凝料能顺利地从主流道衬套中脱出，往往设置拉料杆，有许

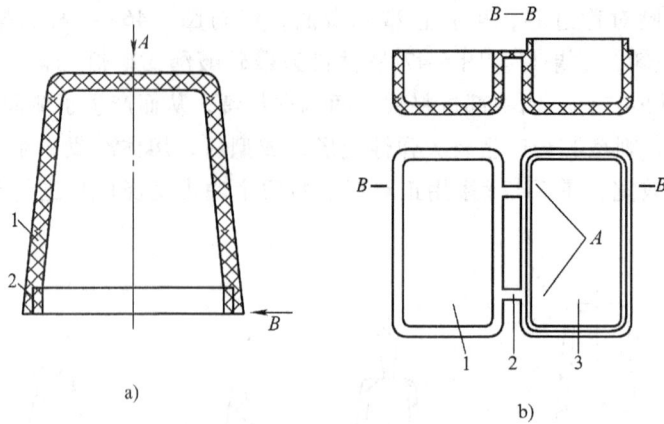

图 5-48　浇口设置对定向作用的影响
1—盖　2—"铰链"　3—盒

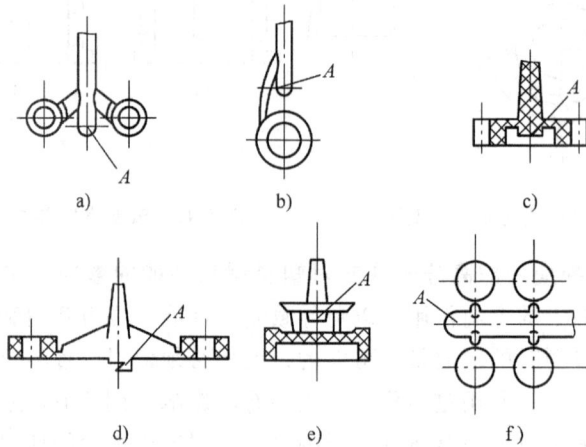

图 5-49　冷料穴

多拉料杆与冷料穴是有联系的。

常见的冷料穴与拉料杆结构形式有下列几种：

1）带钩形拉料杆和底部带推杆的冷料穴。图 5-50a 所示为带钩形（Z形）拉料杆的冷料穴。开模时，由于Z形将冷凝料钩住，使主流道凝料从主流道衬套中拔出。因拉料杆的另一端固定在推杆固定板上，所以在制品推出的同时将冷凝料从动模中推出。取出制品时，用手工朝着Z形的侧向稍加移动，就可将浇注系统和制品一起取下。这种拉料杆的结构尺寸见图 5-50a，这种拉料杆常与推杆、推管等推出机构同时使用。

属于同类型的有带推杆的倒锥形冷料穴（图 5-50b）和圆环槽冷料穴（图 5-50c），其冷凝料都是由固定在推杆固定板上的推杆推出。开模时，倒锥和圆环槽起拉料作用，然后利用推杆强制推出凝料。显然，这两种结构在取出主流道凝料时无需作横向移动，因而可实现自动化操作。但倒锥和圆环槽尺寸不宜太大，宜按图 5-50b、图 5-50c 所示确定尺寸。这两种结构适用于弹性较好的塑料成型。有时因受制品形状限制，在脱模时制品不能左右移动，在这种情况下，不宜用Z形拉料杆，而用这两种结构为宜。图 5-51 即为错误使用Z形拉料杆的例子。

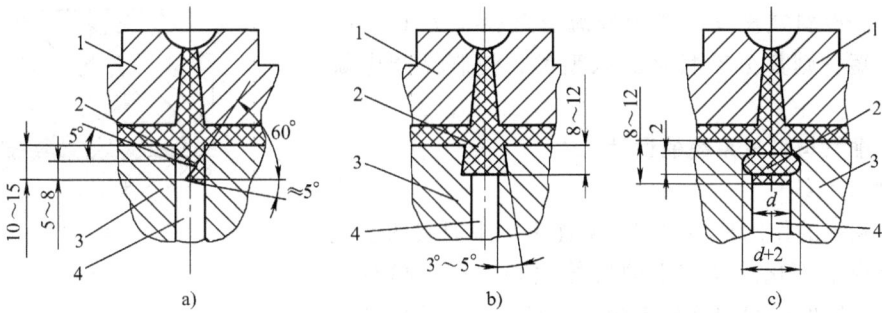

图 5-50　钩形拉料杆和底部带推杆的冷料穴
1—定模　2—冷料穴　3—动模　4—拉料杆（推杆）

2）带球头拉料杆的冷料穴。这种拉料杆用于制品以推件板推出的模具中，如图 5-52 所示。熔体进入冷料穴后，紧包在球头上，开模时，就可以将主流道凝料从主流道衬套中拉出。由于球头拉料杆的另一端固定在动模一边的型芯固定板上，并不随推件板而动，所以在推件板推动制品时就把流道凝料从球头上强行脱出，如图 5-52a 所示。为了减少球形头的制造难度，由球形拉料杆演变成菌形拉料杆（图 5-52b）和锥形拉料杆（图 5-52c）两种形式。锥形拉料杆无储存冷料作用，它是靠塑料收缩的包紧力而将主流道凝料脱出的，所以可靠性较差。但其锥形可起分流作用，常用于单型腔模成型带有中心孔的制品。

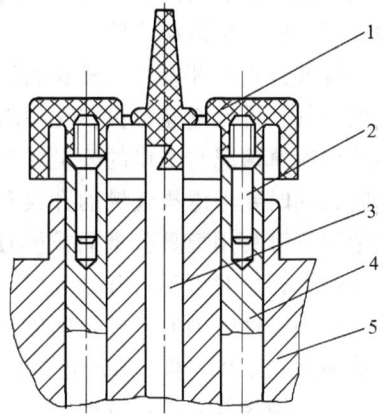

图 5-51　错误使用钩形拉料杆的例子
1—制品　2—螺纹型芯　3—拉料杆
4—推杆　5—动模

3）无拉料杆的冷料穴。这种冷料穴如图 5-53 所示，在主流道对面动模板上开一锥形凹坑，为了拉出主流道凝料，在锥形凹坑的锥壁上平行于另一锥边钻一个深度不大的小孔，开模时就利用小孔对凝料的带动作用，将主流道凝料从主流道衬套中拉出。推出时推杆顶在制品或分流道上，使凝料推出动模。为了使凝料在推出时产生斜向移动，分流道必须设计成 S 形或类似的带有挠性的形状，如图 5-53 所示。

分流道上的冷料穴通常布置在熔体流动方向的转折处，以便将冷料导入穴中存储，如图

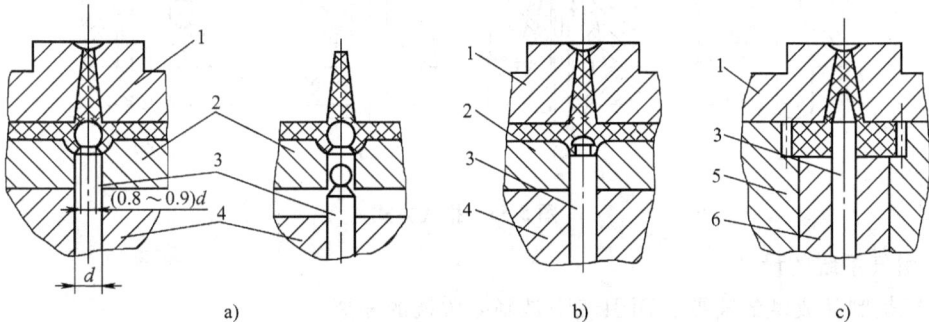

图 5-52　带球头拉料杆的冷料穴
1—定模　2—推件板　3—拉料杆　4—型芯固定板　5—凹模　6—推块

5-54 所示。冷料穴长度一般为分流道直径 d 的 $1.5 \sim 2$ 倍，若太短，则部分冷料将流入型腔，使制品产生缺陷。

五、排气与引气系统的设计

1. 排气系统

排气系统的作用是将型腔和浇注系统中原有的空气和成型过程中固化反应产生的气体顺利地排出模具之外，以保证注射过程的顺利进行。尤其是高速注射和热固性塑料注射成型，排气是很有必要的，否则，被压缩的气体所产生的高温将引起制品局部烧焦碳化或产生气泡，还可能产生熔接痕等。

排气方式有开设排气槽和利用模具零件的配合间隙自然排气。排气槽通常设在充型料流末端处，而熔体在型腔内充填情况与浇口的开设有关，因此，确定浇口位置时，同时要考虑排气槽的开设位置是否方便。在大多数情况下可利用模具分型面或模具零件间的配合间隙自然地排气，这时可不另开排气槽。图 5-55 所示结构就是利用成型零件分型面及配合间隙排气的几种形式，其间隙值通常在 $0.03 \sim 0.05\,\mathrm{mm}$ 范围内，以不产生溢料为限。

排气槽最好开设在分型面上，因为在分型面上如果因设排气槽而产生飞边，也很容易随制品脱出。通常在分型面凹模一侧开设排气槽，其槽深为 $0.025 \sim 0.1\,\mathrm{mm}$，槽宽 $1.5 \sim 6\,\mathrm{mm}$，以不产生飞边为限。排气槽需与大气相通。若型腔最后充满部分不在分型面上，且附近又无配合间隙可排气时，可在型腔相应部位镶嵌多孔粉末冶金件，或改变浇口位置以改变料流末端的位置。另外，排气槽最好开设在靠近嵌件或制品壁最薄处，这是因为这些部位容易形成熔接痕，应排尽气体并排出部分冷料。

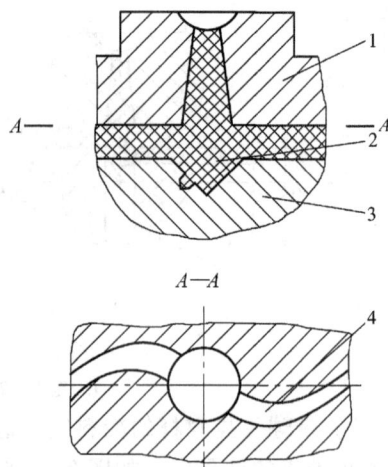

图 5-53　无拉料杆冷料穴
1—定模　2—冷料穴　3—动模　4—分流道

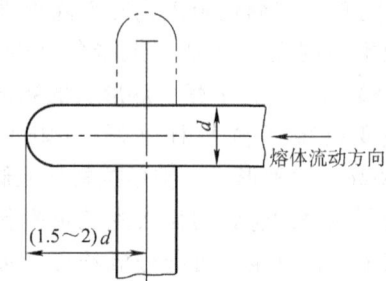

图 5-54　冷料穴的设置

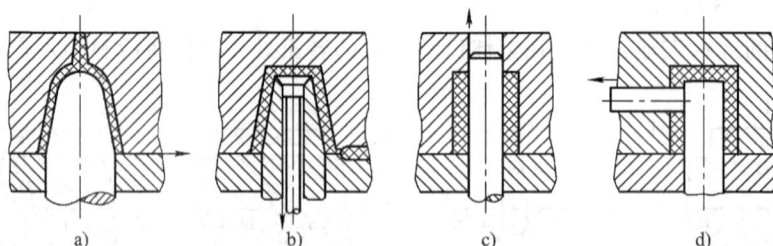

图 5-55　排气方式

2. 引气系统的设计

排气是制品成型的需要，而引气则是制品脱模的需要。

对于一些大型深壳形制品，注射成型后，型腔内气体被排除，在推出制品的初始状态，型芯外表面与制品内表面之间基本上形成真空，造成制品脱模困难，如果采取强行脱模，制品势必变形或损坏，因此必须设置引气装置。对于热固性塑料等收缩微小的塑料注射成型，制品粘附型腔的情况较严重，开模时也应设置引气装置（尤其整体结构的深型腔）。

常见的引气形式有：

（1）镶拼式侧隙引气　在利用成型零件分型面配合间隙排气的场合，其排气间隙即为引入气体的间隙，但在镶块或型芯与其他成型零件为过盈配合的情况下，空气是无法被引入型腔的，如将配合间隙放大，则镶块的位置精度将受到影响，所以只能在镶块侧面的局部位置开设引气槽，如图 5-56a 所示。引气槽的深度应不大于 0.05mm，以免溢料堵塞而起不到应有的作用。引气槽必须延续到模外，其深度为 0.2 ~ 0.8mm。这种引气方式结构简单，但引气槽容易堵塞，应该严格控制其深度。

（2）气阀式引气　这种引气方式主要依靠阀门的开启与关闭，如图 5-56b 所示。开模时制品与型腔内表面之间的真空度使阀门开启，空气便能引入，而当熔体注射充模时，由于熔体的压力作用将阀门紧紧压住，处于关闭状态。由于接触面为锥形，所以不产生缝隙。这种引气方式比较理想，但阀门的锥面加工要求较高。显然，型芯与制品内表面之间必要时也可以采用图 5-57b 所示的引气方式。应该指出，在有诸多推杆推出的情况下，可由推杆的配合间隙引气。

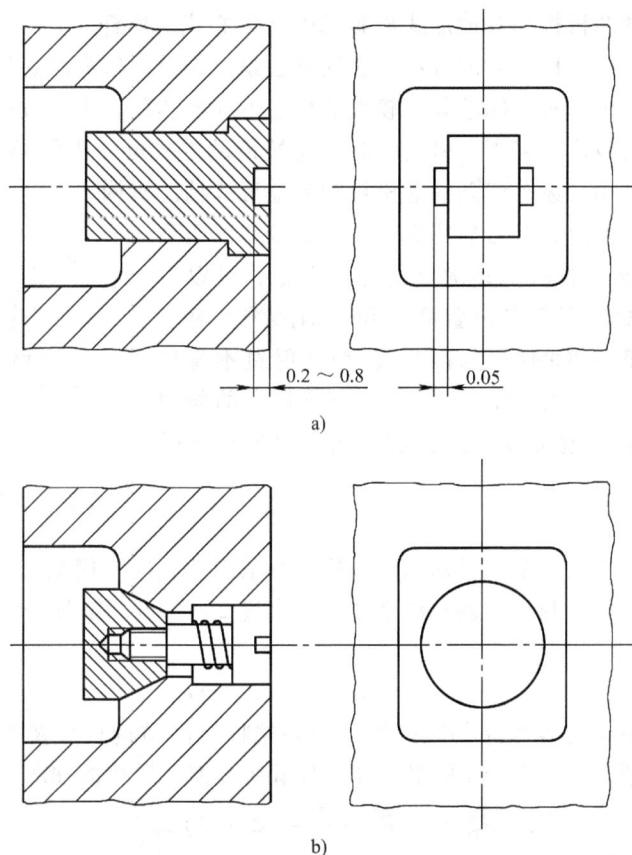

a)

0.2 ~ 0.8　　0.05

b)

图 5-56　引气装置

第四节　侧向分型与抽芯机构的设计

一、概述

当制品侧壁上带有与开模方向不同的内、外侧孔或侧凹等阻碍制品成型后直接脱模时，必须将成型侧孔或侧凹的成型零件做成活动的，这种零件称为侧型芯（俗称活动型芯）。在制品脱模前必须抽出侧型芯，然后再从模具中推出制品，完成侧型芯的抽出和复位的机构称为侧向分型抽芯机构。

1. 侧向分型和抽芯机构的分类

侧向分型和抽芯机构按其动力来源可分为手动、机动、气动或液压三大类。

（1）手动侧向分型抽芯机构　手动侧向分型抽芯的方法是，在开模后，依靠人工将侧型芯或镶块连同制品一起取出，在模外使制品与型芯分离，或在开模前依靠人工直接抽拔或通过传动装置抽出侧型芯。手动抽芯机构的结构简单，制造方便，但操作麻烦，生产率低，劳动强度大且抽拔力受到人力限制。因此只有在小批量生产时，或因制品形状的限制无法采用机动抽芯机构时才采用手动抽芯。常见手动侧向分型抽芯机构有螺纹抽芯机构、齿轮齿条抽芯机构、活动镶块抽芯机构和其他形式抽芯机构（偏心式、连杆式）。

（2）机动抽芯机构　机动侧向分型抽芯的方法是，开模时依靠注射机的开模力，通过传动零件，将侧型芯抽出。机动抽芯具有较大的抽芯力和抽芯距，生产效率高，操作简便，动作可靠等优点，因而被广泛采用。机动抽芯机构按传动方式可分为斜导柱分型与抽芯机构、斜滑块分型与抽芯机构、齿轮齿条抽芯机构和其他形式抽芯机构。

（3）气动或液压侧向分型与抽芯机构　它是依靠液压系统或气动系统抽出侧型芯的。其优点是传动平稳，可以根据抽芯力的大小和抽芯行程来设置液压和气动系统，可以得到较大的抽芯力和较长的抽芯行程。新型注射机本身均已设置了液压抽芯装置，使用时只需将其与模具中的侧向抽芯机构连接，调整后就可以实现抽芯。如果注射机不带这种装置，需要时可另行配置。

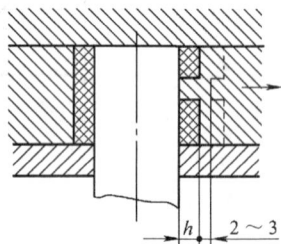

图5-57　带有侧孔制品的抽芯距

2. 抽芯距的确定

抽芯距是指侧型芯从成型位置抽到不妨碍制品取出位置时，侧型芯在抽拔方向所移动的距离。抽芯距一般应大于制品的侧孔深度或凸台高度2～3mm，如图5-57所示，制品上侧孔深度为h，此时抽芯距为

$$S_{抽} = h + (2 \sim 3)\text{mm} \tag{5-19}$$

当按上式计算还会妨碍制品的脱模时，需要根据制品结构尺寸及模具结构来定，如图5-58所示为圆形骨架件，图5-58a采用二等分侧滑块合模，滑块的抽芯距应为

$$S_{抽} = \sqrt{R^2 - r^2} + (2 \sim 3)\text{mm} \tag{5-20}$$

式中　$S_{抽}$——抽芯距；

　　　R——制品最大外形半径；

　　　r——阻碍制品推出的外形最小半径。

图5-58b所示为采用多瓣拼合模结构，其滑块抽芯距应为

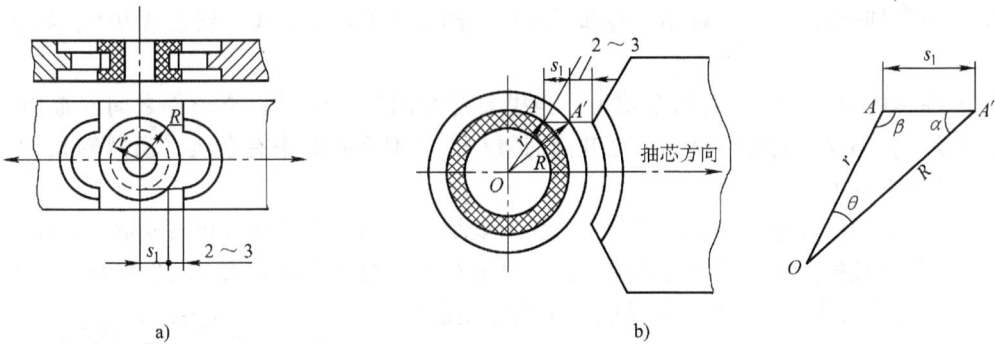

图 5-58　圆形骨架制品抽芯距

a) 二等分侧滑块合模　b) 多瓣拼合模

$$S_{抽} = S_1 + (2 \sim 3) \, \text{mm} \tag{5-21}$$

式中　$S_1 = R\sin\theta / \sin\beta$，即只有当点 A 位置抽到 A' 位置时才能不阻碍制品推出；

　　　　$\theta = 180° - \beta - \alpha$，而 α 按正弦定理得 $\alpha = \arcsin\,(r\sin\beta / R)$；

　　　R——制品最大外形半径；

　　　r——阻碍制品推出的外形最小半径；

　　　β——夹角，三等分滑块拼合 $\beta = 120°$，四等分滑块拼合 $\beta = 135°$，五等分滑块拼合 $\beta = 144°$。

当制品外形复杂时，常用作图法确定抽芯距。

3. 抽芯力的确定

（1）抽芯力的概念　塑料制品在冷凝收缩时，对侧型芯产生包紧力，抽芯机构所需的抽芯力，必须克服因包紧力所引起的抽芯阻力及抽芯机构机械滑动时的摩擦阻力，才能把活动型芯抽拔出来。对于不带通孔的壳体制品侧抽芯，抽拔时还需克服表面大气压造成的阻力。在抽拔过程中，开始抽拔的瞬时，使制品与侧型芯脱离所需的抽拔力称为起始抽芯力，以后为了使侧型芯抽到不妨碍制品推出的位置时，所需的抽拔力称为相继抽芯力，前者比后者大。因此计算抽芯力时应以起始抽芯力为准。

（2）影响抽芯力的因素　影响抽芯力的因素很多，其中主要有以下几个方面：

1）侧型芯成型部分的表面积及其几何形状，型芯成型部分表面积越大，越复杂，其包紧力也越大，所需的抽芯力也越大；矩形截面比圆形截面的包紧力大，所需的抽芯力也越大；由曲线或折线所形成的截面，包紧力更大，抽芯力也更大。

2）塑料的收缩率。塑料的收缩率越大，对型芯的包紧力也越大，所需的抽芯力也越大。同样收缩率下，硬质塑料比软质塑料所需的抽芯力大。

3）制品的壁厚。包容面积相同，形状相似的制品，薄壁制品收缩率小，抽芯力也小，反之，壁厚大抽芯力也大。

4）塑料对型芯的摩擦因数。塑料对型芯的摩擦因数与塑料性质、型芯的脱模斜度、型芯的表面粗糙度、润滑条件及型芯表面加工的纹向有关，摩擦因数越大，抽芯力也越大。

5）在制品同一侧面同时抽芯的数量。在制品同一侧有两个以上型芯，采用同时抽芯时，由于制品孔距间的收缩较大，所以抽芯力也大。

6）成型工艺主要参数。注射压力、保压时间、冷却时间对抽芯力影响较大。当注射压力小，保压时间短，抽芯力较小；冷却时间长，制品收缩基本完成，则包紧力大，抽芯力也大。

7）抽芯机构滑动件之间的摩擦力。当模具配合间隙正常时，滑动件之间摩擦力较小，抽芯力较小；当配合间隙因模具温度升高而减小，或配合间隙中有杂质（溢料等），摩擦力变大，抽芯力也大。

（3）抽芯力的计算　由上述分析可知，影响抽芯力的因素很多且相当复杂，精确计算抽芯力是十分困难的。在设计抽芯机构时，应全面分析，找出主要影响因素进行粗略计算。

1）抽芯力的计算　当塑料制品收缩包紧侧型芯时，脱模时受力情况如图 5-59 所示，型芯有脱模斜度。从图 5-59 所示的关系中，摩擦力 F_m 为

$$F_m = f\,(F_y - F\sin\alpha) \qquad (5\text{-}22)$$

式中　F_m——摩擦阻力；

F——因塑料制品冷却收缩产生的对侧型芯的包紧力造成的抽芯阻力；

f——摩擦因数，一般 $f = 0.15 \sim 1.0$；

F_y——因制品收缩产生对侧型芯的正压力；

α——脱模斜度，$\alpha = 1° \sim 2°$。

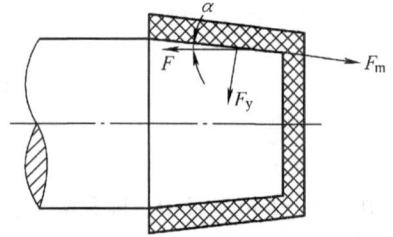

图 5-59　制品抽芯脱模力的分析

根据受力图可列出平衡方程式，即

$$\sum F_x = 0$$
$$F_m\cos\alpha = F + F_y\sin\alpha \qquad (5\text{-}23)$$

将式（5-22）代入式（5-23）得

$$f\,(F_y - F\sin\alpha)\,\cos\alpha = F + F_y\sin\alpha$$
$$F = \frac{F_y\cos\alpha\,(f - \tan\alpha)}{1 + f\sin\alpha\cos\alpha} \qquad (5\text{-}24)$$
$$F_y = pA \qquad (5\text{-}25)$$

式中　p——塑料制品收缩对型芯单位面积的正压力，制品在模内冷却时 $p = 19.6\text{MPa}$，制品在模外冷却时 $p = 3.92\text{MPa}$；当制品壁厚度较大，收缩率大，注射压力高，冷却时间长，且塑料质硬，取大值；反之，取小值；

A——塑料制品包紧侧型芯的侧面积。

2）侧型芯导滑机构的摩擦力 F_f　由于抽芯机构在抽动侧型芯过程中，导滑机构必然产生摩擦力，其值可按下式计算，即

$$F_f = f_1 F_k \qquad (5\text{-}26)$$

式中　F_k——抽出侧型芯所需要的开模力；

f_1——导滑机构的摩擦因数。

3）侧型芯在大气压力作用下的阻力 F_q　当成型不通侧孔时，还需要克服大气压力造成的阻力 F_q，其值为

$$F_q = 0.1 A_1 \qquad (5\text{-}27)$$

式中　F_q——由于大气压力造成的抽芯阻力（N）；

A_1——垂直于抽芯方向型芯的投影面积（mm^2）。

当型芯较小时，可将 F_q 这项忽略。

因此，要将侧型芯从塑料制品抽出，所需要的抽芯力 F_z 为

$$F_z = F + F_f + F_q \tag{5-28}$$

二、斜导柱分型与抽芯机构

1. 斜导柱分型抽芯原理

图 5-60 表示斜导柱分型抽芯机构工作原理。它具有结构简单，制造方便，安全可靠的特点，因而是最常用的一种结构形式，图中与模具开合方向成一定角度的斜导柱 3 固定在定模座板 2 上，滑块 8 可以在动模板 7 的导滑槽内滑动，侧型芯 5 用销钉 4 固定在滑块 8 上。开模时，开模力通过斜导柱作用于滑块上，迫使滑块在动模导滑槽内向左滑动，直至斜导柱全部脱离滑块，即完成抽芯动作，制品由推出机构中的推管 6 推离型芯。限位挡块 9、弹簧 10 及螺钉 11 组成滑块定位装置，使滑块保持抽芯后的最终位置，以确保再次合模时，斜导柱能顺利地插入滑块的斜导柱孔，使滑块回到成型时的位置。在注射成型时，滑块 8 受到型腔熔体压力的作用，有产生移位的可能，因此用楔紧块 1 来保证滑块在成型时的位置。

2. 斜导柱分型与抽芯机构零部件设计

（1）斜导柱的设计　斜导柱是分型抽芯机构的关键零件。它的作用是，在开模时将侧型芯与滑块从制品中抽拔出来；而在合模过程中将侧型芯与滑块顺利复位到成型位置。设计时需要确定斜导柱的形状、尺寸和斜角的大小。

1）斜导柱的截面形状。常用的斜导柱截面形状有圆形和矩形。圆形截面加工方便，装配容易，应用较广，如图 5-61a 所示；矩形截面在相同截面面积条件下，具有较大的抗弯截面系数，能承受较大的弯矩，强度、刚度好，但加工与装配较难，适用于抽拔力较大的场合，如图 5-61b 所示。图 5-61c 所示为延时抽芯作用的斜导柱。

2）斜导柱斜角的确定。斜导柱斜角 α 是斜

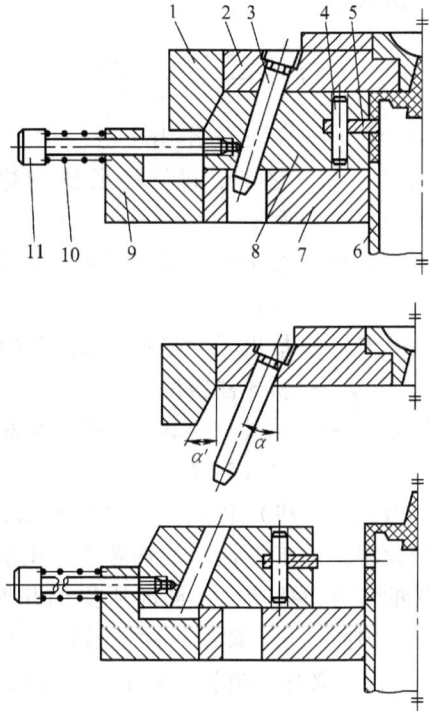

图 5-60　斜导柱分型抽芯原理图
1—楔紧块　2—定模座板　3—斜导柱　4—销钉
5—侧型芯　6—推管　7—动模板　8—滑块
9—限位挡块　10—弹簧　11—螺钉

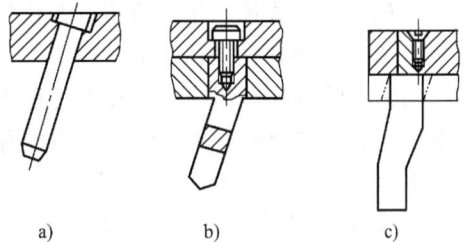

图 5-61　斜导柱常用的结构形式

导柱抽芯机构的一个主要参数。它的大小涉及开模力 F_k、斜导柱所受的弯曲力 F_w、滑块抽芯力 F_z 以及开模行程的大小，如图 5-62 所示。

斜导柱所受的弯曲力 F_w，抽芯力 F_z 和开模力 F_k 与斜角 α 的相互关系，可由滑块受力图 5-62b 中求得。如不考虑斜导柱与滑块孔间的摩擦力，其关系式为

$$F_w' \cos\alpha = F_z = F + F_f + F_q$$

以式（5-26）代入上式得

$$F'_w \cos\alpha = F + F_q + f_1 F_k$$

由图 5-62b 可得

$$F_k = \sin\alpha F'_w$$

所以

$$F'_w = \frac{F + F_q}{\cos\alpha - f_1 \sin\alpha} \qquad (5\text{-}29)$$

$$F_k = \frac{(F + F_q)\ \sin\alpha}{\cos\alpha - f_1 \sin\alpha} \qquad (5\text{-}30)$$

式中　　F'_w——斜导柱作用于滑块的正压力，它等于斜导柱所受的弯曲力 F_w；

　　　　F_z——抽拔出侧型芯所需要的抽芯力；

　　　　F_k——抽出侧型芯所需要的开模力；

　　　　α——斜导柱斜角；

　　F、F_f、F_q——见式（5-24）、式（5-26）和式（5-27）。

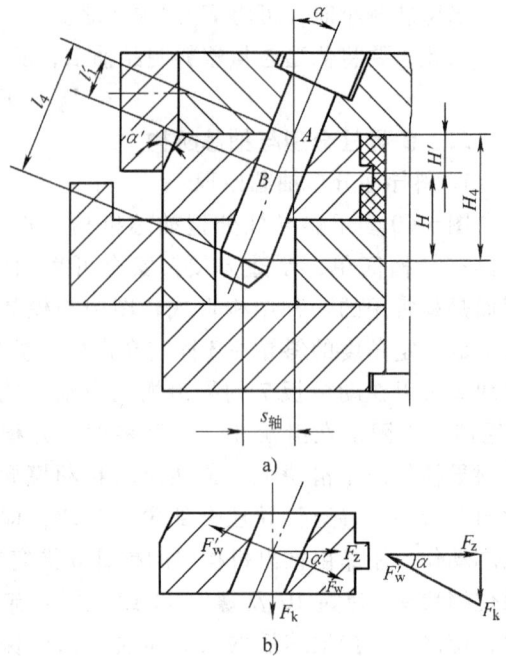

图 5-62　斜导柱斜角的确定

a) 斜导柱斜角与工作长度、抽芯距、开模行程的关系　b) 滑块的受力分析

由式（5-29）和式（5-30）可知，当 α 值增大时，要获得相同的抽芯力，则斜导柱所受的弯曲力要增大，同时所受的开模力也增大。因此，从希望斜导柱受力较小的角度考虑，α 越小越好。但是当抽芯距 $S_{抽}$ 一定时，α 值的减小必然导致斜导柱工作部分长度及开模行程的加大，从图 5-62a 中可以看出，它们之间的相互关系是

$$l_4 = S_{抽}\ /\sin\alpha \qquad (5\text{-}31)$$

$$H_4 = S_{抽} \cot\alpha \qquad (5\text{-}32)$$

式中　　$S_{抽}$——抽芯距；

　　　　H_4——完成抽芯距时所需的开模行程；

　　　　l_4——斜导柱工作部分长度。

因为开模行程受到注射机开模行程的限制，而且斜导柱工作长度的加长，会降低斜导柱的刚度，所以斜导柱斜角应综合考虑本身的强度、刚度和注射机开模行程，在生产中斜角 α 一般取 $15° \sim 20°$，最大不超过 $25°$。

3）斜导柱的截面尺寸的计算。斜导柱的截面形状确定后，就应确定其尺寸。尺寸的大小取决于所受的弯矩，而弯矩又取决于抽芯力 F_z 和斜导柱的斜角 α 及斜导柱工作长度 l_4。

在已知导柱材料和所受的最大弯矩时，可按下式进行强度校核，即

$$\sigma_{max} = \frac{M_{max}}{W} \leqslant [\sigma] \qquad (5\text{-}33)$$

由图 5-62a 可知，斜导柱的最大弯矩可能出现在开模初，因为此时的抽芯力 F_z 最大，随着开模行程的加大抽芯力 F_z 会下降，但其力臂 l'_1 加长，特别是斜导柱工作部分长度 l_4 较长时，最大弯矩也可能出现在斜导柱与滑块即将离开时，因此严格来说应选两者最大弯矩进行

校核。

$$M_{\max} = F_w l_1'$$

式中　F_w——斜导柱承受的最大弯曲力；

　　　　l_1'——弯曲力作用点（B）距斜导柱伸出部分根部（A）的距离，如果斜导柱与滑块导柱孔之间间隙较大，可按下式求出，即

$$l_1' = \frac{H'}{\cos\alpha} = \frac{(H_4/2 + Z/\sin\alpha)}{\cos\alpha}$$

　　　　H'——抽芯力中心线与斜导柱根部的距离；

　　　　W——斜导柱截面系数，当采用圆形截面时，$W = \frac{1}{32}\pi d^3 \approx 0.1 d^3$；采用矩形截面时，$W$

　　　　　　　$= \frac{1}{6}bh^2$；当 $b = \frac{2}{3}h$ 时，$W = \frac{1}{9}h^3$；

　　　　Z——斜导柱与导柱孔的单边间隙；

　　　　d——圆形斜导柱直径；

　　　　b——矩形斜导柱宽度；

　　　　h——矩形斜导柱高度；

　　　　$[\sigma]$——导柱材料的许用弯曲应力，对于碳钢，$[\sigma] = 137.2\mathrm{MPa}$。

将已知数代入式（5-33）可求出斜导柱截面尺寸：

圆形截面：
$$d = \sqrt[3]{\frac{M_{\max}}{0.1[\sigma]}} = \sqrt[3]{\frac{F_w l_1'}{0.1[\sigma]}} \tag{5-34}$$

矩形截面：
$$h = \sqrt[3]{\frac{9M_{\max}}{[\sigma]}} = \sqrt[3]{\frac{9F_w l_1'}{[\sigma]}} \tag{5-35}$$

也可根据斜导柱斜角及所承受最大弯曲力 F_w，直接查表得出斜导柱直径。

4）斜导柱长度计算。斜导柱长度根据抽芯距、固定端模板厚度、斜导柱直径以及斜角大小确定，如图 5-63 所示。

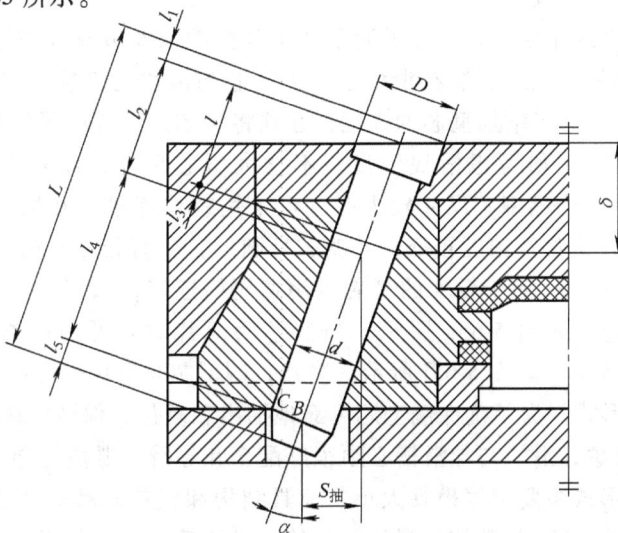

图 5-63　斜导柱长度的确定

$$L = l_1 + l_2 + l_4 + l_5 = \frac{D}{2}\tan\alpha + \frac{\delta}{\cos\alpha} + \frac{S_{抽}}{\sin\alpha} + (5 \sim 10)\,\text{mm} \qquad (5\text{-}36)$$

式中　　l_1、l_2——斜导柱固定部分长度；

l_4——斜导柱工作部分长度；

l_5——斜导柱引导部分长度（$5 \sim 10$mm）；

L——斜导柱总长；

D——斜导柱固定部分台肩直径；

α——斜导柱斜角；

$S_{抽}$——抽芯距；

δ——斜导柱安装板厚度。

5）斜导柱孔位置的确定。如图5-64所示，斜导柱位置需要确定的尺寸有 a、a_1、a_2，确定步骤如下：

在滑块顶面长度的 $\frac{1}{2}$ 处取点 B，即为斜导柱孔中心，通过点 B 作出斜导柱斜角为 α 的点画线段与模具顶面处相交于点 A；取点 A 到模具中心线距离并调整为整数即为孔距尺寸 a；a_1、a_2 取决于斜角和模板厚度，可直接查表5-8。

滑块分型面上斜导柱孔的位置，除应位于滑块的中心线上

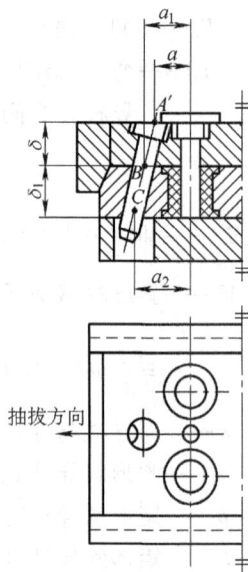

图5-64　斜导柱孔位置的确定

外，斜导柱中心线的投影应与滑块抽芯方向平行。加工斜导柱孔时，一般将滑块装入模具的导滑槽内，在定、动模合紧后一起加工。

表5-8　不同斜角时 a_1、a_2 值

α	10°	15°	18°	20°	22°	25°
a_1	$a + 0.176\delta$	$a + 0.268\delta$	$a + 0.329\delta$	$a + 0.364\delta$	$a + 0.404\delta$	$a + 0.466\delta$
a_2	$a_1 + 0.176\delta_1$	$a_1 + 0.268\delta_1$	$a_1 + 0.329\delta_1$	$a_1 + 0.364\delta_1$	$a_1 + 0.404\delta_1$	$a_1 + 0.466\delta_1$

（2）滑块与导滑槽的设计

1）侧型芯与滑块的连接形式。为了便于加工和修配以及节省优质钢材，在生产中广泛应用组合式滑块，即将侧型芯安装在滑块上。侧型芯与滑块的连接方式如图5-65所示。对于尺寸较小的侧型芯，为了增加型芯的强度，往往将型芯嵌入滑块部分的尺寸加大，用轴销固定，如图5-65a所示；如考虑滑块强度，不增大型芯尺寸，而采用骑缝销固定，如图5-65b、图5-65c所示；当侧型芯尺寸较大时，可采用螺纹连接，并加销钉防止转动，如图5-65d所示；但螺纹连接位置精度较低，若型芯是圆形，且直径较小时，可用紧钉螺钉顶紧的形式，如图5-65e所示；对于较大的型芯可用燕尾槽连接，如图5-65f所示；对于多个型芯，可用固定板固定，如图5-65g所示；当型芯为薄片时，可用通槽加销钉固定，如图5-65h所示，或加压固定，如图5-65i所示。当然，侧型芯与滑块也可做成整体式的结构。

2）滑块的导滑形式。为了确保侧型芯可靠地抽出和复位，保证滑块在移动过程中平稳、无上下窜动和卡死现象，滑块与导滑槽必须很好配合和导滑。滑块与导滑槽的配合一般采用H7/f7，其配合结构形式主要根据模具大小、模具结构和塑料制品的产量选择，常见形式如图5-66所示。其中图5-66a为整体式滑块与整体式导滑槽，结构紧凑，但制造困难，精度难控制，主要用于小型模具的抽芯机构；图5-66b表示导滑部分设在滑块中部，改善了斜导柱

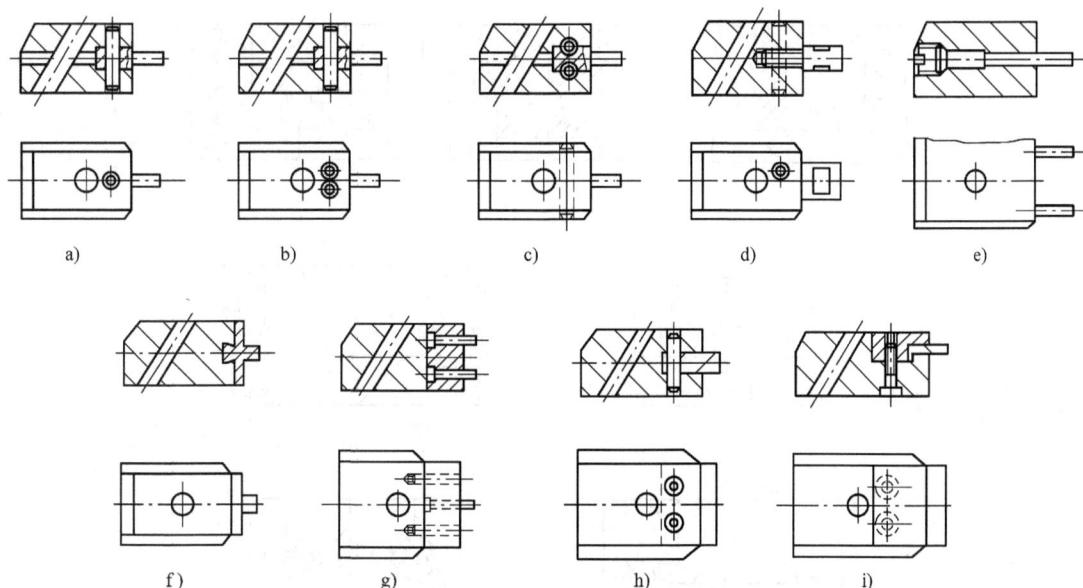

图 5-65　侧型芯与滑块的连接方式

的受力状态，适用于滑块上下均无支承板的场合；图 5-66c 是组合式结构，容易加工和保证精度；图 5-66d 为导滑基准在中间的镶块上，可减少加工基准面；图 5-66e 所示结构便于装配调整；图 5-66f 表示导滑槽由两块镶条组成，镶条可经热处理后磨削加工，既保证了导滑槽精度又耐磨；图 5-66g 所示为在滑块两侧以两根精密的导柱代替矩形导滑的结构，加工容易，且导轨以圆柱面接触，承压面积大，磨损减少，图 5-66h 表示当滑块宽度大于长度很多时，可在一个滑块上用两根斜角相同的斜导柱带动。

滑块斜导孔与斜导柱的配合一般有 0.5mm 的间隙，这样在开模的瞬间有一个很小的空行程，因此，在未抽芯前强制制品脱出定模型腔或型芯，并使楔紧块首先脱离滑块，然后进行抽芯。

3）滑块的定位装置。为了保证斜导柱伸出端准确可靠地进入滑块斜孔，则滑块在完成抽芯动作后，必须停留在一定位置上。为此，滑块需有灵活、可靠、安全的定位装置。图 5-67 所示为各种形式的定位装置。图 5-67a 是利用滑块自重停靠在挡板上，达到定位目的，它适用于卧式注射机向下和向左、右抽芯的模具；图 5-67b 是依靠弹簧的弹力使滑块靠在限位块上定位，在模具的任意方向抽芯均可采用，尤其向上抽芯的模具；图 5-67c、图 5-67d 是利用弹簧、活动定位销定位，其优点是不易磨损；图 5-67e 表示以钢球代替定位销；图 5-67f 是将弹簧横放于模内，其结构较紧凑。以上图 5-67c、图 5-67d、图 5-67e 结构形式一般不宜用于滑块较大的上、下抽芯模具。

（3）楔紧块的设计

1）楔紧块的形式，在制品注射过程中，侧型芯在抽芯方向受到熔体较大的推力作用，这个力通过滑块传给斜导柱，而一般斜导柱为细长杆，受力后容易变形。因此必须设置楔紧块，以压紧滑块，使滑块不致产生位移，从而保护斜导柱和保证滑块在成型时位置精度。楔紧块的形式视滑块的受力大小、磨损情况及制品精度要求而定。图 5-68 所示为常用楔紧块形式。其中图 5-68a 为楔紧块与定模板做成整体，特点是材料耗量大，加工不便，磨损后修

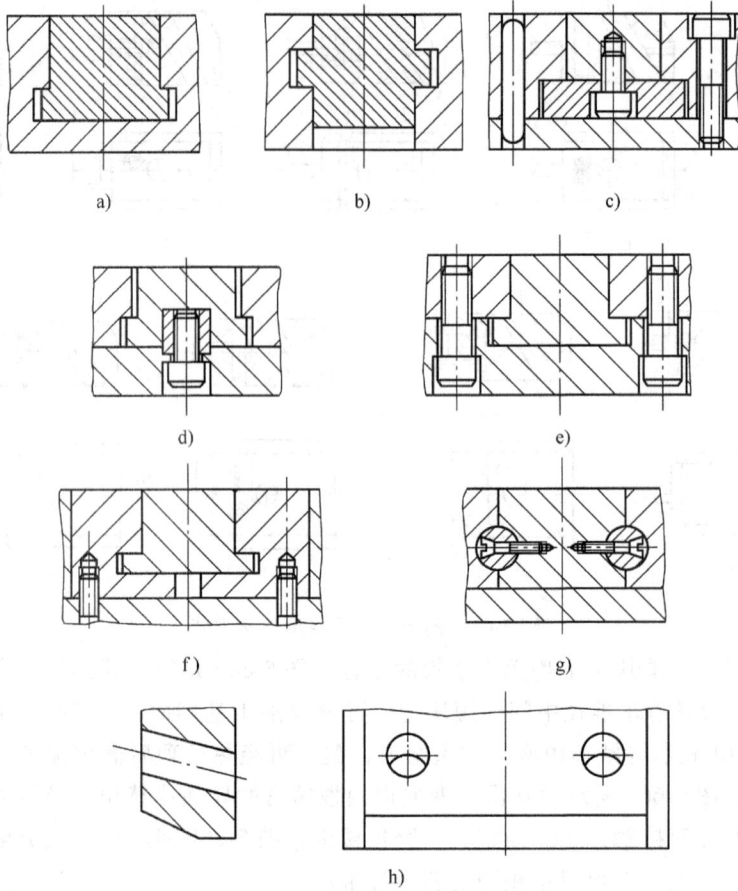

图 5-66　滑块的导滑形式

复困难，但牢固可靠，刚性好，适用于楔紧力要求很大的模具；图 5-68b 是用螺钉、销钉固定形式，便于制造、装配和调整，适用于楔紧力不大的场合；图 5-68c、图 5-68d 为整体镶入式，用台肩或螺钉固定，刚性较好，修配方便，常用在模板边缘有足够固定位置的场合；图 5-68e 是对楔紧块起加强作用的形式，适用于抽芯距较短而需楔紧力大的场合。

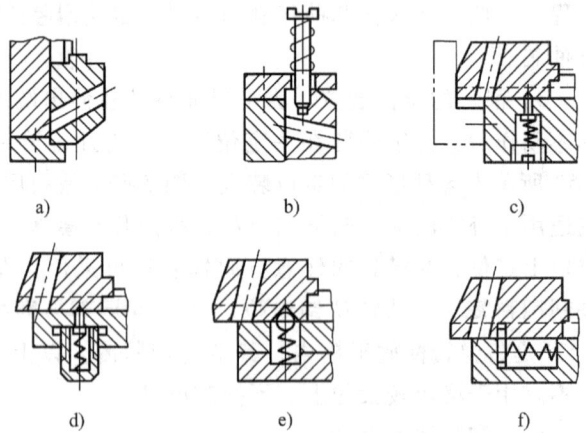

图 5-67　滑块的定位装置

2）楔紧块的楔角 α'。要求楔紧块的楔角 α' 必须大于斜导柱的斜角 α，这样当模具一开模，楔紧块就让开，否则斜导柱将无法带动滑块作抽芯动作，一般 $\alpha' = \alpha + (2° \sim 3°)$。

（4）抽芯时的干涉现象及其解决办法　在一般的注射模中，推出制品后，推杆复位，通常是采用复位杆（此杆在合模时，先碰到定模，使推杆固定板复位）来完成的。但在斜导

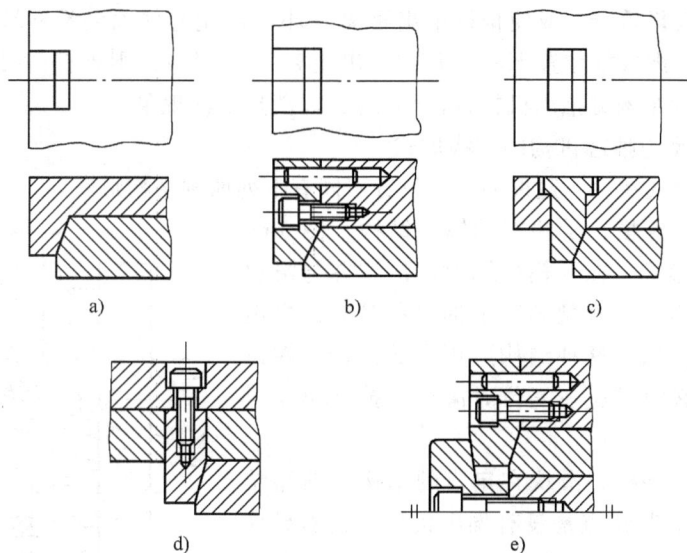

图 5-68 楔紧块形式

柱抽芯结构中，侧型芯的水平投影面积与推杆相重合或推杆推出距离大于侧型芯的底面时，如果仍采用复位杆复位，则可能会产生如图 5-69 所示的推杆与侧型芯互相干涉的现象。因为这种复位形式往往是滑块先于推杆复位，致使侧型芯与推杆损坏。

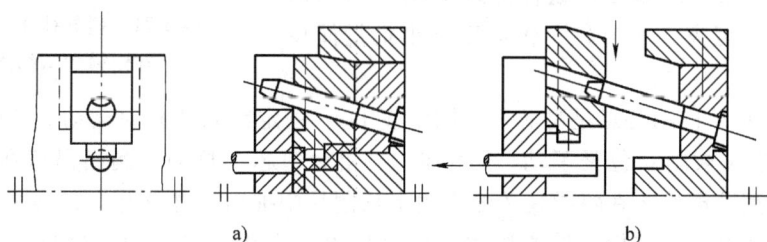

图 5-69 侧向抽心机构的干涉现象

判别出现干涉现象的准则是当推杆端面到侧型芯最近距离（底面）h' 和 $\tan\alpha$ 的乘积小于侧型芯与推杆（或推管）间在水平方向的重合距离 S'，即 $h'\tan\alpha \leqslant S'$ 时，就会产生干涉现象。如图 5-70 所示。而当 $h'\tan\alpha > S'$（一般大于 0.5mm）时，则不会产生干涉。模具是不允许发生干涉的。为了避免产生干涉现象，在模具结构允许的情况下，应尽量避免推杆位置

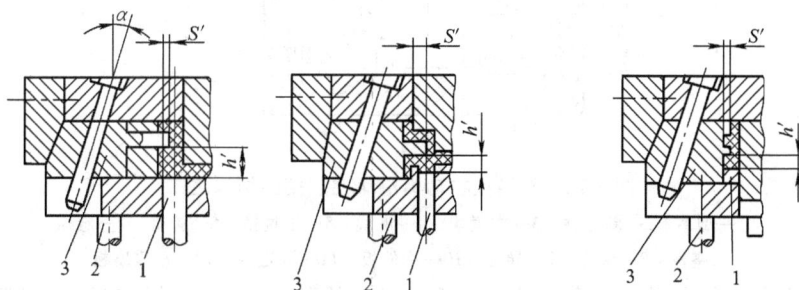

图 5-70 斜导柱抽芯采用复位杆复位的条件
1—推杆（或推块） 2—复位杆 3—滑块

与侧型芯的水平投影重合；或使推杆推出距离 H 小于侧型芯底面到推杆端面的距离 h'。若模具结构不允许，即推杆位置无法移开或推出距离（$H > h'$），则推杆的复位必须采用推杆先复位机构（详细结构见推出机构设计部分），以消除干涉现象。

3. 斜导柱分型与抽芯机构的结构形式

按斜导柱与滑块在动、定模的设置位置不同有下列四种结构形式。

（1）斜导柱在定模，滑块在动模的结构　图 5-60 所示为这种结构形式。在开模的同时，侧型芯与滑块被斜导柱侧向抽出，在侧型芯完全抽出制品时，再由推出机构将制品推出。这种结构应用十分广泛。在设计这种结构时，必须避免在复位时滑块与推杆出现干涉。

（2）斜导柱在动模，滑块在定模的结构　典型结构如图 5-71 所示，其特点是没有推出机构。因斜导柱和滑块导柱孔的配合间隙较大（$Z = 1.6 \sim 3.5\text{mm}$），使得滑块在分开前，动模和定模先分开一个距离 l（$l = Z/\sin\alpha$），固定在动模上的型芯也从制品中抽出 l 距离，然后靠斜导柱推动滑块，使滑块与制品脱离（抽芯动作），最后用手工取出制品。这种形式的模具结构简单，加工容易，但需人工取件，仅适用于小批量简单制品的生产。

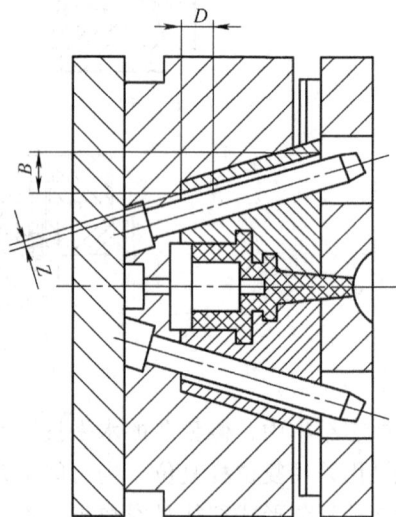

图 5-71　斜导柱在动模滑块在定模的结构之一

图 5-72 所示结构的特点是型芯 1 与固定板 11 有一定距离的相对运动。开模时，首先从 A 面分型，型芯 1 被制品包紧不动，固定板 11 相对型芯 1 移动，制品仍留在定模型腔内。与此同时，侧型芯滑块 4 在斜导柱 2 的作用下从制品中抽出。继续开模，型芯台肩与固定板相碰，型芯带动制品从定模型腔中脱出，模具从 B 面分型。最后由推件板将制品推出。这种结构适用于抽芯力不大，抽芯距小的制品的成型。

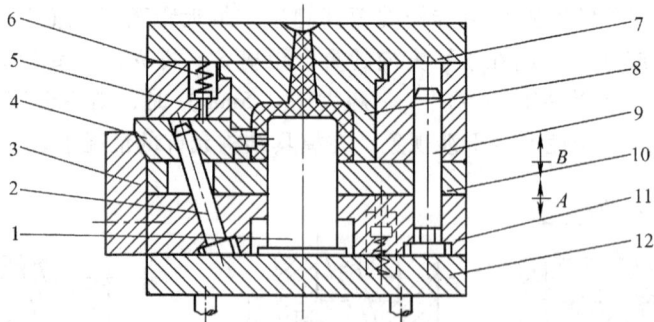

图 5-72　斜导柱在动模滑块在定模的结构之二

1—型芯　2—斜导柱　3—楔紧块　4—滑块　5—定位销　6—弹簧　7—定模座板　8—型腔　9—导柱　10—推件板　11—固定板　12—动模座板

（3）斜导柱与滑块同在定模的结构　因制品结构的要求，侧滑块与斜导柱都需要设置在定模部分。在这种情况下，若不是滑块带着侧型芯先从制品中抽出，而是待到动模和定模分型时才抽芯，则将会损坏制品的侧孔或凸台，或者使制品留在定模上，难以取出。因此，在动模型芯带着制品脱离凹模前，凹模板与定模座板应先脱开（定模部分先分型），如图 5-73 所示，由固定在定模座板上的斜导柱 2 先抽动侧型芯滑块，而且凹模板与定模座板分型距离必须大于斜导柱能使侧型芯全部从制品中抽芯的距离，待到达这个距离后，动模才能与型腔板分型，带动制品脱出凹模，然后再由推出机构完成整个脱模动作。这种能满足上述要求的机构称为定距顺序分型拉紧机构。定距顺序分型拉紧机构的结构形式很多，有在模内定距分型的，也有在模外定距分型的。

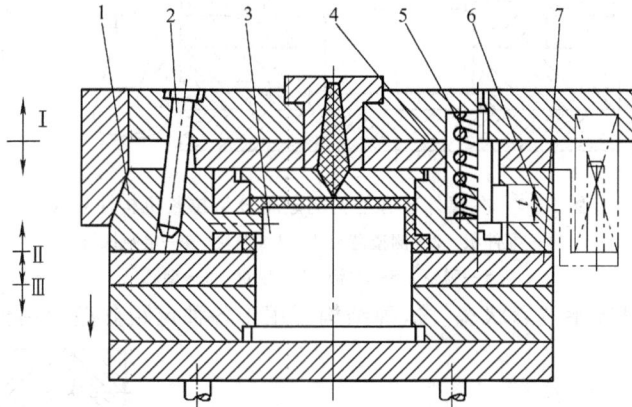

图 5-73　弹簧螺钉式定距分型拉紧机构
1—滑块　2—斜导柱　3—型芯　4—定距螺钉　5—弹簧　6—凹模板　7—推件板

1）弹簧螺钉式定距分型拉紧机构。如图 5-73 所示，开模时，凹模板 6 在弹簧 5 的作用下，使分型面 I 先分开，侧型芯滑块 1 在斜导柱 2 的带动下开始抽芯，当凹模板移到起限位作用的定距螺钉 4 的台肩时，即停止移动，同时抽芯动作也结束。这时动模继续移动，分型面 II 分开，制品脱出定模，留在型芯 3 上，由推件板 7 推出制品（III 面分开）。这种机构的特点是结构简单，加工方便，适用于抽芯力不大的场合。当然，弹簧也可设置在模具外侧（如图中双点画线所示），也可用拉板来代替定距螺钉实现定距分型。

2）摆钩式定距分型拉紧机构。当抽芯力较大时，采用弹簧式不可靠，应采用机械拉紧机构，图 5-74 为模外装有摆钩的定距分型机构注射模。模外两侧装有由摆钩 6、弹簧 5、定距螺钉 4 及压块 7 组成的定距拉紧机构。开模时，由于摆钩 6 紧紧钩住动模板上的挡块 3，迫使分型面 I 首先分开，此时侧型芯滑块 2 开始抽芯，在侧型芯全部从制品中抽出的同时，压块 7 上的斜面迫使摆钩 6 按逆时针方向摆动，从而脱开动模板上的挡块 3，当动模移动到预定位置时，由定距螺钉 4 将凹模板拉住，随着动模继续移动，分型面 II 打开，制品由型芯 8 带出型腔，然后由推件板 1 推出制品（分型面 III 打开）。

在设计摆钩时，着力点 A 与支点 B 间的逆时针力矩应小于复位弹簧 5 的作用力与支点 B 间所产生的顺时针力矩，否则将会有脱钩现象，图中所示的虚线是用加长压块 7 的办法防止脱钩。另外定距长度 l 值是按侧型芯的抽芯距来确定，并应保证先脱钩后拉紧凹模板。

3）滑板式定距分型拉紧机构。图 5-75 为滑板式定距分型机构的注射模。图 5-75a 为合模状态，图 5-75b 为开模状态。开模时，由于拉钩 2 钩住滑板 3，因此，定模板 5 与定模座板 7 首先分型（I 面分型），并同时进行抽芯。当抽芯动作完成之后，压块 1 的斜面作用在滑板 3 上，使其向模内滑动而脱离拉钩 2。在动模继续移动时，由于定距螺钉 6 的作用，使分型面 II 分型，最后取出制品。合模时，II 面首先闭合，继而滑板 3 脱离压板 1 并在弹簧作

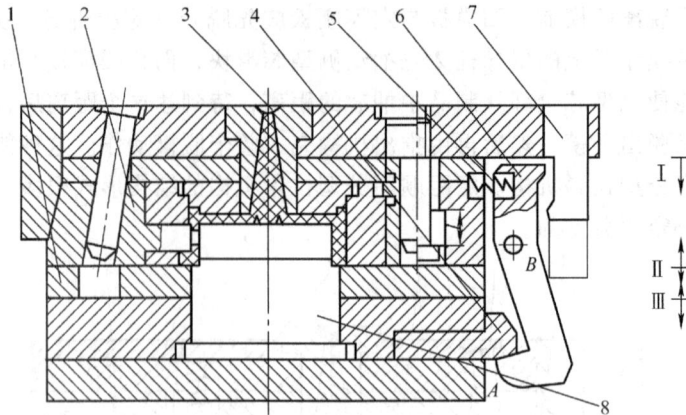

图 5-74　在模外装有摆钩的定距分型拉紧机构注射模

1—推件板　2—侧型芯滑块　3—挡块　4—定距螺钉
5—弹簧　6—摆钩　7—压块　8—型芯

用下复位，直至恢复起始拉紧状态。这种结构可用于各种定距分型的场合。

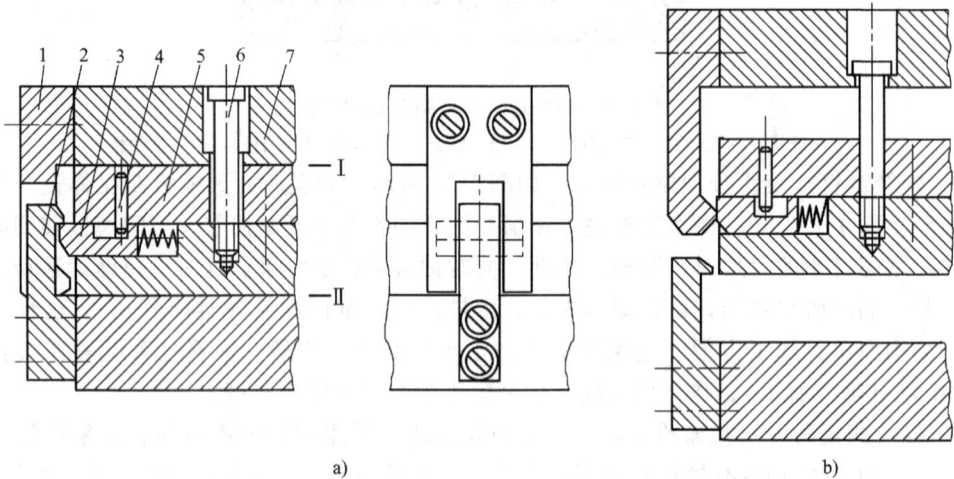

a)　　　　　　　　　　　　　　　　　b)

图 5-75　滑板式定距分型机构

1—压块　2—拉钩　3—滑板　4—限位销　5—定模板　6—定距螺钉　7—定模座板

　　图 5-76 所示为常见的几种模外定距分型方式。其工作原理与上述几种定距分型基本相同。其中，图 5-76e 已经商品化，在塑料注射模中得到广泛应用。

　　（4）斜导柱与滑块同在动模的结构　这种结构可以通过推出机构或顺序分型机构来实现斜导柱与滑块的相对运动，图 5-77 是通过推出机构使侧型芯抽出的结构。滑块装在推件板 2 的滑槽内，开模时，动、定模分开，但此时斜导柱与滑块并无相对运动，因此滑块在原位不动。当推出机构开始动作时，连接推杆推动推件板，使制品脱离主型芯，与此同时，侧型芯在斜导柱的作用下作侧向外移，侧型芯从制品中抽出。这种结构由于滑块始终不离开斜导柱，所以不需要设置定位装置。这种结构比较简单，但抽芯距不太大。

　　三、斜滑块分型与抽芯机构

　　斜滑块分型与抽芯机构的结构简单，安全可靠，制造方便，因此在塑料模具中应用较广。

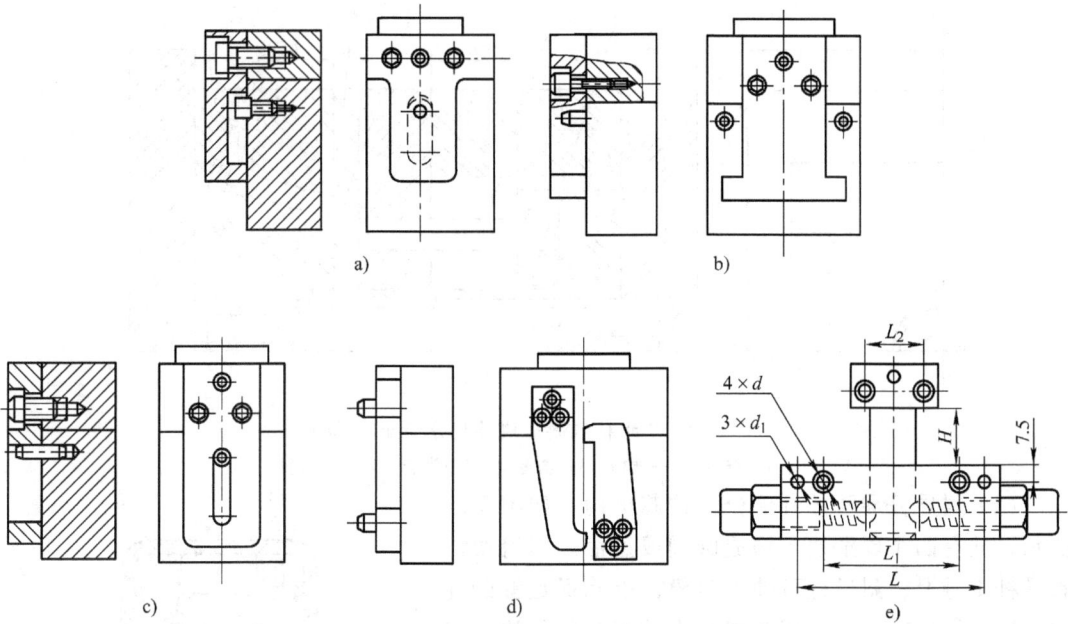

图 5-76　模外定距分式

斜滑块分型抽芯机构按导滑部分的结构不同可分为斜滑块式、斜导杆式、导板式等。

1. 滑块导滑的斜滑块分型抽芯机构

（1）斜滑块外侧分型抽芯机构　图 5-78 所示为 T 形槽式斜滑块外侧分型抽芯机构。模套 4 开有 T 形槽，斜滑块 3 可在槽中移动。推出时，在推杆 2 和推管 1 的作用下，同时完成侧抽芯和制品的推出。限位销 5 的作用是对斜滑块限位，以防止斜滑块脱出模套。

当制品侧面的孔或凹槽较浅，所需抽芯距不大，但成型面积较大，需要抽芯力较大时，常采用滑块导滑的分型抽芯机构。这种抽芯机构的特点是当推杆推动斜滑块时，推出制品与抽芯（或分型）动作同时进行。另外，因斜滑块的刚性好，能承受较大

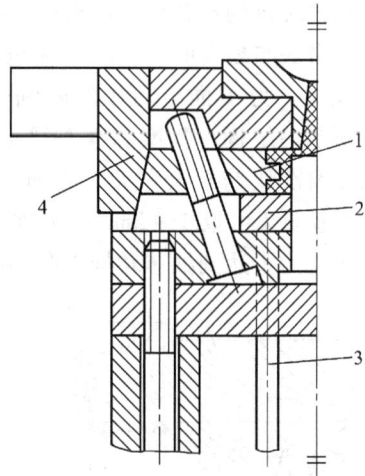

图 5-77　斜导柱与滑块同在动模的结构
1—滑块　2—推件板　3—连接推杆　4—楔紧块

的抽芯力，所以斜滑块的斜角可比斜导柱的斜角大些，但一般不大于 30°，斜滑块的推出长度通常不超过导滑长度的 2/3，不然斜滑块容易倾斜，影响导滑精度

（2）斜滑块内侧分型抽芯机构　图 5-79 为成型带有内侧凸形塑料制品的斜滑块内侧分型抽芯机构。在推杆作用下，两侧活动斜滑块以动模板内斜孔导向，在内侧抽芯的同时推出制品。

2. 斜导杆导滑的斜滑块分型抽芯机构

由于受斜导杆强度、刚度的限制，这种分型抽芯机构常用于抽芯力不大，抽芯距较小的场合。它也有外侧抽芯和内侧抽芯两种形式。

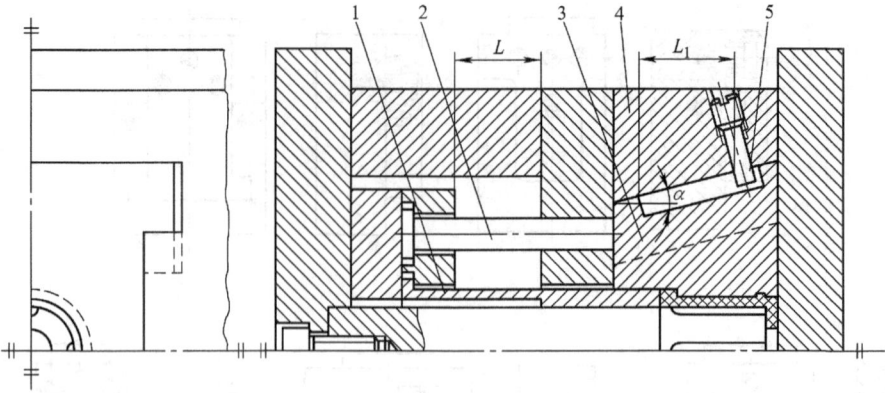

图 5-78　T形槽式斜滑块外侧分型抽芯机构
1—推管　2—推杆　3—斜滑块　4—模套　5—限位销

（1）斜导杆导滑的外侧分型抽芯机构　如图 5-80 所示，共有四个斜滑块 5 构成圆周成型面。斜滑块由斜导杆 1 导滑，斜导杆可伸入定模，以确保足够的导向长度。推出时，推件板 3 同时推动四个斜滑块完成抽芯并推出制品。限位销 6 用于斜滑块的限位。由于斜滑块抽芯机构在合模、注射时，在高的注射压力作用下，滑块与模套间产生较大的包紧力，因而所需脱模力较大。为了推出动作的顺利进行，可采用如图 5-80 所示的结构，其型芯具有浮动量 l，以便在推出时先让斜滑块与模套松动，继而进行抽芯和推出制品。浮动量 l 可取 $1 \sim 2mm$，由螺钉 2 限位。由图可以看出，为了达到抽芯和推出制品的目的，应保证 $(L_1 - l)\tan\alpha > S_{抽}$。

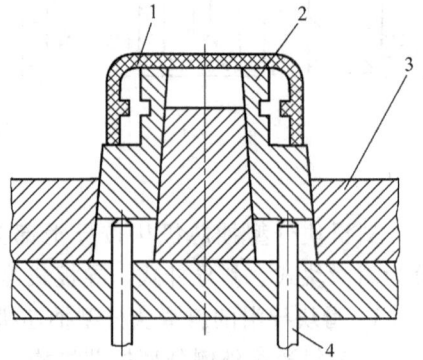

图 5-79　斜滑块内侧分型抽芯机构
1—制品　2—斜滑块　3—动模板　4—推杆

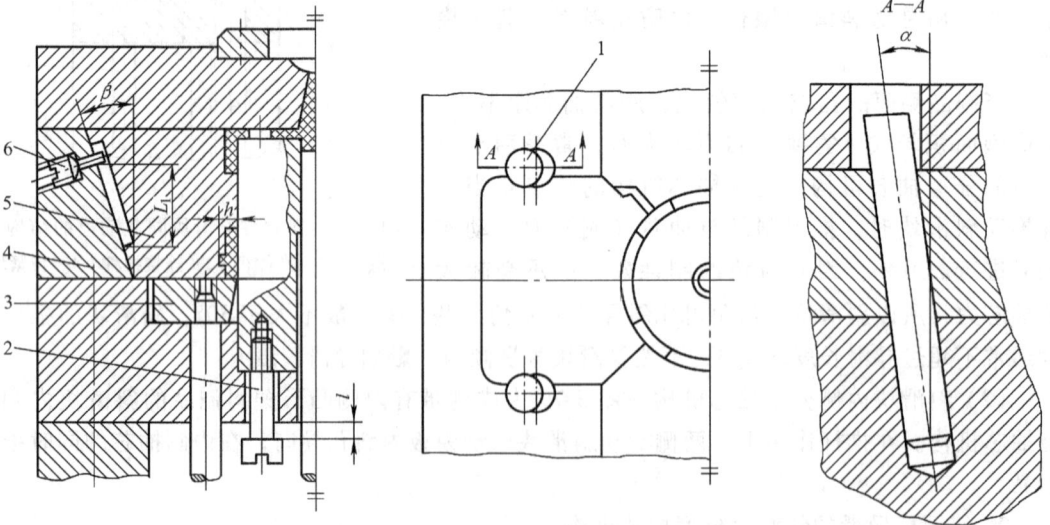

图 5-80　斜导杆导滑的外侧分型抽芯机构
1—斜导杆　2—限位螺钉　3—推件板　4—模套　5—斜滑块　6—限位销

（2）斜导杆导滑的内侧分型抽芯机构 如图 5-81 所示，制品内侧的凸起由斜导杆 5 的头部成型，所以该结构的导杆与滑块合为一体。在型芯 7 上开有斜导槽，滑座 2 固定在推杆固定板 1 上。斜导杆可在型芯 7 的斜导槽内移动，它的另一端通过销或其他结构形式零件与滑座 2 的 T 形槽配合。在推出时，斜导杆在斜导槽内移动而进行内抽芯，斜导杆另一端在滑座中移动以保证不致卡死，同时由推件板推出制品。斜导杆随复位系统复位而复位。

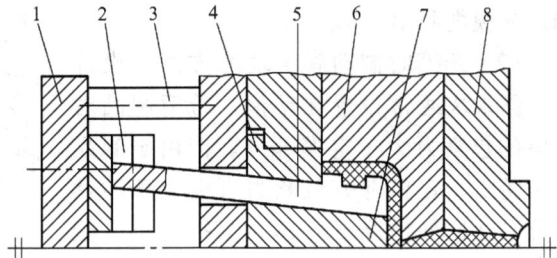

图 5-81 斜导杆导滑的内侧分型抽芯机构
1—推杆固定板 2—导杆滑座 3—复位杆
4—推件板镶块 5—斜导杆 6—凹模
7—型芯 8—定模座板

3. 斜滑块的导滑及组合形式

滑块的导滑形式按导滑部分的形状有矩形、半圆形、燕尾形等形式，如图 5-82 所示，其中图 5-82a ~ 图 5-82c 三种结构简单，制造方便。图 5-82d 所示的燕尾形比较复杂，加工麻烦。

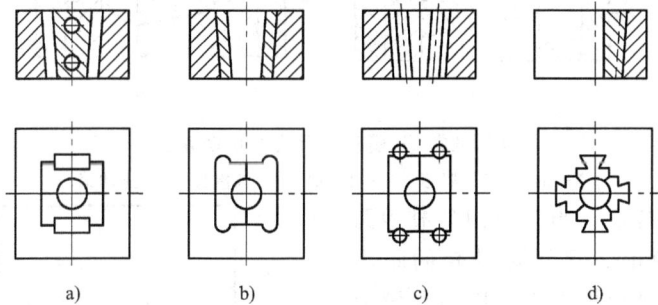

图 5-82 滑块的导滑形式

斜滑块的组合形式如图 5-83 所示，设计时选用何种形式应根据制品的形状和外观要求而定，并保证滑块组合部分有足够的强度。

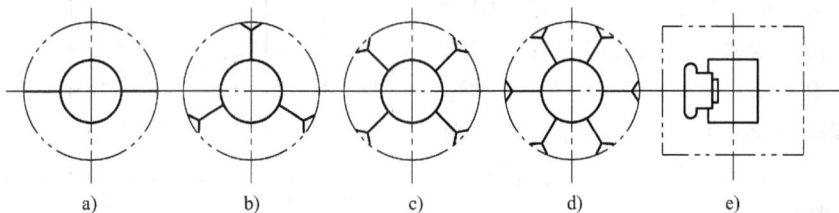

图 5-83 斜滑块的组合形式

4. 设计斜滑块分型抽芯机构应注意的问题

（1）制品位置的合理选择 制品在斜滑块中的位置选择是否合理，对能否顺利脱模关系很大。图 5-84a 所示为成型制品孔的型芯设置在定模，在开模时型芯首先从制品中抽出，然后推杆推动斜滑块而分型。这样，制品必然会黏附在粘着力较大的斜滑块一侧。使制品不易脱模取出。而图 5-84b 是将制品调头，型芯设在动模上，因有较长型芯定中，所以制品能顺利地从模内脱出。

（2）开模时制动斜滑块的方法 设计时，斜滑块通常设置在动模，希望制品对动模的包紧力大于定模部分。但由于制品结构特点，定模部分包紧力可能大于动模部分，在这种情况下开模时，斜滑块可能被定模带动，使制品损坏或留在定模上难以脱出，如图5-85a所示。因此在模具结

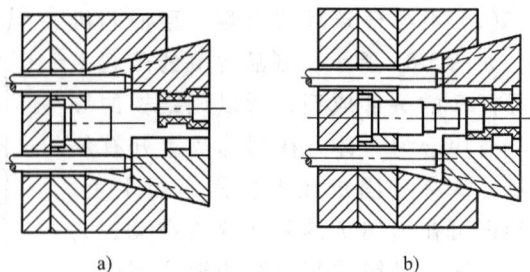

图5-84 制品位置的合理选择

构上需设置止动装置，如图5-85b所示。开模时，止动销5在弹簧力的作用下，压紧斜滑块3，使斜滑块在开模时不动，待到制品脱离定模型芯后，在推杆的作用下，斜滑块才分型抽芯，取出制品。

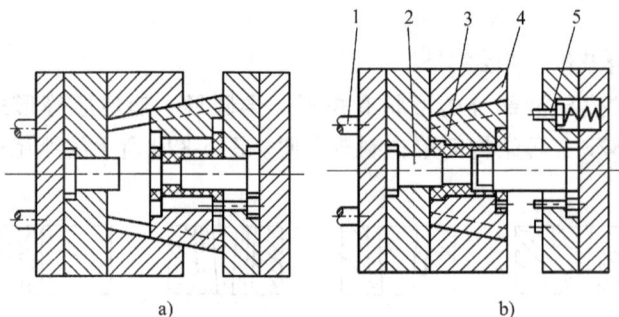

图5-85 开模时斜滑块的止动方法
1—推杆 2—型芯 3—斜滑块 4—锥模套 5—止动销

（3）型芯浮动装置 当塑料制品成型面积较大且高度较高时，滑块对模套的胀力大，制品对型芯包紧力也较大，因而脱模力很大，为了避免出现推力不足造成无法推出或损坏制品的现象，可采用如图5-80所示的型芯浮动结构。

（4）斜滑块的装配要求 为了保证斜滑块在合模时拼合紧密，要求斜滑块的底部与模板之间留有0.2~0.5mm的间隙，同时还必须高出模套0.2~0.5mm，以保证当斜滑块与模套的配合面出现磨损时，还能保持紧密的拼合，如图5-86所示。

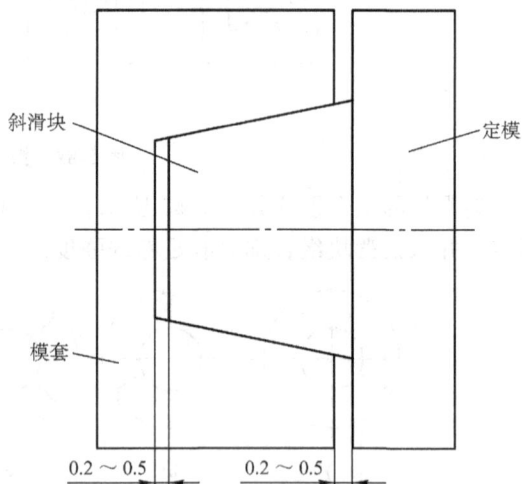

图5-86 斜滑块与模套的配合

四、其他形式的侧向分型与抽芯机构

1. 斜槽导板分型与抽芯机构

图5-87a为斜槽导板分型与抽芯机构。它在侧型芯滑块的外侧用斜槽导板代替斜导柱，槽的倾斜角 α 同样在25°以下为宜。如抽芯距大，必须超过这个角度时，则可以把倾斜角做成两段，如图5-87b所示，第一段 α_1 比楔紧块斜角小2°，并在25°以下；第二段 α_2 做成所需要的角度，但 α_2 应小于40°。这种结构适用于抽拔力不大，但抽芯行程较长的场合。

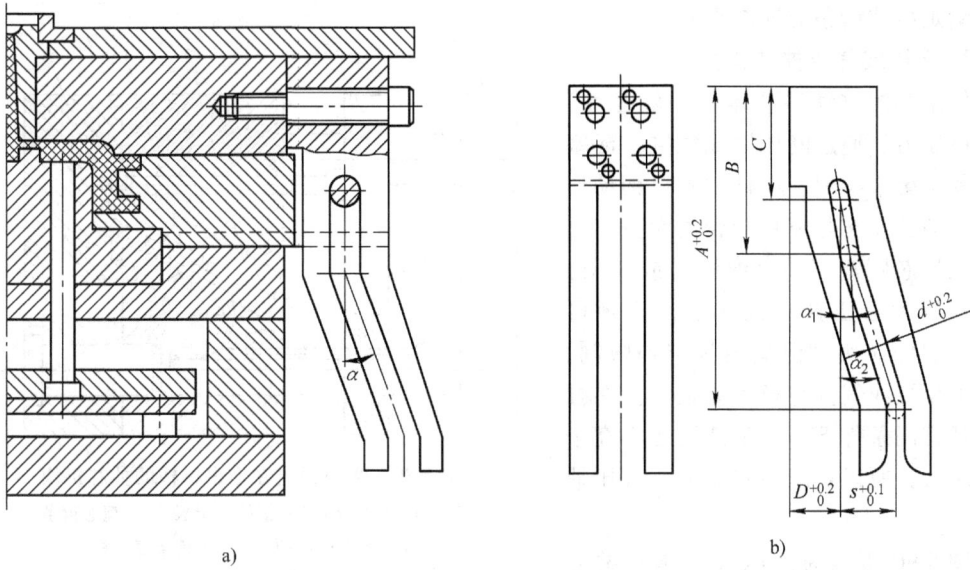

a)   b)

图 5-87　斜槽导板分型与抽芯机构

2. 齿轮齿条抽芯机构

齿轮齿条抽芯机构具有抽芯力大、抽芯距长的特点。但由于其结构复杂，加工较困难，因此只有在其他抽芯机构不适用时才采用。它是利用开模力或推件力通过齿条齿轮传动，带动侧型芯来完成抽芯动作。

（1）齿条固定在定模的侧向抽芯机构　图 5-88 所示是在开模过程中进行抽芯，在合模过程中复位的齿轮齿条水平抽芯机构。制品上的侧孔由型芯 2 成型。开模时，楔紧块 7 脱开齿条 4，由固定在定模上的齿条 5 与齿轮 6 啮合，并带动齿条 4 及型芯 2 完成抽芯。齿条 5 与齿轮 6 啮合前，楔紧块 7 必须抽出齿条 4，因此齿条 5 必须有 l 段的空行程。

（2）齿条固定在推出机构的斜向抽芯机构　图 5-89 齿条齿轮全部安装在动模，推出制品前必须先将斜向型芯轴出，然后才能推出。其动作顺序如下：开模后，注射机顶杆首先推动齿条固定板 1，齿条 5 通过齿轮 4 将型芯齿条 3 抽出，直至齿条固定板 1 碰到推杆固定板 2，并与推杆一起继续运动，完成推出制品动作。由于齿条与齿轮在整个抽芯推件运动中始终啮合，所以齿轮轴上不需设置定位装置。合模时，齿条及齿条固定板 1 和推杆固定板 2 的复位分别由齿条复位杆 6 和复位杆来完成。推杆固定板 2 与齿条固定板复位后其间距为 l，l

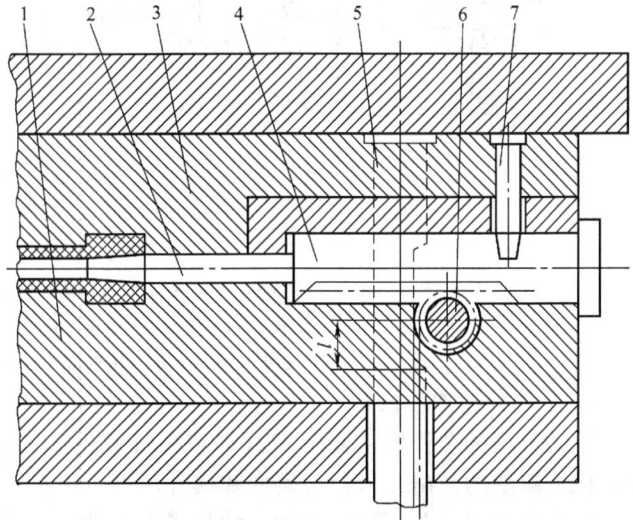

图 5-88　齿轮齿条水平抽芯机构

1—动模　2—型芯　3—定模　4、5—齿条

6—齿轮　7—楔紧块

值应满足型芯齿条的抽芯距要求。

3. 液压或气压抽芯机构

侧型芯的移动靠液体（一般为油）或气体压力，通过液压缸或气缸、活塞及控制系统来实现。这种抽芯机构动作平稳，抽芯动作与模具开合模无关，可以加长抽芯距离，增大液压（或气压）压力和增大液压缸（或气缸）内径可获得大的抽芯力。但受模具结构限制，一般液压缸或气缸直径不能很大。在缸体直径相同条件下，由于液压压力高于气压压力，所以液压抽芯力大于气压抽芯力。

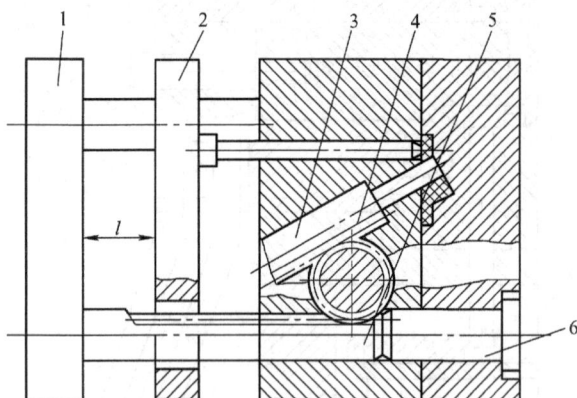

图 5-89　齿条固定在推出机构的抽芯机构
1—齿条固定板　2—推杆固定板　3—型芯齿条
4—齿轮　5—齿条　6—齿条复位杆

图 5-90 所示为液压（气压）抽芯机构示意图。在图 5-90a 中，液压缸（或气缸）7 以支架 6 固定于动模 3 的侧面，型芯 2 通过拉杆 4 和连接器 5 与活塞杆连接。由活塞的往复运动带动拉杆和型芯以实现抽芯和复位。合模时，型芯 2 上突出的斜面与定模相应斜面楔紧，起锁紧作用。图 5-90b 所示为液压抽长型芯的结构示意图。

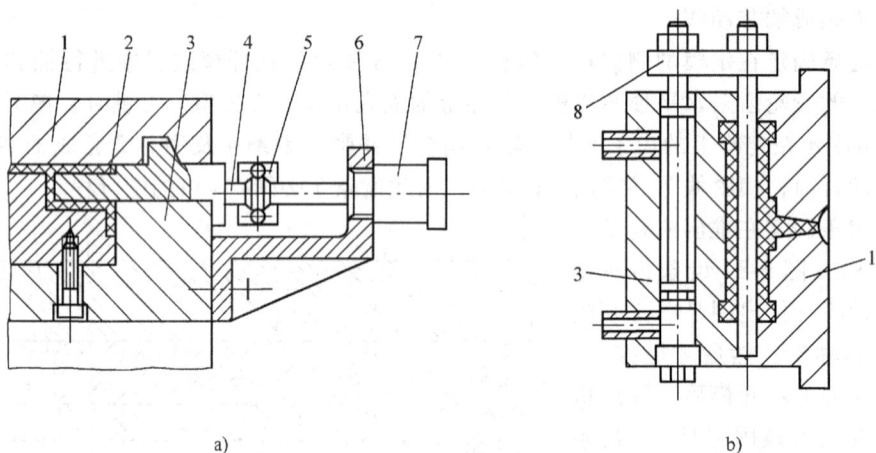

a)

b)

图 5-90　液压（气压）抽芯机构示意图
1—定模　2—型芯　3—动模　4—拉杆　5—连接器
6—支架　7—液压缸（或气缸）　8—型芯固定板

4. 手动分型抽芯机构

手动分型抽芯机构主要用于试制和小批量生产的模具。手动抽芯多用于型芯、螺纹型芯、成型镶块的抽出，可分为模内和模外两种。

（1）模内手动分型抽芯机构　它是指在开模前，用手扳动模具上的分型抽芯机构完成抽芯动作，然后开模，推出制品。图 5-91 所示为螺纹手动抽芯机构。它是利用螺母与丝杠配合，把旋转运动转化为型芯的进退直线移动。其中，图 5-91a 用于圆形型芯的抽芯；图 5-91b 用于非圆形型芯的抽芯；图 5-91c 用于多型芯同时抽芯；图 5-91d 用于成型面积大而抽芯距较小的场合；图 5-91e 用于成型面积大，而支架承受不起成型压力时，采用楔紧块楔紧侧滑块的场合。此外还可以用手动齿轮齿条等分型抽芯机构。

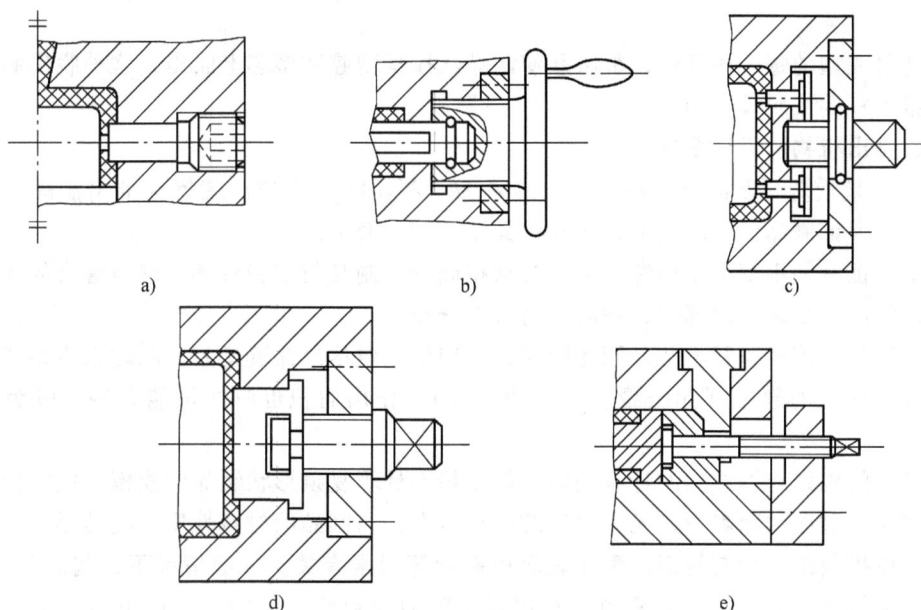

a)　　　　　　　　b)　　　　　　　　c)

d)　　　　　　　　　　　　　e)

图 5-91　模内螺纹手动抽芯机构

（2）模外手动分型抽芯机构　它是指将镶块或型芯、螺纹型芯等和制品一起推出模外，然后用人工或简单机械将型芯或镶块从制品中取出的一种结构。图 5-3 所示就是一种模外分型抽芯机构。

5. 抽芯方向与模具开模方向不垂直时的抽芯机构

如图 5-92 所示，当抽芯方向与模具开模方向不垂直而是成一定角度 β 时，也可采用斜导柱抽芯机构。此时影响抽芯效果的斜导柱有效倾斜角为 α_1。当侧滑块向动模一侧倾斜 β 角时（图 5-92a）有效倾斜角 $\alpha_1 = \alpha + \beta$，斜导柱的斜角 α 值应满足 $\alpha + \beta \leq 22°30'$，即比侧滑块不倾斜时小些。当侧滑块向定模方向倾斜 β 角时（图 5-92b）有效倾斜角 $\alpha_1 = \alpha - \beta$，斜导柱斜角 α 值应满足 $\alpha - \beta \leq 22°30'$，即比侧滑块不倾斜时大些。

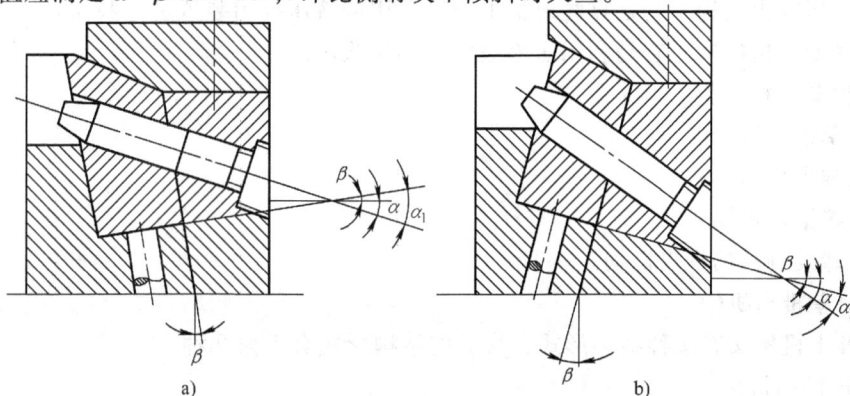

a)　　　　　　　　　　b)

图 5-92　抽芯方向与开模方向不垂直

a）侧滑块向动模一侧倾斜　b）侧滑块向定模一侧倾斜

第五节　推出机构的设计

在注射成型的每一循环中，都必须使制品从模具型腔和型芯上脱出，这种脱出制品的机构称为推出机构或脱模机构。

一、推出机构的设计要求

（1）尽量使塑料制品留在动模上　这是为了利用注射机顶出装置来推出制品，必须在开模过程中保证制品留在动模上，这样模具结构较为简单。

（2）保证制品不变形不损坏　为此必须正确分析制品与型腔各部位的附着力的大小，选择合理的推出方式和推出部位，使脱模力合理分布。

由于制品收缩时包紧型芯，因此脱模力作用位置应尽量靠近型芯，同时也应布置在制品刚度、强度最大的部位（如凸缘、加强肋等处），作用面积也应尽可能大些，以免损坏制品。

脱模力的确定与抽芯力的计算相同，但要精准计算复杂形状制品的脱模力比较困难，这是因为制品与型腔的附着力，尤其对型芯的包紧力，与制品的材料性质、制品形状、成型工艺参数、脱模斜度、型芯间距、型腔表面粗糙度等因素有关。一般情况下，制品收缩率大、壁厚、型芯尺寸大而复杂，脱模斜度小以及型腔表面粗糙度大的，脱模阻力就大，反之则小。实际生产中常用类比法进行估算。在确定脱模零件结构时，应综合考虑上述因素，以保证制品顺利脱模。

（3）保证制品外观良好　也就是说，推出制品的位置应尽量选在制品的内部或对制品外观影响不大的部位。

（4）结构可靠　即推出机构应工作可靠，运动灵活，具有足够的强度和刚度。

二、推出机构的分类

1. 按动力来源分类

（1）手动推出机构　常用于注射机不带顶出装置的定模一方，开模后，由人工操作推出机构推出定模中的制品。

（2）机动推出机构　它是利用注射机开模动作，通过推出机构推出制品。

（3）液压推出机构　它是靠注射机上设置专用的液压推出装置进行脱模。

（4）气动推出机构　它是利用压缩空气将制品吹出。

2. 按模具结构分类

1）简单推出机构。

2）双推出机构。

3）二级推出机构。

4）带螺纹制品的推出机构。

三、简单推出机构

简单推出机构又有多种结构形式，常见的结构形式有下面几种。

1. 推杆推出机构

用推杆推出制品，尤其是圆推杆推出制品是推出机构中最简单、最常用的一种。因它制造简单，更换方便，滑动阻力小，脱模效果好，设置的位置自由度大，且容易实现标准化，所以在生产中广泛应用。但因推杆和制品接触面积小，容易引起应力集中，从而可能损坏制品或使制品变形，因此不宜用于脱模斜度小和脱模力大的管形和箱形制品的脱模。

（1）推杆的形状及尺寸　因制品的几何形状及型腔、型芯结构不同，所以设置在型腔、型芯上的推杆截面形状也不尽相同，常见的推杆截面形状如图 5-93 所示。设计模具时，为了便于推杆的加工，应尽可能采用圆形截面的推杆；在某些不宜采用圆形推杆或推杆起成型制品某一形状作用时，可采用如图 5-93b ~ 图 5-93h 所示的推杆。起成型制品某一部分形状作用的推杆称为成型推杆。

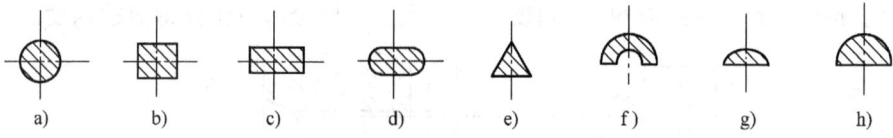

图 5-93　推杆截面形状

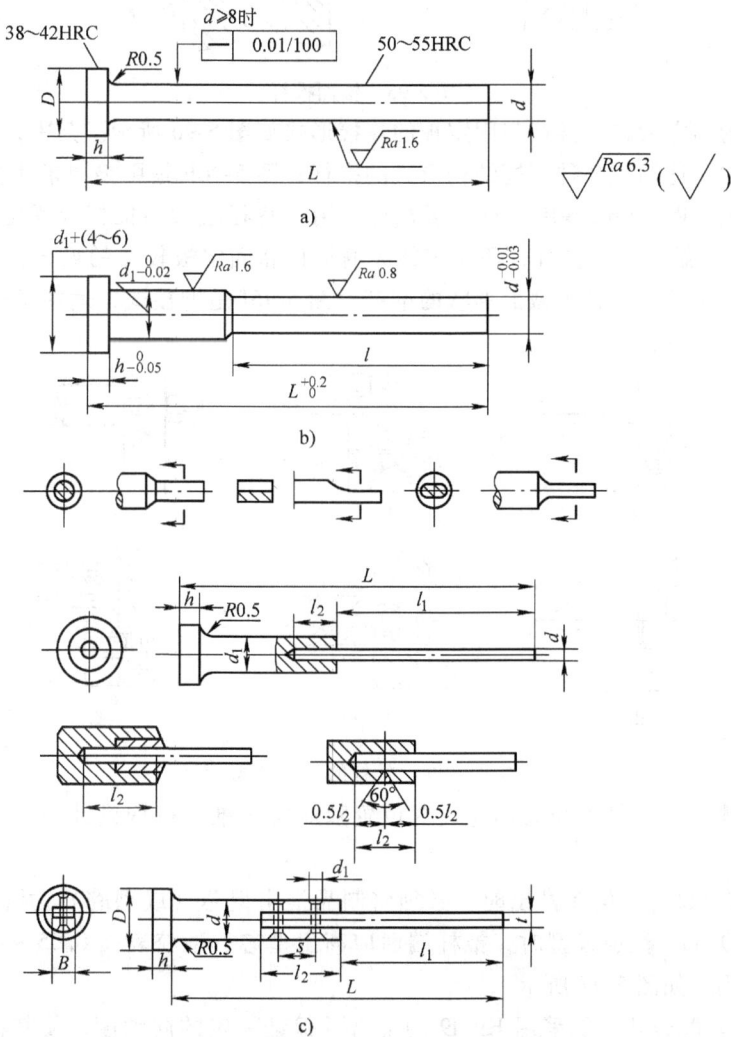

图 5-94　推杆形状

标准推杆（GB/T 4169.1—2006）是等截面的，如图 5-94a 所示。推杆的截面尺寸不应过细或过薄，以免影响强度和刚度。细长形推杆可将后部加粗成台阶形，如图 5-94b 所示，一般使 $d_1 = 2d$。此外，根据结构需要、节约材料和制造方便的原则，还有组合结构的推杆，如图 5-94c 所示。

对于一些要求配合间隙很小的推杆，其推杆工作端也可设计成锥形，如图 5-95 所示。虽然带锥形的推杆的加工要比圆柱形困难，但它在注射成型时无间隙，推出时无摩擦，工作端与制品接触面积大，推出制品表面平整，而且在推出制品时，在型腔表面与制品之间迅速进气，便于脱模。锥角一般取 60°，角度不宜太大，否则会影响锥体部分的强度。

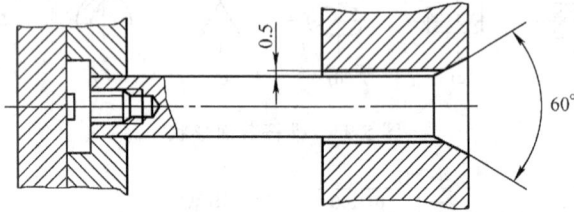

图 5-95　锥面推杆

（2）推杆的固定形式　推杆与固定板的连接形式如图 5-96 所示。其中，图 5-96a 是一种常见的固定形式，适用于各种不同结构形式的推杆；图 5-96b 是用垫圈来代替固定板上的沉头孔以简化加工；图 5-96c 是用螺母拉紧推杆，用于直径较大的推杆及固定板较薄的场合；图 5-96d 是用紧定螺钉顶紧推杆，用于直径大的推杆和固定板较厚的场合；图 5-96e 用螺钉紧固推杆，适用于较大的各种截面形状的推杆；图 5-96f 是铆接式，适用于推杆直径小且数量多及间距较小的场合。

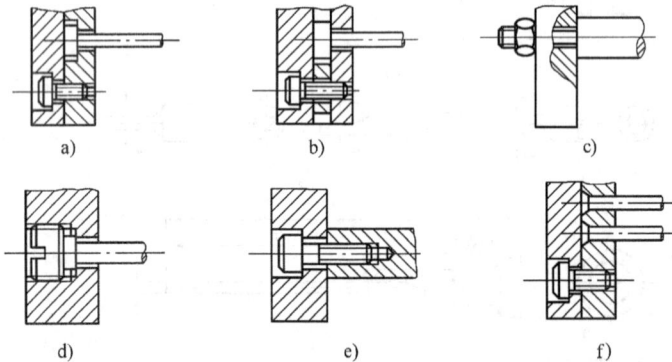

图 5-96　推杆的固定形式

（3）注意事项　推杆直径大小与设置位置除应符合推出机构设计要求外，还应注意下列事项。

1）推杆应尽量短，但在推出时，必须将制品推出型芯（或型腔），并高于型芯（或型腔）顶面 5～10mm。注射成型时，推杆端面应高出型芯、型腔表面 0.05～0.1mm，否则会影响制品的使用，如图 5-97 所示。

2）推杆与其配合孔一般采用 H9/f9 的配合并保证一定的同轴度，使其在推出过程中不卡滞，配合长度取推杆直径的 1.5～2 倍，通常不小于 12mm。

3）推杆通过模具成型零件的位置，应避开冷却通道。

4）在确保制品质量与顺利脱模的前提下，推杆数量不宜过多，以简化模具和减少对制品表面质量的影响。

2. 推管推出机构

对于中心带孔的圆筒形制品或局部是圆筒形的制品，可用推管推出机构进行脱模。推管推出机构和推杆推出机构的运动方式基本相同，只是推管中间有一个固定型芯，如图 5-98 所示。其中图 5-98a 是用销或键固定型芯，推管中部开有槽，槽在销的下方长度 l 应大于推出的距离。其特点是

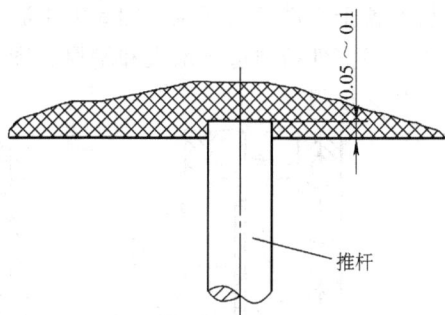

图 5-97　推杆端面与型腔、型芯表面的关系

型芯较短，模具结构紧凑，但型芯紧固力小，而且要求推管与型芯和凹模板间的配合精度较高（IT7），适用于型芯直径较大的模具；图 5-98b 表示型芯的台肩固定在模具动模座板上，型芯较长，但结构可靠，多用于推出距离不大的场合；图 5-98c 为推管在凹模板内移动，可缩短推管和型芯的长度，但凹模板厚度增加；图 5-98d 为扇形推管（实质上是三根扇形推杆的组合），这种结构也具有图 5-98c 形式的优点，但推管制造麻烦，强度较低，容易损坏。

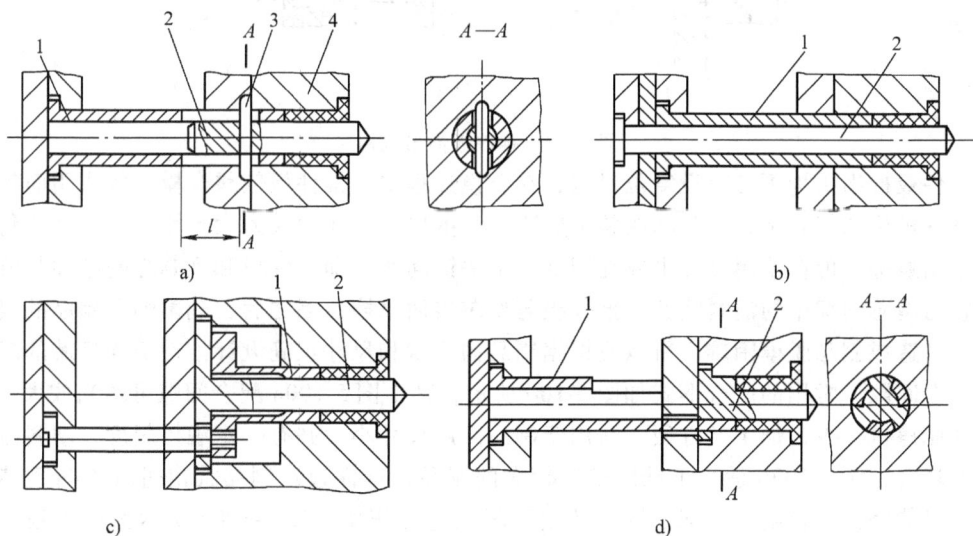

图 5-98　推管推出机构
1—推管　2—型芯　3—销　4—凹模板

推管推出机构推出工作均衡、可靠，且在制品上不留任何痕迹。但对成型一些软质塑料，如聚乙烯、软聚氯乙烯等制品，不宜采用单一的推管脱模，尤其是对一些薄壁深筒形制品更是如此，通常要采用联合推出机构才能达到理想效果。联合推出机构是指对同一制品采用多种不同推出零件一起推出的机构。

3. 推件板推出机构

推件板又称脱模板。深腔薄壁的容器、罩子、壳体形以及透明制品等不允许有推杆痕迹的制品都可采用推件板推出机构。推件板推出机构的结构形式如图 5-99 所示。其中图 5-99a 是应用最广泛的形式，推件板借助动、定模的导柱导向；图 5-99b 表示推件板由定距螺钉拉住，以防脱落；图 5-99c 为推件板镶入动模板内，模具结构紧凑，推件板上的斜面是为了在

合模时便于推件板的复位；图 5-99d 是利用注射机两侧顶杆推动推件板一种形式，模具结构简单，但推件板要适当增大和增厚；图 5-99e 表示定距螺钉的安装与图 5-99b 恰恰相反，这样可省去推板。

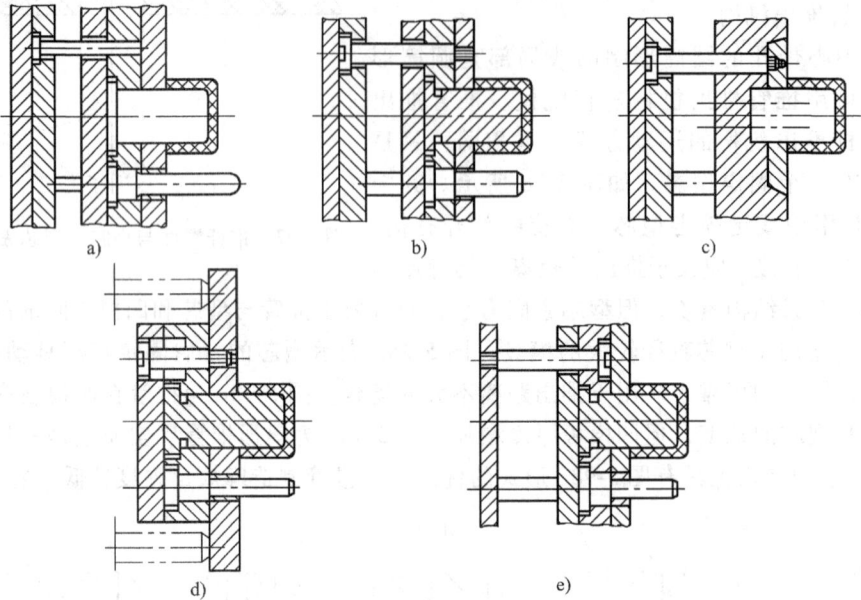

图 5-99　推件板推出机构

推件板推出机构不必另设复位机构，在合模过程中，推件板依靠合模力的作用而复位。

这种机构的特点是，在制品的整个周边进行推出，因而脱模力大且均匀，运动平稳，无明显推出痕迹。但在使用过程中要处理好两个关键问题，即推件板和型芯之间摩擦与咬合和推件板与型芯间隙中的溢料问题。推件板与型芯表面摩擦拉毛之后，既影响了制品的表面粗糙度，又造成制品脱模困难，所以应根据制品的形状和尺寸正确设计推件板与型芯的配合形式及配合间隙。常用的配合形式如图 5-100 所示，其中图 5-100a 配合间隙可适当放大，两者接触面摩擦机会少，加工又方便，适用于制品高度尺寸小，并有一定脱模斜度，塑料流动性较差的场合；图 5-100b 适用于推出壁厚较大的制品，推件板在制品推出过程中与型芯不接触，不可能磨损和拉毛，其配合锥度还起到辅助定位作用；图 5-100c 所示为推件板与型芯采用锥面接触，其优点与锥形推杆相同，因配合对中性好，成型时不会产生飞边，适用于流动性好的塑料；当制品脱模斜度很小而高度又高，无法使用这种形式时，可采用如图 5-100d 所示的结构形式。

推件板与型芯接触的部位一般需要有一定的硬度和表面粗糙度要求，如采用整体淬硬，会因淬火变形而影响孔的位置精度，故常采用局部镶嵌或组合结构，如图 5-101 所示。在实际生产中镶嵌方法应用较为广泛。

对于大型深腔的容器，特别是软质塑料成型时，若用推件板脱模，应考虑附设引气装置，以防在脱模过程中塑料制品内腔形成真空，致使脱模困难，甚至使制品变形损坏。图 5-102 为锥阀式引气装置。

4. 推块推出机构

对于平板状带凸缘的制品，表面不允许有推杆痕迹，且平面度要求较高，如用推件板脱

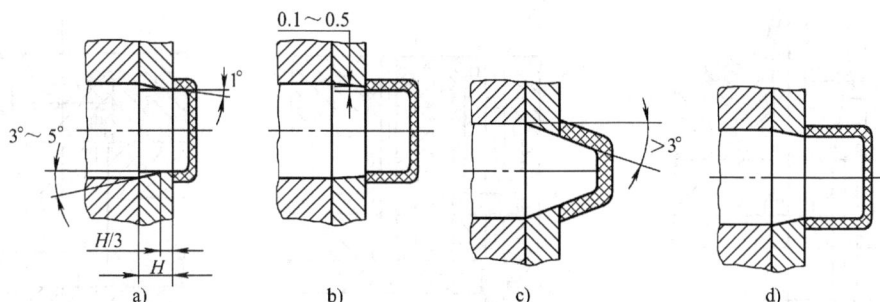

图 5-100　推件板与型芯的配合形式

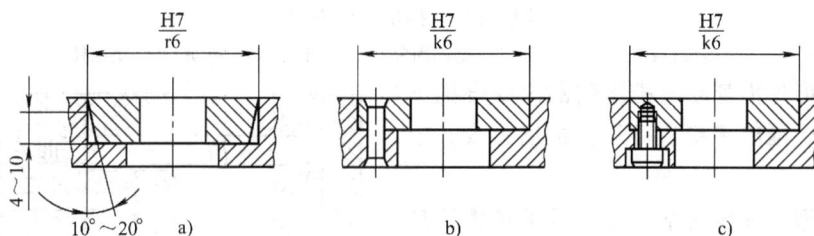

图 5-101　推件板镶嵌形式

模会粘附模具时，则可使用推件块推出机构，如图 5-103 所示。由图可见，推块是型腔的组成部分，因此应有较高的硬度和较小的表面粗糙度值，与型芯和型腔的配合精度高，要求滑动灵活，又不允许溢料。推块的复位一般依靠复位杆来实现，但图 5-103a 中推块的复位却靠主流道中熔体压力来实现的。

5. 活动镶块或凹模推出机构

有一些制品限于结构形状和所用材料（如透明度较高）的原因，不能采用推杆、推管推件板等推出机构脱模时，可用成型镶块（图 5-3）或凹模（图 5-104）带出塑料制品的推出机构脱模。图 5-104 所示的脱模方式，制品脱出型芯后还要用手工将制品从凹模内取出。

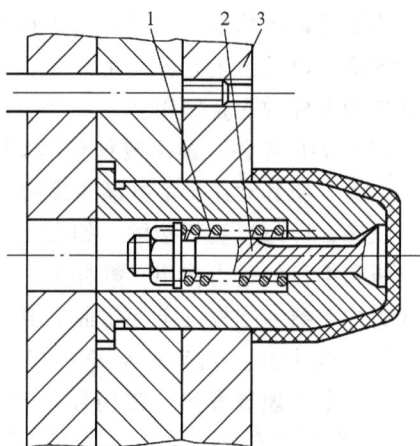

图 5-102　推件板推出时的锥阀式引气装置
1—弹簧　2—引气阀　3—推件板

6. 联合推出机构

前述推出机构都是单一推出元件的推出方式。对于复杂制品的成型往往需要几种推出元件同时使用。图 5-105 所示为推杆和推块联合推出机构。推出时，成型推杆与推块同时起推出作用，这样可避免制品的变形和损坏。这种脱模方式对具有多个小孔的平板形制品较为有利。

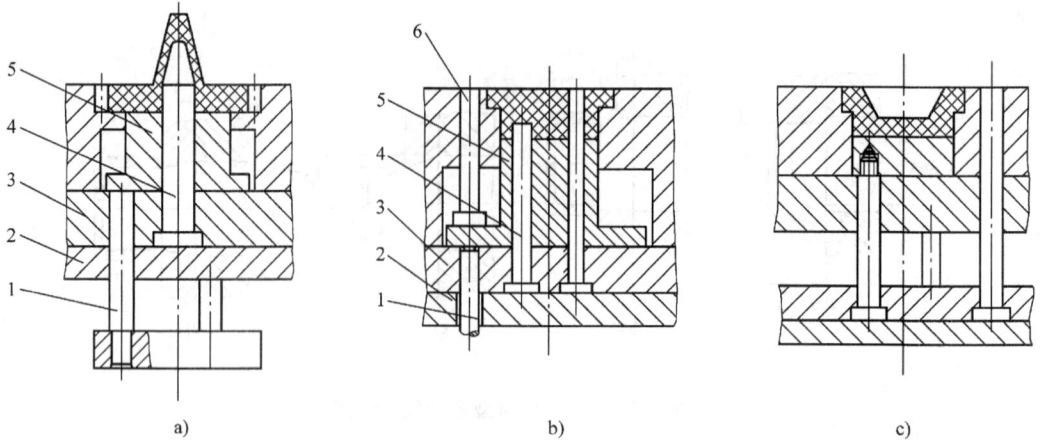

a)   b)   c)

图 5-103 推块推出机构

1—连接推杆 2—支承板 3—型芯固定板 4—型芯 5—推块 6—复位杆

推杆还可与推管联合推出制品。联合推出机构的特点是推出平稳、可靠，推出力大，但结构复杂。

带螺纹型芯和螺纹型环的模具可将螺纹型芯与螺纹型环与制品一起推出，然后用简单机构就可把螺纹型芯与螺纹型环与制品分开。

7. 推出机构的辅助零件

为了保证制品顺利脱模和推出机构各部分运动灵活，以及推出元件的可靠复位，必须有以下辅助零件的配合作用。

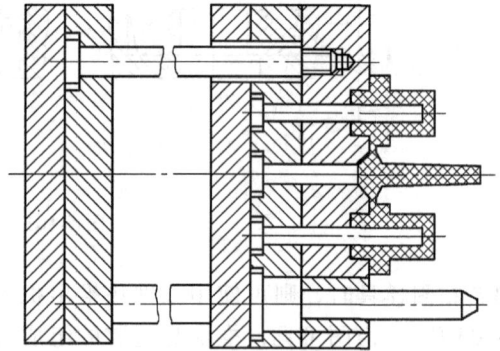

图 5-104 利用凹模带出制品的推出机构

（1）导向零件 推出装置在模具中作往复运动，为了使其动作灵活并减少摩擦，除成型部分与模具采用间隙配合外，其余部分都处于浮动状态，即与模板不接触，如图 5-105 所示。在卧式和直角式注射机上的注射模中，推杆固定板和推板的重力作用于推杆上，同时在推出过程中制品推出阻力和顶出杆的作用力可能形成力矩，致使推杆固定板扭曲、倾斜，这些都使推杆承受横向负荷，可能导致推杆变形，甚至断裂或卡死，尤其是细长推杆。为了防止上述现象发生。常用导向零件来承受上述负荷，如图 5-106 所示。图 5-106a 和图 5-106b 中的导柱除起导向作用外，还起支承作用，以增强支承板的刚度。图 5-106c 则不能起支承作用。模具推杆数量少、产量不大时，可不设导套，如图 5-106a 所示。

对于模具小，推板和推杆固定板质（重）量轻，推出力对称的，也可

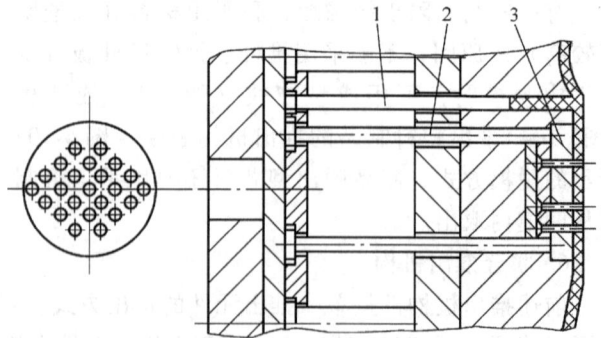

图 5-105 推杆、推块联合推出机构

1—成型推杆 2—推杆 3—推块

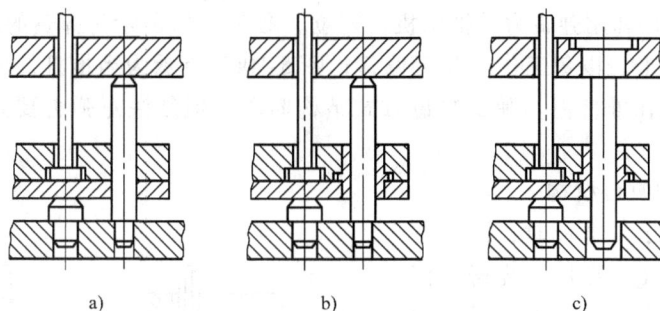

图 5-106 推出机构的导向零件

不设导向机构，但此时复位杆与动模板需采用间隙配合（常取 H7/f9 的配合），有时为了让复位杆起导向作用，可将复位杆直径加大。

（2）复位零件 在推出机构完成制品脱模后，为了继续注射成型，推出机构必须回到原来位置。为此，除推件板脱模外，其他脱模形式一般均需要设置复位零件。固定式注射模常用的复位形式有：

1）复位杆。它的作用是使已完成推出制品任务的推杆回到注射成型状态的位置。复位杆在结构上与推杆相似，所不同的是它与模板的配合间隙较大，同时复位杆顶面不应高出分型面，如图 5-1 中的件 10。

2）推杆的兼用形式。在制品的几何形状和模具结构允许的情况下，可利用推杆使推出装置复位。图 5-107a 为推杆与复位杆兼用。图 5-107b 所示，拉料杆兼作推杆用，开模时，利用拉料杆将制品拉在动模一侧，然后，再利用拉料杆把制品从型芯上脱出。合模时拉料杆与推件板一起复位。

3）其他复位机构。见先复位机构介绍。

四、先复位机构

在推出机构中，推出元件有时不先复位会造成放置嵌件不便，或出现与侧型芯的干涉现象。为了便于操作或抽芯与推出动作的协调，如在可能的范围内加大斜导柱角度，仍不能避免干涉时，即采用先复位机构。常用的先复位机构有以下几种形式：

1. 弹簧复位机构

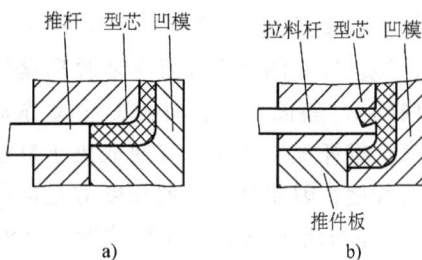

图 5-107 推杆的兼用形式

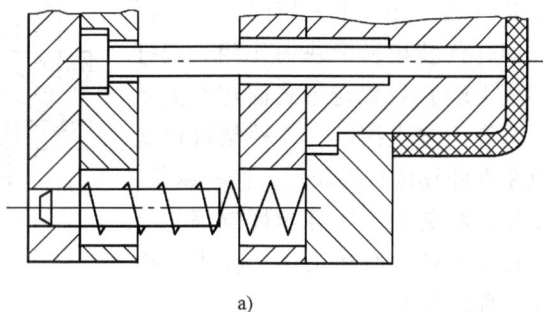

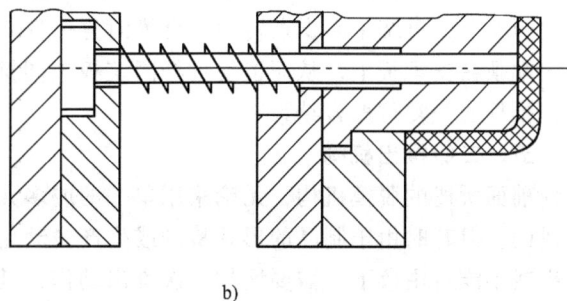

图 5-108 弹簧先复位机构

图 5-108 所示是利用弹簧力使推出机构复位。图 5-108a 所示为弹簧的内孔装一定位杆或把弹簧套在复位杆上，以免工作时弹簧偏移；图 5-108b 所示为当推杆周围的空间位置允许时，将弹簧直接套在推杆上。弹簧复位方式结构简单，但须注意弹力要足够，一旦弹簧失效，要及时更换。

2. 楔形滑块先复位机构

如图 5-109 所示，合模时，固定在定模上的复位杆 4（楔形杆）先碰到楔形滑块 3，楔形滑块与推杆固定板上的导滑槽配合，可沿导滑槽左右滑动。由于楔形滑块两面均为 45°斜面，在复位杆推动下，一方面向右移动，另一方面又使推杆固定板连同推杆产生复位动作，当复位杆的 45°斜面完全脱离楔形滑块的 45°斜面时，推杆的复位动作即结束。推杆复位的先后时间取决于复位杆的长度，因此复位杆的长度应足以使

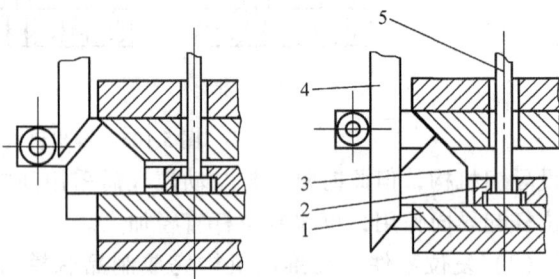

图 5-109　三角滑块先复位机构
1—推板　2—推杆固定板　3—楔形滑块
4—复位杆　5—推杆

产生干涉的推杆先退出干涉位置。这种复位机构的特点是楔形滑块不宜过大，所以推杆先退回的行程较小。

3. 摆杆先复位机构

图 5-110 所示为摆杆先复位机构。其先复位原理与图 5-109 相同，所不同的是以摆杆代替楔形滑块的作用。摆杆的一端（上端）以铰链形式固定在支承板上，可绕固定点摆动。这种结构形式的优点是推杆复位行程较大，摆杆越长，推杆复位行程越大，而且摆杆端部装有滚轮，动作灵活，摩擦力小，在生产中常采用这种结构形式。

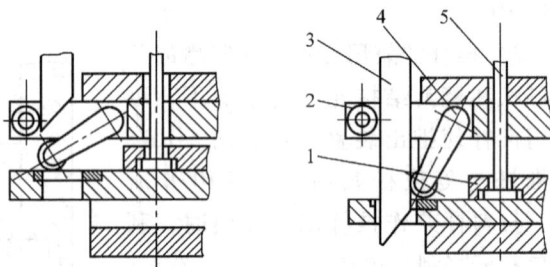

图 5-110　摆杆先复位机构
1—推杆固定板　2—支承板
3—复位杆　4—摆杆　5—推杆

4. 杠杆先复位机构

图 5-111 所示的结构为杠杆先复位机构。它与前两种机构相似，复位杠杆 1 固定在推杆固定板 5 上，可绕中心支点转动，合模时复位杆 2 端部的 45°斜面推动杠杆的外端，而杠杆的内端顶在支承板上，从而迫使推杆固定板连同推杆下移，当复位杆 45°斜面完全脱离杠杆时，推杆的先复位即告结束。

五、二级推出机构

前面所述的脱模机构，无论采用单一的或多元件联合推出机构，它的脱模动作都是一次完成的。但有时由于制品的形状特殊或生产自动化的需要，在一次推出动作后，制品仍难以取出或不能自由落下，需要增加一次推出动作，其目的通常是为了避免采用一次推出制品受力过大。例如，深腔薄壁零件由于制品对型芯包紧力大，有可能一次推出会使制品破裂或变形，也必须再增加一次推出动作，以分散脱模力，保证制品完好地推出模外。这种实现先后

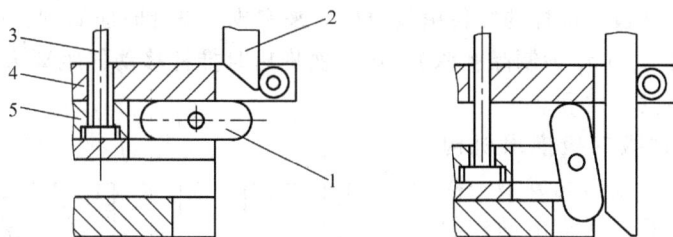

图 5-111　杠杆先复位机构

1—杠杆　2—复位杆　3—推杆　4—支承板　5—推杆固定板

两次推出的机构称为二级推出机构。下面介绍几种二级推出机构的结构及工作原理。

1. 单推件板二级推出机构

这种机构的特点是只有一个推件板，第一个推出动作可通过弹簧、拉杆、摆杆、滑块等零件来实现，第二个动作由简单推出机构来完成。

（1）侧面摆杆-推件板二级推出机构　图 5-112 所示为采用侧面摆杆顶动推件板实现第一次推出，由推杆完成第二次推出的二级推出机构。图 5-112a 为合模状态，活动摆杆固定在型芯固定板上；图 5-112b 表示第一次推出动作，当开模到一定距离时，固定在定模上的拉钩带动摆杆迫使摆杆顶动推件板（又称凹模板）移动，使制品脱离型芯，实现第一次推出动作，并由限位螺钉限制推件板 4 的移动距离（l_1）。继续开模时，拉钩 1 与摆杆脱开。第二次动作是由推杆将制品从凹模板中推出，如图 5-112c 所示，制品可自由落下。弹簧 9

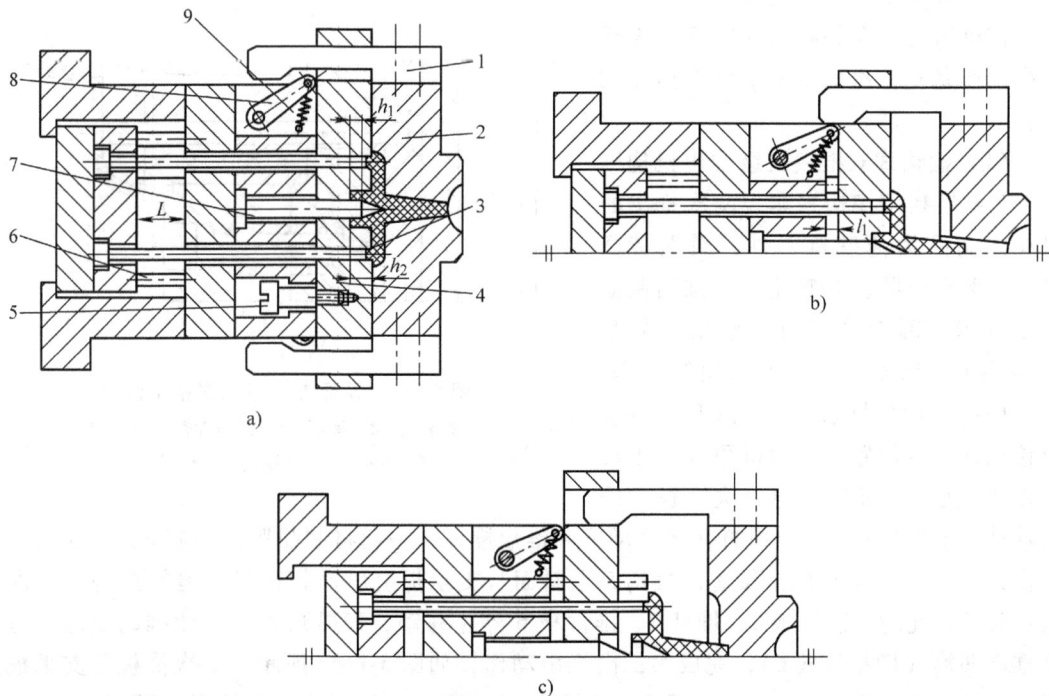

图 5-112　侧面摆杆-推件板二级推出机构

1—拉钩　2—定模　3—推杆　4—推件板　5—限位螺钉

6—复位杆　7—型芯　8—摆杆　9—弹簧

使摆杆始终紧靠推件板。推杆的复位由复位杆 6 来完成。设计时应做到：第一次推出推件板移动距离 l_1 应大于 h_1（h_1 为制品孔深）；第二次推出时推杆移动的距离大于 l_1 和 h_2（h_2 为制品在凹模中的高度）之和。

（2）弹簧-推件板二级推出机构

图 5-113 是利用弹簧推力完成第一次推出动作，推杆完成第二次推出动作的二级推出机构。图 5-113a 为合模状态。开模时，靠弹簧推力推动动模板（又是推件板），使制品脱离型芯，如图 5-113b 所示，实现第一次推出动作，推出距离由限位螺钉控制，l_1 应大于 h_1。二次推出是由推杆将制品从动模板中强行推出（强行脱模，使塑件外侧凹处从型腔中脱出），如图 5-113c 所示。推杆推出行程应大于 l_1 和 h_2 之和。这种机构结构简单、紧凑，但由于弹簧推力有限，因此，只适用于推出距离不大，包紧力较小的场合。

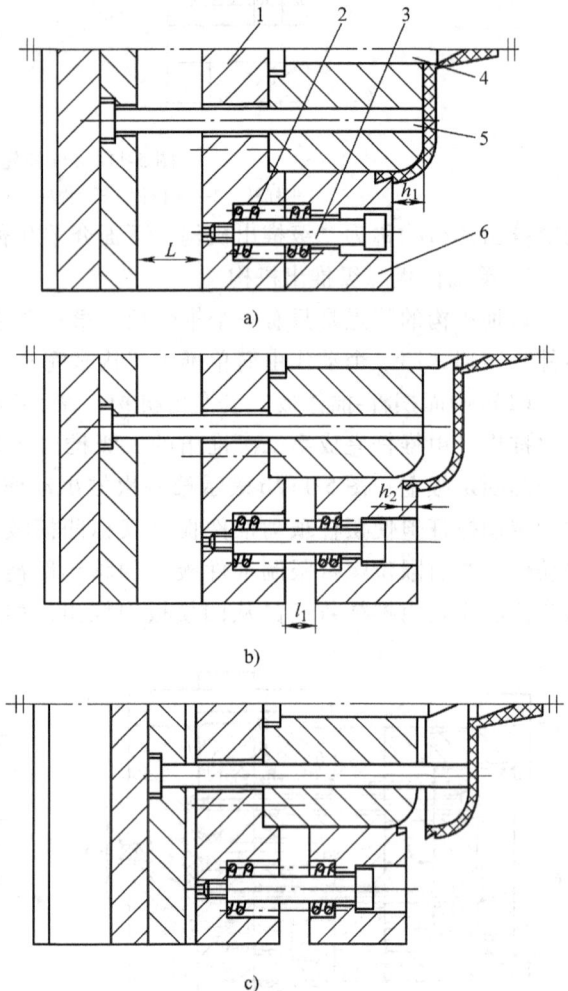

a)

b)

c)

图 5-113　弹簧-推件板二级推出机构
1—支承板　2—弹簧　3—限位螺钉　4—型芯
5—推杆　6—动模板（推件板）

2. 双推板二级推出机构

该机构的特点是有两块推板，先后两次动作完成二次推出。常见结构形式有：

（1）摆钩式双推板二级推出机构

图 5-114 是利用摆钩来实现两次推出的机构。制品为薄壁罩形件，周围带凸缘，内腔有凸肋，为避免一次推出制品产生变形，因而采用两次推出。图 5-114a 为定、动模已分型但未脱模状态。由于摆钩 5 钩住推板 4，所以开模后动模移动到一定位置，注射机顶杆 1 推动推板 2，使二次推板 4 与一次推板 3 同时移动，推件板 6 在连接推杆 7 的推动下和锥形推杆 9 一起将制品脱出型芯 8，完成第一次动作，如图 5-114b 所示。接着，摆钩 5 上斜面与支承板上斜面相接触，迫使摆钩与二次推板 4 脱开，此时一次推板 3、推杆 7、推件板 6 停止移动，而锥形推杆继续推动制品，将制品推出凹模（即推件板 6），完成第二次推出动作，如图 5-114c 所示。二次推板与支承板间距 L 与第一次推出量 l_1、第二次推出量 l_2 及制品高度 h_1、h_2 的关系应满足如下不等式：$l_1 > h_1$，$l_2 > h_2$，$L \geqslant l_1 + l_2$。

（2）三角滑块超前二级推出机构　图 5-115 所示为利用三角滑块超前二级推出机构。图 5-115a 所示为定、动模已分型但未脱模状态。当动模移动到一定位置时，注射机顶杆推动一

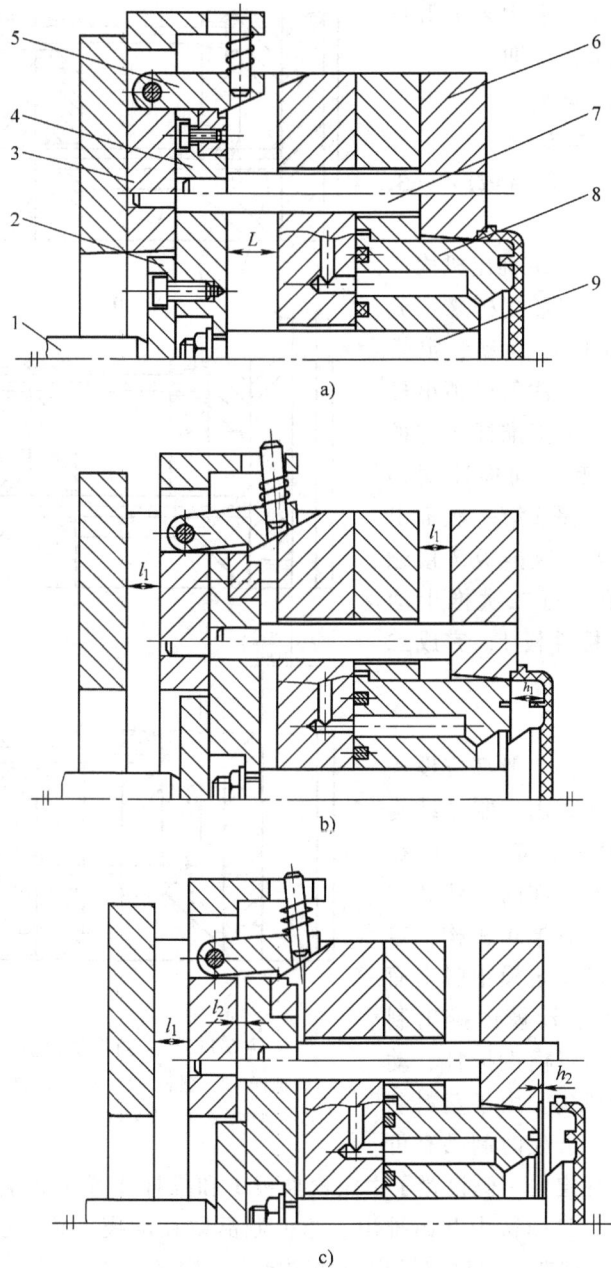

图 5-114　摆钩式双推板二级推出机构
1—注射机顶杆　2—推板　3——次推板　4—二次推板　5—摆钩
6—推件板（凹模板）　7—连接推杆　8—型芯　9—锥形推杆

次推板 8，使推杆 1、连接推杆 4 和推件板 3 一起移动，从而使制品从型芯 2 上脱出 l_1 距离，如图 5-115b 所示，完成第一次推出动作。此时斜楔 5 与三角滑块（可以在二次推板 6 的导滑槽内滑动）斜面开始接触，继续推出时，推杆 1 除与推件板 3 作同步移动外，还因三角滑块在斜楔 5 的作用下，在导滑槽内作水平方向移动，通过斜面推动二次推板 6，使推杆 1 做超前推件板 3 的移动，从而将制品从凹模中推出，如图 5-115c 所示，完成第二次推出动作。

推杆 1 采用复位杆复位（图中未画出）。推出距离应满足下列关系，即

$$l = l_1 + l_2 \geq h_1$$
$$L - l = S \geq h_2$$

式中　S——超前量，$S = (l_2 \tan\alpha) / \tan\beta$，一般取 $\alpha = \beta = 45°$。

（3）八字形摆杆式二级推出机构
图 5-116 所示是利用八字形摆杆来完成二次推出动作。图 5-116a 为动、定模已分型但未推出状态。当注射机顶出杆 6 推动一次推板 7 时，连接推杆 2 与推件板（型腔板）1 一起以同样速度移动，使制品脱出型芯，完成第一次推出动作（图 5-116b）。当一次推板 7 接触八字形摆杆 4，开始进行二次推出动作，直到把制品推离推件板 1，完成二次推出（图 5-116c）。

六、双推出机构

在设计注射模具时，一般都应设法将制品留在动模上。如果由于制品结构形状的关系，制品会留在定模或留在动、定模上的可能性都存在时，就必须考虑在动、定模上都设置推出机构，定模推出机构首先使制品从定模中脱出而留在动模上，然后再从动模内推出制品。如图 5-117 所示为定模设推杆、动模设推件板的双推出机构。由于塑料制品的形状、结构特殊，开模时制品有可

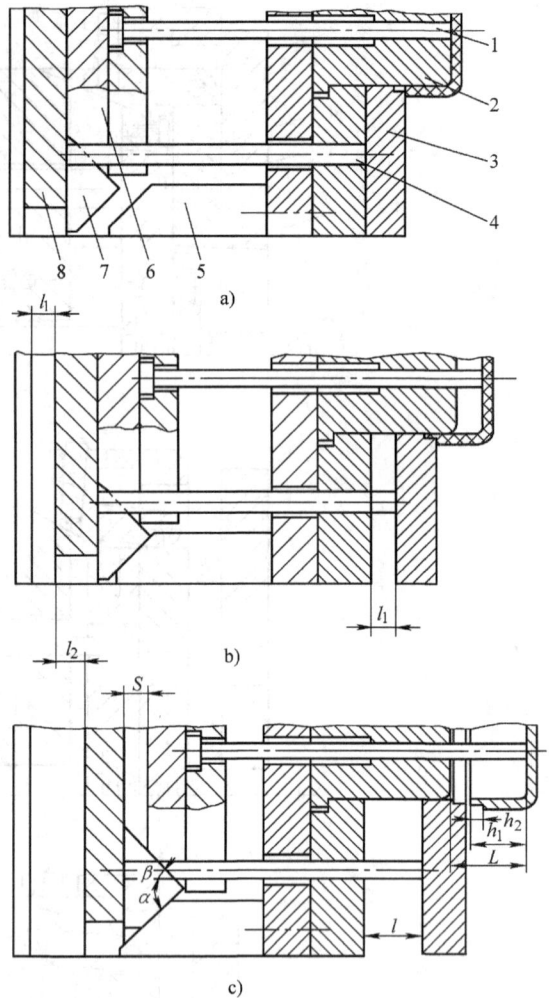

图 5-115　三角滑块超前二级推出机构
1—推杆　2—型芯　3—推件板（凹模）　4—连接推杆
5—斜楔　6—二次推板　7—三角滑块　8——一次推板

能留在定模，因此，在定模一侧设置了由定模推板 1 和推杆 2 弹簧 3 组成的定模推出机构，当沿 A 分型面分型时，靠弹簧力开始推出，迫使制品留在动模。然后由动模推出机构（即推件板 4）将制品推离型芯。这种双推出机构的特点是定模推出力不大，结构简单。如果定模包紧力较大，制品还有可能留在定模，可采用图 5-118 所示，利用杠杆代替弹簧的作用，沿 A 分型面分型时，固定在动模上的滚轮推动杠杆 1 的一端（支点装在定模型腔板 6 上），使杠杆绕支点按顺时针方向转动，杠杆的另一端推动定模推板 2，迫使制品留在动模上，然后再由动模上的推出机构将制品推离型芯 8。这种结构比图 5-117 所示的工作可靠，但结构较复杂。

还可以利用动模在开模时的移动，通过其他结构形式的机构带动定模推出机构来实现定模推出。

此外，还可在动、定模设气动双推出机构。

a)   b)

c)

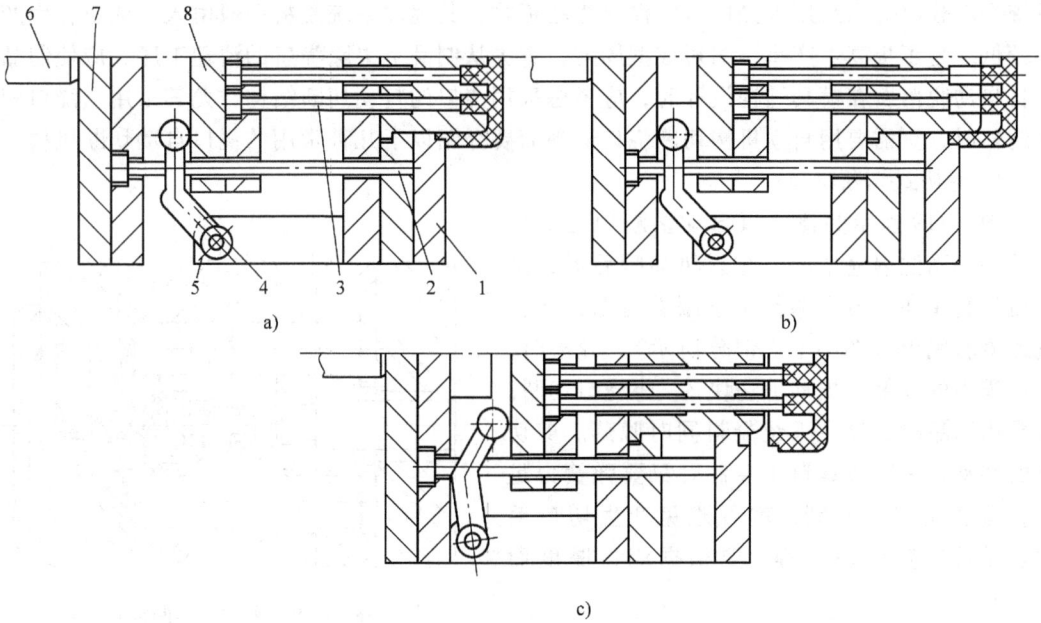

图 5-116　八字形摆杆式二级推出机构

1—型腔板　2—连接推杆　3—推杆　4—摆杆　5—定距块　6—顶出杆　7——次推板　8—二次推板

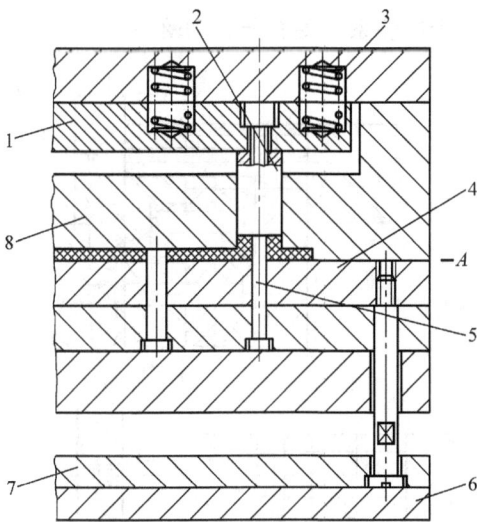

图 5-117　定模设置推板的双推出机构

1—定模推板　2—推杆　3—弹簧　4—推件板
5—型芯　6—动模推板　7—推杆固定板　8—型腔板

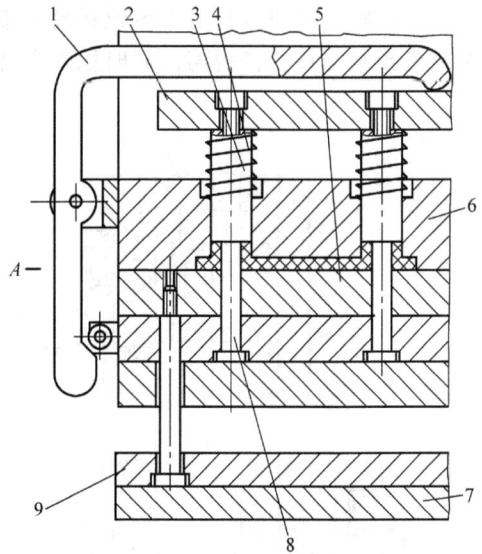

图 5-118　定模设置杠杆推板的双推出机构

1—杠杆　2—定模推板　3—推杆　4—弹簧　5—推件板
6—定模型腔板　7—动模推板　8—型芯　9—推杆固定板

七、浇注系统凝料的取出

浇注系统凝料的取出方法一般要根据制品的要求和浇口形式而确定。直接浇口和侧浇口通常采用浇注系统凝料与制品连接在一起脱出的方法，然后再进行二次加工，使制品与浇注系统凝料分离。当采用点浇口时，模具为三板式，其浇注系统凝料一般由人工取出，生产效率较低。为了提高生产率，缩短成型周期，省去从制品上去除浇口的清理工序，应使制品和凝料自动脱落，在模具结构设计时，应考虑采用浇口的自动切断结构，尤其采用点浇口和潜伏浇口时，更需要用自动机构切断浇口。现简要介绍以下几种常用的浇口自动切断机构：

1. 剪切式切断浇口

图 5-119 所示为侧浇口自动切断用的剪切式结构。当注射完毕时，注射机喷嘴后退，主流道衬套 4 在弹簧力的作用下跟着后退，使主流道凝料脱出（图中下半部分所示）。开模时，由动模中的弹簧 2 推动剪切块 3，将浇口切断。在推出制品时，浇注系统凝料同时脱落。剪切块的移动量由限位螺钉 1 控制。只要弹簧力足够，剪切块刃口锋利，就可避免产生切口毛边。设计时剪切块行程，要根据浇口厚度而定。

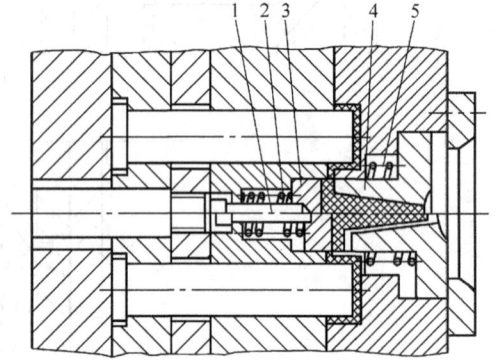

图 5-119　剪切式切断浇口

1—限位螺钉　2、5—弹簧　3—剪切块　4—主流道衬套

2. 点浇口的自动切断形式

（1）托板式拉断浇口　如图 5-120 所示，在定模型腔板 3 内镶一托板 5，开模时，由定距分型机构保证定模型腔板与定模座板首先分型，拉料杆将主流道凝料从主流道衬套内带出，当开模到 L 距离时，限位螺钉 1 则带动托板使主流道凝料与拉料杆脱离，同时拉断点浇口，整个浇注系统凝料便自动落下。

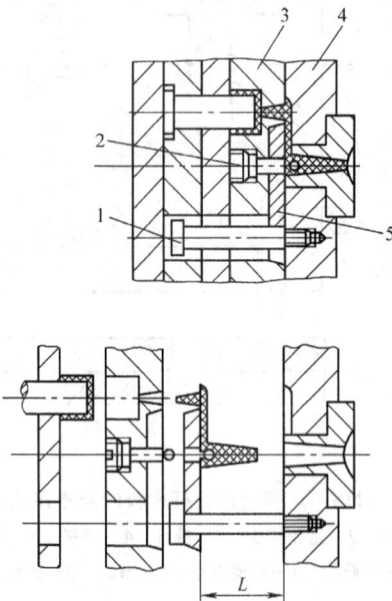

图 5-120　托板式拉断浇口

1—限位螺钉　2—拉料杆　3—定模型腔板

4—定模座板　5—托板

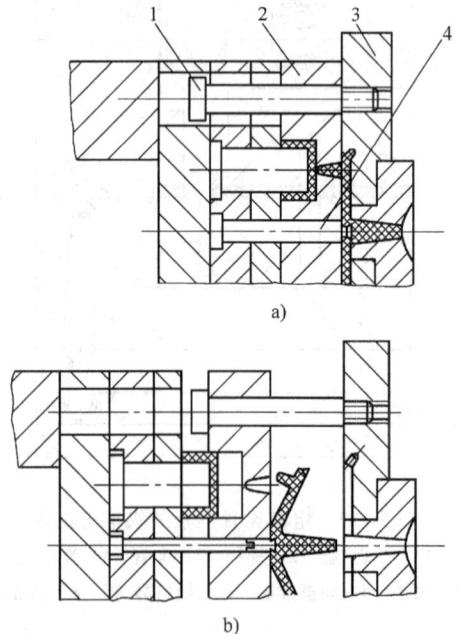

a)

b)

图 5-121　斜窝式拉断点浇口

1—限位螺钉　2—定模型腔板

3—定模座板　4—拉料杆

（2）斜窝式拉断点浇口　如图 5-121 所示，在分流道尽头钻一斜孔（斜窝），利用斜窝的作用可将点浇口拉断。其工作原理如下：开模顺序由定距分型机构实现，首先定模型腔板与定模座板分型，与此同时主流道凝料被拉料杆带出主流道衬套，而斜窝凝料拉住分流道使其弯折，同时将点浇口拉断并带出定模型腔板（图 5-121b），当限位螺钉 1 起限位作用时，主分型面分型，制品留在动模，浇注系统凝料脱开拉料杆而自动落下。

3. 潜伏浇口的自动切断形式

图 5-33 所示为利用推杆的推出力切断潜伏浇口的形式；图 5-34b 所示是利用推杆的剪切作用将潜伏浇口自动切断的形式。下面再举两例。

（1）脱模切断浇口形式　图 5-122 所示为利用推件板切断浇口的一种结构形式。开模时，分型面Ⅰ分型，定模座板 1（带凹模）与推件板 3 首先分型，制品留在型芯上。然后分型面Ⅱ分型，推件板首先移动并与型芯共同把浇口切断，最后动模推出机构的推杆将流道凝料从型芯固定板中推出而自动落下。

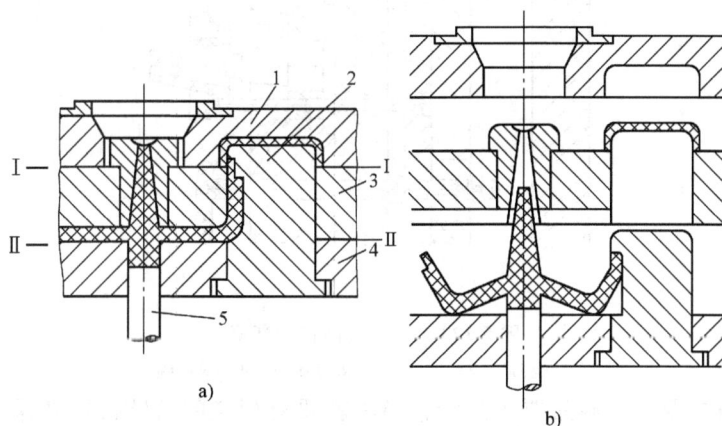

图 5-122　推件板切断浇口形式
1—定模座板　2—型芯　3—推件板　4—型芯固定板　5—推杆

（2）差动式推杆切断浇口　图 5-123 所示为差动式推杆切断浇口形式。在脱模过程中，先由推杆 2 推出制品，将浇口切断而与制品分离（图 5-123b），当推板移动 l 距离后，限位圈 4 即开始被推动，从而由差动推杆 3 推出流道凝料，最终制品和流道凝料分别被推出型腔（图 5-123c）。采用差动推出方式，可以克服一次推出方式可能产生浇口拉伸的现象，从而便于流道凝料的脱模。应该指出，为了使潜伏浇口处的凝料顺利脱模，设计时不宜将差动推杆和潜伏斜流道靠得太紧，应留有使斜流道凝料变形的余地，否则会将斜流道凝料推断，对于硬而脆的塑料，更应注意这一点。

八、带螺纹制品的脱模机构

带有螺纹制品的脱模机构按脱模形式可分为手动和机动两类。前者结构简单，加工制造方便，但生产效率低，劳动强度大，适用于小批量生产的场合；后者生产效率高，劳动强度小，容易实现自动化生产，但结构复杂，制造难度较大，适用于大批量生产的场合。

1. 设计带螺纹制品脱模机构应注意的问题

（1）对制品的要求　制品成型后要从螺纹型芯或螺纹型环上脱出，两者必须作相对运动，为此，塑料制品的外形或端面需有防止转动的花纹或图案，如图 5-124 所示。

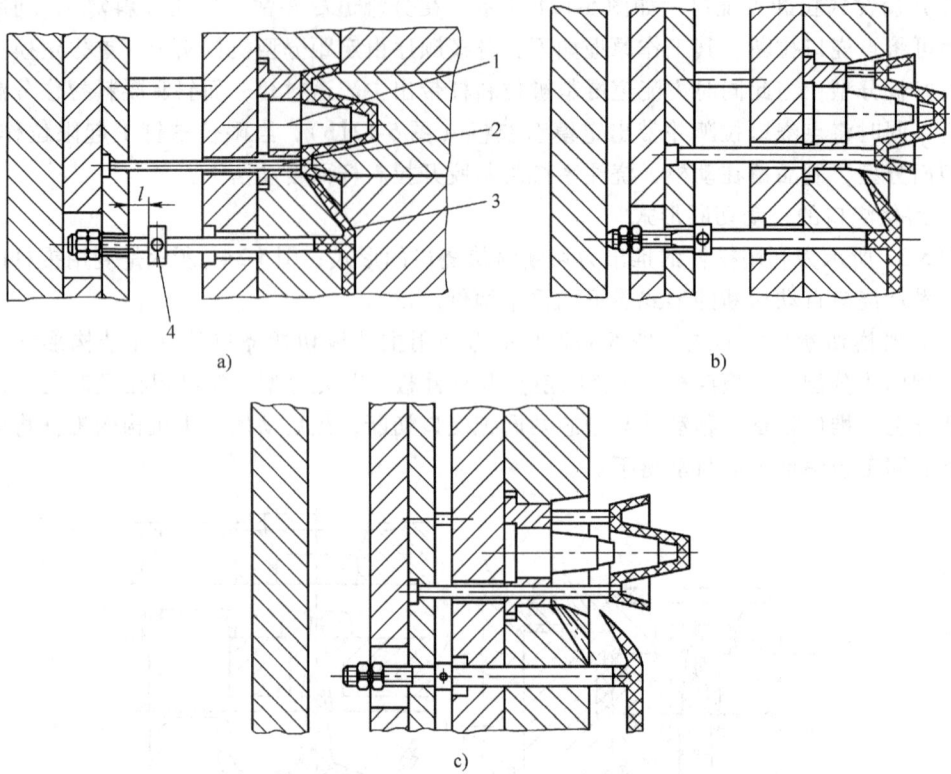

图 5-123　差动式推杆切断浇口
1—型芯　2—推杆　3—差动推杆　4—限位圈

（2）对模具的要求　制品要求防转，模具就要有相应的防转机构来保证。例如，当凹模与螺纹型芯同时设置在动模时，凹模就可保证制品不转动。但当凹模不可能与螺纹型芯同时设在动模时，如凹模在定模，螺纹型芯在动模，则模具开模后，制品就离开定模上凹模，此时即使制品外形有防转的结构也不起作用，即制品会留在螺纹型芯上，并和型芯一起转动，而不能脱出。因此，在模具上要另设防转机构。

2. 带螺纹制品的脱模方式

（1）强制脱模　这种模具结构比较简单，用于精度要求不高，螺纹形状比较容易脱出（如圆形螺纹）的制品。

1）利用制品的弹性强制脱模。如图 5-125 所示，此形式适用于聚乙烯、聚丙烯等具有较好弹性的塑料制品。通常采用推件板脱模，但应尽量避免用如图 5-125c 所示的圆弧形面作为推动制品的接触面，否则制品脱模困难。

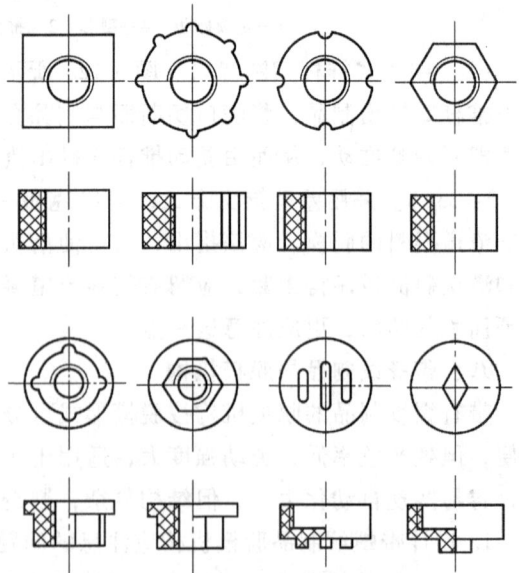

图 5-124　制品的防转外形和端面

2）利用硅橡胶螺纹型芯强制脱模。这是利用具有弹性的硅橡胶来制造型芯，如图 5-126 所示，开模时，在弹簧 2 的作用下，使 A 面首先分开，退出橡胶型芯内的芯杆，橡胶螺纹型芯即收缩成锥形，继续开模时主分型面分型，并在注射机顶杆的作用下，通过模具推杆将螺纹制品推出（见图 5-126b）。这种模具结构简单，但硅橡胶螺纹型芯寿命短，仅适用于小批量生产的场合。

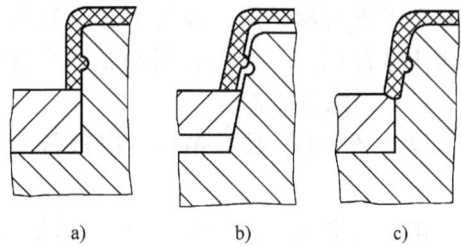

图 5-125　利用制品的弹性强制脱模

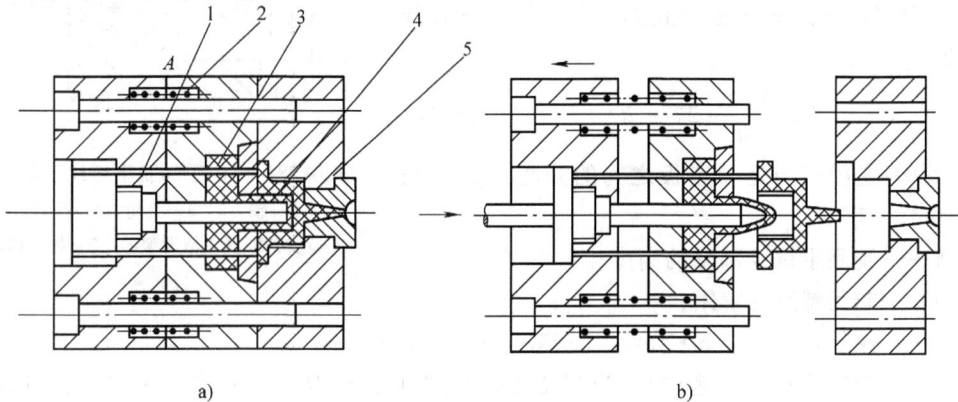

图 5-126　利用硅橡胶螺纹型芯的强制脱模

1—推杆　2—弹簧　3—硅橡胶螺纹型芯　4—制品　5—凹模

（2）手动脱模　图 5-127 是手动脱出螺纹的三种常见形式。图 5-127a 为模内手动脱出螺纹型芯的形式，在制品脱模之前必须拧脱螺纹型芯。设计时必须使螺纹型芯两端的螺距相等，图 5-127b 和图 5-127c 为活动的螺纹型芯和螺纹型环，开模后随制品一起推出，在机外脱模，其模具结构简单，但操作麻烦，需备有若干个螺纹型芯或螺纹型环交替使用，且机外需设预热装置和辅助取出型芯或型环的装置。

图 5-128 所示为模内设有变向机构的手动脱出螺纹制品的模具结构。开模后，用手摇动轴 1，通过齿轮 2、3 的传动，使螺纹型芯 7 按旋出制品需要的方向转动。弹簧 4 在脱模过程中，始终顶住活动型芯 6，使它随制品脱出方向移动，从而使制品与型芯 6 始终保持接触，防止制品跟着螺纹型芯 7 转动，制品可顺利脱出。

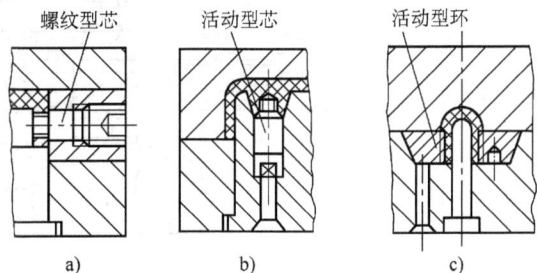

图 5-127　手动脱出螺纹的常见形式

（3）机动脱模　机动脱螺纹机构是利用开模时的直线运动，通过齿轮齿条或丝杠的传动，或直角式注射机开、合模螺杆传动，带动螺纹型芯作旋转运动而脱出制品。

图 5-129 所示为利用直角式注射机开、合模螺杆的旋转运动，通过模内传动齿轮 2、3 带动螺纹型芯 4 旋转，从而脱出制品，并使定、动模开模。在开模分型时，定模部分的弹簧弹力使定模板（带凹模镶件）随动模在限位螺钉允许的距离内移动。当定模板在限位螺钉

的作用下不再移动时，螺纹型芯在制品内尚有一个螺距未全部脱出，从而将制品带出型腔，继续开模时，制品即能全部脱出。

设计图 5-129 模具结构，应进行如下计算和校核：

由于直角式注射机的开合模丝杠是由左、右旋螺纹两部分组成，因此丝杠每转一转，动模相当于移动两倍导程。

1）定模板与定模座板之间的开距 l 可按下式计算，即

$$l = \frac{h-t}{it}(2T - it) \qquad (5\text{-}37)$$

式中　l——定模板与定模座板之间的开距（定距长度）；

　　　h——制品带螺纹部分的高度；

　　　t——制品螺纹的螺距；

　　　T——注射机开合模丝杠导程（一般 $T=12\text{mm}$）；

　　　i——齿轮传动比（速比），当制品螺距 $t \leqslant T$ 时，可取 $i=1$；当 $t \ll T$ 时，可取 $i>1$（$i=2\sim3$）；当 $t>T$ 时，可取 $i<1$。

$$i = n_3/n_2$$

　　　n_2——主动齿轮转速，即注射机丝杠转速；

　　　n_3——螺纹型芯转速。

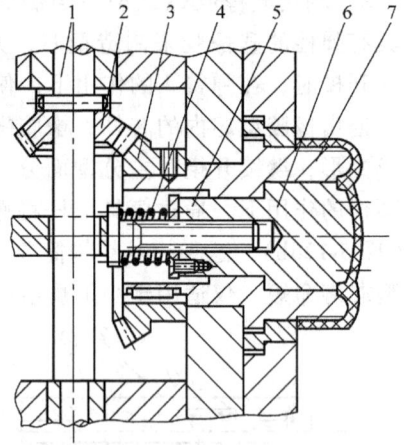

图 5-128　模内手动脱出螺纹制品机构
1—轴　2、3—齿轮　4—弹簧
5—花键轴　6—活动型芯　7—螺纹型芯

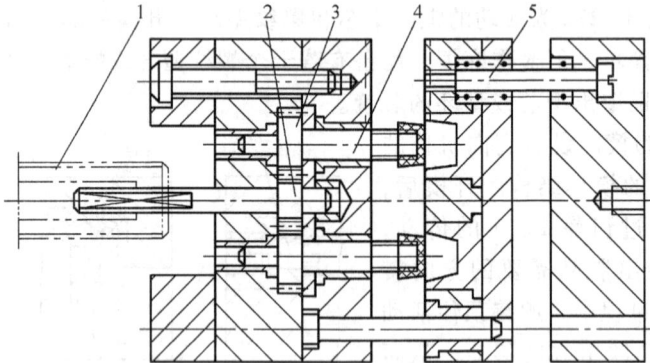

图 5-129　直角式注射机的螺纹型芯脱出机构
1—注射机开合模螺杆　2—主动齿轮　3—传动齿轮　4—螺纹型芯　5—限位螺钉

2）开模行程的校核。模具开模行程必须在机床开模行程的允许范围内，可按下式进行校核，即

$$L_{max} \geqslant l + h + H \qquad (5\text{-}38)$$

式中　L_{max}——注射机模板最大开模行程；

　　　H——制品高度。

如果 $L_{max} < l + h + H$ 就需提高螺纹型芯的转速，即增大传动比 i。

3）主动齿轮 2 尾部方轴长度的确定。方轴长度与模具开模行程有关，由于方轴与丝杠的相对移动距离只与丝杠的一端螺纹作用有关，因此方轴与丝杠相对运动的距离只相当于模具开模行程的一半，即

$$L' = l + h + H + 10\text{mm} \tag{5-39}$$

$$L_1 = \frac{L'}{2} + a$$

式中　L'——模具实际开模行程；

　　　L_1——方轴伸出部分长度；

　　　a——装配需要的距离，一般为 25mm。

图 5-130 所示为齿轮、齿条脱螺纹机构。开模时，装在定模座板上的齿条带动齿轮 2，并通过两对齿轮的传动，使螺纹型环按螺纹旋出需要的方向转动，将制品脱出。制品依靠浇注系统凝料止转。

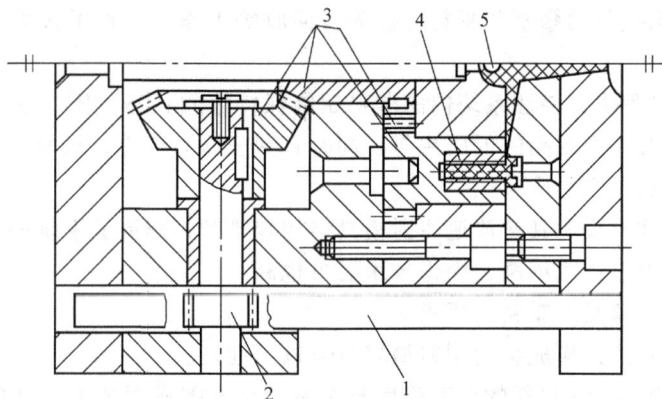

图 5-130　齿轮齿条脱螺纹机构
1—齿条　2、3—齿轮　4—螺纹型环　5—拉料杆

图 5-131 所示为推杆推出斜齿轮机构。斜齿轮可视为大螺旋升角的螺纹。为了脱模将齿形凹模固定在滚动轴承内，以便转动。脱模时，推杆推动斜齿轮制品，齿形凹模则作旋转运

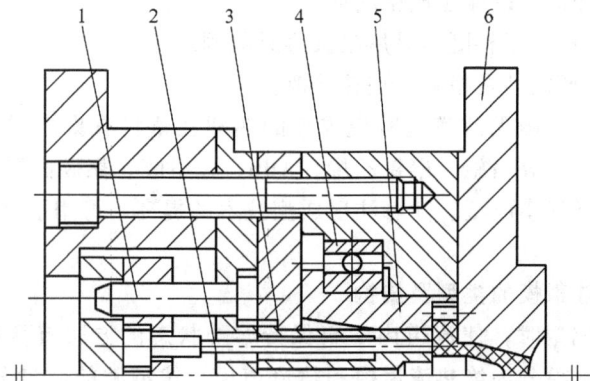

图 5-131　推杆推出斜齿轮机构
1—导柱　2—推杆　3—镶件　4—滚动轴承　5—齿形凹模　6—定模座板

动，从而使斜齿轮顺利地从齿形凹模脱出。

第六节　无流道凝料注射模

采用无流道凝料注射成型是塑料成型工艺向节能、低耗、高效加工方向发展的一项重大改革。它是利用绝热或加热的方法，使从注射机喷嘴起到型腔入口处为止的流道中的塑料一直保持熔融状态，从而在开模时，只需取出制品，无需取出流道凝料。具有这种浇注系统的模具称为无流道凝料模具。这类模具又以加热流道为主。

一、无流道凝料模具的特点

1）基本上实现了无废料加工，大大节约了原料。

2）省去了注射成型过程中取出浇注系统凝料的工作，操作简化，有利于实现自动化生产。同时开模距离与合模行程可以缩短，从而缩短了成型周期，提高了劳动生产率。同时开模距离与合模行程可以缩短，从而缩短了成型周期，提高了劳动生产率。

3）省去了切除凝料的修整和凝料的破碎及回收等工作，节省了人力、设备，降低了成本。

4）整个生产过程中，浇注系统内的塑料始终保持熔融状态，压力损失小，可以实现多浇口，多型腔模具及大型制品的低压注射。同时有利于压力传递，从而克服因补料不足而产生的收缩凹痕，提高了产品质量。

但无流道凝料注射模尤其热流道注射模具结构较复杂，热流道系统的零部件及其配合要求高，还需加热和控温，成本高，操作技术要求也高。

二、无流道凝料模具对塑料的要求

使用无流道凝料注射模成型的塑料最好具有以下性能：

1）对温度不敏感，即塑料的熔融温度范围宽，粘度随成型加工温度的变化较小。在较低温度下具有良好的流动性，而在较高温度下具有优良的热稳定性。

2）对压力敏感，即塑料在不加压力下不流动（无流延现象），但稍加压力即可流动。

3）具有较高热变形温度，且在比较高的温度下即可快速冷凝，这样可以尽快推出制品，且推出时不产生变形，以缩短成型周期。

4）比热容小，这样的塑料既容易熔融又容易凝固。

5）导热性好，以便制品在模具中快速冷凝。

根据以上条件，可以用无流道凝料模成型的热塑性塑料有聚乙烯、聚丙烯、聚苯乙烯等。通过模具结构的改进等措施，聚氯乙烯、ABS、聚甲醛、聚碳酸酯等塑料也可以应用一定结构形式的无流道凝料模成型。随着注射成型技术的提高，可用这种成型方法的塑料品种正在扩大。

三、无流道凝料注射模的类型及结构

热塑性塑料注射成型时，使流道内塑料保持熔融状态的方法有两种，即绝热法和加热法，相应的无流道凝料模分为绝热流道模和热流道模。按型腔的数量分为单型腔和多型腔，单型腔的有井式喷嘴绝热流道注射模和延伸喷嘴热流道注射模；多型腔的有绝热流道、半绝热流道、热流道注射模。不同流道的模具对塑料的适应性也不同。可参考表5-9。

表 5-9　根据塑料品种选择无流道模类型

无流道模类型＼塑料品种	聚乙烯 PE	聚丙烯 PP	聚苯乙烯 PS	ABS	聚甲醛 POM	聚氯乙烯 PVC	聚碳酸酯 PC
井式喷嘴	可	可	稍困难	稍困难	不可	不可	不可
延伸喷嘴	可	可	可	可	可	不可	不可
绝热流道	可	可	稍困难	稍困难	不可	不可	不可
半绝热流道	可	可	稍困难	稍困难	不可	不可	不可
热流道	可	可	可	可	可	可	可

由表 5-9 可知，PE、PP 是各种无流道凝料模加工的理想塑料，而热流道注射模可成型大多数热塑性塑料。

1. 绝热流道注射模

绝热流道注射模的特点是主流道和分流道很粗大，在整个注射过程中，靠近流道壁部的塑料容易散热，凝固成冷硬层。由于塑料导热性比金属差，冷凝层塑料起着绝热保温作用，使流道中心部位的熔体在注射间歇中保持熔融状态，从而能让熔体继续流过，顺利地进入型腔，实现注射成型。但流道太粗大，熔体的反压力也大，致使喷嘴后退，发生溢料等不良现象。绝热流道注射模又分为井式喷嘴绝热流道注射模和多型腔的绝热流道注射模两种。

（1）井式喷嘴绝热流道注射模　它是绝热流道注射模中最简单的一种，又称绝热主流道注射模，适用于单型腔模。这种模具特点是在注射机喷嘴和模具入口处之间装有一个主流道杯，杯内有容纳熔融塑料的"井坑"，如图 5-132 所示。

图 5-132　井式喷嘴
1—喷嘴　2—定位环　3—主流道杯
4—定模　5—型芯

在成型过程中，"井坑"储存熔料，由于杯内熔体层较厚，且被喷嘴和每次通过的熔体加热。所以中心部位始终保持熔融状态，让来自料筒的熔体继续通过而进入型腔。为了连续成型，注射机喷嘴与主流道杯"井坑"紧紧接触。表 5-10 列出了塑件质（重）量与主流道杯尺寸的关系。

井式喷嘴因浇口与热源（喷嘴）相距较远，所以只适用于成型周期短（每分钟三次以上）的单型腔模具，以防止井内塑料冷凝。

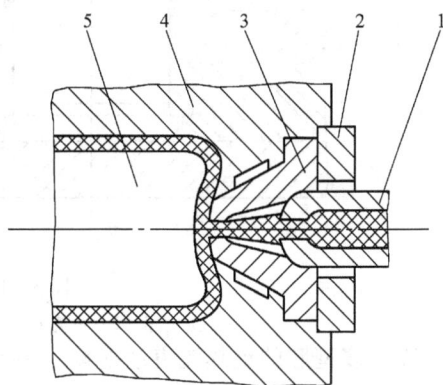

表 5-10　主流道杯尺寸

制品质（重）量 m/g	40～150	15～40	6～15	3～6
成型周期 T/s	20～30	12～15	9～10	6～7.5
d/mm	1.5～2.5	1.2～1.6	1.0～1.2	0.8～1.0
R/mm	5.5	4.5	4	3.5
a/mm	0.8	0.7	0.6	0.5

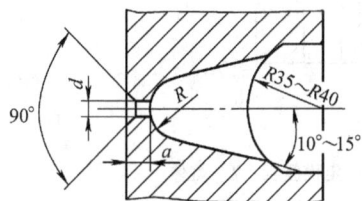

为了避免主流道杯中熔体凝固，有时在开模时或制品基本冷凝后，使主流道杯连同喷嘴一起与模具主体稍微分离一点，如图 5-133a 所示，或使喷嘴前端凸出而伸入"井坑"中一段距离。如图 5-133b 所示，有助于"井坑"中的熔体保持熔融状态。

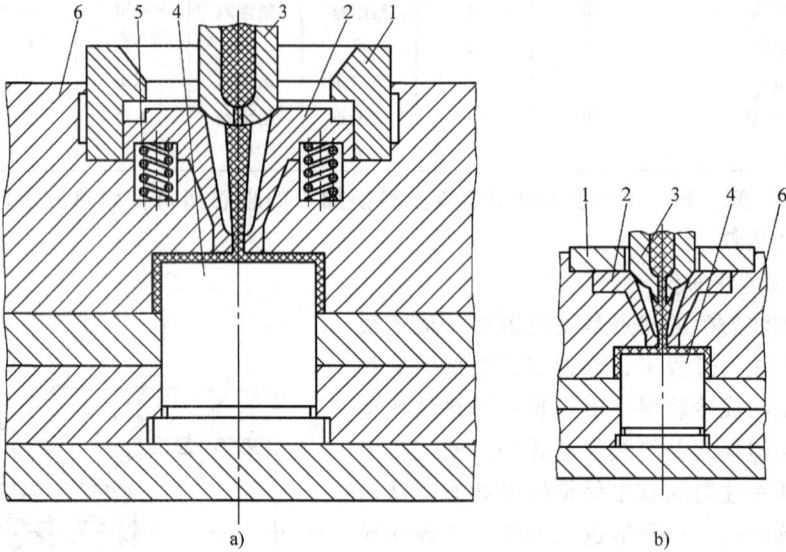

图 5-133　改进的井式喷嘴
1—定位环　2—主流道杯　3—喷嘴　4—型芯　5—弹簧　6—定模

（2）多型腔的绝热流道注射模　图 5-134 所示为点浇口多型腔绝热流道模结构。这类结构的模具，其主流道和分流道都很粗大，其截面常为圆形。分流道直径大小是重要参数，常用的分流道直径为 16～30mm。它的大小与所成型的制品质（重）量及成型周期有关，成型

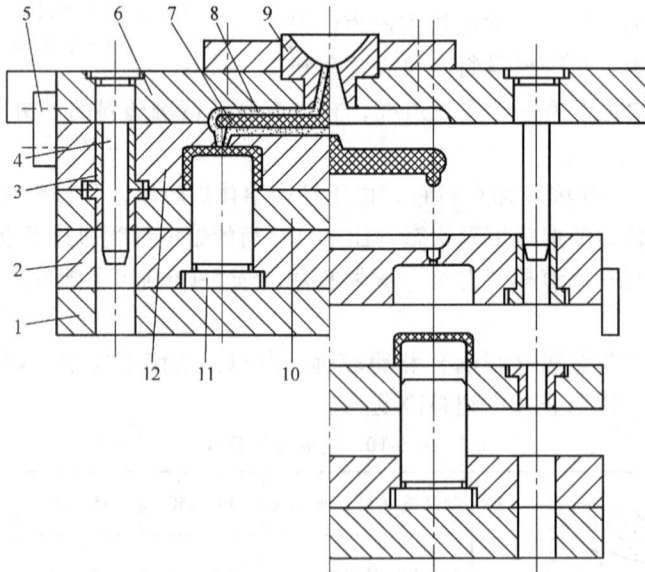

图 5-134　多型腔绝热流道模
1—支承板　2—动模板　3—导套　4—导柱　5—锁链板　6—定模座板　7—熔体
8—凝固塑料层　9—主流道衬套　10—推件板　11—型芯　12—流道板（型腔板）

周期长，成型制品质（重）量大的应取大值，所以这种结构也称绝热分流道模具。这类模具是由井坑式喷嘴模具发展起来的，连续成型原理与井坑式喷嘴模具相同。但在停机后流道内的熔体将会全部凝固，下次开机前必须予以清除。图 5-134 左侧所示为注射成型状态，当流道内熔体冷凝后，将锁链板 5 打开，使流道板 12 与定模座板 6 分开（图 5-134 右侧所示）即可取出流道凝料。清除后再将锁链板 5 装上。点浇口模具特点是开模时制品易从浇口处断开，不必修整，缺点是浇口处易冷凝，只能用于成型周期短和容易成型的制品。另一种多型腔绝热流道模的浇口为主流道型的，显然主流道型浇口补缩作用好，浇口不易凝固，但浇口清除麻烦。

为了克服点浇口处的熔体容易凝固的缺点，可在浇口处设置加热体。图 5-135 所示为带加热探针的绝热流道模具，又称为半绝热流道模具。

模具的浇口衬套中心设置有带探针的加热棒，探针尖端伸到点浇口区域，使浇口部位的塑料始终保持熔融状态。当注射压力达到一定值时，探针 14 在注射压力作用下，压缩蝶形弹簧 18 向上抬起，使熔体顺利进入型腔，而在注射结束时在蝶形弹簧 18 的作用下，探针又可插入浇口区域。如果设计与制造正确，成型周期可长达 2 ~ 3min。由于分流道的主体部分不加热，因而同样需要设置分型面，以便必要时能够取出流道凝料（如停机后）。模具流道部分的温度（*M* 段）应高于型腔部分的温度（*N* 段），所以在两段分界面上应设置气隙以减少接触面积，从而减少传热。应该指出，加热探针不能与浇口的壁相接触，以免探针尖端温度迅速下降而失去加热作用。加热探针应设置相应的加热控制系统，以保持浇口处熔体既不凝固也不流延。

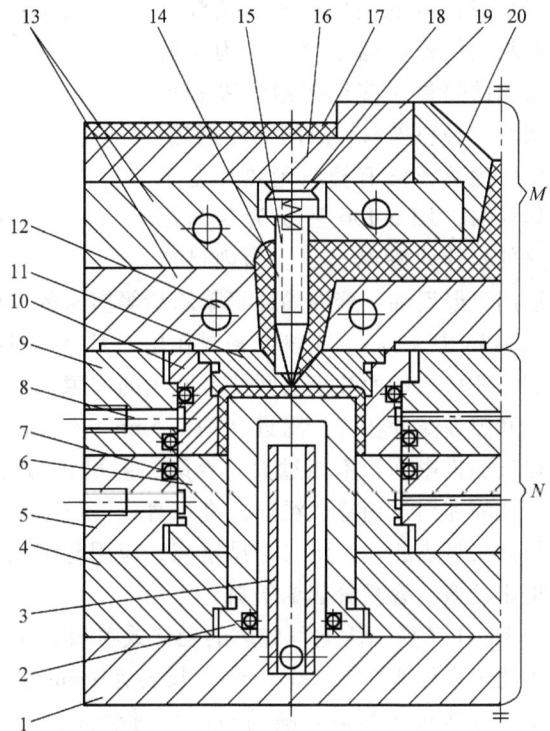

图 5-135　带加热探针的绝热流道模具
1—支承板　2—型芯　3—型芯冷却水管　4—动模板
5—推件板　6—动模镶件　7—密封环　8—型腔
冷却水管　9—定模板　10—凹模镶件　11—浇口衬套
12—流道板温度控制管　13—流道板　14—加热
探针体　15—加热器　16—定模座板　17—绝热层
18—蝶形弹簧　19—定位圈　20—主流道补套

2. 热流道注射模

这类模具的主流道和分流道部分用加热的方法使其中塑料始终保持熔融状态，保证注射成型的正常进行，且不受成型周期的限制。在停机后也不需打开流道取出流道凝料，再次开机时只需接通电源重新加热，达到所需温度即可。与绝热流道模相比，加热流道模适用的塑料品种较广。同时由于分流道中压力传递好，可以相应降低塑料的成型温度和注射压力，这对于防止塑料的热降解，降低制品的内应力都有好处。

在加热流道模具设计中，关键是流道的供热装置、温度调节系统、模具的绝热措施和防止浇口处塑料熔体的凝固和流延等问题。

热流道注射模可分为下列几种：

（1）单型腔的热流道模 用于单型腔模的热流道最常见的是延伸式喷嘴，采用点浇口进料。为了克服井式喷嘴的"井坑"中熔体易冷凝和浇口易堵塞的缺点，将"井坑"去掉，而把注射机的喷嘴延伸到与型腔相接的浇口附近，使浇口处塑料始终保持熔融状态。为了防止喷嘴的热量过多地传给温度较低的型腔，必须采取有效的绝热措施。常见的绝热方法有塑料绝热和空气绝热两种。图 5-136 所示为塑料层绝热的延伸式喷嘴模具。国内已成

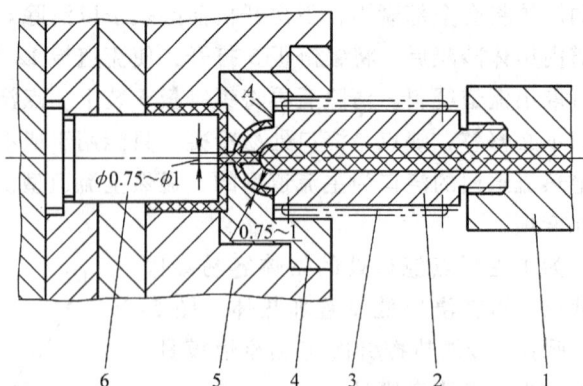

图 5-136　塑料层绝热的延伸式喷嘴
1—注射机料筒　2—延伸式喷嘴　3—加热器　4—浇口衬套
5—定模　6—型芯　A—环形承压面

功地用于聚乙烯、聚丙烯、聚苯乙烯等塑料的注射成型。喷嘴和模具之间有一圆环形接触面（图 5-136 中 A 部），它既起密封作用，又是模具的承压面。该圆环形面积不宜太大，以减少传热。喷嘴的球面和模具间留有不大的间隙，在第一次注射时，此间隙充满塑料而形成隔热层，间隙最薄处在浇口附近（约 0.5mm），浇口处以外的间隙不超过 1.5mm。设计时应注意绝热层的投影面积不能过大，否则注射机将出现反推力超过注射机移动注射座液压缸的推力，使喷嘴后退而造成溢料。浇口直径一般取 0.75 ~ 1.0mm，成型时应严格控制喷嘴温度。它与井式喷嘴相比，浇口不易堵塞，应用范围较广。但由于绝热层存有塑料，所以不适用于热稳定性差、容易分解的塑料。

图 5-137 所示为空气绝热的延伸式喷嘴。喷嘴内熔体通过直径为 0.75 ~ 1.2mm，长度为 1mm 左右的点浇口直接进入型腔。喷嘴与浇口衬套间，浇口衬套与模具型腔板间除了必要定位面接触之外，都留出厚度为 1mm 的间隙，此间隙为空气所充满，起绝热作用。由于喷嘴端部接触的型腔壁很薄，为防止被喷嘴顶坏或变形，所以喷嘴与浇口衬套之间也应设置环形承压面（图中 A 处）。

（2）多型腔的热流道模 这类模具的流道既有主流道，又有分流道，其截面多为圆形，直径为 5 ~ 12mm。一般将主、分流道做在一块板上，这块板称热流道板。该板设有加热装置。按热流道板加热方法的不同，可分为外加热式和内加热式多型腔热流道模。图 5-138 所示为典型的外加热式多型腔热流道注射模。流道板中设有加热管，使流道中的塑料始终保持熔融状态。图示模具为四型腔，装有四个

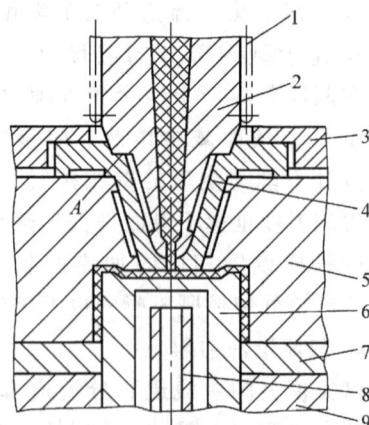

图 5-137　空气绝热的延伸式喷嘴
1—加热器　2—延伸式喷嘴　3—定模座板
4—浇口衬套　5—定模型腔板　6—型芯
7—推件板　8—型芯冷却管　9—型芯固
定板　A—环形承压面

外加热式的二级喷嘴，喷嘴内的塑料保持熔融状态。

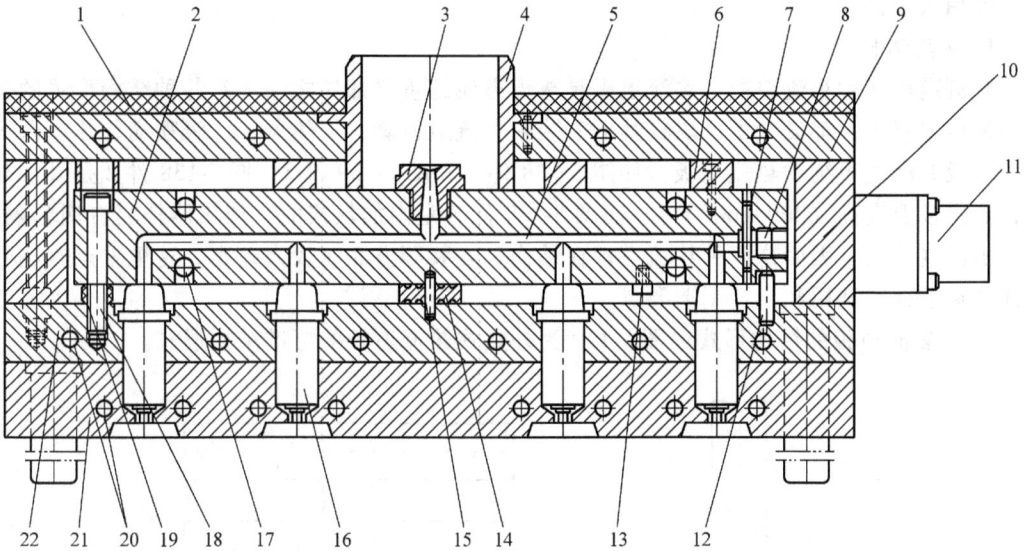

图 5-138 外加热式多型腔热流道注射模

1—隔热板 2—热流道板 3—主流道衬套 4—定位圈 5—分流道 6—隔热垫环
7—锥销 8—螺塞 9—定模座板 10—垫板 11—安装盒（接线） 12、15—定
位销 13—热电偶 14—支承垫 16—二级喷嘴 17—加热管 18—螺钉
19—分隔环 20—冷却水孔 21—定模板 22—定模垫板

图 5-139 为内加热式多型腔热流道注射模。它不仅在整个流道内装加热器，而且在喷嘴内部也设置棒状加热器，并延伸到浇口中心，即整个浇注系统都在加热。它的绝热作用是靠熔体与模具接触而形成的冷凝层。这样的流道热量损失小，热效率高，即使成型加工周期较长，仍不会凝固。这类热流道模具的流道直径较大，以便放置加热器，且采用交错穿通的办法安排流道。

热流道注射模也可以用于大型制品的多点进料。此外，在注射成型低粘度塑料（如聚酰胺等）时，为了避免流延现象，常采用针阀式浇口的热流道模具。

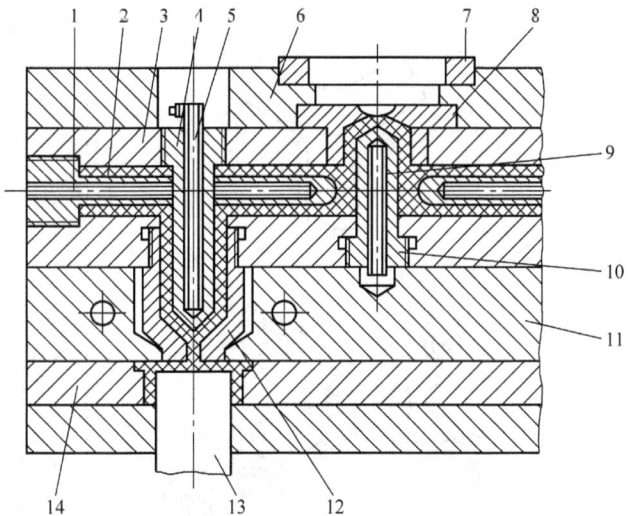

图 5-139 内加热式多型腔热流道注射模

1、5、9—管式加热器 2—分流道鱼雷体 3—热流道板 4—喷嘴鱼雷体 6—定模座板 7—定位圈 8—主流道衬套 10—主流道鱼雷体 11—浇口板 12—二级喷嘴 13—型芯 14—定模型腔板

四、无流道凝料模标准零部件结构介绍

目前，热流道浇注系统零部件已标准化，设计与制造热流道注射模时可以根据国内外标

准资料选用。我国已经研制热流道系统的零部件，并已有许多企业设计与制造了热流道注射模，使用效果良好。

1．热流道板

热流道板又称集流腔板。热流道板是热流道模的重要部件之一。对各种结构形式的多浇口热流道注射模，都设置了这块在其上安装有主流道衬套、加热器、二级喷嘴、热电偶等零件并开设有浇注系统的热流道板。如图 5-138 件 2 和图 5-139 件 3。图 5-138 件 2 是外加热式的，流道板温度高（200～600℃）；而图 5-139 件 3 是内加热式的，加热器外层有塑料隔热，流道板温度较低。因而这两种热流道板在结构、安装等方面有较大差别。这里重点叙述外加热式热流道板的选用和设计制造要点。

（1）热流道板的结构形式　图 5-140 为外热式热流道板的标准结构形式。

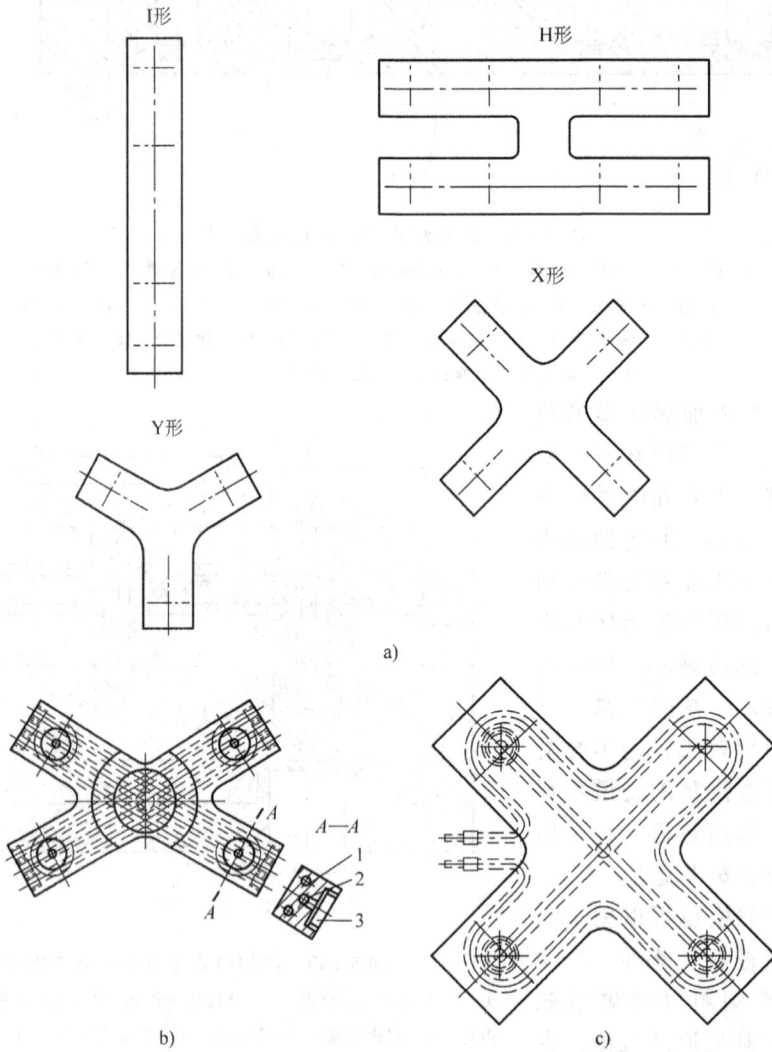

图 5-140　热流道板结构

a) 结构形式　b) 棒式加热器的 X 型结构简图　c) 管式加热器的 X 型结构简图

1—加热器孔　2—分流道　3—热流道二级喷嘴安装孔

结构形式选用主要是依据塑料制品成型所需的分流道及浇口分布情况。

(2) 分流道　分流道是开设在热流道板中，其横截面最好采用圆形的，对于外加热式的其直径取 5～15mm，根据塑料特性和制品大小与重量而定。对于内热式的其分流道直径较大，依据加热器大小，塑料流动层和冷凝层厚度而定。分流道内壁应光滑，转折处应圆滑过渡。分流道端孔须用比流道孔大的细牙螺塞和密封垫圈（铜或聚四氟乙烯）堵紧。

(3) 加热器功率确定　热流道板通常安装在定模座板与定模板之间，可用热电偶测温和温控器控温。在一般情况下，要求供给外热式热流道板的电功率，应能使热流道板在 1h 内由常温升至 200℃，其值由下式计算，即

$$P = \frac{mC_\mathrm{p}(T_1 - T_0)}{3600 \times 1000\eta} = \frac{mC_\mathrm{p}(T_1 - T_0)}{36 \times 10^5\eta} \tag{5-40}$$

式中　P——加热器功率（kW）；

m——加热板质（重）量（kg）；

C_p——热流道板的比热容 [J/（kg·℃）]，碳素钢 $C_\mathrm{p} = 482$J/（kg·℃）；

T_1——热流道板的工作温度（℃）；

T_0——常温（20℃）；

η——加热效率，$\eta \approx 0.5～0.7$。

外加热式的热流道板所需的加热器功率也可以按 0.1～0.15kW/kg（D·M·E 公司推荐 0.25～0.38kW/kg）计算。塑料熔融温度低的取小值，熔融温度高的取大值。

热流道板加热器有加热圈、加热棒、管式加热器等。

(4) 热流道板的热膨胀及对策　由于热流道板和二级喷嘴的温度高于浇口板（定模板）和其他模板的温度，工作时热胀量大于其他模板，因此，在设计与制造模具时必须认真解决其尺寸和其他模板相关尺寸的配合问题。包括热流道板上的流道孔与浇口板相应孔的位置误差；二级喷嘴长度与安装孔相应孔深的误差等（见图 5-141）。为此，可在设计制造时预留一定的膨胀补偿量，或改进二级喷嘴结构及其安装方法等，以克服由于热流道板的膨胀带来不良影响。

热流道板相关尺寸的热胀量可按下式计算，即

$$B_\mathrm{E} = 63 \times 10^{-7} x(T_1 - T_0) \tag{5-41}$$

式中　B_E——热膨胀量（mm）；

x——所要计算的尺寸，如二级喷嘴安装孔孔心距，二级喷嘴长度等（mm）；

T_1——热流道板或喷嘴设定温度（℃）；

T_0——浇口板设定温度（℃），一般取 68℃。

(5) 热流道板材料与隔热　热流道板宜选用比热容小和导热性好的材料制造，通常采用 50 钢、镍铬钢和强度高的铜合金，大型的可用不锈钢管（流道）外铸铜而成。

为了避免热量过多地传给其他零件，热流道板安装时应采用石棉和气隙等与其他零件隔开。

内热式的热流道板由于流道中塑料层的隔热作用，热损失小，流道板温度不高，因而不必考虑因热膨胀引起相关尺寸的变化问题。

2. 无流道凝料模的喷嘴

从上述可知，热流道浇注系统中有两类喷嘴，一类是与注射机料筒连接的喷嘴；另一类

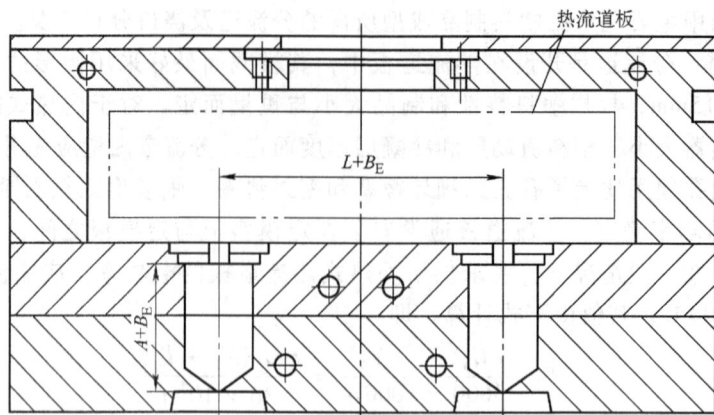

图 5-141　热流道板与相关支承件

是与热流道板上分流道相接的喷嘴，这种喷嘴称热流道喷嘴，又称二级喷嘴。前者有的为了适应热流道的需要，其结构与普通喷嘴有较大差别，如井坑式喷嘴、延伸式喷嘴。后者为了扩大热流道模具应用范围和提高塑料制品的质量，出现了相当多的结构形式。下面重点介绍几种。

（1）延伸式喷嘴　延伸式喷嘴是将普通喷嘴加长，能与模具上的浇口部位直接接触的一种特殊喷嘴，自身装有加热器，如图 5-136 所示。设置这种喷嘴的关键是喷嘴的加热与隔热，使喷嘴保持一定的工作温度，以防浇口凝固。还要保证浇口部位的模具强度和制品的表面质量。除图 5-136 之外，还有其他结构形式的延伸式喷嘴。

由上述可见，应用延伸式喷嘴的注射模基本上是无流道的注射模。喷嘴结构比较灵活，长的喷嘴可用两段组合，自身带加热器，对塑料适应性较好。这种喷嘴主要用于单型腔注射模。

（2）二级喷嘴　多型腔注射成型或大型制品多浇口注射成型，必须用二级喷嘴，其结构形式有外热式喷嘴、内热式喷嘴、导热喷嘴、阀式喷嘴等。

1）内热式喷嘴。图 5-142 为内热式喷嘴结构，其技术规格见表 5-11。不同技术规格对塑料品种适应性是不同的，选用时应注意。一般来说，用内热式喷嘴注射成型，制品表面质量较好。

2）外热式二级喷嘴。图 5-143 为外热式二级喷嘴结构，其技术规格见表 5-12。同样的，不同技术规格对塑料品种适应性是不同的。

3）阀式二级喷嘴。当注射成型粘度很低的塑料时，为了避免产生流延和拉丝，可采用阀式喷嘴，如图 5-144 所示。阀式喷嘴的工作原理是，在注射和保压阶段，针阀动作使浇口开启，塑料通过热流道喷嘴进入型腔；保压阶段结束后，针阀动作使喷嘴关闭，型腔内的熔体不能倒流，开模后也不产生流延。针阀还起分流和加热的作用，防止浇口冻结固化，制品表面质量较好。

阀式二级喷嘴按驱动针阀轴向运动的方式有弹簧式、液压式、齿轮齿条传动式。图 5-144a 是弹簧式；图 5-144b 是液压式的。显然液压式比较复杂，但其精度高，故其制造要求较高。弹簧式之所以在注射时针阀会开启，是因为熔体压力作用在针阀锥面上克服了弹簧压力的缘故，保压后针阀关闭则是因为弹簧弹力使针阀复位。独立动作的机械式和液压式能准确控制保压时间，针阀的开启、关闭时间准确、灵活。

4）导热式二级喷嘴 。导热式二级喷嘴其热量由热流道板传导而来，以保持其工作温度。为此，这种喷嘴应采用导热性好的强度高的铍铜合金制造。导热二级喷嘴的结构形式也不少。图 5-139 二级喷嘴实际是外传热结构。

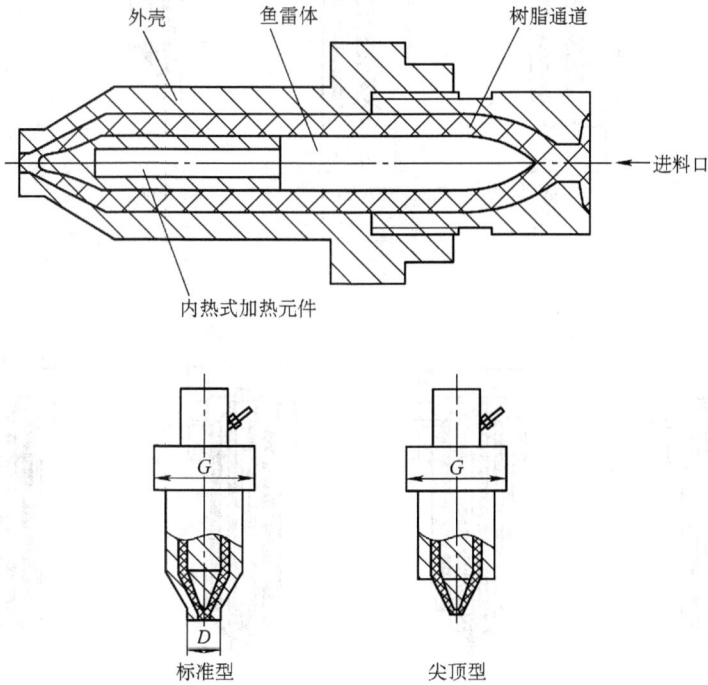

图 5-142　内热式二级喷嘴结构

表 5-11　内热式二级喷嘴技术规格

特性 ＼ 类型	HTB1000		HTB3000		HTB5000		HTB7000	
	标准型	尖顶型	标准型	尖顶型	标准型	尖顶型	标准型	尖顶型
加热方式	内热式 （使用 Cartridge Heater）							
最大射出量 *m*/g								
高流动性	40	40	150	150	500	500	2000	2000
中流动性	20	20	60	60	250	250	800	800
低流动性	15	15	30	30	150	150	400	400
G/mm	32	32	40	40	55	55	95	95
D/mm	12	无	12	无	22	无	25	无
浇口直径 d/mm	0.762 ~ 2.032	0.762 ~ 2.032	0.762 ~ 2.54	0.762 ~ 2.54	0.762 ~ 3.175	0.762 ~ 3.175	3.175 ~ 9.525	3.175 ~ 9.525
最小长度 L/mm	72	72	95.25	95.25	109.22	109.22	188.925	188.925

注：根据美国 Incoe 牌热流道注射系统。

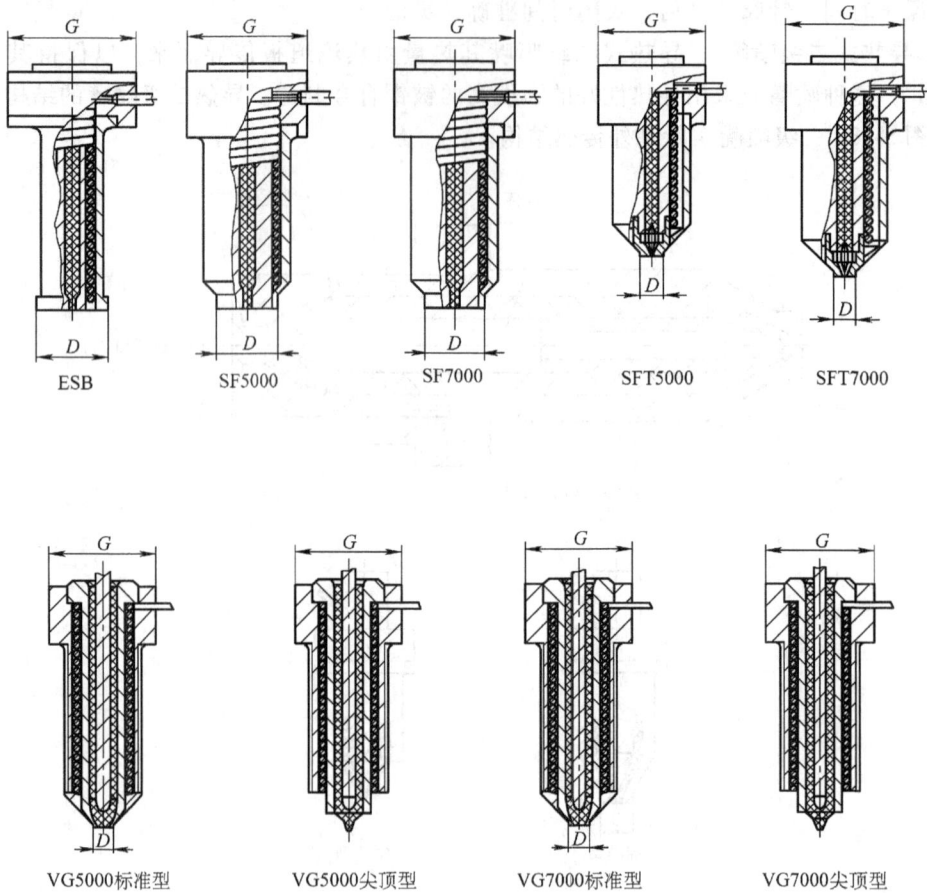

图 5-143　外热式二级喷嘴结构

表 5-12　外热式二级喷嘴技术规格

特性 \ 类型	直流式 （Straight Flow）					VG5000		VG7000	
	ESB	SF5000	SF7000	SFT5000	SFT7000	标准型	尖顶型	标准型	尖顶型
加热方式	外热式 （使用 Koil Heater）								
最大射出量 m/g									
高流动性	500	2500	4000	2000	3500	2500	2500	4000	4000
中流动性	300	1500	2500	1200	2200	1500	1500	2500	2500
低流动性	200	900	1500	800	1300	900	900	1500	1500
G/mm	50	50.8	63.5	50.8	63.5	50.8	50.8	63.5	63.5
D/mm	25	25.4	25.4	12.7	25.4	12.7	无	19	无
浇口直径 d/mm	2.03 ~ 3.96	3.05 ~ 7.92	6.35 ~ 11.10	1.27 ~ 3.18	3.18 ~ 9.53	1.14 ~ 3.05	1.14 ~ 3.05	3.05 ~ 5.59	3.05 ~ 5.59
最小长度 L/mm	73.025	95.225	101.600	98.400		95.225	95.225	101.600	101.600

注：根据美国 Incoe 牌热流道注射系统。

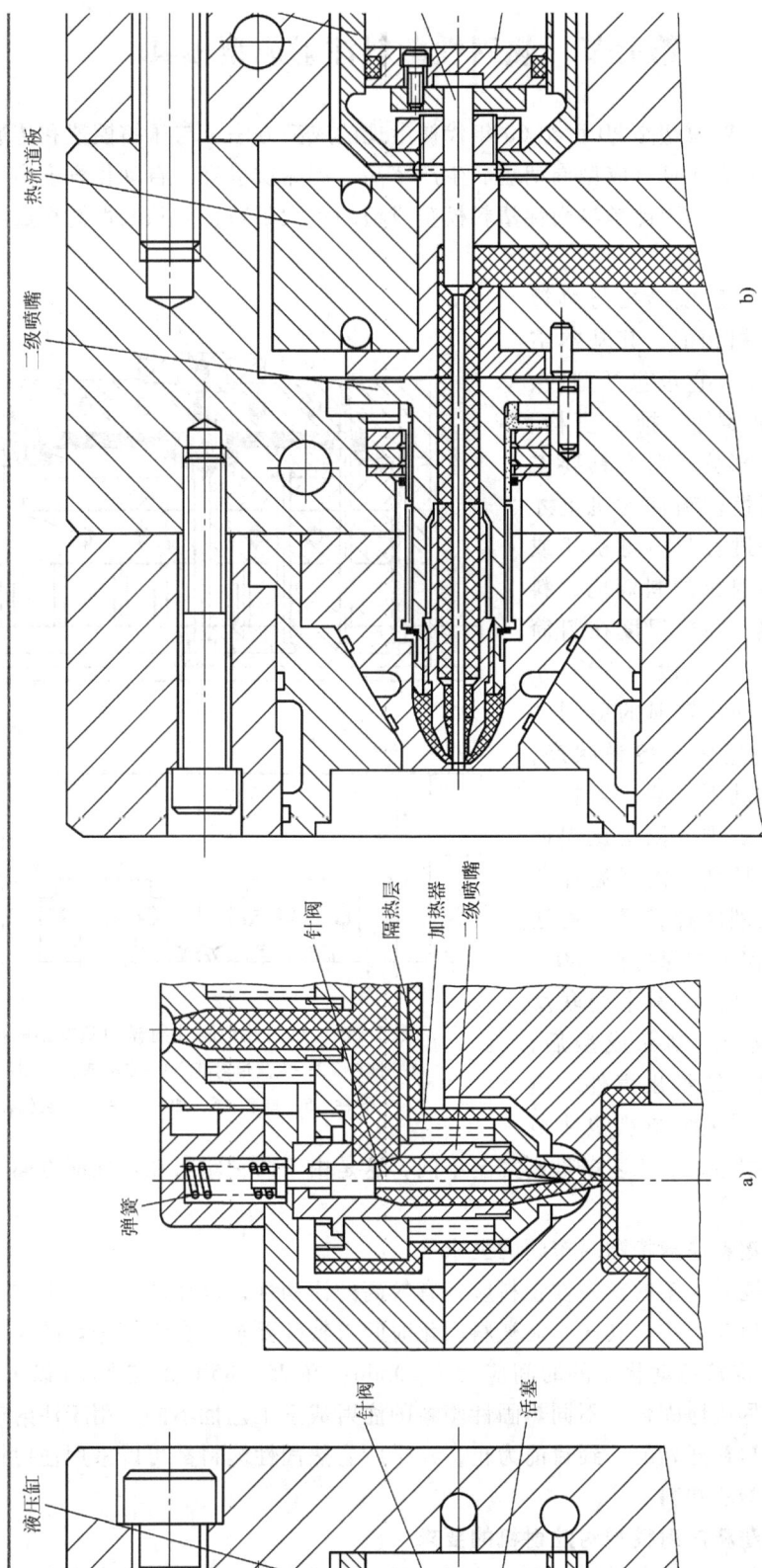

图 5-144 针阀式喷嘴

a)

b)

弹簧

针阀

隔热层

加热器

二级喷嘴

热流道板

二级喷嘴

液压缸

针阀

活塞

第七节　热固性塑料注射成型模具

热固性塑料注射模塑是20世纪60年代初出现的成型方法。与压缩模塑和传递模塑工艺相比较，此种成型方法具有成型周期短、生产率高、制品质量好、自动化程度高、模具寿命长、操作安全等优点，因此是热固性塑料模塑成型的重大革新，使热固性塑料成型技术获得了新的生命力。

热固性塑料注射模结构与热塑性塑料注射模结构相似，其基本结构如图5-145所示。它也包括型腔、浇注系统、导向零件、推出机构、分型抽芯机构等部分。但模具要安装在专用的热固性塑料注射机上才能成型。其成型过程是，将粉状或粒状原料加入注射机的料筒内，料筒外通热水加热，加热温度在料筒前段为90℃左右，后段为70℃左右，同时还受螺杆旋转时的剪切摩擦作用，使塑料塑化成熔融状态，然后在螺杆的推动下，经注射机喷嘴和模具浇注系统进入温度比料筒温度高得多的模具型腔内（熔体通过喷嘴时由于强烈摩擦，温度可达110~130℃，模温通常保持在160~190℃），塑料在型腔内发生交联反应，最后固化成型。制品成型后，在开模时由推出系统推出模外。热固性塑料注射成型过程与热塑性塑

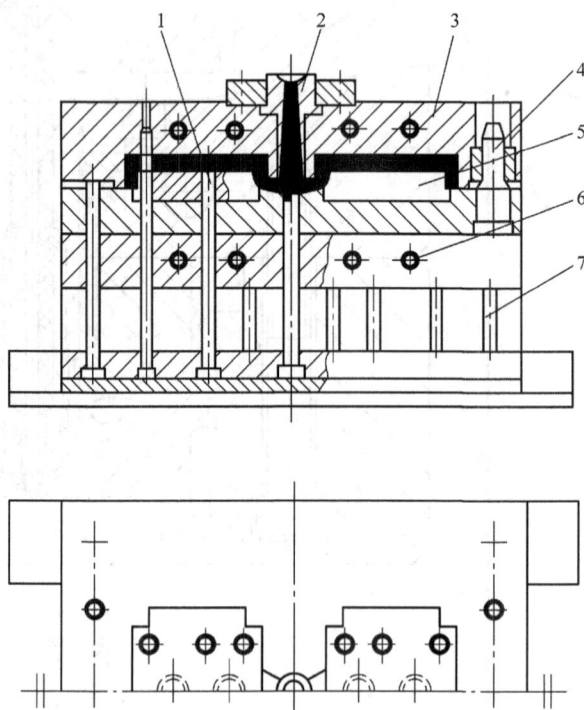

图5-145　热固性塑料注射模的基本结构图
1—推杆　2—主流道衬套　3—定模座板（凹模）
4—导柱　5—型芯　6—加热元件　7—复位杆

料注射成型十分相似，但工艺条件则完全不同，这是由于两种塑料在热性能方面有本质的区别所致。

一、热固性塑料注射模塑对塑料的要求

首先，用于注射模塑的热固性塑料应具有较高的流动性，以使塑料在注射过程中顺利地通过浇注系统而填充型腔。其次，对塑料固化时间有特殊要求，在料筒停留的时间里不应固化（即80~90℃保持流动状态的时间应大于10min；在75~85℃则应在1h以上），而注入模具型腔后希望尽快地固化。不同热固性塑料的注射成型工艺性不同，用于注射模塑的热固性塑料是从酚醛塑料开始的，到目前为止，几乎所有热固性塑料都可以采用注射模塑，但用量最多的仍然是酚醛塑料。

二、热固性塑料注射模塑对注射机的要求

热固性塑料与热塑性塑料注射成型的根本区别在于前者在模具型腔内发生交联反应，产

生必须排除的气体；模具需要加热，以满足塑料的固化需要；塑料进入型腔前既要有较好流动性，又不能在料筒内固化。为了适应这些成型特性，对注射机提出以下要求：

1）能严格控制塑料加热温度与加热时间，热固性塑料在料筒里，若温度和时间超过一定范围以后，便会产生固化，这给生产带来很多麻烦，即便加热的温度波动很小，对注射成型质量也会造成不良影响，为了保证原料的均匀加热和温度恒定，目前多采用水加热循环系统。其优点是以水作加热介质时温度均匀稳定（可控制达到±1℃），"加热后效"较小，能实现自动控制。

2）为了防止因塑料在料筒内固化而扭断螺杆，注射机螺杆驱动装置宜采用带过载保护装置的液压马达或带摆线针轮减速器结构。这样可以达到 0～90r/min 的无级变速，符合塑料的预塑要求。

3）应具有较大的锁模力，合模机构还应满足快速排气操作的要求，即应具备能迅速降低锁模力的执行机构。通常采用增压液压缸对快速开模和合模动作进行控制。

4）注射机螺杆的长径比和压缩比都比热塑性塑料注射机小。长径比通常为 14～20，压缩比一般取 0.8～1.4。螺杆的螺槽较深，以防止热固性塑料在料筒内输送过程中，受到螺杆过大的剪切摩擦作用而发生固化。螺杆内应设有冷却水道，以便通水冷却以控制温度。

三、热固性塑料注射模设计要点

1. 模具材料

热固性塑料注射模的工作条件比热塑性塑料注射模严酷，模具的温度高于熔体温度，因此，熔体进入模具后与模壁接触处温度升高，粘度降低，流速很高，在熔体高速冲刷下，其流道和型腔磨损是严重的，尤其是浇口，再加上热固性塑料都含有各种填料，特别是含有硬质矿物填料，这些高速流动的硬质点像磨削一样磨损着模壁，因此热固性塑料注射模成型零件的材料应采用高强度和耐磨性好的材料制造。

热固性塑料注射模的工作温度通常在 165℃±5℃ 范围，这是指成型零件表面温度，加热器周围的局部温度更高，会超过 250℃，这对于配合精度高的注射模来说，对模具材料的选用，模具结构及制造要求都比较高，最好选用耐热性较好的材料。

2. 对分型面的要求

（1）减少分型面的接触面积以改善合模状态　分型面溢料是热固性塑料注射成型的一个非常突出的问题。这是由于在注射过程中热固性塑料的流动性很好，注射压力高，即使分型面间只有很小的间隙，也会产生溢料。溢料的结果相当于在分型面上制品投影面积扩大，胀模力有可能超过注射机公称锁模力，促使缝隙增大，溢料更加严重。所以，在设计分型面时，可采用减少分型面的接触面积提高压强的方法，改善型腔周围贴合状况，以防溢料，如图 5-146 所示，型腔周围 10mm 以外的部分低 0.5～1mm。为了防止因压强增大导致型腔变形，分型面四角留有一定的接触面积。

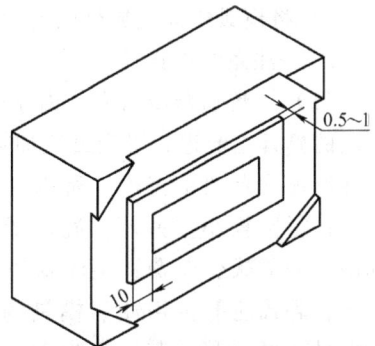

图 5-146　减少分型面的接触面积

（2）分型面上尽量减少孔穴或凹坑　热固性塑料熔体如流入孔穴或凹坑后，粘附力很强，难以清理干净，结果高出分型面，导致严重溢料，因此，有关孔不应穿通到分型面，而应制成不通孔。为了便于飞边的铲除，分型面表面粗糙度 Ra 应小于 $0.2\mu m$ 或进行镀铬处理，以减少飞边对分型面的附着力。

（3）分型面应有足够硬度　在分型面上的飞边极易与制品分离，而飞边的硬度很高，小块碎片如若粘留在分型面上，合模时，则可使分型面压出印痕，多次重复，分型面变得凹凸不平，造成飞边进一步增多。所以，分型面硬度不应低于 30HRC。

3. 对滑动零件的要求

热固性塑料注射模中有很多滑动配合件，如推杆、复位杆、拉料杆、滑块、侧型芯、推件板等。要求在温度较高的条件下工作，滑动零件不产生过大磨损、咬合而影响配合精度。为此必须满足如下要求：

1）各种滑动零件的配合间隙应在 $0.03mm$ 以下，这样基本上不溢料，如产生飞边也是极薄的一层半透明状树脂，中间没有填料，对滑动配合的正常工作影响不大。

2）配合零件表面粗糙度 Ra 应小于 $0.2\mu m$，特别是与塑料接触的推杆和拉料杆的 Ra 值，最好在 $0.1\mu m$ 以下。

3）提高零件表面硬度　一般要求表面硬度为 54～58HRC，特殊情况可提高到 60HRC 以上。零件表面涂覆固体润滑剂，工作零件表面镀铬，可增强抗咬合能力，采用耐高温的石墨类润滑剂，可降低滑动摩擦因数。

4）缩短配合长度，配合长度只要有直径的 2～3 倍就能满足导向要求，其余部分可进行扩孔，把间隙加大到 1mm 左右，以减少摩擦。

4. 对安放嵌件的要求

热固性塑料制品的嵌件周围不像热塑性塑料制品那样容易产生裂纹，所以热固性塑料制品上应用嵌件较多。但在注射模具中安装嵌件很不方便，且容易发生位移，有时嵌件咬住模具，推件时难以取出，并延长操作时间，影响生产率。因此，一般情况下采用模外"热插"嵌件的方式比较恰当。但有时为了满足使用要求，仍需在模内安放嵌件。此时，必须注意以下几点：

1）提高嵌件与模具的配合精度，保证两者有合理间隙，防止嵌件位移和制品粘模。

2）增强嵌件定位稳定性，如设计可以与推杆相联系的嵌件杆，以强固嵌件位置。

3）将模具中固定嵌件的部分设计成活动镶块，以解决难以定位的嵌件安放问题。

5. 浇注系统的设计

（1）主流道与冷料穴　由于热固性塑料在注射成型时，塑料是从温度较低的喷嘴进入高温的模具主流道，受到迅速加热，同时由于熔体流经喷嘴摩擦生热，使塑料粘度降低，流动性增加，有利于充模，所以一般可将主流道设计得比较小。另外，流道凝料无法回收利用，为了减少浪费，主流道直径应尽可能减小，卧式注射机用注射模具的主流道，一般设计成圆锥形，其锥角为 1°～2°。小端直径为 5～8mm。直角式注射机主流道为圆柱形。

为了使间歇注射过程中喷嘴头部出现的老化料不进入模具型腔，在主流道对面设置

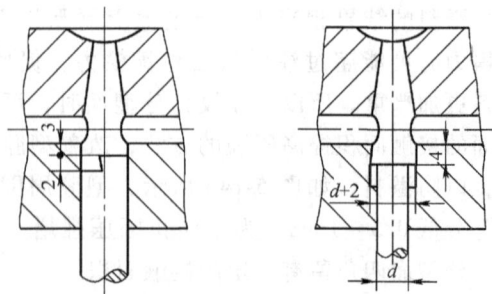

图 5-147　冷料穴和拉料结构

冷料穴和拉料结构。常见的结构形式如图5-147所示。其中倒锥形冷料穴应用较广。

（2）分流道　热固性塑料注射模分流道的截面形状常见的有圆形、梯形、正方形、半圆形等，梯形的流道易于加工，且易于脱模，应用最广。与热塑性塑料注射模所不同的是，热固性塑料熔体温度比模壁温度低，为了增加传热面积，尽可能采用湿周 X 较大的正方形截面或梯形截面，且表面粗糙度 Ra 尽可能小些，以减少流动阻力，增加传热，通常 Ra 取 $0.2\mu m$。

一般将分流道设在动模分型面上，以免流道粘贴在定模上。分流道的布置形式可参阅热塑性塑料注射模设计，为了获得性能一致的制品。一般选择平衡式布局为好。

（3）浇口　热固性塑料注射模浇口位置、形状与热塑性塑料注射模基本相同。但由于成型后的热固性塑料脆性较大，浇口易去除，所以浇口厚度可取厚一些，一般深 $0.8\sim1.5mm$，宽 $2.5\sim5mm$，长 $1\sim3mm$。点浇口形状与热塑性塑料注射模的点浇口形状有所区别，如图5-148所示，在最狭部位前有一引导部分，以减少浇口的磨损。点浇口的直径不宜小于 $1.2mm$，可在 $1.2\sim2.5mm$ 之间选取，以免大颗粒填料堵塞浇口。浇口部位是模具中磨损最严重的部位，在生产一段时间后，常用氩弧焊修补。如果用硬质合金镶块嵌在浇口部位，可提高使用寿命，减少修模工作。

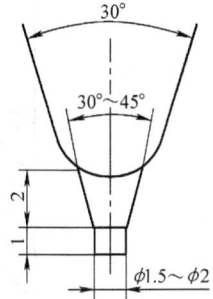

图 5-148　热固性塑料注射模点浇口形状

6. 热固性塑料温流道模

与成型热塑性塑料使用热流道系统类似，成型热固性塑料可使用温流道系统，具有这种流道的热固性塑料注射模称为温流道模。鉴于热固性塑料模具的模板和成型零件的温度高达170℃，为使流道内的热固性塑料在连续成型作业中，始终保持熔融流动状态而不固化，不产生浇注系统废料，以节省原材料，采用主流道和分流道所在的流道板通水冷却，并与型腔板绝热的办法，使流道板保持低温（一般设定为≤100℃），在此温度，塑料不但不会固化，而且具有适宜的粘度，保证注射成型的顺利进行。

温流道系统不一定是模具的一个部件。实际上，通常可将注射机喷嘴设计成具有温流道功能的结构，如图5-149所示。这种结构模具和温流道喷嘴的绝热效果好，且容易保养。对于单型腔模具来说，适合采用这种结构。还可以将温流道结构设计成主流道衬套形式，如图5-150所示。设计这种结构的温流道模时，主流道衬套侧面与模板不接触，而留 $0.3\sim0.5mm$ 的间隙，以空气绝热，主流道衬套端面与模板接触面积尽量小，使传热量减少到最低程度。

7. 排气槽的开设

热固性塑料不仅原料本身含有水分和挥发物，而且在固化过程中还会产生低分子挥发性气体，再加上模具型腔内有空气存在，因此在注射成型时，必须将气体排出模外，否则将影响注射成型，并使制品留下气泡，表面出现凹痕、麻点及光泽度降低等缺陷，甚至局部烧焦碳化。所以，排气对热固性塑料注射成型是非常重要的。排气槽的位置通常设在距浇口最远的分型面上，为了不致溢料，槽深应严格控制，一般为 $0.03\sim0.05mm$，宽度为 $4\sim6mm$。除排气槽外，还可以利用推杆等配合间隙排气。

8. 推出机构形式

注射模推出机构的形式虽然很多，但适用于热固性塑料注射模的却不多。热固性塑料在注射时流动性好，对充模有利，但却给推出机构的设计和制造带来不少困难。

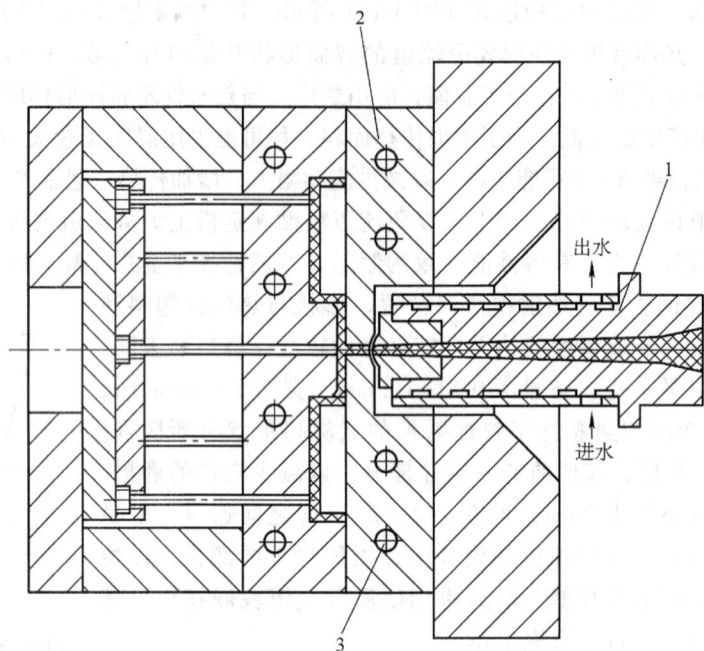

图 5-149　延长喷嘴式温流道热固性塑料注射模

1—带温流道护套的喷嘴　2—定模板　3—加热元件安装孔

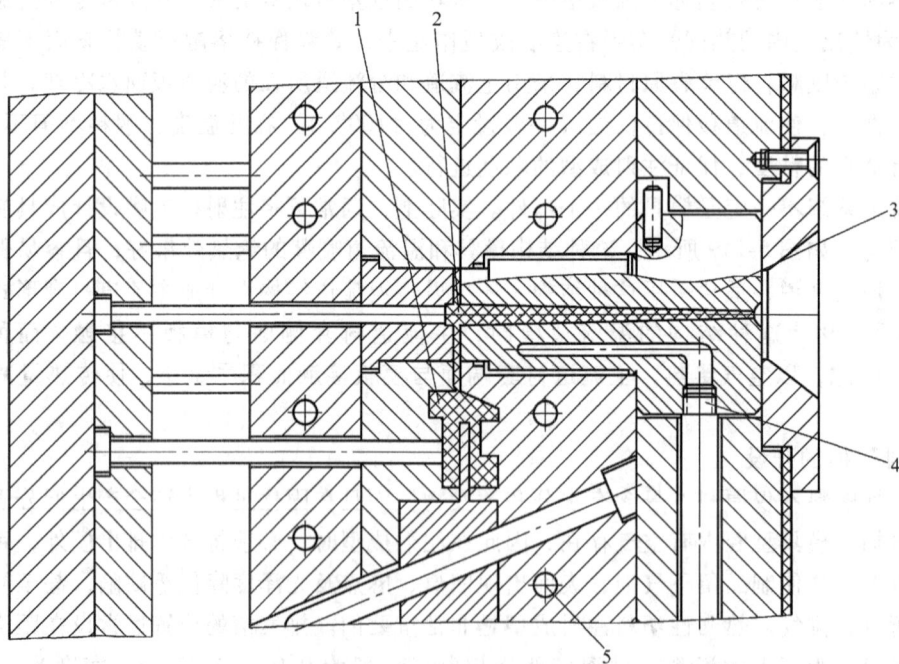

图 5-150　主流道衬套型的温流道模

1—制品　2—流道　3—主流道衬套　4—冷却装置　5—加热元件安装孔

　　由于熔体极易渗料，窜入推出机构各零件的配合间隙内形成飞边，若不及时清理，则机构各零件会出现拉毛甚至发展到啃蚀，以致推出发生故障。因此，绝大部分热固性塑料注射模都用圆形推杆推出制品。这是由于圆形推杆容易加工，配合精度和表面粗糙度容易保证，滑动阻力小，并可制成标准零件，便于更换。但其推杆面积小，受力集中，所以推杆应尽可能设在承压能力大的部位，以防止顶穿制品。对于表面不允许有推杆痕迹的制品，必须使用推件板或推块结构时，则应注意推件板或推块与型芯配合间隙难控制，容易溢料的问题，因此应避免采用如图 5-99c 所示的封闭式推块，而必须采用图 5-99b 和图 5-99d、e 所示的敞开式结构，并留有较大的推出距离和空位，以便及时清理落入推出机构内的飞边和塑料碎屑。

四、热固性塑料注射压制模具简介

热固性塑料注射成型过程中会出现纤维取向，使制品内存在内应力，导致制品翘曲变形，甚至破裂。为了克服上述缺陷，采用了一种注射压制成型工艺。这种工艺综合了压缩成型和注射成型的优点，能自动生产高质量的制品。图 5-151 所示为成型三聚氰胺树脂盘的注射压制模具。其成型过程是，在模具闭合至仅留下 6~7mm 压缩间隙时，注入塑料熔体，在注射以后，注射机使模具完全闭合（压制），从而将熔体压满整个型腔。开模时，碟形弹簧 11 的弹力使定模板 2 与定模座板 3 分开，分开距离由限位螺钉 12 控制。完全开模后，喷嘴 8 从模具中抽出，由于喷嘴口部为侧凹结构，故能把已固化的主流道凝料带出。压缩空气推动阀杆 9，从而把制品推出凹模。

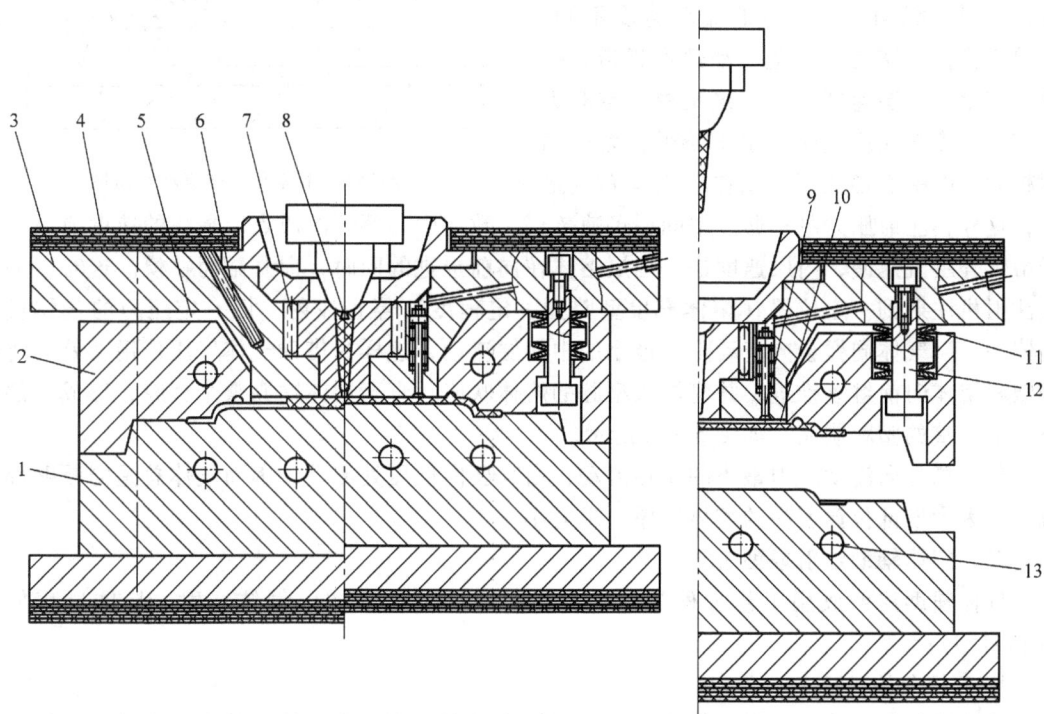

图 5-151　热固性塑料的注射压制模具

1—动模板　2—定模板　3—定模座板　4—绝热板　5—压缩间隙　6、13—管式加热器
7—加热器　8—喷嘴　9—阀推杆　10—型腔　11—碟形弹簧　12—限位螺钉

第八节　气体辅助注射成型及模具

气体辅助注射成型（简称气辅成型）自 20 世纪 80 年代出现，20 世纪 90 年代进入实用阶段以来，得到迅速发展，目前，不但欧、美、日等发达国家广泛应用，我国在家电、汽车等行业也在积极采用，并取得良好的技术经济效果。

随着塑料制品应用，许多大型超厚塑料制品的成型质量问题为人们所关注，最初人们总是试图以改善模具设计和提高注射机质量以及调整注射工艺参数来解决上述制品注射成型所面临的问题，结果导致制品成本提高，而制品质量仍较差。直到气体辅助注射成型的应用，这个问题才得到了很好的解决。

按气体作用的位置，气体注射成型有两种：一种是表面气体成型（EGM）；另一种是封闭式气体注射成型（SIG），它是把气体注入制品内部。以下介绍后一种成型方法。

气体辅助注射成型所用的气体是氮气。

一、气体辅助注射成型原理

塑料注射成型时熔体在型腔中的流动特点是，熔体在注射压力作用下进入模具型腔后，在同一截面上，各点的流动速度不同，中间最快，越靠近型腔壁流动速度越慢，接触型腔壁的一层速度为零。这是由于越靠近型腔壁，冷却速度越快，温度越低，熔体粘度越大，而中心部位温度最高，熔体粘度最

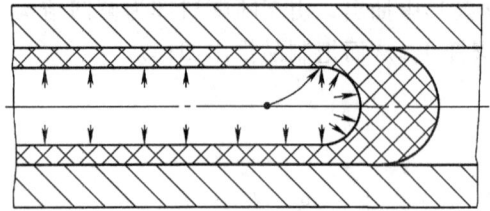

图 5-152　熔体和气体流动示意图

小，这样，注射压力总是通过中间层迅速传递，致使中心部分的质点以最快的速度前进。由于熔体外层流速慢，内层速度快，内层熔体在向前推进的同时，向外翻而贴模。这时，如果让注射机注射到一定位置（熔体充填型腔到一定程度）停止注射，以一定压力的气体代替熔体注入，气体同样会向流动阻力最小的中间层流动，这样，借助气体气压作用，就会将中部塑料熔体向前继续推进，并将注入型腔的熔体吹胀，直至熔体贴满整个型腔，形成壁部中空外形完整的塑料制品，如图 5-152 所示。

气体总是向流动阻力最小的路径流动；由高压向低压处流动。因而气体总是向厚壁部位流动，因为该部位温度高的熔体层厚，阻力小。

二、气体辅助注射成型工艺

气体辅助注射成型工艺过程是在普通注射成型过程中加入气体注射，具体过程如下（图 5-153）：

1. 充填阶段

这阶段包括熔体注射和气体注入。在熔体注射期，将一定量的熔体充填型腔。按注入熔体体积的不同分为三种：

1）中空成型，即注入熔体占型腔容积的 60% ~ 70%。

2）短射，注入的熔体占型腔容积的 90% ~ 98%；彩色电视机前壳即采用短射（95% ~ 98%）。

3）满射，注入的熔体达 100%，此时，气体仅起保压补缩作用。

究竟用哪一种，应根据塑料制品用途及要求而定，并确保在充气时不把制品表层冲破。注射量应经试验最后确定。注入量一经确定，应准确计量。

进入充气期时，将定量体积和定压的氮气注入型腔，充气期时间很短，但对气辅成型能否成功起着至关重要的作用。它需要准确确定注射熔体到注入氮气的切换时间，正确确定气体的压力等，这些都直接关系到制品的质量，制品的许多缺陷都可能在这一阶段发生。短时间的延时切换是为了控制冷凝层厚度，调节气体流动空间，并使浇口处塑料降温固化，以防气体"倒灌"（气体从浇注系统倒流而不是按预定气道流动）。

2. 保压冷却阶段

在型腔充填结束后，仍要保持一定的气体压力，以对成型制品在保压下冷却。在保压阶段仍需继续注入气体，以弥补制品冷却收缩，保证塑料贴紧型腔。最后将氮气释放（回收）。

3. 脱模阶段

由此可见，气体辅助注射成型工艺过程比普通注射成型复杂，气辅注射成型工

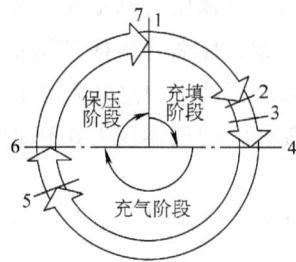

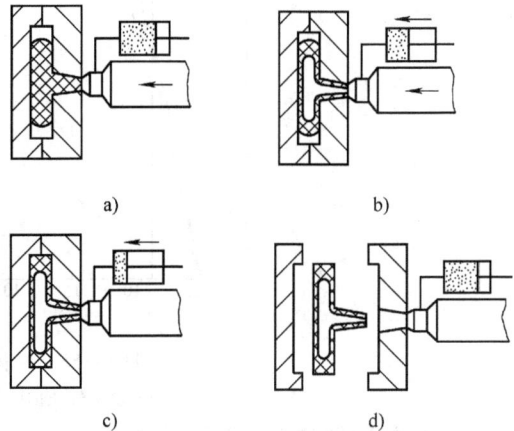

图 5-153　气辅成型的生产周期

a）充填阶段　b）充气阶段　c）保压阶段　d）脱模阶段

1—周期开始　1~2—注射期　2—注射期结束

2~3—延时　3—充气开始　3~4—气体注入

4—充填阶段结束　4~5—保压阶段

5—气压下降、气体回收　6~7—脱模

艺过程涉及高分子熔体和高压气体的液气两相流动及相互作用问题，需要控制的工艺条件也多。除了需要控制普通注射成型必要控制的工艺参数之外，还要控制延时切换时间、气体压力及变化、保压压力与冷却时间。即使是前者，其工艺参数与普通注射也是不同的。

普通注射成型，熔体在型腔中的流动是靠持续增加的注射压力来维持的，压力的增加基本上和熔体流动的距离成比例。图 5-154a 表示普通注射成型在充填型腔过程中的压力变化情况，随着流动距离增大，要求浇口处的压力也随着增大。而对于气辅成型，在开始注入气体之前，型腔内的压力要求与普通的注射模一样。在气体开始注入时刻，也就是熔体、气体

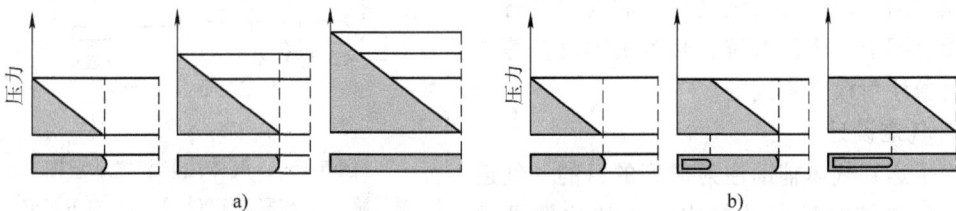

图 5-154　两种注射成型压力分布比较

a）普通注射成型　b）气体辅助注射成型

注入切换时刻，气体压力必须大于或等于此时推进熔体的压力。接着气体进入型腔，取代高粘度的熔体，在气体向着熔体前沿前进时，由于流动熔体的"有效"长度减少了，因而维持熔体前沿以相同速度前进所需要的压力也减小了，如图5-154b所示。因而气体辅助注射成型充填型腔所需的气体压力比普通注射成型的注射压力小得多，而且气体压力在型腔中分布很均匀。

图5-155是某电视机前壳气体辅助注射成型时，气体压力变化实测曲线。

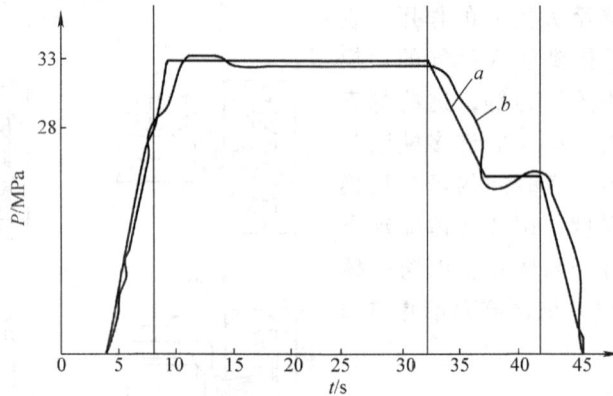

图5-155 气体压力变化曲线

a—设定气压曲线   *b*—实际气压曲线

三、气体辅助注射成型用设备

气辅注射成型所用设备有：

1）注射机。普通注射机即可，精度和刚度宜高为好。

2）氮气制备设备。

3）气体注射装置。它包括气体压力制备系统、气压控制系统、喷气系统（模具上安装喷嘴（气针）或注射机上气嘴）。较先进的设备中，可实现气体压力分段控制，以满足注射工艺的需要。图5-156为气辅注射成型的气体注射装置示意图。

氮气经柱塞式储气缸Ⅰ受到预压缩，气缸里所含气体容量和压力完全能满足注射预充气的需要。氮气在柱塞式储气缸Ⅱ内被压缩到充气所要的高压压力。

四、气体辅助注射成型模具设计要点

气体辅助注射成型模具的基本结构与普通注射模相同，但注气系统（气道和气体喷嘴）、模具温度调节、浇注系统、脱模机构设置等方面与普通注射模是不同的。

1. 气道设计

为了达到气体辅助注射成型的目的，气道布置、气道结构尺寸及气体注入的位置是关键。

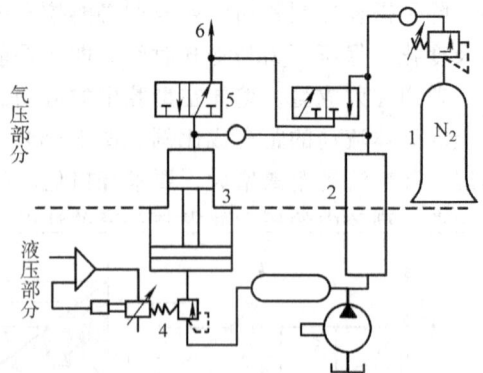

图5-156 气体注射装置示意图

1—氮气瓶 2—柱塞式储气缸Ⅰ 3—柱塞式储气缸Ⅱ
4—比例阀 5—气体换向阀 6—喷嘴

气道一般设于塑料制品加强肋、交角等厚实部位，在整个型腔中，气道要均衡布置，

大小适中、截面形状、转角处等应有利于氮气推动熔体顺利流动，保证氮气按预定的路线充模，并尽可能延伸到靠近型腔最后充填的区域，以获得中心空而外形完整的塑料制品，防止气体乱窜、形成回路或无法收回氮气。为此，必须正确设计气道部位的截面形状和尺寸。

例如，杆状制品或制品中的杆状部位，其截面形状最好是圆形或近似圆形，外形以较大圆角过渡，以使制品壁厚均匀，这是由于气体在气道中穿透形成的中空部分总是趋于圆形，如图 5-157a 和图 5-157b 所示，如采用矩形截面，则 $b \leq$（3~5）h，如图 5-157c 所示。

又如各种板类制品，气道一般是设在制品边缘、壁的转角和加强肋等部位，在这些部位应给气体提供良好的通道，应避免细而密的加强肋，但尺寸也不宜过大，以免制品出现"鼓包"或"凹陷"。结构及尺寸可参考图 5-158。多点进气时，气道之间距离不宜太小，以免气道之间相互穿透。

气体注入的位置有两种情况：一种是采用特殊的注射喷嘴，如图 5-159 所示，气体由浇口处注入。当熔体注射达到一定量后，停止注射熔体而注入氮气；另一种是采用专用气体喷嘴（气针），气体由型腔注入，其位置宜靠近浇口，以使气体流动方向与熔体流动方向一致，但需距浇口 30mm 以上，以防气体从浇口倒灌。如图 5-163 所示，气针距浇口 45mm。

气体喷嘴结构有两种。图 5-160a 为弹簧复位型。其动作原理是，当气体压力能克服弹簧弹力时，将阀芯顶开而进气；当充气阶段和保压阶段完成后，进气道切换，气压下降，阀芯复位。图 5-160b 为间隙充气型喷嘴。它是利用很短配合面，极小间隙进行充气，要求间隙只能充气不能溢料，以防堵塞气道。

另外，气体喷嘴宜安装在便于拆卸的位置，因为气体喷嘴使用一段时间后可能需要清理。气体喷嘴应具有塑料滞留区，以防气体外溢。

2. 浇注系统

气体辅助注射成型推荐采用点浇口，普通流道和热流道均可，热流道宜采用针阀式喷嘴。图 5-163 为某厂气体辅助注射成型电视机前壳用浇注系统及镶件结构，开模时浇口自动拉断，不需要人工修整；镶件为两半"哈夫"结构，便于加工和抛光。

由于采用了气体辅助注射成型，浇口数量大为减少，如电视机前壳注射成型，由原用 6~8 个浇口减少到 2~3 个。

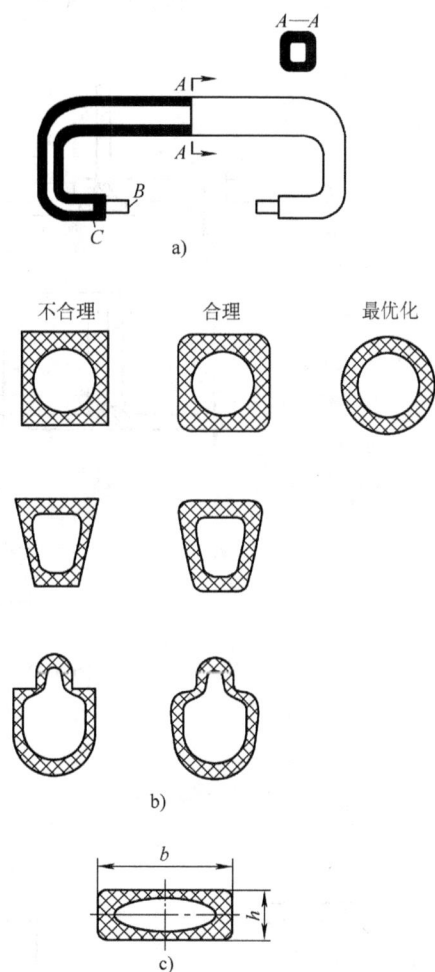

图 5-157 气道截面设计
a）把手 b）棒类制品截面形状 c）矩形截面
B—浇口 C—进气口

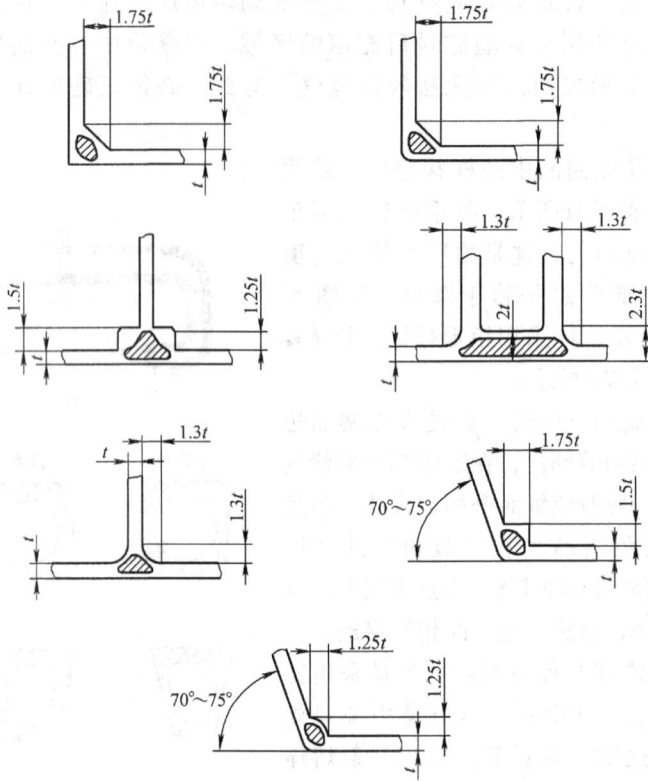

图 5-158 板类制品气道截面设计

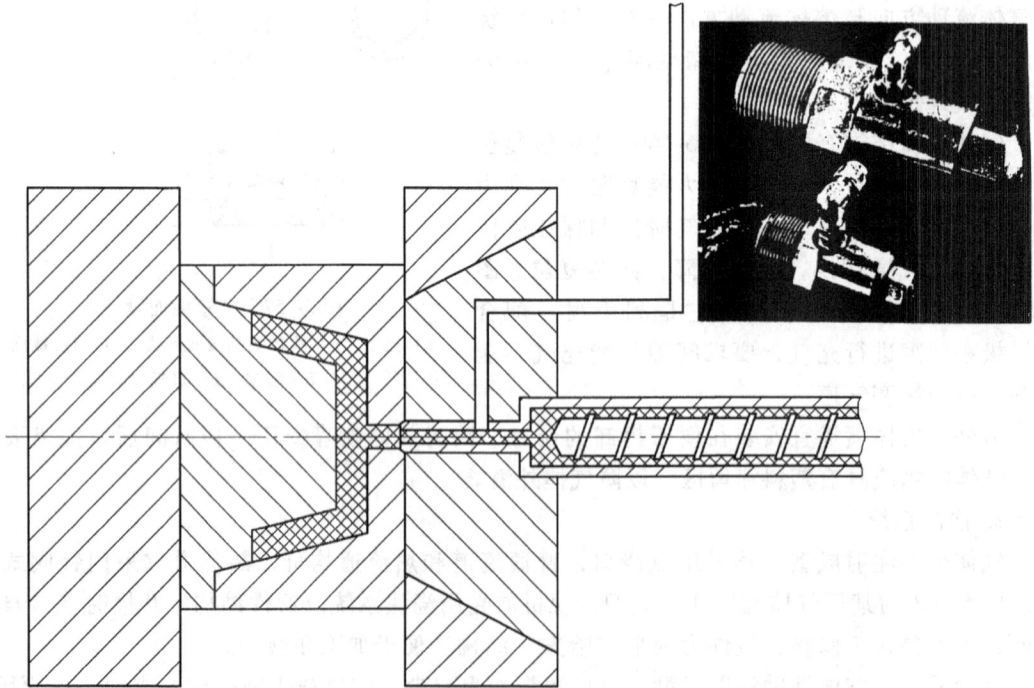

图 5-159 特殊喷嘴

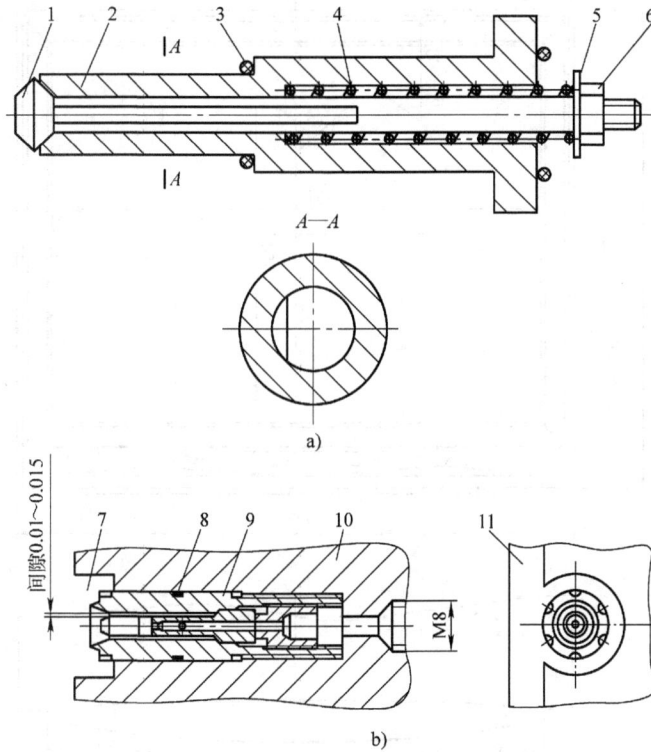

图 5-160　气体喷嘴结构形式

a）弹簧复位型　b）间隙充气型

1—阀芯　2—阀体　3—密封圈　4—弹簧　5—垫片　6—螺母

7—滞留腔　8—密封圈　9—气针　10—动模主型芯　11—主气道

3. 模具温度

气体辅助注射成型模具温度控制的原则是气道部位应保证气体推动熔体顺利充模，它的冷却状态与延时充气阶段有密切关系，要考虑在延时充气的时间里形成必要的冷凝层厚度。而非气道部位，应较快冷却，以防气体乱窜。为此，模具的气道部位温度一般比非气道部位温度高。

4. 脱模机构

气体辅助注射成型推出元件（推杆）着力点应在加强肋或其他厚实处。

五、气体辅助注射成型适用的塑料

除特别柔软的塑料外，几乎所有热塑性塑料（如 PS、ABS、PE、PP、PVC、PC、POM、PEEK、PES、PA、PPS 等）和部分热固性塑料（如 PF）均可用气体辅助注射成型。

六、气体辅助注射成型的特点

1）气体辅助注射能够成型普通注射难以成型的厚壁和厚薄不均的制品，改善塑料在制品断面上的分布，提高制品刚度，保证了制品质量，节约了塑料。

2）缩短了冷却时间，提高了生产效率；显著降低成型压力，降低了锁模力，提高了模具和设备的寿命。

3）在气道中，气压均匀，塑料密度均匀，内应力小。

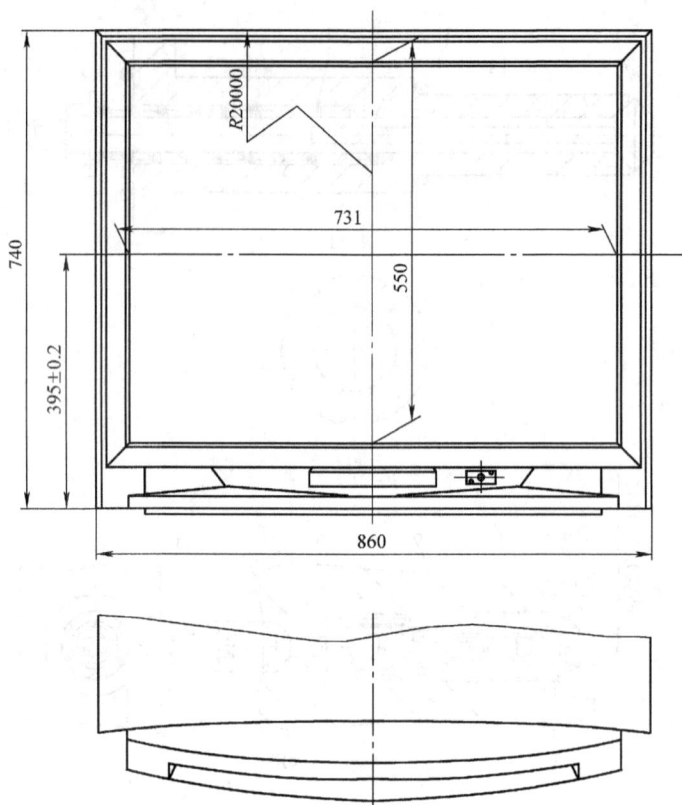

图 5-161　97cm 电视机前壳制品图

4）由于熔体在均匀气体压力保压下固化，防止了制品产生表面收缩凹陷，减少了制品变形。

5）简化了复杂制品的加强肋，简化了模具型腔结构。

6）需要增加气体辅助注射成型的成套设备，投资较大。但由于气体辅助注射成型具有独特的优点，所以这项新技术得到了广泛应用，发展迅速。

七、气体辅助注射成型应用实例

图 5-161 为 97cm 电视机前壳制品图，图 5-162 为其注射模具图，图 5-163 为注射模型芯、流道、气道分布图。由图可见，该制品采用气体辅助注射成型有如下特点：

1）气道布置均衡，气道截面形状合理，采用两个间隙型气体喷嘴，装置于熔体注射浇口的两侧，各距浇口 45mm 处。

2）浇注系统采用点浇口，三点潜伏进料，分流道镶件为"哈夫式"。

3）模具的整个推出机构紧固于注射机顶出装置上，由注射机直接控制模具推出机构动作，省去了复位弹簧，减小了垫块高度及模具闭合高度，提高了模具刚度。

注射成型过程及时间为：熔体注射 8s，延时 2s，充气 26s，保压 65s，脱模 7s，一个生产周期共 108s。

采用气体辅助注射成型后，制品表面光泽，质量好，壁厚只有 3.5mm（按强度计算，不用气辅成型需要 4.35mm），质（重）量由 4.95kg 减至 4.12kg。

为气体能顺利推动熔体充模成型，模具温度比普通注射时的高 25℃。

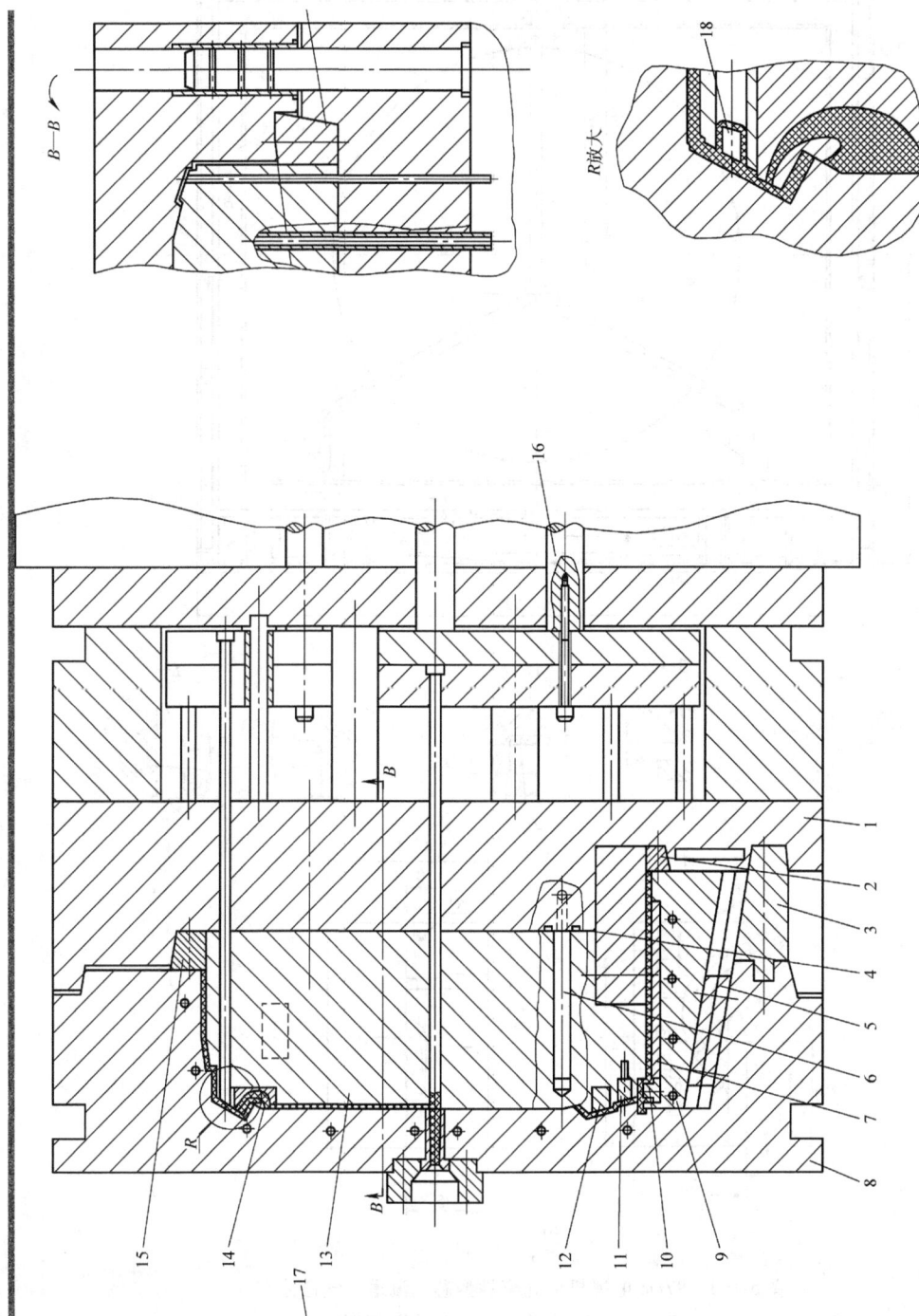

图 5-162　97cm 电视机前壳注射模具图

1—动模板　2、15、17—推块　3—斜楔　4—密封圈　5—T形块　6—水道隔板　7、10—滑块镶件　8—定模型腔板
9—大滑块　11、12—型芯镶块　13—型芯　14—流道镶件　16—注射机顶杆　18—气道

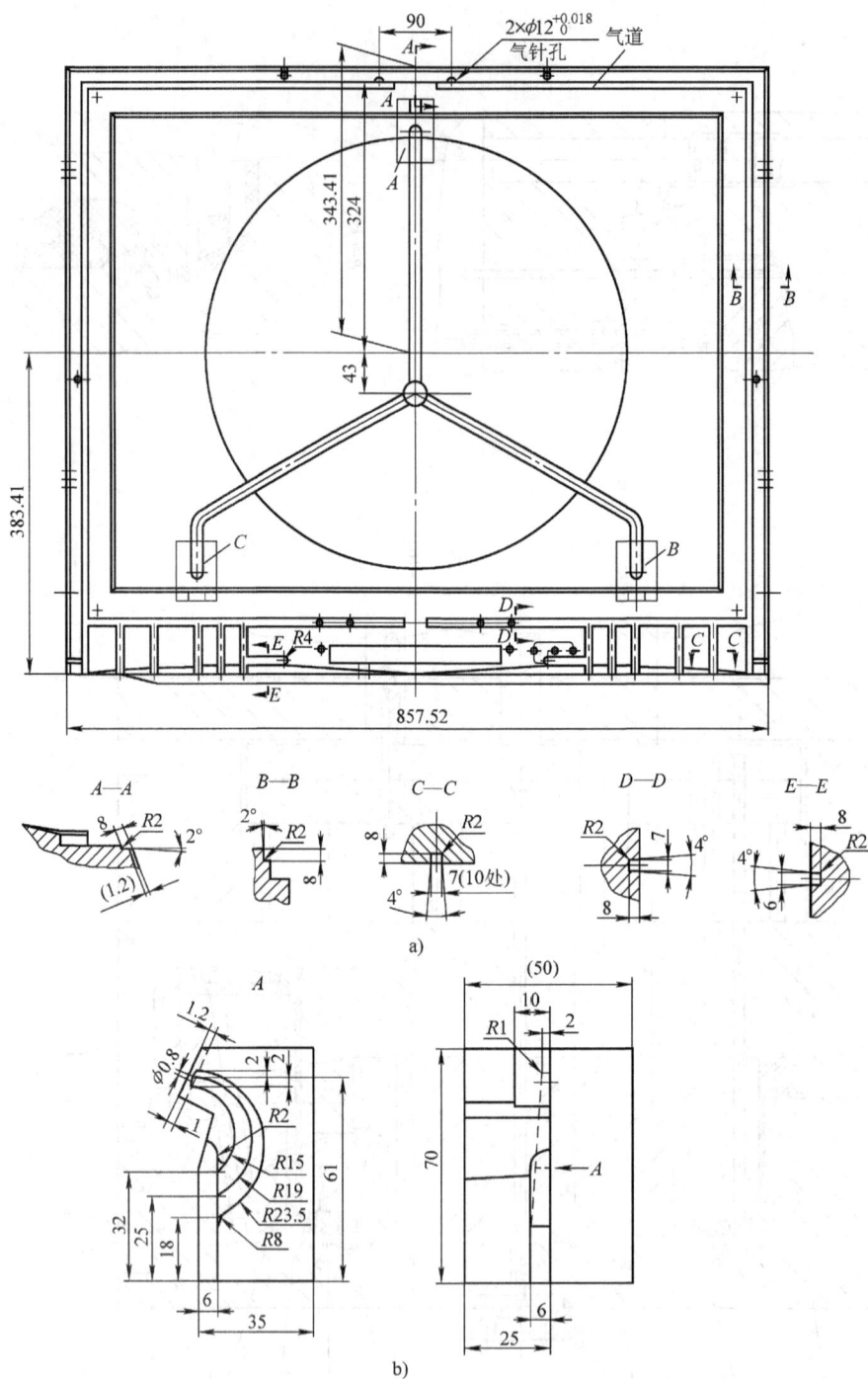

图 5-163 97cm 电视机前壳模具型芯、流道、气道分布

a) 型芯、流道、气道分布　b) 分流道镶件

由上述可见，由于气体辅助注射成型比普通注射成型增加了成型工艺参数及模具结构设计复杂性。因而应正确设计气道，确定塑料熔体和气体注入的最佳切换时间，以及控制塑料

熔体和气体注入量和气压大小，以达到在保证制品质量的前提下最节省材料。现在用计算机仿真技术可以高效、经济地解决这些问题。还可以有效帮助解决气穴、气体冲透、气体注入不均衡性等问题，以获得理想的熔体和气体的空间分布及理想的制品壁厚分布。

第九节　精密注射成型与模具

一、精密注射成型概念

精密注射成型是成型尺寸和形状精度很高、表面粗糙度值很小的塑料制品而采用的注射成型方法，所用的注射模具即精密注射模。

判断制品是否需要精密注射的依据主要是制品精度。在注射成型中，影响塑料制品精度的因素很多，主要有注射成型用塑料、注射机、注射成型工艺、注射模具及操作人员技术水平等。因此，如何规定精密注射成型制品的精度是一个重要而复杂的工作，这里既要使制品精度满足工业生产实际需求，又要考虑到目前模具制造所能达到的精度，塑料品种及其成型技术，注射机等满足精密成型的可能程度。国内外塑料工业部门都对此进行了探讨。表 5-13 为日本塑料工业技术研究会从塑料品种和塑料模结构方面确定的精密注射制品的基本尺寸与公差，仅供参考。在表 5-13 中，最小极限是指采用单腔模具时，注射制品所能达到的最小公差数值；表中的实用极限是指采用四腔以下模具时，注射制品所能达到的最小公差数值。我国目前精密注射制品的公差等级可按 SJ/T 10628—1995 中的第 1 和第 2 两个公差等级确定，也可按国家标准 GB/T 14486—2008 中 MT1 高精度公差等级确定。

表 5-13　精密注射制品的基本尺寸与公差　　　　　　　（单位:mm）

基本尺寸	PC、ABS		PA、POM	
	最小极限	实用极限	最小极限	实用极限
~0.5	0.003	0.003	0.005	0.01
0.5~1.3	0.005	0.01	0.008	0.025
1.3~2.5	0.008	0.02	0.012	0.04
2.5~7.5	0.01	0.03	0.02	0.06
7.5~12.5	0.015	0.04	0.03	0.08
12.5~25	0.022	0.06	0.04	0.10
25~50	0.03	0.08	0.05	0.15
50~75	0.04	0.10	0.06	0.20
75~100	0.05	0.15	0.08	0.25

二、精密注射成型用塑料

由上所述可知，对于精密注射制品要求的公差值，并不是所有塑料品种都能达到。对于不同的聚合物和添加剂组成的塑料，其成型特性及成型后制品的形状与尺寸稳定性有很大差异，即使是成分相同的塑料，由于生产厂家、出厂时间和环境条件的不同，注射成型的制品还会存在形状与尺寸稳定性的差异问题。因此，要达到精密注射制品的公差要求，塑料就应具有良好的成型特性和成型后形状与尺寸的稳定性。为此，注射成型精密塑料制品时，必须对塑料进行严格选择。目前，适用于精密注射的塑料品种主要有 PC（包括玻璃纤维增强型）、POM（包括碳纤维或玻璃纤维增强型）、还有改性 PPO、热塑性聚酯（PETP）、PA 及增强型等。

三、精密注射成型工艺

精密塑料制品对注射成型工艺的要求是注射压力高，注射速度快，温度控制严格，工艺稳定。

1. 注射压力高

普通注射时的注射压力一般为 40～200MPa，而精密注射则要提高到 180～250MPa 甚至更高。

提高注射压力可增大熔体的体积压缩量，使其密度增大，线膨胀系数减小，从而降低制品的收缩率及收缩率波动，提高制品形状尺寸的稳定性；提高注射压力有利于改善制品的成型性能，能成型超薄制品；提高注射压力还保证了较快注射速度的实现。

2. 注射速度快

采用较快注射速度，不仅能成型形状复杂的制品，而且还能减小制品的尺寸公差，以保证复杂而精度高的制品的成型。

3. 温度控制严格

注射成型温度对熔体的流动性和收缩影响较大，因而精密注射时不但必须控制注射温度高低，还必须严格控制温度波动范围；不仅要注意控制料筒、喷嘴和模具温度，还要注意脱模后周围环境温度对制品精度的影响。只有这样，才能保证制品尺寸精度及其稳定性。

4. 成型工艺稳定性

成型工艺及工艺条件的稳定性是十分重要的。因为稳定的工艺及工艺条件是获得精度稳定的制品的重要条件。

四、精密注射成型对注射机的要求

由于制品有较高的精度要求，所以一般都需要在专用的精密注射机上进行注射成型。这种注射机有如下特点：

（1）注射功率大　功率大才能满足注射压力大和注射速度高的要求。同时，注射功率大，也可以减小制品尺寸误差。

（2）控制精度高　精密注射机的控制系统精度一般都很高。它对各种注射工艺参数（注射量、注射压力、注射速度、保压压力、背压压力、螺杆转速等）采取多级反馈控制，因而具有良好的重复精度；对料筒和喷嘴温度采用 PID（比例积分微分）控制器，温度波动可控制在 ±0.5℃。由于工艺参数控制精度高，所以制品精度的稳定性好。精密注射机对合模力大小必须严格控制，否则将因模具弹性变形大小影响制品精度；对液压回路中的工作液体温度必须精确控制，以免因为液体温度变化而引起液体的流量和粘度变化，导致注射工艺参数的波动，从而导致制品精度不稳定。

（3）液压系统反应速度快　为满足高速成型对液压系统的工艺要求，精密注射机的液压系统采用了灵敏度高的液压元件，缩短液压回路，加装蓄能器（必要时）等措施以提高液压系统的反应速度。目前精密注射机的液压控制系统正朝着机、电、液一体化方向发展，使注射机稳定、灵敏、精确地工作。

另外，精密注射机的定、动模板、拉杆等的设计保证了合模系统有足够的刚度。

五、精密注射模设计要点

一般注射模的设计方法基本适用于精密注射模的设计，但因精度要求高，设计时应注意如下几点：

（1）模具应具有高的精度 模具精度是影响塑料制品精度的重要因素。由于精密塑料制品本身精度高，因而在确定其成型模具精度尤其型腔型芯尺寸及公差时，必须充分考虑到模具制造公差要求、塑料收缩率的波动、使用磨损量等对型腔型芯尺寸及公差的影响以及修模的需要。前面所述以平均制造公差、平均收缩率和平均磨损量计算型腔型芯尺寸的方法，对于精密塑料制品成型来说就受到一定限制，就有可能造成制品尺寸超差。所以采用公差带（即极限制造公差、极限收缩率、极限磨损量）计算法就显得有必要了。按公差带计算方法如下（式中符号同前）：

1）型腔径向尺寸

$$L_{\mathrm{M}} = (L_{\mathrm{s}} + S_{\max}\%L_{\mathrm{s}} - \Delta)_0^{+\delta_z} \tag{5-42}$$

此时应校核制品可能出现最大尺寸时（即型腔径向按最大尺寸制造，磨损到规定的极限值，且按最小收缩率时）是否合格：

$$L_{\mathrm{smax}} = L_{\mathrm{M}} + \delta_z + \delta_c - S_{\min}\%L_{\mathrm{s}} \leq L_{\mathrm{s}} \tag{5-43}$$

若符合式（5-43），则按式（5-42）计算型腔径向尺寸制造模具，所生产的制品可满足使用要求，制品实际公差带在其规定的公差范围内，且偏小。这有利于延长模具寿命，且给修模带来方便（因为型腔修大容易，修小难）。

2）型芯径向尺寸

$$l_{\mathrm{M}} = (l_{\mathrm{s}} + S_{\min}\%l_{\mathrm{s}} + \Delta)_{-\delta_z}^0 \tag{5-44}$$

校核当制品径向可能出现最小尺寸时（即型芯径向按最小尺寸制造，磨损到规定的极限值，按最大收缩率时），制品是否合格：

$$l_{\mathrm{smin}} = l_{\mathrm{M}} - (\delta_{\mathrm{M}} + \delta_c) - S_{\max}\%l_{\mathrm{s}} \geq l_{\mathrm{s}} \tag{5-45}$$

若符合式（5-45），则按式（5-44）计算型芯径向尺寸制造模具，所生产的制品孔的径向尺寸公差带在其规定的公差范围，且偏大，这同样有利于延长模具寿命和便于修模（型芯修小容易，变大难）。

不论型腔径向尺寸或型芯径向尺寸，能校核合格的必要条件是

$$(S_{\max}\% - S_{\min}\%)L_{\mathrm{s}} + \delta_z + \delta_c \leq \Delta \tag{5-46}$$

也可按式（5-46）校核。

3）型腔深度尺寸

$$H_{\mathrm{M}} = (H_{\mathrm{s}} + S_{\min}\%H_{\mathrm{s}} - \delta_z)_0^{+\delta_z} \tag{5-47}$$

校核当型腔深度按下极限尺寸制造，收缩率最大时，所得制品最小高度是否合格：

$$H_{\mathrm{smin}} = H_{\mathrm{M}} - S_{\max}\%H_{\mathrm{s}} \geq H_{\mathrm{s}} - \Delta$$

$$H_{\mathrm{smin}} = H_{\mathrm{M}} - S_{\max}\%H_{\mathrm{s}} + \Delta \geq H_{\mathrm{s}} \tag{5-48}$$

若符合式（5-48），则按式（5-47）计算型腔深度尺寸制造模具，所生产制品高度可满足要求，制品高度实际公差带在其规定的公差范围，且偏大，这有利于修模（因为型腔深度修小容易，修大难）。

4）型芯高度尺寸。当型芯以轴肩连接时（图4-18d），修正型芯高度一般以磨去固定板平面适当厚度，以增大型芯高度。型芯高度尺寸为

$$h_{\mathrm{M}} = (h_{\mathrm{s}} + S_{\max}\%h_{\mathrm{s}} + \delta_z)_{-\delta_z}^0 \tag{5-49}$$

校核当型芯高度按上极限尺寸制造，收缩率最小时，所得制品孔的最大深度是否合格：

$$h_{\mathrm{smax}} = h_{\mathrm{M}} - S_{\min}\%h_{\mathrm{s}} - \Delta \leq H_{\mathrm{s}} \tag{5-50}$$

若符合式（5-50），则按式（5-49）计算型芯高度制造模具，所生产制品孔深可满足要求，且孔深实际公差带在其规定公差范围内，且偏小，有利于修模（磨固定板上平面）。

有时型芯端面简单（图4-19a），或整体式结构的型芯（图4-18a），修型芯端面较容易。此时型芯高度尺寸为

$$h_M = (h_s + S_{min}\% h_s + \Delta)^{0}_{-\delta_z} \tag{5-51}$$

校核当型芯按下极限尺寸制造，收缩为最大时，制品孔的最小深度是否合格：

$$h_{smin} = h_M - \delta_z - S_{max}\% h_s \geqslant h_s \tag{5-52}$$

若符合式（5-52），则按式（5-51）计算型芯高度制造模具，所生产制品孔深可满足要求，孔深实际公差带在其规定的公差范围内，且偏大，有利于修模（修型芯端面）。

不论型芯高度和型腔深度，校核合格的必要条件是

$$(S_{max}\% - S_{min}\%)H_s + \delta_z \leqslant \Delta \tag{5-53}$$

由式（5-46）和式（5-53）可以看出，型腔深度和型芯高度尺寸计算与型腔和型芯径向尺寸计算一样，当制品公差值较小，塑料收缩率波动较大，模具制造公差又较大时，则校核可能不合格，即不能满足制品公差要求。这时应提高模具加工精度，选用收缩率波动较小的塑料成型。这就是精密塑料制品的注射成型，对模具加工精度和塑料品种有较高要求的原因。

5）型芯（或成型孔）中心距尺寸。经推导，按公差带计算中心距的公式与按平均值计算中心距的公式相同（详见式（4-12））。

不过此时应校核出现最大中心距和最小中心距时，制品是否符合其公差要求。

$$C_M - S_{min}\% C_s + \frac{1}{2}\delta_z + \delta_j - \frac{1}{2}\Delta \leqslant C_s \tag{5-54}$$

$$C_M - S_{max}\% C_s - \frac{1}{2}\delta_z - \delta_j + \frac{1}{2}\Delta \geqslant C_s \tag{5-55}$$

式中　δ_j——两型芯可能发生的最大偏移量，$\delta_j = (\delta_{j1} + \delta_{j2})/2$；

δ_{j1}、δ_{j2}——型芯1和型芯2可能发生的偏移量；

Δ——制品孔心距公差。

另外，精密塑料制品往往要求加上脱模斜度后，型腔或型芯大小端尺寸及公差都应在规定的公差范围内，以满足制品配合的需要。此时，型腔或型芯径向尺寸计算见第四章第二节。

由上述可见，按公差带计算成型零件尺寸及公差，比较容易保证制品的精度，这对精密塑料制品来说是必要的。当然，一般的塑料制品，必要时也可以按公差带进行计算。

精密注射模成型零件制造公差 δ_z 取制品公差的1/3（即 $\Delta/3$）以下。模具其他结构零件的公差为普通注射模的1/2以下。

6）成型零件尺寸按公差带计算实例。

图5-164所示零件，材料为聚碳酸酯，

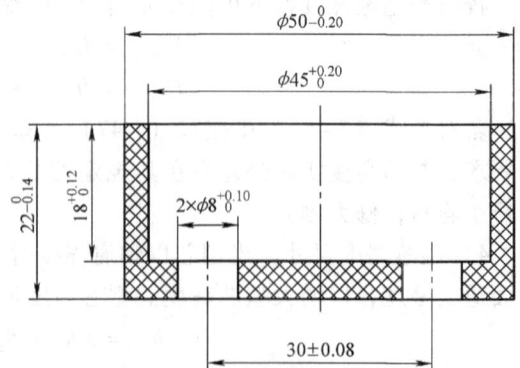

图 5-164　塑料制品图

零件精度较高，$S_{max} = 0.7\%$，$S_{min} = 0.5\%$，计算型腔、型芯径向尺寸和型腔深度、型芯高度。

解：① 型腔直径

取 $\delta_z = 0.04 \text{mm}$，$\delta_c = 0.02 \text{mm}$

$$L_M = (L_s + S_{max}\% L_s - \Delta)^{+\delta_z}_0$$
$$= (50 + 0.007 \times 50 - 0.20)^{+0.04}_0 \text{mm}$$
$$= 50.15^{+0.04}_0 \text{mm}$$

校核 $L_{smax} = L_M + \delta_c + \delta_z - S_{min}\% L_s$
$$= 50.15 + 0.02 + 0.04 - 0.005 \times 50 (\text{mm})$$
$$= 49.96 \text{mm}$$

$L_{smax} < L_s$，符合要求。型腔直径为 $50.15^{+0.04}_0 \text{mm}$。

② 型芯直径

取 $\delta_z = 0.04 \text{mm}$，$\delta_c = 0.02 \text{mm}$

$$C_M = (C_s + S_{min}\% C_s + \Delta)^0_{-\delta_z}$$
$$= (45 + 0.005 \times 45 + 0.20)^0_{-0.04} \text{mm}$$
$$= 45.425^0_{-0.04} \text{mm} \approx 45.43^0_{-0.04} \text{mm}$$

校核 $C_{smin} = C_M - (\delta_z + \delta_c) - S_{max}\% C_s$
$$= 45.43 - (0.04 + 0.02) - 0.007 \times 45 (\text{mm})$$
$$= 45.055 \text{mm}$$

$C_{smin} > C_s$ 符合要求。型芯直径为 $45.43^0_{-0.04} \text{mm}$。

③ 型腔深度

取 $\delta_z = 0.03 \text{mm}$，

$$H_M = (H_s + S_{min}\% H_s - \delta_z)^{+\delta_z}_0$$
$$= (22 + 0.005 \times 22 - 0.03)^{+0.03}_0 \text{mm}$$
$$= 22.08^{+0.03}_0 \text{mm}$$

校核 $H_{smin} = H_M - S_{max}\% H_s + \Delta$
$$= 22.08 - 0.007 \times 22 + 0.14 (\text{mm}) = 22.066 \text{mm}$$

$H_{smin} > H_s$，符合要求。型腔深度为 $22.08^{+0.03}_0 \text{mm}$。

④ 型芯高度

按轴肩连接，修模时磨削固定板上平面。

取 $\delta_z = 0.03 \text{mm}$，

$$h_M = (h_s + S_{max}\% h_s + \delta_z)^0_{-\delta_z}$$
$$= (18 + 0.007 \times 18 + 0.03)^0_{-0.03} \text{mm}$$
$$= 18.156^0_{-0.03} \text{mm}$$
$$\approx 18.16^0_{-0.03} \text{mm}$$

校核 $h_{smax} = h_M - S_{min}\% h_s - \Delta$
$$= 18.16 - 0.005 \times 18 - 0.12 (\text{mm}) = 17.95 \text{mm}$$

$h_{smax} < h_s$，符合要求。型芯高度为 $18.16^0_{-0.03} \text{mm}$。

⑤ 型芯中心距

240

取 $\delta_z = 0.04$ mm

$$C_M = (C_s + S_{cp}\% C_s) \pm \frac{1}{2}\delta_z$$

$$= (30 + 0.006 \times 30) \pm 0.02 (\text{mm})$$

$$= 30.18 \pm 0.02 (\text{mm})$$

校核：设 $\delta_j = 0$

$$C_{smin} = C_M - \frac{\delta_z}{2} - \delta_j - S_{max}\% C_s + \frac{\Delta}{2}$$

$$= 30.18 - 0.02 - 0 - 0.007 \times 30 + \frac{0.16}{2} (\text{mm})$$

$$= 30.03 \text{mm}$$

$C_{smin} > C_s$，符合要求

$$C_{smax} = C_M - S_{min}\% C_s + \frac{1}{2}\delta_z + \delta_j - \frac{\Delta}{2}$$

$$= 30.18 - 0.005 \times 30 + 0.02 + 0 - \frac{0.16}{2} (\text{mm})$$

$$= 29.97 \text{mm}$$

$C_{smax} < C_s$，符合要求。模具小型芯中心距为 (30.18 ± 0.02) mm。

精密注射模还必须提高合模精度。定、动模的合模导向除了采用导柱导套外，还应加上锥面定位或圆柱导正销定位，如图 5-165 所示。对大型深型腔模具可在模具四周设斜面，既起定位作用，又能提高型腔侧壁刚度。

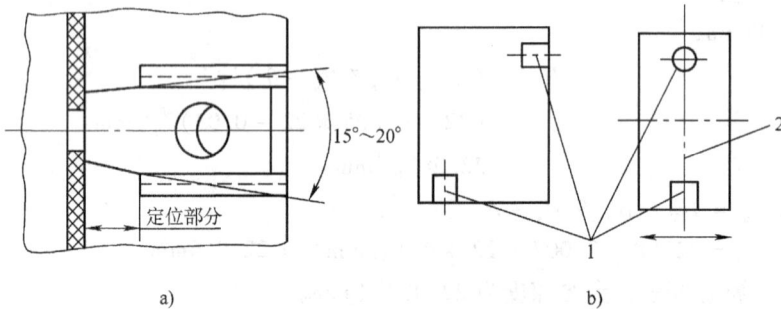

图 5-165　精密注射模中的锥面定位结构和圆柱导正结构
a）侧面型芯锥面定位结构　b）注射模中的圆柱导正结构
1—导正销　2—分型面

（2）模具设计应考虑成型收缩的均匀性　成型收缩的不均匀性对制品的精度及精度的稳定性影响较大。正确设计浇注系统和温度调节系统是解决成型收缩均匀性的有效途径。

1）型腔数目不宜太多，模具型腔多，将降低制品精度，因此，对于特别精密的注射模，宜采用一模一腔。

2）多型腔模具，分流道应采用平衡布置，如图 5-166 所示，采用 H 型布置或圆形排列。以使塑料熔体同时到达和充满各个型腔。保持了料流的平衡和模具温度场热平衡，从而使制品的收缩率保持均匀和稳定。

同样，浇口的种类、位置及数量将影响制品的变形及收缩率的波动，因此在设计浇口时

应对制品各部分的收缩率作全面考虑，特别是收缩各向异性大的塑料注射成型。

3）温度控制系统最好能对各个型腔温度进行单独调节，以使各型腔的温度保持一致，防止因各型腔之间温差引起制品收缩率的差异。办法是对每个型腔单独设置冷却水路，并在各型腔冷却水路出口处设置流量控制装置。如果不对各个型腔单独设置冷却水路，而是采用串联式冷却水路，则必须严格控制入水口和出水口的温度。一般来说，精密注

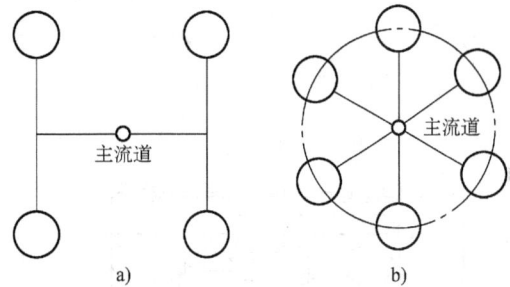

图 5-166　精密注射的型腔布置
a）H 型布置　b）圆周形布置

射模中的冷却水温调节误差应在 ±0.5℃ 内，入水口和出水口的温差应控制在 2℃ 以内。

同理，对型芯和凹模两部分宜分别设置冷却水路，以便分别控制型芯和凹模的温度，一般两者的温差应能控制到 1℃。如需要人为地造成型芯与凹模之间一定温差，也可以得以实现。

（3）应避免制品在脱模时变形　由于精密注射塑料制品一般尺寸小、壁薄、有时带有薄肋，因此必须十分注意脱模变形问题。为此，模具结构应便于制品脱模，具有足够的刚度；最好用推件板脱模，如无法用推件板脱模，则应采用适当的脱模机构在制品适当部位进行推件；对制品脱模部位表面进行镜面抛光，且抛光方向与脱模方向一致。

（4）采用镶拼结构　为了便于复杂精密塑料制品成型型腔的精加工，必要时，其型腔应采用镶拼结构。这样既便于精加工，又减小了热处理变形，便于排气和维修。但采用镶拼结构，不得影响制品的使用性能与外观；必须保证各镶件的连接、定位牢靠且便于装配、维修及更换；还应适当设置必要的模框以保证镶拼模具有足够的刚度。另外，镶件最好采用通用结构或标准结构。

（5）制作"试制模"　对于成型精度要求特别高的制品，必要时应做"试制模"，并按大量生产的成型条件进行成型，然后根据实测数据（收缩率等）设计与制造生产用注射模。

当没有制作"试制模"时，应根据影响塑料成型收缩率的各种因素，针对制品具体的结构及尺寸、塑料品种、浇注系统和成型工艺条件等，认真分析，尽量精确确定塑料成型收缩率。

（6）提高模具刚度　提高模具刚度，减少在大的注射压力作用下模具的弹性变形量，以提高制品精度。其方法有加大型腔壁厚和底板、支承板的厚度，增设支承柱，采用锥面合模锁紧，并提高侧滑块的楔紧刚度。

（7）正确选择模具材料，合理确定热处理要求　精密注射模成型零件一般采用合金工具钢，热处理成较高硬度，或采用预硬钢、易切钢和高精度、镜面塑料模具钢，以保证模具制造精度，并保持模具精度的长期稳定。

第十节　塑料注射模典型结构示例

一、热塑性塑料注射模

1. 一般注射模

（1）钩形拉料杆推杆推出注射模　图 5-167 所示为盖片注射模。该模具特点是一模六

242

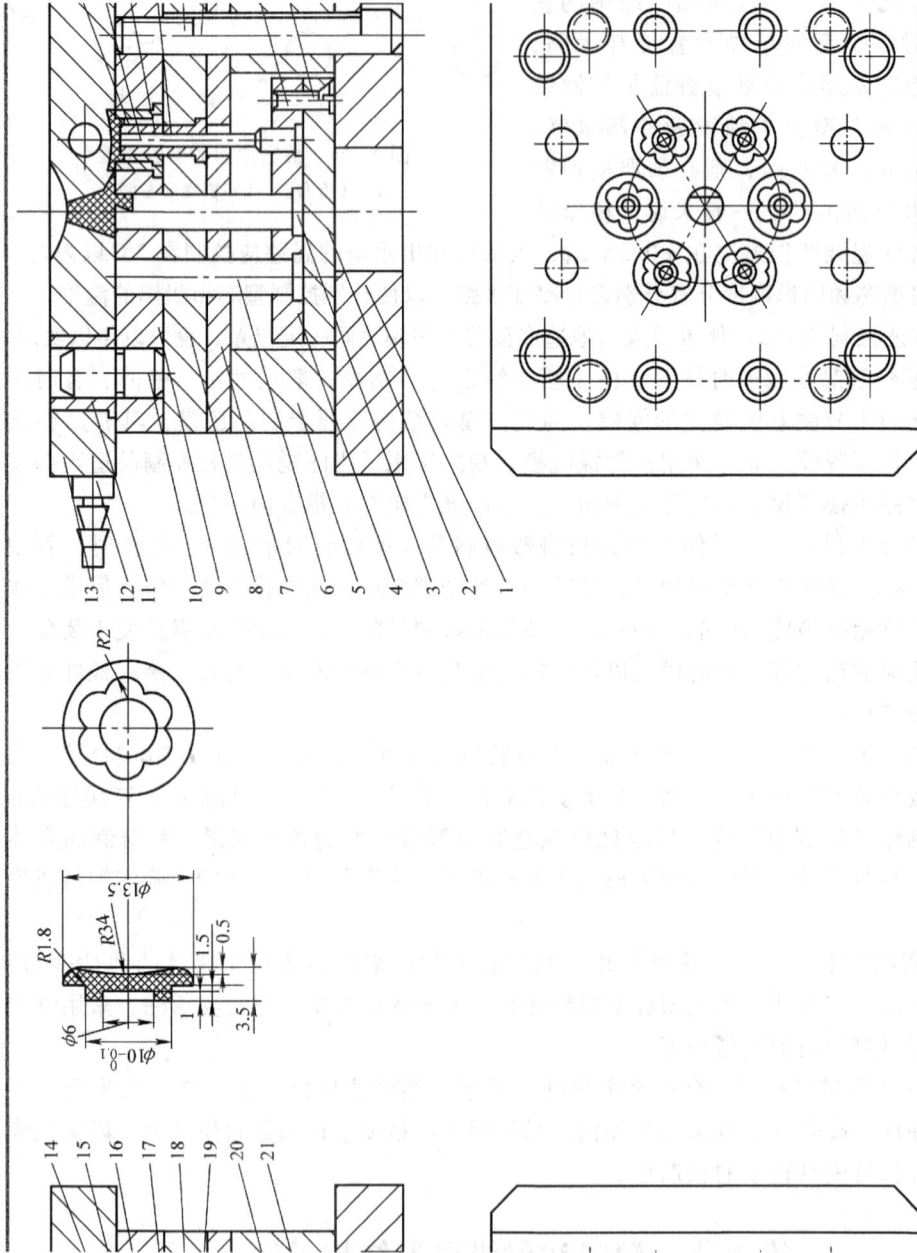

図 5-167　蓋片注射模

1—动模座板　2—推板　3—拉料杆　4—推杆固定板　5—垫块　6—复位杆　7—支承板　8—型芯固定板　9—动模板　10—导柱　11—导套
12—输水嘴　13—定模座板　14—定模座板　15—成型推杆　16、17—镶件　18—圆柱销　19—内六角螺钉　20—圆柱销　21—沉头螺钉

件，为了便于加工，动模部分的型腔由三块镶件组合而成。开模后，由钩形拉料杆拉出主流道凝料，并使制品留在动模，然后由成型推杆 15 推出制品，复位靠复位杆 6。这种注射模在实际生产中被广泛应用。

（2）内侧分型与抽芯注射模　图 5-168 所示为内侧分型抽芯注射模，塑料为 ABS，一模两件。模具结构特点是采用斜导杆内侧分型抽芯机构，浇口采用斜窝式自动拉断形式。开模时，在弹簧 11 的作用下，在 A—A 分型面先分型，球形拉料杆 9 将流道凝料拉到中间板 6 上，当开模行程达到一定时，限位螺钉 12 拉住中间板 6，使流道凝料脱出，B—B 分型面分型。开模后，由推板推动斜导杆 13，斜导杆一方面作内侧抽芯动作，另一方面与推杆共同将制品推出。推出机构复位时，斜导杆同时复位。

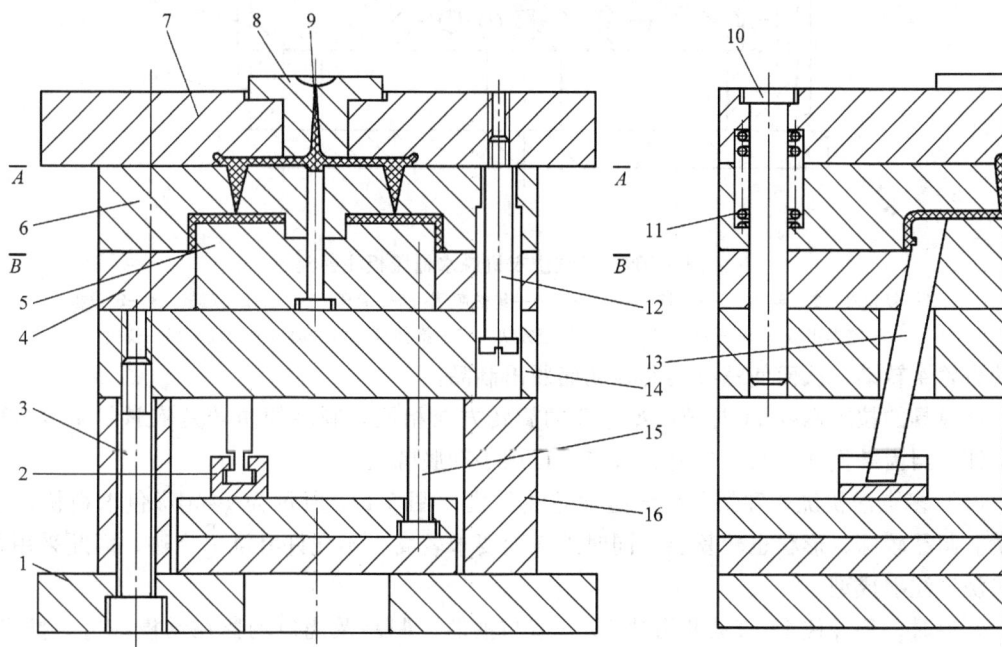

图 5-168　斜导杆内侧分型抽芯注射模
1—动模座板　2—滑座　3—内六角螺钉　4—型芯固定板　5—型芯　6—中间板（型腔板）
7—定模座板　8—定位圈（主流道衬套）　9—球形拉料杆　10—导柱　11—弹簧
12—限位螺钉　13—斜导杆　14—支承板　15—复位杆　16—垫块

（3）定模设置推出机构的注射模　图 5-169 所示为双缸洗衣机脱水桶盖板注射模。盖板属于薄板状零件，由于外表面为装饰面，不允许有浇口痕迹，同时生产批量大，所以采用绝热流道注射模成型，并在定模内设置推出机构，浇口及推杆均设置在制品内表面。

当开模一定距离后，动模开始带动拉板 15，继续开模则由拉板 15 带动推件板 13，并通过复位杆 1 及推杆固定板 7 带动推杆 3 与推件板 13 同时推动制品脱离定模镶块 11 及 12。

合模时，推杆 3 由复位杆 1 带动而复位。这种定模推出机构简单可靠，应用较广泛。

（4）具有螺纹的塑料制品注射模　图 5-170 为塑料螺母注射模，由于生产批量大，故采用模内卸螺纹结构。开模时，齿条 12 带动齿轮 13 转动，与齿轮 13 同轴的锥齿轮 2 同时转动，锥齿轮 2 又带动锥齿轮 3 转动，从而使拉料螺杆 11 转动而脱出流道。与此同时，齿轮 5

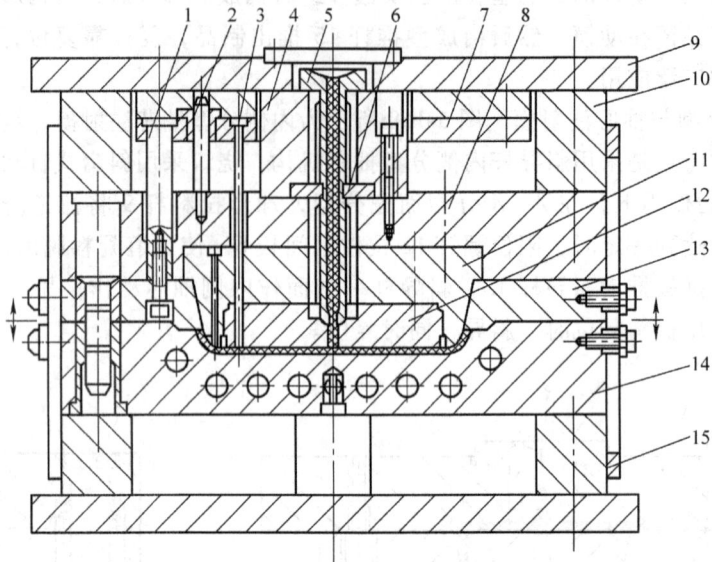

图 5-169　双缸洗衣机脱水桶盖板注射模

1—复位杆　2—导柱　3—推杆　4—支座　5—绝热喷嘴　6—卡环　7—推杆固定板　8—定模板
9—定模座板　10—垫块　11、12—定模镶块　13—推件板　14—动模型腔板　15—拉板

带动齿轮 4 转动，从而使螺纹型芯转动而脱出制品。

该模具的拉料螺杆 11 与螺纹型芯 8 的旋转方向相反。制品的防转是依靠制品本身形状来保证。当齿条损坏无法工作时，该模具可用手动脱螺纹。

（5）多点潜伏浇口和斜导柱分型抽芯注射模　图 5-171 所示为 14in 彩色电视机前罩注射模。制品较深，形状也较复杂，同时外表面要求较高，不允许有浇口痕迹，因此采用多点潜伏浇口注射成型。

开模时，斜导柱 11 带动侧滑块 10 分型与抽芯，制品及浇口均留在动模一边。推出时，由推杆 8、推块 6 及 13 同时推动制品，使之脱离动模。浇口则由推杆推出并自动切断。当制品脱出型芯后，弹簧 3 继续推动连接推杆 2 及推块 6 和 13、使制品自行脱落。弹簧 3 的另一作用是保证以推块推出为主，以防脱模时制品产生变形。弹簧 1 可保证推出系统预先复位。楔紧块 12 用以加强定模型腔板的强度和刚度。

2. 多腔叠层注射模

图 5-172 为成型聚苯乙烯菱形盒的 8＋8 型腔双层注射模。由图可知，该模具由三大部分组成，即定模、动模和包括浇注系统零部件、定、动模型腔板在内的中间部分。其工作简要过程如下：

注射机开模动作通过安装在注射模两侧的连杆机构（件 31、32、33）带动模具沿 A、B 分型面开模并带动定模推杆板 3 和动模推件板 11 将制品推离型芯 14。相反，合模时由注射机合模动作带动模具两侧的连杆机构使模具的 A、B 分型面闭合。

该模具是热流道模。热流道系统的主要零件有喷嘴座 24、主流道零件（件 23、25 等）、H 型热流道板 6、二级喷嘴 29 以及加热器等。其工作原理见本章第六节。

多型腔叠层注射模的特点是高生产率，结构紧凑，所需锁模力比相同型腔的单层注射模

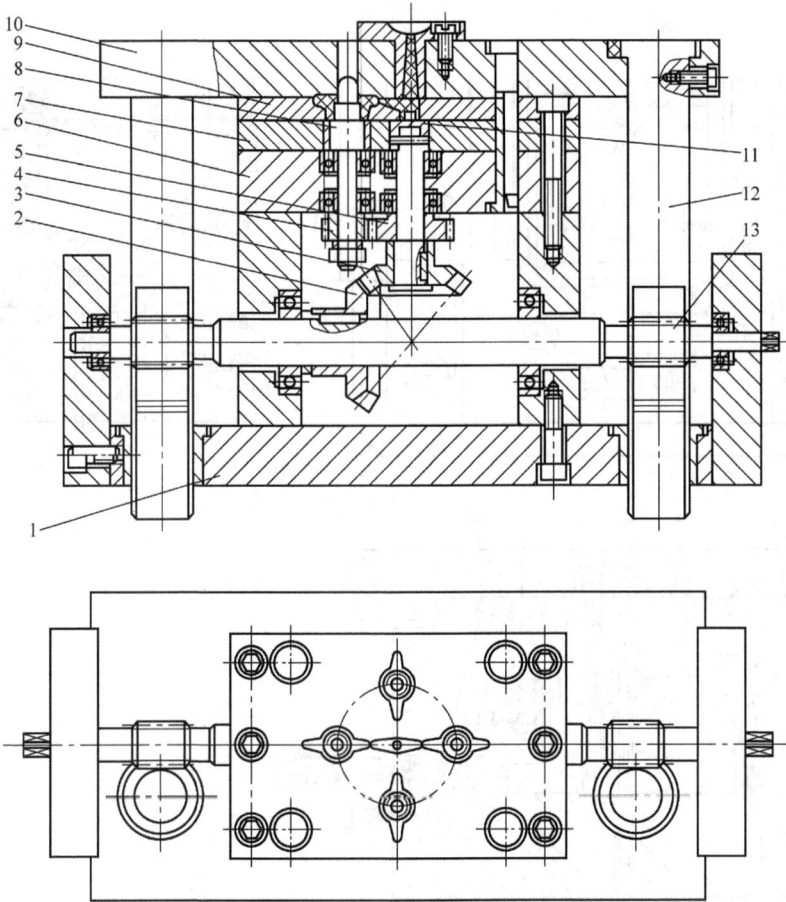

图 5-170　塑料螺母注射模

1—动模座板　2、3—锥齿轮　4、5—齿轮　6—支承板　7—动模板　8—螺纹型芯
9—动模型腔板　10—定模座板　11—拉料螺杆　12—齿条　13—齿轮

小，但模具厚度大，需要具有足够大的开模行程的注射机。主要用于小型制品的大批量生产。

二、热固性塑料注射模

图 5-173 所示为薄壁管状热固性塑料制品注射模，一模六件，以中心对称排列，进料均衡。开模后，由推管推出机构将制品推出。推出机构由复位杆复位。定模部分靠加热板加热，动模部分靠外套加热圈加热（图中未画出），以使模具保持高温。每个型腔在浇口对面都开设了排气槽，以适应热固性塑料在注射成型时排气量较大的需要。

图 5-174 所示为成型热固性塑料带螺孔球形体的五型腔卸螺纹注射模。采用具有两个分型面的三板模，其主要零部件有：成型零件是三块模板及其镶件，中间板由弹簧顶销 8 推动，定距拉板 10 限位以实现定距分型。脱模机构有两部分：一是脱螺纹机构，由液压马达通过链传动和齿轮（件 1、4）传动实现螺纹脱模；另一部分是浇注系统凝料推出机构，它是由连接推杆 2 推动推板及推杆使浇注系统凝料推离动模板。应该注意的是，为了从球形制

246

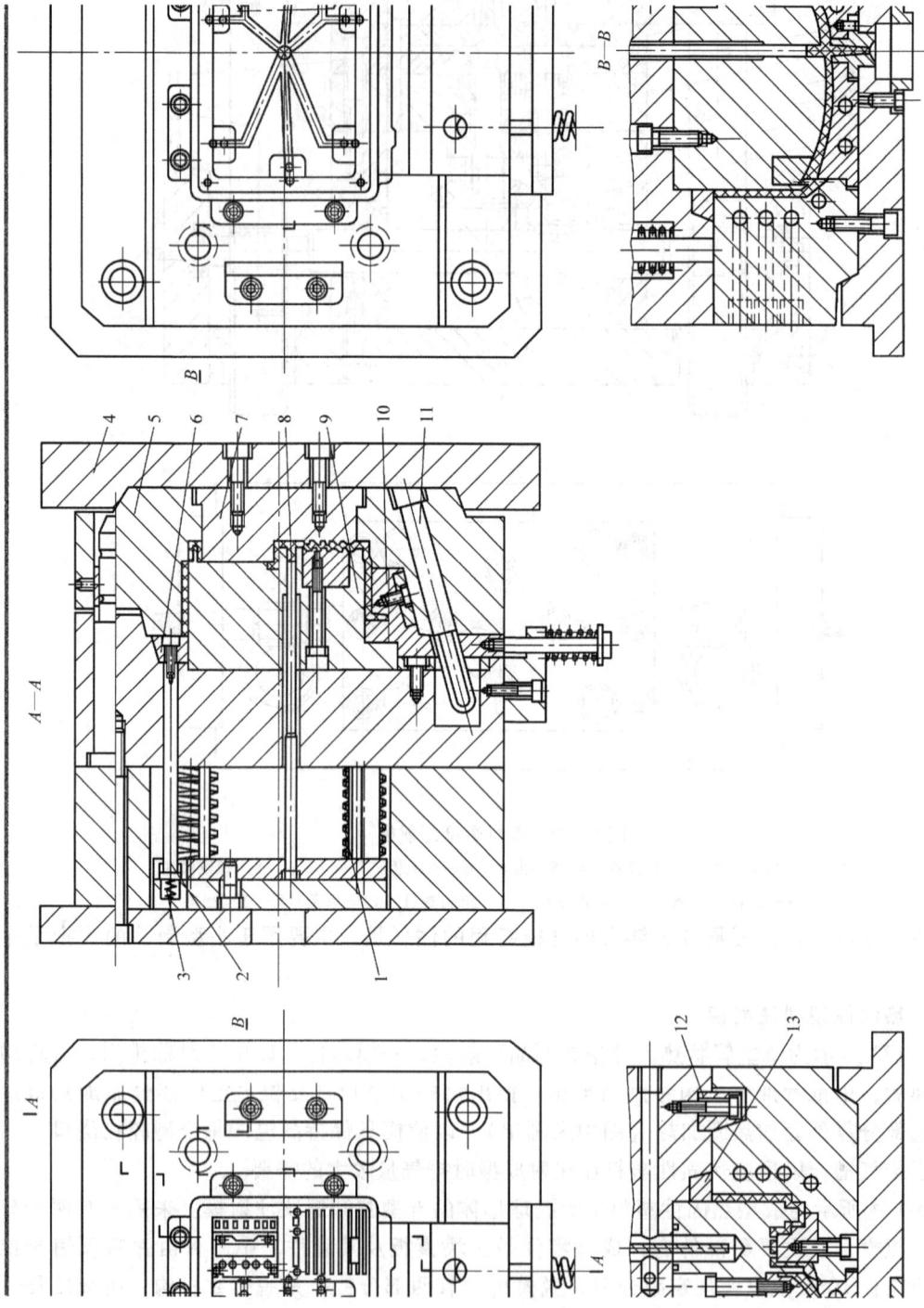

图 5-171　14in 彩色电视机前罩注射模

1、3—弹簧　2—连接推杆　4—定模座板　5—定模型腔板　6、13—推块　7—凹模镶件　8—推杆　9—型芯　10—侧滑块　11—斜导柱　12—楔紧块

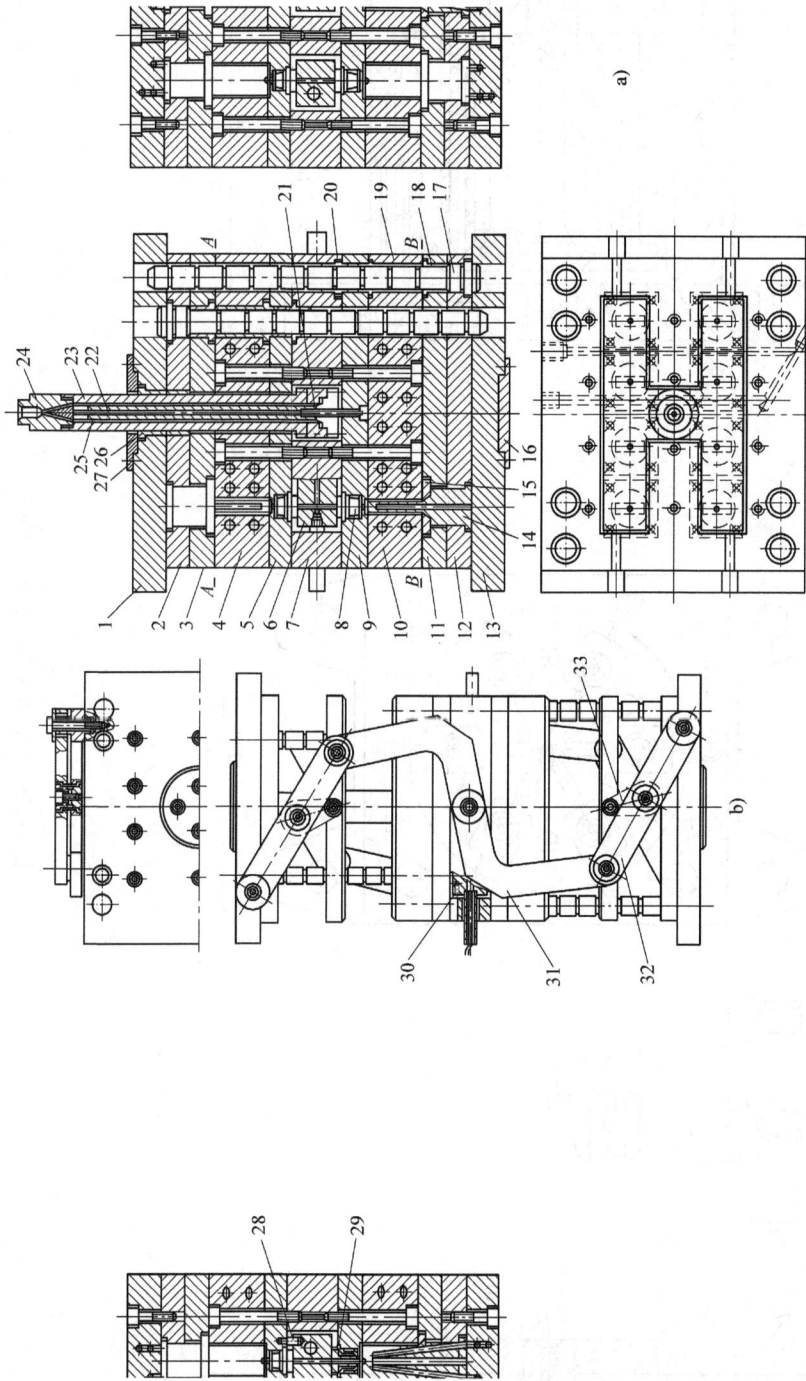

图 5-172　8+8 型腔双层热流道注射模

a）模具结构　b）开合模机构

1—定模座板　2—定模型芯固定板　3—定模推杆板　4—定模型腔板　5—定模浇口板　6—热流道板　7—支架　8—二级喷嘴衬套　9—动模浇口板　10—动模型腔板　11—动模推杆板　12—动模型芯固定板　13—动模座板　14—型芯　15—推件板镶块　16,27—定位板　17—导柱　18,19,20—导套　21,22—导套　23—主流道体　24—喷嘴座　25—鱼雷形分流体　26—主流道衬套　28—定位销　29—二级喷嘴　30—热电偶　31—角形连杆　32—连杆　33—摆杆

248

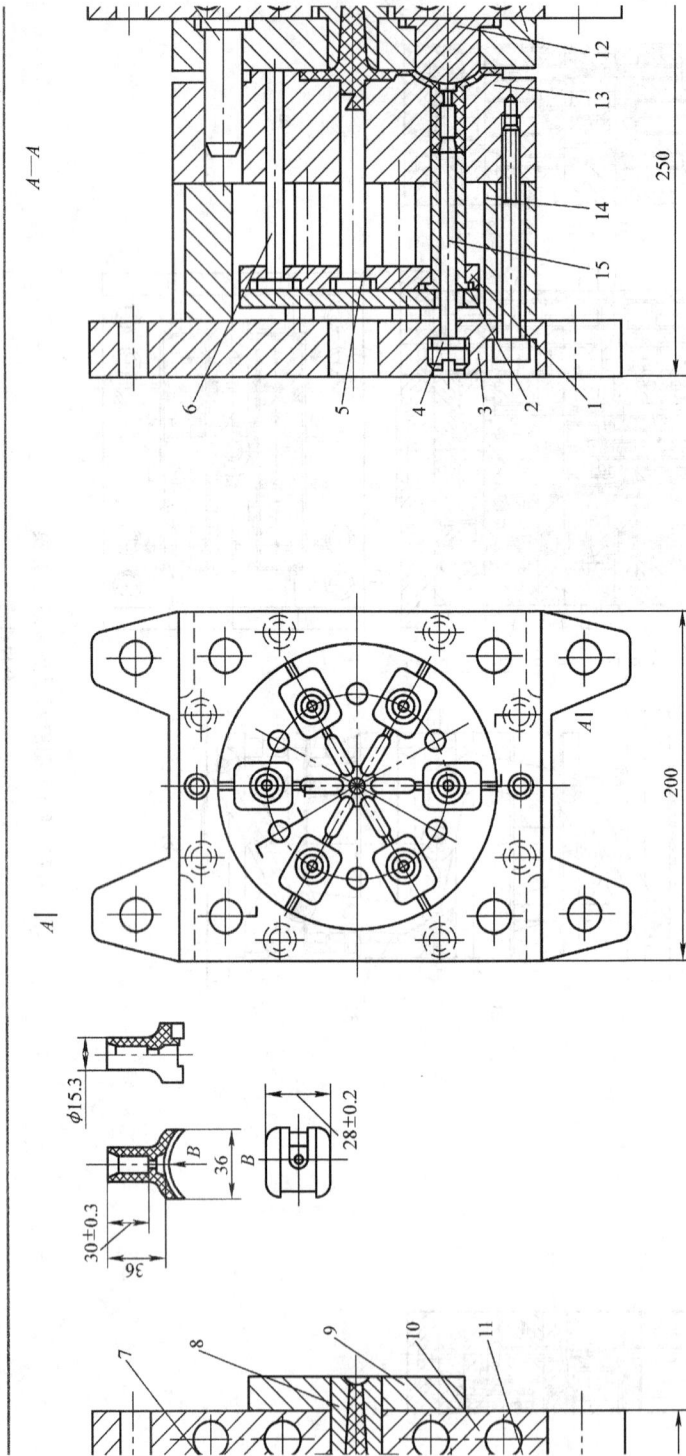

图 5-173 热固性塑料注射模（一）

1—推杆固定板 2—推板 3—动模座板 4—型芯 5—拉料杆 6—复位杆 7—导柱 8—主流道衬套
9—定位圈 10—加热板 11—定模板 12—镶件 13—动模型腔板 14—垫块 15—推管

品上脱出螺纹型芯，又不使球形制品跟着旋转，所以，该模具是在注射成型后合模状态下脱螺纹。这样螺纹型芯必然产生轴向移动，因而设置了螺纹导套 3，与齿轮轴 4 上的螺纹配合，以满足螺纹型芯轴向移动的需要。模板加热器及其他结构零件在这里不详细叙述了。

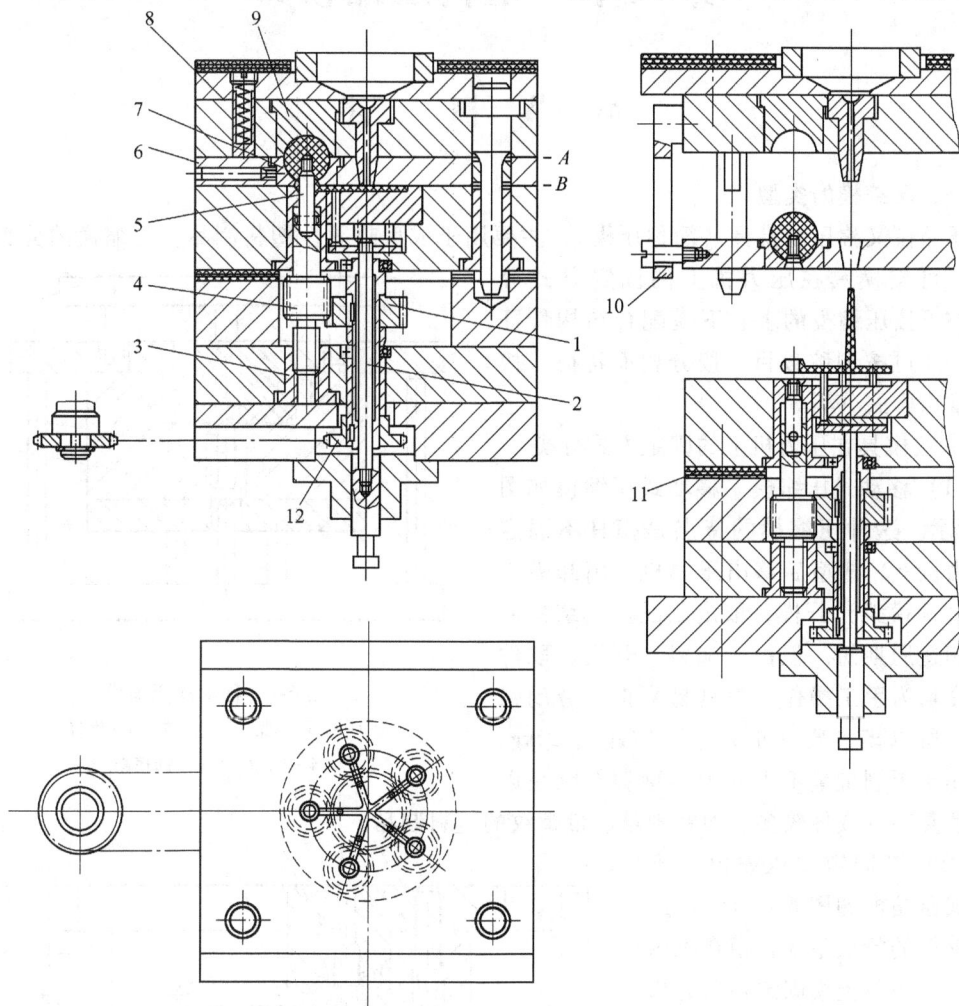

图 5-174　热固性塑料注射模（二）

1—齿轮　2—连接推杆　3—螺纹导套　4—齿轮轴　5—螺纹型芯　6—中间板
7、9—型腔镶件　8—弹簧顶销　10—定距拉板　11—绝热板　12—链轮

第六章 塑料压缩模具

第一节 概　述

一、压缩模的类型

压缩模又称压制模具（简称压模），主要用于成型热固性塑料制品。压缩模的分类方法很多，可按模具在压力机上的固定方式分类，亦可按压缩模的上、下模配合结构特征分类，还可按型腔数目、按分型面特征、按制品推出方式分类等。

1. 按模具在压力机上的固定方式分类

（1）移动式压缩模　移动式压缩模如图6-1所示。这种压缩模的特点是模具不固定在压力机上，成型后移出压力机，用卸模工具（如卸模架）开模，取出制品。其结构简单、制造周期短。但由于加料、开模、取件等工序均为手工操作，模具易磨损、劳动强度大，所以模具质（重）量不宜超过20kg。它适用于压制批量不大的中小型塑料制品以及形状复杂、嵌件较多、加料困难、带螺纹的塑料制品。

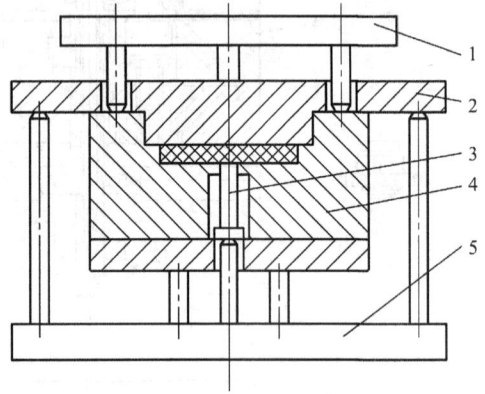

图6-1　移动式压缩模

1—上卸模架　2—凸模　3—推杆
4—凹模　5—下卸模架

（2）半固定式压缩模　半固定式压缩模如图6-2所示。这种压缩模的特点是开合模在机内进行，一般将上模固定在压力机上，下模可沿导轨移动，用定位块定位。合模时靠导向机构定位。也可按需要采用下模固定的形式。成型后移出下模或上模，用手工或卸模架取件。该结构便于安放嵌件和加料，降低劳动强度，当移动式模具过重或嵌件较多时，为便于操作，可采用此类模具。

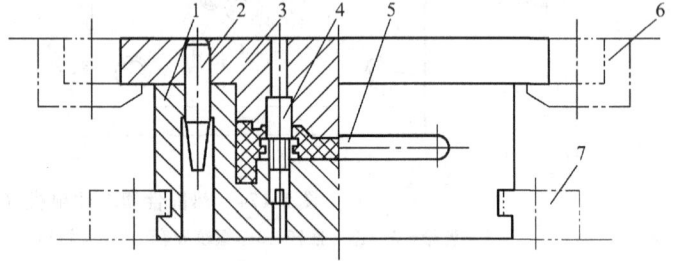

图6-2　半固定式压缩模

1—凹模（加料腔）　2—导柱　3—凸模
4—型芯　5—手柄　6—压板　7—导轨

（3）固定式压缩模　固定式压缩模上、下模都固定在压力机上，开模、合模、脱模等工序均在机内进行，生产率较高，操作简单，劳动强度小，模具寿命长，但结构复杂，成本高，且安放嵌件不方便。适用于成型批量较大或尺寸较大的塑料制品。

2. 按上、下模配合结构特征分类

（1）溢式压缩模（敞开式压缩模）　溢式压缩模如图6-3所示。这种压缩模无加料腔，

型腔总高度 h 基本上就是塑料制品高度。由于凸模与凹模无配合部分，完全靠导柱定位，故压缩成型时，制品的径向壁厚尺寸精度不高，而高度尺寸精度尚可。压制时过剩的塑料极易从分型面溢出。宽度为 b 的环形面积是挤压面，因其宽度比较窄，可减薄塑料制品的飞边。合模时塑料受压缩，而挤压面在合模终点才完全闭合，因此挤压面在压缩阶段仅能产生有限的阻力，致使塑料制品的密度不高、强度差。如果模具闭合太快，会造成溢料量增加，既浪费原料，又降低塑料制品密度。相反，如果模具闭合太慢，由于塑料在挤压面迅速固化，又会造成飞边增厚。

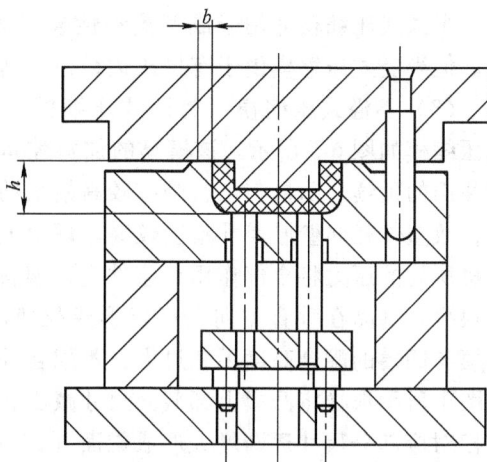

图 6-3 溢式压缩模

由于该模具成型的制品飞边总是水平的（平行于挤压面），因此去除比较困难，去除后还会损害塑料制品的外观。这种模具不适用于压缩率高的塑料，如带状、片状或纤维填料的塑料。最好采用颗粒料或预压锭料进行压制。

溢式压缩模的凸模和凹模的配合完全靠导柱定位，没有其他的配合面，因此，不宜成型薄壁或壁厚均匀性要求很高的制品，且用这种模具成批生产的塑料制品的外形尺寸和强度很难达到一致。此外溢式压缩模要求加料量大于塑料制品的质（重）量（在5%以内），故原料有一定的浪费。

溢式压缩模的优点是结构简单、造价低廉、耐用；制品易取出，特别是扁平制品可以不设推出机构。由于无加料腔，操作者容易接近型腔底部，所以，安装嵌件方便。它适用于压制扁平的制品，特别是强度和尺寸无严格要求的制品，如钮扣、装饰品等。

（2）半溢式压缩模（半封闭式压缩模）

半溢式压缩模如图 6-4 所示。该模具的特点是在型腔上方设一截面尺寸大于塑料制品尺寸的加料腔，凸模与加料腔成间隙配合。加料腔与型腔分界处有一环形挤压面，其宽度为 4 ~ 5mm，凸模下压到与挤压面接触为止。在每一压制循环中，加料量稍有过量，过剩的原料通过配合间隙或在凸模上开设专门的溢料槽排出。溢料速度可通过间隙大小和溢料槽多少进行调节，其塑料制品的致密度比溢式压缩模的好。半溢式压缩模操作方便，加料时只需按体积计量，而塑料制品的高度尺寸由型腔高度 h 决定，可得到高度基本一致的制品。

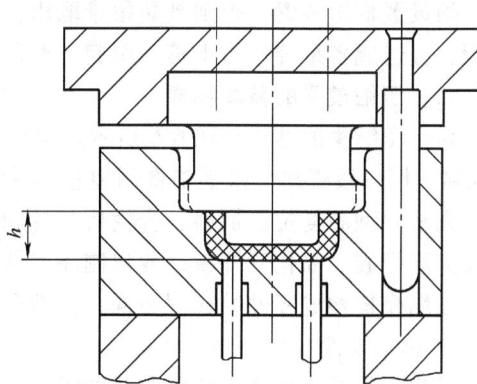

图 6-4 半溢式压缩模

此外，由于加料腔的截面尺寸比塑料制品大，凸模不沿着模具型腔壁摩擦，不会划伤型腔壁表面，推出时也不会损伤塑料制品外表面。当塑料制品外轮廓形状复杂时，可将凸模与加料腔周边配合面形状简化，以简化加工工艺。

半溢式压缩模适用于成型流动性较好的塑料及形状较复杂的、带有小型嵌件的塑料制品。但半溢式压缩模由于有挤压边缘，不适用于压制以布片或长纤维做填料的塑料。

（3）不溢式压缩模（封闭式压缩模）　不溢式压缩模如图 6-5 所示。该模具的加料腔是型腔上部截面的延续，凸模与加料腔有较高精度的间隙配合，故塑件径向壁厚尺寸精度较高。理论上讲，压力机所施的压力将全部作用在塑件上，塑料的溢出量很少，制品在垂直方向上可能形成很薄的飞边。凸模与凹模的配合高度不宜过大，不配合部分可以像图中所示那样将凸模上部截面尺寸减小，也可将凹模对应部分尺寸逐渐增大形成锥面（15′~20′）。

不溢式压缩模的最大特点是塑料制品承受压力大，故致密性好、强度高，因此，适用于压制形状

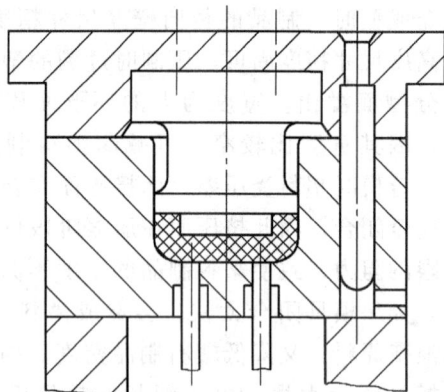

图 6-5　不溢式压缩模

复杂、薄壁、深形制品以及流动性特别小、单位压力高、表观密度小的塑料。用它压制棉布、玻璃布或长纤维填充的塑料是可行的。这不仅因为这些塑料的流动性差、要求的单位压力高，而且在采用带挤压面的模具时，进入挤压面上的布片或纤维填料会妨碍模具闭合，造成飞边增厚和制品高度尺寸不准确，后加工时，这种夹有纤维或布片的飞边很难去除。而不溢式压缩模没有挤压面，故所制得的塑料制品不但飞边极薄，而且飞边在制品上呈垂直分布，可采用平磨等方法去除。

不溢式压缩模由于塑料溢出量极少，加料量多少直接影响塑料制品的高度尺寸，每次加料都必须准确称量。因此，流动性好，容易按体积计量的塑料一般不采用不溢式压缩模。另外，这种模具的凸模与加料腔内壁有摩擦，不可避免地擦伤加料腔内壁。由于加料腔截面尺寸与型腔截面尺寸相同，在推出时，带有划伤痕迹的加料腔会损伤制品外表面。不溢式压缩模必须设置推出装置，否则制品很难取出。这种压缩模一般为单型腔，因为多型腔如加料不均衡，会造成各型腔压力不等，引起一些制品欠压。

二、压缩模具的基本构成

典型压缩模的结构如图 6-6 所示。该模具为固定式压模。开模时，上模部分上移，凹模 3 脱离下模一段距离，以手工将侧型芯 20 抽出，推板 17 推动推杆 11 将塑料制品推出。加料前，先将侧型芯复位，加料、合模后，热固性塑料在加料腔和型腔中受热受压，成为熔融状态而充满型腔，固化后开模，取出制品，依此循环，进行压缩成型。

压缩模按构成零件的作用不同，一般分为以下几个部分：

1. 成型零件

成型零件是直接成型塑料制品的零件，加料时与加料腔一道起装料的作用，模具闭合时形成所要求的型腔。在图 6-6 中的凹模 3、型芯 7、凸模 8、凹模镶件 4、侧型芯 20 为成型零件。

2. 加料腔

加料腔指凹模镶件 4 的上半部。由于塑料原料与制品相比密度较小，成型前单靠型腔往往无法容纳全部原料，因此需在型腔之上设一段加料腔。对于多型腔压缩模，其加料腔有两种结构形式，如图 6-7 所示，一种是每个型腔都有自己的加料腔，而且彼此分开（图 6-7a

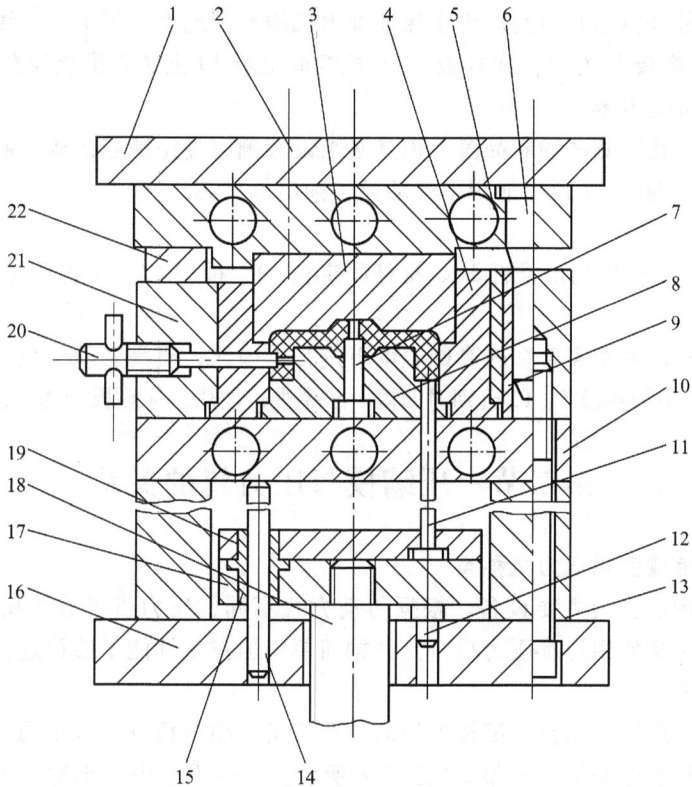

图 6-6　典型压缩模结构

1—上模座板　2—螺钉　3—凹模　4—凹模镶件　5—加热板　6—导柱
7—型芯　8—凸模　9—导套　10—加热板　11—推杆　12—挡钉　13—垫块
14—推板导柱　15—推板导套　16—下模座板　17—推板　18—压机顶杆
19—推杆固定板　20—侧型芯　21—凹模固定板　22—承压板

和图6-7b）。其优点是凸模对凹模的定位较方便，如果个别型腔损坏，可以修理、更换或停止对其型腔的加料，因而不影响压缩模的继续使用。但这种模具要求每个加料腔加料准确，因而费时。另外，模具外形尺寸较大，装配要求较高。另一种结构形式是多个型腔共用一个加料腔（图6-7c）。其优点是加料方便迅速，飞边把各个制品连成一体，可以一次推出，模具轮廓尺寸较小，但个别型腔损坏时，会影响整副模具的使用。当统一加料时，边角上的制品往往缺料。

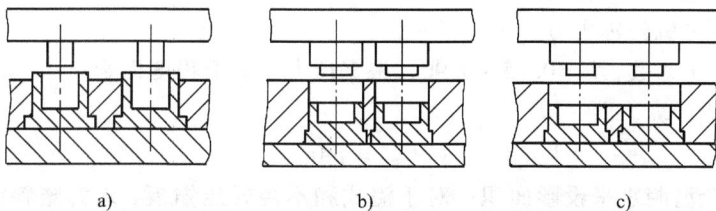

a)　　　　　b)　　　　　c)

图6-7　多型腔模及其加料腔

3. 导向机构

在图6-6中，导向机构由布置在模具上模周边的导柱6和下模的导套9组成。导向机构用来保证上、下模合模的对中性。为了保证推出机构顺利地上、下滑动，该模具还在下模座板 16 上设有两根推板导柱 14，在推板 17 和推杆固定板 19 上装有推板导套 15。

4. 侧向分型抽芯机构

当压制带有侧孔和侧凹的制品时，模具必须设有侧向分型抽芯机构，制品才能脱出。图 6-6 所示制品带有侧孔，在顶出前用手转动丝杠抽出侧型芯 20。

5. 脱模机构

在图 6-6 中，脱模机构由推杆 11、推杆固定板 19、推板 17、压机顶杆 18 等零件组成。

6. 加热系统

热固性塑料压制成型需要在较高的温度下进行，因此，模具必须加热。常见的加热方法是电加热。图 6-6 中加热板 5、10 分别对凹模、凸模进行加热，加热板圆孔中插入电加热棒。

第二节　压缩模与压力机的关系

一、塑料压缩成型用压力机种类

压力机是压制成型的主要设备。根据传动方式不同，压力机可分为机械式和液压式两种。机械式压力机常使用螺旋压力机，其结构简单，但技术性能不够稳定，因此，正逐渐被液压压力机所代替。

液压压力机是热固性塑料压缩模塑用的主要设备。根据机身结构不同，液压压力机可分为框架连接及立柱连接两类。框架式如图 6-8 所示，一般用于中、小型压力机。立柱式如图 6-9 所示，常用于大、中型压力机。加压形式大部分为上压式。上、下模分别安装在上压板（滑块）、下压板（工作台）上，工作时上压板带动上模下行进行压制。工作台下设有机械或液压顶出系统。开模后顶杆上升推动脱模机构而脱出制品。该类压力机一般可进行半自动化工作。国产主要类型液压压力机的技术参数见附录表 14。

二、压力机有关参数的校核

1. 压力机最大压力的校核

校核压力机最大压力是为了在已知压力机公称压力和制品尺寸的情况下，计算模具内开设型腔的数目，或在已知型腔数和制品尺寸时，选择压力机的公称压力。

压制塑料制品所需要的总成型压力应小于或等于压力机公称压力，即

$$F_{模} \leqslant KF_{机} \tag{6-1}$$

式中　$F_{模}$——压制塑料制品所需的总压力；

　　　$F_{机}$——压力机公称压力；

　　　K——修正系数，$K = 0.75 \sim 0.90$，根据压力机新旧程度而定。

$F_{模}$ 可按下式计算，即

$$F_{模} = pAn \tag{6-2}$$

式中　A——单个型腔水平投影面积：对于溢式和不溢式压缩模，A 为塑料制品最大轮廓的水平投影面积；对于半溢式压缩模，A 为加料腔的水平投影面积；

　　　n——压缩模内加料腔个数，单型腔压缩模 $n = 1$，对于共用加料腔的多型腔压缩模，n 亦等于 1，这时 A 为加料腔的水平投影面积；

　　　p——压制时单位成型压力。其值可根据表 6-1 选取。

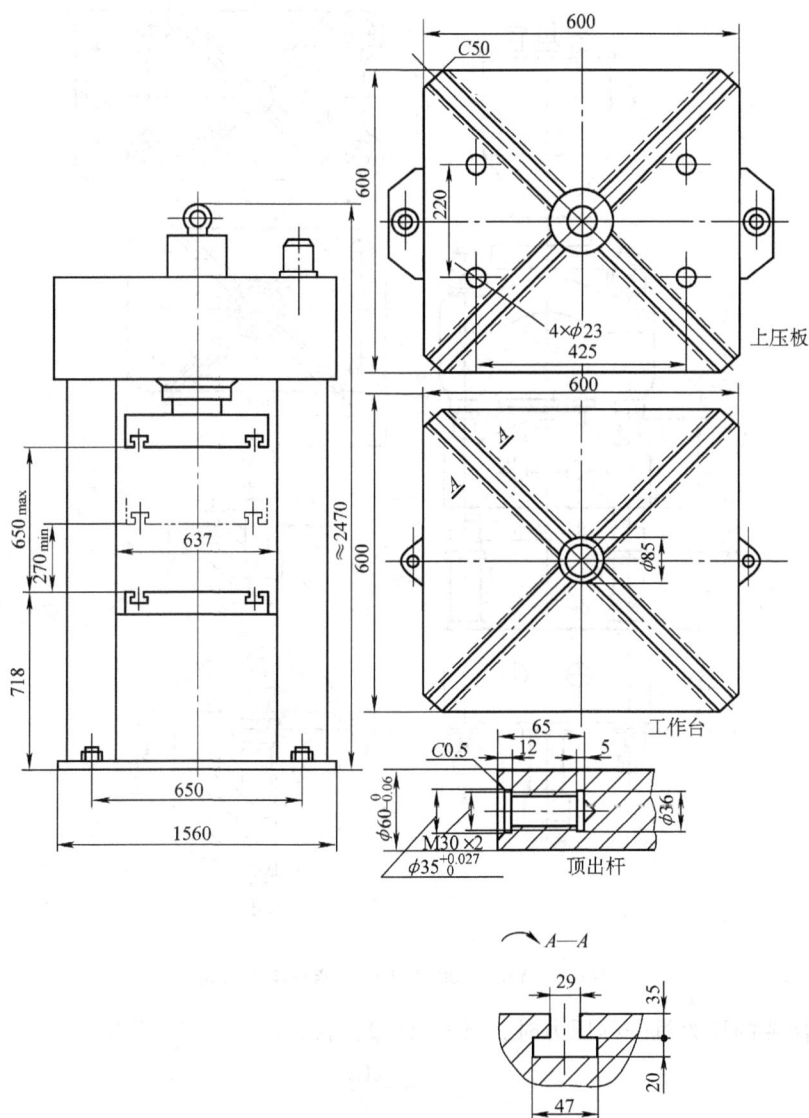

图 6-8 Y71-100 型塑料制品液压压力机

表 6-1 压制时单位成型压力 *p* （单位：MPa）

塑料制品的特征	粉状酚醛塑料		布基填料的酚醛塑料	氨基塑料	酚醛石棉塑料
	不预热	预热			
扁平厚壁制品	12.26 ~ 17.16	9.81 ~ 14.71	29.42 ~ 39.23	12.26 ~ 17.16	44.13
高 20 ~ 40mm，壁厚 4 ~ 6mm	12.26 ~ 17.16	9.81 ~ 14.71	34.32 ~ 44.13	12.26 ~ 17.16	44.13
高 20 ~ 40mm，壁厚 2 ~ 4mm	12.26 ~ 17.16	9.81 ~ 14.71	39.23 ~ 49.03	12.26 ~ 17.16	44.13
高 40 ~ 60mm，壁厚 4 ~ 6mm	17.16 ~ 22.06	12.26 ~ 15.40	49.03 ~ 68.65	17.16 ~ 22.06	53.94
高 40 ~ 60mm，壁厚 2 ~ 4mm	22.06 ~ 26.97	14.71 ~ 19.61	58.84 ~ 78.45	22.06 ~ 26.97	53.94
高 60 ~ 100mm，壁厚 4 ~ 6mm	24.52 ~ 29.42	14.71 ~ 19.61	—	24.52 ~ 29.42	53.94
高 60 ~ 100mm，壁厚 2 ~ 4mm	26.97 ~ 34.32	17.16 ~ 22.06	—	26.97 ~ 34.32	53.94

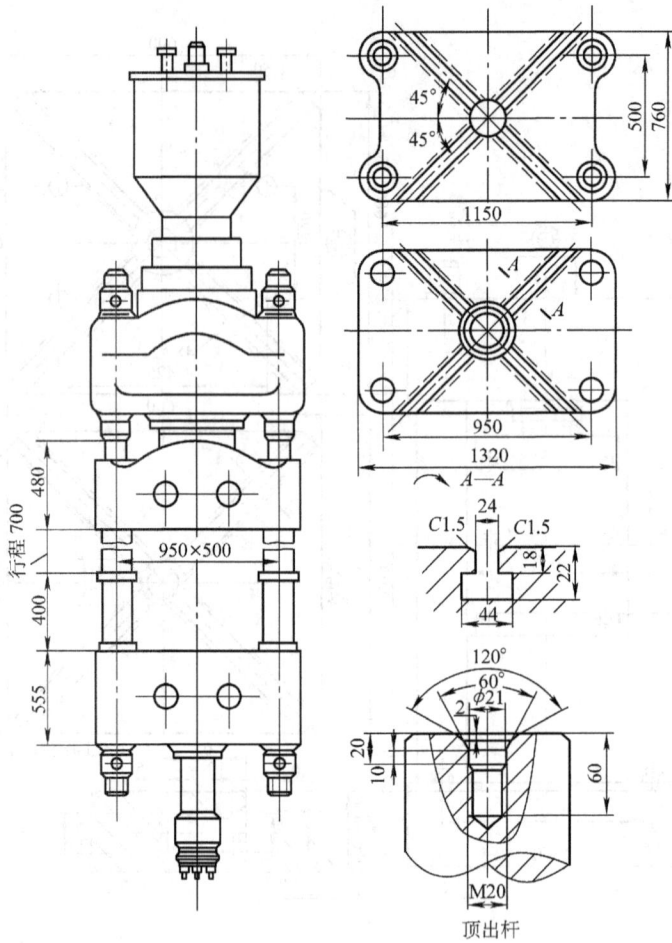

图 6-9 YB32-200 型四柱万能液压压力机

当选择需要的压力机公称压力时，将式（6-2）代入式（6-1）可得

$$F_{机} \geqslant \frac{pAn}{K} \qquad (6\text{-}3)$$

当压力机已定，可按下式确定多型腔模的型腔数，即

$$n \leqslant \frac{KF_{机}}{pA} \qquad (6\text{-}4)$$

当压力机的公称压力超出成型需要的压力时，需调节压力机的工作液体压力，此时压力机的压力由压力机活塞面积和工作液体的工作压力确定，即

$$F_{机} = p_1 A_{机} \qquad (6\text{-}5)$$

式中　p_1——压力机工作液体的工作压力（可从压力表上得到）；

　　　$A_{机}$——压力机活塞横截面积。

2. 开模力的校核

开模力的大小与成型压力成正比，其值大小关系到压缩模连接螺钉的数量及大小。因此，对大型模具在布置螺钉前需计算开模力。

开模力计算公式为

$$F_{开} = K_1 F_{模} \tag{6-6}$$

式中 $F_{开}$——开模力；

     $F_{模}$——模压所需的成型总压力；

     K_1——压力系数，对形状简单的制品，配合环不高时取 0.1；配合环较高时取 0.15；塑料制品形状复杂，配合环又高时取 0.2。

3. 脱模力的校核

脱模力可按式（6-7）计算。选用压力机时其顶出力应大于脱模力。

$$F_{脱} = A_1 p_1 < F_{机顶} \tag{6-7}$$

式中 $F_{脱}$——塑料制品的脱模力；

     A_1——塑料制品侧面积之和；

     p_1——塑料制品与金属的结合力，一般木纤维和矿物填料取 0.49MPa，玻璃纤维取 1.47MPa。

4. 压力机的闭合高度与压缩模闭合高度关系的校核

压力机上（动）压板的行程和上、下压板间的最大、最小开距直接关系到能否完全开模取出塑料制品。模具设计时可按下式进行计算（图 6-10），即

$$h \geqslant H_{min} + (10 \sim 15)\,\text{mm} \tag{6-8}$$

$$h = h_1 + h_2 \tag{6-9}$$

式中 H_{min}——压力机上、下压板间的最小距离；

     h——压缩模闭合高度；

     h_1——凹模高度；

     h_2——凸模台肩高度。

如果 $h < H_{min}$，则上、下模不能闭合，这时应在上、下压板间加垫板，以保证 $h +$ 垫板厚度 $\geqslant H_{min} + (10 \sim 15)$ mm。

除满足式（6-8）外，还应满足下式：

$$H_{max} \geqslant h + L \tag{6-10}$$

$$L = h_s + h_t + (10 \sim 30)\,\text{mm} \tag{6-11}$$

将式（6-11）代入式（6-10）得

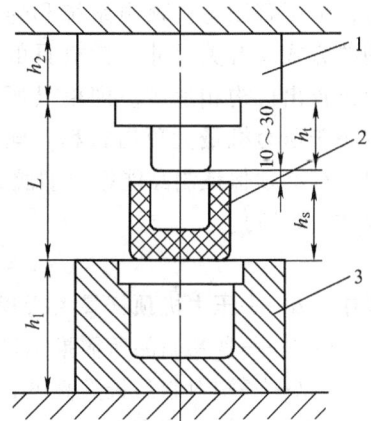

图 6-10   模具闭合高度与开模行程
1—凸模   2—塑料制品   3—凹模

$$H_{max} \geqslant h + h_s + h_t + (10 \sim 30)\,\text{mm} \tag{6-12}$$

式中 H_{max}——压力机上、下压板间的最大距离；

     h_s——塑料制品高度；

     h_t——凸模高度；

     L——模具最小开距。

对于利用开模力完成侧向分型与侧向抽芯的模具，以及利用开模力脱出螺纹型芯等场合，模具所要求的开模距离可能还要长一些，需视具体情况而定。对于移动式模具，当卸模架安放在压力机上脱模时，应考虑模具与上、下卸模架组合后的高度，以能放入上、下加热板之间为宜。

5. 压力机的台面结构及尺寸与压缩模关系的校核（图 6-8 和图 6-9）

压缩模的宽度应小于压力机立柱或框架间的距离，使压缩模顺利通过立柱或框架之间。压缩模的最大外形尺寸不宜超出压力机上、下压板尺寸，以便于压缩模安装固定。

压力机的上、下压板上常开设有平行的或沿对角线交叉的 T 形槽。压缩模的上、下模座板可直接用螺钉分别固定在压力机的上、下压板上，此时模具上的固定螺钉孔（或长槽、缺口）应与压力机上、下压板上的 T 形槽对应。压缩模也可用压板、螺钉压紧固定。这时压缩模的座板尺寸比较自由，只需设有宽 15 ~ 30mm 的凸缘台阶即可。

6. 压力机的顶出机构与压缩模推出装置关系的校核

固定式压缩模制品推出一般由压力机顶出机构驱动模具推出装置来完成。图 6-11 所示，压力机顶出机构通过尾轴或中间接头、拉杆等零件与模具推出装置相连。因此，设计模具时，应了解压力机顶出系统和连接模具推出机构的方式及有关尺寸。使模具的推出机构与压力机顶出机构相适应。即模具所需的推出行程应小于压力机最大顶出行程，同时压力机的顶

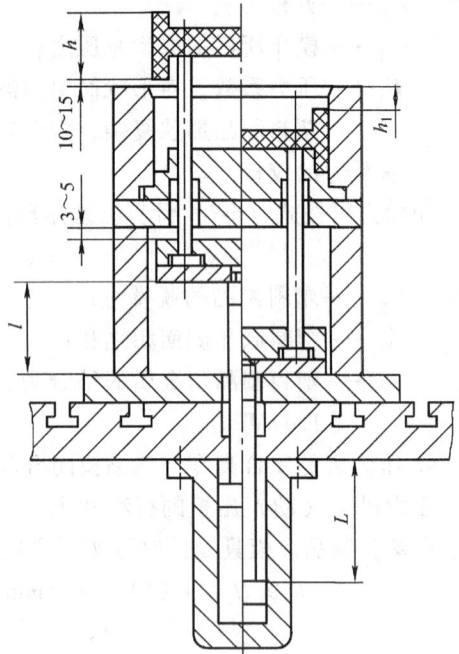

图 6-11　塑料制品推出行程

出行程必须保证制品能推出型腔，并高出型腔表面 10mm 以上，以便取件。其关系见图 6-11 及式（6-13）。

$$l = h + h_1 + (10 ~ 15)\,\text{mm} \leqslant L \tag{6-13}$$

式中　L——压力机顶杆最大行程；

　　　l——塑料制品所需推出高度；

　　　h——塑料制品最大高度；

　　　h_1——加料腔高度。

第三节　压缩模的设计

一、塑料制品在模具内加压方向的确定

加压方向就是凸模作用方向。加压方向对塑件的质量，模具的结构和脱模的难易都有较大的影响，所以在确定加压方向时，应考虑下述因素：

（1）有利于压力传递　在加压过程中，要避免压力传递距离过长，导致压力损失太大。圆筒形塑料制品一般顺着轴线加压，如图 6-12a 所示。

当圆筒太长，易产生制品下部疏松或角落填充不足的现象。这种情况下，可采用不溢式压缩模，增大型腔压力或采用上、下凸模同时加压，以增加制品底部的密度。但当制品仍由于长度过长而在中段出现疏松时，可将制品横放，采用横向加压的方法（图 6-12b），即可克服上述缺陷，但在制品外圆上将会产生两条飞边，影响外观。

（2）便于加料　图6-13所示为同一制品的两种加压方法。图6-13a加料腔直径大而浅，便于加料。图6-13b加料腔直径小而深，不便于加料。

（3）便于安装和固定嵌件　当塑料制品上有嵌件时，应优先考虑将嵌件安装在下模。若将嵌件装在上模（图6-14a），既不方便，又可能因安装不牢而落下，导致模具损坏。将嵌件安装在下模（图6-14b），不但操作方便，而且可利用嵌件推出制品，在制品表面不留下推出痕迹。

（4）保证凸模强度　有的制品无论从正面或反面加压都可以成型，但加压时，上凸模受力较大，故上凸模形状越简单越好。如图6-15所示，a比b的好。

（5）长型芯位于加压方向　当利用开模力做侧向机动分型抽芯时，宜把抽拔距离长的放在加压方向上（即开模方向）。而把抽拔距离短的放在侧向，做侧向分型抽芯。

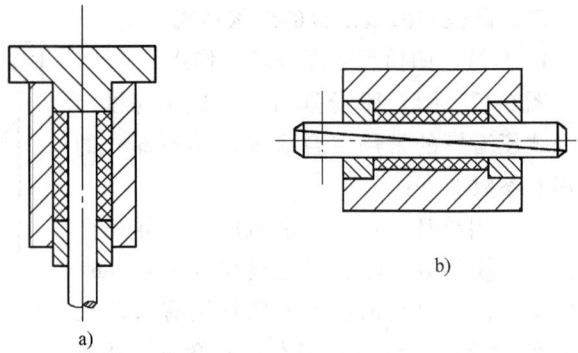

图6-12　有利于传递压力的加压方向

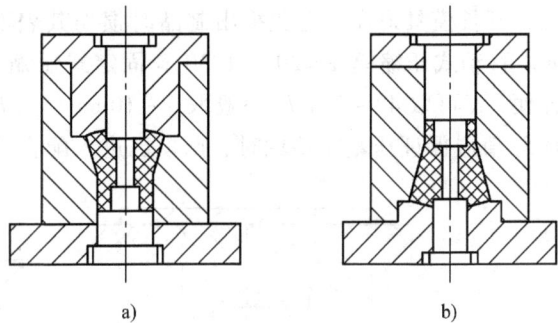

图6-13　便于加料的加压方向

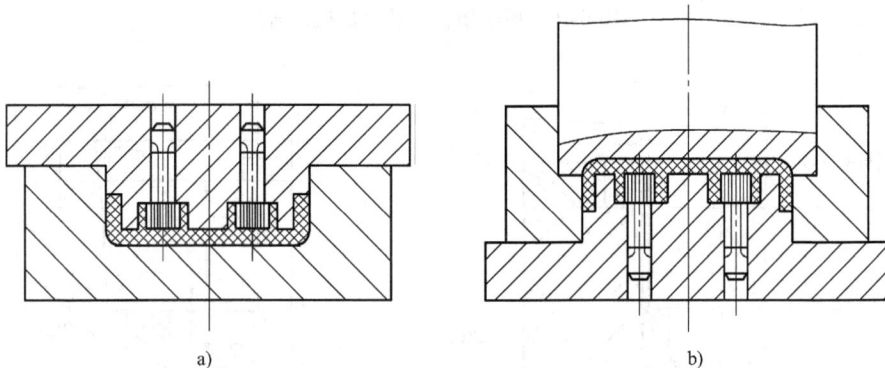

图6-14　便于安放嵌件的加压方向

（6）保证重要尺寸精度　沿加压方向的塑料制品的高度尺寸会因飞边厚度不同和加料量不同而变化（特别是不溢式压缩模），故精度要求很高的尺寸不宜设计在加压方向上。

（7）便于塑料的流动　要使塑料便于流动，应使料流方向与加压方向一致。如图6-16所示，图6-16b型腔设在下模，加压方向与料流方向一致。能有效利用压力。图6-16a型腔设在上模，加压时，塑料逆着加压方向流动，同时由于在分型面上产生飞边，故需增大压力。

二、凸模与凹模配合的结构形式

1. 凸模与凹模组成部分及其作用

图 6-17、图 6-18 分别为不溢式压缩模与半溢式压缩模的常用组合形式。其各部分的作用及参数如下：

（1）引导环（l_2） 它的作用是导正凸模进入凹模部分。除加料腔很浅（<10mm）的凹模外，一般在加料腔上部均设有一段长为 l_2 的引导环。引导环都有一斜角 α，并有圆角 R，以便引入凸模，减少凸、凹模侧壁

图 6-15 有利于制品脱模的加压方向

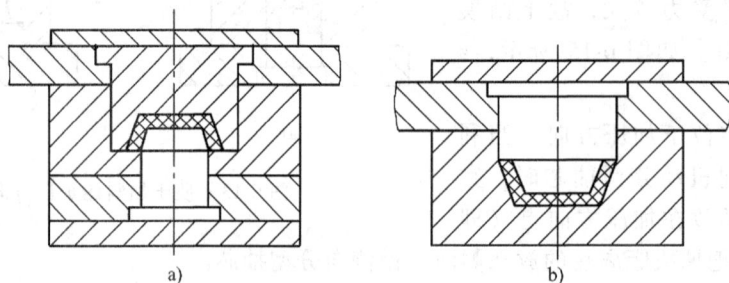

摩擦，延长模具寿命，避免推出制品时损伤其表面，并有利于排气。圆角一般取 $R = 1.5 \sim 3mm$。移动式压缩模 $\alpha = 20' \sim 1°30'$，固定式压缩模 $\alpha = 20' \sim 1°$，有上、下凸模的，为了加工方便，α 可取 $4° \sim 5°$。l_2 一般取 $5 \sim 10mm$，当 $h_1 > 30mm$ 时，l_2 取 $10 \sim 20mm$。总之，引导环 l_2 值应保证压塑粉熔融时，凸模已进入配合环。

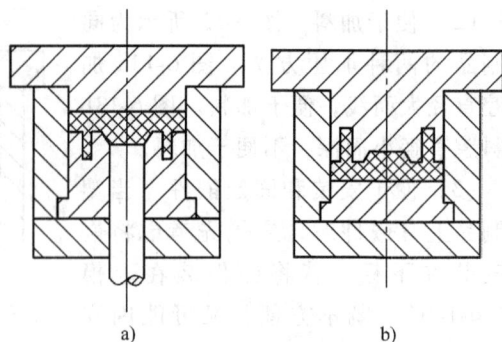

图 6-16 便于塑料流动的加压方向

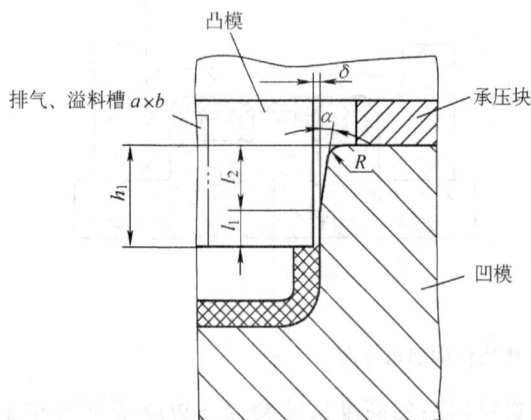

图 6-17 不溢式压缩模常用组合形式

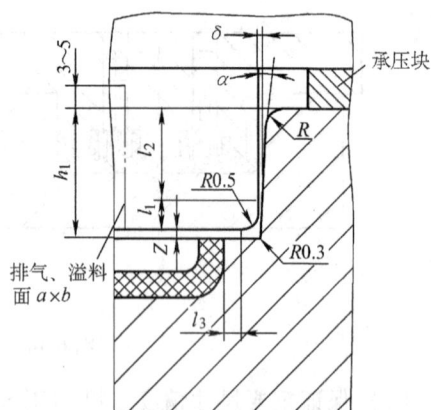

图 6-18 半溢式压缩模常用组合形式

（2）配合环（l_1） 它是与凸模配合的部位，保证凸、凹模正确定位，阻止溢料，通畅地排气。

凸、凹模的配合间隙（δ）以不产生溢料和不擦伤模壁为原则，单边间隙一般取 0.025

~0.075mm，也可采用 H8/f8 或 H9/f9 配合，移动式模具间隙取小值，固定式模具间隙取较大值。

配合长度 l_1，移动式模具取 4~6mm；固定式模具，当加料腔高度 $h_1 \geqslant 30$mm 时，可取 8~10mm。间隙小取小值，间隙大取大值。

（3）挤压环（l_3）　它的作用是在半溢式压缩模中用以限制凸模下行位置，并保证最薄的飞边。挤压环 l_3 值根据塑料制品大小及模具用钢而定。一般中小型制品，模具用钢较好时，l_3 可取 2~4mm；大型模具，l_3 可取 3~5mm。采用挤压环时，凸模圆角 R 取 0.5~0.8mm，凹模圆角 R 取 0.3~0.5mm，这样可增加模具强度，便于凸模进入加料腔，防止损坏模具，同时便于加工，便于清理废料。

（4）储料槽（Z）　凸、凹模配合后留有高度为 Z 的小空间以储存排出的余料，若 Z 过大，易发生制品缺料或不致密，过小则影响制品精度及飞边增厚。半溢式压缩模储料槽如图 6-18 所示；不溢式压缩模的储料槽如图 6-23 所示。

（5）排气溢料槽　为了减小飞边，保证制品质量，成型时必须将产生的气体及余料排出模外。一般可通过压制过程中安排排气操作或利用凸、凹模配合间隙排气。但当压制形状复杂的制品及流动性较差的纤维填料的塑料时，则应在凸模上选择适当位置开设排气溢料槽。一般可按试模情况决定是否开设排气溢料槽及其尺寸，槽的尺寸及位置要适当。排气溢料槽的形式如图 6-19 所示。其中图 6-19a、图 6-19b 为移动半溢式压缩模排气溢料槽；图 6-19c~图 6-19f 为固定半溢式压缩模排气溢料槽。

（6）加料腔　加料腔用于装塑料。其容积应保证装入压制塑料制品所用的塑料后，还留有 5~10mm 深的空间，以防止压制时塑料溢出模外。加料腔可以是型腔的延伸，也可根据具体情况按型腔形状扩大成圆形、矩形等。

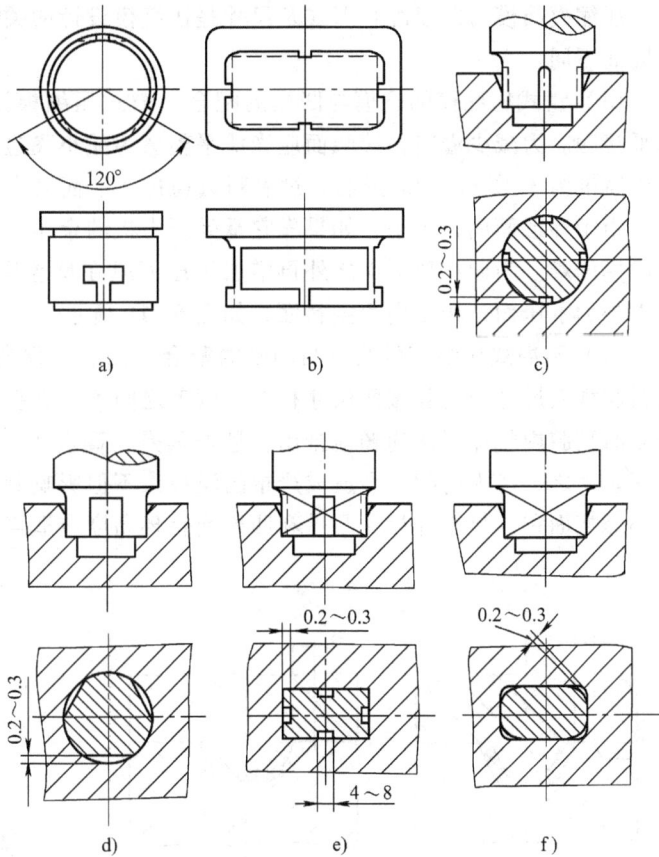

图 6-19　排气溢料槽

（7）承压面　承压面的作用是减轻挤压环的载荷，延长模具使用寿命。承压面的结构如图 6-20 所示。图 6-20a 是以挤压环为承压面，承压部位易变形甚至压坏，但飞边较薄；图 6-20b 表示凸、凹模间留有 0.03~0.05mm 的间隙，由凸模固定板与凹模上端面作为承压面，承压面大变形小，但飞边较厚，主要用于移动式压缩模。对于固定式压缩模最好采用图 6-

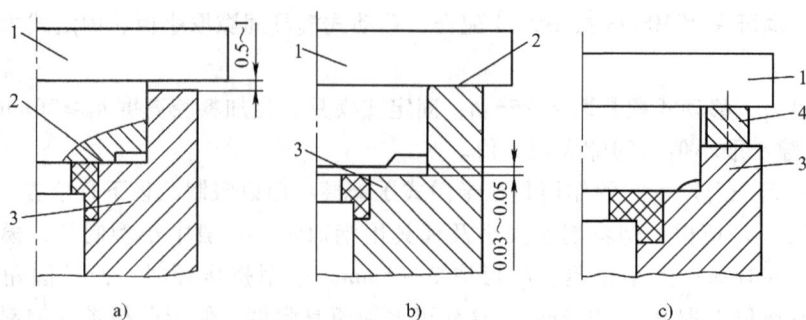

图 6-20　压缩模承压面的结构形式

1—凸模　2—承压面　3—凹模　4—承压块

20c 所示的结构形式，可通过调节承压块厚度控制凸模进入凹模的深度，以减少飞边厚度。

2. 凸模与凹模配合的结构形式

压缩模凸模与凹模配合形式及尺寸是压缩模设计的关键。配合形式和尺寸依压缩模种类不同而不同。

（1）溢式压缩模的凸模与凹模的配合　溢式压缩模没有配合段，凸模与凹模在分型面水平接触。为减少溢料，接触面应光滑平整。为减小飞边厚度，接触面积不宜太大，一般设计成宽度为 3～5mm 的环形面，过剩料可通过环形面溢出，如图 6-21a 所示。

由于环形面面积较小，如果靠它承受压力机的余压会导致环形面过早变形和磨损，使制品脱模困难。为此在环形面之外再增加承压面或在型腔周围距边缘 3～5mm 处开设溢料槽，槽以外为承压面，槽以内为溢料面，如图 6-21b 所示。

（2）不溢式压缩模的凸模与凹模的配合　凸、凹模典型的配合结构如图 6-22 所示。其加料腔截面尺寸与型腔截面尺寸相同，两者之间不存在挤压面。其配合间隙不宜过小、否则压制时型腔内气体无法通畅地排出，且模具是在高温下使用，间隙小，凸、凹模极易擦伤、咬死。反之，过大的间隙会造成严重的溢料，不但影响制品质量，而且飞边难以去除。为了减小摩擦面积，易于开模，凸模和凹模配合环高度应适当。

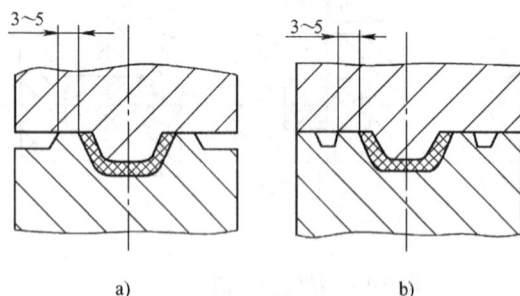

图 6-21　溢式压缩模型腔配合形式

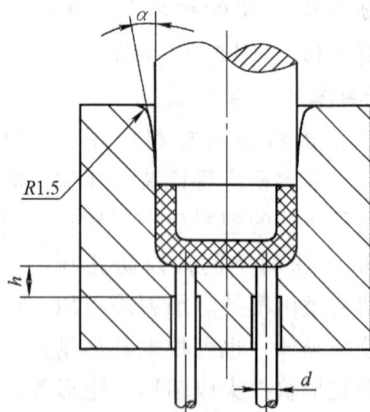

图 6-22　不溢式压缩模型腔配合形式

固定式模具的推杆或移动式模具的活动下凸模与对应孔之间的配合长度不宜过长，其有效配合长度 h 按表 6-2 选取。孔的下段不配合部分可加大孔径，或将该段做成 4°～5°的锥孔。

表 6-2 推杆或凸模直径与配合高度的关系 （单位：mm）

顶杆或下凸模直径 d	<5	>5~10	>10~50	>50
配合长度 h	4	6	8	10

上述不溢式压缩模凸、凹模配合形式的最大缺点是凸模与加料腔侧壁有摩擦。这样不但制品脱模困难，且制品的外表面也会被粗糙的加料腔侧壁擦伤。为了克服这一缺点，可采用下面几种方法：

第一种如图 6-23a 所示，将凹模内成型部分垂直向上延伸 0.8mm，然后向外扩大 0.3~0.5mm，以减小脱模时制品与加料腔侧壁的摩擦。此时在凸模和加料腔之间形成了一个环形储料槽。设计时凹模上的 0.8mm 和凸模上的 1.8mm 可适当增减，但不宜变动太大，若将尺寸 0.8mm 增大太多，则单边间隙 0.1mm 部分太高，凸模下压时环形储料槽中的塑料不易通过间隙而进入型腔。

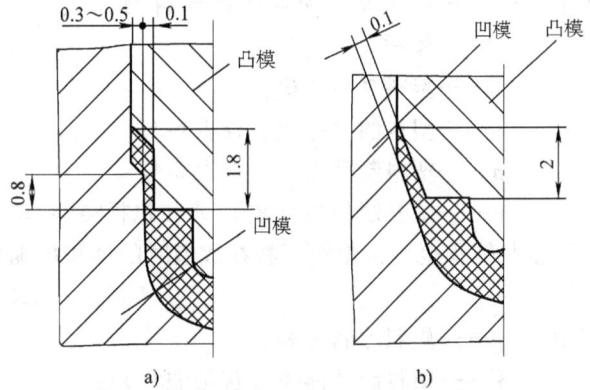

图 6-23　改进后的不溢式压缩模配合形式

第二种如图 6-23b 所示，这种配合形式最适于压制带斜边的塑料制品。将型腔上端按塑料制品侧壁相同的斜度适当扩大，高度增加 2mm 左右，横向增加值由塑料制品侧壁斜度决定。这样，塑料制品在脱模时不再与加料腔侧壁摩擦。

（3）半溢式压缩模凸模与凹模的配合　如图 6-24 所示，半溢式压缩模的最大特点是带有水平的挤压面。挤压面的宽度不应太小，否则，压制时所承受的单位压力太大，导致凹模边缘向内倾斜而形成倒锥，阻碍塑料制品顺利脱模。

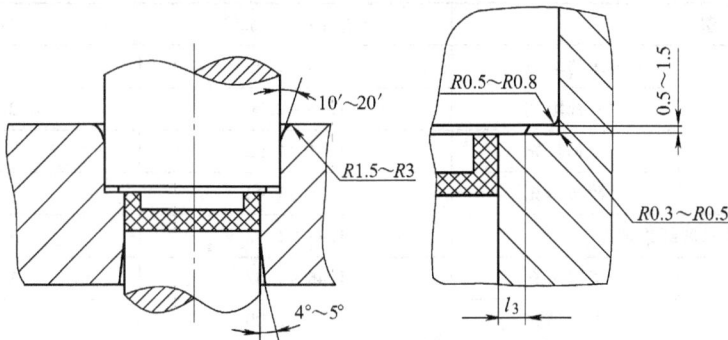

图 6-24　半溢式压缩模型腔配合形式

为了使压力机的余压不致全部由挤压面承受，在半溢式压缩模上还必须设计承压面。移动式半溢式压缩模一般采用图 6-20b 所示的承压面；固定式半溢式压缩模采用图 6-20c 所示的结构形式，即在上模与加料腔上平面之间设置承压块。

承压块通常只有几小块，对称布置在加料腔上平面。其形状可为圆形、矩形或弧形，如图 6-25 所示。承压板厚度一般为 8~10mm。

三、凹模加料腔尺寸计算

压缩模凹模的加料腔是供装塑料原料用的。其容积要足够大，以防在压制时原料溢出模外。加料腔参数计算如下：

1. 塑料体积的计算

$$V_{料} = mv = V\rho v \qquad (6\text{-}14)$$

式中　$V_{料}$——塑料制品所需塑料原料的体积；

　　　V——塑料制品体积；

　　　v——塑料的比体积，查表6-3；

　　　ρ——塑料制品密度，查表6-4；

　　　m——塑料制品质（重）量（包括溢料）。

塑料体积也可按塑料原料在成型时的体积压缩比来计算，即

$$V_{料} = VK \qquad (6\text{-}15)$$

式中　$V_{料}$——塑料原料体积；

　　　V——塑料制品体积（包括溢料）；

　　　K——塑料压缩比，查表6-4。

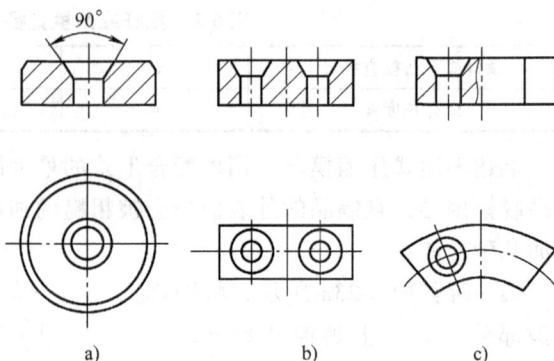

图 6-25　承压板

表 6-3　各种压制用塑料的比体积

塑 料 种 类	比体积 $v/$（cm^3/g）
酚醛塑料（粉料）	$1.8 \sim 2.8$
氨基塑料（粉料）	$2.5 \sim 3.0$
碎布塑料（片状料）	$3.0 \sim 6.0$

表 6-4　常用热固性塑料的密度和压缩比

塑　料		密度 $\rho/$（g/cm^3）	压缩比 K
酚醛塑料	木粉填充	$1.34 \sim 1.45$	$2.5 \sim 3.5$
	石棉填充	$1.45 \sim 2.00$	$2.5 \sim 3.5$
	云母填充	$1.65 \sim 1.92$	$2 \sim 3$
	碎布填充	$1.36 \sim 1.43$	$5 \sim 7$
脲醛塑料纸浆填充		$1.47 \sim 1.52$	$3.5 \sim 4.5$
三聚氰胺甲醛塑料	纸浆填充	$1.45 \sim 1.52$	$3.5 \sim 4.5$
	石棉填充	$1.70 \sim 2.00$	$3.5 \sim 4.5$
	碎布填充	1.5	$6 \sim 10$
	棉短线填充	$1.5 \sim 1.55$	$4 \sim 7$

2. 加料腔高度的计算

图 6-26 是各种典型的塑料制品成型情况。

1）图 6-26a 为不溢式压缩模，其加料腔高度 H 按下式计算，即

$$H = \frac{V_{料} + V_1}{A} + (0.5 \sim 1)\,cm \qquad (6\text{-}16)$$

式中　H——加料腔高度；

　　　$V_料$——塑料原料体积；

　　　V_1——下凸模凸出部分体积；

　　　A——加料腔横截面积。

0.5 ~ 1cm 为不装塑料的导向部分，可避免在合模时塑料飞溅出来。

2）图 6-26f 为不溢式压缩模，可压制壁薄而高的杯形制品。由于型腔体积大，塑料原料体积小，原料装入后不能达到制品高度，这时型腔（包括加料腔）总高度为

$$H = h + (1.0 ~ 2.0)\,cm \tag{6-17}$$

式中　h——塑料制品高度。

3）图 6-26b 为半溢式压缩模，塑件在加料腔下边成型，其加料腔高度为

$$H = \frac{V_料 - V_0}{A} + (0.5 ~ 1.0)\,cm \tag{6-18}$$

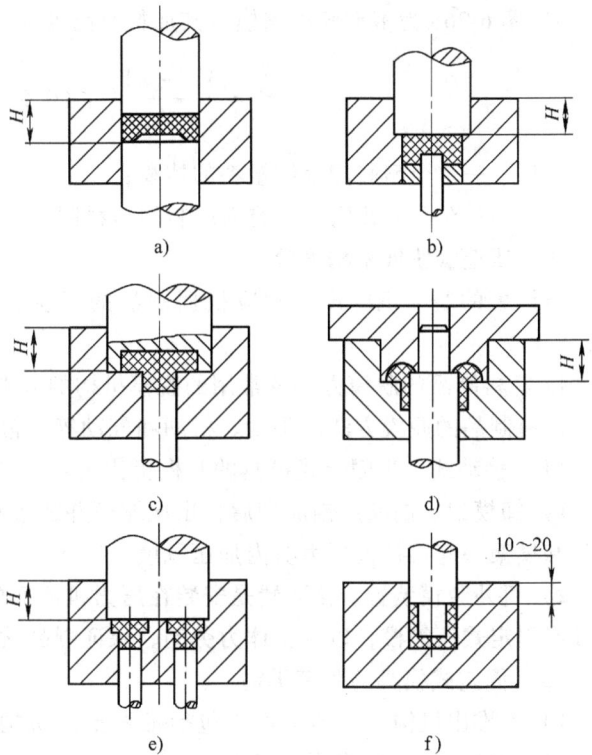

图 6-26　加料腔高度计算图

式中　V_0——加料腔以下型腔的体积。

4）图 6-26c 为半溢式压缩模，制品的一部分在挤压环以上成型，其加料腔高度为

$$H = \frac{V_料 - (V_2 + V_3)}{A} + (0.5 ~ 1.0)\,cm \tag{6-19}$$

式中　V_2——塑料制品在凹模中的体积；

　　　V_3——塑料制品在凸模凹入部分的体积。

在合模时塑料不一定先充满凸模的凹入部分，这样会减少导向部分高度，因此在计算时常不扣除 V_3，即

$$H = \frac{V_料 - V_2}{A} + (0.5 ~ 1.0)\,cm \tag{6-20}$$

5）图 6-26d 为带中心导柱的半溢式压缩，其加料腔高度为

$$H = \frac{V_料 + V_4 - (V_2 + V_3)}{A} + (0.5 ~ 1.0)\,cm \tag{6-21}$$

式中　V_4——加料腔内导柱的体积。

同图 6-26c 一样，也可不扣除凸模凹入部分体积 V_3，这时按下式计算较为保险，即

$$H = \frac{V_料 + V_4 - V_2}{A} + (0.5 ~ 1.0)\,cm \tag{6-22}$$

6）图 6-26e 为多型腔压缩模，其加料腔高度为

$$H = \frac{V_料 - nV_5}{A} + (0.5 \sim 1.0)\,\mathrm{cm} \tag{6-23}$$

式中　V_5——单个型腔能容纳塑料的体积；

　　　　n——在一个共用加料腔内压制的塑料制品数量。

四、压缩模脱模机构设计

压缩模的脱模机构设计时应根据制品的形状和所选用的压力机等采用不同的脱模机构。

1. 塑料制品的脱模方法及常用的脱模机构的分类

塑料制品的脱模方法有手动、机动和气动等。常用的脱模机构有以下几种：

（1）移动式、半固定式模具的脱模机构

1）卸模架。制品压制成型后移出压缩模并放置在卸模架上，以人工撞击脱模或把压缩模和卸模架一起再推入压力机内加压脱模。

2）机外脱模装置。该装置是安装在压力机前面的一种通用的脱模装置。主要用于移动式或半固定式压缩模，以减少体力劳动、保证制品质量。脱模装置有液压和机械等形式。

（2）固定式模具的脱模机构

1）下推出机构。下推出机构包括推杆推出机构、推管推出机构、推件板推出机构等。与注射模相似，也有二级推出机构。

2）上推出机构。开模后，如果塑料制品留在上模，则应设置上推出机构。有些塑料制品开模后留在上模或下模的可能都有，为了脱模可靠，除设置下推出机构外，还需设计上推出机构。其中包括上推件板定距推出机构、上套筒定距推出机构、杠杆手柄推杆推出机构等。

2. 压缩模的推出机构与压力机顶出杆的连接方式

设计固定式压缩模的推出机构时，必须了解压力机顶出系统与压缩模推出机构的连接方式。多数压力机都带有顶出系统，但每台压力机的最大顶出行程都是有限的。当压力机带有液压顶出系统时，液压缸的活塞杆即是压力机的顶出杆，顶杆上升的极限位置是其头部与工作台表面相平齐。当压力机带有托架顶出装置或装有齿轮传动的手动顶出装置时，顶杆可以伸出压力机工作台面。压力机顶杆头部有的带中心螺纹孔、有的带 T 形槽等，如图 6-8、图 6-9 所示。

压力机的顶杆与压缩模的推出机构有以下两种连接方式：

（1）间接连接　即压力机的顶杆与压缩模的推出机构不直接连接，如图 6-27 所示。如果压力机顶杆能伸出压力机工作台面而且伸出高度足够时，将模具装好后直接调节顶杆顶出距离就可以了。当压力机顶杆端部上升极限位置与工作台面平齐时，必须在压力机顶杆端部旋入一适当长度的尾轴，尾轴长度等于制品推出长度加上压缩模座板厚度和挡销厚度，如图 6-27a 所示。在模具装上压力机前可预先将尾轴装在压力机顶杆上，由于尾轴可以沉入压力机工作台面，并不与压缩模相连接，故模具安装较为方便。这种连接方式仅在压力机顶杆上升时起作用。顶杆返回时，尾轴与压缩模的推板脱离。压缩模的推板和推杆的复位靠压缩模的复位杆作用。

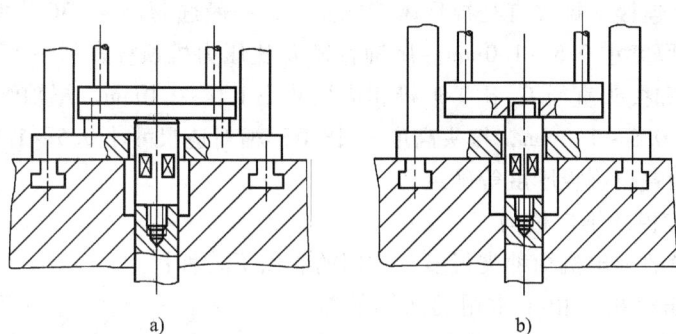

图 6-27　与尾轴间接连接的推出机构

（2）直接连接　即压力机的顶杆与压缩模的推出机构直接连接，如图 6-28 所示。压力机的顶杆不仅在推出制品时起作用，而且在回程时亦能将压缩模的推板和推杆拉回，模具不再设复位机构。

图 6-28a 所示是用尾轴的轴肩连接在推板上，尾轴可在推板内旋转，以便装模时将其螺纹一端旋入顶杆螺纹孔中。当压力机顶杆头部为 T 形槽时，可采用图 6-28b 所示的连接方式。也可在带中心螺纹孔的顶杆端部连接一个带 T 形槽的轴，然后再与尾轴连接，如图 6-28c 所示。

T 形槽与尾轴的连接尺寸如图 6-29 所示。

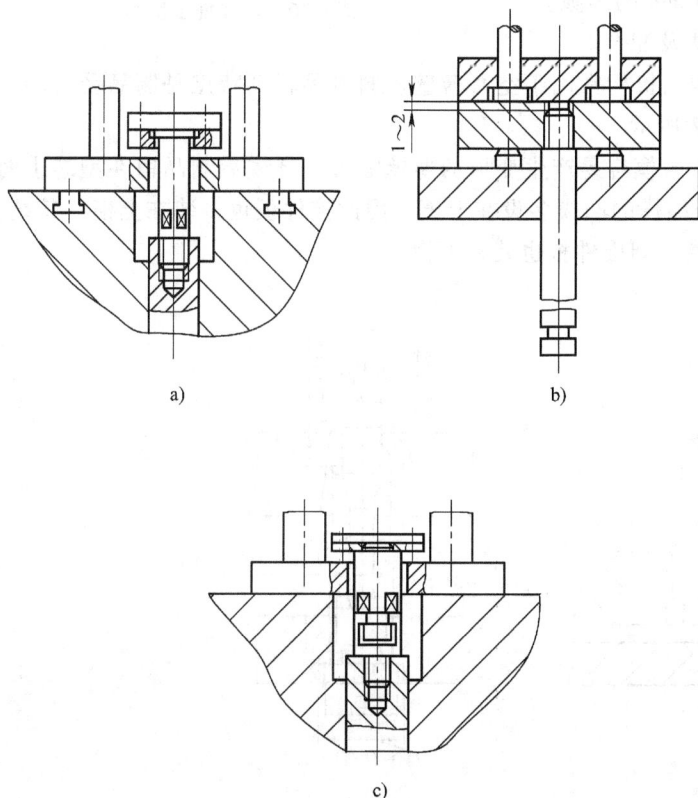

图 6-28　与尾轴直接连接的推出机构

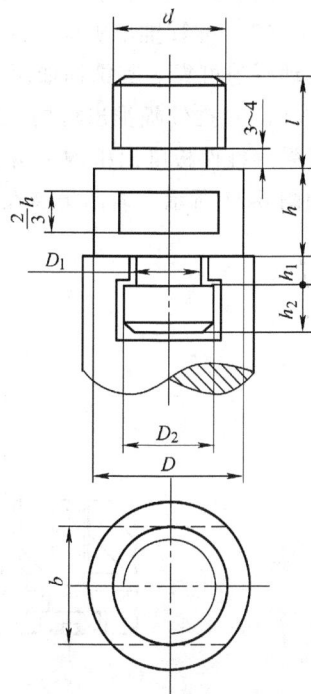

图 6-29　尾轴结构尺寸

尾轴在推板上连接的螺纹直径视具体情况而定，一般选 M16~M30 为宜，连接螺纹长度 l 应比压缩模推板厚度小 0.5~1.0mm。尾轴直径 D 比压力机顶杆直径小 1.0~2.0mm。尾轴细颈部分直径 D_1 和接头直径 D_2 比 T 形槽相应尺寸小 1.0~2.0mm。尾轴细颈部分高度 h_1 比 T 形槽对应尺寸大 0.5~1.0mm，接头高度 h_2 比 T 形槽对应尺寸小 0.5~1.0mm。尾轴高度 h 应由顶出高度和压缩模座板厚度等确定。

3. 固定式压缩模的推出机构

固定式压缩模的推出机构种类很多，常用的有以下几种：

（1）推杆推出机构 由于常用的热固性塑料制品具有良好的刚性，因此，推杆推出是压制热固性塑料制品最常用的推出机构。该机构结构简单，制造容易，但在塑料制品上会留下推杆痕迹。选择推出位置时应注意塑料制品的外观及安装基面，如果推杆设置在塑料制品的安装基面时，一般推杆不能比基面低，应深入制品 0.1mm 左右。图 6-30 所示是一种常见的推杆推出机构，它用于推杆直径 $d \leqslant 8$mm 的中、小型固定式压缩模。为防止模具受热膨胀卡死推杆，采用推杆能自由调整中心的结构，为此，推杆与其固定孔间应留 0.5~1.0mm 的间隙。

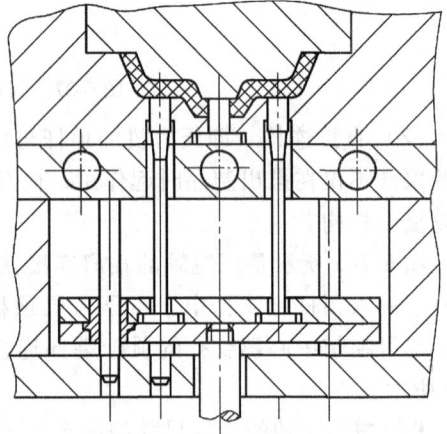

图 6-30 推杆推出机构

图 6-31 为常用推杆固定方法及配合。

（2）推管推出机构 这种推出机构常用于空心薄壁塑料制品，其特点是制品受力均匀，运动平稳可靠。其结构如图 6-32 所示。

（3）推件板推出机构 对于脱模容易产生变形的薄壁零件，开模后制品留在型芯上时，可采用推件板推出机构。由于压缩模的凸模多设在上模，因此推件板也多装在上模，其结构如图 6-33 所示。若凸模装在下模，则推件板也装在下模。

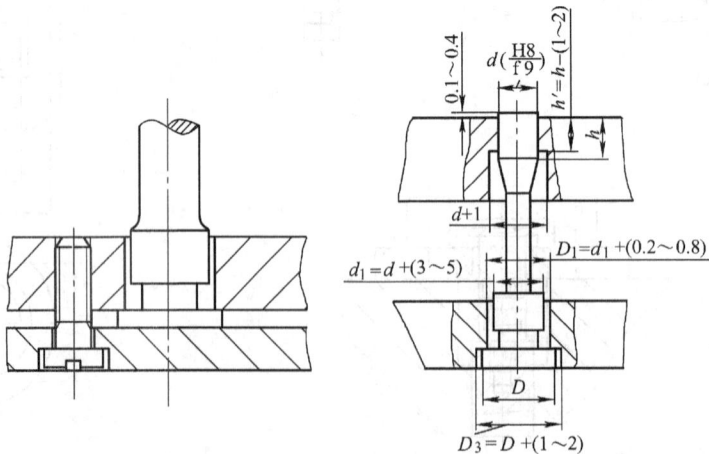

图 6-31 常用推杆固定方法及配合

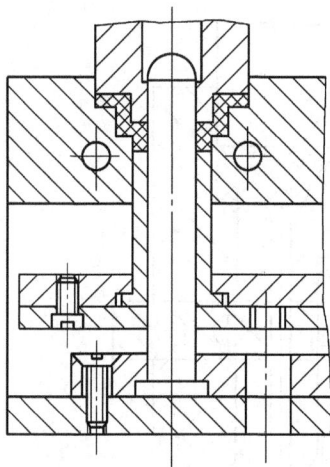

图 6-32 推管推出机构

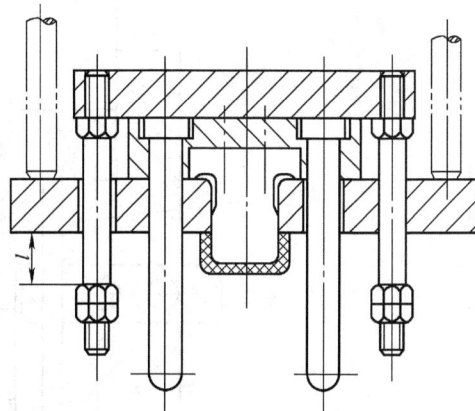

图 6-33 推件板推出机构

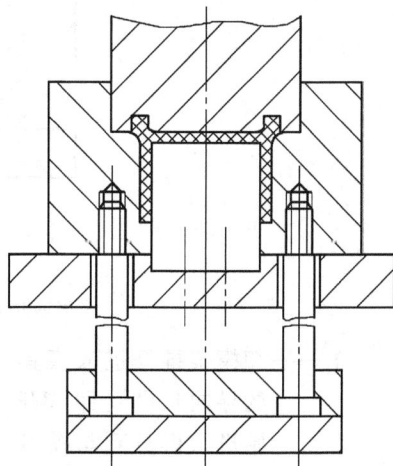

图 6-34 凹模推出机构

推件板运动距离 l 由限位螺母调节。这种推出机构适用于单型腔或型腔数少的压缩模。因为型腔数较多时，推件板可能由于不均匀热膨胀而卡死在凸模上。

（4）其他推出机构

1）凹模推出机构。图 6-34 为双分型面的固定式压缩模，上模分型后，制品留在凹模内，然后利用推出机构将凹模推起，进行二次分型。塑料制品因冷却收缩，故很容易从凹模内取出。

2）二级推出机构。如图 6-35 所示，由于塑料制品表面带肋，压制后用一次推出机构脱模比较困难，因而采用二级推出机构。开始推出时，推板上的固定推杆 1 和弹簧支承的推杆 2 同时作用，将制品连同活动下模 4 推起，使制品的外表面与型腔分离，待推杆 2 上的螺母碰到加热板（支承板）3 后，推杆 2 与活动下模 4 停止运动，推杆 1 继续上行，使制品与活动下模分离而脱模。

4. 移动式压缩模的卸模架

移动式压缩模普遍采用特制的卸模架，利用压力机的压力将模具分开并推出塑料制品。与手工撞击法脱模相比，虽然采用卸模架的生产率低，但开模动作平稳，模具使用寿命长，并能减轻劳动强度。

卸模架的结构形式有以下几种：

1）一个水平分型面的压缩模采用上、下卸模架进行脱模时，其结构如图 6-36 所示。

下卸模架推出塑料制品的推杆长度为

$$l_1 = s_1 + t_1 + 3\text{mm} \qquad (6\text{-}24)$$

式中 s_1——塑料制品与型腔脱开的最小距离；

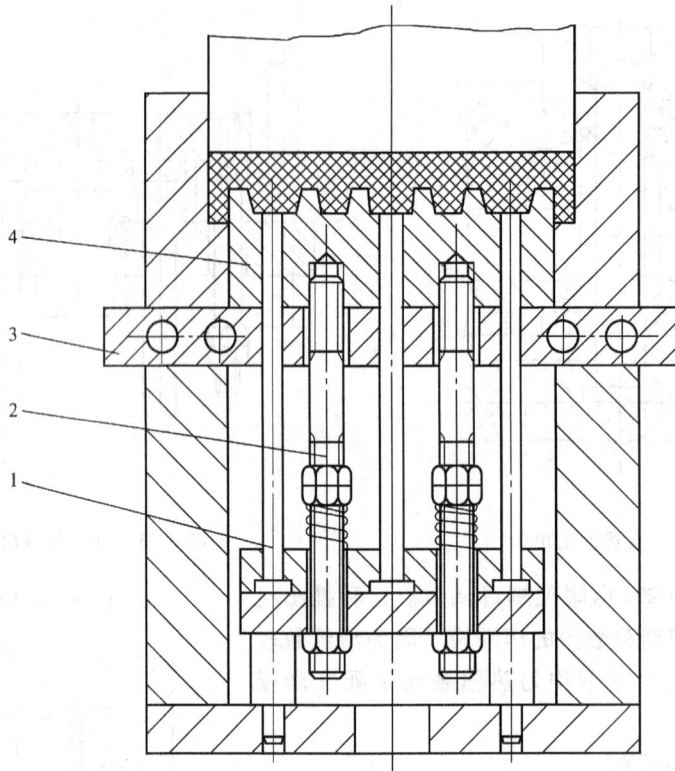

图 6-35　二级推出机构
1—固定推杆　2—推杆　3—加热板　4—活动下模

t_1——卸模架推杆进入模具的导向长度（即从开始进入模具到与模具推杆相接触的行程）。

下卸模架分模推杆长度为

$$l_2 = s_1 + s_2 + h + 5\text{mm}$$

$$(6\text{-}25)$$

式中　s_2——上凸模与制品脱开所需的距离；

　　　h——凹模高度。

上卸模架分模推杆长度

$$l_3 = s_1 + s_2 + t_2 + 10\text{mm}$$

$$(6\text{-}26)$$

式中　t_2——上凸模固定板厚度。

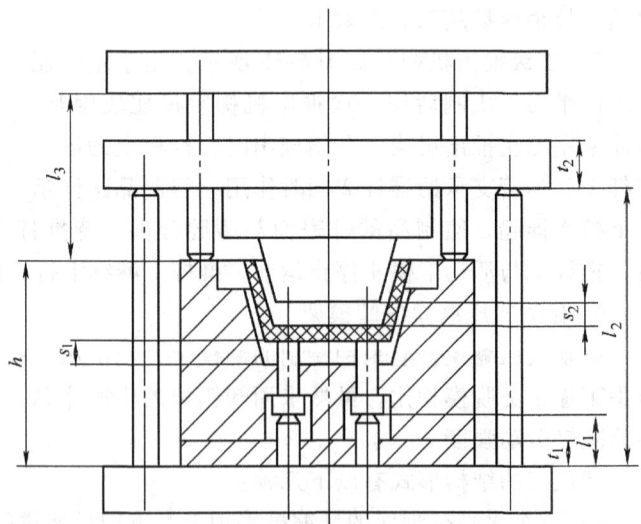

图 6-36　单分型面压缩模卸模架

2）两个水平分型面的移动式压缩模采用上、下卸模架脱模时，其结构如图 6-37 所示。

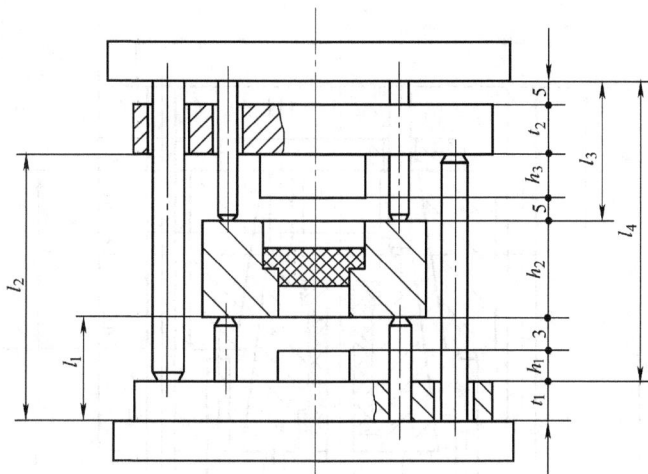

图 6-37　双分型面压缩模的卸模架

卸模时，应将上凸模、下凸模、凹模三者分开，然后从凹模中推出制品。

下卸模架短推杆的长度为

$$l_1 = t_1 + h_1 + 3\text{mm} \tag{6-27}$$

式中　h_1——下凸模必须脱出的长度，在此等于下凸模高度，有时所需脱出长度小于下凸模总高；

　　　t_1——下凸模固定板厚度。

下卸模架长推杆长度为

$$l_2 = t_1 + h_1 + h_2 + h_3 + 8\text{mm} \tag{6-28}$$

式中　h_2——凹模高度；

　　　h_3——上凸模必须脱出的高度，在此等于上凸模总高，有时可小于上凸模总高。

上卸模架短推杆长度为

$$l_3 = h_3 + t_2 + 10\text{mm} \tag{6-29}$$

式中　t_2——上凸模固定板厚度。

上卸模架长推杆长度为

$$l_4 = h_1 + h_2 + h_3 + t_2 + 13\text{mm} \tag{6-30}$$

3）两个水平分型面并带有瓣合凹模的压缩模采用上、下卸模架脱模时，应将上凸模、下凸模、模套、瓣合凹模四者分开，制品留在瓣合凹模内，最后打开瓣合凹模，取出制品。这时上、下卸模架都装有长短不等的两类推杆，如图 6-38 所示。

下卸模架短推杆长度为

$$l_1 = h_1 + t_1 + 5\text{mm} \tag{6-31}$$

式中　h_1——下凸模必须脱出的长度，在此等于下凸模高度，有时所需脱出长度小于下凸模总高；

　　　t_1——下凸模固定板厚度。

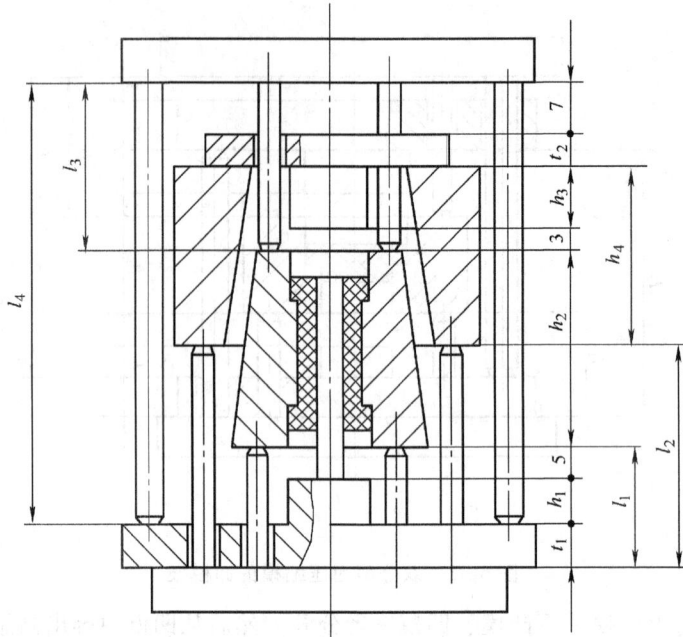

图 6-38　瓣合凹模卸模架

这里所设中间主型芯有锥度，因此只需抽出 $h_1 + 5\text{mm}$ 的距离，制品即可从主型芯上松开。锥形瓣合凹模小端与模套平齐，由下卸模架的推杆推起模套和上凸模，则下卸模架长推杆长度为

$$l_2 = h_1 + h_2 + t_1 + h_3 - h_4 + 8\text{mm} \tag{6-32}$$

式中　h_2——瓣合凹模高度；

h_3——上凸模与瓣合凹模脱开所需距离，小于或等于上凸模高度；

h_4——模套高度。

上卸模架短推杆长度为

$$l_3 = h_3 + t_2 + 10\text{mm} \tag{6-33}$$

上卸模架长推杆长度为

$$l_4 = h_1 + h_2 + h_3 + t_2 + 15\text{mm} \tag{6-34}$$

式中　t_2——上凸模固定板厚度。

由以上各例可以看出，推杆可根据模具的分模要求进行计算，同一分型面上所使用的推杆高度必须一致，以免因推出偏斜而损坏模具或制品。

用卸模架卸模的移动式压缩模必须安装手柄，以便操作者在卸模过程中搬动和翻转高温模具。

五、压缩模的侧向分型抽芯机构

压缩模的侧向分型抽芯机构与注射模相似，但又不完全相同。注射模是先合模后注入塑料，而压缩模是先加料，后合模。因此，注射模某些侧向分型机构不能用于所有结构的压缩模。例如，以开合模驱动的斜导柱侧向分型，如果用于瓣合凹模的压缩模，则加料时由于瓣合凹模处于开启状态，必将引起严重漏料。但斜导柱用于侧向抽芯是可行的。此外，要求分型机构和楔紧块都应具有足够的强度的韧度。目前国内广泛使用手动分型抽芯机构，机动分型抽芯机构仅用于大批生产。

1. 机动侧向分型抽芯机构

（1）斜滑块分型抽芯机构（图6-39）　当抽芯距离不大时，可采用这种结构，因为这种结构比较坚固，抽芯和分型两个动作可以同时进行，而且需要多面抽芯时，模具可做得简单紧凑。但由于受闭模高度和开模距离的限制，斜滑块间的开距不能太大。

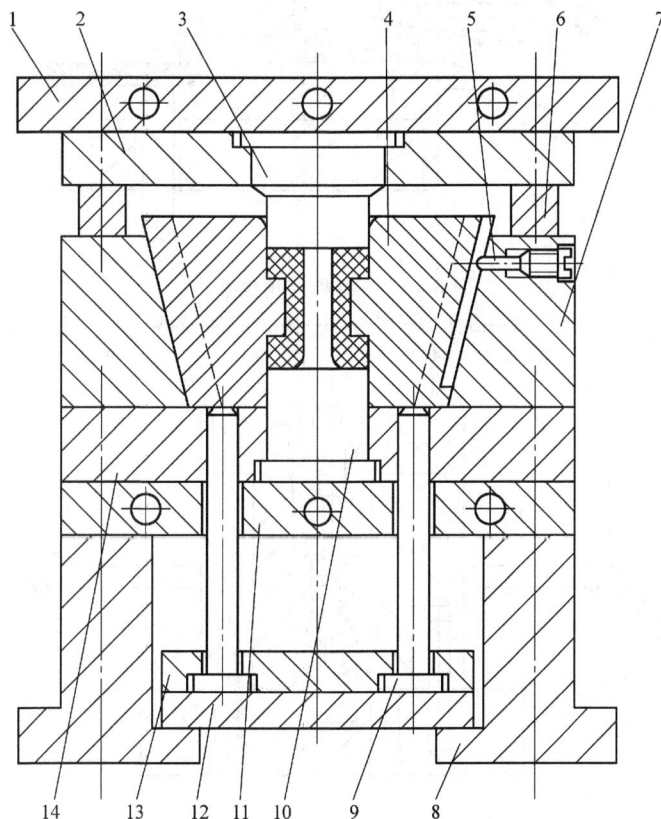

图 6-39　压缩模斜滑块分型抽芯
1—上模座板　2—凸模固定板　3—上凸模　4—斜滑块　5—定位螺钉
6—承压块　7—模框　8—支架　9—推杆　10—下凸模　11—加热板
（支承板）　12—推板　13—推杆固定板　14—凸模固定板（垫板）

（2）斜导柱、弯销抽芯机构　斜导柱和弯销抽芯机构工作原理相似，图6-40为弯销抽芯机构。图中矩形滑块4上有两个侧型芯，在凸模下降到最低位置时，侧型芯向前运动才结束。弯销有足够的刚度，侧型芯截面积又不大，因此，不再用楔紧块，滑块的抽出位置由限位块3定位。

2. 手动模外分型抽芯机构

目前，压缩模还大量采用手动模外分型抽芯机构，因为以这种分型抽芯方式的模具结构简单，但劳动强度大，效率低，如图6-41所示。

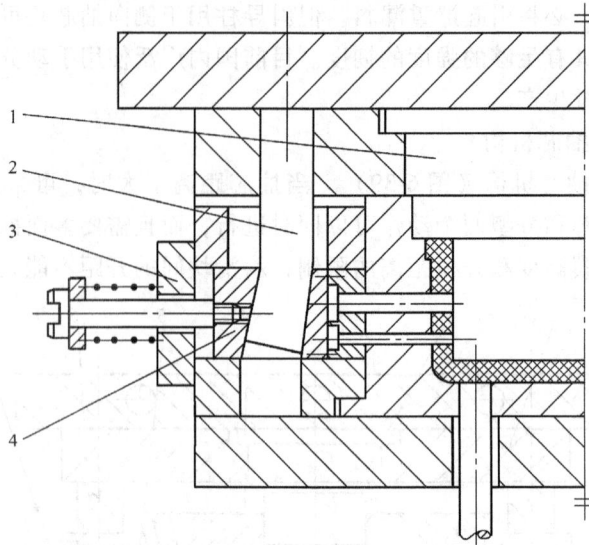

图 6-40　压缩模弯销侧抽芯

1—凸模　2—弯销　3—限位块　4—滑块

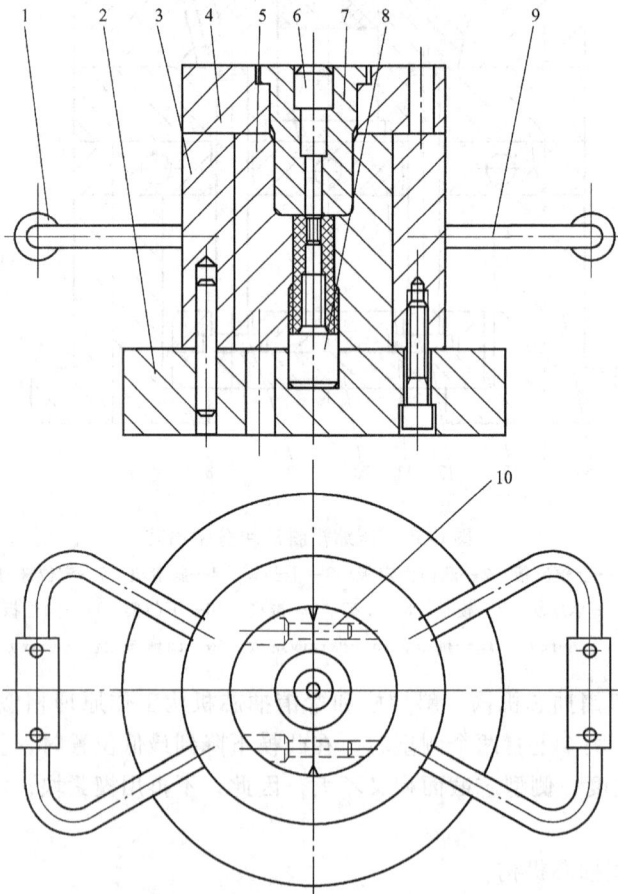

图 6-41　手动模外分型抽芯压缩模

1—套筒　2—下模座板　3—模套　4—上模板　5—凹模　6—上型芯　7—凸模　8—下型芯　9—手柄　10—导销

该模具压制的塑料制品内、外均有螺纹。凹模5由两半组成,由模套3紧固。塑料制品的内螺纹由上型芯6、下型芯8成型;外螺纹由凹模5成型。由于上、下型芯头部均带有内六角孔,开模时,首先用扳手旋出上型芯6,凹模连同塑料制品及下型芯8由模外卸模架推出,再松开下型芯8,取出制品。

第四节 典型压缩模

一、移动式压缩模

图6-42所示为移动式压缩模及其卸模架。加料时,先将凹模7套于下凸模6上,加入压塑粉后将上凸模3盖上。压制完毕,将模具从压力机内移出,装入上、下卸模架,推入压力机进行施压分模,取出制品。

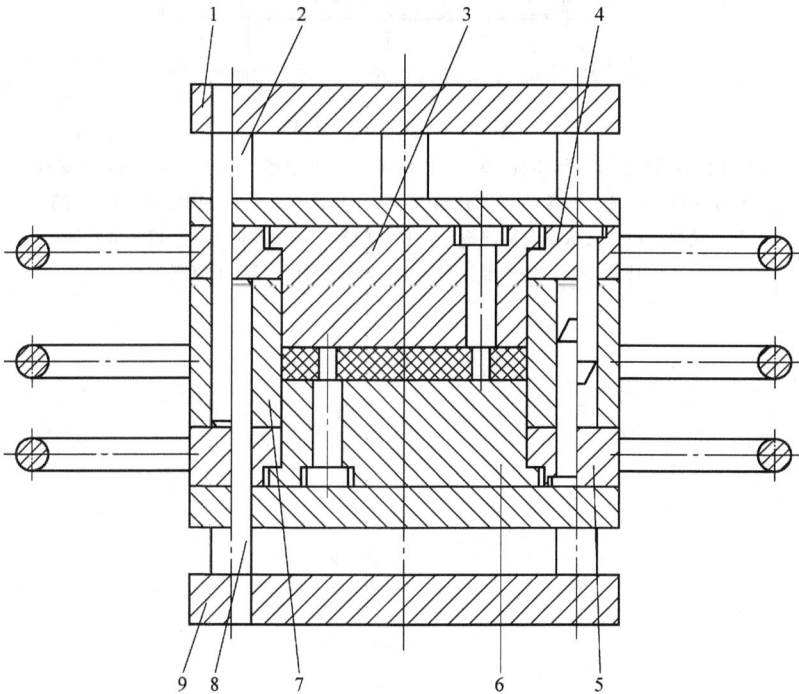

图6-42 移动式压缩模
1—上推板 2—上推杆 3—上凸模 4—上凸模固定板 5—下凸模固定板
6—下凸模 7—凹模 8—下推杆 9—下推板

二、固定式压缩模

图6-43所示为固定式压缩模。该模具的上模座板和下模座板分别固定在压力机上、下压板上。上模部分下行进行压制成型,成型后,塑料制品由推杆20从凹模15中推出。

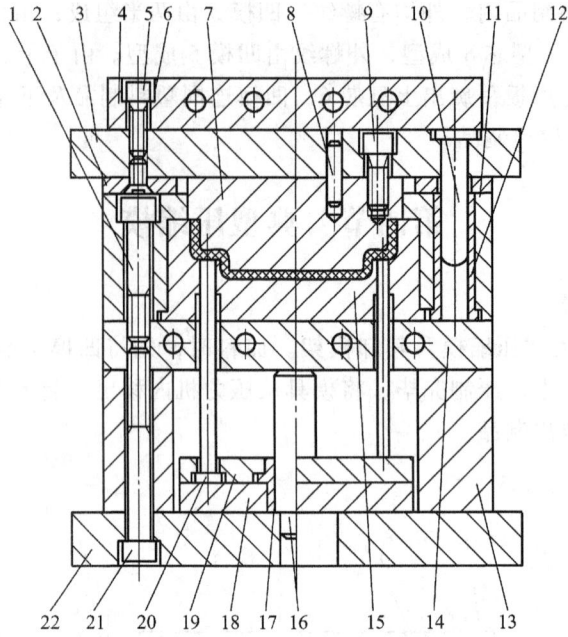

图 6-43 固定式压缩模

1—内六角螺钉 2—承压板 3—上模座板 4—加热板 5、9、21—内六角螺钉
6—沉头螺钉 7—凸模 8—圆柱销钉 10—导柱 11—凹模固定板 12—导套
13—垫块 14—支承板（加热板） 15—凹模 16—推板导柱 17—推板导套
18—推板 19—推杆固定板 20—推杆 22—下模座板

第七章　中空吹塑

中空吹塑成型是将处于塑性状态的型坯置于模具型腔内,借助压缩空气将其吹胀,使之紧贴于型腔壁上,经冷却定型得到中空塑料制品的成型方法。中空吹塑成型可以获得各种形状与大小的中空薄壁塑料制品,在工业中尤其是在日用工业中应用十分广泛。

第一节　中空吹塑制品结构设计

进行中空制品的结构设计时,要综合考虑塑料制品的使用性能、外观、可成型性与成本等因素。

一、圆角

中空吹塑制品的转角、凹槽与加强肋要尽可能采用较大的圆弧或球面过渡,以利于成型和减小这些部位的变薄,获得壁厚较均匀的塑料制品。

二、支承面

当中空制品需要由一个面为支承时,一般应将该面设计成内凹形。这样不但支承平稳而且具有较高的耐冲击性。图 7-1a 是不合理的,而图 7-1b 是合理的。

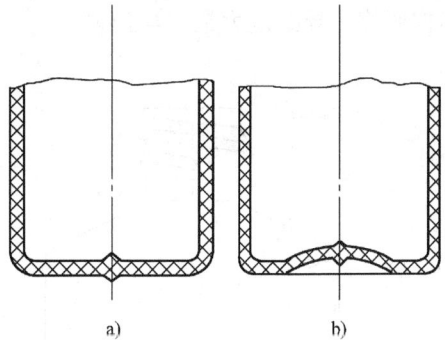

图 7-1　支承面

三、脱模斜度

由于中空吹塑成型不需要凸模,且收缩大,故在一般情况下,脱模斜度即使为零也可脱模。但当制品表面有皮纹时,脱模斜度应在 3°以上。

四、螺纹

中空吹塑成型的螺纹通常采用截面为梯形或半圆形的,而不采用普通细牙或粗牙螺纹。这是因为后者难以成型。为了便于清理制品上的飞边,在不影响使用的前提下,螺纹可制成断续的,即在分型面附近的一段,塑料制品上不带螺纹。如图 7-2 所示,图 7-2b 比图 7-2a 容易清除飞边。

五、刚度

为提高容器刚度,一般在圆柱容器上贴商标区开设圆周槽,

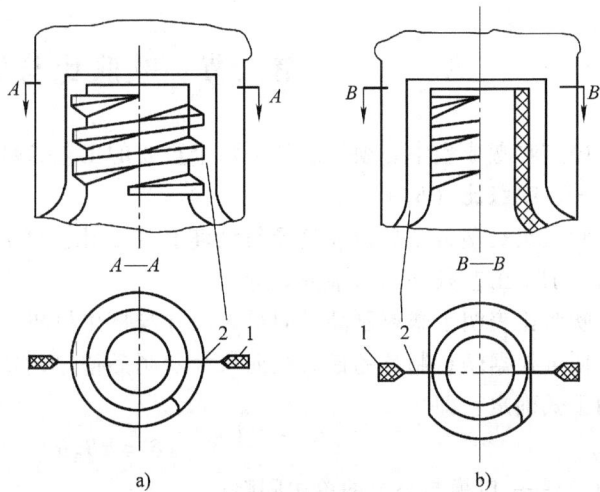

图 7-2　螺纹形状

1—余料　2—飞边

278

圆周槽的深度宜小些，如图 7-3a 所示。在椭圆形容
器上也可以开设锯齿形水平装饰纹，如图 7-3b 所
示。这些槽和装饰纹不能靠近容器肩部或底部，以
免造成应力集中或降低纵向强度。

六、纵向强度

包装容器在使用时，要承受纵向载荷作用，故
容器必须具有足够的纵向强度。对于肩部倾斜的圆
柱形容器，倾斜面的倾角与长度是影响纵向强度的

图 7-3　提高容器刚度措施

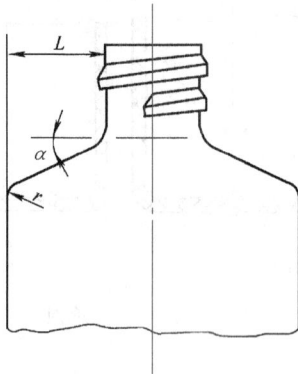

主要参数。如图 7-4 所示，高密度聚乙烯的吹塑瓶，肩部 L 为 13mm 时，α 至少要 12°，L 为
50mm 时，α 应取 30°。如果 α 小，则由于垂直应力的作用，易在肩部产生瘪陷。肩部斜面
与侧面交接处的圆角半径应较大。

若容器要承受大的纵向载荷作用，要避免采用图 7-5 所示的波纹槽。这些槽会降低容器
纵向强度，导致应力集中与开裂。

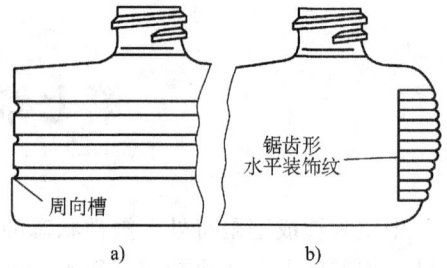

图 7-4　容器肩部倾斜面设计

图 7-5　带周向波纹槽的容器

第二节　吹胀比与延伸比

中空吹塑成型中心须注意如下两个重要的工艺参数。

一、吹胀比（B_R）

吹胀比是塑料制品最大直径与型坯直径之比。通常取 2~4，过大易使塑料制品壁厚不
均匀，加工工艺条件不易掌握。

吹胀比表明了塑料制品径向最大尺寸与挤出机机头口模尺寸之间的关系。当吹胀比确定
后，便可根据塑料制品的最大径向尺寸及制品壁厚确定机头口模尺寸。机头口模与芯模间隙
可用下式确定，即

$$\delta = tB_R\alpha$$

式中　δ——口模与心模的单边间隙；

　　t——制品壁厚；

　　B_R——吹胀比；

α——修正系数，一般取 $1 \sim 1.5$，它与加工塑料粘度有关，粘度大，取小值。

型坯截面形状一般要求与制品外形轮廓形状大体一致，如吹塑圆形截面瓶子，型坯截面应为圆形，若吹塑方截面塑料桶，则型坯为方形截面，或用壁厚不均匀的圆截面型坯，以获得壁厚均匀的方截面桶。

二、延伸比（S_R）

在注射拉伸吹塑中，塑料制品长度与型腔长度之比称为延伸比。图 7-6 所示，c 与 b 之比即为延伸比。延伸比确定后，型坯长度就可确定。一般情况下，延伸比大的制品，其纵向和横向强度均较高，为保证制品的刚度和壁厚，生产中一般取 $S_R B_R$ $=4 \sim 6$ 为宜。

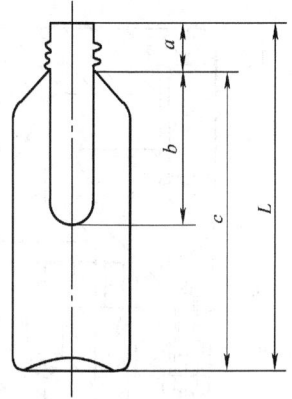

图 7-6　延伸比示意图

第三节　中空吹塑成型工艺及模具

根据中空吹塑成型方法不同，可分为挤出吹塑、注射吹塑、拉伸吹塑、多层吹塑等。其中挤出吹塑是成型中空塑料制品的主要方法。

一、挤出吹塑

1. 吹塑过程

图 7-7 为挤出吹塑成型工艺过程示意图。其中图 7-7a 表示挤出机头挤出管状型坯；图 7-7b 表示型坯引入对开的模具；图 7-7c 表示模具闭合，夹紧型坯上、下两端；图 7-7d 表示向型腔中吹入压缩空气，使型坯膨胀贴模而成型；图 7-7e 表示经保压、冷却、定型后，放气、取出制品。

这种中空吹塑成型方法的优点是模具结构简单，投资少，操作容易，适用于多种热塑性塑料的中空制品的吹塑成型。缺点是制品壁厚不均匀，需要后加工以去除飞边和余料。

2. 挤出型坯用机头

由挤出机塑化的熔体经机头挤出成型为型坯，机头对型坯和吹塑制品的性能影响很大，是挤出吹塑成型的重要装备，可根据型坯不同直径和壁厚予以更换。常用的机头有中心进料的弯管式机头（图 7-8）和侧向进料的弯管式机头（图 7-9）两种。

中心进料机头常用于聚氯乙烯塑料的挤出，侧向进料机头常用于聚烯烃塑料的挤出。

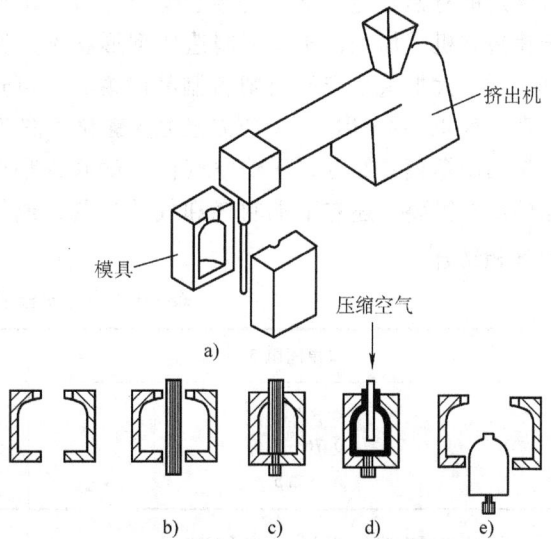

图 7-7　挤出中空吹塑示意图

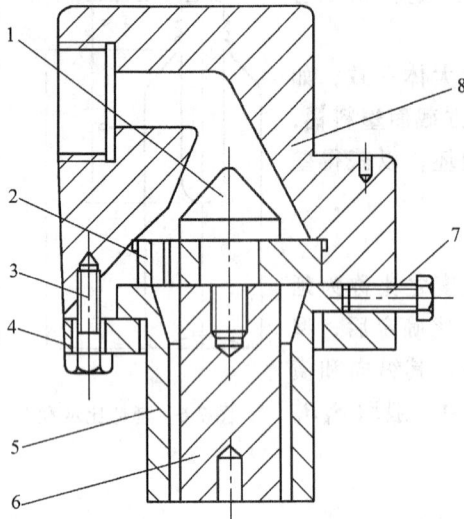

图 7-8 中心进料的弯管式机头

1—分流器 2—分流器支架 3—螺钉 4—压紧圈
5—口模 6—芯模 7—调节螺钉 8—机体

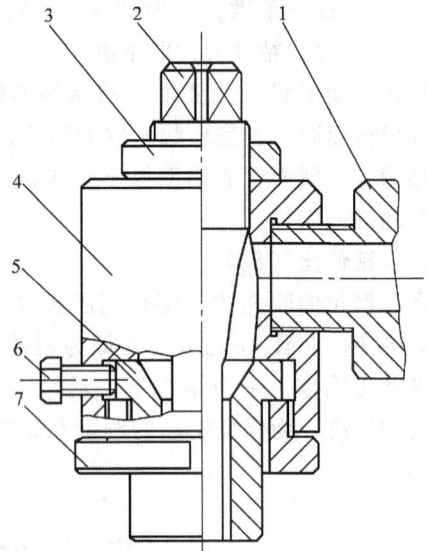

图 7-9 侧向进料的弯管机头

1—机颈 2—芯模 3—锁紧圆螺母 4—机体
5—口模 6—调节螺钉 7—压紧圈

机头型腔中最大环形截面积与芯模、口模间的环形截面积之比称为压缩比。机头的压缩比一般取 2.5 ~ 4。机头成型段尺寸可参照图 7-10 和表 7-1 选用。

3. 挤出吹塑模具

挤出吹塑模具通常由两瓣凹模组成,对于大型挤出吹塑模应设冷却水通道。由于吹塑模型腔受力不大(一般压缩空气的压力为 0.7MPa),故可供选择的模具材料较多,最常用的有铝合金、铍铜合金、锌合金等。由于锌合金易于铸造和机械加工,所以可制造成型形状不规则容器的模具。对于大批量生产硬质塑料制品的模具,可选用钢,热处理硬度 40 ~ 44HRC,型腔需经抛光镀铬。图 7-11 为典型的挤出吹塑模具结构,压缩空气由上端吹入型腔。根据制品的结构需要,还有下端吹气和气针吹气,或气针和上端吹气相结合。

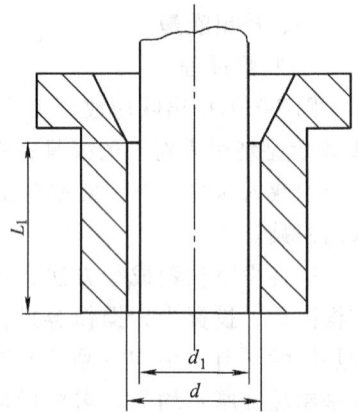

图 7-10 中空吹塑用挤出机头成型段

表 7-1 中空吹塑机头成型段尺寸 (单位:mm)

口模间隙 δ	成型段长度 L_1
<0.76	<25.4
0.76 ~ 2.5	25.4
>2.5	>25.4

挤出吹塑模具设计要点如下:

(1) 模具型腔

1）分型面　分型面选择的原则是使两瓣型腔为对称，减少吹胀比，型腔浅，易于制品脱模。为此，对于圆截面容器，分型面通过其轴线；对于椭圆形截面的容器，分型面通过椭圆的长轴；矩形截面容器，分型面通过中心线或对角线。一副模具一般为一个分型面，但对某些截面复杂的制品，分型面需要两个甚至更多，或不规则的分型面。

2）型腔表面　对于不同塑料和不同表面要求的制品，模具型腔表面的要求是不同的。对于吹塑 PE 塑料制品的型腔表面宜采用喷砂或蚀刻方法以获得稍微粗糙的型腔表面；对于吹塑高透明或高光泽表面的容器，尤其采用 PET、PVC、PP 等塑料时，型腔表面需要抛光、镀铬；对于工程塑料的吹塑模，其型腔表面一般不能喷砂，但可蚀刻花纹。

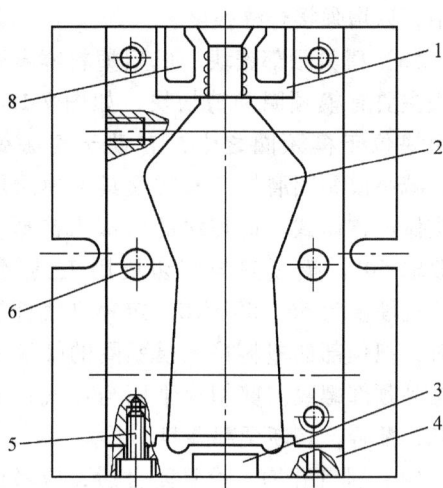

图 7-11　挤出吹塑模具结构图
1—颈部嵌块　2—型腔　3、8—余料槽　4—底部镶块　5—紧固螺钉　6—导柱　7—冷却水道

3）型腔尺寸　型腔尺寸是制品尺寸加上塑料收缩率。这里的收缩率系指室温（22℃）下型腔尺寸与成型 24h 之后的制品尺寸的相对差值。常用塑料吹塑制品的收缩率见表 7-2。

表 7-2　常用塑料吹塑制品的收缩率

塑料	制品收缩率（%）	塑料	制品收缩率（%）	塑料	制品收缩率（%）
HDPE	1~6	PC	0.5~0.8	PS	0.6~0.8
LDPE	1~3	PA	0.5~2.2	SAN	0.6~0.8
PP	1~3	ABS	0.6~0.8	CA	0.6~0.8
PVC	0.6~0.8	POM	1~3		

（2）模具底部镶块　吹塑模具底部的作用是挤压、封接型坯的一端，切去尾部余料。一般单独设模底镶块，而模底镶块的关键部位是夹坯口刃与余料槽。

1）夹坯口刃（图 7-12）。夹坯口刃宽度 b 是一个重要参数。b 过小会减小制品接合缝的厚度，降低其接合强度，甚至出现裂缝（图 7-12b）。对于小型吹塑件 b 取 1~2mm；对于大型吹塑件取 2~4mm。

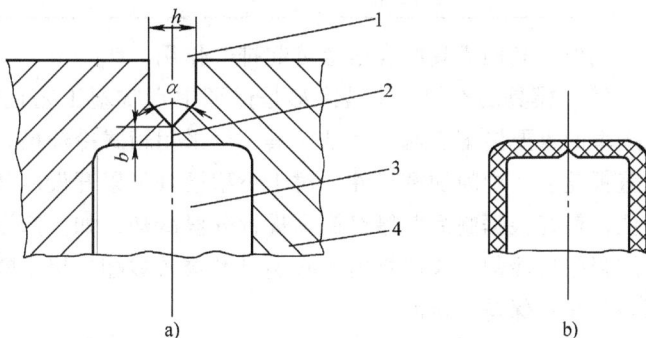

图 7-12　中空吹塑模具夹坯口刃部分
1—余料槽　2—夹坯口刃　3—型腔　4—模具体

2）余料槽。余料槽的作用是容纳剪切下来的多余塑料。余料槽通常开设在夹坯口刃后面的分模面上。余料槽单边深度（h/2）取型坯壁厚的 80%~90%。余料槽夹角 α 常取 30°~90°，夹坯口刃宽度大时取大值，反之则取小值。α 小有助于把少量塑料挤入制品接合

缝中，以增强接合缝强度。

（3）模具颈部镶块　成型塑料容器颈部的镶块主要有模颈圈和剪切块，如图7-13所示。剪切块位于模颈圈之上，有助于切去颈部余料，减小模颈圈磨损。有的模具上模颈圈与剪切块做成整体式。剪切块的口部为锥形，锥角一般取60°。模颈圈与剪切块用工具钢制成，热处理硬度为56～58HRC。定径进气杆插入型腔时，把颈部的塑料挤入模颈圈的螺纹槽而形成制品颈部螺纹。剪切块锥面与进气杆上的剪切套4配合，切断颈部余料。

（4）排气孔槽　模具闭合后，应考虑在型坯吹胀时，型腔内原有空气的排除问题。排气不良会使制品表面出现斑纹、麻坑和成型不完整等缺陷。为此吹塑模具要考虑在分型面上开设排气槽和开设一定数量的排气孔。排气孔一

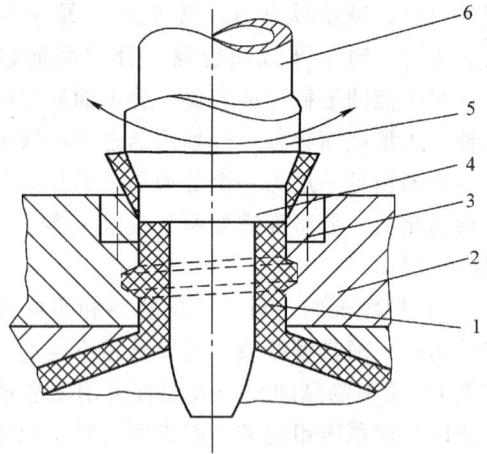

图7-13　挤出吹塑模具颈部镶块
1—容器颈部　2—模颈圈　3—剪切块　4—剪切套　5—带齿旋转套筒　6—定径进气杆

般在模具型腔的凹坑和尖角处，以及塑料最后贴模的地方。排气孔直径常取0.1～0.3mm。设在分型面上的排气槽宽度可取5～25mm，深度按表7-3选取。

表7-3　分型面排气槽深度

容器容积 V/dm^3	排气槽深度 h/mm
<5	0.01～0.02
5～10	0.02～0.03
10～30	0.03～0.04
30～100	0.04～0.10
100～500	0.10～0.30

此外，利用模具配合面也可起排气作用。

（5）模具的冷却　模具冷却是保证中空吹塑工艺正常进行，保证产品外观质量和提高生产率的重要措施。对于大型模具，可采用箱式冷却槽，即在型腔背后铣一个空槽，再用一个盖板盖上，中间加密封件。对于小型模具可以开设冷却水道，通水冷却。需要加强冷却的部位，最好根据制品壁厚对模具进行分段冷却，如生产瓶子，其瓶口部分一般比较厚，应考虑加强瓶口冷却。应该指出，吹塑成型聚碳酸酯、聚甲醛等工程塑料，模具不但不冷却，反而要加热并保持一定温度。

二、注射吹塑

注射吹塑是一种综合注射与吹塑工艺特点的成型方法，主要用于成型容积较小的包装容器。

1. 吹塑过程

注射吹塑成型过程如图7-14所示。首先注射机将熔融塑料注入注射模内形成型坯（图7-14a），型坯成型用的芯棒（型芯）3是壁部带微孔的空心零件。接着趁热将型坯连同芯棒转位至吹塑模内（图7-14b），然后向芯棒的内孔通入压缩空气，压缩空气经过芯棒壁微孔

进入型坯内孔，使型坯吹胀并贴于吹塑模的型腔壁上（图 7-14c），再经保压、冷却定型后放出压缩空气，开模取出制品（图 7-14d）。这种成型方法的优点是制品壁厚均匀，无飞边，不必进行后加工。由于注射得到的型坯有底，故制品底部没有接合缝，强度高，生产率高，但设备与模具投资大，多用于小型制品的大批量生产。

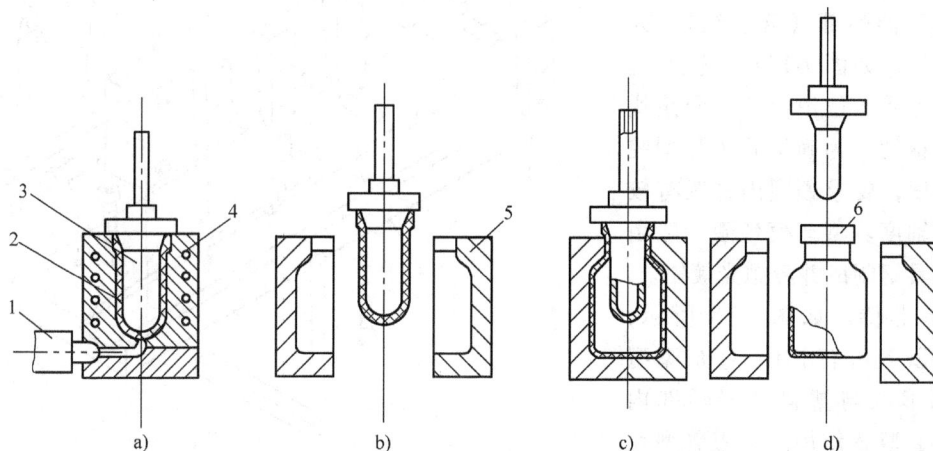

图 7-14　注射吹塑成型工艺过程

1—注射机喷嘴　2—型坯　3—型芯　4—加热器（温控）　5—吹塑模　6—塑料制品

2. 注射吹塑机械

注射吹塑机械主要包括注射系统、型坯模具、吹塑模具、模架（合模装置）、脱模装置及转位装置等构成。根据注射工位和吹塑工位的换位方式，注射吹塑机械有往复移动式和旋转式两种。

（1）注射系统　注射系统主要由注射机、支管装置、充模喷嘴构成。

1）注射机。普通三段式螺杆注射机塑化性能较差，熔体混炼不均匀，在熔化段螺槽内聚合物温度分布不均匀，平均温度较高，故在较高产量下难以保证制品性能要求。因此注射吹塑中多用混炼型螺杆注射机进行注射成型，其塑化速度比普通螺杆的高，熔体温度较均匀。

2）支管装置。支管装置如图 7-15 所示，熔体通过注射机喷嘴注入支管装置的流道内，再经充模喷嘴 10 注入型坯模具。支管装置主要由支管体 1、支管底座 7、支管夹具 3、充模喷嘴夹板 9 及管式加热器 2 构成。支管装置安装在型坯模具的模架上（图 7-16）。其作用是将熔体从注射机喷嘴引入型坯模具型腔内。可实现一次注射成型多个型坯。

3）充模喷嘴。充模喷嘴把从支管流道来的熔体注入型坯模具，其孔径较小，相当于点浇口。给多型腔模具供料时，各喷嘴的孔径应有差异，即中间的喷嘴孔径为 1.0 ~ 1.5mm，往两边的喷嘴孔径逐个增加 0.25mm，以达到均匀地给每个模腔充填塑料。喷嘴长度应小于40mm，以免熔体停留时间过长。充模喷嘴一般通过与被加热的支管体及型坯模具的接触而得到加热，也可单独设加热器加热。

（2）型坯模具　注射吹塑模具如图 7-16 所示，型坯模具和吹塑模具均装在类似冷冲模后侧模架上。型坯模具（图 7-16a）主要由型坯型腔体 5、颈圈镶块 8 与芯棒 7 构成。

1）型坯型腔体。型坯型腔体由定模与动模两部分构成，如图 7-17 所示。对软质塑料成型，型腔体可由碳素工具钢或结构钢制成，硬度为 31 ~ 35HRC；对硬质塑料成型，型腔体

由合金工具钢制成，热处理硬度
52～54HRC。型腔要抛光，加工
硬质塑料时还要镀铬。

2）颈圈镶块。颈圈镶块用
于成型容器颈部（含螺纹），并
支承芯棒，如图7-17a中零件4。
一般用键或定位销保证颈圈镶块
的位置精度。为确保芯棒与型腔
的同轴度，要求颈圈内外圆有较
高的同轴度。型坯模颈圈一般由
合金工具钢制成并经抛光镀铬。

3）芯棒。如图7-18所示，
芯棒有以下几个作用：①成型型
坯内部形状与塑料容器颈部内
径，即起型芯作用。②带着型坯
从型坯模转位到吹塑模。③输送
压缩空气，以吹胀型坯。④通过
温控介质以调节芯棒及型坯温
度。另外，靠近配合面开设1～2

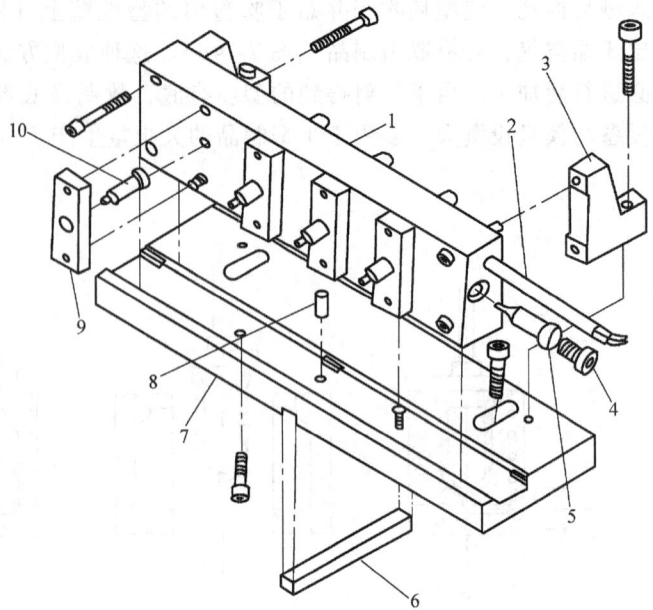

图7-15　支管装置部件分解图

1—支管体　2—管式加热器　3—支管夹具　4—螺钉　5—流道塞
6—键　7—支管底座　8—定位销　9—充模喷嘴夹板　10—充模喷嘴

圈深为0.1～0.25mm的凹槽，使型坯颈部塑料楔入槽内，避免从型坯成型工位转移至吹塑工位过程中颈部螺纹错位，同时减少漏气。芯棒各段的同轴度应为$\phi0.05～\phi0.08$mm。芯棒与型坯模具及吹塑模具的颈圈配合间隙为0～0.015mm，保证芯棒与型腔的同轴度。

芯棒由合金工具钢制成，热处理硬度为52～54HRC，比颈圈的稍低。与熔体接触的表面要沿熔体流动方向抛光，镀硬铬，以利于熔体充模与型坯脱模。

芯棒颈部放置在芯棒专用夹架上，芯棒夹架固定在转位装置上。

芯棒和型坯模型腔的形状及尺寸根据型坯形状与尺寸而定。因而型坯的设计与成型是注射吹塑的关键。型坯长度和颈部直径之比决定了芯棒长径比（L/D），而芯棒长径比一般不超过10。型坯直径根据制品直径而定，而注射吹塑的吹胀比一般取3。型坯模型腔和芯棒的横截面形状取决于型坯横截面形状。对于截面为椭圆形的制品，其椭圆长短轴之比小于1.5的，采用横截面为圆形的型坯；而椭圆长短轴之比不超过2的，则采用截面为圆形芯棒和截面为椭圆形的型坯模型腔来成型型坯；当椭圆长短轴之比大于2时，芯棒和型坯模型腔的截面一般均设计成椭圆形。除颈部外，型坯的壁厚一般取2～5mm，型坯横截面上最大与最小壁厚之比应小于2；型坯纵截面上最大与最小壁厚之比不应大于3。设计型坯的颈部尺寸和吹塑模具型腔时，应考虑塑料成型后的收缩，收缩率与塑料及成型工艺条件有关，PE、PP等软质塑料收缩率为1.6%～2.0%；PC、PS、PAN等硬质塑料收缩率约为0.5%。

（3）吹塑模具　注射吹塑模具与挤出吹塑模具基本相同，但前者不需设置夹料口刃，因为其型坯长度及形状已由型坯模具确定，如图7-16b和图7-17a所示。吹塑模型腔所承受的压力要比型坯模型腔小得多。吹塑模颈圈螺纹的直径比相应型坯颈圈大0.05～0.25mm，以免容器颈部螺纹变形。材料与挤出吹塑型腔体基本相同。注射吹塑模具的冷却方式与挤出

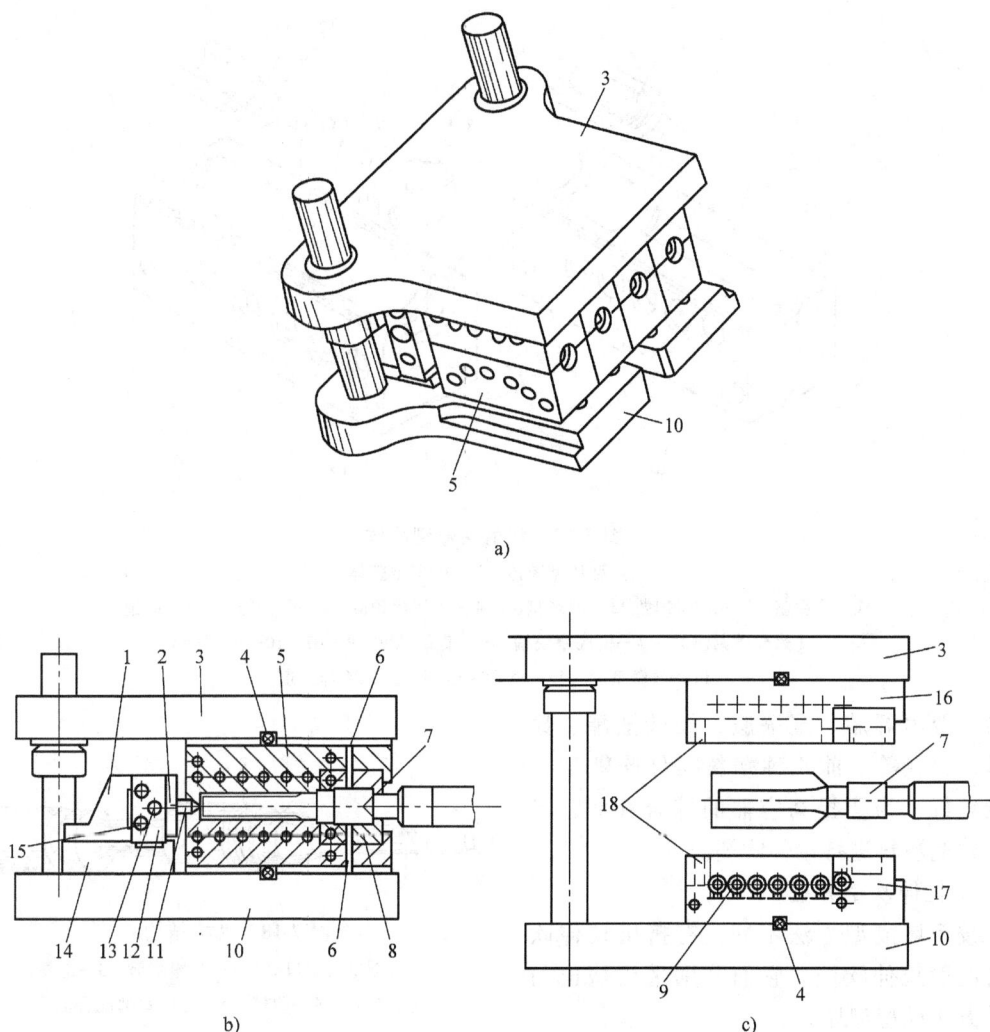

图 7-16 注射吹塑模具

a）模具及模架　b）型坯模具　c）吹塑模具

1—支管夹具　2—充模喷嘴夹板　3—上模板　4—键　5—型坯型腔体　6—芯棒温控介质入、出口
7—芯棒　8—颈圈镶块　9—冷却孔道　10—下模板　11—充模喷嘴　12—支管体　13—流道
14—支管座　15—加热器　16—吹塑模型腔体　17—吹塑模颈圈　18—模底镶块

吹塑相同。

三、拉伸吹塑

1. 拉伸吹塑过程

图 7-19 所示为注射拉伸吹塑过程。首先在注射工位注射成空心带底型坯（图 7-19a）；然后打开注射模将型坯迅速移到拉伸和吹塑工位，用拉伸芯棒进行拉伸（图 7-19b）并吹塑成型（图 7-19c）；最后经保压、冷却后开模取出制品（图 7-19d）。经过拉伸吹塑的塑料制品，其透明度、冲击韧度、刚度、表面硬度都有很大提高。但透气性有所降低。

2. 拉伸吹塑用塑料

在生产中，许多热塑性塑料都可用于拉伸吹塑，如聚对苯二甲酸乙二酯、聚氯乙烯、聚

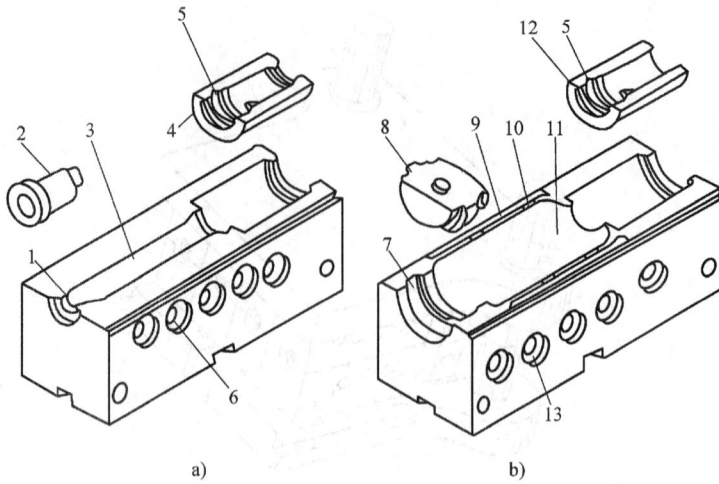

a)   b)

图 7-17 注射吹塑型腔体

a) 型坯型腔体 b) 吹塑型腔体

1—喷嘴座 2—充模喷嘴 3—型坯型腔 4—型坯模颈圈 5—颈部螺纹 6—孔道
（热介质调温） 7—模底镶块槽 8—模底镶块 9—槽 10—排气槽
11—吹塑型腔 12—吹塑模颈圈 13—冷却孔道

丙烯、聚丙烯腈、聚酰胺、聚碳酸酯、聚甲醛、聚砜等。前 4 种塑料拉伸吹塑工艺性能较好。为了提高容器的综合性能，可采用共混塑料进行拉伸吹塑。

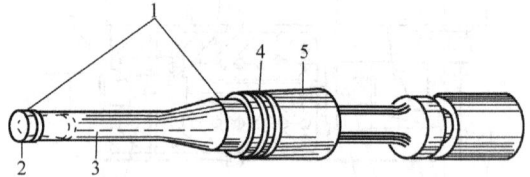

图 7-18 芯棒结构

1—压缩空气出口处 2—芯棒底部 3—芯棒
（型芯） 4—凹槽 5—芯棒颈部配合面

3. 拉伸吹塑方法

按型坯成型方法不同，有挤出拉伸吹塑与注射拉伸吹塑。它们分别采用挤出与注射方法成型型坯。

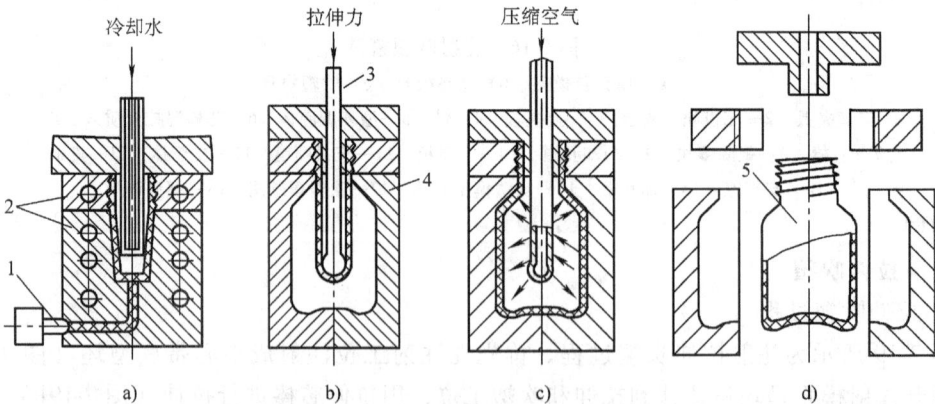

a)   b)   c)   d)

图 7-19 注射拉伸吹塑中空成型

1—注射机喷嘴 2—注射模 3—拉伸芯棒 4—吹塑模 5—塑料制品

按成型所用设备不同，分为一步法与两步法。在一步法拉伸吹塑中，型坯的成型、冷却、加热、拉伸与吹塑、取出制品均在同一设备上完成；两步法则先采用挤出或注射方法成型型坯，并使之冷却至室温，成为半成品，然后再进行加热、拉伸、吹塑，型坯的生产与拉伸吹塑在不同设备上完成。

四、多层吹塑

多层吹塑是指用不同种类的塑料，经特定的挤出机头形成一个型坯壁分层而又粘接在一起的型坯，再经中空吹塑获得壁部多层的中空塑料制品的成型方法。

发展多层吹塑的目的是解决单一塑料不能满足使用要求的问题。例如，聚乙烯容器虽然无毒，但其气密性较差，所以不能装有香味的食品，而聚氯乙烯的气密性优于聚乙烯，所以可以采用双层吹塑获得外层为聚氯乙烯、内层为聚乙烯的容器，既无毒，气密性又好。

此外，可以分别采用透气性不同材料复合，着色层与本色层复合，发泡层与非发泡层的复合，回料层与新料层的复合以及透明层与非透明层的复合等多层吹塑方法，以达到提高气密性，着色装饰，回料利用等目的。

多层吹塑的主要问题是层间的熔接质量及接缝强度。为此，除了注意选择塑料品种外，还要严格控制工艺条件及挤出型坯的质量。另外，由于多种塑料的复合，塑料的回收利用较困难，挤出机头结构复杂，设备投资大。

第八章 挤出机头

第一节 挤出机头的分类和设计原则

一、挤出机头的分类

在本书第三章中已经叙述过挤出机头的作用和主要组成部分。图3-20是直向式的管材挤出机头，图3-22是芯棒式挤出机头。机头的种类及结构形式还很多，可按以下三种特征进行分类。

1）按机头的用途可分为挤管机头、吹塑薄膜机头、挤板机头等。

2）按制品出口方向与挤出机螺杆轴向关系可分为直向机头和横向机头。

3）按机头内熔体的压力大小可分为低压机头（熔体压力小于4MPa）、中压机头（熔体压力为4~10MPa）、高压机头（熔体压力在10MPa以上）。

二、挤出机头的设计原则

设计挤出机头时一般应遵循以下原则：

1）机头内腔应呈流线型，不能急剧地扩大或缩小，更不能有死角和停滞区。流道应光滑，表面粗糙度值 $R_a < 0.4\mu m$，以便熔体沿流道充满并均匀地流出，防止塑料过热分解。

2）应有足够的压缩比，以使制品密实和有效地消除分流器支架造成的结合缝。

3）必须考虑塑料特性和成型条件（温度、压力等）等因素的影响，正确设计机头成型部分的截面形状，以保证熔体挤出后具有规定的截面形状。

4）在满足成型需要和强度的前提下，机头结构应紧凑，与料筒的连接要严密并易于拆装。其形状尽量规则对称，传热均匀，并具备保证挤出制品壁厚均匀性的调节机构。

5）机头应选硬而耐磨的材料制造，必要时要镀铬，以增强耐腐蚀能力。

6）要正确控制温度，口模与机头体的温度应该独立控制。

第二节 管材挤出机头

一、管材挤出机头的结构形式

常见的管材挤出机头结构形式有以下四种：

（1）直管式机头　图8-1为直管式机头。其结构简单，具有分流器支架，芯模加热困难，定型长度较长。适用于薄壁小口径的管材挤出。

（2）弯管式机头　图8-2为弯管式机头。其结构复杂，没有分流器支架，芯模容易加热，定型长度不要很长。大小口径管材均适用。

（3）旁侧式机头　图8-3为旁侧式机头，结构复杂，没有分流器支架，芯模可以加热，定型长度也不要很长。大小口径管材均适用。

（4）筛孔式挤管机头　如图8-4所示，熔体通过流道套5上的孔进入机体4和芯棒3之间的环形间隙，在挤压力作用下，熔体被挤出口模，经定型成为塑料管材。压缩空气从气道

7 进，拉杆 1 的通气孔出。这种结构形式适用于流动性好的聚烯烃类塑料管材成型。

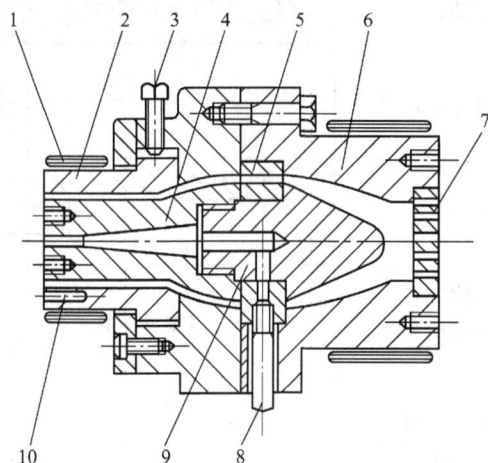

图 8-1　直管式机头

1—电加热器　2—口模　3—调节螺钉　4—芯模　5—分流器支架
6—机体　7—栅板　8—进气管　9—分流器　10—测温孔

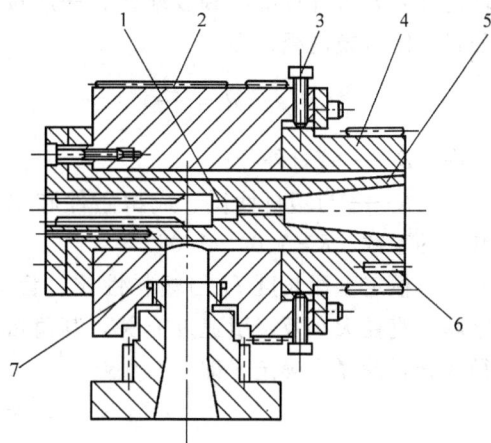

图 8-2　弯管式机头

1—进气口　2—电加热器　3—调节螺钉
4—口模　5—芯模　6—测温孔　7—机体

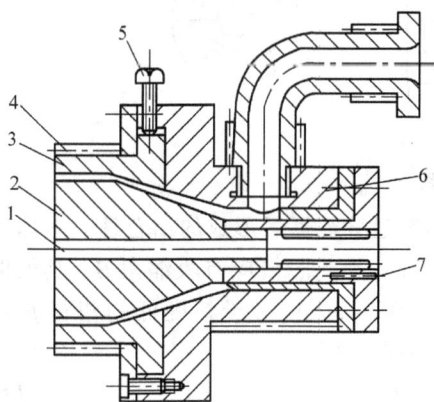

图 8-3　旁侧式机头

1—进气口　2—芯模　3—口模　4—电加热器
5—调节螺钉　6—机体　7—测温孔

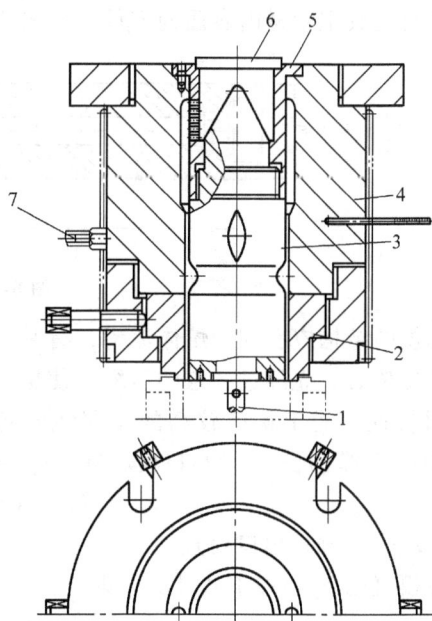

图 8-4　筛孔式挤管机头

1—拉杆　2—口模　3—芯棒　4—机体
5—流道套　6—栅板　7—气道

二、管材挤出机头零件的设计

1. 口模

口模是成型管材外表面的零件，其结构如图 8-5 所示。口模内径不等于塑料管材外径，因为从口模挤出的管坯由于压力突然降低，塑料因弹性恢复而发生管径膨胀，同时，管坯在冷却和牵引作用下，管径会发生缩小。这些膨胀和收缩的大小与塑料性质、挤出温度和压力

等成型条件以及定径套结构有关，目前尚无成熟的理论计算方法计算膨胀和收缩值，一般按如下经验公式确定口模内径，即

$$d = \frac{D}{K} \qquad (8\text{-}1)$$

式中　D——管材外径；

　　　K——与塑料性质、成型条件和定径套结构有关的系数，$K = 1.04 \sim 1.08$。

口模定型段长度 L_1 与塑料性质、管材的形状、壁厚、直径大小及牵引速度有关。其值可按管材外径或管材壁厚来确定，即

$$L_1 = (0.5 \sim 3)D \qquad (8\text{-}2)$$

或

$$L_1 = (8 \sim 15)t \qquad (8\text{-}3)$$

式中　D——管材外径；

　　　t——管材壁厚。

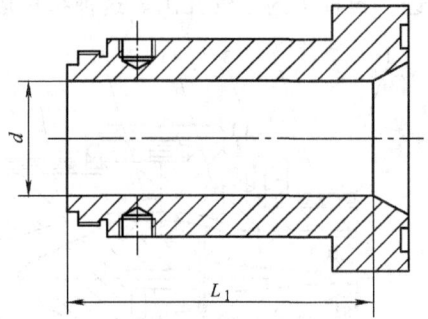

图 8-5　口模的结构

2. 芯模

芯模是成型管材内表面的零件，如图 8-6 所示。直管式机头芯模与分流器以螺纹连接。

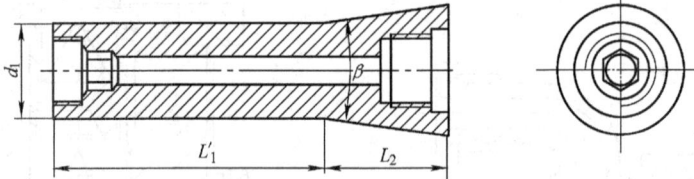

图 8-6　芯模结构

芯模的结构应有利于熔体流动，有利于消除熔体经过分流器后形成的结合缝。熔体流过分流器支架后，先经过一定的压缩，使熔体很好地汇合。为此芯模应有收缩角 β，其值取决于塑料特性，对于粘度较高的硬聚氯乙烯，β 一般 $30° \sim 50°$；对于粘度低的塑料 β 可取 $45° \sim 60°$。芯模的长度 L_1' 与口模相等。L_2 一般按下式确定，即

$$L_2 = (1.5 \sim 2.5)D_0 \qquad (8\text{-}4)$$

式中　D_0——栅板出口处直径。

芯模直径 d_1 可按下式计算，即

$$d_1 = d - 2\delta \qquad (8\text{-}5)$$

式中　δ——芯模与口模之间间隙；

　　　d——口模内径。

由于塑料熔体挤出口模后的膨胀与收缩，使 δ 不等于制品壁厚，δ 可按下式计算，即

$$\delta = \frac{t}{K_1} \qquad (8\text{-}6)$$

式中　K_1——经验系数，$K_1 = 1.16 \sim 1.20$；

　　　t——制品壁厚。

为了使管材壁厚均匀，必须设置调节螺钉（图 8-1 件 3）以便安装与调整口模与芯模之

间间隙。调节螺钉数目一般为 4~8 个。

3. 分流器

分流器的作用是使熔体料层变薄，以便均匀加热，使之进一步塑化。其结构如图 8-7 所示。

分流器与栅板之间的距离一般取 10~20mm，或稍小于 $0.1D_1$（D_1 为挤出机螺杆直径）。保持分流器与栅板之间的一定距离的作用是使通过栅板的熔体汇集。因此，该距离不宜过小，否则熔体流速不稳定，不均匀；距离过大，熔体在此空间时间较长，高分子容易产生分解。

分流器的扩张角 α 值取决于塑料粘度，一般取 $60° \sim 90°$，挤出硬聚氯乙烯 $\alpha \leqslant 60°$。α 太大，熔体流动阻力大；α 过小，势必增大分流锥部分的长度。

分流锥的长度一般按下式确定，即

$$L_3 = (1 \sim 1.5) D_0 \qquad (8\text{-}7)$$

式中　D_0——栅板出口处直径。

分流器头部圆角 r 一般取 $0.5 \sim 2\text{mm}$。

4. 分流器支架

分流器支架与分流器可以制成整体式的（图 8-7），也可制成组合式的（图 8-1）。前者适用于中小

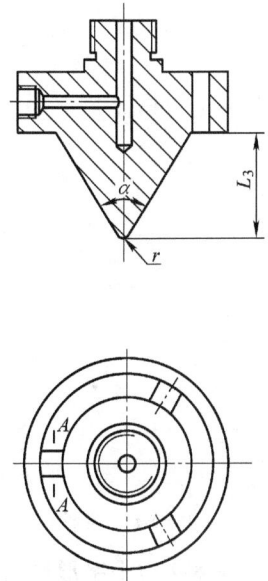

图 8-7　分流器及其支架

型机头，后者适用于大型机头。分流器支架上的分流肋的数目在满足支持强度的条件下，以少为宜，一般为 3~8 根。分流肋应制成流线型的（图 8-7），在满足强度前提下，其宽度和长度应尽量小些，而且出料端的角度应小于进料端的角度。

分流器支架设有进气孔和导线孔，用以通入压缩空气和内部设置电热器时导入导线。通入压缩空气的作用是为了管材的定径（内压法外径定型）和冷却。

第三节　吹塑薄膜机头的设计

一、吹塑薄膜机头结构形式

常见的吹塑薄膜机头结构形式有芯棒式机头、中心进料的"十字形机头"、螺旋式机头、旋转式机头以及双层或多层吹塑薄膜机头。

1. 芯棒式机头

图 8-8 为芯棒式吹塑薄膜机头。塑料熔体自挤出机栅板挤出，通过机颈 5 到达芯棒轴 7 时，被分成两股并沿芯棒分料线流动，然后在芯棒尖处重新汇合，汇合后的熔体沿机头环隙挤成管坯，芯棒中通入压缩空气将管坯吹胀成管膜。

芯棒式机头内部通道空腔小，存料少，塑料不容易分解，适用于加工聚氯乙烯塑料。但熔体经直角拐弯，各处流速不等，同时由于熔体长时间单向作用于芯棒，使芯棒中心线偏移，即产生"偏中"现象，因而容易导致薄膜厚度不均匀。

2. 十字形机头

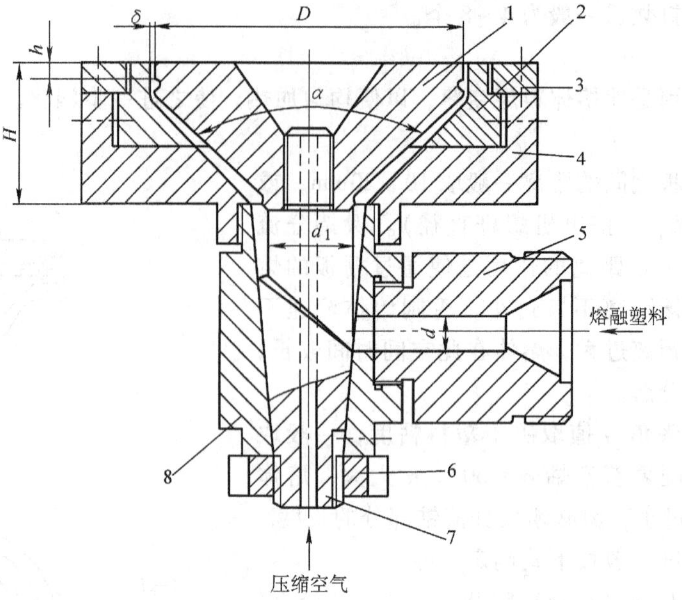

图 8-8　芯棒式机头

1—芯棒（芯模）　2—口模　3—压紧圈　4—上模体　5—机颈　6—螺母　7—芯棒轴　8—下模体

图 8-9 为十字形机头，其结构类似管材挤出机机头。这种机头的优点是出料均匀，薄膜厚度容易控制；芯棒不受侧压力，不会产生如芯棒式机头那种"偏中"现象。但机头内腔大，存料多，塑料易分解，适用于加工热稳定性好的塑料，而不适用于加工聚氯乙烯。

3. 螺旋式机头

图 8-10 为螺旋式机头，塑料熔体从中央进口挤入，通过带有多个螺旋槽的芯棒 7，然后在定型区前汇合，达到均匀状态后从口模挤出。

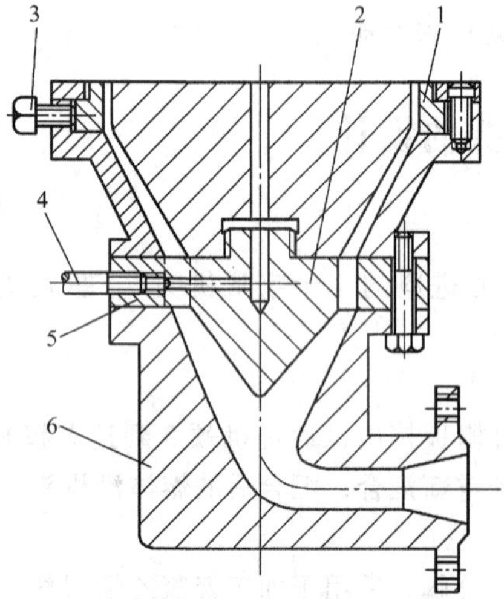

图 8-9　十字形机头

1—口模　2—分流器　3—调节螺钉
4—进气管　5—分流器支架　6—机体

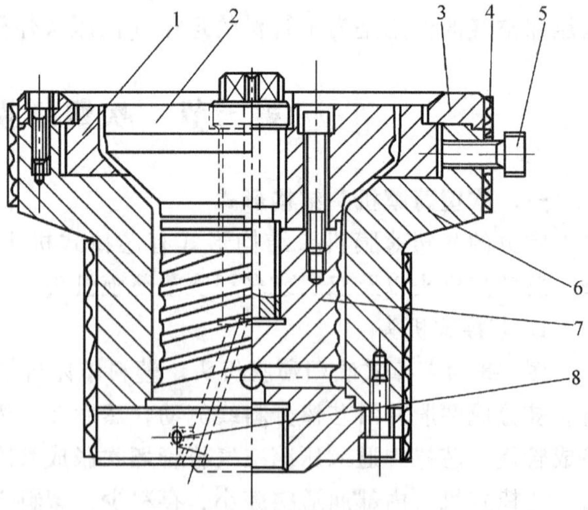

图 8-10　螺旋式机头

1—口模　2—芯模　3—压紧圈　4—加热器　5—调节
螺钉　6—机体　7—螺旋芯棒　8—气体进口

这种机头的优点是，机头内熔体压力大，出料均匀，薄膜厚度容易控制，薄膜性能好。但结构复杂，拐角多，适用于加工聚丙烯、聚乙烯等粘度小且不易分解的塑料。

4. 旋转式机头

图 8-11 为旋转式机头。其特点是芯模 2 和口模 1 都能单独旋转。芯模和口模分别由直流电动机带动，能以同速或不同速、同向或异向旋转。

采用这种机头可克服由于机头制造、安装不准确及温度不均匀造成的塑料薄膜厚度不均匀，其厚度公差可达 0.0001mm。它的应用范围较广，对热稳定性塑料和热敏性塑料均可成型。

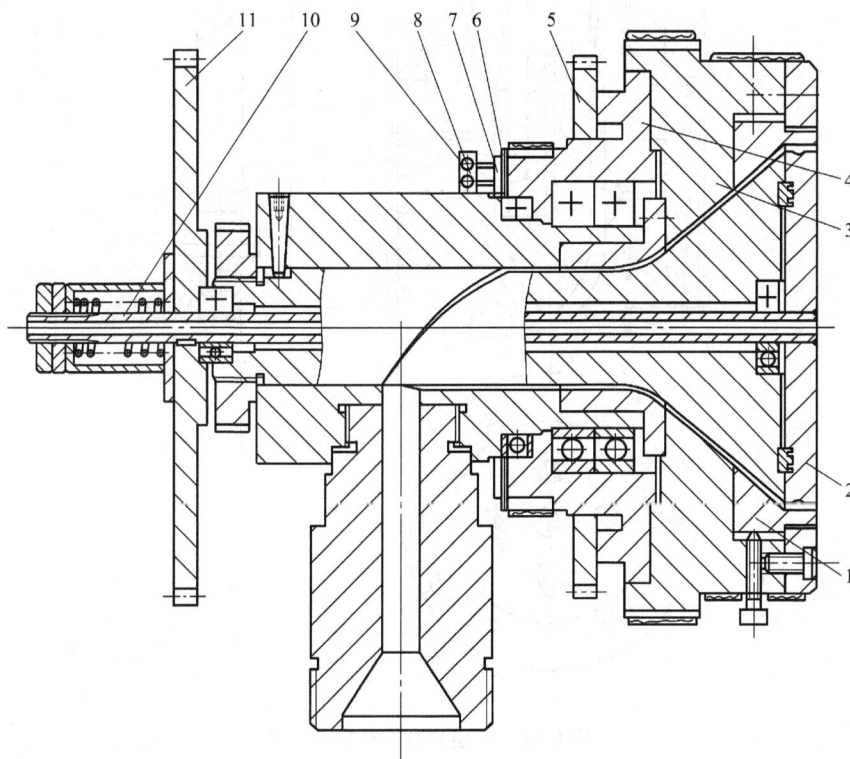

图 8-11　旋转式机头

1—口模　2—芯模　3—机头旋转体　4—口模支持体　5、11—齿轮
6—绝缘环　7、9—铜环　8—电刷　10—空心轴

5. 多层薄膜吹塑机头

随着薄膜应用范围的扩大，单层薄膜在性能上不能满足要求的情况越来越多。为了弥补这种不足，就出现了将两种以上塑料复合在一起的多层塑料薄膜。这种薄膜能使几种塑料互相取长补短，获得具有较为理想的物理和力学性能。例如，聚偏二氯乙烯薄膜透气性很小，适宜包装食品，如与聚乙烯薄膜复合，则获得透气性小而又耐热的薄膜。图 8-12 为三层复合吹塑薄膜机头。由图可见，多层复合薄膜吹塑法是采用了几台挤出机同时供料，使几种塑料同时进入同一挤出机头（图 8-12 是由 A、B、D 口进入），而获得多层复合薄膜。

图 8-12 属于几种塑料在机头中结合后挤出，称为内复合吹塑薄膜机头；如果几种塑料挤出口模后结合，则称为外复合吹塑薄膜机头。

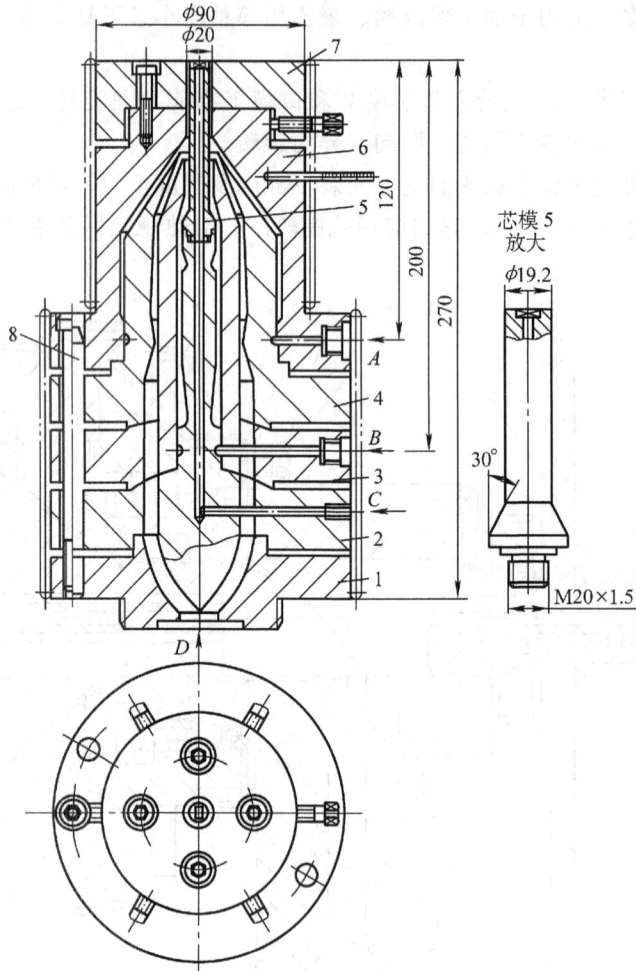

图 8-12　三层复合吹塑薄膜机头

1—机颈　2—内芯棒　3—中芯棒　4—外芯棒　5—芯模　6—机体　7—口模　8—导柱

二、机头几何参数的确定

如图 8-8 所示的芯棒式机头，环形缝隙宽度 δ 一般为 $0.4 \sim 1.2$mm，如果 δ 太小，则机头内反压力很大，影响产量，如果 δ 太大，则要得到一定厚度的薄膜，必须加大吹胀比和牵伸比。机头定型区高度 h 应比 δ 大 15 倍以上，以便控制薄膜的厚度。

为了避免制品产生接合缝，芯棒尖处到模口处的距离应不小于芯棒轴直径 d_1 的两倍（图 8-8），以利于熔体很好汇合。应尽量使塑料熔体自分流到达机头出口处流动的距离相等，流道畅通，无死角。芯棒扩张角度 α 一般取 $80° \sim 90°$，也可达到 $100°$，但 α 过大，会增大熔体流动阻力。

机头进口部分的横截面积与出口部分的横截面积之比（压缩比）至少为 2。但压缩比过大，熔体流动阻力大。对于聚氯乙烯等塑料，其压缩比不宜过大。

第四节　其他挤出机头

除了管材挤出机头和吹塑薄膜机头之外，还有很多类型的挤出成型机头。现简单介绍三种挤出机头。

一、封口薄膜吹塑机头

封口薄膜吹塑机头如图8-13所示。封口上的凸梗，是由小哈夫块4构成并嵌入芯棒1的端部而形成的型槽成型的；封口上的凹槽，是由型芯5与小哈夫块6组合并嵌入芯棒端部而形成的型槽成型的。为使物料均匀挤出口模，芯棒上设置了调节块A。

由上述可见，这个挤出吹塑机头的芯棒采用了组合结构，便于加工与更换。

二、电线电缆包覆机头

裸金属单丝或多股金属芯线上包覆塑料绝缘层的称为电线；一束彼此绝缘的导线上或不规则芯线上包覆塑料绝缘层的称为电缆。通常用挤压式包覆机头生产电线；用套管式包覆机头生产电缆。

1. 挤压式包覆机头

图8-14为挤压式包覆机头。熔体进入机头体，绕过芯线导向棒，汇集成环状后经口模成型段，最后包覆在芯线上。由于芯线连续不断地通过导向棒，因而电线生产过程连续地进行。

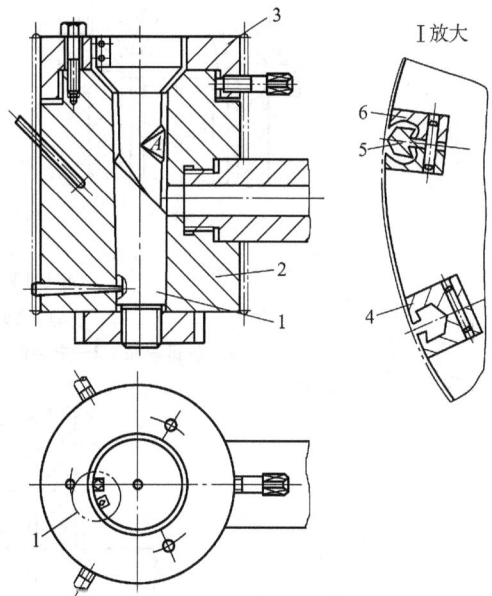

图8-13　封口吹塑薄膜机头
1—芯棒　2—机体　3—口模
4、6—小哈夫块　5—型芯

改变（或更换）口模尺寸、挤出速度、芯线移动速度及移动导向棒轴向位置，都可以改变塑料绝缘层厚度。

图8-14b为口模局部放大图。其成型段长度 $L = (1.0 \sim 1.5)D$，$M = (1.0 \sim 1.5)D$。

这种机头结构简单，调整方便，但芯线与塑料绝缘层同心度不够好。

2. 套管式包覆机头

图8-15为套管式包覆机头。它与挤压式包覆机头不同之处是，挤压式包覆机头是在口模内将塑料包覆在芯线上，而套管式包覆机头则是将塑料挤成管，在口模外靠塑料管收缩包覆在芯线上的，有时借助抽真空使塑料管更紧密地包覆在芯线上。

包覆层厚度随口模与导向棒（芯模）间隙值、挤出速度、芯线移动速度等的变化而变化。口模定型段长度不宜太长（$L < 0.5D$），否则，机头背压过大，影响生产率和制品表面质量。

三、异型材挤出成型机头

塑料异型材具有优良的使用性能，用途广泛。按异型材截面特征分为五大类。（图8-16），即

1）封闭中空异型材（图8-16a）。

2）半封闭异型材（图8-16b）。

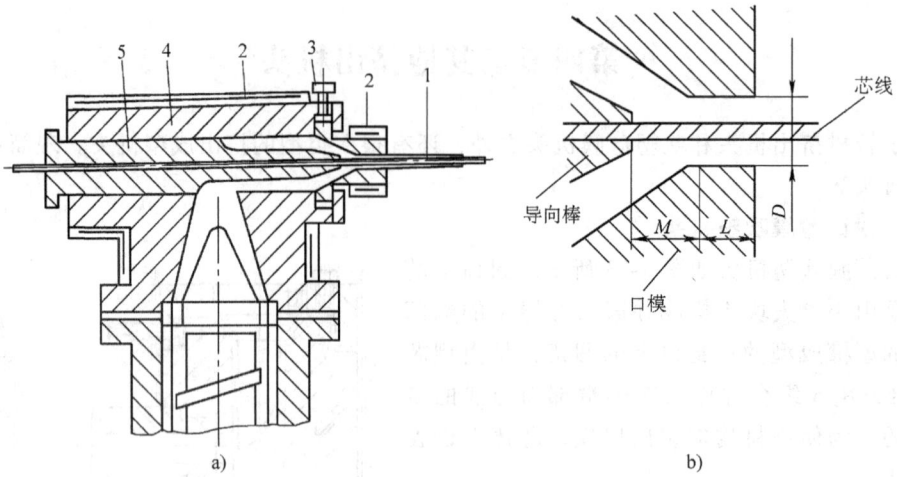

图 8-14 挤压式包覆机头

a）机头 b）口模放大图

1—包覆制品 2—电热圈 3—调节螺钉 4—机体 5—导向棒

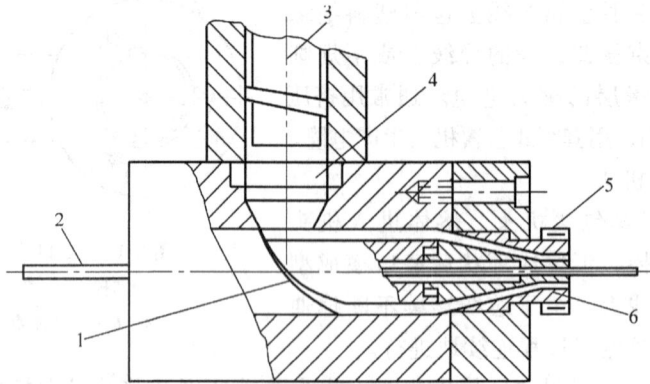

图 8-15 套管式包覆机头

1—导向棒螺旋面 2—芯线 3—挤出机螺杆 4—栅板 5—电热圈 6—口模

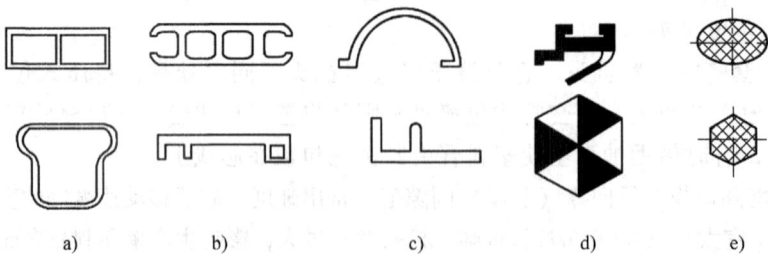

图 8-16 异型材截面形状

3）开式异型材（图 8-16c）。

4）复合式异型材（图 8-16d），复合异型材有两种，一种是不同塑料或同一种塑料不同颜色共挤复合；另一种是塑料与木材、金属、纤维织物共挤镶嵌复合。

5）实心异型材（图 8-16e）。

为使挤出工艺顺利进行和保证制品质量，必须认真设计异型材的结构形状及尺寸。

1. 流线型挤出机头（图 8-17）

这种机头截面变化特征是，从圆形逐渐变为所需要异形截面，如图 8-17b 所示。当异型材截面高度小于机筒内径而宽度大于机筒内径时，机头体内腔扩张角 $\alpha < 70°$，如果挤出 RPVC 塑料，则 α 为 60°左右。机头内压缩比 $\varepsilon_j = 3 \sim 12$，收缩角 $\beta = 25° \sim 50°$。

这种挤出机头挤出的制品质量好，但机头加工难度大，成本高。为了改善加工性，口模和芯模可采用拼合结构，或将机头沿轴线分段后组合而成。

2. 板式机头（图 8-18）

由图 8-18 可见，从机头圆形截面入口过渡到口模成型段，截面形状呈急剧变化，熔体容易形成局部滞流，引起塑料分解，故这种机头不适用于挤出热敏性塑料（如 RPVC），而适用于挤出聚烯烃类塑料。但这种机头结构简单，制造较容易，成本较低。

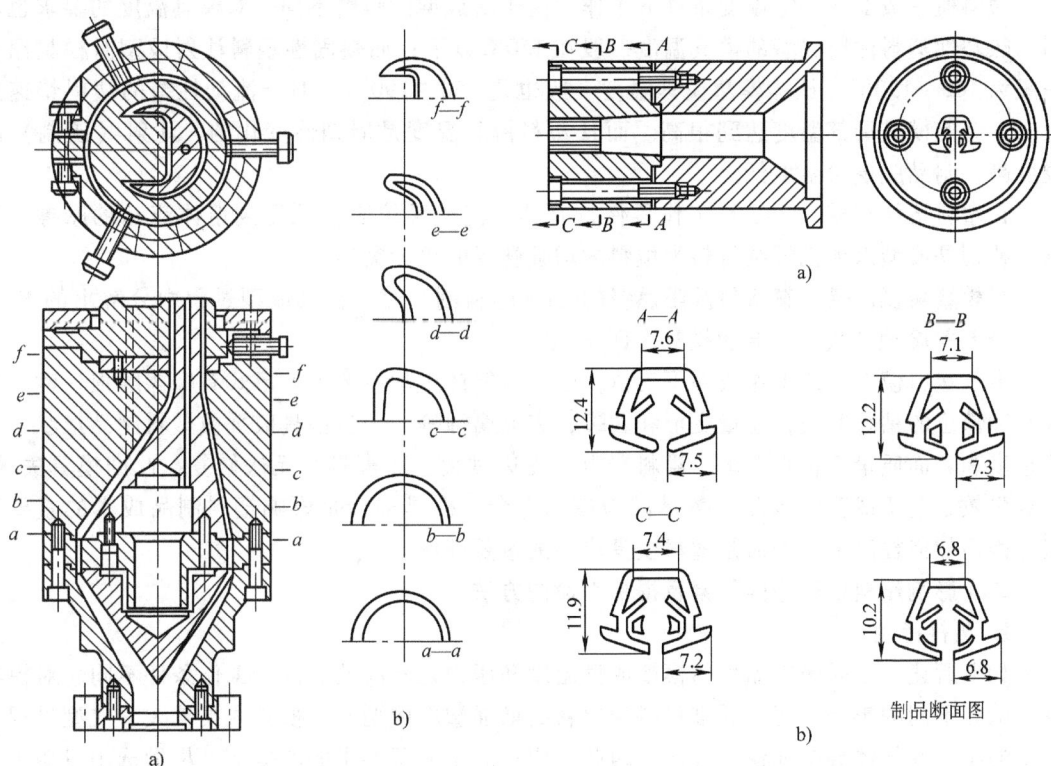

图 8-17　流线型机头

a）机头结构图　b）机头内腔截面变化图

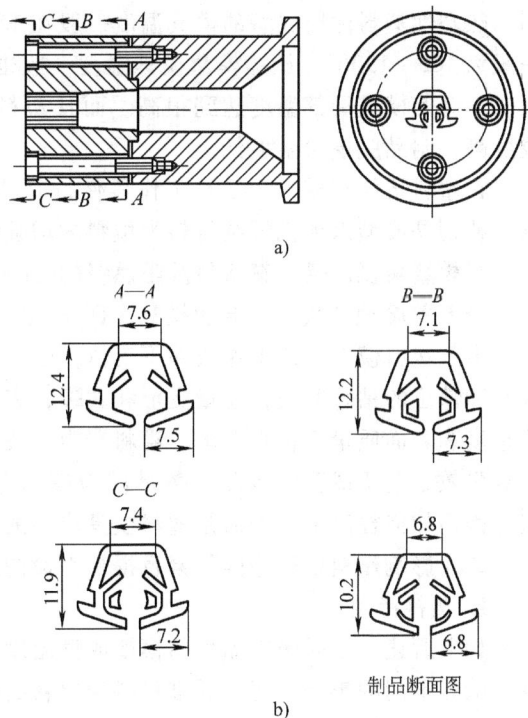

图 8-18　板式机头

a）机头结构图　b）截面变化图

第九章 塑料模具寿命与塑料模材料

第一节 塑料模具寿命

一、塑料模的工作条件及失效形式

塑料模在成型过程所受的力有合模时的压力、型腔内熔体的压力、开模时的拉力等。其中塑料熔体对型腔的压力是主要的,因而进行型腔强度和刚度计算时是以熔体对型腔的最大压力为依据的。塑料模在成型时所受的压力一般比冷冲压模具所受的压力小,其成型压力一般为 $30 \sim 200\mathrm{MPa}$,而冷挤压模具所受压力高达 $3000\mathrm{MPa}$。

塑料模一般都在一定温度条件下工作。由于所成型的塑料不同,对模具温度的要求也不同。热塑性塑料注射成型的模具温度一般在 $150\,^{\circ}\!\mathrm{C}$ 以下;而热固性塑料注射成型时模具温度一般为 $160 \sim 190\,^{\circ}\!\mathrm{C}$,压缩模塑模具温度一般也是 $160 \sim 190\,^{\circ}\!\mathrm{C}$。对于流动性差的塑料快速成型时,会使模具局部温度达到很高。而且塑料模具温度是周期性变化的,注射(压制)时温度高,制品脱模时温度低。

在塑料熔体充模时,模具工作零件,尤其是浇注系统明显地受到熔体流动的摩擦、冲刷,特别是成型以无机纤维材料为填料的增强塑料时更为突出。

当模塑聚氯乙烯、氟塑料及阻燃级的 ABS 塑料制品时,在其成型过程中分解出的 HCl、SO_2、HF 等腐蚀性气体,会使模具表面腐蚀损坏。

由于塑料模在上述工作条件下工作,因而可能产生的主要失效形式有摩擦磨损,动、定模对插部位的粘合磨损,过量变形和破裂,表面腐蚀等。一旦模具破裂或塑料制品形状、尺寸精度和表面质量不符合要求,溢料严重,飞边过大,而模具又无法修复,此即模具失效。模具失效之前所成型的制品总数量即为模具寿命。模具寿命是影响塑料制品成本的重要因素,因而如何提高模具寿命是塑料模具成型的重要课题。

二、影响塑料模寿命的因素及提高寿命的方法

1. 塑料特性

如上所述,不同塑料品种的模塑成型温度和压力是不同的。由于工作条件不同,对模具寿命就有不同的影响。无机纤维材料为填料的增强塑料成型时,模具磨损较大。成型过程中产生的腐蚀性气体会腐蚀模具表面。因此,应在满足使用要求的前提下,尽量选用成型工艺性能良好的塑料来制造制品,这样既有利于成型又有利于提高模具寿命。

2. 模具结构

在模具的成型零件结构设计及强度和刚度计算的论述中可以得出如下结论:不同结构形式的型腔和型芯,其强度和刚度以及易损坏部分的修理更换方便与否是不同的。从模具寿命考虑,应采用强度和刚度好又便于修理的结构形式以延长模具寿命。

导向装置的结构及精度直接影响型芯型腔的合模,影响模具寿命及制品精度。因而必须选择适当的导向形式和导向精度。

塑料模中的各种孔在模板中的位置都应尽量避开应力最大的部位,以免工作时该部位应

力超过允许值而损坏。

实践证明，尖角和截面突变是导致模具破裂和失效的重要原因，因而应尽量避免。

3. 模具材料及热处理

一般情况下，模具材料及热处理是影响塑料模具寿命的主要因素。但目前，除了部分热固性塑料和一些增强塑料的成型模具对强度、刚度、硬度和耐磨性要求较高外，就大部分热塑性塑料模具而言，固然也有上述要求，但对模具材料的加工工艺性却有着更高的特殊要求。这是由于塑料模型腔比较复杂，精度和表面光洁程度要求高的缘故。

因此，塑料模工作零件一般采用正火或调质状态的 45 钢或合金结构钢制造，模具寿命不高，制品精度较差。近年来开发了不少新型塑料模具材料，既有优良的强度和耐磨性，又有良好的加工工艺性，不仅大大提高了制品质量，而且大大提高了模具寿命。例如，以 PMS 钢代替 45 钢制造电话机壳体塑料模，模具寿命超过 50 万件。这说明模具材料的研究和应用，对提高模具寿命的潜力很大。

4. 模具的加工及表面处理

模具的热加工、机械加工和电加工工艺以及表面处理都对模具寿命有重要的影响。因而必须提高模具毛坯的锻造、热处理工艺水平，以保证模具的力学性能，还应不断改进模具加工方法，以减小内应力和提高模具表面质量，从而提高模具寿命。

采用冷挤压、超塑性成型等方法制造型腔模也是提高模具寿命的途径。

对于塑料模来说，由于制品表面质量的要求和耐蚀性以及脱模的需要，塑料模工作表面的光滑程度要求很高，因而除了应合理选择模具材料外，还常对模具进行镀铬等表面处理，以进一步提高表面光滑程度，提高耐磨性和耐蚀性，从而提高模具寿命。

此外，压力机或注射机的精度和刚度、模具的使用和维护都对模具寿命有直接影响。

第二节　塑料模材料及选用

一、对模具成型零件材料的要求

对塑料模成型零件的材料有以下基本要求：

1）具有足够的强度、刚度、耐疲劳性和足够的硬度、耐磨性。对于成型含有硬质填料的增强塑料应具有更高的耐磨性。

2）具有一定的耐热性和小的热膨胀系数。尤其如聚碳酸酯、聚砜、聚苯醚等成型温度高的塑料，要求模具有良好的热稳定性，即在较高温度下强度、硬度没有明显的变化。

3）热处理变形和开裂倾向小，在使用过程中尺寸稳定性好，对高精度的塑料制品，如光学镜片等，模具尺寸只允许微小的变化。

4）具有优良的切削加工性能和抛光性以及表面装饰纹加工性。

5）耐蚀性好，尤其在成型中会产生腐蚀性气体的塑料，对模具的耐蚀性要求较高。

二、塑料模材料

我国的塑料模具工业正在迅速发展，目前，塑料模材料除了沿用传统的结构钢和工具钢外，为适应塑料加工工业的发展，已研制了不少新型塑料模具钢种。以下除简要介绍目前常用的塑料模具钢之外，还介绍一些新型塑料模具钢。

1. 塑料模具钢

传统的塑料模具钢分类见表 9-1。

表 9-1　塑料模具钢

类　别	钢　号
渗碳钢	10、20、20Cr、12CrNi2、12CrNi3、12Cr2Ni4、20Cr2Ni4
调质钢	45、55、40Cr、3Cr2Mo、4Cr3Mo3SiV、4Cr5MoSiV、4Cr5MoSiV1、5CrNiMo、5CrMnMo
高碳工具钢	T10、T12、7CrMn2WMo、7CrMnNiMo、Cr2Mn2SiWMoV、Cr6WV、Cr12、Cr12MoV、9Mn2V、CrWMn、MnCrWV、Cr2（GCr15）
耐蚀钢	4Cr13、9Cr18、Cr18MoV、Cr14Mo、Cr14Mo4V、1Cr17Ni2
超低碳高镍马氏体时效钢	18Ni-250、18Ni-300、18Ni-350

从表 9-1 可以看出，我国目前用于制造塑料模的材料基本上是结构钢和工具钢。这些钢能够在一定程度上适应塑料成型对塑料模材料的性能要求，但在不同程度上存在不能很好地适应塑料模制造对加工工艺性的要求。

超低碳高镍马氏体时效钢具有很高的强度和很好的韧性，而且还具有热膨胀系数小，热疲劳性能高，固溶处理状态的切削加工性能好，无冷作硬化效应，时效热处理变形小，焊接性好以及表面可以进行渗氮等优点，因此，可以制造要求高耐磨、高精度、型腔复杂的塑料模。

2. 新型塑料模具材料

随着塑料加工工业的发展，对塑料模具材料提出新的更高的要求，如大型、复杂、精密和表面光泽度高的塑料制品，需要相应的塑料模成型，而这种塑料模具需要用微变形、加工性与抛光性好，适应各种塑料物化特性要求的模具材料来制造。

目前，塑料模具钢主要是向易切削钢、预硬钢、时效硬化钢、耐蚀钢、冷挤压成型钢以及精密、镜面塑料模具钢等趋向发展。我国研制和仿制的塑料模具钢的钢号、代号及主要化学成份见表 9-2。下面简单介绍几类我国研制的新型塑料模具钢。

（1）易切削钢　对于形状复杂、要求热处理变形小的型腔、型芯或流动性差、低塑性的塑料和一些添加无机纤维的增强塑料的成型模，要求成型零件具有高硬度和高的耐磨性，因而往往采用合金工具钢等钢种制造。但这些钢的冷、热加工性不佳，为了改善这些钢的切削加工性，在钢中加入硫、硒、钙等元素，成为易切削塑料模具钢。易切削塑料模具钢在更高的硬度范围仍具有良好的切削加工性，例如在 4Cr5MoSiV1 中加入 0.08% ~ 0.12% 的 S，即成为易切削钢。这种钢经调质处理后（硬度为 40 ~ 44HRC）进行切削加工非常容易，可获得很小的表面粗糙度值。

8Cr2MnWMoVS（简称 8Cr2S）在调质状态（40 ~ 45HRC）可顺利进行各种切削加工，精加工后可不再进行热处理，可用于制造精密塑料模。

55CrNiMnMoVS（简称 SMI）和 5CrNiMnMoVSCa（5NiSCa）也是属于这一类型的钢。

（2）预硬钢　预硬钢是热处理到一定硬度（25 ~ 35HRC 或更高）供货的钢。这种钢用作塑料模成型零件，加工后直接使用而不再进行热处理，避免了热处理变形，保证了模具精度。

表 9-2　我国研制和仿制的塑料模具钢钢号、代号及主要化学成分

钢组	序号	钢号	化学成分 w(%)									代号	备注
			C	Si	Mn	Cr	Mo	W	V	Al	其他		
塑料模具钢	1	3Cr2Mo	0.28~0.40	0.20~0.80	0.60~1.00	1.40~2.00	0.30~0.55					P20	美国 ASTM, AISI/SAE 标准钢号
	2	5CrNiMnMoVSCa	0.50~0.60		0.80~1.20	0.80~1.20	0.30~0.60		0.15~0.30		Ni0.80~1.20 S0.06~0.15 Ca0.002~0.008	5NiSCa	
	3	06Ni6CrMoVTiAl	≤0.06	≤0.60	≤0.50	1.30~1.60	0.90~1.20		0.08~0.16	0.50~0.90	Ni5.50~6.50 Ti0.90~1.30		
	4	1Ni3Mn2CuAlMo	0.06~0.20	≤0.35	1.40~1.70		0.20~0.50			0.70~1.20	Ni2.80~3.40 Cu0.80~1.20	PMS	
	5	25CrNi3MoAl	0.20~0.30	0.20~0.50	0.50~0.80	1.20~1.80	0.20~0.40			1.00~1.60	Ni3.00~4.00		
	6	8Cr2MnWMoVS	0.75~0.85	≤0.40	1.30~1.70	2.30~2.60	0.50~0.80	0.70~1.10	0.10~0.25		S0.08~0.15	8Cr2S	
	7	3Cr2MnNiMo	0.32~0.40	0.20~0.40	1.10~1.50	1.70~2.00	0.25~0.40				Ni0.85~1.15	718	瑞典 AS-SAB 钢号
	8	SM45	0.42~0.48	0.17~0.37	0.50~0.80							S45C	日本 JIS 标准钢号
	9	SM50	0.47~0.53	0.17~0.37	0.50~0.80							S50C	日本 JIS 标准钢号
	10	SM55	0.52~0.58	0.17~0.37	0.50~0.80							S55C	日本 JIS 标准钢号
	11	0CrNi4MoV	≤0.08	≤0.20	0.20~0.30	3.60~4.20	0.20~0.60		0.08~0.15			LJ	

　　属于这类钢的有 3Cr2Mo（仿 P20）3Cr2NiMo 等。从预硬钢的意义来说，上述的易切削钢也是属于预硬钢，因为这类钢也是在预硬状态下加工，加工后直接使用。

　　(3) 时效硬化钢　这类钢在固溶处理状态，硬度低，具有良好的加工性，加工后进行时效处理，硬度等力学性能大大提高（硬度达 40HRC 左右），变形很小，最后进行抛光，满足了塑料模制造和使用要求。如果采用真空炉处理，则可在镜面抛光后时效处理。

　　1Ni3Mn2CuAlMo（PMS）是时效硬化型高精度、镜面塑料模具钢。它具有优良的冷、热

加工性，抛光时间短，表面粗糙度值 R_a 可达到 $0.025\mu m$ 以下。其模具使用温度在 400℃ 以下。这种钢还适于进行表面渗氮处理，处理后的硬度可达 50HRC，进一步扩大了它的应用范围。PMS 在固溶软化状态还可以进行冷挤压成型，以制造塑料模型腔。

PMS 钢可以用于制造复杂、精密和镜面的塑料模和要求具有一定的热稳定性和耐磨性的塑料模。

25CrNi3MoAl 钢经固溶、调质处理后进行粗加工、半精加工，去应力处理，精加工，时效处理，最后进行研磨、抛光。可以制造高精密塑料模具。

06Ni6CrMoVTiAl（06Ni）、20CrNi3AlMnMo（SM2）也是时效硬化模具钢。

SM2 钢在时效处理状态仍具有良好的加工性，所以又称易切削时效硬化钢。

（4）耐蚀钢　如前所述，添加阻燃剂的热塑性塑料和聚氯乙烯等塑料进行成型时，其模具必须具有良好的耐蚀性能。使模具具有耐蚀性能的方法有镀铬或采用不锈钢、耐蚀塑料模具钢。不锈钢虽然具有一定的耐蚀性能，但在力学性能或工艺性能上都存在一些缺点，如奥氏体不锈钢强度和硬度较低，马氏体不锈钢热处理变形较大等。

我国研制的 06Cr16Ni4Cu3Nb（PCR）耐蚀塑料模具钢是一种时效硬化不锈钢。它经过淬火后硬度为 32～35HRC，可进行切削加工，经时效处理后具有较好的综合力学性能（硬度为 42～46HRC）。这种钢不仅在含氟、氯等腐蚀介质中具有优良的耐蚀性，而且具有较高的强度，同时还具有较好的热处理、切削加工及抛光性能。因此，这种钢适用于制造精密耐蚀塑料模。

此外，我国还研制了冷挤压成型钢、空冷 12 钢等以满足塑料模具对加工工艺性的要求和高精度高寿命的要求。

除了上述新型塑料模材料外，还可利用粉末冶金材料直接模压成为塑料模型腔或利用粉末冶金方法制造粉末高速钢，用于注射成型以玻璃纤维或金属粉末为填料的增强塑料的模具上。

此外，近年来简易塑料模的使用逐步增多，简易模具材料有铝或铝合金、锌基合金、铍铜合金以及环氧树脂等。

三、塑料模具材料的选用及热处理要求

1. 根据模具各零件的功用合理选择材料和正确确定热处理要求

对于与熔体接触并受熔体流动摩擦的零件（成型零件和浇注系统零件）和工作时有相对运动摩擦的零件（导向零件、推出和抽芯零件）以及重要的定位零件等，应分别不同情况选用优质碳素结构钢、合金结构钢或工具钢等，并根据其工作条件提出热处理要求。对于其他结构零件，视其重要性可选用优质碳素结构钢或普通碳素结构钢，较重要的需经过热处理，有的不需要提出热处理要求。

2. 根据塑料特性，制品大小与复杂性，尺寸精度、表面质量要求，产量大小，模具加工工艺性要求等

对于要求表面有高的耐磨性而心部有好的韧性，形状不太复杂的模具，可选用低碳低合金渗碳钢，经加工成型后进行渗碳、淬火及回火处理。

对于形状较简单，精度要求不高，产量又不大的塑料模成型零件可以选用优质碳素调质钢（一般为 45 钢）。而对于产量大，尤其是大型、复杂的塑料模，可选用 5CrNiMo、5CrMnMo、4Cr5MoSiV、4Cr5MoSiV1、4Cr3Mo3SiV 等。用这些钢制造成型零件时，先在退火

状态下粗加工，然后进行热处理达到硬度要求，最后进行精加工。

对于高精度，大产量的塑料模，可选用微变形钢、易切削钢、预硬钢和时效硬化钢，如3Cr2Mo、8Cr2MnWMoVS、4Cr5MoSiVS 等。

对于以玻璃纤维等硬质材料为填料的塑料成型模，通常选用 7CrMn2WMo、7CrMnNiMo、Cr2Mn2SiWMoV、Cr6WV、Cr12、Cr12MoV、9Mn2V、CrWMn、MnCrWV、GCr15 等，也可以选用预硬钢。

对于需要耐蚀的塑料模，常采用镀铬或耐蚀钢。

当制造高精度、超镜面、型腔复杂、大截面的模具，并在大批量生产情况下，可采用超低碳马氏体时效钢，如 18Ni（250）、18Ni（300）、18Ni（350）等。但这类钢价格昂贵，应用受到限制。

应该指出，我国研制的新型塑料模具钢，其使用性能及加工工艺性有独特的优点，应根据实际情况加以推广应用。

表 9-3 为各种类型的塑料模成型零件适用的钢号。

表 9-3　塑料模具钢的选用

工　作　条　件	推　荐　钢　号
生产塑料产品批量较小、精度要求不高、尺寸不大的模具	45、55 钢或用 10、20 钢进行渗碳
在使用过程中有较大的动载荷，塑料产品生产批量较大，受磨损较严重的塑料模具	12CrNi3A、20Cr、20CrMnMo、20Cr2Ni4A 钢进行渗碳
大型、复杂、生产塑料产品批量较大的塑料注射成型模	3Cr2Mo、4Cr3Mo3SiV、5CrNiMo、5CrMnMo、4Cr5MoSiV、4Cr5MoSiV1
热固性成型塑料模具及要求高耐磨高强度的塑料模具	9Mn2V、7CrMn2WMo、CrWMn、MnCrWV、GCr15、8Cr2MnWMoVS、Cr2Mn2SiWMoV、Cr6WV、Cr12MoV、Cr12
耐腐蚀和高精度的塑料模具	4Cr13、9Cr18、Cr18MoV、Cr14Mo、Cr14Mo4V
复杂、精密、高耐磨塑料模具	25CrNi3MoAl、18Ni-250、18Ni-300、18Ni-350

总之，塑料模材料选用和热处理要求的确定需要考虑的因素较多，加上目前我国尚缺乏适应塑料模塑成型需要的较为完整的塑料模具材料品种，新型模具材料应用尚不普遍，因而必须全面考虑实际要求和客观的可能，做到既满足使用要求，又合理经济。

附表 15 为塑料模具零件传统用钢及热处理要求，附表 16 为模具常用钢性能的比较，供设计塑料模时参考。

四、塑料模的表面处理

塑料模的工作条件要求模具工作表面应具有一定的耐磨性和很小的表面粗糙度值，以利于熔体充满型腔和制品的脱模，以便获得表面光亮的制品。对于成型会产生腐蚀气体的塑料的模具，其工作表面还应具有耐蚀性。为了满足上述要求，除了必须合理选择模具材料和对模具型腔进行精细的光整加工（抛光）之外，必要时还要进行表面处理。塑料模表面处理的方法主要有电镀、渗氮、渗碳、渗硼、渗金属等，还有激光强化表面处理、物理气相沉积和化学气相沉积等表面处理新技术。

必须重视对塑料模的表面处理，它有强化的目的，还有提高光滑度和耐蚀的目的。后者对于塑料模来说很重要，在一定场合下还是至关重要的。因而，在生产中应根据所选用的模具材料和实际需要及可能，正确选用表面处理方法。低温、微变形、快速和多元共渗是模具表面处理的发展方向。

第十章 塑料模设计程序

为了保证成型合格的塑料制品，满足产品的使用要求，保证成型工艺顺利进行，提高劳动生产率，降低成本，必须根据塑料制品的要求和塑料的工艺性能，认真分析制品的工艺性或正确设计塑料制品，正确确定成型方法及成型工艺，正确选择成型工艺条件，正确设计塑料模具及选择合适的成型机械。

第一节 设计塑料模具应注意的问题

1）必须注意塑料成型工艺特性与模具设计的关系，这是塑料模设计的重要基础。

2）模具设计应注意结构的合理性、经济性、适用性和切合实际的先进性。参照资料上的典型模具结构或自行设计的模具结构都必须根据产量和实际生产条件，认真分析，吸收精华部分，做到结构合理，经济适用。对目前生产中广泛使用的先进而又成熟的模具结构和设计计算方法，也应积极引用，如热流道模具、氮气辅助成型技术等，在条件许可情况下加以采用，对产品质量、生产率、经济性等方面能收到很好的技术经济效果。

3）认真设计模具零部件。模具零部件尤其成型零件对塑料制品质量及成型工艺顺利进行影响很大，设计时必须注意结构形状及尺寸的正确性，制造工艺性，材料及热处理要求正确性，视图表达、尺寸标准、形状位置误差及表面粗糙度等符合国家标准。

4）便于操作与维修，安全可靠。

5）充分利用塑料成型的优越性，制品结构形状尽量用模具成型，以减少后加工工序。

第二节 塑料模具设计程序

一、接受设计任务

目前，塑料模设计任务大体有三种类型：一是给定经审定的塑料制品图样及其技术要求，要求设计成型工艺及塑料模；二是给塑料制品样品，要求测绘制品图样并设计成型工艺及塑料模；三是给制品图和模具图，要求按实际生产条件，审定模具图。显然，这三种类型任务的责任及工作量差别甚大，对于第二类型，尤应慎重对待，测绘后的产品图样必须经过有关部门的认可，方可开始进行成型工艺及模具设计。

二、收集并分析必要的设计原始资料与数据

设计前，必须取得如下基本资料和数据：①符合标准的塑料制品图样或制品样品；②塑料制品产量；③塑料品种牌号；④制品生产车间设备型号及参数；⑤模具制造设备及制造技术水平；⑥其他要求。进而应认真分析消化这些原始资料和数据及其与成型工艺与模具设计的关系。正确制定塑料制品模塑工艺过程，然后进行模具设计。

三、塑料制品基本参数的计算及注射机选用

根据塑料制品图样及产量等要求，初步确定成型方法及一副模具的型腔数目；计算单件制品的体积及质（重）量；计算制品、浇注系统在分型面上的投影面积；计算必要的锁模力或模压所需的成型压力；初步选用成型机械类型及其参数。

四、模具类型及结构的确定

首先根据制品的成型工艺方案确定模具类型，即注射模、压缩模、传递模、热流道模或温流道模等。然后进行模具结构方案的确定，包括制品成型位置及分型面选择，型腔数目最后确定及型腔的排列，成型零件的结构，浇注系统与排气、引气系统结构，侧向分型与抽芯机构的结构形式，脱模机构和拉料杆的结构形式，加热、冷却方式与装置选择。

五、模具结构草图的绘制

根据以上模具类型及结构，绘制模具结构草图，确定模具零部件主要结构尺寸和模具轮廓尺寸及功能尺寸（如抽芯距，斜导柱或斜滑块角度，定距分型距离，脱模推出距离等）。

六、模具与成型机械关系的校核

根据塑料制品的基本参数和所选成型机械的基本参数，进行两者之间适应性校核，以最后调整与确定模具结构与参数。

七、模具零件的必要计算

包括成型零件工作尺寸计算，型腔、底板的强度、刚度计算，模具加热与冷却系统的有关计算，斜导柱等侧面分型与抽芯有关计算等。

八、绘制模具装配图

不论采用手工绘制或计算机绘制，除了应把以上设计计算正确表达出来，把各零部件装配关系、紧固、定位表达清楚之外，还应注意：①正确选择足够的视图，以表示模具整体结构、各零部件之间的装配关系及紧固、定位方法；②按各种塑料模具的习惯表示方法绘制，但均不能违反机械制图国家标准；③应标注出必要的尺寸，如轮廓尺寸、配合尺寸、与注射机关系的一些尺寸（如定位圈尺寸等）、模具功能尺寸等；④参照塑料模具技术条件国家标准，恰如其分地、正确地拟定所设计模具的技术要求和必要的使用说明；⑤图样的右上角绘制塑料制品图，复杂的制品则将制品图绘制在另一图样上；⑥按国家标准并根据目前生产实际需要，拟定模具零件明细表内容。

九、绘制模具零件工件图

这里主要是指绘制非标准的模具零件，尤其是成型零件。模具零件图的绘制除了应符合机械制图国家标准外，还应注意：①绘图顺序一般为先成型零件后结构零件；②一般按1:1比例，必要时可以放大或缩小；③图形方位尽可能与其在总图中一致，视图选择与表达应合理、正确、布置得当；④除了结构形体尺寸应按机械制图标准标注之外，对于型腔型芯的设计基准、定位尺寸、形状、位置尺寸及公差、脱模斜度、圆角半径、镶块尺寸、表面粗糙度等均应足够重视，并充分考虑加工工艺要求与实际可能性；⑤合理确定零件材料，正确确定热处理要求及表面处理要求；⑥拟定必要的技术要求及其他说明。

十、图样的审核

总图和零件图绘制之后应认真进行全面审核，尤其应注意审定成型零件和模具零件配合关系，注意审核模具工作过程各零部件动作正常性与稳定性。

十一、塑料模设计的标准化

模具标准化是专业化的基础，是模具发展的方向之一。目前塑料模已经颁布了不少国家标准，注射模模架、常用零部件均有国家标准。为缩短模具设计周期和制造周期，提高模具质量和经济性，设计时应尽量采用。

附　　录

附表 1　塑料及树脂缩写代号（摘自 GB/T 1844.1—2008）

缩写代号	英文名称	中文名称
ABS	acrylonitrile-butadiene-styrene plastic	丙烯腈-丁二烯-苯乙烯塑料
AMMA	acrylonitrile-methyl methacrylate plastic	丙烯腈-甲基丙烯酸甲酯塑料
ASA	acrylonitrile-styrene-acrylate plastic	丙烯腈-苯乙烯-丙烯酸酯塑料
CA	cellulose acetate	乙酸纤维素
CAB	cellulose acetate butyrate	乙酸丁酸纤维素
CAP	cellulose acetate propionate	乙酸丙酸纤维素
CF	cresol-formaldehyde resin	甲酚-甲醛树脂
CMC	carboxymethyl cellulose	羧甲基纤维素
CN	cellulose nitrate	硝酸纤维素
CP	cellulose propionate	丙酸纤维素
CTA	cellulose triacetate	三乙酸纤维素
EC	ethyl cellulose	乙基纤维素
EP	epoxide; epoxy resin or plastic	环氧；环氧树脂或环氧塑料
E/P	ethylene-propylene plastic; preferred term for EPM	乙烯-丙烯塑料；曾推荐使用 EPM
ETFE	ethylene-tetrafluoroethylene plastic	乙烯-四氟乙烯塑料
EVAC	ethylene-vinyl acetate plastic; preferred term for EVA	乙烯-乙酸乙烯酯塑料；曾推荐使用 EVA
EVOH	ethylene-vinyl alcohol plastic	乙烯-乙烯醇塑料
FEP	perfluoro（ethylene-propylene plastic; preferred term for PFEP	全氟（乙烯-丙烯）塑料；曾推荐使用 PFEP
MC	methyl cellulose	甲基纤维素
MF	melamine-formaldehyde resin	三聚氰胺-甲醛树脂
MP	melamine-phenol resin	三聚氰胺-酚醛树脂
PA	polyamide	聚酰胺
PAA	poly（acrylic acid）	聚丙烯酸
PAN	polyacrylonitrile	聚丙烯腈
PB	polybutene	聚丁烯
PBT	poly（butylene terephthatate）	聚对苯二甲酸丁二酯
PC	polycarbonate	聚碳酸酯
PCTFE	polychlorotrifluoroethylene	聚三氟氯乙烯
PDAP	poly（diallyl phthalate）	聚邻苯二甲酸二烯丙酯
PE	polyethylene	聚乙烯
PE-C	polyethylene, chlorinated; preferred term for CPE	氯化聚乙烯；曾推荐使用 CPE
PET	poly（ethylene terephthalate）	聚对苯二甲酸乙二酯
PEOX	poly（ethylene oxide）	聚氧化乙烯
PF	phenol-formaldehyde resin	酚醛树脂
PI	polyimide	聚酰亚胺
PMI	polymethacrylimide	聚甲基丙烯酰亚胺

缩写代号	英文名称	中文名称
PMMA	poly（methyl methacrylate）	聚甲基丙烯酸甲酯
POM	polyoxymethylene；polycetal；polyformaldehyde	聚氧亚甲基；聚甲醛；聚缩醛
PP	polypropylene	聚丙烯
PPE	poly（phenylene ether）	聚苯醚
PPOX	poly（propylene oxide）	聚氧化丙烯
PPS	poly（phenylene sulfide）	聚苯硫醚
PPSU	poly（phenylene sulfone）	聚苯砜
PS	polystyrene	聚苯乙烯
PSU	polysulfone	聚砜
PTFE	poly tetrafluoroethylene	聚四氟乙烯
PUR	polyurethane	聚氨酯
PVAC	poly（vinyl acetate）	聚乙酸乙烯酯
PVAL	poly（vinyl alcohol）；preferred term for PVOH	聚乙烯醇；曾推荐使用 PVOH
PVB	poly（vinyl butyral）	聚乙烯醇缩丁醛
PVC	poly（vinyl chloride）	聚氯乙烯
PVC-C	poly（vinyl chloride），chlorinated；preferred term for CPVC	氯化聚氯乙烯；曾推荐使用 CPVC
PVDC	poly（vinylidene chloride）	聚偏二氯乙烯
PVDF	poly（vinylidene fluoride）	聚偏二氟乙烯
PVF	poly（vinyl fluoride）	聚氟乙烯
PVFM	poly（vinyl formal）	聚乙烯醇缩甲醛
PVK	ploy-*N*-vinylcarbazde	聚-*N*-乙烯基咔唑
PVP	ploy-*N*-vinylpyrrolidone	聚-*N*-乙烯基吡咯烷酮
SAN	styrene-acrylonitrile plastic	苯乙烯-丙烯腈塑料
SI	silicone plastic	有机硅塑料
SMS	styrene-α-methylstyrene plastic	苯乙烯-α-甲基苯乙烯塑料
UF	urea-formaldehyde resin	脲-甲醛树脂
UP	unsaturated polyester resin	不饱和聚酯树脂
VCE	vinyl chloride-ethylene	氯乙烯-乙烯塑料
VCEMAK	viny lchloride-ethylene-methyl acrylate plastic；preferred term for VCEMA	氯乙烯-乙烯-丙烯酸甲酯塑料；曾推荐使用 VCEMA
VCEVAC	vinyl chloride-ethylene-vinyl acrytate plastic	氯乙烯-乙烯-丙酸乙烯酯塑料
VCMAK	vinyl chloride-methyl acrylate plastic；pereferrde term for VCMA	氯乙烯-丙烯酸甲酯塑料；曾推荐使用 VCMA
VCMMA	vinyl chloride-methyl methacrylate plastic	氯乙烯-甲基丙烯酸甲酯塑料
VCOAK	vinyl chloride-octy acrylate plastic；preferred term for VCOA	氯乙烯-丙烯酸辛酯塑料；曾推荐使用 VCOA
VCVAC	vinyl chloride-vinyl acetate plastic	氯乙烯-醋酸乙烯酯塑料
VCVDC	vinyl chloride-vinylidene chloride plastic	氯乙烯-偏二氯乙烯塑料

附表 2　常用塑料的性能与用途

塑料品种	结构特点	使用温度	化学稳定性	性能特点	成型特点	主要用途
聚乙烯	线型结构结晶型	小于 80℃	较好，但不耐强氧化剂，耐水性好	质软，力学性能较差，表面硬度低	成型性能好粘度与剪切速率关系较大，成型前可不预热	薄膜、管、绳、容器、电器绝缘零件、日用品等
聚氯乙烯	线型结构无定型	−15～55℃	不耐强酸和碱类溶液，能溶于甲苯、松节油、脂肪醇、环己酮溶剂	性能取决于配方，较广泛	成型性能较差，加工温度范围窄，热成型前有道混合工序	薄膜、管、板、容器、电缆、人造革、鞋类、日用品等
聚丙烯	线型结构结晶型	10～120℃	较好	耐寒性差，光氧作用下易降解老化，力学性能比聚乙烯好	成型时收缩率大，成型性能较好，易产生变形等缺陷	板、片、透明薄膜、绳、绝缘零件、汽车零件、阀门配件、日用品等
聚苯乙烯	线型结构非结晶型	−30～80℃	较好，对氧化剂、苯、四氯化碳、酮、酯类等抵抗力较差	透明性好，电性能好，抗拉抗弯强度高，但耐磨性差，质脆，抗冲击强度差	成型性能很好，成型前可不干燥，但注射时应防止熔料制品易产生内应力，易开裂	装饰制品、仪表壳、灯罩、泡沫塑料、日用品等
聚酰胺（尼龙）	线型结构结晶型	<100℃（尼龙 6）	较好，不耐强酸和氧化剂，能溶于甲酚、苯酚、浓硫酸等	抗拉强度、硬度、耐磨性、自润滑性突出，吸水性强	熔点高，熔融温度范围较窄，成型前原料要干燥。熔体粘度低，要防止流延和溢料，制品易产生变形等缺陷	耐磨零件及传动件，如齿轮、凸轮、滑轮等；电气零件中的骨架外壳、阀类零件、单丝、日用品等
ABS	线型结构非结晶型	<70℃	较好	力学性能较好，有一定的耐磨性。但耐热性较差，吸水性较大	成型性能很好，成型前原料要干燥	电器外壳、汽车仪表盘、日用品等
聚甲基丙烯酸甲酯（有机玻璃）	线型结构非结晶型	<80℃	较好，但不耐无机酸，会溶于有机溶剂	是透光率最高的塑料，质轻，坚韧，电气绝缘性能较好，表面硬度不高，质脆易开裂	成型前原料要干燥，注射成型时速度不能太高	透明制品，如窗玻璃、光学镜片、灯罩等

（续）

塑料品种	结构特点	使用温度	化学稳定性	性能特点	成型特点	主要用途
聚甲醛	线型结构结晶型	<100℃	较好,不耐强酸	综合力学性能突出,比强度及比刚度接近金属	成型收缩率大,流动性好,熔融凝固速度快,注射时速度要快,注射压力不宜高。热稳定性较差	可代替钢、铜、铝、铸铁等制造多种结构零件及电子产品中的许多结构零件
聚碳酸酯	线型结构非结晶型	<130℃,耐寒性好,脆化温度−100℃	有一定的化学稳定性,不耐碱、酮、酯等	透光率较高,介电性好,吸水性小,力学性能很好,抗冲击、抗蠕变性能突出,但耐磨性较差	熔融温度高,熔体粘度大,成型前原料需干燥,粘度对温度敏感制品要进行后处理	在机械上用作齿轮,凸轮,蜗轮,滑轮,电机,电子产品零件,光学零件等
氟塑料	线型结构结晶型	−195~250℃	非常好,可耐一切酸、碱、盐溶液及有机溶剂	摩擦因数小,电绝缘性能好。但力学性能不高,刚度差	成型困难,流动性差,成型温度高且范围窄,需高温高压成型一般采用烧结成型	防腐化工领域碱的产品,电绝缘产品,耐热耐寒产品,自润滑制品
酚醛塑料	树脂是线型结构,塑料成型后变成体型结构	<200℃	不耐强酸,强碱及硝酸	表面硬度高,刚性大,尺寸稳定,电绝缘性好,缺点是质脆,冲击强度差	适于压缩成型,成型性能好,模温对流动性影响大,注意预热和排气	根据添加剂的不同可制成各种塑料制品,用途广泛
氨基塑料	结构上有−NH₂基,树脂是线型结构,成型后变成体型结构	与配方有关,最高可达200℃	脲甲醛,耐油,耐弱碱和有机溶剂,但不耐酸	表面硬度高,电绝缘性能好	常用于压缩,压注成型,成型前需干燥预热,流动性好,硬化快,模具应耐腐蚀	电绝缘零件,日用品,粘合剂,泡层压制品等

附表3 常用热塑性塑料的主要技术指标

塑料名称		聚氯乙烯		聚乙烯		聚丙烯		聚苯乙烯		
		硬	软	高密度	低密度	纯	玻纤增强	一般型	抗冲击型	20%~30%玻纤增强
密度	$\rho/(kg/dm^3)$	1.35~1.45	1.16~1.35	0.94~0.97	0.91~0.93	0.90~0.91	1.04~1.05	1.04~1.06	0.98~1.10	1.20~1.33
比体积	$v/(dm^3/kg)$	0.69~0.74	0.74~0.86	1.03~1.06	1.08~1.10	1.10~1.11		0.94~0.96	0.91~1.02	0.75~0.83
吸水率(24h)	$w_{p.c}\times100$	0.07~0.4	0.15~0.75	<0.01	<0.01	0.01~0.03	0.05	0.03~0.05	0.1~0.3	0.05~0.07
收缩率	S	0.6~1.0	1.5~2.5	1.5~3.0		1.0~3.0	0.4~0.8	0.5~0.6	0.3~0.6	0.3~0.5
熔点	$t/℃$	160~212	110~160	105~137	105~125	170~176	170~180	131~165		
热变形温度 $t/℃$	0.46MPa	67~82		60~82		102~115	127		64~92.5	
	0.185MPa	54		48		56~67		65~96		82~112
抗拉强度	σ_t/MPa	35.2~50	10.5~24.6	22~39	7~19	37	78~90	35~63	14~48	77~106
拉伸弹性模量	E_t/MPa	2.4~4.2×10³		0.84~0.95×10³				2.8~3.5×10³	1.4~3.1×10³	3.23×10³
抗弯强度	σ_f/MPa	≥90		20.8~40	25	67.5	132	61~98	35~70	70~119
冲击韧度	无缺口 $a_n/(kJ/m^2)$			不断	不断	78	51			
	缺口 $a_K/(kJ/m^2)$	58		65.5	48	3.5~4.8	14.1	0.54~0.86	1.1~23.6	0.75~13
硬度	HBW	16.2 邵R110~120	邵96(A)	2.07 邵D60~70	邵D41~46	8.65 R95~105	9.1	M65~80	M20~80	M65~90
体积电阻系数	$\rho_v/(\Omega\cdot cm)$	6.71×10¹³	6.71×10¹³	10¹⁵~10¹⁶	>10¹⁶	>10¹⁶		>10¹⁶	>10¹⁶	10¹³~10¹⁷
击穿强度	$E/(kV/mm)$	26.5	26.5	17.7~19.7	18.1~27.5	30		19.7~27.5		

（续）

塑料名称	苯乙烯共聚			苯乙烯改性聚甲基丙烯酸甲酯 (372)	聚酰胺				
	AS (无填料)	ABS	20%~40% 玻纤增强		尼龙1010	30%玻纤增强尼龙1010	尼龙6	30%玻纤增强尼龙6	尼龙66
密度 $\rho/(\text{kg/dm}^3)$	1.08~1.10	1.02~1.16	1.23~1.36	1.12~1.16	1.04	1.19~1.30	1.10~1.15	1.21~1.35	1.10
比体积 $v/(\text{dm}^3/\text{kg})$		0.86~0.98		0.86~0.89	0.96	0.77~0.84	0.87~0.91	0.74~0.83	0.91
吸水率 (24h) $w_{p·c}\times100$	0.2~0.3	0.2~0.4	0.18~0.4	0.2	0.2~0.4	0.4~1.0	1.6~3.0	0.9~1.3	0.9~1.6
收缩率 S	0.2~0.7	0.4~0.7	0.1~0.2		1.3~2.3 (纵向) 0.7~1.7 (横向)	0.3~0.6	0.6~1.4	0.3~0.7	1.5
熔点 $t/℃$		130~160			205		210~225		250~265
热变形温度 $t/℃$ 0.46MPa	88~104	90~108	104~121	85~99	148		140~176	216~264	149~176
热变形温度 $t/℃$ 0.185MPa		83~103	99~116		55		80~120	204~259	82~121
抗拉强度 σ_t/MPa	63~84.4	50	59.8~133.6	63	62	174	70	164	89.5
拉伸弹性模量 E_t/MPa	$2.81\sim3.94\times10^3$	1.8×10^3	$4.1\sim7.2\times10^3$	3.5×10^3	1.8×10^3	8.7×10^3	2.6×10^3		$1.25\sim2.88\times10^3$
抗弯强度 σ_f/MPa	98.5~133.6	80	112.5~189.9	113~130	88	208	96.9	227	126
冲击韧度 无缺口 $a_n/(\text{kJ/m}^2)$		261			不断	84	不断	80	49
冲击韧度 缺口 $a_K/(\text{kJ/m}^2)$		11		0.71~1.1	25.3	18	11.8	15.5	6.5
硬度 HBW	洛氏 M80~90	9.7 R121	洛氏 M65~100	M70~85	9.75	13.6	11.6 M85~114	14.5	12.2 R100~118
体积电阻系数 $\rho_v/(\Omega\cdot\text{cm})$	$>10^{16}$	6.9×10^{16}		$>10^{14}$	1.5×10^{15}	6.7×10^{15}	1.7×10^{16}	4.77×10^{15}	4.2×10^{14}
击穿强度 $E/(\text{kV/mm})$	15.7~19.7			15.7~17.7	20	>20	>20	>20	>15

（续）

聚酰胺（聚酰胺组包括：30%玻纤增强尼龙66、尼龙610、40%玻纤增强尼龙610、尼龙9、尼龙11）

塑料名称		30%玻纤增强尼龙66	尼龙610	40%玻纤增强尼龙610	尼龙9	尼龙11	聚甲醛	聚碳酸酯 纯	聚碳酸酯 20%~30%短玻纤增强	氯化聚醚
密度 $\rho/(\mathrm{kg/dm^3})$		1.35	1.07~1.13	1.38	1.05	1.04	1.41	1.20	1.34~1.35	1.4~1.41
比体积 $v/(\mathrm{dm^3/kg})$		0.74	0.88~0.93	0.72	0.95	0.96	0.71	0.83	0.74~0.75	0.71
吸水率(24h) $w_{p\cdot c}\times100$		0.5~1.3	0.4~0.5	0.17~0.28	0.15	0.5	0.12~0.15	0.15 23℃,50%RH	0.09~0.15	<0.01
收缩率 S		0.2~0.8	1.0~2.0	0.2~0.6	1.5~2.5	1.0~2.0	1.5~3.0	0.5~0.7	0.05~0.5	0.4~0.8
熔点 $t/℃$		262~265	215~225	215~226	210~215	186~190	180~200	225~250	235~245	178~182
热变形温度 $t/℃$	0.46MPa	245~262	149~185	200~225		68~150	158~174	132~141	146~149	141
	0.185MPa		57~100			47~55	110~157	132~138	140~145	100
抗拉强度 σ_t/MPa		146.5	75.5	210	55.6	54	69	72	84	32
拉伸弹性模量 E_t/MPa		6.02~12.6×10³	2.3×10³	11.4×10³		1.4×10³	2.5×10³	2.3×10³	6.5×10³	1.1×10³
抗弯强度 σ_f/MPa		215	110	281	90.8	101	104	113	134	49
冲击韧度 $a_n/(\mathrm{kJ/m^2})$	无缺口	76	82.6	103	不断	56	202	不断	57.8	不断
$a_K/(\mathrm{kJ/m^2})$	缺口	17.5	15.2	38		15	15	55.8~90	10.7	10.7
硬度 HBW		15.6 M94	9.52 M90~113	14.9	8.31	7.5 R100	11.2 M78	11.4 M75	13.5	4.2 R100
体积电阻系数 $\rho_v/(\Omega\cdot\mathrm{cm})$		5×10¹⁵	3.7×10¹⁶	>10¹⁴	4.44×10¹⁵	1.6×10¹⁵	1.87×10¹⁴	3.06×10¹⁷	10¹⁷	1.56×10¹⁶
击穿强度 $E/(\mathrm{kV/mm})$		16.4~20.2	15~25	23	>15	>15	18.6	17~22	22	16.4~20.2

（续）

塑料名称	聚砜		聚芳砜	聚苯醚	氟塑料			乙酸纤维素	聚酰亚胺（包封级）
	纯	30%玻纤增强			聚四氟乙烯	聚三氟氯乙烯	聚偏二氟乙烯		
密度 $\rho/(kg/dm^3)$	1.24	1.34~1.40	1.37	1.06~1.07	2.1~2.2	2.11~2.3	1.76	1.23~1.34	1.55
比体积 $v/(dm^3/kg)$	0.80	0.71~0.75	0.73	0.93~0.94	0.45~0.48	0.43~0.47	0.57	0.75~0.81	
吸水率（24h） $w_{p·c}×100$	0.12~0.22	<0.1	1.8	0.06	0.005	0.005	0.04	1.9~6.5	0.11
收缩率 S	0.5~0.6	0.3~0.4	0.5~0.8	0.4~0.7	3.1~7.7	1~2.5	2.0	0.3~0.42	0.3
熔点 $t/℃$	250~280			300	327	260~280	204~285		
热变形温度 $t/℃$　0.46MPa	132	191		186~204	121~126	130	150	49~76	288
热变形温度 $t/℃$　0.185MPa	174	185		175~193	120	75	90	44~88	288
抗拉强度 σ_t/MPa	82.5	>103	98.3	87	14~25	32~40	46~49.2	13~59（断裂）	18.3
拉伸弹性模量 E_t/MPa	$2.5×10^3$	$3.0×10^3$		$2.5×10^3$	$0.4×10^3$	$1.1~1.3×10^3$	$0.84×10^3$	$0.46~2.8×10^3$	
抗弯强度 σ_f/MPa	104	>180	154	140	11~14	55~70		14~110	70.3
冲击韧度 $a_n/(kJ/m^2)$ 无缺口	202	46	102	100	不断		160		
冲击韧度 $a_K/(kJ/m^2)$ 缺口	15	10.1	~7	13.5	16.4	13~17	20.3	0.86~11.7	
硬度 HBW	12.7 M69、M120	14	～4 R110	13.3 R118~123	R58 部D50~65	9~13 部D74~78	部D80	R35~125	50（肖氏D）
体积电阻系数 $\rho_v/(\Omega·cm)$	$9.46×10^{16}$	$>10^{16}$	$1.1×10^{17}$	$2.0×10^{17}$	$>10^{18}$	$>10^{17}$	$2×10^{14}$	$10^{10}~10^{14}$	$8×10^{14}$
击穿强度 $E/(kV/mm)$	16.1	20	29.7	16~20.5	25~40	19.7	10.2	11.8~23.6	28.5

注：同一品种的塑料，因生产厂、生产日期和批量不同，技术指标会有差异，应以具体产品的检验说明书为准。

附表4 常用热固性塑料的主要技术指标

附表4-1 性能与试验条件

	1	2	3	4	5	6	7
	性能	符号	标准	试样规格/mm	加工方法[①]	单位	试验条件及补充说明
1	流动和工艺性能						
1.1	模塑收缩率	S_{Mo}	ISO 2577：1984 GB/T 5471—2008 E2 型	$120 \times 120 \times 2$	Q	%	2 个互相垂直方向的平均值
1.2		S_{Mp}	见表注[②]	$60 \times 60 \times 2$ ISO 10724-2：1999 D2 型	M		与熔融流动方向平行
1.3		S_{Mn}					与熔融流动方向垂直
2	力学性能						
2.1	拉伸模量	E_t	GB/T 1040.1—2006，GB/T 1040.2—2006	ISO 3167：1993 A 型 或 从 GB/T 5471—2008 E 型制得	Q/M	MPa	试验速度 1mm/min
2.2	拉伸强度	σ_B					试验速度 5mm/min
2.3	拉伸应变	ε_B				%	
2.4	拉伸蠕变	E_{tc}	GB/T 11546.1—2008			MPa	1h 时 应变≤0.5%
2.5		$E_{tc} \times 10^3$					1000h 时
2.6	弯曲模量	E_f	GB/T 9341—2000	$80 \times 10 \times 4$	Q/M	MPa	试验速度 2mm/min
2.7	弯曲强度	σ_{fM}					
2.8	简支梁冲击强度	a_{cu}	GB/T 1043.1 2008	$80 \times 10 \times 4$	Q/M	kJ/m²	侧向冲击
2.9	简支梁缺口冲击强度	a_{cA}		$80 \times 10 \times 4$ 机加工 V 缺口 $r = 0.25$			
2.10	拉伸冲击强度	a_{tl}	ISO 8256：1990	$80 \times 10 \times 4$ 机加工双 V 缺口 $r = 1$			记录简支梁缺口冲击试验未能被破坏的情况
2.11	穿孔冲击性能峰值力	F_M	ISO 6603-2：2000	$60 \times 60 \times 2$ 从 ISO 295 制备的 E2 型制得或为 ISO 10724-2：1999 的 D2 型	Q/M	N	最大力	冲锤速度 4.4m/s；冲锤直径 20mm 润滑冲锤夹紧试样，防止其外侧部位发生任何平面外的移动
2.12	峰值能量	W_P				J	最大力减小至 50% 后的穿刺能量	
3	热性能						
3.1	负载热变形温度	$T_f 1.8$	GB/T 1634.2—2004	$80 \times 10 \times 4$	Q/M	℃	1.8 最大表面应力 MPa	对平放试样加载
3.2		$T_f 8.0$					8.0	

（续）

	1	2	3	4	5	6	7
	性能	符号	标准	试样规格/mm	加工方法①	单位	试验条件及补充说明
3.3	线膨胀系数	α_o	ISO 11359-2：1999	60×10×2 从 GB/T 5471—2008 E2 型 120×120×2 制得	Q	$℃^{-1}$	— （记录温度范围 23~55℃ 的正割值）
3.4		α_p		60×10×4 从 ISO 3167：1993A 型制得	M		平行于熔融流体方向
3.5		α_p		60×10×2 从 ISO 10724-2：1999 D2 型 60×60×2 制得	M		平行于熔融流体方向
3.6		α_n					垂直于熔融流体方向
3.7	燃烧性	$B_{50/3.0}$	GB/T 5169.16—2008	125×13×3	Q	—	记录其中一个级别：V-0；V-1；HB40 或 HB75（V-2 不适用热固性塑料）
3.8		$B_{50/x}$		不同厚度 x 的附加样品			
3.9		$B_{500/3.0}$	GB/T 5169.17—2008	≥150×≥150×3	Q		记录其中一个级别：5VA；5VB 或 N
3.10		$B_{500/x}$		不同厚度 x 的附加样品			
3.11	氧指数	O/23	ISO 4589-2：1996	80×10×4	Q/M	%	用程序 A：顶部点火
4	电性能						
4.1	相对介电常数	$\varepsilon_r 100$	GB/T 1409—2006	≥60×≥60×1 或 ≥60×≥60×2	Q/M	—	100Hz（对电极边缘效应进行补偿 1min 数值）
4.2		$\varepsilon_r 1M$			Q/M	—	1MHz
4.3	介质损耗因数	$\tan\delta 100$			Q/M	—	100Hz
4.4		$\tan\delta 1M$				—	1MHz
4.5	体积电阻率	ρ_e	GB/T 1410—2006	≥60×≥60×1 或 ≥60×≥60×2	Q/M	Ω·cm	1min 数值
4.6	表面电阻率	σ_e			Q/M	Ω	电压 500V（使用接触电极 长 50mm，宽 1~2mm，间隔 5mm，1min 数值）
4.7	电气强度	$E_s 1$	GB/T 1408.1—2006	≥60×≥60×1	Q/M	kV/mm	用直径 20mm 的球形电极浸入与 IEC 60296 一致的变压器油中；电压升压速率 2kV/s
4.8		$E_s 2$		≥60×≥60×2			
4.9	耐电痕化指数	PTI	GB/T 4207—2003	≥15×≥15×4 从 GB/T 5471—2008 E4 型的 120×120×4 或 ISO 3167：1993 A 型制得	Q/M	—	使用 A 溶液

（续）

	1	2	3	4	5	6	7
	性能	符号	标准	试样规格/mm	加工方法[①]	单位	试验条件及补充说明
5	其他性能						
5.1	吸水性	W_w124	GB/T 1034—2008	$60 \times 60 \times 1$ 从 GB/T 5471—2008 E1 型 $120 \times 120 \times 1$ 或 ISO 10724-2：1999 D1 型 $60 \times 60 \times 1$ 制得	Q/M	mg	浸入 23℃ 水中 24h
5.2		W_w24				%	
5.3	密度	ρ_m	GB/T 1033.1—2008	$\geqslant 10 \times \geqslant 10 \times 4$ 从 GB/T 5471—2008 E4 型 $120 \times 120 \times 4$ 或 ISO 3167：1993A 型的中心部分制得	Q/M	g/cm³	

① Q—压塑成型；M—注塑成型。
② 准备制定为国家标准。

附表4-2　附加性能与试验条件

	1	2	3	4	5	6	7
	性能	符号	标准	试样规格/mm	加工方法	单位	试验条件及补充说明
1	流动和工艺性能						
1.1	表观密度	ρ_u	GB/T 1636—2008	模塑料		g/cm³	—
1.2	体积系数	γ	GB/T 8324—2008		—	g/cm³	体积系数 $\gamma = \rho_m/\rho_u$ （ρ_m 见附表4-3 的 5.3）
1.3	传递流动性	F_{tr}	ISO 7808：1992			%	—
2	机械性能						
2.1	球压痕硬度	$H_{961/30}$	GB/T 3398.1—2008	$\geqslant 20 \times \geqslant 20 \times 4$	Q/M	MPa	压痕负荷 961 N，压痕时间 30s
3	燃烧性						
3.1	可燃性 （炽热棒）	BH	GB/T 11020—2005	$(125 \pm 5) \times 10 \times 4$ 从 ISO 3167：1993 A 型或 GB/T 5471—2008 E4 $\geqslant 120 \times \geqslant 120 \times 4$ 制得	Q/M	—	BH 法
4	电性能						
4.1	绝缘电阻	R_{25d}	IEC 60167：1964	$\geqslant 50 \times 75 \times 4$	Q	Ω	电压 500V 1min 数值 / 干法，方法 1
4.2		R_{25W}					湿法，方法 2

（续）

	1	2	3	4	5	6	7
	性能	符号	标准	试样规格/mm	加工方法	单位	试验条件及补充说明
5	其他性能						
5.1	游离氨	$m_E AM$	ISO 120：1977	≥120×≥120×4 GB/T 5471—2008 E4型	Q	%	将一个有代表性的模塑样品磨碎成粉状
				ISO 3167：1993 A型	M		
5.2	挥发物	m_V	ISO 3671：1976	无			
5.3	可萃取甲醛 用水	$m_{E/W}F$	ISO 4614：1977	无			
5.4	用乙酸	$m_{E/AA}F$					
5.5	用乙醇	$m_{E/AL}F$					

注：Q—压塑成型；M—注塑成型。

附表4-3　含有（WD+MD）或（LF+MD）填料的粉状酚醛模塑料的性能要求

	性能	单位	加工方法	最大或最小	1	2	3	4
					型号：模塑料 GB/T 1404.1—2008-PF…			
					（WD30+MD20）~（WD40+MD10）	（WD30+MD20），X，E~（WD40+MD10），X，E	（WD30+MD20），X，A~（WD40+MD10），X，A	（LF20+MD25）~（LF30+MD15）
1	流动和工艺性能							
1.1					供需双方商定			
2	力学性能							
2.1	拉伸断裂应力 σ_B	MPa	Q	≥	40	40	40	40
			M	≥	50	50	50	50
2.2	弯曲强度 σ_{fM}	MPa	Q	≥	70	70	70	70
			M	≥	80	80	80	80
2.3	简支梁冲击强度 a_{cU}	kJ/m²	Q	≥	4.5	4.5	4.5	4.5
			M	≥	5.0	5.0	5.0	5.0
2.4	简支梁缺口冲击强度 a_{cA}	kJ/m²	Q	≥	1.3	1.3	1.3	2.5
			M	≥	1.3	1.3	1.3	2.5
3	热性能							
3.1	负荷变形温度 $T_f 1.8$	℃	Q/M	≥	160	160	160	160
3.2	负荷变形温度 $T_f 8.0$	℃	Q/M	≥	115	115	115	110

（续）

性能	单位	加工方法	最大或最小	1	2	3	4
				型号:模塑料 GB/T 1404.1—2008-PF…			
				（WD30＋MD20） ～ （WD40＋MD10）	（WD30＋MD20），X，E ～ （WD40＋MD10），X，E	（WD30＋MD20），X，A ～ （WD40＋MD10），X，A	（LF20＋MD25） ～ （LF30＋MD15）
3 热性能							
3.3 可燃性（炽热棒）BH	—	Q/M	≤	BH 2-10	BH 2-10	BH 2-10	BH 2-30
4 电性能							
4.1 介质损耗因数 $\tan\delta 100$	—	Q/M	≤	—	0.10	—	—
4.2 介质损耗因数 $\tan\delta 1M$	—	Q/M	≤	—	0.10	—	—
4.3 体积电阻率 ρ_v	Ω·cm	Q/M	≥	—	10^{11}	—	—
4.4 表面电阻率 ρ_s	Ω	Q/M	≥	10^9	10^{10}	10^9	10^8
4.5 电气强度 $E_s 2$	kV/mm	Q/M	≥	—	10	—	—
4.6 耐电痕化指数 PTI	—	Q/M	≥	125	125	125	125
5 其他性能							
5.1 吸水性	mg	Q/M	≤	100	100	100	150
5.2 $W_w 24$	（%）		≤	—	—	—	—
5.3 游离氨 $m_E AM$	（%）	Q/M	≤	—	—	0.02	—

注:1. 试样制备和性能测定的方法见 GB/T 1404.2—2008 表3、表4的第3、4和7列。

2. 考虑到模塑和注塑材料的特性指标范围的差异,即测试结果中可能的变化和材料本身隐含特性的较宽范围之间的差异,因此具有相同名称的材料,不应当视作绝对的等同。

3. 表中2.4、3.1和4.6行为强制性能项目及指标值。

4. Q—压塑成型;M—注塑成型。

附表4-4 含有（SC＋LF）、SS、PF 或（LF＋MD）填料的粉状酚醛模塑料的性能要求

性能	单位	加工方法	最大或最小	5	6	7	8
				型号:模塑料 GB/T 1404.1—2008-PF…			
				（SC20＋LF15） ～ （SC30＋LF05）	SS40 ～ SS50	PF40 ～ PF60	（LF20＋MD25） ～ （LF40＋MD05）
1 流动和工艺性能							
1.1				供需双方商定			

（续）

				5	6	7	8
				型号:模塑料 GB/T 1404.1—2008-PF···			
性能	单位	加工方法	最大或最小	（SC20 + LF15）~（SC30 + LF05）	SS40 ~ SS50	PF40 ~ PF60	（LF20 + MD25）~（LF40 + MD05）
2	机械性能						
2.1	拉伸断裂应力 σ_B	MPa	Q M	≥ ≥	35 45	30 45	30 40	35 45
2.2	弯曲强度 σ_{fM}	MPa	Q M	≥ ≥	70 80	60 70	50 60	70 80
2.3	简支梁冲击强度 a_{cU}	kJ/m²	Q M	≥ ≥	5.5 6.0	7.0 9.0	2.5 3.5	5.5 6.0
2.4	简支梁缺口冲击强度 a_{cA}	kJ/m²	Q M	≥ ≥	4.0 4.0	7.0 7.0	1.5 1.5	2.8 2.8
3	热性能						
3.1	负荷变形温度 $T_f 1.8$	℃	Q/M	≥	160	160	170	160
3.2	负荷变形温度 $T_f 8.0$	℃	Q/M	≥	110	115	130	115
3.3	可燃性（炽热棒）BH	—	Q/M	≤	BH 2-30	BH 2-30	BH 1	BH 2-30
4	电性能						
4.1	介质损耗因数 $\tan\delta 100$	—	Q/M	≤	—	—	0.10	—
4.2	介质损耗因数 $\tan\delta 1 M$	—	Q/M	≤	—	—	0.10	—
4.3	体积电阻率 ρ_v	Ω·cm	Q/M	≥			10^{11}	
4.4	表面电阻率 ρ_a	Ω	Q/M	≥	10^8	10^8	10^{11}	10^8
4.5	电气强度 $E_s 2$	kV/mm	Q/M	≥	—	—	10	—
4.6	耐电痕化指数 PTI	—	Q/M	≥	125	125	175	125

（续）

				5	6	7	8
				型号:模塑料 GB/T 1404.1—2008-PF…			
性能	单位	加工方法	最大或最小	（SC20 + LF15）~（SC30 + LF05）	SS40~SS50	PF40~PF60	（LF20 + MD25）~（LF40 + MD05）
5	其他性能						
5.1	吸水性 W_w24	mg	Q/M	≤	150	200	30	150
5.2		（%）		≤	—	—	—	—
5.3	游离氨 $m_E AM$	（%）	Q/M	≤	—	—	—	—

注:1. 试样制备和性能测定的方法见 GB/T 1404.2—2008 表3、表4 的第3、4 和7 列。

2. 考虑到模塑和注塑材料的特性指标范围的差异,即测试结果中可能的变化和材料本身隐含特性的较宽范围之间的差异,因此具有相同名称的材料,不应当视作绝对的等同。

3. 表中 2.4、3.1 和 4.6 行为强制性能项目及指标值。

4. Q—压塑成型;M—注塑成型。

附表 4-5　含有（GF + GG）或（GF + MD）填料的粉状酚醛模塑料的性能要求

					9	10	11	12
					型号:模塑料 GB/T 1404.1—2008-PF…			
	性能	单位	加工方法	最大或最小	（GF20 + GG30）~（GF30 + GG20）	（GF30 + MD20）~（GF40 + MD10）	—	—
1	流动和工艺性能							
1.1					供需双方商定			
2	机械性能							
2.1	拉伸断裂应力 σ_B	MPa	Q	≥	50	80		
			M	≥	60	90		
2.2	弯曲强度 σ_{fM}	MPa	Q	≥	80	140		
			M	≥	90	150		
2.3	简支梁冲击强度 a_{cU}	kJ/m²	Q	≥	6.0	13.0		
			M	≥	7.0	15.0		
2.4	简支梁缺口冲击强度 a_{cA}	kJ/m²	Q	≥	1.5	3.0		
			M	≥	1.5	3.5		
3	热性能							
3.1	负荷变形温度 $T_f1.8$	℃	Q/M	≥	190	210		

（续）

	性能	单位	加工方法	最大或最小	9	10	11	12
					型号:模塑料 GB/T 1404.1—2008-PF···			
					(GF20+GG30)~(GF30+GG20)	(GF30+MD20)~(GF40+MD10)	—	—
3	热性能							
3.2	负荷变形温度 $T_f 8.0$	℃	Q/M	≥	140	160		
3.3	可燃性（炽热棒）BH	—	Q/M	≤	BH 1	BH 1		
4	电性能							
4.1	介质损耗因数 $\tan\delta 100$	—	Q/M	≤	0.25	0.25		
4.2	介质损耗因数 $\tan\delta 1M$	—	Q/M	≤	0.20	0.20		
4.3	体积电阻率 ρ_v	Ω·cm	Q/M	≥	10^{11}	10^{12}		
4.4	表面电阻率 ρ_s	Ω	Q/M	≥	10^{10}	10^{11}		
4.5	电气强度 $E_s 2$	kV/mm	Q/M	≥	10	10		
4.6	耐电痕化指数 PTI	—	Q/M	≥	175	150		
5	其他性能							
5.1	吸水性 $W_w 24$	mg	Q/M	≤	30	30		
5.2		(%)		≤	—	—		
5.3	游离氨 m_E AM	(%)	Q/M	≤	—	—		

注：1. 试样制备和性能测定的方法见 GB/T 1404.2—2008 表3、表4的第3、4和7列。

2. 考虑到模塑和注塑材料的特性指标范围的差异，即测试结果中可能的变化和材料本身隐含特性的较宽范围之间的差异，因此具有相同名称的材料，不应当视作绝对的等同。

3. 表中2.4、3.1和4.6行为强制性能项目及指标值。

4. Q—压塑成型；M—注塑成型。

附表 5　常用热塑性塑料注射成型的工艺参数

塑料名称		硬聚氯乙烯	低压聚乙烯	聚丙烯 纯	聚丙烯 20%~40%玻纤增强	ABS 通用级	ABS 20%~40%玻纤增强	聚苯乙烯 纯	聚苯乙烯 20%~30%玻纤增强	聚甲醛（共聚）	氯化聚醚
注射机类型		螺杆式	柱塞式	螺杆式		螺杆式		柱塞式		螺杆式	螺杆式
预热和干燥	温度 $t/℃$	70~90	70~80	80~100		80~85		60~75		80~100	100~105
	时间 τ/h	4~6	1~2	1~2		2~3		2		3~5	1.0
料筒温度 $t/℃$	后段	160~170	140~160	160~180	成型温度 230~290	150~170	成型温度 260~290	140~160	成型温度 260~280	160~170	170~180
	中段	165~180		180~200		165~180		170~190		170~180	185~200
	前段	170~190	170~200	200~220		180~200				180~190	210~240
喷嘴温度 $t/℃$						170~180				170~180	180~190
模具温度 $t/℃$		30~60	60~70（高密度）35~55（低密度）	80~90		50~80	75	32~65		90~120①	80~110①
注射压力 p/MPa		80~130	60~100	70~100	70~140	60~100	106~281	60~110	56~160	80~130	80~120
成型时间 τ/s	注射时间	15~60	15~60	20~60		20~90		15~45		20~90	15~60
	高压时间	0~5	0~3	0~3		0~5		0~3		0~5	0~5
	冷却时间	15~60	15~60	20~90		20~120		15~60		20~60	20~60
	总周期	40~130	40~130	50~160		50~220		40~120		50~160	40~130
螺杆转速 $n/(r/min)$		28		48		30		48		28	28
后处理	方法					红外线灯、烘箱		红外线灯、烘箱		红外线灯、鼓风烘箱	
	温度 $t/℃$					70		70		140~145	
	时间 τ/h					2~4		2~4		4	
说　明							AS 的成型条件与上相似	丁苯橡胶改性的聚苯乙烯的成型条件与上相似		均聚的成型条件件与上相似	

（续）

塑料名称	聚碳酸酯 纯	聚碳酸酯 30%玻纤增强	聚砜	聚芳砜	聚苯醚	氟塑料 聚三氟氯乙烯	氟塑料 聚全氟乙丙烯	乙酸纤维素	聚酰亚胺	改性聚甲基丙烯酸甲酯(372)
注射机类型	螺杆式		螺杆式	螺杆式	螺杆式	螺杆式	螺杆式	柱塞式	螺杆式	柱塞式
预热和干燥 温度 $t/℃$	110~120		120~140	200	130			70~75	130	70~80
预热和干燥 时间 τ/h	8~12		>4	6~8	4			4	4	4
料筒温度 $t/℃$ 后段	210~240	成型温度 210~300	250~270	310~370	230~240	200~210	165~190	150~170	240~270	160~180
料筒温度 $t/℃$ 中段	230~280		280~300	345~385	250~280	285~290	270~290		260~290	
料筒温度 $t/℃$ 前段	240~285		310~330	385~420	260~290	275~280	310~330	170~190	280~315	
喷嘴温度 $t/℃$	240~250		290~310	380~410	250~280	265~270	300~310		290~300	210~240
模具温度 $t/℃$	90~110①	90~110①	130~150①	230~260①	110~150①	110~130①	110~130①	20~80	130~150①	40~60
注射压力 p/MPa	80~130	80~130	80~200	150~200	80~220	80~130	80~130	60~130	80~200	80~130
成型时间 τ/s 注射时间	20~90		30~90	15~20	30~90	20~60	20~60	15~45	30~60	20~60
成型时间 τ/s 高压时间	0~5		0~5	0~5	0~5	0~3	0~3	0~3	0~5	0~5
成型时间 τ/s 冷却时间	20~90		30~60	10~20	30~60	20~60	20~60	15~45	20~90	20~90
成型时间 τ/s 总周期	40~190		65~160		70~160	50~130	50~130	40~100	60~160	50~150
螺杆转速 $n/(r/min)$	28		28		28	30	30		28	
后处理 方法	红外线灯、鼓风烘箱 甘油		红外线灯、鼓风烘箱 甘油		红外线灯、甘油				红外线灯、鼓风烘箱	红外线灯、鼓风烘箱
后处理 温度 $t/℃$	100~110		110~130		150				150	70
后处理 时间 τ/h	8~12		4~8		1~4				4	4
说明						无增塑剂类				

（续）

塑料名称		尼龙 1010	35%玻纤增强尼龙 1010	尼龙 6	30%玻纤增强尼龙 6	聚酰胺 尼龙 66	20%~40%玻纤增强尼龙 66	尼龙 610	尼龙 9	尼龙 11
注射机类型		螺杆式		螺杆式		螺杆式		螺杆式	螺杆式	螺杆式
预热和干燥	温度 t/℃	100~110		100~110		100~110		100~110	100~110	100~110
	时间 τ/h	12~16		12~16		12~16		12~16	12~16	12~16
料筒温度 t/℃	后段	190~210	成型温度 190~250	220~300	成型温度 227~316	245~350	成型温度 230~280	220~300	220~300	180~250
	中段	200~220								
	前段	210~230								
喷嘴温度 t/℃		200~210								
模具温度 t/℃		40~80			70		110~120*			
注射压力 p/MPa		40~100	80~100	70~120	70~176	70~120	80~130	70~120	70~120	70~120
成型时间 τ/s	注射时间	20~90								
	高压时间	0~5								
	冷却时间	20~120								
	总周期	45~220								
螺杆转速 n/(r/min)										
后处理	方法					油、水、盐水				
	温度 t/℃					90~100				
	时间 τ/h					4				

说明
1. 预热和干燥均采用鼓风烘箱。
2. 凡潮湿环境使用的塑料，应进行调湿处理，在 100~120℃水中加热 2~18h。

① 模具宜加热。

附表 6　注射模塑的缺陷及其可能产生原因的分析

制品缺陷	产　生　的　原　因
1. 制品不足	1）料筒、喷嘴及模具温度偏低 2）加料量不够 3）料筒剩料太多 4）注射压力太低 5）注射速度太慢 6）流道或浇口太小，浇口数目不够，位置不当 7）模腔排气不良 8）注射时间太短 9）浇注系统发生堵塞 10）原料流动性太差
2. 制品溢边	1）料筒、喷嘴及模具温度太高 2）注射压力太大，锁模力不足 3）模具密封不严，有杂物或模板弯曲变形 4）模腔排气不良 5）原料流动性太大 6）加料量太多
3. 制品有气泡	1）塑料干燥不良，含有水分、单体、溶剂和挥发性气体 2）塑料有分解 3）注射速度太快 4）注射压力太小 5）模温太低、充模不完全 6）模具排气不良 7）从加料端带入空气
4. 制品凹陷	1）加料量不足 2）料温太高 3）制品壁厚或壁薄相差大 4）注射及保压时间太短 5）注射压力不够 6）注射速度太快 7）浇口位置不当
5. 熔接痕	1）料温太低，塑料流动性差 2）注射压力太小 3）注射速度太慢 4）模温太低 5）模腔排气不良 6）原料受到污染

（续）

制品缺陷	产　生　的　原　因
6．制品表面有银丝及波纹	1）原料含有水分及挥发物 2）料温太高或太低 3）注射压力太低 4）流道浇口尺寸太大 5）嵌件未预热或温度太低 6）制品内应力太大
7．制品表面有黑点及条纹	1）塑料有分解 2）螺杆转速太快，背压太高 3）塑料碎屑卡人柱塞和料筒间 4）喷嘴与主流道吻合不好，产生积料 5）模具排气不良 6）原料污染或带进杂质 7）塑料颗粒大小不均匀
8．制品翘曲变形	1）模具温度太高，冷却时间不够 2）制品厚薄悬殊 3）浇口位置不当，数量不够 4）顶出位置不当，受力不均 5）塑料大分子定向作用太大
9．制品尺寸不稳定	1）加料量不稳 2）原料颗粒不匀，新旧料混合比例不当 3）料筒和喷嘴温度太高 4）注射压力太低 5）充模保压时间不够 6）浇口、流道尺寸不均 7）模温不均匀 8）模具设计尺寸不准确 9）脱模杆变形或磨损 10）注射机的电气，液压系统不稳定
10．制品粘模	1）注射压力太高，注射时间太长 2）模具温度太高 3）浇口尺寸太大和位置不当 4）模腔的表面粗糙度值过高 5）脱模斜度太小，不易脱模 6）顶出位置结构不合理

制品缺陷	产 生 的 原 因
11．主流道粘模	1）料温太高 2）冷却时间太短、主流道料尚未凝固 3）喷嘴温度太低 4）主流道无冷料穴 5）主流道的表面粗糙度值过高 6）喷嘴孔径大于主流道直径 7）主流道衬套弧度与喷嘴弧度不吻合 8）主流道斜度不够
12．制品内冷块或僵块	1）塑化不均匀 2）模温太低 3）料内混入杂质或不同牌号的原料 4）喷嘴温度太低 5）无主流道或分流道冷料穴 6）制品重量和注射机最大注射量接近，而成型时间太短
13．制品分层脱皮	1）不同塑料混杂 2）同一种塑料不同级别相混 3）塑化不均匀 4）原料污染或混入异物
14．制品褪色	1）塑料污染或干燥不够 2）螺杆转速太大，背压太高 3）注射压力太大 4）注射速度太快 5）注射保压时间太长 6）料筒温度过高，致使塑料、着色剂或添加剂分解 7）流道、浇口尺寸不合适 8）模具排气不良
15．制品强度下降	1）塑料分解 2）成型温度太低 3）熔接不良 4）塑料潮湿 5）塑料混入杂质 6）浇口位置不当 7）制品设计不当，有锐角缺口 8）围绕金属嵌件周围的塑料厚度不够 9）模具温度太低 10）塑料回料次数太多

附表7 常用热固性塑料模塑成型工艺参数
附表 7-1 酚醛压塑粉的工艺性能和压缩成型工艺条件

牌 号	流动性[1] /mm	收缩率[2] (%)	体积系数 ≤	模塑温度 /℃	模塑压力 /MPa	模塑时间 (每 mm 厚) /min
PF2A1	100~190	0.50~1.00				
PF2A2	80~180	0.50~1.00	3	160±3	30~40	1~2
PF2A3-1601	100~200	0.50~1.00				
PF2A3-2101	80~180	—	4	170±3	40	2
PF2A3-8101	80~180	—				
PF2A4	100~190	0.50~0.90				
PF2A4-161	130~180	0.60~1.00				
PF2A5	100~200	0.40~0.80	3			
PF2A6	100~190	0.50~0.90				
PF1A2	80~180	0.50~1.00		160±3	30~40	1~2
PF2C3-431	80~180	0.20~0.60	4			
PF2C3-731	≥160	—				
PF2C5-6319	100~180	0.40~0.70				
PF2C5-7209	100~180	0.30~0.50	3			
PF2E2-3301	80~180	0.20~0.50				
PF2E3-2701	80~180	0.50~0.90	3	170±3	40	1~2
PF2E3-7301	80~180	0.30~0.70	4			
PF2E4-2304	80~200	0.40~0.70			40	1~2
PF2F5-2301	80~180	0.30~0.70				
PF2S1-441	100~180	—	3	160±3		
PF2S1-4602	80~200	—			30	1
PF2S1-5802	100~200	0.40~0.80				
PF2S2-1402	130~180	0.40~0.60			30~40	1~2

注：酚醛压塑粉的预热温度为 (105±3)℃，预热时间为 15min。

[1] 流动性试验方法和指标由供需双方商定。若无特殊要求，可参考表中指标(拉西格法，成型压力为 (30±2) MPa)。

[2] 收缩率指标由供需双方商定。若无特殊要求，可参考表中指标。

附表 7-2 酚醛注塑粉的工艺性能和注射成型工艺条件

牌 号	流动性[1] /mm	收缩率[2] (%)	体积系数 ≤	模具温度/℃		保压时间 / (s/mm)
				定 模	动 模	
PF2A2-151J	130~180	0.60~1.00	3.0			
PF2A2-161J	130~180	0.50~0.90	3.0			
PF2A4-151J	—	—	—	165~175	170~180	20~30
PF2A4-161J	—	—	—			
PF2A4-1601J	130~180	0.60~1.00	3.0	175~185	180~190	30~40

牌　号	流动性① /mm	收缩率② （%）	体积系数 ≤	模具温度/℃		保压时间 /（s/mm）
				定　模	动　模	
PF2C3-431J	130～160	0.40～0.90	3.0	165～175	170～180	25～35
SP2201J	130～180	0.70～1.20	—	160～170	170～180	25～35
SP2202J						

注：酚醛注塑料注射成型料筒温度前部 80～100℃，后部 40～60℃，注射压力 80～150MPa，闭模压力 100～200MPa。
① 流动性试验方法和指标由供需双方商定。若无特殊要求，可参考表中指标（拉西格法，成型压力为 7.5MPa）。
② 收缩率指标由供需双方商定。若无特殊要求，可参考表中指标。

附表 7-3　纤维增强酚醛模塑料压缩成型工艺条件

牌　号	预热条件		成型条件		
	温度/℃	时间/min	模塑温度/℃	模塑压力/MPa	保压时间/（min/mm）
FX-501	90～130	3～7	160±5	45±5	0.5～1.5
FX-502					
FX-503					
FX-505					
FX-511	120±5	3～5			
FX-513	120～130		155±5		
FX-530	90～100	3～5	160±5		1.0～1.5
FB-2	100～130	3～6			
FB-701	130～150	3～4	155±5	40	1.5～2
FB-711				30	
4330	120～130	3～7		35±5	>1.5
FHX-301	100～120	6～10	160～170	40～60	1.5
FHX-304			175～185		
FM		10～15	170±5	40±5	
VF-2		8～10	160±5	30～35	1.5～2.0
FBMZ-7901	90～130	按需要		40±5	1.0～1.5
FX-802	105±5	5～10	170～180	35～50	0.8～1.0

附表 7-4　纤维增强酚醛模塑料注射成型工艺条件

成型条件		FBMZ-7901	FX-802-Z	成型条件	FBMZ-7901	FX-802-Z
料长/mm		30～40	16～17	注射时间/s	10～30	—
料筒温度/℃	前段	80～90	90±2	保压时间/s	120～180	30
	后段	55～65	60±2	固化时间/min	—	3
喷嘴温度/℃		75～85	—	螺杆转速/（r/min）	25～40	28
模具温度/℃		170±5	165～180	螺杆背压/MPa	5～8	—
注射压力/MPa		78～118	98～118			

注：1. FBMZ-7901 注射成型：螺距 50mm，喷嘴口直径 6mm，压缩比 1.05。
　　2. FX-802-Z 注射成型：螺距 46mm，加料端螺槽深 8mm，喷嘴口直径 5.75mm。

附表8　一般热固性塑料产生废品的类型、原因及处理方法

废品类型	产 生 的 原 因	处 理 的 方 法
1. 表面起泡或鼓起	1）塑料中水分与挥发物的含量太大 2）模具过热或过冷 3）模压压力不足 4）模压时间过短 5）塑料压缩率太大，所含空气太多 6）加热不均匀	1）将塑料进行干燥或预热后再加入模具 2）适当调节温度 3）增加压力 4）延长模压时间（指固化阶段） 5）将塑料进行预压或用适当的分配方式使有利于空气的逸出。对于疏松状塑料，宜将塑料堆成山峰状，且不宜使峰顶平坦或下陷 6）改进加热装置
2. 翘曲	1）塑料固化程度不足 2）模具温度过高或凸凹两模的表面温差太大，致使制品各部间的收缩率不一致 3）制品结构的刚度不足 4）制品壁厚与形状过分不规则致使料流固化与冷却不均匀，从而造成各部分的收缩不一致 5）塑料流动性太大 6）闭模前塑料在模内停留的时间过长 7）塑料中水分或挥发物含量太大	1）增加固化时间 2）降低温度或调整凸凹两模的温差在±3℃的范围内，最好相同 3）设计制品时应考虑增加制品的厚度或增添加强肋 4）改用收缩率小的塑料；相应调整各部分的温度；预热塑料；改进制品的设计 5）改用流动性小的塑料 6）缩短塑料在闭模前停留于模内的时间 7）预热塑料 8）可用制品在模具内冷却的方法消除，但如此即延长模压周期或需用几副模具，对生产不够经济。如特殊需要也可采用
3. 欠压（即制品没有完全成型，不均匀，制品全部或局部成疏松状）	1）压力不足 2）上料分量不足 3）塑料的流动性大或小 4）闭模太快或排气太快，使塑料自模具溢出 5）闭模太慢或模具温度过高，以致有部分塑料发生过早的固化	1）增大压力 2）增加料量 3）改用流动性适中的塑料，或在模压流动性大的塑料时缓缓加大压力；而在模压流动性小的塑料时则增大压力与降低温度 4）减慢闭模与排气的速度 5）加快闭模或降低模具温度
4. 裂缝	1）嵌件与塑料的体积比率不当或配入的嵌件太多 2）嵌件的结构不正确 3）模具设计不当或推出装置不好 4）制品各部分的厚度相差太大 5）塑料中水分和挥发物含量太大 6）制品在模内冷却时间太长	1）制品应另行设计或改用收缩率小的塑料 2）改用正确的嵌件 3）改正模具或推出装置的设计 4）改正制品的设计 5）预热塑料 6）缩短或免去在模内冷却的时间

废品类型	产 生 的 原 因	处 理 的 方 法
5. 表面灰暗	1）模面表面粗糙度太大 2）润滑剂质量差或用量不够 3）模具温度过高或过低	1）仔细清理模具并加强维护；抛光或镀铬 2）改用适当的润滑剂 3）校正模具温度
6. 表面出现斑点或小缝	塑料内含有外来杂质，尤其是油类物质；或者是模具没有得到很好的清理	塑料应过筛，防止外来杂质的沾染，仔细清理模腔
7. 制品变色	模具温度过高	降低模温
8. 粘模	1）塑料中可能无润滑剂或用量不当 2）模面表面粗糙度大	1）塑料内应加入适当的润滑剂 2）减小模面表面粗糙度
9. 飞边太厚	1）上料分量过多 2）塑料流动性太小 3）模具设计不当 4）导销的套筒被堵塞	1）准确加料 2）预热塑料，降低温度及增大压力 3）改正设计错误 4）清理套筒
10. 表面呈桔皮状	1）塑料在高压下闭模太快 2）塑料流动性太大 3）塑料颗粒太粗 4）塑料水分太多（暴露太多）	1）降低闭模速度 2）改用流动性较小的塑料或将原用塑料进行烘焙 3）预热塑料，将粗颗粒料模压薄壁长流距的制品 4）进行干燥
11. 脱模时呈柔软状	1）塑料固化程度不够 2）塑料水分太多（暴露太久） 3）模具上润滑油用得太多	1）增长模压周期（指固化阶段）或者提高模压温度 2）预热塑料 3）不用或少用
12. 制品尺寸不合要求	1）上料量不准 2）模具不精确或已磨损 3）塑料不合规格	1）调整上料量 2）修理或更换模具 3）改用符合规格的塑料
13. 电性能不合要求	1）塑料水分太多 2）塑料固化程度不够 3）塑料中含有金属污物或油脂等杂质	1）预热塑料 2）增长模压周期或提高模温 3）防止外来杂质
14. 力学强度差与化学性能低劣	1）塑料固化程度不够，一般是由模温太低造成的 2）模压压力不足或上料量不够	1）增加模具温度与模压周期（指固化阶段） 2）增加模压压力和上料量

附表9 挤出管材的反常现象、原因及其消除方法

出现的问题	原 因	消 除 方 法
1. 管材内外表面毛糙	1）塑料中水分含量过大 2）料温太低 3）机头与口模内部不洁净 4）挤出速率太快	1）干燥塑料 2）适当提高温度 3）清理机头与口模 4）降低螺杆转速

（续）

出现的问题	原　因	消　除　方　法
2. 制品带有焦粒或变色	1）挤出温度过高 2）机头与口模内部不洁净或有死角	1）降低温度 2）清理机头与口模，改进机头与口模的流线型
3. 管材起皱	1）料流发生脉动 2）牵引速度不平稳	1）须检查发生脉动的原因，并采取相应的措施，放慢挤出速度和严格控制温度 2）检查牵引装置使达到平稳
4. 管壁厚度不均	1）芯棒和模套定位不正 2）口模各点温度不均 3）牵引位置偏离挤出机的轴线	1）校正其相对位置 2）校正温度 3）校正牵引的位置
5. 管材口径不圆	1）定型套口径不圆 2）牵引前部的冷却不足	1）调换或改正定型套 2）校正冷却系统或放慢挤出速度
6. 管材口径大小不同	1）挤出温度有波动 2）牵引速度不均	1）控制温度恒定 2）检查牵引装置，使达到平衡
7. 制品带有杂质	1）滤网破损或滤网不够细 2）塑料发生降解 3）用料中加入的重用料太多	1）调换滤网 2）校正各段温度 3）降低重用料的比率

附表 10　吹塑薄膜的反常现象、原因及其消除方法

出现的问题	原　因	消　除　方　法
1. 光学性能差	1）熔体温度偏低 2）吹胀比过小 3）冷却太慢	1）提高挤出温度 2）提高吹胀比（4:1） 3）加快冷却速度
2. 单向强度偏低	横直两向的定向作用不平衡	调整牵伸比与吹胀比
3. 薄膜撕裂强度偏低	1）熔体温度偏高 2）定向作用不够 3）冷却太快	1）降低挤出温度 2）增加吹胀比 3）减慢冷却
4. 薄膜变色	树脂发生降解	降低料温
5. 鱼眼泡	树脂发生降解	降低料温
6. 薄膜中出现痕迹	1）口模不洁净 2）树脂发生降解	1）清理口模 2）降低挤出温度
7. 薄膜厚度不均	口模出料不均	1）调整口模缝隙宽度 2）调整模口各点的温度 3）调整冷却风环的位置
8. 厚度与宽度发生波动（管泡不稳定）	1）料流出现脉动 2）压缩空气压力不稳定 3）外面空气流不稳定	1）放慢挤出速度和严格控制温度 2）检查供气系统有无漏气或障碍，并作适当处理 3）设法使外在空气流稳定

（续）

出现的问题	原　　因	消　除　方　法
9. 薄膜发皱	1）薄膜厚度不均 2）口模各部温度不均	1）参见第 7 条 2）调整温度使其均匀
10. 薄膜两层发粘	1）冷却不够 2）润滑剂用量不够	1）增强冷却效果 2）适当增加润滑剂用量

附表 11　螺纹公差

1. 公差带位置

按下面规定选取内、外螺纹的公差带位置。

内螺纹：G——其基本偏差（EI）为正值，如附图 11-1a 所示；

H——其基本偏差（EI）为零，如附图 11-1b 所示。

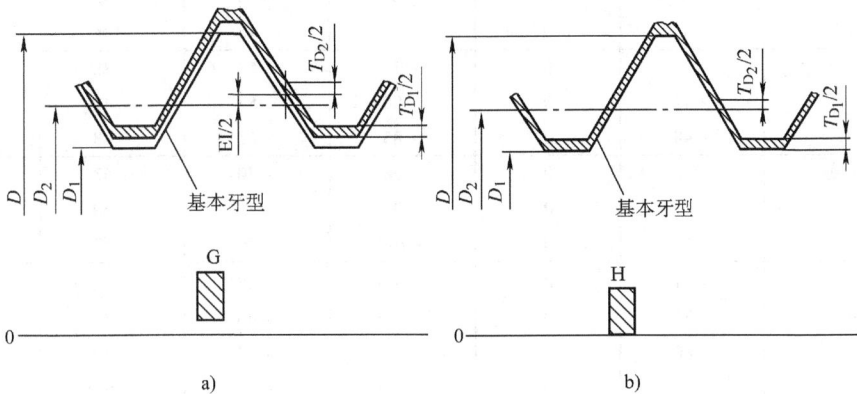

a)　　　　　　　　　　　　　b)

附图 11-1　内螺纹的公差带位置

a) 公差带位置为 G　b) 公差带位置为 H

外螺纹：e、f、g——其基本偏差（es）为负值，如附图 11-2a 所示；

h——其基本偏差（es）为零，如附图 11-2b 所示。

基本偏差数值见附表 11-1。

选择基本偏差主要依据螺纹表面涂镀层的厚度及螺纹件的装配间隙。

附表 11-1　内外螺纹的基本偏差　　　　　　　　　　（单位：μm）

螺距 P/mm	基　　本　　偏　　差					
	内螺纹		外螺纹			
	G EI	H EI	e es	f es	g es	h es
0.2	+17	0	—	—	-17	0
0.25	+18	0	—	—	-18	0
0.3	+18	0	—	—	-18	0
0.35	+19	0	—	-34	-19	0
0.4	+19	0	—	-34	-19	0
0.45	+20	0	—	-35	-20	0

（续）

螺　距 P/mm	基　本　偏　差					
	内螺纹		外螺纹			
	G EI	H EI	e es	f es	g es	h es
0.5	+20	0	-50	-36	-20	0
0.6	+21	0	-53	-36	-21	0
0.7	+22	0	-56	-38	-22	0
0.75	+22	0	-56	-38	-22	0
0.8	+24	0	-60	-38	-24	0
1	+26	0	-60	-40	-26	0
1.25	+28	0	-63	-42	-28	0
1.5	+32	0	-67	-45	-32	0
1.75	+34	0	-71	-48	-34	0
2	+38	0	-71	-52	-38	0
2.5	+42	0	-80	-58	-42	0
3	+48	0	-85	-63	-48	0
3.5	+53	0	-90	-70	-53	0
4	+60	0	-95	-75	-60	0
4.5	+63	0	-100	-80	-63	0
5	+71	0	-106	-85	-71	0
5.5	+75	0	-112	-90	-75	0
6	+80	0	-118	-95	-80	0
8	+100	0	-140	-118	-100	0

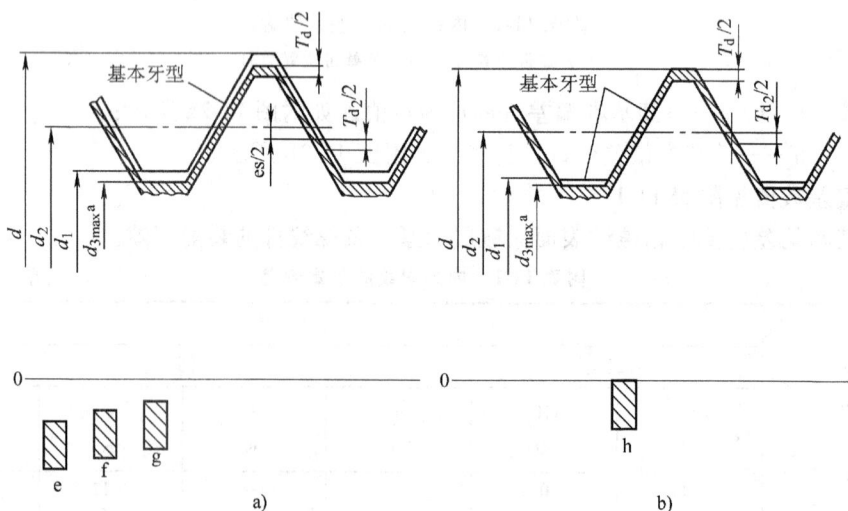

附图 11-2　外螺纹的公差带位置

a）公差带位置为 e、f 和 g　b）公差带位置为 h

2. 公差等级

按下面规定选取螺纹顶径和中径的公差等级。

螺纹直径	公差等级
内螺纹小径 D_1	4、5、6 7、8
外螺纹大径 d	4、6、8
内螺纹中径 D_2	4、5、6、7、8
外螺纹中径 d_2	3、4、5、6、7、8、9

内螺纹小径（D_1）的公差值见附表 11-2；

外螺纹大径（d）的公差值见附表 11-3；

内螺纹中径（D_2）的公差值见附表 11-4；

外螺纹中径（d_2）的公差值见附表 11-5。

附表 11-2　内螺纹小径公差（T_{D1}）　　　　　　　　（单位：μm）

螺　距 P/mm	公　差　等　级				
	4	5	6	7	8
0.2	38	—	—	—	—
0.25	45	56	—	—	—
0.3	53	67	85	—	—
0.35	63	80	100	—	—
0.4	71	90	112	—	—
0.45	80	100	125	—	—
0.5	90	112	140	180	—
0.6	100	125	160	200	—
0.7	112	140	180	224	—
0.75	118	150	190	236	—
0.8	125	160	200	250	315
1	150	190	236	300	375
1.25	170	212	265	335	425
1.5	190	236	300	375	475
1.75	212	265	335	425	530
2	236	300	375	475	600
2.5	280	355	450	560	710
3	315	400	500	630	800
3.5	355	450	560	710	900
4	375	475	600	750	950
4.5	425	530	670	850	1060
5	450	560	710	900	1120
5.5	475	600	750	950	1180
6	500	630	800	1000	1250
8	630	800	1000	1250	1600

附表 11-3 外螺纹大径公差（T_d）　　　　（单位：μm）

螺　距	公差等级		
P/mm	4	6	8
0.2	36	56	—
0.25	42	67	—
0.3	48	75	—
0.35	53	85	—
0.4	60	95	—
0.45	63	100	—
0.5	67	106	—
0.6	80	125	—
0.7	90	140	—
0.75	90	140	—
0.8	95	150	236
1	112	180	280
1.25	132	212	335
1.5	150	236	375
1.75	170	265	425
2	180	280	450
2.5	212	335	530
3	236	375	600
3.5	265	425	670
4	300	475	750
4.5	315	500	800
5	335	530	850
5.5	355	560	900
6	375	600	950
8	450	710	1180

附表 11-4 内螺纹中径公差（T_{D2}）　　　　（单位：μm）

基本大径 D/mm		螺距	公　差　等　级				
>	≤	P/mm	4	5	6	7	8
0.99	1.4	0.2	40	—	—	—	—
		0.25	45	56	—	—	—
		0.3	48	60	75	—	—
1.4	2.8	0.2	42	—	—	—	—
		0.25	48	60	—	—	—
		0.35	53	67	85	—	—
		0.4	56	71	90	—	—
		0.45	60	75	95	—	—

基本大径 D/mm		螺距	公 差 等 级				
>	≤	P/mm	4	5	6	7	8
2.8	5.6	0.35	56	71	90	—	—
		0.5	63	80	100	125	—
		0.6	71	90	112	140	—
		0.7	75	95	118	150	—
		0.75	75	95	118	150	—
		0.8	80	100	125	160	200
5.6	11.2	0.75	85	106	132	170	—
		1	95	118	150	190	236
		1.25	100	125	160	200	250
		1.5	112	140	180	224	280
11.2	22.4	1	100	125	160	200	250
		1.25	112	140	180	224	280
		1.5	118	150	190	236	300
		1.75	125	160	200	250	315
		2	132	170	212	265	335
		2.5	140	180	224	280	355
22.4	45	1	106	132	170	212	—
		1.5	125	160	200	250	315
		2	140	180	224	280	355
		3	170	212	265	335	425
		3.5	180	224	280	355	450
		4	190	236	300	375	475
		4.5	200	250	315	400	500
45	90	1.5	132	170	212	265	335
		2	150	190	236	300	375
		3	180	224	280	355	450
		4	200	250	315	400	500
		5	212	265	335	425	530
		5.5	224	280	355	450	560
		6	236	300	375	475	600
90	180	2	160	200	250	315	400
		3	190	236	300	375	475
		4	212	265	335	425	530
		6	250	315	400	500	630
		8	280	355	450	560	710

（续）

基本大径 D/mm		螺距	公 差 等 级				
>	≤	P/mm	4	5	6	7	8
180	355	3	212	265	335	425	530
		4	236	300	375	475	600
		6	265	335	425	530	670
		8	300	375	475	600	750

附表11-5　外螺纹中径公差（T_{d2}）　　　　　　　（单位：μm）

基本大径 d/mm		螺距	公 差 等 级						
>	≤	P/mm	3	4	5	6	7	8	9
0.99	1.4	0.2	24	30	38	48	—	—	—
		0.25	26	34	42	53	—	—	—
		0.3	28	36	45	56	—	—	—
1.4	2.8	0.2	25	32	40	50	—	—	—
		0.25	28	36	45	56	—	—	—
		0.35	32	40	50	63	80	—	—
		0.4	34	42	53	67	85	—	—
		0.45	36	45	56	71	90	—	—
2.8	5.6	0.35	34	42	53	67	85	—	—
		0.5	38	48	60	75	95	—	—
		0.6	42	53	67	85	106	—	—
		0.7	45	56	71	90	112	—	—
		0.75	45	56	71	90	112	—	—
		0.8	48	60	75	95	118	150	190
5.6	11.2	0.75	50	63	80	100	125	—	—
		1	56	71	90	112	140	180	224
		1.25	60	75	95	118	150	190	236
		1.5	67	85	106	132	170	212	265
11.2	22.4	1	60	75	95	118	150	190	236
		1.25	67	85	106	132	170	212	265
		1.5	71	90	112	140	180	224	280
		1.75	75	95	118	150	190	236	300
		2	80	100	125	160	200	250	315
		2.5	85	106	132	170	212	265	335
22.4	45	1	63	80	100	125	160	200	250
		1.5	75	95	118	150	190	236	300
		2	85	106	132	170	212	265	335
		3	100	125	160	200	250	315	400
		3.5	106	132	170	212	265	335	425
		4	112	140	180	224	280	355	450
		4.5	118	150	190	236	300	375	475

基本大径 d/mm		螺距 P/mm	公 差 等 级						
>	≤		3	4	5	6	7	8	9
45	90	1.5	80	100	125	160	200	250	315
		2	90	112	140	180	224	280	355
		3	106	132	170	212	265	335	425
		4	118	150	190	236	300	375	475
		5	125	160	200	250	315	400	500
		5.5	132	170	212	265	335	425	530
		6	140	180	224	280	355	450	560
90	180	2	95	118	150	190	236	300	375
		3	112	140	180	224	280	355	450
		4	125	160	200	250	315	400	500
		6	150	190	236	300	375	475	600
		8	170	212	265	335	425	530	670
180	355	3	125	160	200	250	315	400	500
		4	140	180	224	280	355	450	560
		6	160	200	250	315	400	500	630
		8	180	224	280	355	450	560	710

附表12　螺纹的旋合长度　　　　　　　　　　（单位：mm）

基本大径 D、d		螺距 P	旋 合 长 度				
			S		N		L
>	≤		≤	>	≤	>	>
0.99	1.4	0.2	0.5	0.5	1.4		1.4
		0.25	0.6	0.6	1.7		1.7
		0.3	0.7	0.7	2		2
1.4	2.8	0.2	0.5	0.5	1.5		1.5
		0.25	0.6	0.6	1.9		1.9
		0.35	0.8	0.8	2.6		2.6
		0.4	1	1	3		3
		0.45	1.3	1.3	3.8		3.8
2.8	5.6	0.35	1	1	3		3
		0.5	1.5	1.5	4.5		4.5
		0.6	1.7	1.7	5		5
		0.7	2	2	6		6
		0.75	2.2	2.2	6.7		6.7
		0.8	2.5	2.5	7.5		7.5

（续）

基本大径 D、d >	基本大径 D、d ≤	螺距 P	旋合长度 S ≤	旋合长度 N >	旋合长度 N ≤	旋合长度 L >
5.6	11.2	0.75	2.4	2.4	7.1	7.1
		1	3	3	9	9
		1.25	4	4	12	12
		1.5	5	5	15	15
11.2	22.4	1	3.8	3.8	11	11
		1.25	4.5	4.5	13	13
		1.5	5.6	5.6	16	16
		1.75	6	6	18	18
		2	8	8	24	24
		2.5	10	10	30	30
22.4	45	1	4	4	12	12
		1.5	6.3	6.3	19	19
		2	8.5	8.5	25	25
		3	12	12	36	36
		3.5	15	15	45	45
		4	18	18	53	53
		4.5	21	21	63	63

注：旋合长度分为三组，即短旋合长度（S）、中旋合长度（N）和长旋合长度（L）。

附表 13 热塑性塑料注射机型号和主要技术参数

型 号		SYS-10 （立式）	SYS-30 （立式）	YS-ZY-45 （直角式）	C4730-1 （直角式）	XS-Z-30	XS-Z-60
螺杆（柱塞）直径/mm		$\phi22$	$\phi28$	$\phi28$	$\phi25$	$\phi28$	$\phi38$
注射容量（cm³ 或 g）		10g	30g	45	30	30	60
注射压力/10^5Pa		1500	1570	1250	1700	1190	1220
锁模力/10kN		15	50	40	38	25	50
最大注射面积/cm²		45	130	95		90	130
模具厚度/mm	最大	180	200		325	180	200
	最小	100	70	70	165	60	70
模板行程/mm		120	80		225	160	180
喷嘴	球半径/mm	12	12		15	12	12
	孔直径/mm	$\phi2.5$	$\phi3$			$\phi4$	$\phi4$
定位孔直径/mm		$\phi55^{+0.06}_{0}$	$\phi55^{+0.10}_{0}$			$\phi63.5^{+0.064}_{0}$	$\phi55^{+0.03}_{0}$
推出	中心孔径/mm	$\phi30$	$\phi50$		$\phi30$		$\phi50$
	两侧 孔径/mm					$\phi20$	
	两侧 孔距/mm					170	

型　　号	XS-ZY-125	XS-ZY-250	XS-ZY-500	XS-ZY-1000	XS-ZY-1000A
螺杆（柱塞）直径/mm	$\phi42$	$\phi50$	$\phi65$	$\phi85$	$\phi100$
注射容量（cm³ 或 g）	125	250	500	1000	2000
注射压力/10^5Pa	1190	1300	1040	1210	1210
锁模力/10kN	90	180	350	450	600
最大注射面积/cm²	320	500	1000	1800	2000
模具厚度/mm 最大	300	350	450	700	700
模具厚度/mm 最小	200	250	300	300	300
模板行程/mm	300	350	700	700	700
喷嘴 球半径/mm	12	18	18	18	18
喷嘴 孔直径/mm	$\phi4$	$\phi4$	$\phi7.5$	$\phi7.5$	$\phi7.5$
定位孔直径/mm	$\phi100^{+0.054}_{0}$	$\phi125^{+0.06}_{0}$	$\phi150^{+0.06}_{0}$	$\phi150^{+0.06}_{0}$	$\phi150^{+0.06}_{0}$
推出 中心孔径/mm			$\phi150$		
推出 两侧 孔径/mm	$\phi22$	$\phi40$	$\phi24.5$	$\phi20$	$\phi20$
推出 两侧 孔距/mm	230	280	530	850	850

附表 14　液压压力机技术参数

常用液压压力机型号	特征	液压部分			封闭高度 H/mm	滑块最大行程 S/mm	顶出部分			附注
		公称压力/kN	回程压力/kN	工作液最大压力 p/MPa			顶出杆最大顶出力/kN	顶出杆最大回程力/kN	顶出杆最大行程 s_1/mm	
45～58	上压式、框架结构、下顶出	450	68	32	650	250	—	—	150	—
YA71～45	上压式、框架结构、下顶出	450	60	32	750	250	12	3.5	175	—
SY71～45	上压式、框架结构、下顶出	450	60	32	750	250	12	3.5	175	—
YS(D)-45	上压式、框架结构、下顶出	450	70	32	—	250	—	—	150	—
Y32-50	上压式、框架结构、下顶出	500	105	20	600	400	7.5	3.75	150	—
YB32-63	上压式、框架结构、下顶出	630	133	25	600	400	9.5	4.7	150	—
BY32-63	上压式、框架结构、下顶出	630	190	25	600	400	18	10	130	—
YX-100	上压式、框架结构、下顶出	1000	500	32	650	380	20	—	165（自动）280（手动）	—

（续）

常用液压压力机型号	特征	液压部分			封闭高度 H/mm	滑块最大行程 S/mm	顶出部分			附注
		公称压力 kN	回程压力 kN	工作液最大压力 p/MPa			顶出杆最大顶出力 kN	顶出杆最大回程力 kN	顶出杆最大行程 s_1/mm	
Y71-100	上压式、框架结构、下顶出	1000	200	32	650	380	20	—	165（自动）280（手动）	滑块设有四孔
ICH-100	上压式、框架结构、下顶出	1000	500	32	650	380	20	—	165（自动）250（手动）	滑块设有四孔
Y32-100	上压式、柱式结构、下顶出	1000	230	20	900	600	15	8	180	—
Y32-200	上压式、柱式结构、下顶出	2000	620	20	1100	700	30	8.2	250	—
YB32-200	上压式、柱架结构、下顶出	2000	620	20	1100	700	30	15	250	—
YB71-250	上压式、柱式结构、下顶出	2500	1250	30	1200	600	34	—	300	—
SY-250	上压式、柱式结构、下顶出	2500	1250	30	1200	600	34	—	300	工作台有三个顶出杆,滑块上有两孔
ICH-250	上压式、柱式结构、下顶出	2500	1250	30	1200	600	63	—	300	工作台有三个顶出杆,滑块上有两孔
Y32-300 YB32-300	上压式、柱式结构、下顶出	3000	400	20	1240	800	30	8.2	250	—
Y71-63	—	630	300	32	600	300	0.3（手动）	—	130	—
Y32-100A	—	1000	160	21	850	600	16.5	7	210	—
Y33-800	—	3000	—	24	1000	600	—	—	—	—

附表15　塑料模零件传统用钢及热处理要求

零件类别	零件名称	材料牌号	热处理方法	硬度	说明
成型零件	凹模 型芯(凸模) 螺纹型芯 螺纹型环 成型镶件 成型推杆等	T8A、T10A	淬火	54～58HRC	用于形状简单的小型芯、型腔
		CrWMn 9Mn2V Cr2Mn2SiWMoV	淬火	54～58HRC	用于形状复杂、要求热处理变形小的型腔、型芯或镶件和增强塑料的成型模具
		Cr12 Cr4W2MoV			
		20CrMnMo 20CrMnTi	渗碳、淬火		
		5CrMnMo 40CrMnMo	渗碳、淬火	54～58HRC	用于高耐磨、高强度和高韧性的大型型芯、型腔等
		3Cr2W8V 38CrMoAl	调质、氮化	1000HV	用于形状复杂、要求耐腐蚀的高精度型腔、型芯等
		45	调质	22～26HRC	用于形状简单、要求不高的型腔、型芯
			淬火	43～48HRC	
		20 15	渗碳、淬火	54～58HRC	用于冷压加工的型腔
模体零件	垫板(支承板) 浇口板 锥模套	45	淬火	43～48HRC	
	动、定模板 动、定模座板	45	调质	230～270HBW	
	固定板	45	调质	230～270HBW	
		Q235			
	推件板	T8A、T10A	淬火	54～58HRC	
		45	调质	230～270HBW	
浇注系统零件	主流道衬套 拉料杆 拉料套 分流锥	T8A、T10A	淬火	50～55HRC	
导向零件	导柱	20	渗碳、淬火	56～60HRC	
	导套	T8A、T10A	淬火	50～55HRC	
	限位导柱 推板导柱 推板导套 导钉	T8A、T10A	淬火	50～55HRC	
抽芯机构零件	斜导柱 滑块 斜滑块	T8A、T10A	淬火	54～58HRC	
	楔紧块	T8A、T10A	淬火	54～58HRC	
		45		43～48HRC	

（续）

零件类别	零件名称	材料牌号	热处理方法	硬　度	说　　明
推出机构零件	推杆（卸模杆） 推管	T8A、T10A	淬火	54～58HRC	
	推块 复位杆	45	淬火	43～48HRC	
	挡板	45	淬火	43～48HRC	或不淬火
	推杆固定板 卸模杆固定板	45、Q235			
定位零件	圆锥定位件	T10A	淬火	58～62HRC	
	定位圈	45			
	定距螺钉 限位钉 限制块	45	淬火	43～48HRC	
支承零件	支承柱	45	淬火	43～48HRC	
	垫块	45、Q235			
其他零件	加料圈 柱塞	T8A、T10A	淬火	50～55HRC	
	手柄 套筒	Q235			
	喷嘴 水嘴	45、黄铜			
	吊钩	45			

注：螺纹型芯的热处理硬度也可取40～45HRC。

附表16　模具常用钢性能比较

钢　　号	切削加工性	淬透性	淬火不变形性	耐磨性	耐热性	耐蚀性
Q235	优			差	差	
15	冷压加工性优	差	差	渗碳良	差	
20	冷压加工性优	差	差	渗碳良	差	
45	优	差	差	中	差	
T8A	优	差	差	中	差	
T10	良	差	差	良	差	
CrWMn	中	良	良	良	中	
9Mn2V	中	良	良	良	差	
Cr2Mn2SiWMoV	中	优	优	优	中	
Cr12、Cr4W2MoV	中	优	优	优	良	
20CrMnMo	良	良	良	良	中	
20CrMnTi	良	中	良	良	中	
5CrMnMo	中	良	良	良	良	
40CrMnMo	良	良	良	良	中	
3Cr2W8V	良	中	中	良	优	良
38CrMoAl	良	中	中	优	中	良

附表 17

塑料零件注射工艺卡片

		产品型号		零(部)件图号			共　页
		产品名称		零(部)件名称			第　页

材料名称			材料牌号		材料颜色		消耗定额	g/件	
零件净重	g		零件毛重	g		每台件数			

设备	克注射机								
	编号								
型腔数量									
附件									

注射成型工艺	料筒温度	第一段	℃至 ℃	℃至 ℃	闭模	s	s	模温	℃至 ℃
		第二段	℃至 ℃	℃至 ℃	高压	s	s		
		第三段	℃至 ℃	℃至 ℃	注射	s	s		
		第四段	℃至 ℃	℃至 ℃	冷却	s	s		
		第五段	℃至 ℃	℃至 ℃	启模	s	s	螺杆类型	
		喷嘴	℃至 ℃	℃至 ℃	总时间	s	s		
	压①力	注射	kgf/cm²	kgf/cm²					
		保压	kgf/cm²	kgf/cm²					
	螺杆转速		r/min	加料刻度					脱模剂

模具	总高								
	顶出高								
	图号								

嵌件	数量	名称	图号						

零件成型后处理	热处理方式								
	加热温度								
	保温温度								
	加热时间								
	保温时间								
	冷却方式								

原料干燥处理	使用设备								
	盛料高度								
	翻料时间								
	干燥温度								
	干燥时间								

工序号	工序内容		工艺装备	工时	
				准终	单件

				编制(日期)	审核(日期)	会签(日期)
描图						
描校						
底图号						
装订号						
标记	处数	更改文件号	签字	日期	标记	处数	更改文件号	签字	日期

① 压力单位 kgf/cm² 为非法定计量单位,法定单位为 Pa,1kgf/cm² = 0.098MPa。

附表 18

塑料零件压缩模塑工艺卡片

	产品型号		零(部)件图号		共 页
	产品名称		零(部)件名称		第 页

设备				工序号	工序内容	工艺装备	工时	
							准终	单件
每台件数								

材料

牌号		嵌件						
名称		图 号	名称	数量				
颜色								
净重	g/件							
毛重	g/件							
消耗定额								

工艺参数

			数值	单位				
预热	设备				模具	编号		
	温度					型腔数量		
	时间			min		附件		
	材料							
表① 压时	上模				备注			
	中模							
	下模			kgf/cm²				
	闭模							
	保压							
	闭模							
时间	排气	每次	次	min				
	保压固化							
	总周期							

描图		编制(日期)	审核(日期)	会签(日期)
描校				
底图号				
装订号				

标记	处数	更改文件号	签字	日期	标记	处数	更改文件号	签字	日期

① 压力单位 kgf/cm² 为非法定计量单位,法定单位为 Pa,1kgf/cm² = 0.098MPa。

参 考 文 献

[1] 许发樾. 模具标准应用手册[M]. 北京:机械工业出版社,1994.

[2] 龚云表,石安富. 合成树脂与塑料手册[M]. 上海:上海科学技术出版社,1993.

[3] 塑料模设计手册编写组. 塑料模设计手册[M]. 北京:机械工业出版社,1994.

[4] 林纳 E,恩格 P. 注射成型模具设计 108 例[M]. 荣迺珊,徐正宝,译. 北京:中国轻工业出版社,1995.

[5] 陈嘉真. 塑料成型工艺及模具设计[M]. 北京:机械工业出版社,1995.

[6] 曼格斯 G,默兰 P. 塑料注射成型模具的设计与制造[M]. 李玉泉,译. 北京:中国轻工业出版社,1993.

[7] 姜祖赓,陈再枝,任民恩,等. 模具钢[M]. 北京:冶金工业出版社,1988.

[8] 翁其金. 塑料模塑成型技术[M]. 北京:机械工业出版社,2000.

[9] 陈再枝,马党参. 塑料模具钢应用手册[M]. 北京:化学工业出版社,2005.

[10] 中国机械工业教育协会. 塑料模具设计及制造[M]. 北京:机械工业出版社,2001.

[11] 杨卫民,丁玉梅,谢鹏程,等. 注射成型新技术[M]. 北京:国防工业出版社,2008.

参 考 文 献